Edgar Gugenhan
777 Gartentipps

SWR
4

Edgar Gugenhan

777 Gartentipps

zu

- Gartenplanung und -pflege
- Pflanzen im Nutzgarten
- Zierpflanzen im Garten
- Zierpflanzen auf Balkon und Terrasse
- Zierpflanzen im Zimmer

ULMER

SWR 4 SÜDWEST BW

Inhalt

Vorwort

Liebe Leserin, lieber Leser,
liebe Garten- und Blumenfreunde,
wer es als Hobby oder im Zusammenhang mit dem Beruf mit Pflanzen zu tun hat weiß, dass immer wieder Probleme auftreten. Es bleibt nicht aus, dass Pflanzen kränkeln, gelbe Blätter bekommen, nicht rechtzeitig blühen oder zur Unzeit „schießen". Ganz zu schweigen von Krankheiten und Schädlingen, die Pflanzen und Menschen das Leben schwer machen.

Mit vielen solchen Problemen wurde ich während meiner beruflichen Tätigkeit konfrontiert und durch die zahlreichen Kontakte zu Gartenbesitzern und Blumenfreunden entwickelte sich eine schon über viele Jahrzehnte andauernde fachjournalistische Tätigkeit. So blieb es auch nicht aus, dass ich eines Tages auch Kontakte zu anderen Medien hatte. Schon weit über 30 Jahre ist es her, dass mich Kristina Reichert nach gemeinsamen Fernsehauftritten in ihre Sendung „Für Sie notiert" bzw. den „Radiomarkt" beim Süddeutschen Rundfunk holte. Dort sollte ich nun den Hörerinnen und Hörern Tipps zum erfolgreichen Gärtnern geben und sie vor allen Dingen immer wieder über Neuigkeiten für den Garten, aber auch für die Pflege von Blumen und Pflanzen auf dem Balkon und im Zimmer geben. Offensichtlich fanden diese Tipps regen Zuspruch, denn vor ungefähr 20 Jahren wurde dann vom SDR 1 das „Hallo Radiomarkt-Telefon" eingerichtet, das den Hörerinnen und Hörern die Möglichkeit eröffnete, direkten Kontakt zu zahlreichen Experten aufzunehmen. So konnte auch ich wieder durch die direkten „Funkkontakte" viele Sorgen und Nöte von Gartenbesitzern und Blumenfreunden erfahren und sicher auch manchen Rat zu den anstehenden Problemen geben. Im Vordergrund standen meist Fragen zu kränkelnden Pflanzen oder solchen, die von Schädlingen und Krankheiten befallen waren. Es mussten aber auch unzählige Tipps zur Kultur von Gemüse, Sommerblumen, Stauden und Gehölzen im Garten sowie zu Zimmer- und Balkonpflanzen gegeben werden. So erreichten mich im Laufe dieser vielen Jahre einige Tausend Anrufe, die ich, so hoffe ich, zumindest in der Mehrzahl zur Zufriedenheit der Hörerinnen und Hörer beantworten konnte.

Mehr einem Zufall ist es zu verdanken, dass ich auch für mich interessante Anfragen notierte und in eine Loseblattsammlung aufgenommen habe. Diese Fragen haben mich schon sehr bald so fasziniert, dass ich mich selbst bemühte, seit 1984 alle an mich gerichteten Fragen im Studio oder bei der eingehenden Hörerpost zu notieren und zu sammeln. Sie waren es, die ich dann immer wieder in meine Vorschlagslisten für eine Sendung im Rundfunk aufnehmen konnte.

Eine völlig neue Situation entstand, als 1992 die SDR 1-Radiomacher mit dem Wunsch an mich herantraten, aus den direkten Hörerfragen und Antworten das erste Buch für die neue SDR 1-Ratgeber-Reihe zu verfassen. Der besondere Anlass für dieses Buch war sicherlich die Internationale Gartenschau (IGA) 1993 in Stuttgart. Auf dem Gartenschaugelände war der Rundfunk mit vielen Veranstaltungen aktiv vertreten und hier sollte dann auch dieses Büchlein zur Verfügung stehen. Was lag nun damals näher, als auf die Hörerfragen einzugehen und diese samt den Antworten in Buchform zu verfassen. So entstand damals „Ein Herz fürs Grüne – 333 Gartentips von Edgar Gugenhan".

Da in diesem Büchlein überwiegend grüne Tipps zu Gartenfragen enthalten waren, folgte etwa zwei Jahre später ein zweites Buch unter dem Titel „Ein Herz fürs Grüne – 333 Tips für Zimmerpflanzen".

Auch nach der Fusion der Rundfunkanstalten und der Gründung des Südwestrundfunks (SWR) konnten die Sendungen für Garten- und Blumenfreude fortgesetzt werden. So nahm die Zahl der notierten Fragen und Antworten ständig weiter zu. Heute füllen zwei dicke Leitzordner dieses Archiv, das viele interessante Details zu den Kümmernissen der Menschen im Zusammenhang mit der Kultur und Pflege von Pflanzen enthält. Wieder kam der Anstoß vom SWR, ob nicht eine ähnliche Publikation wie vor fast zehn Jahren möglich sei. In dankenswerter Weise hat nun Verleger Matthias Ulmer die Initiative ergriffen, sozusagen ein gesammeltes Werk herauszugeben. In diesem ersten Anlauf sind nun „777 Gartentipps" entstanden, die nun sowohl viele Fragen und Antworten zu Problemen der Hörerinnen und Hörer rund um

den Garten, aber auch wieder zu Zimmer- und Balkonpflanzen enthalten.
Für mich selbst war es wieder bei der Ausarbeitung der Texte geradezu faszinierend, mit welchen Sorgen und Nöten sich Pflanzenfreunde bei der Kultur und Pflege von Pflanzen beschäftigen müssen. So hängt der Erfolg einer Kultur bereits vom richtigen Standort im Garten, auf dem Balkon oder Zimmer ab. Dann spielen Substrate, Düngung und Bewässerung eine enorm wichtige Rolle sowie die vielen Fragen rund um die optimale Pflege. Das bezieht sich vor allen Dingen auf die zahllosen Gewächse, die wir frei oder in geschützten Räumen aus anderen Klimagebieten hier in Mitteleuropa kultivieren. Wieder sind es Krankheiten und Schädlinge, die besonders viel Sorge bereiten. Hier sind es dann vor allen Dingen Fragen der Bekämpfungsmöglichkeiten, wobei wohl konventionelle Möglichkeiten auch in Zukunft eine Rolle spielen, daneben aber biologische Bekämpfungsverfahren, einschließlich dem Einsatz von Nützlingen, eine immer größere Rolle einnehmen.
So wurde versucht, auch in diesem Buch jetzt neben den Hörerinnen und Hörern des Südwestrundfunks auch den Lesern vielerlei Ratschläge zu geben, um die tagtäglich auftretenden größeren oder kleineren Probleme zu überwinden.
Nicht versäumen möchte ich aber, gerade an dieser Stelle den vielen Hörerinnen und Hörern, die mir über Jahrzehnte hinweg die Treue gehalten haben, ganz herzlich zu danken. Mein Dank gilt aber auch den Mitarbeiterinnen und Mitarbeitern beim Südwestrundfunk, die mir immer wieder Gelegenheit geben, die Grünen Themen am Mikrofon anzusprechen. Dasselbe gilt für den Verlag Eugen Ulmer, der es ermöglichte, dieses Buch nun zum Frühjahr 2002 und gleichzeitig zum Beginn verschiedener Landesgartenschauen in der Bundesrepublik herauszugeben.
Einen Dank möchte ich aber auch meiner lieben Frau Marisa aussprechen, die mir, wenn auch schweren Herzens, immer wieder manche freie Stunde für mein berufliches und Freizeithobby Rundfunk und Journalistik gewährt.
Den Lesern dieses Buches wünsche ich, dass sie aus den „777 Gartentipps" viele Anregungen für ihren grünen Bereich schöpfen können, zum Wohle ihrer Pflanzen im Garten, auf dem Balkon und im Haus.

Edgar Gugenhan Stuttgart, im Januar 2002

Gartenplanung und -pflege

Hier geht es sowohl um Fragen bei der Planung Ihres grünen Reiches als auch um dessen Pflege im Allgemeinen. Sie finden Antworten zur Bodenbearbeitung, zur Düngung oder zu den verschiedenen Kulturmethoden. Besonders werden die im Garten auftretenden „Plagegeister" behandelt: Hier bekommen Sie kompetente Informationen, welches Schadbild zu welcher Krankheit oder welchem Schädling gehört und wie Sie wirksame Gegenmaßnahmen ergreifen können. Die Tipps und Tricks rund um den Garten helfen Ihnen, eine grüne Oase zu schaffen und zu erhalten, in der Sie, und die Pflanzen sich wohl fühlen.

Tipps und Tricks für Ihren Garten

Amseln „zerstören" Frühlingsblüher

In meinem Garten blühen herrliche Krokusse und Primeln. Diese Blumen ziehen magisch die Amseln an, die den Boden aufscharren und offensichtlich auch vor allem gelbe Blüten anpicken. Wie kann ich meine reich blühenden Pflanzen am besten schützen?

Amseln sind wie alle Vögel natürlich keine Schädlinge, obwohl sie oft beträchtlichen Schaden anrichten können. Bekannt ist auch, dass sie gerne an Blüten zupfen und dabei solche mit gelber Farbe bevorzugen. Gelb ist offensichtlich auch das Kennzeichen für adulte Männchen, die am orangegelben Schnabel von möglichen Partnerinnen ausgemacht werden können.

Schaden können die Amseln natürlich auch anrichten, wenn sie auf der Suche nach Würmern und anderen im Boden lebenden Tieren, z. B. Larven des Dickmaulrüsslers, den Boden aufwühlen. Hier können gegen die Amseln und vielleicht auch die eine oder andere in den Garten eindringende Vogelart abwehrende Mittel hilfreich sein. Saaten und junge Pflanzen können mit käuflichen Kunststoffnetzen geschützt werden. Ansonsten kann man manchmal das Aufhängen von Ketten dünner Metallfolien, die in der Sonne blinken und schon bei leichtem Wind knattern, Abhilfe schaffen.

Eine probates Abwehrmittel neuerer Zeit sind ausrangierte Compact Disks (CD's), die – einzeln oder reihig an dünnen Fäden aufgehängt – in der Sonne blinken und vom Wind bewegt werden. Bei allen diesen

„Vogelscheuchen" müssen Sie jedoch bedenken, dass aufgrund des Gewöhnungseffektes oft nur vorübergehend unerwünschte Vogelgäste von unseren Kulturpflanzen abgehalten werden.

Gartenteich voller Algen

In meinem Gartenteich haben sich die Algen stark ausgebreitet. Gibt es ein für Menschen und Tiere unschädliches Mittel, um dieser Algenplage Herr zu werden?

Normalerweise werden bei Gartenteichen zur Reinhaltung des Wassers Umlaufpumpen mit Filteranlagen eingesetzt. Zahlreiche Modelle sind im Fachhandel erhältlich. Speziell gegen Algen gibt es auch verschiedene so genannte Algenstopp-Präparate, die der Ausbreitung der Algen im Gartenteich entgegenwirken. Am besten lässt man sich in einem Fachgeschäft oder Gartencenter von Fachkräften beraten. Relativ neu im Handel ist zum Beispiel der „Biobird Algenkiller", ein biologisches Präparat, das nach Herstellerangaben absolut fisch-, pflanzen- und vogelfreundlich sein soll. Auch ist dieses Präparat geruchsfrei und nicht schaumbildend (Bezugsquellen siehe Seite 377).

Giersch bekämpfen

In meinem Garten hat sich der Giersch sehr stark verbreitet. Wie kann ich ihn bekämpfen? Das Abdecken mit einer 3 cm hohen Mulchschicht brachte keinen Erfolg.

Giersch (*Aegopodium podagraria*) gehört zu den hartnäckigsten Unkräutern im Garten. Er wuchert sehr stark und seine tief reichenden, weit verzweigten Rhizome machen eine wirkungsvolle Bekämpfung sehr schwierig. Chemische Mittel dürfen im Haus- und Kleingarten nicht mehr eingesetzt werden, weshalb zunächst nur das Jäten bzw. das Ausgraben der Rhizome in Frage kommt. Man hat auch schon Erfolge mit der Aussaat von stark wachsender Kapuzinerkresse (*Tropaeolum majus*) erzielt. Zu diesem Zweck wird etwa ab April das Saatgut relativ dicht ausgesät und mit ausreichender Feuchtigkeit und etwas Dünger versorgt. Die Pflanzen bilden im Laufe des Sommers eine dichte Pflanzendecke und können so den Giersch unterdrücken.
Eine andere Möglichkeit wäre, die Fläche mit einer etwa 20 bis 30 cm hohen Laubschicht abzudecken. Meistens wachsen dann während der Vegetationsperiode die Ausläufer des Giersch in diese feuchte, lockere Schicht, so dass sie später leichter entfernt werden können.

Grabbepflanzung gedeiht nicht

Auf einem von mir gepflegten Grab wächst überhaupt nichts. Ich kann anpflanzen was ich will, die Pflanzen kümmern vor sich hin. Welche Pflanzen soll ich auswählen, damit das Grab einen ordentlichen Eindruck macht?

Untersuchungen haben gezeigt, dass auf vielen Gräbern Nährstoffmangel herrscht. Meistens wird die bei der Bestattung ausgehobene Erde eingefüllt und oft nur eine dünne zusätzliche Substratschicht oben aufgebracht. Pflanzt man nun regelmäßig Frühjahrsblüher, Sommerblumen usw. an, ohne eine Bodenverbesserung und Düngung vorzunehmen, kann es zu einem akuten Nährstoffmangel kommen.
Empfehlenswert wäre auf jeden Fall, einmal die oberste Schicht des Bodens mit Humusmaterial zu verbessern. Geeignet sind alle im Handel angebotenen Humusdünger oder natürlich auch der Kompost aus dem eigenen Garten. Zusätzlich sollte einmal vor dem Auspflanzen eine Grunddüngung verabreicht werden. Geeignet ist ein organisch-mineralischer Dünger oder auch ein so genannter Depotdünger. Von einem organisch-mineralischen Dünger können pro Quadratmeter Fläche 50 bis 70 g von einem Depotdünger etwa 30 bis 35 g auf die gleiche Fläche ausgebracht und mit der obersten Bodenschicht vermischt werden. Sollte sich diese Düngung bewährt haben, kann sie nach ein bis zwei Jahre wiederholt werden.
Auf eine Besonderheit muss noch hingewiesen werden: Grabsteine werden meistens auf stabilen Bodenplatten verankert, damit sie standfest sind und nicht „absacken". Deshalb kann es sein, dass im Bereich des Grabmals das Wachstum von Pflanzen nur eingeschränkt möglich ist, da sich diese Platte oft nur 15 bis 20 cm unter der Erdoberfläche befindet. Wie weit diese Platte in das

Grab hineinreicht, kann durch das Einstechen mit einem Stab oder mit dem Spaten einmal überprüft werden. Außerhalb der Grabplatte ist aber ein normales Wachstum bei ausreichender Humus- und Nährstoffversorgung bestimmt möglich. Natürlich müssen die Pflanzen artgerecht ausgesucht werden. Für Schattenlagen sind andere Gewächse auszuwählen, wie für eine freie, sonnige Lage des Grabes. Auch kann man zwischen einer Dauerbepflanzung, einer Wechselbepflanzung oder einer kombinierten Bepflanzung wählen.

Kleingewächshaus mit Schneelast

Ich beabsichtige, ein Kleingewächshaus zu erstellen. Wir wohnen im Schwarzwald und müssen im Winter mit starkem Schneefall rechnen. Muss ich hinsichtlich der Stabilität auf besondere Konstruktionsmerkmale achten?

Ein Kleingewächshaus ist, wie jedes andere Bauwerk auch, gewissen „Lasten" ausgesetzt. Zu beachten ist die so genannte Windlast und die Schneelast. Am besten ist es, wenn man dem Anbieter von Kleingewächshäusern die örtliche Lage genau schildert und sich mit ihm über die Stabilität seiner Konstruktionen unter den gegebenen Verhältnissen unterhält. Kleingewächshäuser sind vor allen Dingen dann durch Schneelasten gefährdet, wenn sie nicht beheizt werden, da in diesem Falle der Schnee auf der Glasfläche liegen bleibt. In beheizten Kleingewächshäusern taut der Schnee meistens rasch ab. Im Gewächshausbau wird im Allgemeinen eine Schneelast von 25 kp/m^2 einkalkuliert. Diese Belastungsgröße sollte also der Anbieter von Kleingewächshäusern auf jeden Fall garantieren, damit Sie sicher gehen können, dass das Gewächshaus später unter einer möglichen Schneelast keinen Schaden leidet.

TIPP Nicht nur die Schneelast, auch die „Windlast", also der Winddruck spielt eine Rolle. Auch er muss je nach Lage berücksichtigt und die Konstruktion sowie die Fundamentierung des Kleingewächshauses stabil genug gemacht werden.

Mauerbepflanzung an der Nordseite?

Mein Grundstück liegt in Hanglage. Zur Abgrenzung wurde an einer Seite eine 20 m lange und 150 cm hohe Betonmauer gezogen. Wie kann ich diese auf der Nordseite bepflanzen?

Natürlich kommen zur Bepflanzung von Mauern und Wänden auf der Nordseite in der Regel nur schattenverträgliche Gehölze und Stauden in Frage. Sollte die angrenzende Gartenfläche nicht im vollen Schatten stehen, gibt es jedoch mehrere Möglichkeiten. So könnte zum einen die Mauer selbst mit Kletterpflanzen begrünt werden. Am besten eignet sich in dieser Lage zur Begrünung Efeu (*Hedera helix*) in verschiedenen Sorten. Gepflanzt werden kann aber auch selbstklimmender Wilder Wein, z. B. *Parthenocissus tricuspidata* 'Veitchii' oder *P. quinquefolia* var. *engelmannii*.
Natürlich können vor eine solche Mauer auch einige schattenverträgliche Ziergehölze gepflanzt werden, z. B. Mahonien (*Mahonia aquifolium, M. bealei*), Berberitzen (*Berberis thunbergii*), Kirschlorbeer (*Prunus laurocerasus*), Stechpalme (*Ilex aquifolium*) in verschiedenen Sorten sowie Felsenbirne (*Amelanchier lamarckii*). Auch zahlreiche Nadelgehölze sind für einen solchen Standort geeignet, wobei Eibe (*Taxus baccata*) und Lebensbaum (*Thuja*-Arten) besonders schnittverträglich sind und so in der Höhe begrenzt werden können.
Alle diese Gehölze sind für normale Gartenböden geeignet. Als attraktive Blütengehölze für sauren Boden sind auch Rhododendren (*Rhododendron*) oder Hortensien (*Hydrangea macrophylla, H. paniculata*) gut einsetzbar. Soll vor diese Gehölze noch eine kleine Staudenrabatte angelegt werden, kommen hierfür u. a. Astilben (*Astilbe* × *arendsii, A. japonica*), Funkien (*Hosta*-Arten), Silberkerzen (*Cimicifuga racemosa*), Primeln in verschiedenen Arten und Christrosen (*Helleborus niger*) in Frage.

Misteln im eigenen Garten ansiedeln?

Durch einen Artikel in einer Fachzeitschrift bin ich auf die Selbstansaat von Misteln aufmerksam geworden. Da es in meiner unmittelbaren Umgebung keine Misteln gibt, bitte ich um eine Adresse, wo ich Saatgut erhalten kann.

Saatgut von Misteln (*Viscum album*) ist im Fachhandel nicht erhältlich. Das hängt damit zusammen, dass zum Erfolg der Keimung die Samen nicht aus den Früchten (Beeren) entnommen werden dürfen, sondern die Früchte mitsamt dem klebrigen Fruchtfleisch an den Zweig eines Baumes geheftet werden müssen. Wenn es auch in der Umgebung keine Bäume mit Mistelbewuchs gibt, können sie sich in der Advents- und Weihnachtszeit von einem Floristen oder Gärtner einen Zweig mit den weißlichen Beeren beschaffen und diese Beeren dann zur Aussaat verwenden. Am besten ist es, wenn man dazu einige frische Beeren zerquetscht und diese an die Unterseite eines Zweiges oder einer Astgabel anheftet. Sie sollten genügend Beeren ausbringen, da ein Erfolg nicht immer beschieden ist. Gerne fallen die Beeren und Samen Vogelfraß zum Opfer oder werden bei starken Niederschlägen abgewaschen. Bei 2- bis 3-jährigen Trieben soll die „Ansiedlung" am besten funktionieren. Günstig sind dafür immer sonnige Tage zwischen Dezember und März.

TIPP Obwohl im Allgemeinen die Mistel den botanischen Namen *Viscum album* trägt, gibt es verschiedene Unterarten, die sich auf bestimmte Gehölze spezialisiert haben. So kennt man einmal die Laubholzmistel *Viscum album* subsp. *album*, die man nur auf Laubhölzern ansiedeln kann. Bevorzugt werden Apfelbäume (*Malus*), Pappeln (*Populus*), Linden (*Tilia*), Robinien (*Robinia pseudoacacia*), Birken (*Betula*) und Ebereschen (*Sorbus*). Seltener keimen die Samen auf Zweigen von Birnen (*Pyrus*), Eichen (*Quercus*) und Hainbuchen (*Carpinus betulus*). Manche anderen Laubgehölze werden völlig gemieden. Andererseits gibt es die Unterart *Viscum album* subsp. *austriacum*, die ausschließlich auf Kiefern (*Pinus*) und Lärchen (*Larix*) vorkommt. Deshalb wird diese Mistel auch als Kiefernmistel bezeichnet. Als Dritte im Bunde gibt es die so genannte Tannenmistel,

Viscum album subsp. *abietis*, die ausschließlich auf Weißtannen (*Abies alba*) spezialisiert ist.

Moos auf Beeten im Kleingewächshaus

Den Winter über kultiviere ich in meinem Kleingewächshaus Feldsalat und etwas Winterpostelein (Winterportulak). Auf den beiden Beeten hat sich Moos stark ausgebreitet und meines Erachtens auch die Salatpflanzen im Wuchs beeinträchtigt. Woher kommt dieses Moos und wie kann ich es am besten bekämpfen?

Moos entwickelt sich immer, wenn Boden- und Luftfeuchtigkeit sehr hoch sind. Wahrscheinlich ist ihr Boden im Kleingewächshaus relativ schwer und humusreich, so dass die Ausbreitung von Moos stark begünstigt wird.
An sich lieben sowohl Feldsalat (*Valerianella locusta*) wie Winterpostelein (*Montia perfoliata*) lockere, mittelschwere Böden in gartenmäßiger Kultur. Besondere Ansprüche werden von beiden Salatarten nicht gestellt. Der Reaktionsgrad des Bodens sollte neutral bis schwach sauer sein (pH-Wert 6,5 bis 7,2).

Am besten wird es wohl sein, wenn ein etwas schwerer Boden durch scharfen Sand (Flusssand) wasserdurchlässiger gemacht wird. Außerdem sollte die Bodenoberfläche nach der Keimung der Samen immer etwas trocken gehalten werden. Wichtig ist eine ausreichende Lüftung. Schon bei Temperaturen über 10 bis 12 °C kann die Lüftung geöffnet werden, damit die überschüssige Feuchtigkeit abzieht. Beide Salat-Arten gedeihen bei relativ kühler Temperatur und fühlen sich auch in gut gelüfteten Kulturräumen während der Spätherbst- und Wintermonate wohl.

WUSSTEN SIE, dass Winterpostelein eigentlich aus Amerika stammt und dort von Alaska bis Mexiko und auf Kuba verbreitet ist? Nicht umsonst trägt die Pflanze auch noch den Namen Kubaspinat. In Mittel- und Nordamerika wird diese Pflanze auch Indianersalat oder Bergmannssalat genannt. Von dort ist auch bekannt, dass sandige Böden schweren und humusreichen Erden vorgezogen wird.

Moos auf der Terrasse beseitigen

Durch die anhaltenden Regenfälle hat sich auf meiner Terrasse ein dichter, grüner Moosbelag gebildet. Gibt es Möglichkeiten, dieses Moos ohne den Einsatz chemischer Mittel zu beseitigen? Das Abbürsten allein mit dem Schrubber hilft wenig.

Bei diesen Voraussetzungen ist wohl der Einsatz eines so genannten Hochdruckreinigers am besten. Mit ihm kann das Wasser mit einem starken

Strahl aus der Düse herausgespritzt und auf diese Weise das Moos aus Fugen und Ritzen sowie vom ganzen Plattenbelag beseitigt werden. Voraussetzung ist allerdings ein leistungsfähiges Gerät, das heute aber schon preiswert im Fachhandel erhältlich ist. In vielen Städten gibt es auch Firmen, die Gartengeräte verleihen. Dort sind in der Regel Hochdruckreiniger erhältlich, wenn sich die eigene Anschaffung eines solchen Gerätes nicht lohnt.

Beim Einsatz eines Hochdruckreinigers muss jedoch damit gerechnet werden, dass das Wasser auch etwas in die Umgebung spritzt. Deshalb sollten Sie Gartenmöbel oder Dekorationselemente am besten in Sicherheit bringen!

Seerosen überwintern

Ich habe einen kleinen Teich angelegt und eine Seerose eingepflanzt. Sie hat sieben Blätter und eine Blüte ausgebildet. Wie überwintere ich diese Pflanze am sichersten?

Die Frage der sicheren Überwinterung von Seerosen (*Nymphaea*) hängt sehr von der Wassertiefe ab. Eigentlich sollte vermieden werden, dass die Pflanzen über einen längeren Zeitraum vollkommen einfrieren. Deshalb sind im Allgemeinen bei Wassertiefen ab 60 oder 80 cm besondere Vorkehrungen für eine sichere Überwinterung nicht erforderlich, da bis in solche Tiefen in unseren Breiten das Wasser nur in sehr kalten Wintern gefriert. Problematisch wird es aber, wenn Seerosen in flacheren Wasserbecken stehen, wo strenge und anhaltende Fröste das Wasser bis zum Grund durchfrieren lassen können. Um hier die Pflanzen zu schützen, kann ein möglicher Schaden an den Pflanzen abgewendet werden, wenn schon die erste und noch dünne Eisdecke mit einer dicken Schicht Laub oder einem ähnlichen Material abgedeckt wird. Damit wird das stärkere Einfrieren meistens erfolgreich verhindert. Dieses Material muss aber sofort wieder nach Eintritt wärmerer Witterung entfernt werden, damit es später nicht im Wasserbecken liegen bleibt uns Fäulnisprozesse auslöst.
Um die Pflanzen vor Schaden zu bewahren, kann aber auch in flachen Becken das Wasser vor dem Einsetzen strengerer Fröste ganz abgelassen werden. Keinesfalls sollte dann aber der Frost über einen längeren Zeitraum hinweg auf die ungeschützten Pflanzen einwirken. Hier ist ebenfalls zu empfehlen, sie mit einer Laubschicht zu schützen. Problematisch ist diese Methode jedoch dann, wenn sich Frostperioden mit Tauwetter abwechseln und durch Niederschläge ein morastähnlicher Grund entsteht. Dann kommt es immer wieder vor, dass die überwinternden Pflanzen im Morast ersticken.
Um dies zu verhindern, kann man Seerosen, aber auch andere Wasserpflanzen, in Kunststoffkörbe pflanzen. Dadurch werden diese mobil und können vor dem Einsetzen strengerer Fröste aus dem flachen Wasserbecken genommen werden. Sie können nun an einen geschützten Ort gebracht werden und dort überwintern. Voraussetzung ist allerdings, dass ein geeigneter Überwinterungsraum vorhanden ist. Gut geeignet ist dafür ein kühler, durchaus dunkler Raum. Ideal ist ein sogenannter „Naturkeller", der im Winter Temperaturen von wenigen Grad über Null aufweist. Auch ist in einem solchen Raum die Luft nicht zu trocken.
Gute Erfahrungen wurden aber auch schon gemacht, wenn man diese Körbe im Garten bis an den Rand des Gefäßes in den Boden eingräbt. Darüber wird eine schützende Laubdecke ausgebracht, die mit Zweigen oder einem ähnlichen Material vor dem Wegfliegen gesichert werden muss.
Im zeitigen Frühjahr werden die Körbe wieder aus dem Winterquartier geholt und in das Becken eingestellt. Man lässt man das Wasser einfließen und stellt die Pflanzen Pflanzstufe für Pflanzstufe in tiefere Regionen, um sie wieder zu akklimatisieren und die Blattstängel an das Wasserniveau anzupassen.

Styroporschalen zur Aussaat?

Als Verpackungsmaterial wird sehr gerne Styropor verwendet. Könnte man eine solche Styroporschale auch als Aussaat- bzw. Kulturgefäß verwenden, wenn sich die Form dafür eignet? Bestehen keine Bedenken, dass die Pflanzen durch das Kunststoffmaterial Schaden leiden?

Auch im Gartenbau werden ab und zu Styroporkisten für Anzuchtzwecke verwendet. Bedenken, dass Pflanzenschäden auftreten, bestehen nicht.

Sie gelten sogar als durchaus pflanzenfreundlich, weil das lockere Material wärmeausgleichend wirkt.
Eines sollte man jedoch bedenken: Wird in ein solches Gefäß Erde oder auch ein Vermehrungssubstrat eingefüllt, muss für einen ordnungsgemäßen Wasserabzug gesorgt sein. Auf jeden Fall sollte das Gefäß am Boden ein oder mehrere Löcher aufweisen. Sind solche nicht vorhanden, müssen sie mit einem scharfen Messer ausgeschnitten werden. Natürlich kann auch ein Handbohrer eingesetzt werden.

Immer wieder wird darauf hingewiesen, dass Holzasche ein sehr gutes Düngemittel ist. Grundsätzlich stimmt das, da über die Holzasche wertvolle Mineralstoffe, z. B. Kalium dem Boden zugeführt wird. Oft wird jedoch übersehen, dass diese Asche auch sehr hohe Mengen an Kupfer und Zink enthält. Diese Werte übersteigen gelegentlich die „Bodengrenzwerte". Deshalb sollte sich eine Düngung mit Holzasche auch immer in Grenzen halten. Überdosierungen sind zu vermeiden.

Umweltgifte in Obst und Gemüse feststellen lassen

Mein Garten liegt in der Nähe einer viel befahrenen Straße. Nun habe ich gehört, dass es problematisch ist, dort Gemüsepflanzen anzubauen. Umweltgifte sollen meine Gemüsepflanzen verseuchen. Was soll ich tun, kann ich Boden und Pflanzen irgendwo untersuchen lassen?

Es ist richtig, dass gewisse Gefahren bei einem Anbau von Gemüse und Obst an viel befahrenen Straßen lauern. Schwermetalle, vor allen Dingen Blei, manchmal auch Cadmium, lagern sich auf den Pflanzen und im Boden ab. So gibt es heute gewisse Richtwerte, die besagen, dass von viel befahrenen Straßen ein Abstand von 10 bis 25 m eingehalten werden soll.
Grundsätzlich sollte Gemüse und Obst aus direkt an der Straße liegenden Gärten gründlich gewaschen werden, ehe es zum Verzehr kommt. Ansonsten gibt es Möglichkeiten der Untersuchung. Am besten wendet man sich an ein chemisches Untersuchungsamt, das entweder staatlichen Dienststellen zugeordnet oder bei größeren Kommunen angesiedelt ist. Auch landwirtschaftliche chemische Untersuchungsanstalten an Universitäten und anderen staatlichen Dienststellen führen gelegentlich solche Untersuchungen durch. Am besten ist es, wenn man sich an die Landwirtschaftsverwaltung wendet, um geeignete Adressen zu erfahren. Meistens gibt es in den einzelnen Kreisen Ämter für Landwirtschaft, Landwirtschafts- und Bodenkultur (Landwirtschaftsämter), die über geeignetes Adressenmaterial verfügen.

Weihnachtsbaum weiter kultivieren

Dieses Jahr zierte ein Christbaum mit Wurzelballen unser Weihnachtszimmer. Den Baum habe ich noch vor Weihnachten in einen zierenden Kübel gepflanzt, der jedoch kein Wasserabzugsloch hatte. Bald stellte ich fest, dass das Wasser nicht abfließen kann. Dann habe ich den Baum in einen großen Topf gesetzt. Trotzdem wirft er jetzt die Nadeln ab. Kann ich diese Pflanze noch retten?

Vorausgeschickt werden muss, dass ein Weihnachtsbaum niemals als Zimmerpflanze kultiviert werden kann. Es handelt sich um ein Freilandgehölz, wobei es gleichgültig ist, ob es sich um eine Tanne, Fichte oder Kiefer handelt. Natürlich kann man die Pflanze während eines gewissen Zeitraums um Weihnachten als Zimmerschmuck verwenden. Dann sollte das Gehölz aber möglichst bald an einen geschützten Platz im Freien kommen. Ideal wäre es, wenn der Christbaum im Garten ausgepflanzt werden könnte. Da dies im Winter oft nicht möglich ist, muss eine Weiterkultur an einem geschützten Platz versucht oder das Gehölz in einem kühlen, hellen Raum so lange aufgestellt werden, bis ein Auspflanzen im Garten möglich ist. Natürlich kann ein kleineres Bäumchen auch in einem größeren Pflanzgefäß weiterkultiviert werden. Immer ist aber ein Freilandstandort am besten. Nur sollte der Wurzelballen nicht über eine längere Zeit völlig durchfrieren. Der Frost ist weniger schädlich, aber die dadurch bedingte Trockenheit. Die Nadeln verdunsten auch während frostiger Perioden Wasser, doch fehlt dann den Nadeln der Nachschub, da aus dem gefrorenen Boden eine Aufnahme nicht mehr möglich ist.

Im geschilderten Falle kommt noch hinzu, dass der Christbaum zunächst unter Staunässe gelitten hat und sicher die Wurzeln beschädigt wurden. Deshalb werden, weil keine Wasseraufnahme durch gesunde Wurzeln mehr möglich ist, die Nadeln abgeworfen. Unter günstigen Verhältnissen ist aber ein Überwintern und späteres Weiterkultivieren des Christbaums durchaus möglich.

Wintergarten mit kohlendioxid-angereicherter Luft?

Gehört habe ich vor einiger Zeit, dass Gärtner in ihren Gewächshäusern die Luft zusätzlich mit Kohlensäure anreichern. Dadurch soll das Wachstum der Pflanzen verbessert werden. Ist eine solche Anreicherung der Luft im Wintergarten sinnvoll und wie wird sie ausgeführt?

Zunächst muss vielleicht darauf hingewiesen werden, dass es sich hierbei um CO_2, das so genannte Kohlendioxid handelt, das in der Luft in einer Konzentration von 0,03 % (ca. 340 ppm) enthalten ist. Die Pflanzen nehmen das CO_2 über die Spaltöffnungen auf und können es bei der Photosynthese in Kohlenhydrate umwandeln. Tatsächlich kann durch eine zusätzliche CO_2-„Düngung" das Wachstum angeregt werden, wenn die Pflanzen in der Lage sind, zusätzliche Gaben zu verarbeiten und wenn gleichzeitig auch genügend andere Nährstoffe vorhanden sind, die über die Wurzeln aufgenommen werden können.

In der gärtnerischen Praxis wird durch verschiedene Methoden die CO_2-Konzentration der Luft auf 600 bis 1200 ppm, manchmal auch höhere Konzentrationen gesteigert. Die CO_2-Düngung wird oft mit reinem CO_2-Gas aus Flaschen durchgeführt, wobei entsprechende Apparaturen erforderlich sind. Auch durch das Einleiten von Verbrennungsluft aus schwefelfreien Abgasen (z. B. Propangas) kann die Luft mit CO_2 angereichert werden. Gelegentlich wird sogar über das Gießwasser die Luft mit CO_2 angereichert.

Alle diese Methoden lohnen sich aber sicher nur für Erwerbsgartenbaubetriebe, weil dort in den vollklimatisierten Gewächshäusern auch ideale Klimaverhältnisse herrschen.

Es ist wohl nicht erforderlich – aber auch finanziell nicht vertretbar –, dass Pflanzen in einem Wintergarten mit einer zusätzlichen CO_2-Düngung versorgt werden müssen. Dort kommt es doch auch nicht auf eine „schnelle" Produktion an. Stimmen alle anderen Wachstumsfaktoren, reicht zur zusätzlichen Ernährung der Pflanzen der Einsatz üblicher Blumendünger aus.

WUSSTEN SIE, dass aus Kohlendioxid und Wasser bei entsprechender Energiezufuhr in den Blättern der grünen Pflanzen Traubenzucker entsteht? Diesen Vorgang nennt man Kohlensäure-Assimilation, die nach folgender Formel abläuft: $6\ CO_2 + 6\ H_2O + 674\ Kal = C_6H_{12}O_6$ (Traubenzucker) + $6\ O_2$ (Sauerstoff). Dieser Prozess kann

nur in den grünen Pflanzenteilen und bei einer ausreichenden Lichtintensität stattfinden.
Zwei Dinge sind für den Zimmerpflanzenfreund aus dieser Formel ablesbar:
1. Eine Pflanze kann nur assimilieren, also Pflanzensubstanz aufbauen, wenn genügend Licht vorhanden ist. Deshalb kümmern Zimmerpflanzen oft an ungünstigen Standorten.
2. Bei der Assimilation wird Sauerstoff produziert und über die Spaltöffnungen an die Außenluft abgegeben. Deshalb wird sie, zumindest tagsüber, mit Sauerstoff angereichert. Andererseits darf nicht verkannt werden, dass Pflanzen auch zur Atmung wieder Sauerstoff benötigen.

Boden und Düngung

Bodenverbesserung durch Styropor?

Der Boden in meinem Garten ist sehr schwer. Nun wurde mir geraten, dass ich zur Lockerung bzw. Dränage Sand oder Styropor in den Boden einarbeiten soll. Ist das möglich und ist das Material nicht pflanzenschädlich?

Tatsächlich kann man zur Lockerung schwerer Böden beide Materialien verwenden. Sie dienen der physikalischen Verbesserung des Bodens, also der Durchlüftung und Wasserabführung. Keinesfalls sind sie Humusersatz. Auch Humus lockert den Boden, doch ist er gleichzeitig auch noch Bakterienfutter, also für das Mikroorganismenleben im Boden notwendig.
Bei schweren Böden ist es angebracht, sowohl Humus als auch andere Mittel zuzuführen, die zur Verbesserung der Bodenverhältnisse dienen. Sollte Sand verwendet werden, ist so genannter Flusssand oder scharfer Sand günstig, der nur einen geringen Anteil an erdigen Bestandteilen hat.
Auch Styropor ist verwendbar. Es gibt käufliche Präparate, wobei diese in verschiedener Ausführung angeboten werden. Kleine runde Kugeln, die oft für Isolationszwecke verwendet werden, sind für die Durchlüftung des Bodens ungünstig. Ihre Oberfläche ist zu gering, so dass sie nicht wirksam genug sind. Besser ist gerissene Ware, also unregelmäßig geformte Styroporflocken. Flocken von 4 bis 12 mm Durchmesser sind besonders gut geeignet. Zur nachhaltigen Strukturverbesserung benötigt man zwischen 1 bis 2 m^3 Styromull/100 m^2. Das Material wird an einem möglichst windstillen Tag flächig ausgebracht und mit dem Dunghaken oder einem anderen Arbeitsgerät in die Krume eingearbeitet.
Nachteilig ist vielleicht die weiße Farbe. Manche Gartenbesitzer stören sich daran. Doch verwittert Styropor im Laufe der Zeit und verliert dabei das strahlende Weiß.

Werden zu einer generellen Bodenlockerung Sand oder Styromullflocken nicht in größerer Menge benötigt, können auch die üblichen Verpackungsmittel aus Styropor über den Garten oder Kompost entsorgt werden. Das Material muss nur mechanisch zerkleinert werden und kann dann ebenfalls im Garten oder auf dem Kompost ausgebracht werden. Auf diese Weise wird der Müllberg verringert und man kann damit bei schweren Böden sinnvoll die Struktur verbessern.

Branntkalk als Düngemittel?

Immer wieder wird darauf hingewiesen, dass dem Boden Kalk zugeführt werden muss. Kann ich auch mit Branntkalk meinen Gartenboden düngen?

Zum Düngen im Garten können verschiedene Kalkdünger verwendet werden. Am meisten wird der so genannte Kohlensaure Kalk eingesetzt, da er in der Anwendung relativ mild ist und den Reaktionsgrad des Bodens mäßig nach oben anhebt. Natürlich kann auch Branntkalk verwendet wer-

den. Er kommt aber hauptsächlich auf schweren Böden zum Einsatz. Wegen seines hohen Reinkalkgehaltes und seiner großen Aktivität dient er zur schnellen Beseitigung von Säureschäden auf manchen Böden.
Während gemahlener Branntkalk einen Reinkalkgehalt (CaO) von 70 bis 95% aufweist, enthält Kohlensaurer Kalk ca. 80 bis 95% Kalziumkarbonat ($CaCO_3$), jedoch nur die Hälfte an Reinkalk (CaO) im Vergleich zum Branntkalk. Gerade deshalb ist Kohlensaurer Kalk ideal für die Erhaltung eines guten Kalkzustandes auf leichten, sandigen und vor allen Dingen auch humusreichen Böden, also die Mehrzahl der üblichen guten Gartenböden.

Brennnesselbrühe als Dünger?

Ich bin ein eifriger Verfechter natürlicher Stoffe im Garten. Seit einiger Zeit setze ich zum Düngen ausschließlich Brennnesselbrühe ein. Jedoch muss ich feststellen, dass nicht alle Pflanzen optimal gedeihen. Kann das mit der Brennesselbrühe zusammenhängen? Welche Mittel können außerdem empfohlen werden, die jedoch nicht künstlich hergestellt werden?

Die Brennnessel (*Urtica dioica*) ist eine so genannte Ruderalpflanze. Sie wächst überall an Zäunen, Rainen, auf Schutthalden usw. Das Besondere an dieser Pflanze ist, dass sie sehr viel Stickstoff bindet und deshalb tatsächlich Komposte und Auszüge aus Brennnesseln eine deutliche Düngewirkung zeigen. Vor allem kommt hier der Stickstoff zur Wirkung, der bekanntlich besonders für das vegetative Wachstum verantwortlich ist.
Leider gibt es keine exakten Angaben über die Wirkung der Brennnessel als Düngemittel. Normalerweise können sicherlich die Inhaltsstoffe für Komposte angenommen werden, wobei nach einer gewissen Rotte der Stickstoffgehalt etwas höher sein dürfte.
Über den Nährstoffgehalt von Brennnesselbrühen gibt es keine verlässlichen Angaben. Nur werden diese sicherlich nicht so hoch mit Nährstoffen versorgt sein, da in solchen Brühen nur die tatsächlich lösbaren Nährstoffe enthalten sind. Auf jeden Fall können Brühen und vor allem Komposte sehr gut im Garten verwendet werden. Bei einer intensiven Kultur ist es aber denkbar, dass die Brühen zu einer optimalen Versorgung an Nährstoffen nicht ausreichen.
Weitere Empfehlungen sind schwierig, da nicht bekannt ist, in welchem Zustand sich der Boden befindet und welche Vorräte im Boden vorhanden sind. Einen guten Rat kann man eigentlich erst nach einer Bodenanalyse geben. Deshalb ist zu überlegen, ob eine solche nicht vorab einmal durchgeführt werden soll. Aufgrund dieser Ergebnisse könnte man dann beispielsweise eine verstärkte Kompostdüngung oder eine Düngung mit verrottetem Stallmist als natürliche Dünger empfehlen. Fehlen weitere Humusstoffe und sind nicht genügend dieser organischen Humusdünger vorhanden, können Ersatzstoffe wie Rindenhumus, Rindenkompost oder Holzfaserstoffe angewandt werden. Da diese keine Nährstoffe enthalten bzw. nur unzureichend mit Nährstoffen versorgt sind, könnten dann zusätzliche Nährstoffe mit organischen Düngemitteln (z. B. Hornmehl) oder auch einem organisch-mineralischen Volldünger erfolgen. In allen diesen Fällen werden nahezu ausschließlich natürliche Mittel zur Verbesserung des Bodens verwendet. Die jeweiligen Aufwandmengen richten sich nach den zu kultivierenden Gewächsen und den Ergebnissen der Bodenanalyse.

WUSSTEN SIE, dass eigentlich auch mineralische Dünger auf natürlicher Basis aufgebaut sind? So werden beispielsweise Stickstoffdünger aus Luftstickstoff, Phosphorsäure aus Rohphosphaten bzw. dem bei der Eisenverhüttung anfallenden Thomasphosphat und Kalidünger aus den natürlichen Rohsalzlagern gewonnen. Natürlich müssen diese Dünger chemisch aufbereitet werden. Es handelt sich dabei aber nicht um Stoffe, die bei richtiger Anwendung für Menschen und Haustiere giftig sind.

Dünger für den Garten

Im Fachhandel werden so viele Dünger für den Garten angeboten, dass man völlig die Übersicht verliert. Kürzlich wurde mir sowohl Blaukorn als auch Guano angeboten. Was soll ich nun im Garten verwenden, welche Unterschiede bestehen zwischen diesen Düngern?

Die Zahl der Dünger für den Garten ist unüberschaubar. Man kann aber grundsätzlich drei Gruppen auseinander halten, die auch zu unterschiedlichen Zeiten zum Einsatz kommen. So gibt es einmal organische Dünger, die meistens auf der Basis von tierischen Abfällen (z. B. Hornmehl) beruhen. Dazu kann auch Guano gezählt werden. Es handelt sich dabei um einen Dünger aus Vogelexkrementen, der überwiegend in Chile gesammelt und hergestellt wird. Neuerdings gibt es auch Dünger auf der Basis von getrocknetem Rindermist.

Diesem Dünger stehen mineralischen Dünger gegenüber, also Nährsalze, die zum großen Teil auch aus natürlichen Vorkommen aufgebaut sind. Der große Unterschied zu den vorgenannten ist jedoch, dass es sich hierbei um Salze handelt, die meistens rasch löslich sind und von den Pflanzen in kürzerster Zeit verwertet werden können. Die organischen Dünger müssen dagegen im Boden zunächst durch Mikroorganismen abgebaut werden, ehe sie von den Pflanzen aufgenommen werden können. Man spricht von der so genannten Mineralisierung. Da diese abhängig ist von der Bodenfeuchtigkeit und der Temperatur, kann sich der Vorgang über viele Wochen erstrecken.

Eine dritte Gruppe von Düngemitteln fasst die Langzeit- oder Depotdünger zusammen. Es handelt sich dabei um synthetisch hergestellte Dünger, die ihre Nährstoffe in langsam fließender Form abgeben und somit in der Wirkung den organischen Düngern ähnlich sind.

Auf eines muss jedoch hingewiesen werden: Es gibt wenige organische Dünger, die Kalium enthalten, da dieses Element immer in mineralischer Form vorliegt. Bezieht man deshalb einen organischen Volldünger – der alle drei Kernnährstoffe Stickstoff, Phosphorsäure und Kalium enthält – so sind meistens die Elemente Stickstoff und Phosphorsäure organisch, das Kalium mineralisch und der Dünger wird als organisch-mineralischer Volldünger bezeichnet.

Organische oder organisch-mineralische Dünger bzw. Volldünger werden in erster Linie zur Grunddüngung im Frühjahr verwendet. Sie ernähren die Pflanzen mit ihren Nährstoffen über einen längeren Zeitraum. Dasselbe gilt für die Depotdünger. Mineralische Dünger oder auch Volldünger sind dann zu verabreichen, wenn eine rasche Wirkung erzielt werden soll. Sie werden auch in geringeren Aufwandmengen im Frühjahr, ansonsten aber gerne zur Kopfdüngung verwendet. Unter einer Kopfdüngung versteht man eine Düngung während der Vegetation auf stehende Kulturen.

Von den mineralischen Düngern gibt es sehr viele Formulierungen. Für den Garten sind gut geeignet die so genannten Blaukorn-Volldünger. Diese haben den Vorzug, dass sie kein Chlor enthalten. Vor allen Dingen im Gemüse- und Beerenobstgarten sind manche Kulturen chlorempfindlich. Einige Gemüsekulturen lieben Chlor. Wegen dieser wenigen Arten braucht aber nicht ein spezieller chlorhaltiger Dünger im Haus- oder Kleingarten eingesetzt werden.

Ernterückstände in den Boden einarbeiten?

Wenn im Herbst die Gemüsebeete abgeräumt werden, fällt immer eine größere Menge Ernte- und Putzrückstände an. Müssen diese zum Verrotten auf den Kompost geworfen werden oder können sie auch direkt beim Umgraben in den Boden eingearbeitet werden?

Ernte- bzw. Putzrückstände von Gemüse können durchaus auf den Beeten verteilt und später beim Umgraben in den Boden eingearbeitet. Das gilt vor allem für leicht zersetzbare Pflanzenrückstände wie Blätter. Natürlich sollen nur gesunde Pflanzenteile in den Boden eingegraben werden. Krankes Material muss entsorgt werden, um eine Übertragung von Krankheitserregern auf das kommende Jahr zu verhindern.
Zu beachten ist aber, dass der Rotteprozess der Pflanzenreste sofort nach dem Eingraben beginnt. Dabei werden pflanzliche Nährstoffe, vor allen Dingen Stickstoff, in Form von Nitrat freigesetzt. Dieses Nitrat ist einer der Kernnährstoffe für die Pflanzen, andererseits ist es in dieser Form frei beweglich und wird deshalb durch Niederschläge auch rasch wieder ausgewaschen. Damit geht es nicht nur den Pflanzen verloren, sondern kann zur Eutrophierung des Grundwassers, von Bächen und Flüssen beitragen.
Diese Gefahr wurde schon vor längerer Zeit erkannt und auch gerade bezüglich der Ernterückstände wissenschaftlich untersucht. Dabei hat man festgestellt, dass eine zu frühe Einarbeitung der Ernterückstände durch den schon im Herbst beginnenden Zersetzungsprozess Nachteile hat und größere Mengen des wichtigen Stickstoffs bis zum Frühjahr ausgewaschen sind. Deshalb sollte das Einarbeiten so spät wie möglich erfolgen, keinesfalls aber vor Mitte November.

WUSSTEN SIE, dass bei einer späten Einarbeitung die Freisetzung von Stickstoff erst im Spätwinter bzw. zeitigen Frühjahr erfolgt? Dieser wichtige Nährstoff steht den Pflanzen im Folgejahr dann fast ohne Verluste zur Verfügung und außerdem ist keine Umweltbelastung zu befürchten.

Gründüngung zur Bodenverbesserung

Immer wieder höre ich, dass man im Garten eine Gründüngung ausbringen soll. Was versteht man darunter und wie wird diese ausgeführt?

Unter einer Gründüngung versteht man die dichte Aussaat bestimmter schnell wachsender Pflanzen oder Kräuter, die in relativ kurzer Zeit sehr viel „Masse" bilden. Schon nach einigen Wochen ist die Bestandshöhe erreicht und die Pflanzen werden in frischem, grünem Zustand in die Krume des Bodens eingebracht. Dort verrottet die organische Substanz und trägt auf diese Weise für eine Verbesserung der Humusversorgung und Nährstoffanreicherung im Boden bei. Besonders günstig ist die Verwendung von Leguminosen, die durch ein Wurzel-Symbiose mit bestimmten Pilzen (Mykorrhiza) Stickstoff im Boden binden und diesen so der nächsten Pflanzenkultur zur Verfügung stellen. Durch eine Gründungung wird die Struktur und Gare des Bodens verbessert sowie das Pflanzenwachstum angeregt.
Eine Gründüngung ist praktisch der Ersatz für eine sonstige Humusgabe. Sie ist sinnvoll, wenn wenig Humus zur Verfügung steht und die Beete vielleicht über einen längeren Zeitraum nicht bestellt werden können oder sollen. Deshalb wird eine Gründüngung dann gemacht, wenn im Sommer die Ernte eingebracht wird und eine weitere Nutzung für den Spätsommer oder Herbst nicht mehr vorgesehen ist. Die Gründüngung hat auch noch einen bodenschützenden Effekt: Es ist immer besser, wenn sich ein Pflanzenbestand auf den Beeten befindet, da auf abgeräumten, leeren Böden durch die Witterungseinflüsse (Sonne, Regen) die Bodenstruktur und Gare ungünstig beeinflusst wird.
Eine Gründüngung wird meistens in den Monaten Juli und August ausgebracht. Man verwendet spezielle Gründüngungspflanzen, die durch ihre Fähigkeit, Stickstoff im Boden zu binden, einen zusätzlichen positiven Effekt auf die Bodenfruchtbarkeit haben. Beliebt sind Kreuzblütler und Schmetterlingsblüter aber auch einige andere geeignete Familien. Verwendet werden Ackerbohne (*Vicia faba*), Lupine (*Lupinus*), Buchweizen (*Fagopyrum esculentum*), Esparsette (*Onobrychis viciifolia*), Ackersenf (*Sinapsis arvensis*), Luzerne (*Medicago sativa*), Ölrettich (*Raphanus sativus*), Saatwicke

(*Vicia sativa*), Weißklee (*Trifolium repens*). Besonders wertvoll ist das Büschelschön oder Bienenweide (*Phacelia*). Diese Pflanze liefert in relativ kurzer Zeit sehr viel organische Substanz.

Oft ist es schwierig, die ganzen Pflanzen sauber in die Krume des Bodens einzuarbeiten. Es ist deshalb sinnvoll, sie vorher mit einer Mäh- oder Mulchmaschine zu zerkleinern und dann mit der herbstlichen Bodenbearbeitung in die Krume einzubringen. Das Einarbeiten in den Boden sollte relativ spät stattfinden. Wird die Gründüngung zu früh in den Boden eingearbeitet, beginnt der Verrottungsprozess noch im Laufe des Herbstes. Dann muss damit gerechnet werden, dass freigesetzte Nährstoffe über Winter ausgewaschen werden. Deshalb heißt die Devise heute: Gründüngungspflanzen spät einarbeiten, damit sie erst ab dem zeitigen Frühjahr verrotten.

Hausabfälle richtig kompostieren

Schon seit längerer Zeit kompostiere ich alle organischen Gartenabfälle. Nun wird immer wieder darauf hingewiesen, dass man auch Hausabfälle auf den Kompost bringen kann. Welche sind zum Kompostieren geeignet, auf welche soll man verzichten?

Eigentlich können alle organischen Hausabfälle kompostiert werden. Dies gilt besonders für pflanzliche Abfälle aus der Küche, einschließlich Kaffeesatz, Tee, Bananen- und Orangenschalen. Tierische Abfallprodukte, wie Fleisch- und Fischreste sind meistens weniger geeignet, da sie Ungeziefer, manchmal sogar Mäuse und Ratten anlocken. Kompostiert werden können auch Papierabfälle. Doch sollte man auf größere Mengen verzichten. Vor allem bedrucktes Papier ist nicht empfehlenswert, da sich unter Umständen Schwermetallreste darin befinden könnten. Keinesfalls dürfen unverrottbare Substanzen auf den Kompost kommen, also Glas, Kunststoffe oder ähnliche Materialien.

Manchmal werden Haushaltgeräte in Styroporverpackungen ausgeliefert. Dieses Styropor kann mechanisch zerkleinert und ebenfalls auf den Kompost gebracht werden. Bei Korngrößen von 5 bis 15 mm ist dieses Styropormaterial zur Lockerung und Durchlüftung schwerer Komposterden hervorragend geeignet. Man muss sich nur die Mühe machen und die Verpackungen in kleine Stückchen zerreißen.

Hornmehl als Grunddünger im Zier- und Nutzgarten?

Ich habe noch eine größere Menge Hornmehl vorrätig. Durch die BSE-Krise bin ich verunsichert und weiß nicht, ob dieser organische Dünger aus tierischen Beständen im Garten noch unbesorgt eingesetzt werden kann?

Durch die BSE-Krise sind organische Düngermittel aus tierischen Abfallprodukten in die Kritik geraten. Tatsächlich haben zahlreiche Verbraucherschutz-Organisationen schon Ende 2000 darauf hingewiesen, dass organische Düngemittel aus tierischen Abfallprodukten nicht mehr verwendet werden sollen. Nach Hinweisen der Bundesregierung (Ministerium für Verbraucherschutz) im Frühjahr 2001 gelten Horn-, Haar-, Borsten- oder Federprodukte als unbedenklich. Blut-, Fleisch- oder Knochenmehl sollten jedoch nicht mehr zum Einsatz kommen.

Hühnerkot als Gartendünger?

In meiner ländlichen Gemeinde gibt es eine große Hühnerfarm. Dort kann ich relativ frischen und getrockneten Hühnerkot günstig erhalten. Kann ich diesen Hühnermist zur Humusversorgung und zum Düngen meiner Gartenpflanzen einsetzen?

Hühnerkot ist im Vergleich zu Rinder-, Schweine- oder Schafdünger ein sehr nährstoffkonzentrierter Dünger. Er sollte im Garten nicht in frischem Zustand verwendet werden. Eine vorhergehende Lagerung oder „Reifung“ ist wichtig, sonst könnte es bei empfindlichen Kulturen zu aggressiven Wirkungen kommen. Die Landwirtschaftliche Unter-

suchungs- und Forschungsanstalt Oldenburg hat die Nährstoffinhalte analysiert und herausgefunden, dass Hühnerkot relativ reich an Stickstoff, Phosphat und Kalzium, jedoch arm an Kalium und vor allem an Magnesium ist. Sollte Hühnerkot als Dünger eingesetzt werden, kann dieses Missverhältnis durch eine Zusatzdüngung mit Patentkali (Schwefelsaures Kalimagnesia) ausgeglichen werden.
Zur Düngung im Garten werden oft pro Quadratmeter 2 bis 3 kg abgelagerter Hühnerkot empfohlen. Diese Menge wird in zwei Teilgaben während der Vegetationszeit flach in die Bodenkrume eingearbeitet. Eine einmalige zusätzliche Patentkaligabe mit 40 bis 50 g/m² sorgt dann für ein harmonisches Nährstoffverhältnis.

Kaffeesatz als Dünger?

Kann ich Kaffeesatz zum Düngen von Zimmerpflanzen oder im Garten verwenden?

Kaffeesatz ist ein organisches Material und kann am besten über den Kompost im Garten „entsorgt" werden. Natürlich ist es auch möglich, ihn auf den Beeten im Garten auszustreuen. Dort wird das organische Material durch Mikroorganismen und Regenwürmer weiter humifiziert. Ebenso ist eine Beimischung zu Blumenerden möglich. Kaffeesatz reagiert leicht sauer, enthält 2% Stickstoff, 0,3% Phosphorsäure und eine geringe Menge Kalium.

Kalk richtig ausbringen

Der Vorbesitzer meines neu erworbenen Gartens hat mir empfohlen, den Boden reichlich zu kalken. Welche Bedeutung hat diese Kalkdüngung, welche Dünger verwende ich und welche Mengen sind erforderlich?

Der Kalk im Boden hat zweierlei Bedeutung. Einmal dient er als wichtiger Pflanzennährstoff. So festigt er das Gewebe und bindet schädliche Säuren. Er ist aber auch ein sehr wichtiger Bodendünger, da er einer Versauerung des Bodens entgegenwirkt, die Struktur des Bodens verbessert und insgesamt gesehen für eine dauerhafte Krümelstruktur des Bodens sorgt. Außerdem ist er für die Löslichkeit mancher Nährstoffe, jedoch auf für die Abbindung und Festlegung mancher Nährstoffe im Boden verantwortlich.
Ein Gartenboden, in dem keine ausgesprochen Säure liebenden Pflanzen kultiviert werden, sollte eine neutrale bis schwach saure Bodenreaktion aufweisen (pH 6 bis 7). Neigt der Boden zur Versauerung, kann der pH-Wert durch entsprechende Kalkgaben angehoben werden. Ansonsten ist es üblich, einem Boden im Abstand von zwei bis drei Jahren immer etwas Kalk zuzuführen. Einseitige und zu hohe Kalkgaben sind aber auch zu vermeiden. Es muss also auch dieser Dünger wohl dosiert verabreicht werden.
Für den Garten kommen als Kalkdünger meistens Kohlensaurer Kalk, Korallenkalk und ähnliche Düngemittel in Frage. Es handelt sich dabei um milde Kalkdüngemittel, die sich positiv auf den Boden und die Pflanzen auswirken. Kalkdüngemittel werden im Allgemeinen im Herbst ausgebracht, wenn die Beete abgeräumt sind. Kalk soll immer auf trockenen Boden ausgestreut und sofort in die Krume eingearbeitet werden. Die Höhe einer Kalkgabe hängt ganz vom Bodenzustand ab. Eine normale Gabe mit Kohlensaurem Kalk liegt bei etwa 100 bis 150 g/m². Ist jedoch der Boden schon ausreichend mit Kalk versorgt und werden auch sonst noch kalkhaltige Düngemittel (z. B. Kalksalpeter, Kalkamonsalpeter) verwendet, sind die Mengen zu reduzieren. Durch größere Mengen, die vielleicht auf mehrere Gaben verteilt werden, kann man den Reaktionsgrad eines Bodens ansteigen lassen. Bei ausgesprochen Säure liebenden Pflanzen ist Kalk mit Vorsicht zu genießen oder gar nicht anzuwenden.
Einen genauen Aufschluss über die Kalkversorgung des Bodens ergibt eine Bodenanalyse. Neben einer Bodenuntersuchung im Labor gibt es auch einfache Untersuchungssets in Fachgeschäften, mit denen man relativ schnell den Reaktionsgrad des Bodens feststellen kann.

WUSSTEN SIE, dass man auch mit so genannten Salzsäureproben den freien Kalkgehalt des Bodens feststellen kann? Zu diesem Zweck wird dem Boden eine kleine Probe entnommen. Man träufelt 15%ige Salzsäure darauf. Braust der Boden auf, enthält er Kalk, braust er nicht auf, ist kein Kalk enthalten. Es gilt die Regel, dass bei weniger als 1% Kalk im Boden kein Aufbrausen erfolgt, bei anhaltendem Aufbrausen kann man auf mehr als 5% Kalk schließen.

Keine Speisereste auf den Kompost

Ich habe mir im Garten einen Kompostsilo zugelegt. Dort werden nun alle Garten- und Küchenabfälle kompostiert. Nun machte mich ein Nachbar darauf aufmerksam, dass ich Speisereste nicht in der Komposttonne entsorgen sollte, obwohl doch dort keine Tiere, z. B. Ratten, Zutritt haben?

Der Nachbar hat Sie richtig beraten. Tatsächlich sollten auf den Kompost im Garten, auch in eine Komposttonne, nur verrottbare Pflanzenteile aus dem Garten zu wertvoller Komposterde verarbeitet werden. Aus der Küche sollten höchstens rohe Küchenabfälle wie Schälgut von Gemüse, nicht angemachte Salatblätter oder ähnliches Material über den Kompost entsorgt werden.
Speisereste, enthalten Salze und oft andere, für Pflanzen weniger günstige Stoffe, die sich nach der Zersetzung in der Komposttonne im Kompost anreichern und später damit in den Boden im Garten gelangen. Somit ist ein solcher Kompost nicht mit einem gewerblichen Biokompost, sondern mit einem „Biomüllkompost" zu vergleichen, der ebenfalls im Garten nicht verwendet werden soll. Es könnte dort zu Anreicherungen dieser unerwünschten Materialien kommen, die dann das Wachstum der Gemüse- und Zierpflanzen im Garten ungünstig beeinflussen können. Außerdem können sie durch Niederschläge oder Gießwasser ausgewaschen werden und dann zu einer Eutrophierung des Grundwassers beitragen.

Kompost auch mit Laub „füttern"?

In meinem Garten fällt im Herbst von den Sträuchern und Bäumen sehr viel Laub an. Soll ich dieses unter den Gehölzen liegen lassen oder auf den Kompost bringen?

Beides ist möglich. Es kommt aber wohl im Wesentlichen darauf an, ob unter den Sträuchern und Bäumen andere Pflanzen wachsen, z. B. Bodendecker oder Zwiebelgewächse. Normalerweise kann das Laub unter den Bäumen und Sträuchern liegen bleiben. Es verrottet dort langsam und trägt durch seine organische Substanz zur Verbesserung des Bodens mit Humus bei. Andererseits können sich unter dem Laub auch Krankheiten und Schädlinge halten oder andere Pflanzen unter Licht- und Luftmangel leiden. Deshalb ist es manchmal günstiger, das Laub im Spätherbst abzurechen und auf den Kompost zu bringen. Dort kann es lagenweise mit anderen Gartenabfällen aufgeschichtet werden, so dass es auf diese Weise nach der Zersetzung wertvolle Komposterde gibt.
Zweckmäßig ist es, die Schichten auf dem Kompost nicht zu hoch werden zu lassen, damit das Laub nicht zu dicht liegt und dadurch beim Zersetzungsprozess Luftmangel entsteht. Auf dem Kompost müssen immer aerobe Verhältnisse herrschen, also genügend Luft zu einer ordnungsgemäßen Rotte vorhanden sein.
Die Rotte kann beschleunigt werden, wenn unter frisches Kompostmaterial etwas bereits zersetzter Kompost gemischt wird. Der bereits stark verrottete Kompost liefert die Mikroorganismen, die das frische Material rasch angreifen und zersetzen. Zusätzliche Gaben eines Stickstoffdüngers sowie Kalk sind günstig. Stickstoffdünger fördern den Rotteprozess, Kalk bindet schädliche Säuren.

Besonders bei der Laubkompostierung fehlt es oft an ausreichenden Mengen Stickstoff, dadurch können ungünstige Rotteprodukte entstehen. Angeregt wird der Zersetzungsprozess durch Kalkstickstoff, der sowohl Kalk als auch Stickstoff liefert. Beim Umgang mit Kalkstickstoff ist allerdings Vorsicht geboten, da dieser ätzend wirkt. Eine körnige Formulierung ist vorzuziehen. Die beste Wirkung mit Kalkstickstoff erzielt man auch während der wämeren Jahreszeit, da nach einer chemischen Umwandlung die mikrobielle Tätigkeit einsetzen muss. Während Frostperioden findet kein Umsatz durch Mikroorganismen statt. Außerdem ist genügend Feuchtigkeit erforderlich.

Kompost auf Staudenbeete ausbringen?

Seit Jahren sammle ich Gartenabfälle und erziele daraus einen brauchbaren Kompost. Das verrottete Material bringe ich immer auf meine Gemüsebeete aus. Nun habe ich aber

Komposterde übrig. Kann ich diese auch auf den Staudenbeeten verteilen?

Das Ausbringen von Kompost auf Staudenbeete wirkt sich genauso günstig aus wie auf die Beete im Gemüsegarten. Gartenstauden zählen zu den Pflanzen mit einem mittleren bis geringen Nährstoffbedarf. Oft reicht es aus, wenn eine kräftige Kompostdüngung ausgebracht wurde, so dass zusätzliche Nährstoffgaben nicht mehr erforderlich sind. Weitere Düngungsmaßnahmen sind vom Wachstum der Stauden abhängig. Unter Umständen ist es auch empfehlenswert, einmal eine Bodenuntersuchung durchzuführen, um den Humus- und Nährstoffzustand festzustellen.
Vielleicht sollte man nur eines berücksichtigen. Die Beete im Gemüsegarten werden häufiger umgeschlagen, so dass möglicherweise Unkräuter, die über den Kompost ausgebracht werden, schon zeitig im Jugendstadium bekämpft werden müssen. Manchmal wird die Unkrautbekämpfung in Staudenbeeten zur Last, wenn sich hartnäckige Gattungen und Arten ausbreiten. Besitzt man jedoch eine Komposterde, die praktisch unkrautfrei ist, so kann sie als wertvolles Humusmaterial und gleichzeitiger Nährstofflieferant auf den Staudenbeeten verteilt werden.

Das Ausbringen von Kompost sollte nach Möglichkeit erst im Frühjahr erfolgen. Es kann sogar mit diesem Kompost gemulcht werden, also der Boden oberflächlich abgedeckt werden. Das hat den Vorteil, dass die durch den Winter entstandene Frostgare längerfristig erhalten bleibt und so die Krume des Bodens geschont wird. Zum Mulchen kann sogar nicht ganz zersetzter Kompost verwendet werden, der auf den Beeten ausgebracht, erst im Laufe der nächsten Wochen und Monate vollends verrottet. Günstig ist natürlich in erster Linie, wenn dazu etwas lockeres, sparriges bzw. strohiges Material verwendet wird.

Kompost mit „Engerlingen“

In meinem Kompost finde ich zur Zeit sehr viel kleine „Engerlinge". Diese sind etwa 10 bis 12 mm lang, meistens bauchwärts gekrümmt, haben einen weißen Körper mit einem braunen Kopf. Es handelt sich wohl um die Larve eines Käfers, vielleicht sogar des Maikäfers. Wie kommen diese Larven in den Kompost und können sie für Gartenpflanzen gefährlich werden?

Aufgrund der Schilderung handelt es sich mit großer Wahrscheinlichkeit nicht um den Engerling, also die Larve des Maikäfers, sondern um die Larve des Gefurchten Dickmaulrüsslers (*Otiorrhynchus sulcatus*). Dieser für viele Pflanzen schädliche Käfer, der tagsüber versteckt lebt, richtet nachts an vielen Sträuchern, Sommerblumen und Stauden große Schäden an. Viel gefährlicher noch sind die Larven, die sich von feinen Wurzeln ernähren,

bei holzigen Pflanzen die Wurzelrinde bis aufs Holz abnagen und auch in fleischige Triebe von Sommerblumen eindringen und die Pflanzen zerstören. Der Käfer selbst ist deshalb so unangenehm, weil er seine Eier gern in humose Substrate, vor allem in Komposterden ablegt, und so für eine weite Verbreitung der Larven sorgt.
Eine chemische Bekämpfung scheidet im Haus- und Kleingarten aus. Seit einiger Zeit gibt es aber Nützlinge, die die Larven abtöten. Es handelt sich dabei um parasitäre Nematoden (Älchen, Fadenwürmer) wie *Steinernema carpocapsae*, die von einigen Labors angeboten werden und von diesen bezogen werden können. Sie werden auf Schwämmen oder Kunststoffflocken geliefert und müssen in Wasser ausgeschwemmt werden. Dabei ist die Gebrauchsanweisung genau zu beachten. Außerdem muss bei der Anwendung eine Mindesttemperatur von 13 °C herrschen.
Nach dem Ausbringen dringen die Nematoden in die Larven ein und verseuchen das Insektenblut mit einem Bakterium. Dieses wiederum vermehrt sich in der Dickmaulrüsslerlarve so stark, dass nach wenigen Tagen der Tod des Schädlings eintritt. Der Nützling kann dann seine optimale Wirkung entfalten, wenn die Erde gleichmäßig angefeuchtet ist.

Sollten sich tatsächlich viele Dickmaulrüssler-Larven im Kompost befinden, ist eine Behandlung vor der Ausbringung des Komposts unbedingt notwendig. Keinesfalls sollte „verseuchte" Erde ausgebracht werden, da sich sonst Larven und Käfer im ganzen Garten ausbreiten. Sollten nach dem Eintreffen der Nützlinge ungünstige Witterungsverhältnisse herrschen und die Temperatur nicht ausreichend hoch sein, können die Nematoden einige Tage gelagert werden. Die Aufbewahrung muss aber im Kühlschrank bei +5 bis +7 °C erfolgen. Nur so bleiben die Nützlinge bis zur Verwendung lebensfähig.

Kompost mit Hornmehl düngen?

In meinem Garten werden alle Pflanzenabfälle gesammelt und auf den Komposthaufen gebracht. Nun habe ich gehört, dass die Zugabe von Hornmehl die Zersetzung fördern soll. Ich habe immer angenommen, dass im Kompost genügend Nährstoffe enthalten sind. Was soll also diese zusätzliche Düngung? Wenn sie jedoch sinnvoll ist, wann wird sie ausgeführt und welche Mengen sind erforderlich?

Die Zersetzung des organischen Materials auf dem Kompost erfolgt durch Mikroorganismen, vor allem Bakterien und Pilze. Diese benötigen jedoch zur Aktivierung ihrer Lebenstätigkeit Stickstoff, den sie normalerweise dem organischen Material entziehen. Wenn nun viel holziges Material auf den Kompost gebracht wird, fehlt der Stickstoff, um die Verrottung in Gang zu bringen. Ist dies der Fall, ist in der Tat eine zusätzliche Stickstoffgabe sinnvoll. In welcher Form diese verabreicht wird, spielt keine große Rolle. Es kann frischer Stallmist verwendet werden, aber auch Hornmehl. Genauso gut können mineralische Stickstoffdünger verwendet werden, zu denen auch der Kalkstickstoff zählt. Gerade diesem Dünger wird eine positive Wirkung zugeschrieben, da er nicht nur den Stickstoff, sondern auch Kalk liefert, der eine säuredämpfende Wirkung besitzt. In etwas größeren Mengen besitzt er sogar eine desinfizierende Wirkung. Im Allgemeinen reicht von diesen Düngern etwa 1 kg/m^3 Kompostmaterial aus. Die Dünger sollten beim schichtweisen Aufbau eines Komposthügels immer wieder dazwischen gestreut werden. Soll die desinfizierende Wirkung des Kalkstickstoffs genutzt werden, kann die Dosierung auch bis auf 3 kg/m^3 erhöht werden.
Derartige Stickstoffgaben haben im Winter keinen Sinn, da zu dieser Zeit keine biologische Zersetzung stattfindet. Aktiv werden die Mikroorganismen während der warmen Jahreszeit. Dann wird auch der meiste Stickstoff benötigt. Die Düngemittel dürfen allerdings nur auf frisches Kompostmaterial gebracht werden. Keinesfalls darf Kalkstickstoff auf einen Kompost ausgebracht werden, der schon kurze Zeit später im Garten verteilt wird. Pflanzenschäden sind in diesem Falle möglich.

Kompost mit Unkraut

Ich habe beobachtet, dass ich mit meinem verrotteten Kompost das Unkraut im Garten geradezu verteile und vermehre. Gibt es eine Möglichkeit, den Kompost unkrautfrei zu halten?

Früher war es möglich, den Kompost auf chemischem Wege zu entseuchen, diese Methode ist heute nicht mehr erlaubt. Die Erwerbsgärtner können ihren Kompost durch Dämpfen sterilisieren. Eine solche Maßnahme ist für den Gartenliebhaber unwirtschaftlich. Eine Eigenerhitzung des Kompostes, wie es auf großen Mieten möglich ist, kommt bei den meist kleinen Mengen im Garten nicht in Frage, so dass Unkrautsamen im Gartenkompost normalerweise nicht abgetötet werden. Die Keimfähigkeit vieler Unkrautsamen bleibt etwa fünf bis sieben Jahre erhalten.
Einziger Ausweg ist in diesem Falle, auf den Kompost kein samentragendes Unkraut zu werfen.

Kompost zum richtigen Zeitpunkt ausbringen

In meinem Garten fällt reichlich Kompost an. Nun bin ich mir nicht sicher, wann ich dieses Material im Garten ausbringen soll. Früher wurde immer wieder gesagt, Kompost sollte im Herbst auf die Beete gestreut werden. Neuerdings werden aber auch immer wieder Frühjahrstermine genannt. Wann ist nun der richtige Zeitpunkt gekommen und welche Mengen sollen ausgebracht werden?

Früher wurde tatsächlich meistens empfohlen, den Kompost vor dem Umgraben im Herbst auszustreuen bzw. nach dem Umgraben und den ersten Nachtfrösten auf die Gartenbeete auszubringen. Damals hat man jedoch noch nicht durch Untersuchungen nachweisen können, dass durch die Niederschläge im Winter zahlreiche Nährstoffe, vor allem Stickstoff, ausgewaschen wird. Dadurch geht dieser wichtige Kernnährstoff für die Pflanzen verloren. Andererseits kann der ausgewaschene Stickstoff zur Eutrophierung des Grundwassers und damit unter Umständen auch des Trinkwassers beitragen.
Aus diesem Grund ist man von dem Düngetermin im Herbst abgekommen und empfiehlt heute, den Kompost mit Vegetationsbeginn auszubringen. Günstige Termine sind also ab Ende Februar bis Anfang oder Mitte April. Die Komposterde wird oberflächlich in die Krume des Bodens eingearbeitet oder aber auch zum Mulchen, also zum Abdecken der Beete verwendet. Auf diese Weise erhält der Boden die notwendigen Humusvorräte, andererseits stehen die im Kompost gelösten Nährstoffe den Pflanzen während der Hauptwachstumszeit vom Frühjahr bis zum Sommer voll zur Verfügung. Damit ist auch mit geringeren Auswaschverlusten zu rechnen.
Die jährlichen Aufwandmengen hängen vom Humusgehalt des Bodens und den im Boden vorhandenen Nährstoffreserven ab. Normalerweise wird davon ausgegangen, dass eine jährliche Humusdüngung mit 5 bis 10 l Kompost/m^2 völlig ausreichend ist. Bei einer Neuanlage kann auf einen humusarmen Boden auch eine Menge bis zu 30 oder sogar 50 l/m^2 ausgebracht werden. Andererseits sollte die Kompostmenge reduziert werden, wenn der Humusgehalt des Bodens gut und der Nährstoffvorrat hoch ist. Dann genügen oft sogar nur 2 bis 3 l/m^2.

Empfehlenswert ist es immer, in größeren Abständen eine Bodenanalyse durchzuführen, um sich auf diese Weise über den Zustand des Bodens zu informieren. Neben der Standarduntersuchung auf Humusgehalt, Reaktionsgrad (pH-Wert) und die Kernnährstoffe Phosphorsäure, Kalium und Magnesium sollte auch der Stickstoff untersucht werden. Er ist ein sehr wichtiges Element, wird in größerer Menge von den Pflanzen benötigt, unterliegt aber sehr stark der Auswaschung.
Stickstoffuntersuchungen müssen meistens separat durchgeführt werden. Sehr wichtig ist dabei, dass die Bodenprobe nach der Entnahme im Garten möglichst umgehend im Labor untersucht wird, da sich sonst die Stickstoffform in der Bodenprobe durch längere Transport- und Lagerzeiten verändern kann. Auskünfte erteilen die Untersuchungsstellen.

Kompost, Grüngutkompost und Biomüllkompost – wo liegt der Unterschied?

Ich habe gehört, dass man zwischen Kompost, Grüngutkompost und Biomüllkompost unterscheiden sollte. Wie unterscheiden sich diese Kompostarten und welche sind für den Garten nicht geeignet?

Tatsächlich kennt man verschiedene Kompostarten, die auch unterschiedlich bewertet werden müssen. Zunächst einmal spricht man ganz allgemein vom Kompost, der im eigenen Garten angelegt wird. Auf diesen Kompost oder in einen entsprechenden Behälter werden alle Grüngutabfälle des Gartens geworfen, die nach einer gewissen Rottezeit wertvolle Komposterde liefern. Natürlich können dort auch Grünabfälle aus der Küche (keine Knochen und Fleischreste wegen des Anlockens von Ratten) kompostiert werden. Gut geeignet ist diese Komposterde zur Verbesserung des Gartenbodens und als Beimengung zu selbst hergestellten Substraten für Balkon- und Kübelpflanzen.
Unter Grüngutkompost versteht man Kompostsubstrate, die aus den Grüngutsammlungen der Städte nach einem entsprechenden Rotteverfahren hergestellt werden. Diese Komposte bestehen auch weitgehend aus Grüngutabfällen, also leicht zersetzlichen Laub- und Stängelteilen sowie geschredderten holzigen Bestandteilen. Auch diese kompostierten Materialien können vor allem zur Humusversorgung und damit Bodenverbesserung im Garten verwendet werden.
Kritischer betrachtet werden müssen so genannte Biomüllkomposte. Sie stammen aus den Biomüllabfällen (gesammelt meistens in der „Braunen Tonne") der Haushalte, die ebenfalls kompostiert und dann als Biomüllkompost angeboten werden. Diese Materialien sind zur Humusversorgung von Gartenböden und als Substrate für Balkon- und Kübelpflanzen nicht geeignet, da sie neben gewissen pflanzlichen Nährstoffen auch einen hohen Salzgehalt und andere für Pflanzen unverträgliche Reststoffe enthalten. Deshalb sollte man auf die Verwendung von Biomüllkompost im Garten verzichten.

Komposttonne oder -miete?

Ich beabsichtige, in meinem Garten einen Kompostbehälter aufzustellen. Soll ich einen offenen Behälter kaufen oder eine geschlossene Komposttonne?

Die Mehrzahl der handelsüblichen Modelle sind so konstruiert, dass im Kompostmaterial günstige Verhältnisse herrschen. Auf jeden Fall muss beim Einkauf darauf geachtet werden, dass das Kompostmaterial feucht gehalten werden kann und außerdem genügend Sauerstoff für die aeroben Mikroorganismen, also die Luft liebenden Kleinstlebewesen vorhanden ist. Nur unter solchen Bedingungen kann eine optimale Zersetzung des organischen Materials stattfinden.
Wenn nicht bestimmte Gründe für die Anschaffung einer Komposttonne oder eines Kompostbehälters vorliegen, kann auch in einer offen liegenden Kompostmiete eine hervorragende Komposterde erzeugt werden, da sich die Einflüsse der Witterung wie Temperatur oder Feuchtigkeit positiv auf die Zersetzung auswirken.

WUSSTEN SIE, dass die Bezeichnung Kompost aus dem Lateinischen componere = zusammensetzen abgeleitet wird? Daraus ist zu ersehen, dass ein guter Kompost aus einem Gemisch vielartiger Ausgangsstoffe zusammengesetzt sein soll.

Komposttonne richtig handhaben

Meine Gartenabfälle will ich in Zukunft sammeln und zu Kompost aufbereiten. Ist die Verwendung einer Komposttonne notwendig und sinnvoll?

Normalerweise reicht es aus, wenn die organischen Abfälle aus dem Garten in einem Haufen aufgeschichtet und zwei- bis dreimal pro Jahr umgesetzt werden. Das Kompostmaterial kann aber auch in Kompostbehältern gesammelt werden. Zahlreiche Modelle sind im Fachhandel erhältlich. Wichtig ist eigentlich nur, dass die Vorschriften für eine optimale Zersetzung des organischen Materials eingehalten werden. So muss der Kompost ständig feucht gehalten und locker gelagert werden, damit die Mikroorganismen aerobe Verhältnisse vorfinden. Nur dann findet eine Verrottung des Materials statt. Unter Luftabschluss gehen organische Substanzen in Fäulnis über. Dies muss auf jeden Fall verhindert werden.
Auch in Tonnen oder anderen Kompostbehältern gelagertes Kompostmaterial sollte ein- bis zweimal im Jahr umgesetzt werden. Dabei werden die Gartenabfälle miteinander vermischt, so dass eine homogene, gute Komposterde ensteht.

WUSSTEN SIE, dass der Kompost die „Sparbüchse des Gärtners" ist? Durch eine ausgewogene Kompostdüngung können dem Boden nicht nur Humusstoffe, sondern auch die für die Pflanzen wertvollen Nährstoffe verabreicht werden. Das allgemeine Rezept für eine Kompostdüngung lautet: Jährlich etwa 5 bis 10 l Kompost/m^2 Gartenfläche ausbringen.

Magnesium für die Pflanze wichtig?

Zu den wichtigsten Nährstoffen für die Pflanzen zählen Stickstoff, Phosphor und Kalium. Neuerdings wird immer wieder darauf hingewiesen, dass die Pflanzen auch Magnesium benötigen. Welche Bedeutung hat dieses Element und in welchen Mengen muss es den Pflanzen zugeführt werden?

Schon immer kannten die Ernährungswissenschaftler die Bedeutung von Magnesium. In letzter Zeit ist es aber mehr in den Blickpunkt gerückt, da oft Mangelerscheinungen im Boden festgestellt wurden. Heute wird dieses Element gleich wichtig angesehen wie die anderen Kernnährstoffe Stickstoff, Phosphorsäure, Kalium und Kalzium. Bei einem Magnesiummangel färben sich die Blätter meistens gelb (Chlorose-Erscheinungen), manchmal sind auch nur chlorotische Flecken zwischen den Blattadern sichtbar (Marmorierung, Tigerung). Es muss jedoch darauf hingewiesen werden, dass solche Erscheinungen nicht nur durch Magnesiummangel verursacht werden, sondern auch durch einseitige Ammoniakdüngung oder durch eine zu hohe Kaliumdüngung. Magnesium selbst ist bei vielen Aufbauprozessen in der Pflanze beteiligt, außerdem ist es ein wichtiger Bestandteil des Blattgrüns (Chlorophyll).
Magnesiummangel im Boden zeigen z. B. Tomaten (*Lycopersicon esculentum*) und Obst besonders schnell. Auch viele Koniferen leiden unter Magnesiummangel. Sie haben dann gelbe Nadelspitzen. Wird ein Magnesiummangel vermutet, kann man durch eine Bodenuntersuchung den vorhandenen Magnesiumgehalt feststellen lassen. Zeigt die Bodenprobe etwa 10 bis 15 mg Magnesium (MgO)/100 g Boden, ist eine ausreichende Versorgung gewährleistet. Bei einem Gehalt von 15 oder mehr mg/100 g Boden ist er gut bis sehr gut versorgt.

Mykorrhiza-Pilze bei Garten-, Balkon- und Zimmerpflanzen einsetzbar?

Es soll Pilze geben, die zur Düngung von Pflanzen im Garten, aber auch zur Stärkung und Gesunderhaltung von Balkon- und Zimmerpflanzen eingesetzt werden. Um was für Pilze handelt es sich, wo kann man sie erwerben und wie werden sie eingesetzt?

Seit Jahrzehnten ist bekannt, dass zum Beispiel Orchideen, aber auch viele Gartenpflanzen eine Lebensgemeinschaft im Wurzelbereich mit Pilzen bilden. Diese Lebensgemeinschaft zwischen den Wurzeln und Pilzen wird als Mykorrhiza bezeichnet (griech.: „mykes" = Pilz, „rhiza" = Wurzel). Es ist auch bekannt, dass eine Störung dieser Mykorrhizen zu Wuchsdepressionen, ja sogar zum Tod der Pflanzen führen kann. Natürlich kommen Vertreter aller Pilzklassen im Boden vor, wobei es sich meistens um Saprophyten, seltener auch um Parasiten handelt. Interessant für das Wachstum höherer Pflanzen sind aber die symbiontisch lebenden Pilze, also solche, die eine Lebensgemeinschaft mit den Wurzeln höherer Pflanzen eingehen. Heute weiß man, dass bei mehr als 90 % aller höheren Pflanzen solche Symbiosen vorkommen.
Diese Mykorrhiza-Pilze verbinden sich mit den Feinwurzeln höherer Pflanzen und übernehmen sogar vielfach in einer späteren Phase der Wurzelentwicklung die Funktion der Feinwurzeln oder deren Wurzelhaare. Dadurch entsteht eine gegenseitige Abhängigkeit von Pflanze und Pilz, denn die Pflanzen liefern den Pilzen die lebensnotwendigen Kohlenhydrate, vor allem Zucker und Wuchsstoffe zur Fruchtkörperbildung, die Pilze hingegen sichern der Pflanze die Wasserzufuhr und die Nährstoffversorgung. Auch stimulieren sie Stoffwechselvorgänge und fördern so das Wachstum der Pflanzen. Sie können sogar mit gewissen antibiotischen Substanzen die Anfälligkeit der Pflanzen gegenüber krankheitserregenden Wurzelpilzen stark reduzieren.
In Labors werden solche wurzel- und pflanzenfördernden Mykorrhiza-Pilze gezüchtet, die seit einiger Zeit in verschiedenen Bereichen des Gartenbaus eingesetzt werden. Positive Erfolge wurden bei Bäumen und Sträuchern, Rasenflächen, neuerdings aber auch bei vielen Zierpflanzen erzielt. Seit kurzem gibt es solche Mykorrhiza-Pilze auch in Kleinpackungen für den Gartenbesitzer und

Blumenfreund. Sie können zum Beispiel beim Pflanzen von Gehölzen im Garten verwendet werden und sorgen für ein sicheres und schnelles Anwachsen der Sträucher und Bäume. Auch werden diese gegen Krankheiten im Wurzelbereich widerstandsfähig. Gerade bei schlechten Böden mit niedrigem Humusgehalt sind solche Präparate eine echte Starthilfe. Auch überstehen Pflanzen nach einer Behandlung Hitze und Trockenheit wesentlich besser. Auch für Gemüse, Obstgehölze und Beerensträucher gibt es geeignete Präparate, ebenso für Zierpflanzen im Haus oder Garten, auf dem Balkon und der Terrasse.
Die Anwendung dieser Präparate soll, so der Hersteller, am besten so früh wie möglich erfolgen. Das gilt vor allen Dingen auch für Pflanzen, die in käufliche Blumen- und Pflanzerden gesetzt werden. Diese sind oft weitgehend steril und können durch Mykorrhiza-Pilze belebt und dadurch die Pflanzen positiv stimuliert werden. Es ist auch möglich, nachträglich die Präparate auszubringen. Verschiedene Präparate sind in Kleinpackungen unter dem Namen „Vitalin" im Fachhandel erhältlich (Bezugsquelle siehe Seite 377).

Nussbaum- und Ligusterlaub kompostierbar?

Mir wurde gesagt, dass ich das Schnittgut vom Liguster und das Laub vom Nussbaum nicht auf den Kompost bringen darf. Was soll ich tun?

Das Laub vom Walnussbaum (*Juglans regia*) kann sicher kompostiert werden. Dies gilt umso mehr, wenn es mit anderen organischen Gartenabfällen auf dem Kompost vermischt wird. Unter günstigen Rottebedingungen entsteht dann aus dem Mischgut ein brauchbarer Kompost.
Liguster (*Ligustrum vulgare*) gehört zu den giftigen Pflanzen. Er enthält in Blättern und Rinde Ligustron und Syringin. Es handelt sich dabei um zuckerhaltige Verbindungen, die jedoch relativ leicht zerstörbar sind und damit wirkungslos werden. Bei einem normalen Rotteverlauf im Kompost ist mit einem Abbau dieser Wirkstoffe zu rechnen, so dass der Kompost später unbedenklich verwendet werden kann.

Wenn im Herbst sehr viele Gartenabfälle, vor allem auch Laub anfallen, sollte man den Kompost schichtweise aufsetzen und dazwischen immer etwas angerotteten Frischkompost einbringen. Die dort bereits tätigen Mikroorganismen, Würmer usw. greifen auch das neue Material an und sorgen für eine gute Zersetzung. Ansonsten kann auch etwas Stickstoffdünger untergemischt werden, der das Mikroorganismenleben „anheizt".

Rindenmulch als Abdeckmaterial?

Meine Gartenbeete will ich mit organischem Material abdecken (mulchen). Da ich zu wenig Kompost habe, wurde mir die Verwendung von Rindenmulch empfohlen. Wann muss ich dieses Material ausbringen?

Rindenmulch ist als Abdeckmaterial in vielen Gartenbereichen gut geeignet. Es handelt sich dabei um grob gehäckselte Rinde, die beim Fällen von Waldhölzern anfällt. Da das Material keinerlei auswaschbare Nährstoffe enthält, kann es ganzjährig ausgebracht werden. Am besten geeignet ist Rindenmulch zum Abdecken von Flächen zwischen Gehölzen. Grundsätzlich hat eine Mulchschicht sehr günstige Auswirkungen auf die Bodenstruktur und Bodengare. Außerdem wird die Bodenfeuchtigkeit günstig beeinflusst, da die Wasserverdunstung verhindert wird. Bei einer Schichtstärke von über 5 cm konnte auch eine Unterdrückung von Wildkrautwuchs (Unkraut) festgestellt werden.
Wird mit Rindenmulch gearbeitet, sollte auf den Stickstoffgehalt des Bodens geachtet werden. Da es sich um organisches Material handelt, das keinerlei Nährstoffe enthält, kann es bei der im Laufe der Zeit einsetzenden Rotte, Stickstoff aus dem Boden entziehen. In einem nährstoffarmen Boden können dann Nährstoffmangelerscheinungen, speziell Stickstoffmangel, auftreten. Deshalb ist in einem solchen Fall eine zusätzliche Stickstoffdüngung erforderlich. Außerdem kann die herbizide (unkrautbekämpfende) Wirkung von frischem Rindenmulch bei empfindlichen Pflanzen (Stauden, Sommerblumen, Gemüse) zu Wachstumsstockungen führen.

WUSSTEN SIE, dass es außer Rindenmulch noch andere, brauchbare Produkte aus Rinde für den Garten gibt? Es handelt sich dabei um die Handelsprodukte Rindenhumus, Rindensubstrat und Rindenkompost. Gerade für empfindlichere Pflanzen ist die Verwendung von Rindenhumus oder Rindenkompost empfehlenswert.

Rinderdung als Gartendünger?

Kann getrockneter Rinderdung zum Düngen im Garten verwendet werden? Wann wird dieser Dünger angewandt?

Schon seit vielen Jahren ist getrockneter Rinderdung im Handel erhältlich (z. B. California Rinderdung). Dieser Dünger enthält nach einer Analyse der Zeitschrift „test“: 1,4% Stickstoff (N), 1,0% Phosphorsäure (Phosphat) (P), 2,4% Kalium (K), 2,9% Kalzium (Ca) und 1,2% Magnesium (Mg). Nennenswerte Schwermetallgehalte konnten nicht nachgewiesen werden. Getrockneter Rinderdung kann zur Verbesserung der Humusversorgung im Garten verwendet werden. Auch die Nährstoffe sind für die Pflanzen verfügbar. Doch wird darauf hingewiesen, dass wegen des relativ hohen Feuchtegehalts (30%) und des hohen Sandanteils sowie der niedrigen Nährstoffgehalte das Kosten-Nutzen-Verhältnis weniger günstig ist. Die Anwendung ist sicherlich nur auf kleineren Flächen gerade aus Kostengründen sinnvoll.
Als Anwendungszeitpunkt kommt der Spätwinter oder das zeitige Frühjahr vor Vegetationsbeginn in Frage. Übrigens ist die Qualität der angebotenen getrockneten Rinderdünger von Lieferant zu Lieferant verschieden. Es wurden auch schon bei einer Analyse hohe Bleigehalte festgestellt, die über dem Durchschnitt anderer schwermetallarmer Dünger lagen.

Rinderdung im Frühjahr ausbringen

Mein Garten befindet sich in einem ländlichen Gebiet, und ich kann dort von einem Landwirt frischen Rinderdung erhalten. Kann ich diesen jetzt im Herbst oder erst im Frühjahr auf meine Staudenbeete und vor allen Dingen auf die Rosenbeete ausbringen?

Während früher Stallmist, also Pferde- und Rinderdung, oftmals im Herbst im Garten ausgebracht wurde, ist man in den letzten Jahren von dieser Methode völlig abgekommen. Der Grund hierfür ist einleuchtend: In diesen organischen Wirtschaftsdüngern sind sehr viele lösliche Nährstoffe enthalten, die beim Ausbringen im Herbst durch die Niederschläge ausgewaschen werden. Einerseits gehen sie dann den Pflanzen verloren, andererseits kommt es durch das Auswaschen dieser Nährstoffe, insbesondere des Stickstoffs, zu einer unerwünschten Anreicherung im Grundwasser. Deshalb sollten sowohl Pferdemist als auch Rinderdung besser im Frühjahr ausgebracht werden. Noch etwas sollten Sie aber beachten: Die meisten Pflanzen vertragen keinen frischen Mist. Deshalb müssen Sie den Rinderdung zunächst einige Zeit lagern, damit sich aggressive Inhaltsstoffe abbauen. Dann ist auch der Rinderdung durchaus ein praktikabler Wirtschaftsdünger, der den Boden mit Humus und Nährstoffen für die Pflanze anreichert. Die Ausbringung sollte aber auch dann auf jeden Fall erst im Spätwinter oder Frühjahr erfolgen.

Rindermist als Gartendünger?

Wir wohnen in einer ländlichen Gemeinde mit zahlreichen Landwirten. Nun könnte ich zum Düngen meiner Pflanzen Kuhdung erhalten. Kann ich diesen im Garten verwenden? Welche Mengen bringe ich aus und für welche Pflanzen ist Kuhdung am besten geeignet?

Kuhdung kann durchaus im Garten verwendet werden. Er liefert Humussubstanzen für den Boden und Nährstoffe für die Pflanzen. Wenn man den Mist nicht für spezielle Pflanzen verwenden will, wäre abgelagerter Dünger besonders wertvoll. Er hat dann seine „aggressive“ Phase bereits hinter sich und liefert wertvolle Humusformen.
Generell könnte Kuhdung zum Abdüngen der Gemüsebeete verwendet werden, auf denen nährstoffbedürftige Pflanzen angebaut werden, z. B. Kohl (*Brassica*-Arten), Tomaten (*Lycopersicon esculentum*), Sellerie (*Apium graveolens*). Nachfolgende Kulturen wären dann Salate (*Lactuca sativa*), Radies und Rettiche (*Raphanus*) oder Spinat (*Spinacia oleracea*).
Natürlich kann abgelagerter Kuhdung auch zum Abdüngen von Blumenbeeten verwendet wer-

den. Vor allem Rosen vertragen diesen Mist sehr gut. Hier könnte man sogar den Boden rund um die Rosenstöcke einige Zentimeter mit Kuhdung abdecken. Eine weitere Möglichkeit wäre, den Gartenkompost schichtweise mit Kuhdung aufzusetzen. Dadurch erhält man innerhalb von einigen Monaten eine sehr gute Komposterde, die für viele Zwecke, auch zum Eintopfen von Balkon- und Kübelpflanzen, verwendet werden kann.

Kuhdung, aber auch Pferdemist, sollte nicht bei solchen Gemüsepflanzen verwendet werden, die erfahrungsgemäß von Fliegenmaden befallen werden. Bekannte Schädiger sind z. B. Kohlfliege (*Delia brassicae*), Möhrenfliege (*Psila rosae*), Zwiebelfliege (*Delia antiqua*) und Rettichfliege (*Delia brassicae*, *D. floralis*). Nicht überall sind diese Fliegen gleich verbreitet. Wenn in einem Gebiet die Kohlfliege stärker verbreitet ist, sollte natürlich auch ein Kohlbeet nicht unbedingt mit Mist abgedeckt werden, da der Geruch vom Mist Fliegen anlockt. Ansonsten kann man Fliegen von der Eiablage abhalten, wenn die gefährdeten Gemüsepflanzen mit Gemüse- oder Kulturschutznetzen abgedeckt werden.

Stallmist richtig ausbringen

Ich wohne in einem ländlichen Gebiet und kann von den umliegenden Landwirten Stallmist für meinen Garten erhalten. Wann soll ich diesen Stallmist im Garten ausbringen? Welche Mengen sind erforderlich?

Während früher Stallmist üblicherweise im Herbst ausgebracht wurde, kommt heute eher das Frühjahr in Frage. Maßgebend dafür ist, dass die leicht löslichen Nährstoffinhalte, vor allem Stickstoff, über Winter ausgewaschen werden. Sie gehen dadurch den Pflanzen verloren. Es sind aber auch ökologische Gründe dafür maßgebend. Der ausgewaschene Stickstoff kann nämlich ins Grundwasser gelangen und zu einer Anreicherung des Trinkwassers mit Nitraten führen.
Grundsätzlich sollte im Garten kein frischer Stallmist verwendet werden: Er kann durch frei werdendes Ammoniak Schaden an den Pflanzen verursachen. Einige Zeit abgelagerter Stallmist (Rinder- oder Pferdemist) ist günstig.
Die Aufwandmengen liegen bei 2 bis 3 kg/m². Bei einer Gartenneuanlage kann man auch 5 und mehr kg/m² ausbringen und mit der Krume vermischen.

Abgelagerter Stallmist eignet sich auch gut zum Abdecken von Gemüsebeeten bei bestimmten Kulturen, z. B. Tomaten, Gurken, Zucchini.

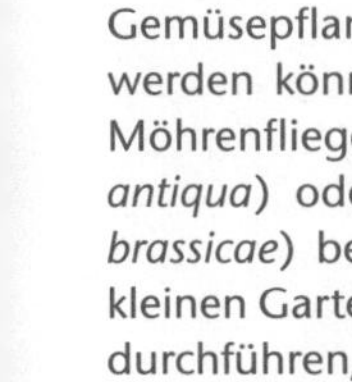

Stallmist sollte man nicht auf Gemüsebeeten verwenden, auf denen anschließend Möhren (*Daucus*), Zwiebeln (*Allium cepa*), Rettiche und Radieschen (*Raphanus*) kultiviert werden. Dies gilt insbesondere für frischen Stallmist, da der Geruch des Mists Fliegen anlockt, die den Gemüsepflanzen durch ihre Larven gefährlich werden können. Gemüse-Arten können von der Möhrenfliege (*Psila rosae*), Zwiebelfliege (*Phorbia antiqua*) oder Rettich- oder Kohlfliege (*Phorbia brassicae*) befallen werden. Kann man in einem kleinen Garten eine Trennung nach Kulturen nicht durchführen, sollten gefährdete Gemüse-Arten rechtzeitig mit Gemüseschutznetzen abgedeckt und so die Eiablage durch die Gemüsefliegen verhindert werden.

Umgraben schädlich für Gartenboden?

Früher habe ich meinen Garten im Herbst immer umgegraben. Nun habe ich gehört, dass das Umgraben für den Gartenboden sogar schädlich sei. Stimmt das und mit welcher Begründung wird auf das Umgraben verzichtet?

Es gibt heute Tendenzen, auf bestimmten Böden oder bei bestimmten Kulturen auf das Umgraben zu verzichten. Grundsätzlich hat das Umgraben oder Schoren den Vorteil, dass der Boden spatentief gelockert und gewendet wird. Dadurch können die Niederschläge im Herbst und Winter rascher in den Boden einziehen, ebenso der Frost, so dass im Frühjahr der Boden eine gute Struktur und Gare (Frostgare) aufweist. Auch werden die aus den obersten Bodenschichten ausgewaschenen Nährstoffe durch das Umwenden der Scholle wieder nach oben gebracht, so dass sie im Frühjahr den Pflanzen wieder zur Verfügung stehen. In hanglagigem Gelände wird das Niederschlagswasser also aufgefangen, während es auf verdichteten, freien Flächen rasch abfließt und zur Erosi-

on des Bodens beiträgt. Diesen günstigen Eigenschaften steht möglicherweise entgegen, dass Bodenlebewesen durch das Umgraben gestört werden oder die Boden verbessernde Wirkung auch nicht so stark zur Wirkung kommt. Dies trifft besonders auf sandige Böden zu, auf denen Niederschlagswasser rasch einziehen und auch der Frost tief eindringen kann. Aus diesem Grund kann heute immer noch empfohlen werden, dass abgeräumte, freie Böden mit schweren Bodenverhältnissen im Herbst nach wie vor umgegraben werden.
Nicht umgegraben werden bepflanzte Flächen wie Staudenbeete oder Gehölzstreifen. Dort werden durch das Umgraben die flach unter der Bodenoberfläche streichenden Wurzeln abgestochen und so die Pflanze geschädigt.

Es hat sich als günstig erwiesen, wenn zwischen Dauerpflanzen (Stauden, Gehölzen, Kräutern) nicht umgegraben wird. Dort hat sich das Ausbringen einer Mulchschicht bewährt. Zum Mulchen können eigener Kompost, Grüngutkompost, manchmal auch Rindenmulch, Rindenhumus oder Holzfaserprodukte verwendet werden.

Krankheiten, Schädlinge, Pflanzenschutz

Ameisen schädigen Sämlinge

In meinem Garten haben sich unzählige Ameisen eingenistet. Sie bauen überall ihre Nester mit weit verzweigten Gängen und unterminieren junge Sämlinge, die dann vertrocknen und absterben. Was kann ich gegen diese lästige Plage unternehmen?

Ameisen sind eigentlich keine Schadinsekten, wenn sie auch gelegentlich zarte oder saftige Pflanzenteile beschädigen, um sich an ihrem Saft zu laben. Der Schaden ist meistens gering.
Es gibt verschiedene Hausmittel, um die Tiere zu beseitigen. So kann man die Nester mit kochendem Wasser ausgießen oder aber eine Mischung aus einem Teil Borax und zwei Teilen Puderzucker herstellen. Dieses Gemisch soll man auf die Ameisenstraßen streuen.
Will man die Ameisen einfach anlocken, vermischt man zwei Teile Honig mit einem Teil frischer Hefe und bringt diese Mischung in einem Schälchen aus. Die Ameisen werden angelockt und können dann beseitigt werden.

Blattlausbefall an Seerosen

Meine Seerosen im Gartenteich sind stark von Blattläusen befallen. Offensichtlich können sie einen größeren Schaden anrichten, denn die Blätter beginnen bereits zu vergilben und zu verkümmern. Was kann ich gegen diese Läuse tun?

Tatsächlich ist bekannt, dass Seerosen (*Nymphaea*) vielfach von der Seerosenblattlaus (Aphididae) befallen werden. Die Läuse saugen besonders an zarten, jungen Blättern sowie an Knospen und Blüten. Bei anhaltend warmem bzw. feuchtwarmem Wetter ist mit einer starken Ausbreitung zu rechnen. Neben den Seerosen werden im Teich auch Pfeilkraut (*Sagittaria sagittifolia*), Froschlöffel (*Alisma plantago-aquatica*), Blumenbinse (*Butomus umbellatus*), Laichkraut (*Potamogeton*) und andere Pflanzen befallen.
Die Bekämpfung ist etwas problematisch, da mit den im Handel befindlichen Präparaten auch Fische und andere nützlichen Tiere geschädigt oder sogar abgetötet werden können. Deshalb wird im Allgemeinen empfohlen, Läuse mit einem scharfen Wasserstrahl abzuspritzen. Da die Tiere aber mit einer Wachsschicht überzogen sind, gehen sie im Wasser nicht unter, sondern können längere Zeit darauf treiben, bis sie unter Umständen wiederum an den Pflanzen einen Halt finden.

WUSSTEN SIE, dass die Seerosenblattlaus zum Überwintern einen Zwischenwirt braucht? In Frage kommen hauptsächlich Pflaumen- und Kirschenbäume (*Prunus*-Arten) sowie Schlehen (*Prunus spinosa*). Aus den überwinterten Eiern schlüpfen geflügelte Läuse, die dann auf die Seerosen übersiedeln. Denkbar wäre es, diese Läuse vor der Übersiedlung auf den Zwischenwirten mit einem geeigneten und zugelassenen Präparat zu bekämpfen.

Blattläuse mit natürlichen Aufgüssen bekämpfen

Gegen Blattläuse und andere Insekten sollen verschiedene natürliche Aufgüsse helfen. Um welche handelt es sich und wie werden diese angewandt?

In der Regel handelt es sich um eine Lösung, die aus Brennnesseln hergestellt wird. Das Rezept lautet: 100 g frische Brennnesseln lässt man 12 bis 24 Stunden in 1 l Wasser ziehen. Danach werden die Pflanzen mit dieser Lösung eingesprüht. Eine Garantie für die Wirkung kann jedoch nicht übernommen werden; es handelt sich eher um ein vorbeugendes, Pflanzen stärkendes Mittel.

Blattwanzen an Dahlien, Astern und Himbeeren

An meinen Dahlien und Astern habe ich schon im vergangenen Jahr verkrüppelte und verfärbte Blätter sowie missgebildete Blüten beobachtet. Dort fand ich auch ab und zu platt gedrückte, etwa 1 cm große bräunliche Käfer. Die gleichen Tiere treten jetzt im Mai auch schon wieder auf. Ich beobachte sie auch an Himbeeren. Was sind das für Schädlinge und was kann ich gegen diese Tiere unternehmen?

Aufgrund der Schilderung vermute ich, dass es sich nicht um einen Käfer, sondern um Blattwanzen (*Lygus*-Arten) handelt. Wanzen sind flache, beinahe platte Tiere mit sechs Beinen und einer Größe zwischen 5 und 10 mm. Es gibt verschiedene Arten, die eine gelbgrüne, gelblich braune oder rötlich braune Farbe haben können. Die völlig ausgewachsenen Tiere haben zwei flach anliegende Flügelpaare. Blattwanzen sind nahe Verwandte der Blattläuse (Aphididae) und Zikaden (Auchenorrhyncha).

Diese Wanzen ernähren sich vom Saft junger Triebe, Blätter, Knospen und Blüten. Sie scheiden mit ihrem Saugrüssel gleichzeitig einen giftigen Speichel aus, der zu den Verkrüppelungen der Pflanzenteile führt. Meistens sind sie bei sonnigem, warmem Wetter immer wieder zu entdecken, während sie bei feucht-kühler Witterung in ihren Verstecken bleiben. Sie sind auch sehr scheu und lassen sich meistens fallen, wenn man in ihre Nähe kommt.

Normalerweise ist der Schaden durch Blattwanzen nicht besonders groß. Auch treten die Tiere von Jahr zu Jahr in unterschiedlicher Stärke auf. Sollte einmal ein sehr starker Befall befürchtet werden, empfiehlt der Pflanzenschutzdienst den Einsatz eines Pflanzenschutzmittels auf der Basis von Pyrethrinen. Diese Mittel sind auch gegen Blattläuse zugelassen.

WUSSTEN SIE, dass nicht alle Wanzen Zier- und Nutzpflanzen schädigen? Es gibt sehr viele Gattungen, die zu den Nützlingen gezählt werden können, da sie sich vorwiegend von Blattläusen, Blattsaugern, Spinnmilben, Gallmückenlarven usw. ernähren. Viele von ihnen gehören zur Gruppe der Blumen- und Weichwanzen.

Kellerasseln im Kleingewächshaus

In meinem Kleingewächshaus sind Sämlinge immer wieder angefressen, auch an meinen Gurkenfrüchten finde ich immer wieder rätselhafte Fraßspuren. Vor allem die Früchte, die auf dem Boden direkt aufliegen, sind angefressen. Nun habe ich beobachtet, dass abends viele Kellerasseln auftauchen. Sind diese Tiere für den Schaden verantwortlich und was mache ich dagegen?

Asseln sind lichtscheue Tiere und kommen erst bei Dunkelheit aus ihren Verstecken. Sie verzehren hauptsächlich verwesende organische Stoffe von Pflanzen oder Tieren. Doch kann es durchaus sein, dass sie auch zarte Pflanzenteile, wie Sämlinge oder weichere Organe älterer Pflanzen, anfressen.

Deshalb ist es durchaus möglich, dass diese Asseln auch die Gurkenfrüchte angefressen haben. Die Fraßschäden selbst sind ähnlich wie bei Schneckenfraß. Es fehlen nur die für Schnecken typischen Schleimspuren.
Da die Asseln (Keller- und Mauerasseln) den Tag über in Verstecken leben, sollten diese weitgehend beseitigt werden (z. B. Steinhaufen, morsche Bretter). Auch sonst ist peinliche Ordnung und Sauberkeit wichtig, da faulige Pflanzenteile Leckerbissen für die Asseln sind. Ansonsten kann man versuchen, die Asseln in künstlich geschaffene Schlupfwinkel, wie mit Holzwolle gefüllte Blumentöpfe, zu locken und am Morgen die Tiere dort aufzusammeln und zu beseitigen.

Läusebekämpfung mit biologischen Mitteln

In meinem Garten haben sich an vielen Gewächsen Läuse angesiedelt. Auch Zimmerpflanzen sind von Läusen befallen. Nun will ich keine chemischen Mittel einsetzen. Welche biologischen oder natürlichen Mittel können empfohlen werden, damit ich der Läuseplage Herr werde?

Es gibt viele Hausrezepte, die zur Abwehr und Beseitigung von Blattläusen empfohlen werden. So soll man diese mit Kartoffelschalenbrühe, Zwiebelschalentee, Rhabarberblätterbrühe oder einem Auszug aus Knoblauch bereits beseitigen können. Oft wird auch empfohlen, die Pflanzen mit Brennesselwasser zu spritzen, das aus einem Kaltwasserauszug gewonnen wurde. Zu diesem Zweck werden 1 kg Brennesselabschnitte in 10 l Wasser angesetzt und zwölf Stunden lang stehen gelassen. Zum Ansetzen wird Kaltwasser verwendet. Anschließend wird diese Brühe unverdünnt auf die Pflanzen gespritzt.
Auch Rainfarn- oder Wermuttee sollen dafür geeignet sein. Im Fachhandel gibt es Präparate, die aus natürlichen, oft pflanzlichen Stoffen aufgebaut sind. Anzuführen sind Mittel auf der Basis von Natur-Pyrethrum. Auch Mittel auf der Basis von Kaliseife können dazu gezählt werden. Sollten diese Präparate nicht wirken oder ist ein größerer Schaden abzuwenden, so empfiehlt der Pflanzenschutzdienst einige wenige Mittel, die vom Gartenbesitzer unter Beachtung der allgemeinen Vorsichtsmaßnahmen eingesetzt werden dürfen. Dazu gehören derzeit beispielsweise Präparate aus Extrakten des Neembaumes (Bezugsquelle siehe Seite 377) oder Präparate auf der Basis der Pyrethrine und Piperonylbutoxid.

Sollen Blattläuse in geschützten Räumen, also im Blumenfenster, Wintergarten oder Kleingewächshaus beseitigt werden, kann man auch ohne Einsatz von Hausmitteln und käuflichen Pflanzenschutzmitteln die Schädlinge beseitigen, indem Nützlinge eingesetzt werden. Angeboten werden von verschiedenen Züchtern Räuberische Gallmücken (*Aphidoletes aphidimyza*) und Schlupfwespen (z. B. *Aphidius matricariae*).

Maulwürfe aus dem Garten vertreiben

In meinem Garten haben sich sehr viele Maulwürfe angesiedelt. Was kann ich tun, um sie zu vertreiben?

Generell muss darauf hingewiesen werden, dass der Maulwurf im Gegensatz zur Wühlmaus nicht als Schädling im Garten angesehen wird. Er vertilgt Insekten und Würmer, während er Pflanzenteile verschmäht. Deshalb ist er nicht in die Gruppe der üblichen Pflanzenschädlinge einzugliedern und darf deshalb auch nicht bekämpft werden. Nach der Bundesartenschutzverordnung zählt der Maulwurf sogar zu den geschützten Tieren. Sollte einmal die Wühlarbeit des Maulwurfs im Garten überhand nehmen, kann ein aktueller Rat beim zuständigen Pflanzenschutzdienst eingeholt werden.
Verschiedene Hersteller bieten auch naturidentische Abwehrstoffe gegen Maulwürfe an, die auf Duftkomponentenbasis aufgebaut sind. Diese Düfte vertreiben die Maulwürfe aus dem Garten, ohne sie zu schädigen.

Maulwürfe können unter Umständen auch aus dem Garten vertrieben werden, indem man Menschenhaare in die Gänge stopft. Die Haare selbst gibt es kostenlos beim Frisör.

Maulwurfsgrillen-Plage eindämmen

In meinem Garten haben sich unzählige Maulwurfsgrillen (Werren) eingenistet. Es wächst auf den Gemüsebeeten praktisch überhaupt nichts mehr. Säe ich frisches Gemüse aus, kommt es kaum zum Keimen, die Pflänzchen werden sofort wieder abgefressen. Was kann ich gegen diese Plage tun?

Die Maulwurfsgrille oder Werre (*Gryllotalpa gryllotalpa*) ist eine nahe Verwandte unserer Grillen. Sie leben dicht unter der Erdoberfläche und legen etwa fingerdicke Gänge an. Sie ernähren sich durch Fraß an Wurzeln und unteren Stängelteilen, besonders beliebt sind Sämlinge und Jungpflanzen. Die Tiere halten sich die meiste Zeit ihres Lebens in ihren Gängen auf. Zur Paarungszeit zwischen Ende April bis Juni kommen sie auch nachts an die Oberfläche.
Die Bekämpfung ist nicht einfach, da chemische Mittel nicht mehr eingesetzt werden dürfen. Mit einem einfach Trick kann man einen gewissen Erfolg erzielen indem man zur Paarungszeit die umherwandernden Tiere abfängt. Zu diesem Zweck werden glattrandige Gefäße (z. B. Gläser, Jogurtbecher, Blumentöpfe) etwas in die Erde eingegraben und zwar so tief, dass der obere Rand auf der Ganghöhe der Tiere liegt. Gleichzeitig sollte man Dachlatten sternförmig hochkant auslegen, wobei die eine Stirnseite an den Fanggefäßen enden muss. Auch an der gegenüber liegenden Seite der Latte sollte ein solches Fanggefäß im Boden eingegraben sein. Nun wandern die Tiere an der Latte entlang und fallen in die Gefäße. Sie müssen täglich kontrolliert und die Tiere beseitigt werden.
Im Juni und Juli erfolgt die Eiablage in etwa hühnereigroßen, ca. 15 bis 20 cm tief gelegenen Brutnestern. Kann man ein solches Nest entdecken, sollte dieses auf jeden Fall ausgehoben und beseitigt werden. Den Nestplatz kann man daran erkennen, dass die darüber befindlichen Pflanzen welken und absterben.

WUSSTEN SIE, dass sich Maulwurfsgrillen sehr stark vermehren? So können die weiblichen Tiere in einem Nest oft über 300 etwa hanfkorngroße, gelbe Eier ablegen, aus denen nach zwei bis drei Wochen die ameisenähnlichen Jungen ausschlüpfen.

Ohrwümer verzehren Nützlinge

In meinem Garten haben sich Ohrwürmer rasant vermehrt. Nun stelle ich fest, dass sie an den Blüten verschiedener Zierpflanzen doch erheblichen Schaden anrichten. Auch habe ich gehört, dass sie „scharf" sind auf Nützlinge, die zur Abwehr anderer Schädlinge an den Obstbäumen ausgebracht werden. Nun wird doch gemeinhin der Ohrwurm als Nützling angesehen, andererseits befürchte ich weiteren großen Schaden und eine Vermehrung der Schädlinge an meinen Obstbäumen. Was soll ich tun, um dieser jetzt doch überhand nehmenden Ohrwurmplage Herr zu werden?

Der Ohrwurm wird tatsächlich gemeinhin als Nützling angesehen, da er vor allen Dingen als Blattlausräuber bekannt ist. Andererseits kann er bei hoher Populationsdichte auch an den verschiedenen Zierpflanzen Schaden verursachen. So werden öfters zarte Blütenblätter, aber auch junge Blätter, Triebe und Knospen angefressen. Bekannt ist aber auch, dass die Ohrwürmer Nützlinge, die gerade im Obstgarten eingesetzt werden, gerne „verzehren". Es handelt sich dabei um Schlupfwespen der Gattung *Trichogramma*, die gegen Apfelwickler, Apfelschalenwickler oder auch den Pflaumenwickler in kleinen Taschen an den Bäumen aufgehängt werden. Diese Taschen sind normalerweise nicht ganz verschlossen, so dass die winzigen Schlupfwespen nach dem Schlüpfen durch Ritzen ungehindert ins Freie gelangen können. Die Ohrwürmer aber finden nun oft einen Weg in diese Taschen und fressen dort die Schlupfwespen auf.
Nun muss selbst entschieden werden, ob es notwendig ist, gegen die Ohrwümer im Garten etwas zu unternehmen. Am einfachsten ist es, sie in künstlichen Schlupfwinkeln zu fangen. Geeignet sind Strohwische oder Holzwollebüschel oder die zweckmäßigerweise mit einem alten Tuch abgedeckt werden, oder auch die sonst zum Schutze der Ohrwürmer aufgehängten „Ohrwurmnester". Es handelt sich dabei um mit Holzwolle gefüllte Blumentöpfe. Auf jeden Fall sollten gerade diese Ohrwurmnester nicht an den Bäumen aufgehängt werden, wenn diese erwähnte biologische Bekämpfung von schädlichen Wicklern mit Schlupfwespen vorgesehen ist.

Bei Zierpflanzen im Garten könnte nach Empfehlung des Pflanzenschutzdienstes der Stammgrund gefährdeter Pflanzen mit einem zugelassenen Stäubemittel eingestäubt werden. Dazu zählt derzeit zum Beispiel Spruzit-Staub mit dem natürlichen Wirkstoff Pyrethrum (Bezugsquelle siehe Seite 377).

Ohrwürmer an Dahlien und Zinnien

Meine jungen Dahlien- und Zinnien-Topfpflanzen werden offensichtlich von Ohrwürmern (Ohrenklemmer) heimgesucht. Die zarten Blätter sind angefressen und in der Umgebung wuselt es von diesen Tieren, vor allem in der Nacht. Andere Schädlinge konnte ich bisher nicht entdecken. Können Ohrwürmer diese Pflanzen anfressen und was kann ich dagegen tun?

In der Regel werden von Ohrwürmern verwesende Stoffe pflanzlicher und tierischer Herkunft angenommen. Jedoch fressen die Tiere auch zarte Pflanzenteile recht gern. So werden nicht nur junge Blätter, sondern vor allem zarte Blüten, besonders von Dahlien (*Dahlia*), Zinnien (*Zinnia*), Chrysanthemen (*Chrysanthemum*), Nelken (*Dianthus*) und Rosen (*Rosa*) angefressen. Ein größerer Schaden entsteht nur bei massenhaftem Auftreten. Die Pflanzen werden jedoch auch durch den Kot der Tiere verunreinigt.
Am einfachsten ist es, wenn man die Ohrwürmer einfängt. Chemische Mittel müssen dann nicht eingesetzt werden. Dazu verwendet man künstliche Schlupfwinkel, z. B. Strohbüschel oder Holzwolle. Die nachtaktiven Tiere verkriechen sich tagsüber in diesen Schlupfwinkeln. Entweder werden die Materialien einfach ausgelegt und mit einem alten Tuch bedeckt oder Blumentöpfe etwa zur Hälfte mit Holzwolle gefüllt. Sie sind dann so neben den gefährdeten Pflanzen auszulegen, dass eine Einschlupfstelle frei bleibt. Diese Schlupfwinkel müssen tagsüber kontrolliert und die Tiere beseitigt werden.

Manchmal werden auch zarte Pflanzenteile und Blüten von Kellerasseln angefressen. Ein besonderer Leckerbissen sind Blüten von Dahlien. Sollten deshalb Fraßschäden auftreten, können außer Ohrwürmern auch Keller- und Mauerasseln für den Schaden in Frage kommen. Auch sie werden mit künstlich geschaffenen Schlupfwinkeln abgefangen. Besonders gerne kriechen sie unter halbierte, etwas ausgehöhlte Kartoffeln.

Pflanzenschutzmittel frostfrei lagern

Ich benutze einige zugelassene Pflanzenschutzmittel und lagere sie in meinem Gartenhaus. Können sie dort den Winter über verbleiben?

Grundsätzlich sollten Pflanzenschutzmittel in verschlossenen Räumen oder Schränken und nicht zusammen mit Lebensmitteln gelagert werden. Bei der Aufbewahrung von Mitteln in Korn- oder Pulverform spielen Temperaturen keine Rolle. Kritischer ist es bei vielen flüssigen Pflanzenschutzmitteln. Sie dürfen im Allgemeinen nur frostfrei gelagert werden.
Wenn Sie flüssige Pflanzenschutzmittel in unbeheizten Räumen lagern, sind die Herstellerhinweise in der Gebrauchsanleitung bezüglich der Aufbewahrung genau zu lesen und zu befolgen. Unter Umständen müssen also die flüssigen Präparate in einen frostfreien Raum umgelagert werden.

Keinesfalls Pflanzenschutzmittel aus den Originalgebinden entnehmen und in anderen Behältern aufbewahren, da Gefahr der unsachgemäßen Benutzung besteht. Das gilt ganz besonders für das Abfüllen in Getränkeflaschen.

Pflanzenschutzmittel für Haus und Garten?

Ich habe gehört, dass seit 1. Juli 2001 nur noch ganz bestimmte Pflanzenschutzmittel im Garten und im Haus eingesetzt werden dürfen. Welche Vorschriften müssen beim Einkauf und der Anwendung beachtet werden?

Seit 1. Juli 2001 ist das neue Pflanzenschutzrecht in Kraft. Gesetzlich festgeschrieben ist nun, dass ab diesem Termin Pflanzenschutzmittel nur noch in den mit der Zulassung festgelegten und genehmigten Anwendungsgebieten eingesetzt werden dürfen. In der Fachsprache spricht man immer von einer so genannten Indikationszulassung. Das bedeutet, dass ab diesem Termin ein Pflanzenschutzmittel in seiner Gebrauchsanweisung einen genauen Hinweis enthalten muss, gegen welche Schaderreger es eingesetzt werden darf und bei welchen Pflanzen eine Anwendung erlaubt ist. Beispiel: In Zukunft kann ein Präparat in den Handel kommen, das gegen Blattläuse wirksam ist und eine Zulassung zur Anwendung bei Kopfsalat besitzt. In diesem Fall darf dieses Präparat nur gegen Blattläuse bei Kopfsalat eingesetzt werden. Nicht einmal gestattet ist es dann, diese Präparat ebenfalls gegen Blattläuse bei anderen Salaten oder Gemüsearten einzusetzen. Diese Vorschriften gelten nicht nur für den Gemüsegarten, sondern auch für den Obst- und Ziergarten sowie für die Anwendung bei Zimmer- und Balkonpflanzen.
Nach Informationen des Pflanzenschutzdienstes müssen nicht nur Landwirte oder Erwerbsgärtner diese neuen Vorschriften bei der Anwendungen von Präparaten in ihren Kulturen beachten, sondern auch Hobbygärtner und Pflanzenliebhaber. Generell verboten ist es also, ab 1. Juli 2001 nicht zugelassene Pflanzenschutzmittel auch im Haus- und Kleingarten einzusetzen und darüber hinaus ist es nicht erlaubt, zugelassene Mittel in nicht vorgesehenen Anwendungsgebieten, also bei nicht dafür definierten Pflanzen zu verwenden.

Sollten Sie noch alte, nicht mehr zugelassene Pflanzenschutzmittel besitzen, müssen diese vorschriftsmäßig entsorgt werden. Sie dürfen nicht mehr aufgebraucht werden.

Pflanzenschutzmitteleinsatz in unmittelbarer Teichnähe?

Mein Sauerkirschbaum ist sehr stark von Blattläusen befallen. Unter einem Teil der Krone befindet sich ein Gartenteich mit Fischen. Gibt es Möglichkeiten, die Blattläuse zu bekämpfen, ohne die Fische zu schädigen?

Zur Blattlausbekämpfung in unmittelbarer Nähe eines Teiches mit Fischen sollte unbedingt nur ein Präparat verwendet werden, das ungiftig ist und möglichst aus natürlichen Rohstoffen hergestellt wird. Dazu zählt zum Beispiel Schädlingsfrei Neem. Es handelt sich dabei um den Samenextrakt des Neembaumes mit dem Wirkstoff Azadirachtin. Das Präparat ist nützlingsschonend, nicht bienengefährlich und kann gegen Blattläuse und verschiedene andere saugende Schädlinge eingesetzt werden. Besonders wichtig ist, dass es keine Wasserschutzgebietsauflage besitzt. Natürlich sollte das Mittel fachgerecht, also genau nach Gebrauchsanweisung eingesetzt werden. Bei einem kleinen Teich lohnt es sich, ihn während der Pflanzenschutzbehandlung zusätzlich mit einer Folie abzudecken.

Schädigende Raupen im Garten

In meinem Garten hatte ich im vergangenen Jahr eine auffallende Raupeninvasion. Zunächst habe ich nur festgestellt, dass die Blätter in Bodennähe angefressen waren, aber auch die Stängel dicht unterhalb der Erdoberfläche. Ähnliche Schäden habe ich auch an Balkonpflanzen beobachtet. Später fand ich plumpe Raupen, die grau oder bräunlich gefärbt und etwa vier bis fünf cm lang waren. Wir haben sie abgesammelt, trotzdem ging der Schaden immer weiter. Was muss ich dieses Jahr beachten, damit die Raupen nicht mehr auftreten?

Wahrscheinlich handelte es sich um so genannte Erd- oder Eulenraupen. Sie haben das von ihnen geschilderte Aussehen und treten nach dem Puppenstadium im Frühjahr fast den ganzen Sommer über auf. Es handelt sich dabei um die Larvenstadien verschiedener „Eulen". Das sind ebenfalls etwas plumpe Falter, die mehr oder weniger graubraun gefärbt sind und charakteristisch gezeichnete Flügel besitzen. Sie schwärmen hauptsächlich abends und in der Nacht. Ihre Eier legen die Falter vom Frühsommer bis zum Sommer auf die Unterseite der Blätter von Unkräutern ab. Die schlüpfenden Raupen ernähren sich von jungen Pflanzen, wobei sie Pflanzenteile in Bodennähe bevorzugen.

Auch die die Raupen sind Nachttiere, weshalb man sie tagsüber kaum zu sehen bekommt. Der Schaden kann – sobald die Tiere in großen Mengen auftreten – beträchtlich sein, ansonsten hält er sich jedoch in Grenzen. Die Bekämpfung ist etwas schwierig. Am besten ist es, wenn man die Tiere am frühen Morgen absammelt, ehe sie wieder in ihren Erdverstecken verschwinden. Sie halten sich meist in der Nähe der Fraßpflanzen auf. Durchwühlt man die Erde in der Nähe der gerade abgefressenen Pflanzen etwas, wird man die Raupen meistens entdecken. Eine andere Bekämpfung ist relativ schwierig, da das biologische Raupenspritzmittel auf der Basis von *Bacillus thuringiensis* gegen Eulenraupen keine ausreichende Wirkung zeigt.

Schnecken durch Duftpflanzen vertreiben?

In meinem Garten treten häufig Schnecken auf, die ich auf biologischem Wege vertreiben möchte. Nun habe ich gehört, dass es verschiedene Pflanzen oder Kräuter gibt, die schneckenabweisend wirken. Gibt es solche Beispiele?

Tatsächlich gibt es eine ganze Reihe von Aromapflanzen, die Schnecken offensichtlich „nicht riechen können". So wird empfohlen, um bestimmte Flächen, zum Beispiel im Gemüsebeet, solche Pflanzen zu setzen. Für Reihenpflanzungen werden vor allem Senf (*Sinapsis arvensis*), Meerrettich (*Amoracia rusticana*) und Knoblauch (*Allium sativum*) empfohlen. Schneckenabweisend sollen auch Boretsch (*Borago officinalis*), Eberraute (*Artemisia abrotanum*), Thymian (*Thymus vulgaris*), Wein-Raute (*Ruta graveolens*), Petersilie (*Petroselinum crispum*), Lavendel (*Lavandula officinalis*), Garten-Kerbel (*Anthriscus cerefolium*), Ysop (*Hyssopus officinalis*), Ringelblume (*Calendula officinalis*), Salbei (*Salvia officinalis*), Kapuzinerkresse (*Tropaeolum majus*), aber auch Farne oder Brennnessel (*Urtica dioica*) wirken.

Will man diese Pflanzen nun nicht zwischen die zu schützenden Gemüsepflanzen setzen, werden auch von manchen dieser Pflanzen Auszüge empfohlen, um damit gefährdete Beete anzugießen. Empfohlen wird, dass man zwei Hände von der jeweiligen Aromapflanze in 1 cm lange Stücke zerschneidet und diese etwa fünf Stunden lang in 10 l Wasser ziehen lässt. Anschließend wird diese Lösung auf die gefährdeten Flächen gegossen.

Schnecken im Garten

In meinem Garten „wüten" die Schnecken. Alles was ich bisher probiert habe hilft nicht, sie nehmen weiter überhand. Manchmal sind die Blätter im Gemüsebeet von Nacktschnecken geradezu überzogen. Was soll ich denn tun, um dieser Plage Herr zu werden?

Schnecken können in manchen Gärten schon enorme Schäden verursachen. Unter für sie günstigen Witterungsbedingungen vermehren sie sich sehr stark und fressen vor allem zarte Blätter im Gemüse- und Ziergarten radikal ab.
Der Pflanzenschutzdienst empfiehlt zunächst einmal bei einem relativ geringen Befall das Absammeln der Tiere in den frühen Morgenstunden oder an Regentagen. Es können an verschiedenen Stellen auch Salatblätter ausgelegt werden, die von den Schnecken besonders gerne aufgesucht und manchmal auch tagsüber als Schlupfwinkel benutzt werden. Auch das Zwischenpflanzen so genannter Köderpflanzen kann das tägliche Absammeln erleichtern. Geeignet sind dafür Studentenblumen (*Tagetes*).
Im biologischen Garten haben sich Bierfallen bewährt. Verwendet werden dazu Gefäße wie Joghurtbecher, die man so in den Boden eingräbt, dass die Schnecken den etwas überstehenden Rand mühelos überwinden können. Werden die Fallen mit frischem Bier gefüllt, lockt dieses die Tiere an und sie können so beseitigt werden. Im Fachhandel gibt es auch Schneckenzäune, mit denen man empfindliche Kulturen schützen kann.

Schnecken mit biologischen Mitteln bekämpfbar?

Ich habe bisher Schnecken im Garten mit üblichem Schneckenkorn bekämpft. Jetzt soll es aber auch biologische Mittel geben, mit denen Schnecken erfolgreich bekämpft werden können, aber gleichzeitig Haustiere und auch Nützlinge im Garten nicht geschädigt werden. Um welche Mittel handelt es sich?

Augenblicklich spielen zwei Möglichkeiten der biologischen Bekämpfung mit käuflichen Präparaten eine Rolle. So können Nacktschnecken, die ja vor allem als Schädlinge im Garten in Frage kommen, durch den Einsatz von Fadenwürmern, so genannten Nematoden, erfolgreich bekämpft werden. Diese Nematoden werden in Labors gezüchtet und in einem Tonmineral an Gartenbesitzer ausgeliefert. Die Anwendung ist relativ einfach. Das Material wird in Wasser aufgelöst und auf den gefährdeten Flächen ausgegossen. Die Nematoden dringen über deren Atemhöhlen in die Schnecken ein und sondern dort ein Bakterium ab, das zum Absterben der Schnecken führt. Das Mittel ist für Mensch und Tiere ungefährlich.
Relativ neu ist auch Ferramol, ein Schneckenkorn mit dem Wirkstoff Eisenphosphat. Es handelt sich um eine Verbindung, die in dieser Form auch in der Natur vorkommt. Neben dem eigentlichen Wirkstoff enthält das Präparat außerdem noch Lockstoffe, die Schnecken magisch anziehen. Das Besondere an diesem neuartigen Mittel ist, dass schädliche Nacktschnecken zunächst angelockt werden, nach der Aufnahme des Mittels aber nicht an der Oberfläche verenden, sondern sich relativ rasch und ohne Schleimbildung in ihre Bodenverstecke zurückziehen und dort verenden. Ferramol ist für Haustiere wie Hunde und Katzen

völlig ungefährlich, dasselbe gilt für freilebende Tiere, wie Igel, Regenwürmer und andere Nützlinge.

Die Ausbringung ist einfach: Empfohlen wird eine Aufwandmenge von 5 g/m², das entspricht etwa 350 Pellets. Im Gemüsegarten ist das Einhalten einer Wartezeit bis zur nächsten Ernte nicht erforderlich (Bezugsquellen siehe Seite 377).

Beachten Sie bei der Anwendung, dass Sie die Körner nur zwischen den Pflanzen auf den Boden ausstreuen dürfen. Keinesfalls dürfen sie breitwürfig über die Pflanzen ausgebracht werden, da es dann zu einer Schädigung kommen kann. Auch könnte es durchaus sein, dass einige Körner von den Schnecken nicht aufgenommen werden. Wenn auch das Präparat keine für Menschen giftigen Stoffe enthält, ist es doch sehr unappetitlich, wenn plötzlich im Erntegut die blauen Körner auftauchen.

Schnecken mit Holzasche abwehren?

Wir haben eine moderne Holzverfeuerungsanlage. Es fällt reichlich Holzasche an. Zur Abwehr von Schnecken im Garten wurde mir empfohlen, Schutzstreifen aus Holzasche anzulegen. Nun habe ich gehört, Holzasche sei für Pflanzen giftig?

Holzasche ist ein normales pflanzliches Produkt und kann im Allgemeinen zur Düngung im Garten verwendet werden. Schadstoffe sind, im Gegensatz zur Steinkohlenasche, normalerweise nicht enthalten. Nur ist der Anteil an den wichtigen Kernnährstoffen für die pflanzliche Ernährung unausgewogen, so dass zusätzlich eine Ausgleichsdüngung, vor allen Dingen mit Stickstoff, erfolgen muss.

Spinnmilben im Kleingewächshaus

Seit einigen Jahren besitze ich ein Kleingewächshaus, in dem ich meine Zimmerpflanzen selbst heranziehe und auch zusammen mit Balkon- und Kübelpflanzen überwintere. Nun muss sich ein Schädling ausgebreitet haben, da viele Pflanzen kränkeln. Die Blätter sind weißlich gelb gefleckt, nehmen ein fahles Aussehen an und oft vergilben sie und sterben ab. Außerdem stelle ich fest, dass die Blattunterseite vieler Pflanzen, manchmal auch ganze Triebspitzen, mit feinen Gespinsten überzogen sind. Bei genauer Betrachtung kann ich auch winzig kleine, gelbe oder rötliche Tiere entdecken. Es handelt sich offensichtlich um einen Schädling. Welche Möglichkeiten gibt es, die Pflanzen wieder gesund zu machen?

Das geschilderte Schadbild wird durch die 0,5 bis 0,7 mm große Spinnmilbe (*Tetranychus urticae*) verursacht. Die Tiere leben überwiegend auf der Blattunterseite, in noch zusammengefalteten Blättern, aber auch in Knospen und entziehen den Pflanzen ihren Saft. Dadurch entsteht das geschilderte Schadbild.

Die Tiere vermehren sich hauptsächlich bei Wärme und trockener Luft. Befallen werden fast alle Zierpflanzen. Wird der Schädling deshalb an einer Pflanze entdeckt, sollte sie am besten gleich entfernt werden. Hat sich die Spinnmilbe oder auch Rote Spinne stärker ausgebreitet, ist eine Bekämpfung unerlässlich.

Für die Bekämpfung im Kleingewächshaus oder im Zimmer sollten ausschließlich solche Mittel verwendet werden, die vom Pflanzenschutzdienst empfohlen werden. Es handelt sich dabei zurzeit um Neudosan Neu und Schädlingsfrei AF.

Im Kleingewächshaus, Wintergarten oder größeren Blumenfenster können auch sehr gut Nützlinge eingesetzt werden. Bewährt hat sich die Freilassung von Raubmilben (*Phytoseiolus persimilis*). Sie ernähren sich ausschließlich von Spinnmilben und deren Eier. Täglich kann eine Raubmilbe 20 Eier und Jungtiere oder fünf erwachsene Tiere aussaugen. Die Raubmilbe ist etwas größer als die Spinnmilbe und leuchtend rot gefärbt. Der Erfolg des Nützlingeinsatzes hängt aber von einer Mindesttemperatur von 18 °C und einer möglichst hohen Luftfeuchtigkeit ab. Diese Bedingungen sind bei der Anwendung auf jeden Fall einzuhalten. Nach erfolgreicher Vernichtung der Spinnmilben sterben auch die Raubmilben ab. Sollte ein neuer Befall eintreten, müssen die Raubmilben erneut von einem Züchter bezogen werden.

Wühlmäuse bekämpfen

In meinem Garten wüten die Wühlmäuse. Sie scheinen sich geradezu von allen Seiten in meinen Garten zu stürzen. Zahlreiche Pflanzen, auch junge Obstbäume sind abgefressen. Ich habe schon kochendes Wasser in die Gänge geleert, doch alle Bemühungen sind hoffnungslos. Was soll ich machen, damit ich dieser Plage Herr werde?

Wühl- oder Schermäuse (*Arvicola terrestris*) können tatsächlich zur Plage werden. Man kann jedoch bereits vorbeugend durch bestimmte Maßnahmen dafür sorgen, dass sich die Wühlmäuse nicht so sehr im Garten breit machen. Einmal sollte man versuchen, Greifvögeln das „Landen" im Grundstück zu erleichtern. Das Aufstellen so genannter Greifvogelstangen (Sitzstangen) ist hilfreich. Manchmal ist auch eine Katze schon ein wertvoller Helfer.
Auf größeren, grasbewachsenen Grundstücken sollte man darauf achten, dass vor allem im Herbst das Gras häufig und kurz gemäht wird. Im hohen Gras können sich die Mäuse besser verstecken. Manchmal kann auch schon das Anpflanzen bestimmter Gewächse Mäuse von diesen Flächen fernhalten. Das gilt z. B. für Kaiserkrone (*Fritillaria imperialis*), Hundszunge (*Cynoglossum officinale*) und Knoblauch (*Allium sativum*).
Alle diese Maßnahmen helfen natürlich nichts mehr, wenn der Garten sehr stark von Wühlmäusen besiedelt ist. Manchmal wird empfohlen, die Wühlmaus-Wolfsmilch, *Euphorbia lathyris*, anzupflanzen; man sieht sie immer wieder in Gärten stehen. Nur hat das Anpflanzen selbst wenig Wert, da eigentlich die Samen für Wühlmäuse giftig sind. Diese müssen in die Gänge gelegt und von den Mäusen gefressen werden.
Möglich ist es auch, die Schermäuse mit Fallen zu fangen. Es ist jedoch schon etwas Geschick notwendig, um sie in die Fallen zu locken. Vor ihrem Einsatz sollte auch immer eine Verwühlprobe gemacht werden. Zu diesem Zweck wird ein Wühlmausgang auf einer Länge von etwa 20 cm freigelegt, so dass Licht in die Gangöffnungen fällt. Die Wühlmäuse verschließen nun diese Öffnung wieder, weil sie die einströmende Kälte und das Licht scheuen. Schon nach wenigen Stunden ist der geöffnete Gang wieder zugewühlt. Geschieht das nicht, ist der Gang nicht bewohnt. Dann ist es auch sinnlos, eine Falle einzubauen. Zum Fangen der Schermäuse werden vom Pflanzenschutzdienst so genannte Drahtfallen empfohlen.
In manchen Orten bieten geübte „Wühlmausfänger", also Pflanzenschutzfachleute mit Spezialerfahrung, Kurse an, wie man Fallen richtig stellt. Über solche Informationsveranstaltungen können Sie sich bei einer zuständigen Pflanzenschutzdienststelle oder einem Amt für Landwirtschaft, Landschafts- und Bodenkultur (Landwirtschaftsamt) erkundigen.

Wühlmäuse mit Schweizer Falle bekämpfen

Ich habe von einer neuen Wühlmausfalle gehört, die in der Schweiz erfunden, aber auch in Deutschland bereits erfolgreich eingesetzt wurde. Wie heißt diese Falle, wie

wird sie eingesetzt und wo kann ich sie erhalten?

Diese neuartige Schweizer Wühlmausfalle wurde von Jean Malevez, Wintersingen/Schweiz, erfunden. Er hat früher in einem Obstbaubetrieb gearbeitet und sich dort intensiv mit der Bekämpfung von Wühlmäusen befasst. Bei seiner neuen Konstruktion handelt es sich um eine so genannte Rohrfalle aus rostfreiem Stahl, die mit einem federbetriebenen, leicht gängigen Auslösemechanismus versehen ist. Die Falle selbst ist 270 mm hoch, hat einen Durchmesser von 55 mm und ein Gewicht von etwa 600 g. Am unteren Ende befindet sich eine dem üblichen Mäusegang und der Größe von Wühlmäusen angepasste durchgängige Öffnung, so dass die Falle von beiden Seiten „begangen" und dort durch einen integrierten Berührungsstift ausgelöst werden kann.
Die Falle selbst wird senkrecht in den Mäusegang eingeführt und am oberen Deckel mit einem Stahlstift gespannt. Der große Vorteil dieser Falle ist, dass sie von oben relativ einfach im Mäusegang platziert werden kann. Außerdem kann die Falle stets optisch und akustisch kontrolliert werden.
Sobald eine Wühlmaus, gleichgültig von welcher Seite sie kommt, den im unteren Bereich angebrachten Stift berührt, wird die Falle ausgelöst. Die beweglichen Seitenteile schnellen nach unten, erfassen die Wühlmaus und töten sie in kürzerster Zeit. Die Falle selbst garantiert eine saubere und hygienische Arbeitsweise, ist ungefährlich für Anwender, Kinder und Unbeteiligte, ist keine Gefahr für andere Tiere und kann problemlos gereinigt werden.
Vor dem Einsatz sollte man eine so genannte Verwühlprobe machen, um sicher zu gehen, dass der Gang auch von Mäusen besiedelt ist. Zu diesem Zweck wird der Gang an einer oder mehreren beliebigen Stellen geöffnet. Ist er „bewohnt", verschließen ihn die Mäuse innerhalb von ein bis zwei Stunden wieder. Nun wird die Falle so eingebaut, dass sich die Durchgangsöffnung auf der gleichen Höhe mit dem Mäusegang befindet. Berührt eine Maus den Stift der gespannten Falle, wird diese ausgelöst und so die Maus sicher gefangen.
Die Falle trägt heute den Namen TOPCAT und ist im Handel zu einem Preis von etwa 35.– € erhältlich. Dazu wird auf Wunsch ein passender Lochstecker und ein Suchstab geliefert (Bezugsquellen siehe Seite 377).

Wühlmäuse schädigen Rosen und Tulpen

In meinen Garten sind Wühlmäuse eingedrungen. Sie fressen besonders gerne Tulpenzwiebeln, aber auch die Wurzeln von Rosen. Wie kann ich die Wühlmäuse am besten bekämpfen und die Tulpen vorbeugend vor Mäusefraß schützen?

Die Wühl- oder Schermaus (*Arvicola terrestris*) frisst unterirdische Pflanzenteile, vorwiegend Wurzeln und Rüben (z. B. Möhren), aber auch besonders gerne Tulpenzwiebeln.
Die beste Bekämpfungsmöglichkeit ist, die Tiere mit der Falle zu fangen. Spezielle Wühlmausfallen sind im Fachhandel erhältlich. Wenn Wühlmäuse immer wieder aufs neue in den Garten eindringen, sollte man Tulpenzwiebeln bereits beim Legen mit einem engmaschigen Drahtgeflecht umgeben, das die Wühlmäuse nicht durchdringen können. Es gibt in Fachgeschäften auch gitterartige Pflanzkörbe, in die man die Zwiebeln einlegt und anschließend im Garten ausbringt. Auch sie können als vorbeugende Schutzmaßnahme verwendet werden. Treten die Wühlmäuse in sehr großer Zahl auf, sollte man sich wegen einer intensiveren Bekämpfung mit dem zuständigen Amt für Landwirtschaft, Landwirtschafts- und Bodenkultur (Landwirtschaftsamt) in Verbindung setzen.
Da nicht immer alle Wühlmausgänge „bewohnt" sind, sollte man vor dem Fallenstellen eine so genannte Verwühlprobe machen. Zunächst wird dabei der Wühlmausgang geöffnet. Befindet sich eine Wühlmaus darin, wird dieser schon nach kurzer Zeit mit Erde von innen wieder verstopft (verwühlt). Nun kann man sicher sein, dass sich die Wühlmaus in diesem Bau beziehungsweise Gang befindet, so dass das Stellen der Falle Aussicht auf Erfolg hat.
Das Auffinden von unterirdischen Wühlmausgängen wird durch die Verwendung eines Suchstabs erleichtert. Es handelt sich dabei um einen eisernen Stab mit verdickter Spitze. Beim Aufsuchen der Gänge stößt man den Stab dort, wo ein Wühlmausgang sein könnte, in die Erde und spürt an dem ruckartigen Einsinken, dass man einen Wühlmausgang getroffen hat.

WUSSTEN SIE, dass man einen Wühlmaus- von einem Maulwurfsgang relativ sicher unterscheiden kann? So sind die ausgeworfenen Erdhaufen des Maulwurfs rund, relativ hoch und regelmäßig, da der Maulwurf die Erde senkrecht nach oben drückt. Wühlmäuse dagegen schieben die Erde schräg aus dem Gang, die Erdhaufen sind flach und unregelmäßig. Außerdem sind sie mit Gras- und Wurzelresten durchsetzt. Im Übrigen ist der Maulwurf kein Pflanzenschädiger. Er lebt von Insekten und Regenwürmern, während die Wühlmaus ein ausgesprochener Pflanzenfresser ist.

Pflanzen im Nutzgarten

Der Nutzgarten hat Hochkonjunktur: Der Hobbygärtner freut sich wieder auf selbst gezogenes Gemüse, erntet selbst angebautes Baum- und Beerenobst und riecht mit Stolz an aromatischen Kräutern aus dem eigenen Garten. Mit all diesen Gartenschätzen bereitet er schmackhafte süße und herzhafte Gerichte oder erfrischende Getränke. Neben der reinen Ernährung spielt dabei auch der Spaß und Genuss beim eigenen Anbau eine Rolle. Ob mit der Familie oder allein ist es immer wieder ein Erlebnis, die Entwicklung aus kleinen Samenkörnern oder Pflänzchen zu echten Gaumenfreuden zu verfolgen. Wie Sie Gefahren auf dem Weg zum reifen Obst oder Gemüse wirksam begegnen können, lesen Sie hier.

Baumobst

Äpfel richtig lagern

Ich ernte alljährlich eine größere Menge Äpfel von meinem Grundstück. Nun habe ich gehört, dass Obstbauern ihre Früchte im „CA-Lager" sehr lange haltbar machen können. Was versteht man darunter und gibt es diese Möglichkeit auch für den Hobbygärtner?

Tatsächlich halten Äpfel in einem so genannten CA-Lager (CA = controlled atmosphere) besonders lange. Darunter versteht man spezielle Lagerbedingungen bei bestimmten Temperaturen und einer überwachten Atmosphäre. Auch Hobbygärtner können sich im Kleinen ein CA-Lager einrichten. Voraussetzung ist allerdings ein entsprechend kühler Lagerraum, der im Idealfall eine Temperatur von +1 bis +4 °C aufweist. Durch kühle Temperaturen wird die Atmungsaktivität reduziert und so die Haltbarkeit wesentlich verlängert.
Zusätzlich werden die Äpfel auch noch, sobald sie die Temperatur des Lagerraums angenommen haben, in Folienbeutel eingelegt, die dicht verschlossen werden. Das bei der Atmung frei werdende Kohlendioxid reduziert wiederum die Atmung der Früchte und verlängert so ihre Haltbarkeit. Foliensäcke oder -beutel aus Polyethylen mit einer Wandstärke von 0,03 bis 0,05 mm sind dafür am besten geeignet. Die Beutel werden nach dem Befüllen dicht verschlossen. Trotzdem sollte man noch einige kleine Löcher in die Folie stechen, damit doch eine ganz geringe Menge Sauerstoff nachströmen kann. Dazu verwendet man am besten eine stärkere Nähnadel und sticht damit je Kilogramm Obst ein bis zwei Löcher in die Folie. So gelagert, fallen die Äpfel in einen „Winterschlaf" und halten sehr lange. Werden die Früchte benötigt, sollten sie etwa eine Woche vor dem Verzehr oder der Verwendung von ihrer Umhüllung befreit und so noch etwas gelagert werden. Sie reifen dann rasch nach und sind bis zum Verzehr immer frisch und knackig.

Übrigens eignen sich zum Lagern am besten mittelgroße Früchte, die gut ausgefärbt sind. Bei zu großen Äpfeln treten häufig Lagerkrankheiten wie Stippigkeit und Fleischbräune auf.

Apfelbaum durch Misteln geschädigt?

Ich habe ein Obstgrundstück in einer ländlichen Gemeinde. Nun habe ich festgestellt, dass sich auf einem Apfelbaum Misteln angesiedelt haben. Können diese dem Baum großen Schaden zufügen? Soll ich sie entfernen?

Die Mistel (*Viscum album*) ist der einzige heimische Halbschmarotzer, der auf Ästen und Stämmen zahlreicher Wirtsbäume vorkommen kann. Einerseits entzieht er natürlich seinen Wirtspflanzen Wasser und die darin gelösten Nährstoffe, andererseits ist der Schaden relativ geringfügig, da die Pflanze selbst Photosynthese betreibt und Assimilate bildet. Meistens reagiert die Wirtspflanze auf den Eindringling mit einer Gewebewucherung, außerdem kann das Holz brüchig werden. Auch kann es zu einem Nachlassen der Vitalität der Wirtspflanze kommen.
Nun ist zu überlegen, ob ein solcher Schaden tatsächlich so schwer wiegend ist, dass man eine befallene Astpartie entfernen soll. In der Regel wird der Wirtsbaum, in diesem Falle der Apfelbaum, einen oder auch mehrere Misteln auf den Ästen ohne größeren Schaden ertragen.
Da Misteln eigentlich zu den erhaltenswerten und schützenswerten Pflanzen gehören, sollte man der Pflanze auf dem Apfelbaum Heimrecht gewähren und sich an ihr erfreuen. Außerdem dient sie heimischen Vogel-Arten zum Nutzen, denn Wacholder- und Misteldrosseln oder auch der Seidenschwanz fressen die im Spätherbst reifenden Beeren gern. Übrigens nutzen auch Insekten den Nektar der Mistelblüten und tragen so zur Bestäubung und Befruchtung der zweihäusigen Blüten bei.

WUSSTEN SIE, dass die Mistel heute auch eine begehrte Arzneipflanze ist? In Deutschland ist sie Bestandteil zahlreicher Fertigarzneimittel, die z. B. bei niedrigem und hohem Blutdruck, Herzkranzgefäßverengungen, Herzrhythmusstörungen, Arteriosklerose, Asthma, Alterserscheinungen, Depressionen, Ausbleiben der Menstruationsblutungen eingesetzt werden. Auch in der Tumortherapie wurden Mistelpräparate bereits eingesetzt. Die therapeutische Wirksamkeit mancher Präparate gilt jedoch in einigen Anwendungsgebieten als umstritten.

Apfelbaum durch Pilze geschädigt?

Auf meinem Grundstück steht ein Apfelbaum. Seit einigen Jahren kränkelt er. Nun habe ich beobachtet, dass am Stammgrund Pilze in großer Zahl auftreten. Können diese die Ursache sein?

Bäume werden gerne an der Basis von Pilzen infiziert, deren Myzel, also der eigentliche Pilz, im Innern des Stammes lebt. Äußerlich sichtbar wird nur der Fruchtkörper, der im allgemeinen Sprachgebrauch als „Pilz" oder „Hut" bezeichnet wird. Er enthält die Sporen, die zur Vermehrung dienen. Vor allem im Spätherbst werden solche Hutpilze oftmals im unteren Bereich der Stämme entdeckt, wobei es sich häufig um den so genannten Hallimasch (*Armillaria*) handelt. Sein Myzel entwickelt sich gerne in alten Stöcken oder Stumpen, aber auch an lebenden Bäumen und Wurzeln. Dort bilden sich ab September bis zum Frostbeginn in Gruppen die honiggelben bis braunen Hüte, die in der Mitte etwas dunkler gefärbt sind und mit dunklen Schüppchen besetzt sind.
Speziell Apfel (*Malus*)-, aber auch Birnbäume (*Pyrus*) werden noch von einem anderen Pilz befallen. An diesen Obstbäumen entwickelt sich oft ab Oktober am Stammgrund in vielköpfigen Büscheln der Sparrige Schüppling (*Pholoita squarrosa*). Er hat eine gewisse Ähnlichkeit mit dem Hallimasch, wobei der Hut aber dicht mit rostbraunen, sparrigen Schuppen besetzt ist. Sein Myzel lebt auch im Innern des Stammes und zersetzt das Holzgewebe. Im Laufe der Jahre wird der Stamm dann morsch und kann entweder von selbst auseinander brechen oder an einem stürmischen Tag vom Wind gefällt werden.

Eine direkte Bekämpfung von Hutpilzen in Gehölzen ist leider nicht möglich. Vermieden werden sollten aber auf jeden Fall Beschädigungen der Bäume beim Einsatz von Maschinen, zum Beispiel beim Mähen oder der Bodenbearbeitung, um so das Eindringen von Sporen in das Holzgewebe möglichst zu verhindern.

Apfelbaum mit Blattläusen

In meinem Garten stehen einige Apfelbäume. Sie sind völlig verlaust. Welches biologische Mittel können sie mir empfehlen, damit die Läuse abgetötet werden?

Oft werden Blattläuse (Aphididae) von natürlichen Feinden in ausreichender Weise dezimiert. Dazu zählen Marienkäfer und ihre Larven, Florfliegen, Larven von Schwebfliegen und Schlupfwespen. Selbst Ohrwürmer werden zu diesen Nützlingen gezählt.
Heute gibt es vielerlei Möglichkeiten, um diesen Nützlingen Nisthilfen und Verstecke anzubieten, damit sie den Gartenbesitzer bei der Blattlausbekämpfung unterstützen. Ist der Befall besonders stark, wird zur Verhinderung größeren Schadens der Einsatz eines bestimmten Mittels sinnvoll sein. Der amtliche Pflanzenschutzdienst empfiehlt derzeit beispielsweise Kaliseife. Beachtet werden muss nur, dass die Wirkstoffe nur dann zur Wirkung kommen, wenn die Blattläuse direkt getroffen werden. Grundsätzlich sollte der Einsatz des Mittels genau nach Gebrauchsanweisung und möglichst außerhalb der Flugzeit der Bienen erfolgen.

Apfelbaum mit Bodenmüdigkeit

Auf meinem Grundstück ist ein Apfelbaum ausgefallen. Nun habe ich gehört, dass man Apfelbäume nicht hintereinander an die gleiche Stelle im Garten anpflanzen soll. Stimmt das und was hat das für eine Bedeutung?

Bekannt ist allgemein, dass gerade bei Pflanzen aus der Familie der Rosengewächse (Rosaceae) gerne Bodenmüdigkeitserscheinungen auftreten, weshalb bei einem Anbau der gleichen Pflanzenart hintereinander das Wachstum der Folgepflanzung sowie Blüten- und Fruchtbildung stark nachlassen.

Auch beim Apfelbaum (*Malus*) hat man deutliche Bodenmüdigkeitserscheinungen festgestellt. Als Ursache wurden am Institut für Pflanzenschutz in Dresden-Pillnitz fadenförmige Bakterien ermittelt, die sich besonders in den Faserwurzeln der Apfelbäume eingenistet haben. Durch den Befall sterben die Wurzeln ab, wodurch natürlich die Nährstoffaufnahme der Pflanzen beeinträchtigt und somit auch das Wachstum verringert wird. Interessant ist in diesem Zusammenhang, dass sich bei dem Zerfall der Wurzeln die Anzahl der Bakterien nicht verringert, sondern sogar noch erhöht und Dauerformen dieser Bakterien lange Zeit im Boden erhalten bleiben.

Auf Grund dieser Versuche wird auf jeden Fall bei einer Neupflanzung empfohlen, die Anbaufläche zu wechseln. Vermieden werden soll auch nach dem Ausfall eines Apfelbaumes das Nachpflanzen eines Birnen- (*Pyrus*) oder Quittenbaumes (*Cydonia*), da auch die Wurzeln dieser Bäume von denselben Bakterien befallen werden können. Andererseits ist ein Wechsel von Kern- zu Steinobst durchaus möglich. Anstelle eines Apfelbaumes können ohne Probleme ein Kirsch-, Pflaumen- oder Pfirsichbaum (verschiedene *Prunus*-Arten) gepflanzt werden.

Bodenmüdigkeitserscheinungen treten übrigens auch innerhalb der großen Gruppe der Kirschenverwandten auf, die ebenfalls zu den Rosengewächsen gehören. Deshalb sollte man auch bei einer Neupflanzung von beispielsweise Zwetschenbäumen einen anderen Standort wählen.

Oft wird empfohlen, den jungen Baum bei gleichem Standort in ein Pflanzloch mit frischer Erde zu pflanzen. Hier wurde jedoch festgestellt, dass sich die Wurzeln zunächst ganz normal entwickeln; sobald aber die neuen Wurzeln in den nicht ausgetauschten Mutterboden wachsen, muss erneut mit Bodenmüdigkeitserscheinungen gerechnet werden.

Apfelbäume wachsen nicht

In meinen Garten habe ich Apfelbäume der Sorte 'Alkmene' gepflanzt. Die Bäume wachsen nicht, obwohl ich meines Erachtens alles getan habe, damit sich die Bäume gut entwickeln. In das Pflanzloch habe ich sogar frischen Mist eingefüllt.

Mit größter Wahrscheinlichkeit liegt der Fehler am frischen Stallmist. Keinesfalls sollte man zum Pflanzen von Zier- und Obstgehölzen frischen Stallmist verwenden. Dieser wirkt ätzend auf die

Pflanzenwurzeln, so dass besonders die feinen Haarwürzelchen absterben.
Natürlich soll man die Pflanzerde mit reichlich Humus vermischen. Frisches Material ist aber auf jeden Fall zu vermeiden. Gut ist bereits abgelagerter, verrotterter Stallmist oder Kompost aus dem eigenen Garten. Auch sollten die Bäume nicht direkt in dieses Humusmaterial gepflanzt werden, sondern eine Mischung mit der vorhandenen Gartenerde vorgenommen werden.
Ob die Bäume noch zu retten sind, hängt vom Grad der Schädigung ab. Sie sollten sie noch einmal ausgraben, die Wurzeln kontrollieren, eventuell beschneiden und in der geschilderten Weise frisch pflanzen. Ist das ganze Wurzelwerk bereits abgestorben, sind die Bäume wohl nicht mehr zu retten.

Birnbäume mit Birnengitterrost

Die Blätter meiner Birnbäume waren heuer sehr stark mit gelben Pusteln überzogen. Später färbten sich die Blätter braun und fielen ab. Schon im vergangenen Jahr war diese Erscheinung festzustellen, jedoch nicht in so starkem Maße wie in diesem Jahr. Um was für einen Schaden handelt es sich und wie kann ich in Zukunft diese Seuche eindämmen?

Die Krankheit wird Birnengitterrost genannt und durch einen Pilz (*Gymnosporangium sabinae*) verursacht. Es handelt sich dabei um einen wirtswechselnden Rostpilz, der den Sommer über auf Birnbäumen, im Winter an Wacholderbüschen (*Juniperus*) parasitiert.
Bei den Birnbäumen (*Pyrus*) werden die Blätter befallen, die nach einiger Zeit auf der Oberseite gelbrote Flecken mit klebrigen Tröpfchen zeigen, später bildet sich auf der Blattunterseite ein knorpeliger Auswuchs mit gitterartig aufreißenden Sporenlagern.
Diese Krankheit hat sich durch die eingeschränkten Pflanzenschutzmaßnahmen in den letzten Jahren stark ausgebreitet. Während bisher vielfach gegen den Schorf chemische Mittel eingesetzt wurden, konnte gleichzeitig damit der Birnengitterrost bekämpft werden.
Nun wird im Allgemeinen angegeben, dass man auf die Anpflanzung der Zwischenwirte, also der Wacholderbüsche verzichten sollte. Außerdem sollten Sie besonders empfindliche Wacholder-Arten wie *Juniperus sabina, J. chinensis* und *J. virginiana* nicht anpflanzen. Eine solche Maßnahme hat jedoch nur dann einen Sinn, wenn sie großräumig befolgt wird. Da dies meistens nicht der Fall ist, kann mit keinem durchschlagenden Erfolg gerechnet werden. Kontrollieren sie aber immer im Spätwinter bzw. Frühjahr die Triebe von Wacholderbüschen in ihrem Garten. Befinden sich an den Zweigen auffallende, zäpfchenförmige Gebilde, so wurden diese durch den überwinternden Birngitterrost verursacht. Sie sollten weggeschnitten und vernichtet werden.
Der Pflanzenschutzdienst weist darauf hin, dass bei einem relativ schwachen Befall mit ein bis fünf Flecken je Blatt eine Bekämpfung nicht erforderlich ist. Meistens ist auch der Schaden geringer, als man zunächst vermutet. Sollte jedoch der Befall sehr viel stärker sein und eine echte Gefahr für den Baum darstellen, muss eine entsprechende Behandlung wie gegen Schorfpilze vorgenommen werden. Brauchbar sind die gleichen Mittel, die auch zur Bekämpfung der Schorfpilze in Haus- und Kleingärten zugelassen sind.

WUSSTEN SIE, dass es auch einige Birnen-Sorten gibt, die weniger stark von Birngitterrost befallen werden? Es handelt sich dabei beispielsweise um 'Bosc's Flaschenbirne', 'Conference' und 'Gellerts Butterbirne'.

Birnenfrüchte mit Birnenschorf

In meinem Garten steht ein Birnbaum der Sorte 'Gute Luise'. In diesem Jahr haben sich die Früchte auffallend schwarz verfärbt, später wurden sie rissig, dann faulig und fielen ab. Obwohl der Baum einen reichen Fruchtansatz hatte, konnte ich nur ganz wenige gesunde Früchte ernten. Was ist die Ursache für diesen Schaden und wie kann ich ihn in der Zukunft vermeiden?

So wie dieses Krankheitsbild geschildert wird, handelt es sich eindeutig um einen Pilzbefall, den Birnenschorf. Verursacht wird diese Krankheit durch einen Pilz (*Venturia pirina*), der Blätter, Triebe und Früchte befällt. Meistens sieht man zunächst auf der Blattunterseite schwarze, verwaschene Flecken, die oft längs der Mittelrippe an-

geordnet sind. Später entstehen auch auf den Früchten kleine, runde, dunkle Flecken, die sich dann später zu größeren Schadstellen vereinigen. Im Spätsommer reißen dann die Früchte auf. Sobald die feuchte Witterung einsetzt, können die Früchte in Fäulnis übergehen.
Die Ausbreitung des Schorfpilzes hängt sehr stark von der Feuchtigkeit ab. Um einen größeren Schaden zu verhüten, dürfen einige Präparate gegen den Schorf eingesetzt werden. So sind zurzeit beispielsweise Mittel auf der Basis von Bitertanol zugelassen. Wichtig ist, dass Spritzungen im Frühjahr (April) vor der Blüte und nach der Blüte bis Anfang Juli nach feuchten Witterungsperioden vorgenommen werden, um das Auskeimen der Pilzsporen und die Infektion der Blätter und Früchte zu verhindern. Die Anwendung der Mittel erfolgt genau nach Gebrauchsanweisung.

WUSSTEN SIE, dass in vielen Bundesländern während der Vegetationszeit aktuelle Pflanzenschutzdurchsagen als Service für Haus- und Gartenbesitzer angeboten werden? Die Nummern der automatischen Telefon-Auskunftgeber sind über die jeweiligen Pflanzenschutzdienststellen zu erfahren. Während der aktiven Infektionszeit der Schorfpilze werden Hinweise zur Bekämpfung gegeben.

Haselnüsse durch Haselnussbohrer geschädigt

? **In diesem Jahr war die Haselnussernte sehr gut. Doch habe ich mit Schrecken festgestellt, dass schon vorzeitig die Nüsse abfielen und diese alle ausgefressen waren. Äußerlich sah man an den Nüssen nur ein Loch von etwa 1 mm Durchmesser. Sicher handelt es sich hier um einen speziellen Schädling. Was kann ich tun, dass in Zukunft meine Haselnüsse nicht mehr befallen werden?**

! Verantwortlich für den Schaden am Haselnussstrauch (*Corylus avellana*) ist der Haselnussbohrer (*Curculio nucum*), ein Rüsselkäfer, der etwa 7 mm groß ist. Der Käfer erscheint Mitte Mai bis Ende Juni und bohrt die noch unreifen Nüsse an. In jedes Bohrloch legt er ein Ei, aus dem die Käferlarve ausschlüpft und während ihrer Entwicklung die Nuss leerfrisst. Später fallen die Nüsse vorzeitig ab. Die Larven selbst sind jedoch schon vorher entschlüpft und zum Boden abgewandert.
Eine Bekämpfung ist meistens nicht erforderlich, da sich der Schaden in Grenzen hält. Es gibt aber Fälle, in denen bis zu 90 % der Nüsse befallen sind. Nun sieht man den Nüssen den Befall nicht an, da das ursprüngliche Loch nach der Eiablage mit einem Sekretpfropfen verschlossen wird. Erst nachdem die Larve die Nuss verlassen hat, ist das Bohrloch zu entdecken.
Eine chemische Bekämpfung hat nur dann einen Sinn, wenn sie von Ende Mai bis Ende Juni vor der Eiablage erfolgt und dabei Käferweibchen erfasst werden. Auf jeden Fall sollte man einmal in diesem Zeitraum vorab die Sträucher abklopfen, um auf einem untergelegten Tuch oder einer Folie festzustellen, ob überhaupt Käfer vorhanden sind. Der Haselnussbohrer hat eine schwarzbraune Grundfarbe und ist leicht gelb gefleckt. Außerdem fällt er durch einen relativ langen, etwas gebogenen Rüssel auf. Über die besten Bekämpfungsmöglichkeiten informiert der amtliche Pflanzenschutzdienst.

Kirschen von Läusen befallen

? **In meiner Obstwiese stehen einige Kirschenbäume. Sie sind schwarz von Läusen. Ich habe Angst, dass durch den Befall die Bäume nachhaltig geschädigt werden. Was soll ich unternehmen, damit die Läuse beseitigt werden?**

! Einige wenige Blattläuse schaden den Kirschenbäumen (*Prunus*) nicht. Sind natürlich Triebe und Blätter dicht überzogen, kann der Schaden begrenzt und die Läuse abgetötet werden, wenn ein zugelassenes Präparat eingesetzt wird. Vorab sollte man aber überlegen, ob man nicht durch einen Nützling ebenfalls Erfolge erzielen kann. Heute bieten einige Labors Florfliegen oder Goldaugen (*Chrysoperla carnea*) an, deren Larven von Blattläusen leben. Sie können andere Nützlinge, beispielsweise Marienkäfer und ihre Larven, bei der Vertilgung von Läusen unterstützen.
Soll jedoch ein größerer Schaden verhindert werden, muss zu einem derzeit zugelassenen und vom Pflanzenschutz empfohlenen Mittel gegriffen werden. Zu den mehr natürlichen Mitteln gehören Präparate auf der Basis von Kaliseife oder Pyrethrine und Piperonylbutoxid. Mittel mit diesen

Wirkstoffen erfassen die Blattläuse aber nur, wenn sie direkt getroffen werden.
Ansonsten ist derzeit noch eine weitere Wirkstoffgruppe zugelassen. Es handelt sich dabei um Mittel auf der Basis von Pirimicarb, chemische Mittel, die aber nützlingsschonend sind. Werden diese Mittel angewandt, werden vorhandene Nützlinge wie Marienkäfer nicht geschädigt, während die Läuse abgetötet werden.

Bei der Anwendung von Pflanzenschutzmitteln sollte Abdrift, also das Abwehen von Spritzbrühe, möglichst vermieden werden. Es ist deshalb am besten, die Behandlung bei Windstille am Abend auszuführen. Auch sollen sich Behandlungen nach Möglichkeit auf befallene Pflanzenteile beschränken. Angegebene Wartezeiten bis zu einer möglichen Ernte sind auf jeden Fall einzuhalten.

Kirschenbaum mit Gummifluss

In meinem Garten steht ein Süßkirschenbaum. Nun habe ich beobachtet, dass aus dem Stamm an mehreren Stellen eine Flüssigkeit austritt. Um was für einen Schaden handelt es sich und was kann ich dagegen tun?

An Stämmen und Ästen von Kirschen (*Prunus*) tritt gerne der so genannte Gummifluss auf. Ausgelöst wird diese Erscheinung durch Schnittmaßnahmen, Frostrisse oder mikrobielle Verletzungen. Bäume auf ungünstigen Standorten werden bevorzugt befallen.
Wird ein Schaden frühzeitig erkannt, sollte die befallene Stelle bis auf das gesunde Holz ausgeschnitten werden. Günstigster Zeitpunkt ist das Frühjahr. Anschließend muss die Wunde mit einem Verschlussmittel behandelt werden.
Beim Anpflanzen von Kirschbäumen sollte man auf einen günstigen Standort achten. Gut sind vor allen Dingen humusreiche, mittelschwere (lehmige) Böden mit gleichmäßiger Wasserversorgung. Extreme Standorte sind möglichst zu vermeiden.

WUSSTEN SIE, dass die Kirsche wohl zum ersten Mal von dem italienischen Feldherrn und Gourmet Lukullus aus dem Mithridatischen Krieg im Osten Kleinasiens, in seine italienische Heimat gebracht wurde? Er soll den Baum aus der „Kirschenstadt" Kerasus mitgebracht haben, weshalb die Pflanze auch den botanischen Namen *Prunus cerasus* erhalten hat, aus dem wieder der deutsche Name Kirsche entstanden ist. *P. cerasus* ist der botanische Name für die Sauer- oder Weichselkirsche.

Nektarine und Pfirsich mit Kräuselkrankheit

Seit einigen Wochen beobachte ich, dass die Blätter meiner Nektarine eigenartig gelb oder gelblich grün, manchmal auch rot gefärbt sind. Außerdem sind sie in der Form völlig verändert, teilweise blasig aufgetrieben und verkrüppelt. Handelt es sich bei dieser Erscheinung um eine Krankheit und was kann ich jetzt unternehmen, um dieser Krankheit Einhalt zu gebieten?

Nach der Schilderung des Schadbilds handelt es sich um eine ganz typische Erkrankung der Pfirsichbüsche (*Prunus persica*) und verwandter Arten. Verursacht wird die Kräuselkrankheit durch den Pilz *Taphrina deformans*, der schon im zeitigen Frühjahr während des Austriebs die Pfirsichblätter infiziert. Er lebt im Innern des Blattes und verursacht die geschilderten Symptome.
Unter Umständen können sogar bei einem sehr starken Befall die Früchte abfallen. Solche Schäden sind in den letzten Jahren immer wieder beobachtet worden.
Nun hängt die mögliche Bekämpfung von der Stärke des Befalls ab. Sind nur einige Blätter befallen, sollte man den Einsatz chemischer Pflanzenschutzmittel nicht erwägen. Ansonsten kann man mit zugelassenen Mitteln eine Infektion verhindern. Im Sommer ist es aber bereits zu spät. Eine Behandlung der Bäume oder Büsche hat nur einen Sinn, wenn sie bereits zu Beginn des Knospenschwellens, und zwar vor dem Knospenaufbruch durchgeführt wird. Das kann in klimatisch günstigen Gebieten schon Ende Februar oder Anfang März der Fall sein. In niederschlagsreichen Gebieten empfiehlt der Pflanzenschutzdienst eine weitere Behandlung nach etwa 10 bis 14 Tagen. Erkundigen Sie sich bei Ihrem Pflanzenschutzdienst nach zugelassenen Präparaten. Die Anwendung erfolgt dann genau nach Gebrauchsanweisung.

TIPP Bei Pfirsichen ist bekannt, dass es auch gegen diese Krankheit weniger anfällige Sorten gibt. Sie sollten eventuell bei einer Neupflanzung bevorzugt werden. Es handelt sich dabei unter anderem um die Sorten 'Amsden', 'Mayflower' und 'Roter Ellerstädter'.

Obstbaumstämme kalken?

Immer wieder hört man, dass man im Herbst die Stämme der Obstbäume kalken soll. Über die Aufgabe dieses Kalkanstriches gibt es unterschiedliche Angaben. Dient die Kalkung der Vernichtung von Krankheiten und Schädlingen?

Ursächlich hat die Behandlung der Stämme mit Kalk eine andere Aufgabe. Damit sollen Frostschäden im Nachwinter verhindert werden. Zu solchen Frostschäden, die Frostplatten oder Frostrisse verursachen, kommt es, wenn die Bäume im Spätwinter bereits im Saft sind und stärkere Fröste auftreten. Scheint nach einer frostklirrenden Nacht die Sonne am Morgen auf die Stämme, kommt es häufig zu Stammschäden. Durch den Kalkanstrich werden die Sonnenstrahlen jedoch reflektiert, so dass direkt am Stamm kein Wärmeumsatz stattfindet. Andererseits kann ein solcher Weißanstrich mit Kalk eine gewisse desinfizierende Wirkung besitzen. Sie sollte jedoch nicht überbewertet werden.
Die „Kalkmilch" wird in der Regel aus Kohlensaurem Kalk und Wasser hergestellt und mit einem Tapezierpinsel auf die Stämme aufgetragen. Im Prinzip braucht nicht der ganze Stamm mit Kalkmilch bestrichen zu werden. Es reicht im Normalfall aus, wenn die nach Osten und Süden reichende Stammseite behandelt wird. Dort treffen die Sonnenstrahlen am Morgen auf. Bis zum Nachmittag hat sich der Stamm an das Tagesklima bereits angepasst, so dass die West- und Nordseite nicht bestrichen werden muss.
Sollte trotz einer entsprechenden Vorbehandlung oder auch dann, wenn keine Behandlung vorgenommen wurde, ein Frostschaden an Stämmen oder größeren Ästen auftreten, ist eine sachgemäße Behandlung der Wunden notwendig. Frische Frostrisse kann man mit einem Pressverband behandeln. Dazu wird starker Bindfaden um den Stamm geschlungen, wobei die einzelnen Schlingen etwa 3 bis 4 cm auseinander liegen sollen. Ein zusätzliches Verstreichen der Wunde mit einem geeigneten Wundverschlussmittel ist erforderlich.

WUSSTEN SIE, dass Kirschen- sowie ältere Zwetschen- und Pflaumenbäume besonders frostgefährdet sind, da sie eine dunkle Rinde besitzen? Auch Apfelbäume, die auf früh in den Saft kommenden Unterlagen veredelt sind (z. B. 'M 9'), sind besonders gefährdet.

Quitten mit Fleischverbräunungen

Unser Quittenbaum brachte dieses Jahr einen guten Ertrag. Nachdem ich die Früchte nun zu Gelee verarbeiten möchte, stelle ich fest, dass das Fleisch vieler Früchte braun verfärbt ist. Was ist die Ursache und kann ich die Früchte noch verwenden?

Fleischverbräunungen bei Quitten (*Cydonia oblonga*) können auftreten, wenn die Früchte nach der Ernte längere Zeit gelagert werden. Länger als vier Wochen sollten sie nicht aufbewahrt, sondern vorher verwendet werden. Bei leichten Fleischverbräunungen können die Früchte noch verarbeitet werden. Sie verlieren jedoch an Gelierfähigkeit und Aroma.

TIPP Quittenfrüchte sollten geerntet werden, sobald sie sich gelb verfärben und bevor sie abfallen. Leichte Fröste schaden nicht, doch sollten die Früchte nicht im gefrorenen Zustand gepflückt werden. Auch sollten sie nicht zusammen mit Äpfeln und Birnen aufbewahrt werden, da sie deren Geschmack durch den starken Quittenduft verfälschen und außerdem der Nachreifeprozess beschleunigt wird.

Sauerkirschen mit Spitzendürre

Meine Sauerkirschen sehen jetzt im Juni traurig aus. Zunächst einmal sind ziemlich plötzlich die Blüten vertrocknet, jetzt sterben die Triebspitzen samt der Blätter ab. Was soll ich machen, um dieser Seuche Herr zu werden?

Es handelt sich bei dieser Krankheit um die Spitzendürre oder Blütenfäule (*Monilia*), die Sauerkirschen (*Prunus cerasus*), gelegentlich auch Süßkirschen (*Prunus avium*) und andere *Prunus*-Arten (z. B. Zierkirschen, Mandelbäumchen) befällt. Verursacht wird sie durch einen pilzlichen Erreger, der im Frühjahr während der Blütezeit die Pflanzen über die Narben der Blüten infiziert und in die Blütenorgane, anschließend in die Triebe eindringt. Durch den Befall wird das geschilderte Schadbild hervorgerufen. Die Krankheit tritt vor allen Dingen bei häufigen Niederschlägen vor und während der Blüte auf. In den letzten Jahren ist sie beinahe seuchenhaft in vielen Gebieten aufgetreten.

Sterben nur einzelne Zweige ab, sind diese sofort bis etwa 10 bis 15 cm ins gesunde Holz zurückzuschneiden. Meistens ist nämlich der Pilz mit seinen Hyphen bereits tiefer in den Zweig eingedrungen. Eine andere Bekämpfungsmaßnahme ist um diese Jahreszeit nicht mehr erfolgreich. Im nächsten Jahr muss die Witterung beobachtet werden. Sollte vor oder während der Blütezeit niederschlagsreiches Wetter herrschen, ist eine Pflanzenschutzbehandlung empfehlenswert, wenn mit einem stärkeren Befall gerechnet wird. Der Pflanzenschutzdienst empfiehlt derzeit unter anderem den Einsatz von Baycor-Spritzpulver. Eine Anwendung der Mittel ist nur bei Blühbeginn sinnvoll, mit einer Wiederholung während der Blüte. Obwohl die Mittel nicht bienengefährlich sind, sollte nicht während der Hauptflugzeit der Bienen gespritzt werden. Am besten erfolgt die Anwendung früh morgens oder am Abend.

Der amtliche Pflanzenschutzdienst gibt über einen automatischen Telefon-Auskunftgeber meistens Hinweise zur aktuellen Lage. Ist man sich über den genauen Termin der entsprechenden Pflanzenschutzbehandlungen nicht im Klaren, sollte man diese Warnmeldungen abhören. Die Nummern der automatischen Telefonansage sind über Dienststellen des amtlichen Pflanzenschutzdienstes oder über die Ämter für Landwirtschaft, Landschafts- und Bodenkultur (Landwirtschaftsämter) zu erfragen.

Walnuss mit spätem Fruchtansatz

Ich besitze seit acht Jahren einen Walnussbaum. Bisher hat er noch keine Früchte getragen. Wann kann ich damit rechnen, dass ich die ersten Früchte ernten kann?

Der Fruchtansatz ist von verschiedenen Faktoren abhängig. Heute werden meistens veredelte Walnussbäume (*Juglans regia*) angepflanzt, die in der Regel auch früher tragen als ein Sämlingsbaum. Der Zeitpunkt der ersten Ernte hängt aber auch von der Stammhöhe ab. Je höher der Stamm gezogen wird, um so später setzt der Fruchtansatz ein. Das kann bei einem Sämling unter Umständen 10 bis 15 Jahre dauern.

Außerdem ist bekannt, dass Walnussbäume zwar Selbstbefruchter sind, aber dann keine Früchte ansetzen, wenn nur ein einzeln stehender Baum angepflanzt wird. Der Blühzeitpunkt der männlichen und weiblichen Blüten ist zum Teil unterschiedlich. Deshalb kann es gelegentlich zu Störungen in der Befruchtung kommen. Gut ist es deshalb, wenn in der Nähe ein weiterer Walnussbaum steht. Dann ist in der Regel mit einer sicheren Befruchtung zu rechnen. Die Nachbarschaft muss nicht sehr eng begrenzt sein, da der Pollen oft sogar über mehrere Kilometer weit vom Wind getragen wird.

Wird ein Walnussbaum gepflanzt, sollte man je nach Standort eine veredelte Sorte auswählen. Eine vorhergehende Beratung durch den Baumschulfachmann ist empfehlenswert. Es gibt Unterschiede in den Sorten hinsichtlich Frostwiderstandsfähigkeit, Blühtermin, Fruchtreife und -größe.

Walnussbaum mit Kaninchenfraß

In meinem Obstgrundstück habe ich einen Walnussbaum gepflanzt. Nun habe ich gehört, dass der Stamm gerne von Kaninchen angefressen wird. Muss ich mit einem solchen Wildschaden rechnen?

Grundsätzlich sollte immer darauf geachtet werden, dass der Stamm des Walnussbaumes (*Juglans regia*) nicht beschädigt wird. Solche Stammwunden können beim Transport oder beim Pflanzen auftreten. Andererseits ist mit Hasen- und Kaninchenfraß an Obstgehölzen in Obstgärten in der freien Landschaft immer zu rechnen. Außerdem ist bekannt, dass auch an jungen Bäumen Rehböcke „Bast" vom Gehörn „fegen". Solche Fegeschäden entstehen oft im März, etwa vier Monate nachdem der Rehbock das alte Gehörn abgeworfen hat.
Aus diesem Grund ist auf jeden Fall zu empfehlen, den jungen Walnussbaum entsprechend zu schützen. Kann ein wildsicherer Zaun um das Grundstück herum nicht gezogen werden, hilft schon ein Stammschutz am jeweiligen Baum. Bekannt sind so genannte Drahthosen, aber auch Schaumstoffmanschetten, die um den Stamm gewickelt werden. Sie können schnell und einfach angebracht und später wieder entfernt werden.
In Fachgeschäften gibt es auch Wildverbiss- und Wildverwitterungsmittel. Sie können nach Gebrauchsanweisung ausgebracht werden und vertreiben durch ihren Geruch das Wild aus der unmittelbaren Umgebung des jungen Baumes.

Von Fachleuten werden Drahthosen aus engmaschigem, sechseckigem Maschendraht den Stammschutzbändern oder Plastikspiralen vorgezogen, weil nach feuchtem Wetter der Stamm rasch abtrocknen kann. Auf jeden Fall sollten Plastikspiralen nicht die ganze Zeit um die Stämme gewickelt bleiben, sondern im Frühjahr wieder abgenommen werden. Auf diese Weise wird verhindert, dass sich unter diesem Stammschutz Krankheiten und Schädlinge einnisten.

Walnussbaum richtig pflegen

Vor etwa einem Jahr habe ich einen Walnussbaum gepflanzt. Welche Ansprüche stellt dieses Gehölz und wie muss ich ihn pflegen?

Walnussbäume (*Juglans regia*) sind an sich anspruchslose Gehölze. Sie wachsen in jedem Boden, der eine allgemeine Gehölzpflanzung erlaubt. Günstig ist ein Humusgehalt des Bodens zwischen 2 und 4 %. Nach dem Anwachsen kann die Entwicklung in nährstoffarmen Böden durch eine jährliche Volldüngergabe unterstützt werden. Bei einem jungen Baum ist ein stickstoffreicher Volldünger besonders wichtig. Die Düngung erfolgt im Frühjahr (März). Eine zu späte Düngung kann die Holzreife im Herbst beeinträchtigen. Während des Jugendwachstums sollte ein junger Baum auch ausreichend mit Wasser versorgt werden.
In windreichen Lagen kann sich der Stamm zur Seite neigen. Deshalb ist das Anbinden an einen kräftigen Baumpfahl empfehlenswert.
Besondere Schnittmaßnahmen sind beim Walnussbaum in der Regel nicht erforderlich. Meistens lässt man dem Wuchs der Krone freien Lauf. Neben dem Mitteltrieb sollen zum Kronenaufbau drei bis vier gut verteilte Leitäste stehen bleiben. Sollten Schnittmaßnahmen erforderlich sein, können diese bei einem jungen Baum zwischen August und Oktober ausgeführt werden. Ein im Ertrag stehender Baum wird oft sofort nach der Ernte geschnitten. Dadurch wird verhindert, dass die Triebe zu stark „bluten".
Normalerweise kommt ein Walnussbaum erst nach einigen Jahren zum Blühen. Üblicherweise ist die Walnuss selbstbefruchtend, doch kann es oft vorkommen, dass die männlichen und weiblichen Blüten eines Baumes nicht zur gleichen Zeit aufblühen. Dann ist die Befruchtung problematisch. Aus diesem Grunde sollten möglichst in der Nähe ein bis zwei andere Walnussbäume stehen, um eine gegenseitige Befruchtung zu gewährleisten.

Da Walnüsse stark spätfrostgefährdet sind, sollten immer solche Sorten ausgewählt werden, die sich für das jeweilige Klima besonders eignen. Deutsche Sorten, wie 'Nr. 120', 'Nr. 26' und 'Weinsberg I' sind weniger spätfrostgefährdet. Für wärmere Regionen werden 'Nr. 286' und 'Esterhazy II' verwendet.

Walnussbaum schneiden

In meinem Garten habe ich viele Walnussbäume. Ich habe gehört, dass sie nicht zur gleichen Zeit geschnitten werden sollten wie andere Obstbäume. Wann ist der günstigste Zeitpunkt zum Schneiden und wie soll geschnitten werden?

Über den Schnitt von Walnussbäumen (*Juglans regia*) gibt es unterschiedliche Ansichten. Oft wird empfohlen, Jungbäume zwischen August und Oktober zu schneiden, ältere Bäume nach der Ernte. Dadurch will man allzu starkes „Bluten" verhindern. Das tritt auf, wenn im Winter zu spät geschnitten wird und der Baum bereits im Saft ist. Da jedoch vielfach der Sommerschnitt nicht ausgeführt wird, kommt in den meisten Fällen doch ein Schnitt im Winter in Frage. Der günstigste Zeitpunkt liegt etwa Mitte bis Ende Februar. Ein späterer Schnitt kann tatsächlich ein stärkeres Bluten zur Folge haben.

Wie bei den anderen Obst-Arten unterscheidet man auch beim Walnussbaum zwischen einem Erziehungs- und Instandhaltungsschnitt. Beim Erziehungsschnitt wird die Krone des jungen Baumes aufgebaut. Normalerweise baut man eine Krone aus drei Leitästen auf. Diese sollten möglichst gleichmäßig um die Stammverlängerung angelegt sein. In den ersten Jahren werden die seitlichen Verzweigungen je nach Bedarf geschnitten, um eine lockere, gut belichtete Krone zu erhalten. Später folgt dann der Instandhaltungsschnitt, um ständig für eine Fruchtholzerneuerung zu sorgen. Wird der Walnussbaum überhaupt nicht geschnitten, bilden sich zu viele Triebe, so dass in den dichten Kronen die Ertragsfläche verloren geht. Walnussbäume fruchten nur am einjährigen Holz und hier vorwiegend an den Endknospen. Deshalb sollte immer auf eine lockere Krone mit genügend einjährigen Trieben geachtet werden. Der Instandhaltungsschnitt dient also in erster Linie zur Fruchtholzerneuerung. Manchmal ist bei alten Bäumen ein stärkerer Auslichtungsschnitt erforderlich. In diesem Falle sollte man auf eine gute Wundpflege bedacht sein. Daselbe gilt übrigens auch, wenn der Walnussbaum durch Spätfröste stärker geschädigt wird.

Um Frostschäden an Obstbäumen zu vermeiden, kann der Stamm vorbeugend mit Kalkmilch bestrichen werden. Dieser reflektiert die Sonnenstrahlen und verhindert eine zu rasche Erwärmung des gefrorenen Stamms nach einer kalten Nacht. In der Praxis hat sich folgendes Rezept bewährt: In 10 l Wasser werden 2,5 kg Branntkalk aufgelöst und zur besseren Haftung 250 g Kaseinpulver zugesetzt. Letzteres ist in Drogerien erhältlich. Diese Kalkmilch kann auf den ganzen Stamm aufgetragen werden. Es genügt jedoch meistens eine Behandlung der nach Süden zeigenden Stammhälfte. Bewährt hat sich auch das Aufwalzen von weißer Fassadenfarbe auf die Südhälfte der Stämme. Ein solcher Belag hält meistens mehrere Jahre.

Walnussbaum verpflanzen

Ich habe vor einem Jahr einen Walnussbaum in den Garten gepflanzt. Der Standort ist aber nicht ideal. Kann ich diesen relativ jungen Baum jetzt noch umpflanzen?

Sicher kann ein vor einem Jahr gepflanzter Walnussbaum (*Juglans regia*) nach dieser Zeit noch umgepflanzt werden. Wichtig ist nur, dass er vorsichtig am jetzigen Standort ausgegraben und mit einem möglichst guten Wurzelballen und reichlich Wurzelwerk am neuen Standort eingepflanzt wird. Von Bedeutung ist der richtige Zeitpunkt des Verpflanzens. Im Gegensatz zu allen anderen Obstgehölzen sollten Walnüsse möglichst erst im Frühjahr gepflanzt werden. Auch sollte die Zeitspanne zwischen dem Ausgraben am jetzigen Standort und dem Einpflanzen am neuen Platz möglichst kurz bemessen sein.

Ideal ist für Walnüsse ein freier, sonniger Standort, da sich Früchte ausschließlich an den Lichttrieben des Baumes entwickeln. Gut ist ein mittelschwerer, humoser Boden mit einem Reaktionsgrad von pH 6,5 bis 7,5. Beim Pflanzen sollte auch beachtet werden, dass sich der Baum frei entwickeln kann. Einen Standraum von 10 × 10 m sollte man mindestens vorsehen. An günstigen Standorten kann später ein großer Walnussbaum sogar einen Standraum von 15 × 15 m einnehmen.

Walnüsse lagern

Die Walnussernte war in diesem Jahr besonders groß. Wie lange kann ich die Nüsse lagern und wie muss ich sie behandeln, damit sie ohne Qualitätsverlust möglichst lange genussfähig bleiben?

Normalerweise erntet man die Nüsse des Walnussbaums (*Juglans regia*), wenn sich im Herbst die fleischige, grüne Hülle von selbst öffnet und die Nüsse problemlos herausgelöst werden können. Die meistens durch Schütteln geernteten Früchte werden von der grünen Schale befreit und anschließend in einem Wasserbad gesäubert. Sie müssen rasch gewaschen werden, damit kein Wasser in die Nüsse eindringt. Anschließend werden die Nüsse an der Sonne getrocknet. Mehrmaliges Wenden ist angebracht. Sollte die Witterung bei der Ernte eine Trocknung im Freien nicht zulassen, erfolgt diese in einem temperierten Raum bei etwa 18 bis 25 °C. Über 25 °C sollte die Temperatur nicht ansteigen, da sonst die Kerne später ranzig schmecken und ungenießbar werden. Die Trocknungsdauer selbst hängt von der Schalenbeschaffenheit und von der Witterung ab. Gut getrocknete Nüsse werden am besten locker geschüttet oder in Netzen an einem kühlen Ort aufbewahrt. Die Lagerdauer kann unter günstigen Verhältnissen bis zu ein Jahr betragen.

Es kommt immer wieder vor, dass bei der Walnussernte Früchte vom Baum fallen, deren grüne Schale noch nicht aufgesprungen ist. Diese sollten Sie in einem Gefäß sammeln, mit einem Sack abdecken und in einem Raum mit hoher Luftfeuchtigkeit nachreifen lassen. Sobald die Früchte aufspringen, werden die Nüsse entnommen. Eine Kontrolle im Abstand von etwa drei Tagen ist empfehlenswert. Vermieden werden muss auf jeden Fall, dass die grünen Fruchtschalen in Fäulnis übergehen.

WUSSTEN SIE, dass die Bezeichnung Polterabend (Abend vor der Hochzeit) von den Walnüssen abgeleitet wird? Nach einem alten Brauch hat man früher am Vorabend einer Hochzeit der Braut einen Korb Walnüsse in die Schlafkammer „poltern" lassen. Die Nüsse galten in früheren Jahrhunderten als Zeichen der Fruchtbarkeit. Ein altes Sprichwort sagt: „Nussjahre sind Bubenjahre".

Zwetschen mit Narren- oder Taschenkrankheit

Meine Zwetschenbäume bilden dieses Jahr ganz wundersame Früchte aus. Sie sind vielfach flach, gekrümmt und verfärben sich später gelblich oder bräunlich. Einige sind auch schon runzelig und mit einem mehligweißen Belag überzogen. Es muss sich offensichtlich um eine Krankheit handeln. Was ist die Ursache und was kann ich dagegen tun?

Bei dem geschilderten Befall der Pflaume (*Prunus domestica*) handelt es sich um die so genannte Taschen- oder Narrenkrankheit. Die Früchte sind von einem Pilz (*Taphrina pruni*) befallen. Er infiziert die Pflanzen kurz vor oder während der Blüte. Herrscht während der Blütezeit der Bäume niederschlagsreiches Wetter, können bis zu 80% der Früchte befallen werden. Durch den Befall kommt es zu dem geschilderten Schaden. Die Früchte reifen nicht mehr aus und sind für den Verzehr untauglich. Vielleicht sollte noch beachtet werden, dass die Pilzsporen auf den eingetrockneten

Früchten überwintern und im folgenden Jahr wieder für eine Neuinfektion verantwortlich sind. Vorbeugend sollten die befallenen Früchte eingesammelt und vernichtet werden. Keinesfalls dürfen sie auf den Bäumen hängen bleiben. Auch abgefallene Früchte sollen wegen möglicher Krankheitsübertragung aufgelesen und beseitigt werden. Sie dürfen sie aber nicht auf den Kompost werfen, da auch von dort aus Erreger übertragen werden. Durch diese vorbeugenden Maßnahmen kann man am ehesten einen Befall im nächsten Jahr ausschließen oder zumindest die Stärke des Befalls mindern.

Zwetschenbaum verpflanzen

?

Vor fünf Jahren haben wir einen Zwetschenbaum in den Garten gepflanzt. Jetzt stellen wir fest, dass er nicht genügend Raum hat, um sich optimal zu entwickeln. Wir wollen ihn an einen günstigeren Platz verpflanzen. Ist das jetzt noch möglich?

!

Das Verpflanzen des Zwetschenbaums (*Prunus domestica*) muss gelingen, wenn der Baum mit einem genügend großen Ballen an den neuen Standort gebracht werden kann. Wichtig ist nur, dass viele Wurzeln am Baum verbleiben, damit das Einwurzeln relativ schnell gelingt. Außerdem wird man die Triebe etwas zurückschneiden müssen, um ein gewisses Gleichgewicht zwischen Wurzeln und Astpartien herzustellen.
Verpflanzt wird am besten während der Ruheperiode, also im Spätherbst oder Frühjahr. Der Spätherbst wird günstiger sein, da sich dann noch neue Wurzeln bilden können, so lange der Boden ausreichend temperiert ist. Bei einer Frühjahrspflanzung treiben die Bäume sehr rasch aus und es kann zu Störungen im Wachstum kommen, wenn die Wasserversorgung nicht voll gewährleistet ist.
Während der Vegetationsruhe kann auch noch eine andere Methode probiert werden. Sobald der Boden durchgefroren ist, kann der Baum mit einem so genannten Frostballen ausgegraben und verpflanzt werden. Nach dieser Methode hat man früher gerne große Gehölze umgepflanzt, die selbst noch in höherem Alter diese Prozedur gut überstanden haben. Natürlich ist es wichtig, dass vor dem Graben das Baumloch am neuen Standort ausgehoben und gut vorbereitet wurde.

WUSSTEN SIE, dass Zwetschen, Pflaumen, Renekloden und Mirabellen alle von der Europäischen Pflaume (*Prunus domestica*) abstammen? Pflaumen haben ein weiches, sehr saftiges Fruchtfleisch und sind vor allem für den frischen Verzehr geeignet. Zwetschen haben meistens eine längliche Frucht und festes, süßes, fein gewürztes und saftiges Fruchtfleisch. Geeignet sind sie auch zum Backen. Zwetschgen und Zwetschken sind volkstümliche Namen für die Zwetsche.

Beerenobst

Beerenobst düngen?

In meinem kleinen Garten stehen einige Beerensträucher. Es sind vor allen Dingen Rote Johannisbeeren, Stachelbeeren und Himbeeren. Wie soll ich diese Sträucher düngen, damit sie gut wachsen und gesunde Beeren liefern?

Das Beerenobst im Hausgarten gehört zu den Kulturen mit einem relativ niedrigen Nährstoffbedarf. In Zahlen ausgedrückt, benötigen die Sträucher im Jahr etwa 5 bis 10 g Stickstoff, 2 bis 5 g Phosphorsäure, 7 bis 15 g Kalium und 1 bis 3 g Magnesium pro m^2.
Problematisch bei einer allgemeinen Düngeempfehlung ist, dass der Vorrat im Boden nicht bekannt ist. Wurde nämlich in den letzten Jahren schon regelmäßig gedüngt und vor allem auch mit Stallmist oder Kompost gearbeitet, sind immer gewisse Nährstoffreserven vorrätig, so dass die angeführten Mengen nicht zusätzlich verabreicht werden müssen. Empfehlenswert ist deshalb, auch im Haus- und Kleingarten gelegentlich eine Bodenanalyse durchzuführen, um Kenntnis über den Stand der Nährstoffversorgung des Bodens zu erhalten. Oft sind viele Gartenböden einseitig überdüngt. Das gilt besonders für Phosphorsäure. Wird nun immer wieder mit einem Volldünger gearbeitet, steigen diese Werte noch weiter an, während vielleicht andere Nährstoffe in zu geringer Menge vorhanden sind.
Wird davon ausgegangen, dass die wichtigsten Kernnährstoffe als Erhaltungsdüngung zusätzlich verabreicht werden müssen, empfiehlt es sich, Johannisbeeren (*Ribes*-Sorten) bei Beginn des Wachstums im März oder April mit etwa 20 bis 30 g/m^2 eines handelsüblichen chloridfreien Düngers (Blaukorn-Volldünger) zu versorgen. Die gleiche Gabe gibt man noch einmal im Juni. Bei der Frühjahrsdüngung kann auch sehr gut ein organisch-mineralischer Volldünger in etwas größerer Menge gegeben werden.
Ähnlich ist es bei den Himbeeren (*Rubus idaeus*-Sorten). Auch sie werden nach dem Frühjahrsaustrieb zum ersten Mal gedüngt. Eine zweite Nährstoffgabe gibt man während der Blütezeit im Mai oder Juni. Die Dosis bei dieser Beerenfrucht kann bei Bedarf etwas höher gewählt werden als bei den Johannisbeeren.
Bei Stachelbeeren (*Ribes uva-crispa*-Sorten) wird man in ähnlicher Weise wie bei den Johannisbeeren verfahren. Die erste Düngergabe gibt man im März oder April, die zweite während der Fruchtreife im Juli und August. Zur Sommerdüngung sollte man ausschließlich mineralische Dünger (Blaukorn-Volldünger) verwenden, da zu diesem Zeitpunkt organisch-mineralische Dünger nicht mehr voll zur Wirkung kommen, und die Nährstoffe erst nach der Mineralisierung zu einem späteren Zeitpunkt freigesetzt werden.

Die für den Haus- und Kleingarten üblichen Volldünger auf organisch-mineralischer Basis oder rein mineralischer Basis können im Allgemeinen für die Düngung von Beerensträuchern verwendet werden. Manche Hersteller bieten sogar spezielle Beerenobstdünger an. In der Landwirtschaft ist das Düngerspektrum breiter. Hier gibt es für bestimmte Kulturen auch chloridhaltige Düngemittel. Diese sollten keinesfalls für Beerenobst verwendet werden, da diese Obstarten auf Chlor empfindlich reagieren. Wird in Ihrem Garten reichlich Kompost oder verrotteter Stallmist verwendet, können die empfohlenen Düngermengen drastisch reduziert werden.

Beerensträucher mulchen?

Ich habe eine große Anzahl Johannisbeersträucher im Garten. Welche Empfehlungen werden zur Bodenbearbeitung gegeben? Soll ich im Herbst den Boden umgraben oder die Fläche zwischen den Sträuchern mulchen?

Beerensträucher sind durchweg Flachwurzler. Deshalb sollte zwischen den Sträuchern keine übliche Bodenbearbeitung erfolgen, also auch kein Umgraben im Herbst. Besser ist es, den Boden mit organischen Materialien abzudecken, also zu mulchen. Besonders gut geeignet ist halb verrotteter Kompost, Rindenhumus oder ein anderer Humusdünger. Auch Rasenschnitt ist geeignet.

Wichtig ist aber eine zusätzliche Ernährung mit einem chloridfreien Volldünger. Die jährliche Gesamtmenge wird in zwei Gaben aufgeteilt. Zwei Drittel davon geben Sie zum Austrieb im März und ein Drittel im Sommer nach der Ernte, sobald die Sträucher ausgelichtet sind.

Brombeeren schneiden

Ich habe im Garten eine Brombeerhecke angelegt. Wie soll ich die Pflanzen schneiden, dass ich einen reichen Ertrag erziele?

Man unterscheidet allgemein zwischen dem Instandhaltungsschnitt und dem Sommerschnitt. Beim Instandhaltungsschnitt werden die abgetragenen zweijährigen Ranken entfernt. Diese Maßnahme kann im Spätwinter oder zeitigen Frühjahr (März) ausgeführt werden. Es ist aber auch möglich, die Ranken bereits eine gewisse Zeit nach der Ernte mit einer Astschere dicht über dem Boden abzuschneiden. Sie bleiben jedoch im Bestand hängen und bieten so einen gewissen Winterschutz für die verbleibenden, jungen Ruten. Das ist sinnvoll, weil in sehr kalten Wintern Brombeeren (*Rubus fructiosus*-Sorten) unter starken Frösten leiden. Die Ranken werden dann ebenfalls im März entfernt.
Beim Sommerschnitt werden die am Hauptspross gebildeten Seitentriebe (Geiztriebe) auf vier bis fünf Augen oder Blätter zurückgeschnitten. Dadurch wird ein zu starker Trieb gebremst und gleichzeitig später eine gute Fruchtqualität erzielt. Möglich ist es, beim Winterschnitt diese Geiztriebe noch einmal auf zwei bis höchstens drei Knospen zurückzuschneiden.
Brombeeren müssen immer streng geschnitten werden, da sie an den Vorjahrestrieben fruchten. Aus Adventivknospen am Wurzelstock entwickeln sie neue Triebe, die dann im Folgejahr blühen und fruchten. Üblich ist es, etwa sechs Triebe stehen zu lassen. Werden mehr Jungtriebe gebildet, sollten diese entfernt werden.

WUSSTEN SIE, dass es neben der immer noch vielfach angebauten stark bestachelten Brombeer-Sorte 'Theodor Reimers' auch stachellose Brombeer-Sorten gibt? Von diesen sind z. B. 'Thornfree' und 'Thornless Evergreen' besonders bekannt.

Brombeeren und Himbeeren zum richtigen Zeitpunkt pflanzen

Ich will in meinem Garten Beerensträucher anpflanzen, insbesondere Himbeeren und Brombeeren. Wann ist die beste Pflanzzeit für diese Beerenobst-Arten?

Die Ansichten über den günstigsten Pflanztermin gehen etwas auseinander. Beide Beerenobst-Arten können sowohl im Herbst als auch im Frühjahr gepflanzt werden. Hat man die Wahl, ist der Frühjahrspflanztermin vorzuziehen. Das gilt besonders für die Brombeeren (*Rubus fruticosus*), da manche Sorten gegen starke Fröste besonders empfindlich sind. Bei Brombeeren werden in der Regel zweijährige Pflanzen verwendet, die mindestens eine bis zwei gut ausgebildete Triebknospen im Wurzelbereich haben sollen.
Himbeeren (*Rubus idaeus*) können auch im frühen Herbst gepflanzt werden, so dass sie noch vor Winterbeginn gut einwurzeln. Oft wird sogar der Unterschied gemacht, dass man einmal tragende Sorten im frühen Herbst, zweimal- bzw. im Herbst tragende Sorten im Frühjahr pflanzt. Bei Himbeeren werden meist einjährige Ruten angeboten, die auch mindestens zwei starke Wurzelknospen haben sollen.

Liegt ein Grundstück in Waldnähe, sollten blattlausresistente Himbeer-Sorten bevorzugt werden. Festgestellt wurde, dass durch Blattläuse Viruserkrankungen übertragen werden. Es besteht Ansteckungsgefahr, die von Waldhimbeeren ausgeht. Zu den blattlausresistenten Himbeer-Sorten zählen 'Rutrago', 'Rumiloba', 'Rumler', 'Rucami', 'Rusilva' und 'Autumn Bliss'. Die beiden zuletzt genannten Sorten sind auch resistent gegen Wurzelfäule (verschiedene Erreger); 'Rusilva' ist zusätzlich gegen die Rutenkrankheit (verschiedene Erreger) widerstandsfähig.

Brombeeren werden ungenießbar

Unsere Brombeerhecke ist vier Jahre alt, es handelt sich um eine Sorte ohne Stacheln, und sie steht vor einer sonnigen Mauer. Die Ernte war bisher gut bis sehr gut. Der Strauch wächst gut, wurde auch in regenarmen Sommern oft gegossen. Schon im letzten Jahr – und vermehrt in diesem Jahr – treten an den Früchten helle Stellen auf, die Beeren sind verhärtet, reifen nicht aus, wodurch die Früchte ungenießbar werden. Was ist die Ursache und was kann man dagegen unternehmen?

Als Ursache kommt ein Befall durch die Brombeergallmilbe (*Acalitus essigi*) in Frage. Dieser Schädling ist winzig klein und mit bloßem Auge kaum festzustellen. Die Milben halten sich an den heranreifenden Früchten auf und sind nur mit einer stärkeren Lupe erkennbar. Da die erwachsenen Milben überwintern, empfiehlt der amtliche Pflanzenschutzdienst neuerdings drei Spritzungen mit einem Netzschwefelpräparat: Erste Spritzung bei etwa 10 cm Trieblänge, zweite Spritzung etwa 14 Tage später und dritte Spritzung bei Beginn der Blüte. Die Präparate sollten nicht bei Temperaturen über 25 °C gespritzt werden, da die Pflanzen sonst geschädigt werden können. Außerdem ist zu empfehlen, sich beim zuständigen Amt bezüglich regional resistenter Sorten zu erkundigen.

Erdbeeren faul und voller Schnecken

In meinem Garten faulen immer wieder die Erdbeerfrüchte ab. Außerdem sind sie stark von Schnecken befallen. Was kann ich tun, damit ich gesunde Früchte ernte?

Häufig sind, vor allem bei regnerischem Wetter, reife und halbreife Erdbeerfrüchte (*Fragaria × ananassa*) mit einem dichten, grauen Schimmel bedeckt. Sie gehen dann in Fäulnis über und können nicht mehr geerntet werden. Ursache für diese pilzliche Krankheit ist der Grauschimmel (*Botrytis cinerea*).
Wichtig ist, dass vorbeugend im Pflanzenbestand Verhältnisse geschaffen werden, die eine Infektion und Ausbreitung des Pilzes bremsen. Zu diesem Zweck sollten Erdbeerpflanzen nicht zu eng gesetzt und nur sparsam mit Stickstoff gedüngt werden. Wird nach dem Abblühen der Pflanzen unter die heranwachsenden Früchte Holzwolle oder ein ähnliches Material ausgelegt, entstehen günstige kleinklimatische Verhältnisse und die Früchte kommen nicht mit dem nackten, feuchten Boden in Berührung. Außerdem sollte man ab und zu das Beet kontrollieren und befallene Früchte sofort pflücken und vernichten, damit gesunde Früchte nicht angesteckt werden.
Gegen Schnecken empfiehlt der Pflanzenschutzdienst das Absammeln der Tiere in den frühen Morgenstunden. Auch können „Bierfallen" eingesetzt werden. Das sind kleine Gefäße, z. B. Joghurtbecher, die man in den Boden eingegräbt und zwar so tief, dass die Schnecken den etwas überstehenden Rand ohne Mühe überwinden können. Die Fallen müssen mit frischem Bier gefüllt werden, das die Schnecken anlockt. Ansonsten kommt die Anwendung von Metaldehyd-Präparaten oder Ferramol in Frage.

Um kleinere Flächen kann auch ein Schneckenzaun gezogen werden. Es handelt sich dabei um Kunststoffteile mit gebogenem Rand, die von Schnecken nicht überwunden werden. So kann man diese Tiere von den Beeten fern halten. Schneckenzäune sind im Fachhandel erhältlich.

Erdbeeren im Balkonkasten oder Pflanzkübel kultivieren?

Ich habe keinen Garten, aber einen großen Balkon. Dort kultiviere ich in Kästen und Trögen viele Zierpflanzen, aber auch einige Gemüsearten. Kann ich in Pflanzgefäßen auch Erdbeeren kultivieren?

Denkbar ist es schon, Erdbeeren in Pflanzgefäßen, also Balkonkästen, Pflanzkübeln oder auch Ampeln zu kultivieren. Geeignet sind dafür vor allen Dingen Klettererdbeeren und großfrüchtige Monatserdbeeren. Die Klettererdbeeren können sogar an einem Spalier nach oben gezogen werden und bringen dann eine reiche Ernte. Geeignet sind für eine derartige Kultur zum Beispiel die Klettererdbeere 'Hummi' oder die Riesenmonatserdbeere 'Rimona' (Bezugsquelle siehe Seite 377). Übrigens hat man mit dem Überwintern von Erdbeerpflanzen in Gefäßen gute Erfahrungen gemacht, wenn sie auf dem Balkon unter einem schützenden Zelt, dem Gartentisch oder einem ähnlichen Ort überwintert werden. Natürlich müssen sie auch dort gelegentlich kontrolliert und bei Bedarf etwas gegossen werden. Ansonsten ist eine Überwinterung an einem hellen, aber kühlen Raum ebenfalls möglich.

Erdbeeren mit Wurzelfäule

Mein Erdbeerbeet macht mir Kummer. Die Pflanzen sterben nesterweise ab, die Blätter der noch verbliebenen Pflanzen sind klein und rötlich verfärbt. Ziehe ich Pflanzen aus dem Boden, sind die Wurzeln verfault und abgestorben. Um was für eine Krankheit handelt es sich und was kann ich dagegen tun?

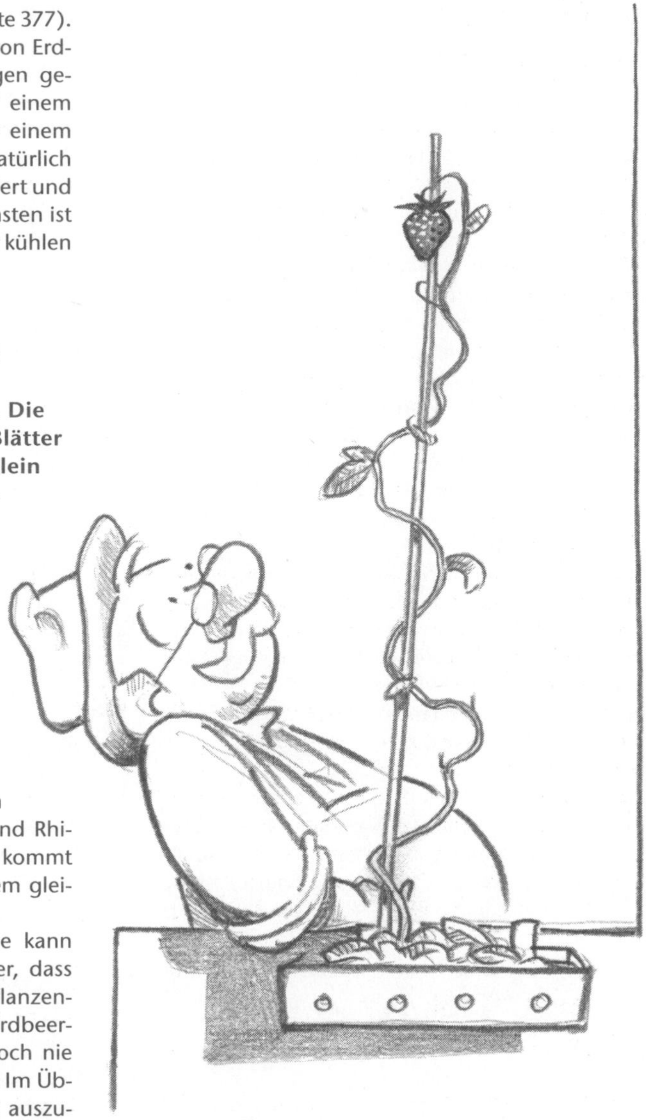

Erdbeerpflanzen (*Fragaria × ananassa*) werden von verschiedenen Krankheitserregern befallen. So gibt es eine Wurzel- und Rhizomfäule. Die Schilderung des Krankheitsbildes deutet auf die Rote Wurzelfäule, eine Erkrankung durch den Pilz *Phytophthora fragariae* hin. Wurzel- und Rhizomfäule ist heute häufig verbreitet und kommt vor, wenn schon häufig Erdbeeren auf dem gleichen Platz angebaut wurden.

Eine brauchbare Bekämpfungsmaßnahme kann nicht empfohlen werden. Wichtig ist aber, dass man bei einer Neuanlage auf gesundes Pflanzenmaterial Wert legt und außerdem das Erdbeerbeet auf einer völlig neuen, möglichst noch nie mit Erdbeeren bestandenen Fläche anlegt. Im Übrigen ist dringend zu empfehlen, Sorten auszuwählen, die gegen diese Wurzelfäulen resistent oder zumindest tolerant sind. Dazu gehören 'Early Glow', 'Elvira', 'Dania', 'Tenira' und 'Scott'.

Es ist damit zu rechnen, dass auch in naher Zukunft weitere resistente Sorten in den Handel kommen. Klären Sie vor dem Einkauf im Gespräch mit dem Fachmann, ob die jeweilige Sorte gegen Wurzelerkrankungen tolerant oder resistent ist. Schon auf diesem Wege kann vorbeugend ein späterer Befall verhindert oder zumindest verringert werden.

Erdbeeren Mitte September noch pflanzen?

Im Herbst habe ich mein Erdbeerbeet zum Pflanzen gerichtet. Ein Nachbar gab mir den Rat, die Erdbeeren jetzt nicht mehr zu pflanzen, da sie nächstes Jahr keinen Ertrag mehr bringen würden. Der bessere Pflanztermin wäre Ende Juli bis Anfang August. Stimmt dieser Rat und soll ich das Pflanzen der Erdbeeren jetzt unterlassen?

Die beste Pflanzzeit für Erdbeeren (*Fragaria* × *ananassa*) liegt zwischen Ende Juli und Ende August. Der relativ frühe Pflanztermin hat den Vorteil, dass die Pflanzen bei guter Pflege rasch einwurzeln und sich noch im Spätsommer kräftig entwickeln. Je mehr neue Laubblätter vorhanden sind, um so besser ist auch noch der im Spätsommer und Herbst einsetzende Knospenansatz. Die Blütenanlagen bilden sich aus, sobald die Sonne weniger als zwölf Stunden am Tag scheint und die Temperaturen allmählich unter 15 °C absinken. Alle Blüten, die nächstes Jahr Früchte tragen sollen, müssen noch in diesem Jahr als Knospen gebildet werden.

Bei einer späten Pflanzung unterbleibt das zusätzliche vegetative und generative Wachstum, so dass in der Tat nächstes Jahr der Ertrag geringer ausfallen kann. Natürlich ist es durchaus möglich, auch jetzt noch Erdbeeren zu pflanzen. Es sollte jedoch alles daran gesetzt werden, damit die geschilderte Entwicklung optimal verlaufen kann. Dies ist am besten, wenn Sie gut entwickelte Jungpflanzen verwenden. Am besten wird getopfte Ware eingekauft, die sich am neuen Standort sofort weiterentwickelt. Generell muss aber bei einer späteren Pflanzung auch mit einem geringeren Ertrag im nächsten Jahr gerechnet werden.

Erdbeeren werden von verschiedensten Krankheiten befallen. Da der Einsatz von Pflanzenschutzmitteln problematisch ist, sollte man möglichst krankheitstolerante Sorten anpflanzen. Ganz wichtig ist auch, dass die Erdbeerpflanzen bei trockener Herbstwitterung gründlich gewässert werden. Nur so ist ein sicheres Anwachsen und ein guter Knospenansatz zu erzielen.

Erdbeeren nach der Ernte richtig pflegen

Seit Mai ist die Erdbeerernte in vollem Gange. Ich will die Pflanzen zwei, vielleicht auch drei oder vier Jahre stehen lassen. Wie muss ich sie richtig weiterpflegen?

Eigentlich beginnt das richtige Wachstum der Erdbeeren (*Fragaria* × *ananassa*) erst nach der Ernte. Nun werden neue Blätter gebildet und ihre Zahl und Stärke ist später auch für den Knospen- und Fruchtansatz maßgebend.

Zunächst einmal werden alle Ranken beseitigt, sofern sie nicht für eine eigene Jungpflanzengewinnung benötigt werden, und alles alte Laub entfernt. Nur die neuen Blätter sind von großer Bedeutung, die alten Blätter werden einfach abgeschnitten. Auf größeren Flächen kann man sie sogar mit einem hoch gestellten Rasenmäher abmähen. Das Herz der Pflanzen darf nicht beschädigt werden, da sich anschließend die Pflanzen sehr schnell neu entfalten müssen.

Als nächste Maßnahme ist eine Düngung unerlässlich. Sie soll unmittelbar nach Beendigung der Ernte erfolgen. Zunächst einmal kann man den Boden mit Kompost mulchen. Er enthält lösliche Nährstoffe, die den Pflanzen zugute kommen. Ist man mit dem Düngen zeitig dran, kann zusätzlich noch ein organisch-mineralischer Dünger ausgestreut und oberflächlich in den Boden eingearbeitet werden, ansonsten verwendet man einen Blaukornvolldünger.

Wenn angenommen wird, dass Erdbeeren je nach Sorte zwischen 5 und 7 g Stickstoff/m^2 und Jahr benötigen, so entspricht dies einem Gesamt-Düngeraufwand von 40 bis 60 g Blaukornvolldünger/m^2. Nun müssen natürlich die noch restlichen Vorräte im Boden, der Nährstoffinhalt von Kompost oder eines anderen Humusdüngers, aber auch die mögliche Auswaschung berücksichtigt werden. Unter Einbeziehung aller Faktoren kann man also mit einem Aufwand zwischen 40 und 50 g eines solchen Düngers je Quadratmeter rechnen. Damit keine Salzkonzentrationsschäden auftreten, kann man diese Menge auf zwei Gaben verteilen, die im Abstand von etwa zwei bis drei Wochen ausgebracht werden. Ein anschließendes gründliches Wässern ist zu empfehlen.

Überhaupt sind während herbstlicher Trockenperioden zusätzliche Wassergaben dringend notwendig, damit sich die Pflanzen sehr gut entwickeln können und außerdem reichlich Knospen ansetzen.

Das erwähnte Abschneiden oder Abmähen der alten Blätter ist natürlich nur sinnvoll, wenn es sich um einmal tragende Erdbeer-Sorten handelt. Werden so genannte mehrmalstragende Sorten im Garten angebaut, z. B. 'Macheraus Dauerernte', 'Ostara', dürfen von diesen Sorten die Blätter nicht entfernt werden, da sonst die zweite Ernte im Herbst wegfallen würde.

Erdbeeren setzen keine Blüten und Früchte an

Ich habe im vergangenen Jahr im September oder Anfang Oktober Erdbeeren gepflanzt. Sie sind in diesem Jahr kräftig herangewachsen, haben aber fast nicht geblüht und keine Früchte gebracht. Was ist die Ursache und was muss ich tun, damit die Pflanzen im nächsten Jahr blühen und fruchten?

Mit größter Wahrscheinlichkeit wurden relativ schwache Erdbeerpflanzen (*Fragaria × ananassa*) zu spät in den Garten gesetzt. Die ideale Erdbeerpflanzzeit sind die Wochen zwischen Ende Juli und Mitte oder Ende August. Sobald die Tage kürzer werden und die Temperaturen allmählich unter 15 °C absinken, beginnt bereits der Knospenansatz fürs nächste Jahr. Aus Versuchen ist bekannt, dass bei einer Pflanzung Ende Juli Anfang August im folgenden Jahr 1,4 kg Erdbeeren/m^2 geerntet werden können. Bei Pflanzungen Ende August nur noch 900 g, während bei einer Pflanzung Anfang September der Ertrag unter 500 g/m^2 absinkt. Wenn nun sogar noch schwache Jungpflanzen gesetzt wurden, sinkt der Ertrag rapide. Sind die Pflanzen nun in diesem Jahr kräftig gewachsen, kann im nächsten Jahr mit einem guten Ertrag gerechnet werden, da sie während der richtigen Zeit, also im frühen Herbst, bereits mit der Knospenbildung beginnen können.

Neben dem richtigen Pflanztermin ist auch die Qualität der Setzlinge für den späteren Ertrag maßgebend. Hohe Erträge erzielt man, wenn man pikierte Jungpflanzen oder sogar Topfballenware bezieht. Je besser das Wurzelwachstum, umso schneller wurzeln die Pflanzen ein und umso eher können sie von der vegetativen in die generative Phase übergehen.

Heidelbeeren zum richtigen Zeitpunkt pflanzen

Sehr gerne möchte ich in meinem Garten Heidelbeeren anpflanzen. Welche Bedingungen stellen diese Beerenpflanzen und wann werden sie am besten gepflanzt?

Die Kulturheidelbeere (*Vaccinium corymbosum*) ist mit unserer heimischen Waldheidelbeere (*V. myrtillus*) verwandt, stammt jedoch aus den Oststaaten der USA. Angepflanzt werden können die Sträucher, wenn der Boden ausreichend sauer ist. Optimal ist ein pH-Wert von 4 bis 5. Normalerweise kommen in erster Linie saure, feuchte Sand- und Moorböden in Frage. Außerdem sollte der Standort sonnig und windgeschützt sein. Liegt der Reaktionsgrad höher, kann er durch Untermischen von saurem Hochmoorweißtorf, Sand und Sägemehl etwas abgesenkt werden. Auch ein Versuch mit Holzfasersubstraten kann gemacht werden.

Beste Pflanzzeit ist der Herbst nach dem Laubfall. Bei zeitiger Pflanzung wurzeln die Sträucher noch bis zum Eintritt strengerer Fröste gut ein. Im Allgemeinen werden drei- bis vierjährige Jungpflanzen angeboten. Günstig ist es, wenn beim Pflanzen ein großes Pflanzloch gemacht und etwa 10 l feuchter Torf unter den vorhandenen Boden gemischt wird. Nach dem Pflanzen ist das Abdecken des Bodens mit Rindenmulch oder Sägemehl empfehlenswert. Der beste Pflanzabstand liegt zwischen 1,0 und 1,5 m. Sollen mehrere Reihen angepflanzt werden, ist ein Abstand von Reihe zu Reihe von 2,0 bis 2,50 m empfehlenswert.

Bei der Weiterkultur ist auf jeden Fall darauf zu achten, dass die Pflanzen salzempfindlich sind. Deshalb sollten bei einer möglichen Düngung die Gaben nicht zu hoch konzentriert werden. 30 bis 40 g/m^2 eines chloridfreien Volldüngers reichen völlig aus. Nach etwa sechs bis sieben Jahren haben die Pflanzen ihre endgültige Größe erreicht. Nun sollten die Sträucher durch entsprechende Schnittmaßnahmen immer wieder zu einer Neutriebbildung angeregt werden.

Normalerweise werden Kulturheidelbeeren kaum von Krankheiten und Schädlingen befallen. Jedoch werden die Beeren gerne von Vögeln gefressen. Deshalb sollte man mit Beginn der Fruchtfärbung die Sträucher mit geeigneten Vogelschutznetzen umhüllen.

Himbeer-Sorten, die mehrmals tragen?

Ich möchte gerne Himbeeren in meinen Garten pflanzen. Gehört habe ich, dass es neben den herkömmlichen Sorten auch „mehrmals tragende“ Himbeeren geben soll? Können sie mir einige Sorten empfehlen?

Neben den Himbeeren (*Rubus idaeus*), die im Allgemeinen im Juli erntereif sind, gibt es auch solche, die zu einem späteren Zeitpunkt nochmals Früchte tragen. Meistens ist es so, dass bereits die neu herangewachsenen Ruten ab Anfang August einen Ertrag bringen. Die Ernte kann sich dann bis in den Oktober hineinziehen. Zu den bekannten Sorten gehören 'Korbfüller' und 'Zeva Herbsternte'. Eine neuere Sorte ist 'Autumn Bliss'. Diese Sorte wächst besonders gut und ist sehr ertragreich, wenn sie in geschützter Lager auf einen warmen, humosen, durchlässigen Boden gepflanzt wird. Sie ist auch gegen Krankheiten sehr widerstandsfähig. Da die gefährlichen Viruskrankheiten hauptsächlich durch Blattläuse übertragen werden, sollte man für den Hausgarten blattlausresistente Himbeer-Sorten auswählen. Von den Sorten für die Herbsternte ist die neuere Sorte 'Autumn Bliss' sowohl blattlaus- wie wurzelfäuleresistent. Will man absolut gesundes Pflanzmaterial erwerben, sind für diesen Zweck gewebevermehrte (meristemvermehrte) Himbeeren vorzuziehen.

Da bei den zweimal tragenden Himbeer-Sorten die Ernte im Herbst im Vordergrund steht, werden alle Ruten im Laufe des Winters am Boden abgeschnitten. Das hat auch den Vorteil, dass diese Pflanzen dann in der Regel nicht unter Frostschäden leiden und auch die Rutenkrankheit kaum von Bedeutung ist. Die Pflanzen tragen an den im Frühjahr neu gebildeten Ruten.

Himbeeranlage erneuern

In meinem Garten steht schon eine ältere Himbeeranlage. Die Pflanzen wachsen immer noch zufrieden stellend und bringen auch ordentliche Erträge. Wie lange kann man eine Himbeeranlage überhaupt betreiben, nach wie viel Jahren muss sie erneuert werden?

Das Alter einer Himbeeranlage hängt natürlich ganz vom Pflegezustand und der Entwicklung der Pflanzen ab. Im Allgemeinen rechnet man mit einem durchschnittlichen Alter der Anlage von etwa zwölf Jahren. Man muss die Himbeeren früher abräumen, wenn sie stärker von Krankheiten befallen sind, andererseits kann man ein ertragreiches Himbeerbeet auch länger stehen lassen.

Himbeeren nach der Ernte schneiden

Ich habe Himbeeren im Garten angepflanzt, die sich wohlfühlen und in diesem Jahr reichlich getragen haben. So weit ich weiß, tragen die Himbeeren immer an einjährigen Ruten. Wann muss ich die abgetragenen Ruten entfernen?

Üblich ist es, bei so genannten einmal tragenden Himbeer-Sorten die abgeernteten Ruten nach der Fruchtreife und Ernte aus dem Bestand zu entfernen. Alljährlich werden aus den Wurzelknospen neue Bodentriebe, die dann im Folgejahr Blüten tragen.

Anders ist es bei zweimal tragenden Sorten, bei denen die Ernte im Herbst im Vordergrund steht. Hier werden alle Ruten im Laufe des Winters am Boden abgeschnitten. Das hat auch den Vorteil, dass die Pflanzen dann in der Regel nicht unter Frostschaden leiden und auch die Rutenkrankheit (verschiedene pilzliche Erreger, z. B. *Didymella applanata*, *Leptosphaeria coniothyrium*) kaum von Bedeutung ist. Die Pflanzen tragen bei diesen Sorten an den im Frühjahr neu gebildeten Ruten im gleichen Jahr.

Himbeeren pflanzen

Ich beabsichtige, im Garten Himbeeren anzupflanzen. Wann ist die beste Pflanzzeit und welche Sorten soll ich erwerben?

Die beste Pflanzzeit für Himbeeren (*Rubus idaeus*) ist der Herbst. Eine gründliche Bodenvorbereitung ist wichtig, da die Pflanzen ja mehrere Jahre am gleichen Standort wachsen sollen. Am besten beziehen Sie die Himbeeren von einer Baumschule. Beim Pflanzen ist darauf zu achten, dass die Basisknospen etwa 10 cm tief mit Erde bedeckt sind. Himbeeren werden meistens in Reihen gepflanzt, Pflanzenabstand 40 bis 50 cm. Nach dem Pflanzen werden die Ruten auf 30 bis 40 cm zurückgeschnitten.
Die Sorten werden nach ihrem Reifetermin ausgewählt. Früh reifend sind z. B. 'Multiraspa' und 'Malling Promise', mittelfrüh reifend 'Zeva 1' und 'Zeva 2', mittelspät bis spät reifend 'Schönemann' und 'Himbostar'. Als sehr spät reifende Sorte mit einer Ernte im Herbst kommt 'Zeva-Herbsternte' in Frage.

Himbeeren werden sehr gern von Viruserkrankungen befallen. Der Viruserreger wird durch Blattläuse übertragen. Neu sind blattlausresistente Sorten wie 'Rutrago', 'Rumiloba', 'Rumler' und 'Rucami'. 'Rusilva' und 'Autumn Bliss' sind sowohl gegen Blattläuse als auch gegen Wurzelfäule resistent.

Himbeeren sterben ab

Bereits zwei Mal habe ich Himbeeren der Sorte 'Schönemann' in meinen Hausgarten gepflanzt. Schon nach kurzer Zeit werden die Blätter gelb und die Triebe, hauptsächlich die Jungtriebe, sterben ab. Bald schon sind viele Pflanzen ganz abgestorben. Um was für eine Krankheit handelt es sich und was kann ich tun, um im Garten wieder gesunde Himbeeren zu kultivieren?

Bei der geschilderten Erscheinung handelt es sich um das so genannte Himbeersterben, eine Krankheit, die auch als Wurzelfäule der Himbeeren bekannt ist. Neuerdings hat man festgestellt, dass vor allem ein pilzlicher Erreger, *Phytophthora fragariae* var. *rubi* daran beteiligt ist. Typisch für die Krankheit ist, dass die Pflanzen mitunter schon im Frühjahr nicht mehr austreiben oder schon bald nach dem Austrieb beziehungsweise während des Sommers plötzlich absterben. Die Blattränder und die Basis der befallenen Jungtriebe sind anfangs graubraun verfärbt. Die Wurzeln befallener Pflanzen gehen in Fäulnis über und sterben ab. Im fortgeschrittenen Stadium sterben mehrere nebeneinander stehende Pflanzen oder auch ganze Reihen ab. Diese Krankheit tritt vor allen Dingen in schweren Böden auf, die zu Staunässe neigen.
Befallene Pflanzen sollten samt Wurzeln rasch entfernt und entsorgt werden. Keinesfalls dürfen die Pflanzenreste auf den Kompost gebracht werden, da sonst eine Verschleppung der Erreger im Garten möglich ist. Für die Neupflanzung sollte der Standort gewechselt, der Boden mindestens zwei Spaten tief gelockert und reichlich mit grobem Sand vermischt werden. Gute Erfolge hat man mit der so genannten Dammkultur erzielt, die günstige Voraussetzungen für die Entwicklung der Wurzeln bietet. Beim Einkauf von Pflanzware sollten meristemvermehrte Jungpflanzen bevorzugt werden, die normalerweise absolut krankheitsfrei sind. Eine gewisse Toleranz gegen das Himbeersterben hat die Sorte 'Autumn Bliss' gezeigt. Wenig anfällig ist offenbar auch die Sorte 'Rubaca'.

Himbeeren wachsen nicht

Mein Himbeerbeet ist 6 x 3 m groß. Obwohl ich immer wieder hacke und im Herbst auch umgrabe, wollen die Pflanzen einfach nicht richtig gedeihen. Was mache ich falsch und wie kann ich die Pflanzen zu kräftigem Wachstum anregen?

Es ist natürlich schwierig, ohne genaue Kenntnis der Situation im Garten einen vernünftigen Ratschlag zu geben. Doch könnte gerade das Hacken und Graben für den schwachen Wuchs ausschlaggebend sein. Himbeeren (*Rubus idaeus*) sind nämlich Flachwurzler. Ihre Wurzeln verlaufen nur etwa 10 bis 15 cm unter der Erdoberfläche. Wird nun häufig gehackt und im Herbst noch zusätzlich umgegraben, kann es zu einer ständigen Störung des Wurzelwerks kommen. In diesem Fall wirkt sich diese Beschädigung auch auf das oberirdische Wachstum aus.
Günstiger wird es sein, wenn das Himbeerbeet höchstens dann einmal oberflächlich gehackt wird, wenn der Boden verkrustet oder ein zu starker Unkrautwuchs auftritt. Das alles kann man verhindern, wenn man den Boden mit organischem Material mulcht. Gerade bei Himbeeren hat es sich bewährt, die Beete mit Laub, Stroh, Frisch-

kompost, Rindenhumus oder einem ähnlichen Material abzudecken. Durch diese Mulchschicht bleibt der Boden in seiner Struktur erhalten, gleichzeitig können sich die Pflanzenwurzeln ungestört entwickeln. Auch der hohe Feuchtigkeitsbedarf wird meistens ausreichend gedeckt, da eine unnötige Verdunstung der Bodenfeuchtigkeit verhindert wird.

Auf eine zusätzlich günstige Wirkung der Mulchdecke muss hingewiesen werden: Durch das ausgeglichene Kleinklima im Bereich der Bodenoberfläche kommt es viel seltener zu einer Infektion durch die beiden pilzlichen Erreger der Himbeerrutenkrankheit (*Didymella applanata, Leptosphaeria coniothyrium*).

Ansonsten kann das Wachstum durch eine ausgeglichene Nährstoffversorgung ebenfalls angeregt werden. Zwei Düngergaben, einmal im Frühjahr, während der Blüte, eine zweite nach der Ernte, fördern Wachstum und Ertrag. Die jeweilige Aufwandsmenge richtet sich nach dem Nährstoffvorrat im Boden. Ohne nähere Kenntnis sollten aber jeweils etwa 20 g eines Blaukornvolldüngers/m^2 verabreicht werden. Blaukornvolldünger ist chloridfrei und deshalb für Beerensträucher besonders geeignet.

Himbeertriebe einkürzen?

Ich habe ein neues Beet mit Himbeeren angelegt. Die Pflanzen sind prächtig gewachsen, die Ruten sind aber sehr lang geworden und überragen das Drahtspalier bei weitem. Soll ich die langen Ruten stehen lassen oder diese einkürzen?

Normalerweise werden die Himbeeren (*Rubus idaeus*) an einem aufrechten Drahtrahmen gezogen und die Ruten an den beiden Spanndrähten festgebunden. Diese werden in 0,8 und 1,6 m Höhe gezogen. Sofern die Ruten nun über 2 m lang geworden sind, werden sie im Frühjahr auf eine Länge von etwa 2,0 m eingekürzt und dann in gleichmäßigem Abstand an den Spanndrähten befestigt.

Hat man nur wenige Himbeerpflanzen, ist das Anbinden mit einem Sisal-Bindegarn empfehlenswert. Kunststoff-Bindematerial sollte lieber nicht verwendet werden, da es nicht verrottet.

Neuerdings gibt es auch Kunststoffklammern, die so geformt sind, dass die Himbeerruten ohne Beschädigung schnell am Bindedraht befestigt werden können.

Johannisbeeren schneiden?

In meinem Garten stehen Rote und Schwarze Johannisbeersträucher. Obwohl ich mit dem Ertrag zufrieden bin, möchte ich wissen, ob man diese Sträucher ebenfalls schneiden soll?

Rote und Schwarze Johannisbeersträucher (*Ribes rubrum, R. nigrum*) sollten immer einem gewissen Schnitt unterworfen werden. Normalerweise geht man davon aus, dass man ab dem 4. oder 5. Standjahr jährlich einzelne der ältesten Leitäste ganz entfernt und dafür einen Jungtrieb nachwachsen lässt.

Wurden ältere Sträucher schon mehrere Jahre nicht mehr geschnitten, sind die Leitäste sehr hoch und es empfiehlt sich eine Verjüngung. In diesem Falle wird der Leittrieb so zurückgeschnitten, dass ein tiefer stehender, junger Seitentrieb die Aufgabe eines Leittriebs übernehmen kann.

Außerdem muss der Strauch kräftig ausgelichtet werden. Im Allgemeinen verbleiben der Roten Johannisbeere dann noch etwa fünf Äste. Meistens bilden sich dann nach der Verjüngung neue Bodentriebe, von denen man einige durchwachsen lässt. Diese können im nächsten Winter um ein Viertel bis ein Drittel zurückgenommen werden, damit sie sich verzweigen. Später werden die alten Leitäste ganz herausgenommen und durch die neuen Triebe ersetzt. Die Schnittmaßnahmen sind bei Roten und Schwarzen Johannisbeeren ähnlich.

Schwarze Johannisbeeren werden häufig von Gallmilben (*Cecidophyopsis ribis*) befallen. Sie überwintern in den Knospen, die meistens ballonförmig angeschwollen sind. Stellt man bei den Schnittmaßnahmen im Winter solche Rundknospen fest, sollten sie ausgebrochen, eingesammelt und anschließend vernichtet werden. Keinesfalls darf man sie auf den Boden fallen lassen, da die Tiere sonst später die Büsche erneut befallen.

Johannisbeeren zum richtigen Zeitpunkt pflanzen

Gerne möchte ich in meinen Garten Johannisbeeren pflanzen. Ich habe gehört, dass man die Sträucher zu einer bestimmten Jahreszeit pflanzen soll. Wann ist die beste Pflanzzeit?

Die beste Pflanzzeit für Johannisbeeren (*Ribes*) ist der Spätherbst. Sie gedeihen am besten in einem humushaltigen, mittelschweren, sandigen Lehmboden mit ausreichendem Feuchtigkeitsgehalt. An sich ist die Johannisbeere nicht anspruchsvoll. Eine gute Vorbereitung mit reichlich Kompost ist jedoch zu empfehlen.
Obwohl Johannisbeeren zu den Flachwurzlern gehören, sollte der Boden vor der Pflanzung verhältnismäßig tief bearbeitet werden, um günstige Voraussetzungen für eine gute Entwicklung des Wurzelwerks zu schaffen.
Beim Pflanzen sollte man die Sträucher etwa 10 cm tiefer setzen, als sie in der Baumschule gestanden haben. Nach dem Pflanzen werden die dünnen Triebe und Verzweigungen herausgeschnitten und die starken Triebe, die zum Gerüstaufbau notwendig sind, auf etwa 30 bis 40 cm Länge eingekürzt. Das Abdecken des Bodens um die Pflanze herum mit verrottetem Mist, Frischkompost oder Laub ist empfehlenswert.

WUSSTEN SIE, dass Johannisbeeren bei guter Pflege ein Alter von 30 und mehr Jahren erreichen können? Außerdem sind sie begehrt wegen ihres hohen gesundheitlichen Wertes. Den Beeren wird nachgesagt, dass der Säuregehalt die Mundhöhle desinfiziert, das Zahnfleisch kräftigt, Magenverstimmungen lindert und die Darmtätigkeit fördert.

Jostabeeren richtig schneiden

Ich habe vor Jahren Jostabeeren in den Garten gepflanzt. Heute tragen nur noch die äußeren Ruten. Soll ich diese Büsche einem Verjüngungsschnitt unterziehen? Wie wird dieser ausgeführt?

Jostabeeren entstammen einer Kreuzung zwischen Schwarzen Johannisbeeren und Stachelbeeren. Das Besondere an dieser Beeren-Art ist, dass sie vom Amerikanischen Stachelbeermehltau (*Sphaerotheca mors-uvae*) und der gefürchteten Johannisbeerknospengallmilbe (*Cecidophyopsis ribis*) nicht befallen wird. Auch gegen Johannisbeersäulenrost (*Cronartium ribicola*) und Blattfallkrankheit (*Drepanopeziza ribis*) ist sie resistent. Um ständig einen hohen Ertrag zu erzielen, werden folgende Schnittmaßnahmen empfohlen:
Beim Pflanzen belässt man den Sträuchern drei bis vier Triebe. Im folgenden Jahr werden diese Triebe auf fünf bis sechs aufgestockt. Diese Triebe werden im Allgemeinen nicht geschnitten. Nur wenn die Sträucher sehr hoch werden (über ca. 1,7 m), ist ein Ableiten auf einen jeweils tiefer stehenden Seitentrieb empfehlenswert.
Nun bilden diese Haupttriebe immer wieder seitliche Kurztriebe, die jahrelang fruchtbar sind, wenn sie ausreichend Licht erhalten. Deshalb sollten Sie alljährlich durch einen so genannten Auslichtungsschnitt das reichlich gebildete Seitenholz ausdünnen.
Eine Strauchverjüngung ist im Allgemeinen vor Ablauf von fünf bis sechs Jahren nicht erforderlich. Ab diesem Zeitpunkt erfolgt ein jährliches Verjüngen der Sträucher, wobei man immer wieder zwei Leitäste knapp über dem Boden entfernt und je-

weils als Ersatz zwei junge, kräftige Bodentriebe heranwachsen lässt. Auf diese Weise werden Jostabeeren kontinuierlich verjüngt und bleiben über viele Jahre hinweg sehr fruchtbar.

Kiwi zum richtigen Zeitpunkt ernten

Meine Kiwipflanzen tragen in diesem Jahr die ersten Früchte. Jetzt, Mitte September, fühlen sie sich immer noch hart und unreif an. Wann erreichen diese Früchte die Pflück- und Genussreife?

Kiwifrüchte sollten so spät wie möglich geerntet werden. Sie sind jedoch frostempfindlich. Das bedeutet, dass sie vor dem ersten Nachtfrost gepflückt werden müssen. Zu diesem Zeitpunkt sind sie allerdings noch nicht genießbar. Sie reifen jedoch innerhalb weniger Wochen bei Zimmertemperaturen nach. Sollen sie nicht alle auf einmal genussreif werden, kann man den Reifeprozess verzögern, wenn man die Früchte im Kühlschrank aufbewahrt und immer wieder die zum Verzehr vorgesehenen Früchte herausnimmt und nachreifen lässt. Die günstigste Kühlschrank-Temperatur liegt bei +1 °C. Sobald das Fruchtfleisch auf Daumendruck nachgibt, ist die Genussreife der Früchte erreicht.

Eine schnelle Genussreife erzielt man, wenn man einige Kiwifrüchte zusammen mit einem oder zwei reifen Äpfeln in einen Folienbeutel packt und in einem normal temperierten Raum aufbewahrt. Der reife Apfel verströmt Ethylen, so genanntes Apfelgas, das den Reifeprozess der Kiwifrüchte unterstützt. Der Folienbeutel soll jedoch nicht ganz geschlossen werden oder es können mit einer Nadel einige Löcher in den Beutel gestochen werden. Dadurch wird ungünstige Schwitzwasserbildung verhindert.

WUSSTEN SIE, dass Kiwifrüchte zu den Beerenfrüchten zählen? Ihre vielen essbaren Samen sind in einer dicken Schicht Fruchtfleich eingebettet, das von einer dünnen, je nach Sorte behaarten oder glatten Schale umgeben ist.

Stachelbeeren mit Mehltaubefall

Bei meinen Stachelbeerbüschen waren die Blätter und später auch die Früchte mit einem zunächst weißen, später schwarzen samtartigen Belag überzogen. Die Früchte haben wir nicht verzehrt. Um was für eine Krankheit handelt es sich? Muss ich die Büsche aus dem Garten entfernen, obwohl sie bisher immer sehr gut getragen haben, oder kann ich diese Krankheit bekämpfen?

Die Krankheit wird durch einen Pilz verursacht. Es handelt sich um den so genannten Amerikanischen Stachelbeermehltau (*Sphaerotheca mors-uvae*), einen Echten Mehltaupilz, der als Außenparasit bezeichnet wird. Er lebt also auf den Blättern oder Früchten und entzieht dem Pflanzengewebe mit seinen Saugschläuchen (Haustorien) die Nahrung. Er tritt besonders stark bei feuchtem Wetter auf. Außerdem fördern eingeschlossene Lagen das Auftreten der Krankheit. Durch den Befall werden die Pflanzen geschädigt und die Früchte am Reifen gehindert. Für den Menschen ist der Pilz jedoch nicht schädlich.

Da er in den Triebspitzen überwintert, sollten diese während des Winters in einer Länge von etwa 5 cm abgeschnitten und verbrannt werden. So kann bei einem leichten Befall eine Neuinfektion im nächsten Jahr weitgehend verhindert werden. Sollte eine solche Maßnahme nicht ausreichen, wird vom Pflanzenschutzdienst zurzeit eine spezielle Behandlung mit Netzschwefel-Präparaten empfohlen. Das Mittel muss im Abstand von 10 bis 14 Tagen dreimal angewandt werden. Wirkungsvoll ist auch die Anwendung der N-A-B-Mischung, die aus je einem Drittel Netzschwefel, Algomin und Bentonit hergestellt und in einer Konzentration von 0,5 % (5 g/l Wasser) angesetzt und ausgebracht wird. Seit wenigen Jahren gibt es auch mehltauresistente bzw. -tolerante Sorten, die auf jeden Fall bei einer Neuanpflanzung bevorzugt werden sollten. Empfohlen werden 'Rokula', 'Remarka', 'Invicta', 'Rolonda', 'Reflamba', 'Larell', 'Mucurines' und 'Malahit'.

Keinesfalls sollten Stachelbeersträucher nach einem ersten Befall gerodet werden, wenn sie ansonsten kräftig gewachsen sind und bisher einen guten Ertrag brachten.

WUSSTEN SIE, dass auch Schwarze Johannisbeeren vom Amerikanischen Stachelbeermehltau befallen werden können? Auch hier gibt es bereits widerstandsfähige Sorten, z. B. 'Titania', 'Ometa', 'Fertöder 1', 'Leandra' und 'Ben Lommond'.

Stachelbeeren schneiden

In meinem relativ kleinen Garten stehen einige Beerensträucher. Darunter befinden sich auch Stachelbeeren. Nun möchte ich wissen, wie man diese Sträucher schneidet, damit sie einen reichen Fruchtertrag bringen?

Grundsätzlich muss man bei Beerensträucher zwischen einem Pflanz-, Erziehungs- und Instandhaltungsschnitt unterscheiden. Da die Beerensträucher bereits längere Zeit im Garten stehen, wird es sich nur um einen Instandhaltungsschnitt handeln. Dieser wird im Winter ausgeführt. Dabei wird der Strauch hauptsächlich ausgelichtet, also zu dicht stehende Äste mit einer Rosen- oder Astschere herausgeschnitten. Ein Strauch sollte zwischen sechs und acht Leitäste besitzen.

Da Stachelbeeren (*Ribes uva-crispa*) immer wieder junge Triebe an der Basis bilden, sollte im jährlichen Wechsel der eine oder andere dieser neuen Triebe hochgezogen und ein abgetriebener alter Leitast herausgeschnitten werden. Der Ersatztrieb wird nicht zurückgeschnitten, damit er sich später oben in der richtigen Höhe verzweigen kann. Überflüssige Bodentriebe werden entfernt.

Einjährige Triebe werden zusätzlich einige Zentimeter zurückgeschnitten, wenn die Büsche vom Amerikanischen Stachelbeermehltau (*Sphaerotheca mors-uvae*) befallen waren. Dieser Pilz überwintert in den Knospen, so dass man durch Schnittmaßnahmen die Infektion im nächsten Frühjahr verringern kann.

Ein Verjüngungsschnitt ist notwendig, wenn Stachelbeersträucher schon viele Jahre nicht mehr geschnitten worden sind. Dann ist der Strauch oft im Innern völlig verkahlt und die neuen Austriebe sind recht schwach. In diesem Fall sollte man zunächst wieder kräftig auslichten und versuchen, aus neuen Bodentrieben den Strauch aufzubauen. Sind nur wenige Bodentriebe vorhanden, können diese ebenfalls gestutzt werden, um so mehrere Triebe zum Aufbau neuer Leitäste zu erhalten.

Gemüse und Kräuter

Blaukraut schließt die Köpfe nicht

In diesem Jahr habe ich recht spät für die Herbsternte Blaukraut ausgesät und angepflanzt. Jetzt im Herbst stehen die Pflanzen gesund auf dem Beet, haben aber ihre Köpfe nicht geschlossen. Was kann die Ursache sein und was muss ich im nächsten Jahr beachten, damit ich schön geschlossene Köpfe ernten kann?

Wahrscheinlich liegt die Ursache in der zu späten Aussaat des Blaukrauts (*Brassica oleracea* var. *capitata*). Für eine Herbsternte sollten Herbst- und Wintersorten spätestens im Mai ausgesät und bis Mitte Juli ausgepflanzt werden. Allgemein gilt der Pflanztermin bis 15. Juni als ideal. Für eine späte Ernte kann unter Umständen auch eine frühe Blaukraut- (Rotkohl-) Sorte in Frage kommen, die Ende Mai oder Anfang Juni ausgesät und spätestens Anfang bis Mitte Juli gepflanzt wird. Bei einer zu späten Aussaat der Spätkohlsorten reicht die Entwicklungszeit für einen guten Kopfschluss nicht mehr aus.

Beim Einkauf der Sorten muss man auf ihre Verwendung achten. Es gibt schnell wachsende Früh- und langsamer wachsende mittelfrühe und späte Sorten. Jedoch entwickeln sich die Spätsorten bei richtiger Kultur kräftiger und geben große, schwere Köpfe. Das gilt auch für die in diesem Falle verwendete ausgesprochene „Wintersorte" (Sorte, die zur Lagerung geeignet ist).

Blumenkohl setzt zu kleine Blumen an

Viele Gemüse-Arten gedeihen in meinem Garten zur vollen Zufriedenheit. Kein Glück habe ich mit dem Blumenkohl, der immer nur sehr kleine Blumen ansetzt. Woran kann das liegen?

Entweder ist das Problem eine generelle Standortfrage oder es liegt Nährstoffmangel vor. Blumenkohl (*Brassica oleracea*) liebt einen freien Standort und einen fruchtbaren, humosen, in gutem Kulturzustand befindlichen Boden. Es ist das anspruchsvollste Kohlgewächs.

Blumenkohl benötigt von den Kernnährstoffen relativ viel Stickstoff und Kalium. In Versuchen wurde festgestellt, dass durch Stickstoffmangel die Ausbildung schöner Blumen verhindert wird. Vielleicht sollten Sie einmal versuchen, mit der nächsten Kultur zwei Wochen nach dem Pflanzen eine spezielle Stickstoffdüngung zu verabreichen. Rasch wirkt Kalksalpeter. Der Dünger wird in Wasser aufgelöst und die Pflanzen damit gegossen. Die Konzentration beträgt 0,2% (2 g/l Wasser). Die Düngung sollte nach etwa zwei Wochen wiederholt werden. Spricht der Blumenkohl auf diese Düngung an, ist sicher das Problem gelöst. Übrigens zählt Blumenkohl zu den Gemüsearten mit dem höchsten Stickstoffbedarf. So benötigt er für eine optimale Entwicklung 21 g N/m^2.

Um unnötiges Experimentieren zu vermeiden, kann eine Bodenanalyse empfohlen werden. Bei einer solchen Untersuchung wird der Boden auf den Gehalt an Phosphorsäure und Kalium sowie den Reaktionsgrad untersucht. Untersuchungen auf Stickstoff und Magnesium müssen extra gefordert werden. Zweckmäßig ist es, sich vorab mit einem Labor in Verbindung zu setzen. Diese versenden normalerweise Merkblätter, aus denen alles Nähere über die Bodenprobenahme, Kosten und weitere Informationen zu entnehmen sind. Nähere Auskünfte erteilen die Ämter für Landwirtschaft, Landschafts- und Bodenkultur (Landwirtschaftsämter).

Bohnensamen mit Larvenbefall

Im letzten Jahr hatte ich wunderschöne Busch- und Stangenbohnen. Eine größere Anzahl Früchte habe ich zur Gewinnung von Saatgut nicht in der Küche verwertet und die Samen über Winter aufbewahrt. Als ich nun Vorbereitungen für die Aussaat traf, stellte ich fest, dass in vielen Samen „Würmer" enthalten sind. Um was für einen Schädling handelt es sich und was soll ich tun?

Sehr gerne werden Bohnen vom Speisebohnenkäfer (*Acanthoscelides obtectus*) befallen. Dieser legt ab Juni seine Eier in die reifenden Bohnen. Die Larven fressen eine kreisrunde Höhle in die Samen und verpuppen sich darin. Werden solche Samen unbeabsichtigt eingelagert, schlüpfen die Käfer oft schon im Lager aus und legen erneut ihre Eier an den Samen ab. Bei Temperaturen über 18 °C können während der Lagerung bis zu drei weitere Generationen entstehen.

Um nun eine starke Vermehrung dieses Käfers auf dem Lager zu vermeiden, sollte Bohnensamen möglichst kühl gelagert werden. Befallenes Saatgut darf auf keinen Fall verwendet werden. Ist der Befall nicht sehr stark und will man auf das Saatgut nicht verzichten, kann man die Käfer und ihre Larven durch eine Lagerung der Samen für drei Tage bei –20 °C im Gefrierschrank abtöten.

Stark befallenes Saatgut sollte man nicht verwenden. Die Samen sollten vernichtet und keinesfalls über den Kompost entsorgt werden, da sonst wieder mit einem Neubefall im anschließend folgenden Vegetationsjahr zu rechnen ist.

Chicorée nicht zu früh aussäen

Im Frühjahr habe ich Chicorée 'Vatters Zuckerhut' ausgesät. Die Pflanzen entwickelten keine festen Köpfe, sondern sind sehr früh geschossen. Was ist die Ursache und wie kann diese Blütenbildung in Zukunft vermieden werden?

Chicorée ist eigentlich eine Salat-Sorte für den Herbst und frühen Winter. Bei einer zu frühen Aussaat bilden die Pflanzen keine Köpfe, sondern gehen schon frühzeitig in das Blühstadium über, das heißt, die Pflanzen „schießen".
Sie können dieses „Schießen" vermeiden, wenn eine Aussaat erst Mitte Juni bis Mitte Juli durchgeführt wird. Die Pflanzen wachsen dann in die kürzer werdenden Tage und bilden schöne und dicht geschlossene Köpfe, vorausgesetzt Sie haben eine gute Sorte gewählt. Die Ernte erfolgt unter günstigen Voraussetzungen im Laufe der Monate September bis Oktober. Zu diesem Zeitpunkt haben sich etwa 30 cm hohe Köpfe entwickelt.
Wichtig ist natürlich die Auswahl der richtigen Sorte. Für den Hobbygarten wird im Allgemeinen die Sorte 'Zuckerhut' empfohlen, die bis zum Herbst ihre festen Köpfe ausbildet. Dies zu beachten ist wichtig, da unter der Bezeichnung Chicorée auch verschiedene andere Sorten im Handel sind, die tatsächlich bereits ab Anfang Mai ausgesät werden müssen. Sie entwickeln bis zum Herbst kräftige Pflanzen mit lockeren Blattschöpfen. In diesem Falle werden die ganzen Pflanzen samt Wurzeln im späten Herbst geerntet und die Blätter abgeschnitten, jedoch nicht verwertet. Die Wurzeln selbst werden dann im Laufe des Winters in Erde eingeschlagen und in einem warmen Raum angetrieben. Dann bilden sich die bekannten Blattschöpfe, die als feiner Chicoréesalat vor allem im Dezember und Januar in der Küche verwertet werden.

Endivien mit Drahtwürmern

Zahlreiche Endivienpflanzen auf meinen Gemüsebeeten sind im Spätsommer abgestorben. Als ich die Pflanzen aus dem Boden herausnahm, fand ich an den Wurzeln gelbbraune, drahtartige Würmer, zum Teil in großen Massen. Wie kommen diese „Würmer" in meinen Garten und wie kann ich sie auf möglichst biologischem Wege wieder beseitigen?

Bei den geschilderten „Würmern" handelt es sich um die hellgeblich bis gelbbraun gefärbten Larven verschiedener Schnellkäfer, die im Volksmund als Drahtwürmer bezeichnet werden. Diese Larven sind drahtartig und haben nur drei kurze Brustbeine. Sie treten oft in großer Zahl auf und fressen die Wurzeln der verschiedensten Gartengewächse, vor allem vom Salat.
Augenblicklich gibt es keine biologischen oder chemischen Mittel, um diese Larven abzutöten. Als einzige „biologische" Maßnahme kommt in Frage, dass man Kartoffeln halbiert und diese mit der Schnittfläche nach unten etwas in die Erde eingräbt. Sie sollen als „Fangpflanzen" dienen, denn die Schnittfläche zieht Drahtwürmer an, so dass sie bei täglichem Nachschauen abgelesen und vernichtet werden können.
Möglich ist auch eine Mischkultur der üblichen Gemüsepflanzen mit Kopfsalat, der hierbei auch als ausgesprochene „Fangpflanze" dient. Sobald die Salatpflanzen welken, werden sie mit den Wurzelballen ausgegraben und die an den Wurzeln haftenden Drahtwürmer abgelesen und vernichtet.

Oft sind nach einem Wiesenumbruch besonders viele Drahtwürmer im Boden, deshalb ist mit der Anpflanzung von Gartengewächsen in frisch umgebrochenem Grünland Vorsicht geboten. Eine genaue Kontrolle ist vorab zu empfehlen.

Fenchel-Sorten richtig auswählen

Ich würde sehr gerne Fenchel in meinem Gemüsegarten anbauen. Doch schlugen bisher alle Versuche fehl, denn immer wieder schossen die Pflanzen, ohne eine richtige Knolle angesetzt zu haben. Wie kann ich dieses „Schießen" am besten verhindern?

Knollenfenchel (*Foeniculum vulgare* var. *azoricum*) ist eine ausgesprochene Langtagspflanze. Das bedeutet, dass die Pflanzen erbbedingt während langer und vor allen Dingen auch heißer Tage keine Knollen bilden, sondern nur Blütenstände. Im Volksmund spricht man vom Schießen der Pflanzen. Gleichzeitig verholzen die Stängel der Pflanzen und können nicht mehr verwertet werden. Kenner säen deswegen vor allen Dingen ältere Sorten erst ab Mitte Juni, manche sogar erst ab Juli aus, damit sie in die kürzer werdenden Tage hineinwachsen und dann nicht mehr schießen.
Schon vor längerer Zeit ist es Schweizer Pflanzenzüchtern gelungen, eine tagneutrale und schossfeste Knollenfenchel-Sorte zu züchten. Es handelt sich dabei um 'Zefa Fino'. Diese Sorte gilt als Ganzjahres-Sorte und kann bereits etwa ab Mitte April bis Mitte Juli im Garten ausgesät werden. Ist ein Kleingewächshaus oder Frühbeetkasten vorhanden, kann sogar eine Aussaat bereits ab März erfolgen. Das Auspflanzen erfolgt dann ab Mitte April. 'Zefa Fino' ist heute schon weiter verbreitet und auch in der Farbbildtüte für den Hobbygärtner im Handel. Gut und kräftig entwickelt sich der Knollenfenchel in einem gut mit Humus und Nährstoffen versorgten Boden. Auch muss während trockener Perioden reichlich gewässert werden.

Gemüse gegen Krebs?

Mir ist bekannt, dass Gemüse und Obst gesundheitsfördernde Wirkungen haben. Schützt Gemüse aber auch vor einer möglichen Erkrankung an Krebs? Sollte dies stimmen, wie wird das Gemüse zubereitet?

In der Tat besitzt Obst und Gemüse aufgrund der Mineralstoffe und Vitamine einen hohen gesundheitlichen Wert. Neuerdings wird auch Kohlgemüse beziehungsweise Pflanzen aus der Familie der Kreuzblütler (Cruciferae, Brassicaceae) eine gewisse vorbeugende Wirkung gegen Krebs nachgesagt. Diese Gemüse-Arten, zu denen neben den verschiedenen Kopfkohl-Arten auch Blumenkohl, Brokkoli, Rosenkohl gehören, sollen Substanzen enthalten, die Entgiftungsprozesse in den Körperzellen aktivieren und stimulieren. Über die richtige Zubereitungsart ist noch nichts bekannt. Sie können aber auf jeden Fall bei der Ernährungsberatung nachfragen.

Übrigens empfiehlt das Institut für Ernährungswissenschaft der Universität Gießen eine wöchentliche Ration von 2 × 200 g Sauerkraut. Es enthält wertvolle Mineralstoffe, reichlich Ballaststoffe und viel Vitamin C, alles Inhaltsstoffe, die für eine gesunde, regelmäßige Verdauung notwendig sind.

Gemüseanbau gelingt nicht richtig

Der Gemüseanbau in meinem Garten will nicht richtig klappen. Ich versuche es immer wieder mit verschiedenen Arten, doch wachsen die Pflanzen nicht zur Zufriedenheit und bringen unbefriedigende Erträge. Nun weiß ich nicht, woran das liegt? Ich habe gehört, dass sich Gemüsepflanzen gegenseitig ungünstig beeinflussen?

Es ist schwierig, ohne genaue Kenntnis des Standorts eine ausreichende Empfehlung zu geben. Im vorliegenden Fall wurde jedoch aus biologischen Gründen bisher auf jegliche Düngung und zusätzliche Humusversorgung verzichtet. Hier möchte ich ansetzen und doch darauf hinweisen, dass ohne entsprechende Bodenpflege- und Meliorationsmaßnahmen kein gutes Wachstum der Gemüsepflanzen zu erzielen ist.
So ist erstens der Boden im Herbst tiefgründig zu bearbeiten und außerdem mit ausreichenden Mengen Humus zu versorgen. Ein Humusanteil von 3 bis 5 % im gewachsenen Boden ist immer anzustreben. Humus ist nicht nur für die Gemüsepflanzen von großer Wichtigkeit, sondern dient den Mikroorganismen des Bodens als Lebensgrundlage. Außerdem sorgt er für günstige physikalische Verhältnisse, also eine gute Bodenstruktur und Bodengare.

Nun kommt es darauf an, welche Humusarten Sie im Gemüsegarten verwenden. Wird verrotteter Stallmist oder Kompost im Garten ausgebracht, kann man unter Umständen auf zusätzliche Nährstoffgaben verzichten oder nur eine Düngung mit geringen Düngermengen durchführen. Bei Verwendung von Rindenhumus, Holzfasersubstraten oder ähnlichen, völlig nährstofffreien Materialien muss zusätzlich Dünger für die Gemüsepflanzen ausgebracht werden. Auch die Mikroorganismen benötigen gewisse Nährstoffmengen, um dieses Humusmaterial optimal zersetzen zu können.
Wurde also bisher überhaupt kein Humus und kein Dünger verwendet, sollten ab sofort die Mengen verabreicht werden, die für den Boden und die Gemüsepflanzen notwendig sind. In der reichlich vorhandenen Literatur findet man darüber genügend Anhaltspunkte.
Tatsächlich gibt es Hinweise, dass sich bestimmte Gemüsekulturen, werden sie miteinander oder nebeneinander angebaut, gegenseitig positiv oder negativ beeinflussen. Diese Erkenntnisse sollte man bei einer Mischkultur berücksichtigen. Auch hierüber gibt es ausführliche Literatur.

Grünkohl mit Weißer Fliege

?

An meinen Grünkohlpflanzen tritt in diesem Jahr sehr stark ein eigenartiger Schädling auf. Es handelt sich um kleine, weiße Fliegen, die beim Näherkommen auffliegen, sich aber rasch wieder an den Kohlpflanzen niederlassen. Auffallend ist, dass die Blätter von einem klebrigen Belag überzogen sind. Um welchen Schädling handelt es sich und wie kann ich ihn bekämpfen?

!

Auf Grund der Schilderung handelt es sich um einen typischen Befall durch die so genannte Weiße Fliege oder Mottenschildlaus (Aleurodidae). Es handelt sich also um eine bestimmte Läuseart, die meistens auf der Blattunterseite sitzt und dort mit ihren stechend-saugenden Mundwerkzeugen den Saft aus den Blättern saugt. Gleichzeitig scheiden diese Läuse eine überschüssige Zuckerlösung aus, die im Fachjargon als Honigtau bezeichnet wird. Auf diesem klebrigen Saft siedeln sich oft Pilze an, die dann einen schwarzen Belag bilden. Deshalb wird der Erreger Rußtau- oder Schwärzepilz genannt.

Der amtliche Pflanzenschutzdienst empfiehlt zurzeit bei einem starken Befall eine Spritzung mit Neudosan Neu (18 ml/10 m²) oder Schädlingsfrei Naturen (12 bis 18 ml/10 m²). Mit einem Erfolg ist allerdings nur dann zu rechnen, wenn die Präparate mehrmals in kurzen Abständen gespritzt werden. Bei beiden Mitteln ist keine Wartezeit vorgeschrieben.

Grünspargel im Frühjahr pflanzen

?

Ich möchte gerne Grünspargel im Garten kultivieren. Wo erhalte ich Samen oder Pflanzen und wann ist die beste Pflanzzeit?

!

Grünspargelpflanzen werden von einigen Spezialbetrieben, manchmal aber auch von größeren Gartencentern angeboten. Die beste Pflanzzeit ist das Frühjahr, sobald der Boden abgetrocknet ist. Sie sollten die Spargelpflanzen in Reihen pflanzen, die von West nach Ost verlaufen. Diese Richtung beschleunigt das Abtrocknen des Laubes und trägt somit zur Gesunderhaltung der Pflanzen bei. Zunächst sollte die Pflanzfläche gut gelockert und nach Möglichkeit mit Kompost oder einem anderen Humusdünger verbessert werden. Dann heben Sie einen etwa 20 cm tiefen Graben aus, lockern die Sohle und legen anschließend die Pflanzen im gewünschten Abstand aus. Im Allgemeinen wird mit drei bis vier Pflanzen je laufendem Meter gerechnet. Umgeben Sie die Pflanzen dann vorsichtig mit lockerer Erde, wobei Sie die meist schon stabilen Wurzeln zuvor sternförmig verteilen. Die Pflanzen werden dann soweit mit Erde abgedeckt, dass etwa der Graben zur Hälfte mit Substrat gefüllt ist. Anschließend wird kräftig angegossen und zu einem späteren, der Pflanzenentwicklung angepassten Zeitpunkt der Graben mit Erde aufgefüllt.
Manchmal wird auch Samen von Grünspargel angeboten. Säen Sie am besten in Schalen oder Töpfe und pikieren Sie später die Pflanzen zur kräftigen Jungpflanzenentwicklung in relativ hohe Töpfe, so genannte Clematis-Töpfe. Der Topfdurchmesser kann etwa 8 bis 9 cm betragen. Werden Aussaaten im Frühjahr durchgeführt, können Sie die späteren Jungpflanzen auch im Herbst in den Garten pflanzen.

TIPP

Gelegentlich wird auch eine Direktsaat in den Garten empfohlen. Sie erfolgt ebenfalls im Frühjahr (März bis Anfang April). Das Saatgut wird etwa 3 bis 4 cm tief ausgesät und für einen guten Bodenschluss leicht angedrückt. Spargelsamen keimt ab einer Temperatur von 12 °C. Optimal ist jedoch eine Bodentemperatur zwischen 20 und 25 °C. Gute Grünspargel-Sorten sind 'Spaganiva' und 'Steineo' (Bezugsadressen für Samen und Pflanzen siehe Seite 377).

Grünspargel richtig kultivieren

?

In meinem Garten habe ich ein Beet mit Grünspargel angelegt. Wie muss ich diese Pflanzen pflegen, damit ich einen reichen Ertrag erziele?

!

Die Kultur von Grünspargel (*Asparagus officinalis*) ist relativ einfach. Zunächst einmal müssen sich die Pflanzen kräftig entwickeln, damit sie einen guten Ertrag bringen. Sicher haben Sie bereits vor dem Pflanzen den Boden gründlich bearbeitet und ausreichend Humus zugeführt, da es sich beim Grünspargel um eine Dauerkultur handelt.
Normalerweise lässt man den Grünspargel zwei Jahre wachsen, ohne ihn zu ernten. Ab dem dritten Kulturjahr wird im März etwas Humus, beispielsweise Kompost aufgebracht, außerdem kann eine schwache Düngung mit einem organisch-mineralischen Volldünger ausgestreut und in die oberste Schicht eingearbeitet werden. Nun lässt man die Pflanzen heranwachsen und wird etwa ab Mai die erste Ernte erzielen können. Die Triebe werden geschnitten, wenn sie etwa 20 cm lang sind. Normalerweise wird bis 1. Juni geerntet. In den Folgejahren kann die Ernte bis Mitte oder Ende Juni hinausgeschoben werden.
Nach Beendigung der Ernte muss man eine kräftige Düngung verabreichen. Verwendet wird ein mineralischer Volldünger mit etwa 30 bis 40 g/m². Der Dünger wird oberflächlich in die Krume eingearbeitet. Ein nachfolgendes Wässern, damit sich der Dünger auflöst und die Pflanzenwurzeln erreicht, ist empfehlenswert. Nun lässt man die Pflanzen durchwachsen, damit sie den Sommer über bis zum Herbst wieder alle die Reservestoffe bilden können, die sie zum Durchtrieb im nächsten Frühjahr brauchen. Im Herbst wird das abgestorbene Kraut geschnitten und kompostiert.

TIPP

Durch häufiges und starkes Düngen kann der Boden reichlich mit Phosphat und Kalium versorgt sein, während es an Stickstoff mangelt. In diesem Fall sollte man auf eine hohe Volldüngergabe im Sommer verzichten und an deren Stelle nur etwa 20 g/m² Kalkammonsalpeter verabreichen. Über die Höhe des Nährstoffgehalts im Boden gibt eine im Herbst oder Winter durchgeführte Bodenuntersuchung Auskunft.

Gurken im Kleingewächshaus kultivieren

?

Ich will Schlangengurken in meinem Kleingewächshaus kultivieren. Wie ich erfahren habe, muss ich die Triebe beschneiden, um einen ausreichenden Fruchtertrag zu erzielen. Außerdem möchte ich wissen, wie man die Pflanzen richtig düngt?

!

Salat- oder Schlangengurken (*Cucumis sativus*) werden am besten in einer Reihe ausgepflanzt, wobei der Abstand von Pflanze zu Pflanze 40 bis 50 cm betragen sollte. Jede Pflanze bekommt eine Schnur, die an der Tragkonstruktion des Kleingewächshauses befestigt wird. Ist das nicht möglich, kann man sie auch an einem Stahlwelldraht hochleiten. Der Haupttrieb der Gurke wird nun um die Schnur geschlungen und rankt sehr schnell empor. Aus den Blattachseln entwickeln sich Seitentriebe. Jeder erscheinende Seitentrieb wird nach dem ersten Blatt abgeschnitten. Aus der Blattachsel entwickelt sich normalerweise eine weibliche Blüte, die eine Gurkenfrucht ausbildet. Sie ist an dem unterständigen Fruchtknoten zu erkennen. Meistens entsteht gleichzeitig aus der selben Blattachsel ein weiterer Seitentrieb, der wiederum nach dem ersten Blatt abgeschnitten wird. Man spricht in diesem Fall immer vom „Schneiden auf ein Auge". Hat man nur eine oder zwei Gurkenpflanzen gesetzt, kann man Seitentriebe auch auf zwei Augen schneiden. Dann ist der Ertrag meistens etwas höher.
Gurken benötigen viele Nährstoffe, sind jedoch gegenüber zu hohen Salzkonzentrationen sehr empfindlich. Deshalb pflanzt man sie am besten in einen reichlich mit Humus versorgten Boden. Der Boden wird also mit Kompost oder verrottetem Stallmist vermischt. Das Abdecken der Bodenoberfläche mit verrottetem Stallmist nach der

Pflanzung ist günstig. Ansonsten wird während der Kultur nach Bedarf mit einem üblichen mineralischen oder flüssigen Volldünger gedüngt. Am besten ist es, wenn Dünger flüssig verabreicht werden. Die allgemeine Konzentration der Lösung kann bei 0,1 bis 0,15 % liegen. Für Ihre Gurken benötigen Sie 10 bis 15 g oder ml Dünger pro 10 Liter Wasser. Nach dem Düngen sollte der Boden gleichmäßig feucht gehalten werden, um Salzkonzentrationsschäden im Wurzelbereich zu vermeiden.

Werden häufig hintereinander Gurken im Kleingewächshaus angepflanzt, kann sich in den Boden eine pilzliche Welkekrankheit einnisten. Es handelt sich um die Gurkenwelke (*Fusarium oxysporum*). Diese Krankheit kann vorbeugend bekämpft werden, indem Jungpflanzen auf den Feigenblatt-Kürbis (*Cucurbita ficifolia*) veredelt werden. Kürbissamen und das zum Veredeln notwendige Zubehör gibt es im Fachgeschäft.

Viele Gewächshausgurken-Sorten brauchen nicht befruchtet zu werden, Sie setzen ihre Früchte „parthenocarp", also jungfernfrüchtig, an. Sollten sich männliche Blüten entwickeln, können diese ausgebrochen werden. Findet nämlich eine Befruchtung statt, gibt es keine „Schlangengurken", sondern Früchte, die im vorderen Teil keulenartig verdickt sind. Neue Sorten sind rein weiblich, sie entwickeln keine oder nur sehr selten männliche Blüten.

Gurken mit Blattlausbefall

?

Den Sommer über kultiviere ich in meinem Kleingewächshaus Gurken. Sie gedeihen prächtig, doch sind sie jetzt schon, in noch relativ jungem Zustand, voller Blattläuse. Was kann ich tun?

!

Gurken (*Cucumis sativus*) werden im Gewächshaus häufig von Blattläusen (Aphididae) befallen. Um größeren Schaden abzuwenden, sollten die Tiere unbedingt bekämpft werden. Im Fachhandel gibt es verschiedene Mittel, die auch heute noch zur Anwendung im Haus- und Kleingarten erlaubt sind. Sie können vor allen Dingen dann eingesetzt werden, wenn biologische und biotechnische Maßnahmen nicht mehr ausreichen.

Vorab könnte man aber einen Versuch mit Nützlingen machen. Zur Bekämpfung von Blattläusen stehen seit einiger Zeit Räuberische Gallmücken (*Aphidoletes aphidimyza*) zur Verfügung. Es handelt sich um einen natürlichen Gegenspieler der Blattläuse, der im Erwerbsgartenbau schon seit einigen Jahren mit Erfolg eingesetzt wird. Nun werden auch kleinere Mengen für den Hobbygärtner angeboten. Geliefert wird dieser Nützling in Form von Puppen, die in feuchtem Torf eingebettet sind. Die Anwendung erfolgt genau nach Gebrauchsanweisung, wobei man etwa acht Gallmücken-Puppen/m^2 Fläche rechnet.

Der Versand erfolgt in einer Schachtel, die man nach dem Eintreffen nur öffnen und unter die befallenen Pflanzen legen muss. Schon bald schlüpfen die etwa 2 mm großen Gallmücken. Die Weibchen legen bis zu 100 Eier in der Nähe der Blattläuse ab. Aus den Eiern schlüpfen dann kleine, orangerote Larven, die sich ausschließlich von Blattläusen ernähren. Eine einzige Larve kann im Verlauf von fünf bis zehn Tagen etwa 50 Blattläuse abtöten. Unter günstigen Klimabedingungen gibt es mehrere Generationen von Gallmücken, die im Laufe der Zeit die Blattläuse vernichten. Wichtigste Bedingung ist nur, dass immer Temperaturen zwischen 20 bis 24 °C herrschen sowie eine hohe Luftfeuchtigkeit. Ganz wichtig ist natürlich, dass während des Nützlingseinsatzes keine chemische Pflanzenschutzmittel eingesetzt werden. Sie würden auch die räuberischen Gallmücken abtöten.

WUSSTEN SIE, dass Blattläuse nicht nur durch ihre Saugtätigkeit gefährlich sind, sondern auch als Überträger von Viruskrankheiten in Frage kommen? Gerade bei Gurken können die Blattläuse die Gurkenmosaik-Viruskrankheit übertragen, die sich durch Marmorierung der Blätter, Blattkräuselung und Wachstumshemmungen bemerkbar macht. Auch die Früchte werden befallen. Sie sind mit auffallenden Warzen versehen.

Gurken mit schlechtem Geschmack

? **In den letzten Wochen konnte ich zahlreiche Gurkenfrüchte im Garten ernten. Fast alle diese Früchte waren bitter. Habe ich in der Kultur etwas falsch gemacht? Was ist die Ursache für diesen schlechten Geschmack der Gurkenfrüchte?**

! Bekannt ist, dass Gurken (*Cucumis sativus*) einen Bitterstoff ausbilden, der den Geschmack nach der Ernte beeinflussen kann. Der Bitterstoffgehalt ist am Stielansatz größer als an der Spitze der Früchte. Auch wird er durch ungünstige Kulturmaßnahmen gefördert. So soll ein Wechsel in der Feuchtigkeit des Bodens die Bildung von Bitterstoffen fördern. Aus diesem Grund ist es notwendig, Gurkenbeete immer gleichmäßig feucht zu halten. Sie sollen also nicht austrocknen und dann wieder stark befeuchtet werden.

Im Übrigen hat man in den letzten Jahren zahlreiche neue Sorten gezüchtet, die einen geringeren Bitterstoffanteil haben. Sie werden als so genannte bitterfreie Gurken angeboten. Solche Sorten sollten auf jeden Fall ausgewählt werden. Es gibt sie für alle Anbauarten.

Prophylaktisch sollen Gurken auch in einem gut mit Humus versorgten Boden kultiviert werden, der Unregelmäßigkeiten in der Bewässerung etwas ausgleicht. Obwohl Gurken reichlich Nährstoffe benötigen, sind überhöhte Düngerkonzentrationen zu vermeiden.

Gurken von Spinnmilben befallen

? **Den Sommer über kultiviere ich im Kleingewächshaus Gurken. Die Blätter sind jetzt im Sommer ganz gefleckt. Die älteren Blätter vergilben und sterben ab. Beobachtet habe ich, dass sich auf der Blattunterseite ein feines Gespinst befindet, in dem sich rötlich gefärbte Tiere hin und her bewegen. Um was für einen Schädling handelt es sich und wie kann er bekämpft werden?**

! Ziemlich eindeutig handelt es sich um den Befall durch Spinnmilben (*Tetranychus urticae*) an den Gurken (*Cucumis sativus*). Diese kleinen Insekten treten in großen Mengen auf. Sie leben auf der Blattunterseite und saugen den Saft aus dem Zellgewebe heraus. Die netzartigen Gespinste bilden sie als Schutz und zur raschen Fortbewegung.

Früher hat man gegen diese Spinnmilben chemische Mittel eingesetzt. Heute kann man darauf völlig verzichten, wenn man Nützlinge einsetzt. Ein natürlicher Feind der Spinnmilbe ist die Raubmilbe (*Phytoseiolus persimilis*). Sie wird in verschiedenen Labors gezüchtet und auch an Gartenbesitzer abgegeben. Geliefert werden sie meistens auf Bohnenblättern, die ganz oder auch stückchenweise auf die befallenen Pflanzen zu legen sind. Benötigt werden etwa zehn Raubmilben/m^2, um die Spinnmilben erfolgreich abtöten zu können. Die Raubmilbe selbst ernährt sich ausschließlich von Spinnmilben und deren Eier. Täglich kann eine Raubmilbe fünf ausgewachsene Spinnmilben oder 20 Eier bzw. Jungtiere aussaugen und abtöten. Jedes Raubmilbenweibchen kann wiederum 40 bis 60 Eier ablegen, aus denen nach zwei bis drei Tagen bereits die jungen Milben schlüpfen. Da der Lebenszyklus der Raubmilben mit etwa sieben Tagen etwa nur halb so lang ist wie der der Spinnmilben, ist unter günstigen Bedingungen mit einer nachhaltigen Wirkung zu rechnen. Eine Voraussetzung muss jedoch erfüllt sein: Es müssen eine relativ hohe Luftfeuchtigkeit und relativ hohe Temperaturen herrschen. Ideal ist eine Luftfeuchtigkeit von 60% und eine Temperatur zwischen 20 und 27 °C.

Die Bekämpfung von Spinnmilben durch Raubmilben im Gewächshaus ist kein Problem. Sie sollte auf jeden Fall dem Einsatz chemischer Pflanzenschutzmittel vorgezogen werden. Es muss aber dabei berücksichtigt werden, dass gleichzeitig auch gegen andere Krankheiten oder Schädlinge keine chemischen Präparate eingesetzt werden dürfen. Die Raubmilben würden dadurch ebenfalls zugrunde gehen.

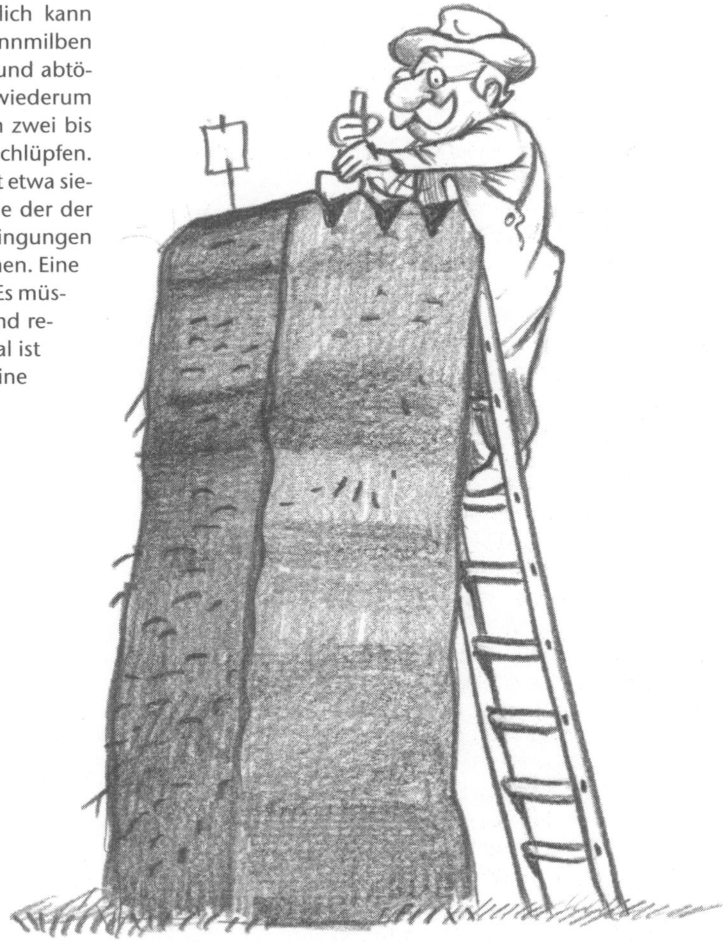

Hochbeet für Gemüse anlegen

In einer Zeitschrift habe ich gelesen, dass man Gemüse auf einem Hochbeet kultivieren kann. Ich habe Probleme mit dem Rücken, so dass mir das Bücken schwer fällt. Wie legt man ein solches Hochbeet an und welche Gemüse-Arten kann man darin kultivieren?

Ein Hochbeet ist eigentlich eine neuere Variante des Hügelbeets. Beim Hügelbeet wird anstelle eines normalen Erdbeets ein Hügel aufgebaut, auf den durch die gewölbte Form sehr viel mehr Pflanzen untergebracht werden können. Auf diese Weise kann selbst auf kleinster Fläche intensiv gewirtschaftet werden.
Beim Hochbeet ist es etwas anderes. Hier wird die Beetfläche höher gelegt und zwar so, dass man ohne oder nur mit geringem Bücken arbeiten kann. Selbst Rollstuhlfahrer können so Gartenarbeit ausführen. Die Anlage ist relativ einfach. Zunächst muss die Umrandung hergestellt werden. Dazu können hölzerne Bohlen, aber auch Rundhölzer oder ein ähnliches Material verwendet werden. Die Wandungen werden durch starke Pfosten gehalten. Die Breite eines Hochbeets liegt zwischen 140 bis 180 cm, wobei man sich am besten nach den örtlichen Gegebenheiten und der eigenen Körpergröße richten sollte. Die ideale Höhe sollte 60 bis 80 cm nicht überschreiten, die Länge ist beliebig.
Vor Errichtung der Außenwand sollte man den Mutterboden, also die oberste Erdschicht etwa 20 bis 25 cm tief abtragen und seitlich lagern. Sie kann später als Deckerde verwendet werden. Nun wird das Hochbeet mit verschiedenen Materialien

gefüllt, wobei sich die Auswahl nach den jeweiligen Gegebenheiten richten kann. Oft wird auf die Sohle eine 20 cm hohe Schicht aus grobem Material, z. B. Reisig, gebracht. Darauf kommen etwa 10 cm Rasensoden, wobei man die Wurzeln nach oben legen soll. An ihrer Stelle können auch Strohhäcksel oder Grünschnitt vom Rasen gebracht werden. Legt man das Hochbeet im Herbst an, hat man oft noch genügend Laub zur Verfügung, so dass man nun noch eine Schicht von 10 bis 20 cm Laub aufbringen kann. Damit sich dieses optimal zersetzt, kann man etwas Kalkstickstoff dazwischen streuen. Die Aufwandmenge liegt bei etwa 20 bis 40 g/m² Fläche. Trockenes Laub sollte nach dem Aufstreuen des Kalkstickstoffs auf jeden Fall gewässert werden.

Vor dem Aufbringen der eigentlichen Deckerde kann noch etwas verrotterter Stallmist oder Frischkompost dazukommen. Die Menge hängt von der Gesamthöhe des Hochbeetes ab. Die Schicht beträgt in der Regel etwa 10 cm. Zum Abschluss kommt die abgeschöpfte Gartenerde, die man natürlich mit anderen Humusstoffen, auch eigenem Gartenkompost, wieder mischen kann. Je nach Nährstoffzustand kann auch etwas organisch-mineralischer Dünger untergemischt werden. Die einzelnen Lagen sollten ausreichend befeuchtet werden, damit die Pflanzen später gut Fuß fassen können. Die Deckerde selbst wird nicht zu nass gemacht, damit das anschließende Pflanzen problemlos vor sich gehen kann. Ob man die oberste Schicht einebnet oder in einem leichten Hügel aufwölbt, kann jeder Gartenbesitzer selbst entscheiden.

Wurde das Hochbeet im Frühjahr angelegt, kann man schon wenige Tage danach bepflanzen. Am besten ist es, wenn man das Gemüse in Mischkultur anpflanzt. In die Mitte kommen die höheren Gemüse-Arten wie Blumenkohl oder Tomaten, während man an den Rändern die niedrigeren Arten, beispielsweise Kopfsalat, Endivien, Rettiche, Radieschen, Spinat sät oder pflanzt.

Natürlich muss man während der Vegetation dem Hübelbeet einige Aufmerksamkeit schenken. Während trockener Witterungsperioden ist ausreichend zu wässern, bei Bedarf auch zu düngen. Später wird sich das Material etwas setzen. Dann muss mit frischer, lockerer, humushaltiger Erde aufgefüllt werden.

Hochbeet umgraben?

? Ich habe vor vier Jahren ein Hochbeet angelegt, das aber mit einem relativ schweren Boden aufgefüllt wurde. In letzter Zeit stelle ich fest, dass der Boden sehr schmierig ist und immer wieder verschlämmt. Soll ich den Boden umgraben und welche Verbesserungsmaßnahmen sind empfehlenswert?

! Es muss immer wieder damit gerechnet werden, dass schwere Lehmböden, auch wenn sie ursprünglich mit Humus versetzt wurden, im Laufe der Zeit ihre Struktur verlieren und vor allem nach Niederschlägen oder wenn häufig bewässert werden muss, verschlämmen. Dadurch geht die normalerweise angestrebte Krümelstruktur verloren, der Luftaustausch zwischen dem Boden und der Atmosphäre wird stark reduziert und dadurch das Wurzelwachstum ebenfalls eingeschränkt.

Empfehlenswert ist es auf jeden Fall, auch den Boden im Hochbeet im Herbst umzugraben, um so das Eindringen des Winterfrostes in tiefere Bodenschichten zu ermöglichen. Durch diese Maßnahme entsteht zunächst einmal eine gute Frostgare. Anschließend sollte im Frühjahr eine zusätzliche Humusgabe verabreicht werden, um den Humushaushalt zu steigern und damit das Bodenleben insgesamt zu fördern. Der schwere Boden kann aber auch durch eine zusätzliche Gabe Sand oder anderer mineralischer Bestandteile wie fein granulierte Lava- oder Tongranulate physikalisch gelockert werden. Solche Maßnahmen fördern die Krümelstruktur des Bodens und verbessern damit auch wieder das Wurzelwachstum der Kulturpflanzen, so dass mit normalen Wachstumsverhältnissen gerechnet werden kann.

Natürlich dürfen Sie auch eine zusätzliche Düngung nicht vergessen. Sie erfolgt ebenfalls am besten im Frühjahr mit einem handelsüblichen Depotdünger (Langzeitdünger) oder auch mit einem organisch-mineralischen Volldünger. Dieser sollte auf jeden Fall die Kernnährstoffe Stickstoff, Phosphorsäure, Kalium und Magnesium enthalten.

Japanische Rettich-Hybriden mit fadem Geschmack

Ich habe Samen von japanischen Hybrid-Rettichen gekauft, ausgesät und geerntet. Es gab „Riesenrettiche", jedoch waren sie im Geschmack gegenüber herkömmlichen Sorten fad. Muss man diese Rettiche anders pflegen, damit sie auch den kräftigen Geschmack unserer deutschen Sorten erhalten?

Seit mindestens 20 Jahren sind die japanischen Hybrid-Rettiche bei uns verbreitet. Es handelt sich um ganz andere Rettichstämme als bei den Sorten, die wir schon immer im Anbau hatten. Auffallend ist bei diesen Rettichen, dass sie sehr lang und groß werden. Unter günstigen Bedingungen können sie eine Länge von über 30 cm erreichen. Schon immer war jedoch ein Nachteil, dass sie keinen typischen, intensiven Rettichgeschmack haben. Sie sind also sehr viel milder. Das gilt eigentlich für alle Sorten, von denen Saatgut im Tütenprogamm erhält ist.
Neuerdings gibt es eine Neuheit ('Silverstar'). Es handelt sich dabei auch um eine F1-Hybride, die sehr lange, weiße Rettiche, ähnlich den japanischen Hybriden, ausbildet. Diese Sorte hat jedoch einen intensiveren Rettichgeschmack. Augenblicklich wird Saatgut nur von Züchtern und Fachsamenhandlungen für Erwerbsgärtner angeboten. Trotzdem sollte man das Angebot im Auge behalten. Es kann sein, dass diese oder eine andere ähnliche Sorte bald auch für den Liebhaber käuflich zu erwerben ist. Wer japanische Hybrid-Rettiche kultivieren will, sollte auf die Sortenbezeichnungen achten. So kann die superlange Sorte 'Minowase Summer Cross' nicht vor Juni ausgesät werden, da sie bei zu früher Aussaat schießt, also vorzeitig Blütenstängel treibt. Für eine frühe Aussaat kommt die Sorte 'April Cross' in Frage.

WUSSTEN SIE, dass Rettiche unter ungünstigen Anbaubedingungen Nitrat speichern können? Deshalb sollten sie immer bei voller Sonne kultiviert und mit relativ geringen Stickstoffmengen gedüngt werden. So können sie das aufgenommene Nitrat mit Hilfe des Sonnenlichts sofort in Eiweißverbindungen umwandeln. Dann sind gesundheitliche Nachteile nicht zu befürchten.

Kartoffeln enthalten Solanin

Wenn ich im Februar aus dem Lagerraum Kartoffeln hole stelle ich fest, dass viele Knollen grün verfärbt sind. Nun habe ich erfahren, dass diese einen Giftstoff enthalten sollen. Um welchen Stoff handelt es sich und ist dieser tatsächlich gesundheitsschädlich?

Kartoffeln (*Solanum tuberosum*) gehören zur Familie der Nachtschattengewächse (Solanaceae). Schon der Gattungsname deutet daraufhin, dass alle Gewächse dieser Familie Solanin bilden, welches sich immer in den grünen Pflanzenteile befindet.
Offensichtlich besitzt Ihr Lagerraum ein Fenster, durch das Tageslicht auf die Kartoffeln fallen kann. Unter Einwirkung von Licht werden nämlich Kartoffeln grün. In diesen grünen Teilen ist giftiges Solanin enthalten. Fachleute weisen darauf hin, dass dieses Gift durch Wärmebehandlung, also durch Kochen, nicht zerstört wird. Deshalb sollte man unbedingt die grünen Stellen an den Kartoffeln großzügig wegschneiden. Ganz oder überwiegend grüne Knollen sollten am besten weggeworfen werden.

Kartoffeln werden am besten in abgedunkelten Keller- oder Vorratsräumen gelagert. Schon das Abdecken mit Papier oder Säcken hält das Licht von den Knollen fern, außerdem schränkt eine solche Maßnahme Verdunstungsverluste ein. Dadurch wird vorzeitiges Schrumpfen und die erwähnte Grünverfärbung verhindert. Die günstigste Lagertemperatur für Kartoffeln liegt übrigens bei +4 °C.

Kartoffeln optimal mit Nährstoffen versorgen

Im April habe ich zum ersten Mal in meinem Gemüsegarten Kartoffeln gepflanzt. Leider habe ich vergessen, den Boden zusätzlich mit Nährstoffen zu versorgen. Kann ich Anfang Juni noch eine zusätzliche Düngung geben, damit sich die Kartoffeln gut entwickeln?

Normalerweise wird der Boden vor dem Legen der Kartoffeln im Frühjahr mit den notwendigen Nährstoffen versorgt. Da dies versäumt wurde, kann auch jetzt noch eine schnell wirkende Zusatzdüngung verabreicht werden, die gelegentlich auch dann angebracht ist, wenn durch heftige Niederschläge im Mai oder Anfang Juni vorab verabreichte Nährstoffe ausgewaschen wurden und den Pflanzen nicht mehr zur Verfügung stehen. Empfehlenswert wäre um diese Jahreszeit zur so genannten Kopfdüngung zum Beispiel ein mineralischer Blaukorn-Volldünger in einer Aufwandmenge von etwa 30 g/m².

Besser ist es aber, den Dünger vor dem Legen oder Pflanzen der Kartoffeln im Frühjahr in den Boden einzuarbeiten. Je nach Art des Bodens und den Nährstoffvorräten werden zu diesem Zeitpunkt etwa 60 bis 100 g eines organisch-mineralischen Volldüngers ausgebracht, der im Allgemeinen eine gute Anfangs-, aber auch eine entsprechende Langzeitwirkung hat. Verabreicht werden kann aber auch zum gleichen Zeitpunkt ein Blaukorn-Volldünger in einem Aufwand von etwa 60 bis 70 g/m². Wurde Blaukorn-Volldünger verwendet, ist es eventuell erforderlich, gerade während der Hauptwachstumszeit im Mai bis höchstens Anfang Juni noch eine zusätzliche Gabe wie oben erwähnt zu verabreichen.

Diese Angaben beziehen sich auf einen normalen Gartenboden. Sind durch einen früheren Anbau von Gemüse noch reichlich Nährstoffreserven vorhanden, können die Düngermengen reduziert werden.

Ideal ist es natürlich, wenn vorab eine Bodenanalyse durchgeführt und nach den Ergebnissen die erforderliche Düngermenge verabreicht wird.

Knoblauch durch Brutzwiebeln oder Zehen vermehren?

In meinem Garten reift der Knoblauch. Oberhalb der Blüte bilden sich nun kleine Zwiebeln aus. Können diese ausgepflanzt werden?

Im Allgemeinen werden zur Vermehrung von Knoblauch (*Allium sativum*) nicht die an den Blütenständen gebildeten Brutzwiebelchen, sondern die rund um die Mutterzwiebel gebildeten Nebenzwiebeln verwendet, die auch als „Klauen“ oder „Zehen“ bezeichnet werden. Sie sind wüchsiger und bringen einen besseren Ertrag.

Natürlich können auch die an den Blütenständen gebildeten Brutzwiebelchen verwendet werden. Sie können, ähnlich den „Zehen“, schon im Oktober ausgelegt werden. Die Zwiebelchen sollten etwa 3 bis 4 cm tief in den Boden gelegt werden. Später ist ein Winterschutz erforderlich, damit der Boden nicht so schnell durchfriert. Für eine gute Entwicklung ist ein humushaltiger Gartenboden günstig.

Sollten die Zwiebelchen an einem geeigneten Ort über Winter gelagert werden können, ist ein Auslegen auch im März oder April möglich. Dann muss nicht mit einem Ausfall durch ungünstige Witterung im Winter gerechnet werden.

Sollte die bessere Art der Vermehrung durch „Zehen“ gewählt werden, können die Brutzwiebelchen wie die richtigen Knoblauchzwiebeln getrocknet und in der Küche verwertet werden.

Knollenfenchel schießt

Im Frühjahr habe ich neben anderen Gemüsesetzlingen auch Knollenfenchel herangezogen und in den Garten gepflanzt. Die Aussaat erfolgte Ende April oder Anfang Mai. Im August sind fast alle Pflanzen geschossen. Sie haben also ohne Knollenbildung Stängel und Blüten gebildet. Kann es sein, dass ich in meinem Garten dieses Gemüse nicht anbauen kann?

Knollenfenchel (*Foeniculum vulgare*) wird seit einigen Jahren verstärkt in unseren Gärten angepflanzt. Die im Handel befindlichen Sorten sind mit üblichen humushaltigen, in gutem Strukturzustand stehenden Böden zufrieden. Auch spielt es keine Rolle, ob direkt ausgesät wird oder ob die Pflanzen in Kistchen oder anderen Gefäßen ausgesät und später gepflanzt werden. Auch eine Aussaat auf ein separates Beet mit späterer Pflanzung ist möglich.

Als wahrscheinliche Ursache für das Schießen der Pflanzen kommt eine falsche Sortenwahl in Frage. Normalerweise wird Knollenfenchel bei uns erst im Sommer, etwa im Juli, ausgesät. Bei zügiger Kultur können die Pflanzen dann im Oktober ge-

erntet werden. Viele Sorten schießen nämlich bei einer zu frühen Saat und Pflanzung. Das hängt sicherlich mit dem Licht zusammen. Die Pflanzen schießen, wenn sie in die zunehmende Tageslänge hineinwachsen. Mit einer normalen Entwicklung ist zu rechnen, wenn sie in den „abnehmenden" Tag wachsen, also in eine Zeit des abnehmenden Sonnenlichtes. Bei einer Aussaat im Sommer müssen die Knollenfenchelpflanzen normal heranwachsen.
Es gibt allerdings noch einige Sorten, die sehr fest sind und bereits im Frühjahr gesät oder gepflanzt werden können. Zu den bekanntesten Sorten zählen 'Zefa Fino', eine Schweizer Züchtung, die aber auch in Deutschland erhältlich ist.

Bei der normalen Sommerkultur ist darauf zu achten, dass die Pflanzen immer ausreichend gewässert werden. Auch benötigen sie, sobald sie Knollen ansetzen, relativ viel Stickstoff. Zu diesem Zeitpunkt ist deshalb eine Kopfdüngung mit einem üblichen Garten- oder Blumendünger angebracht. Unter günstigen Bedingungen kann Knollenfenchel bei einer Aussaat im Juli nach etwa 60 bis 70 Tagen geerntet werden.

Kohlrabi platzen auf

Im Frühjahr habe ich Kohlrabi gepflanzt. Sie haben sich recht gut entwickelt und bereits schöne Knollen ausgebildet. Jetzt stelle ich fest, dass diese plötzlich aufplatzen. Ist dafür eine Krankheit oder ein Schädling verantwortlich, was kann ich dagegen tun?

Eine Krankheit ist auf jeden Fall dafür nicht verantwortlich, wahrscheinlich auch kein Schädling. Bei Kohlrabi (*Brassica oleracea* var. *gongylodes*) gibt es gelegentlich einen Befall durch die Drehherzmücke. Das Herz stirbt dadurch zwar ab, aber ein direktes Aufplatzen der Knollen ist nicht die Folge.
Das Platzen rührt oft daher, dass die Kohlrabipflanzen zunächst mit mittleren Wassergaben herangezogen wurden. Da es sich bei den Knollen um Stängelteile handelt, werden im Laufe der Zeit Holzzellen (Lignin) in das Gewebe eingelagert. Kommt es nun zu heftigen Niederschlägen, wird das Wasserangebot reicher, die Pflanze setzt noch einmal zu einem stärkeren Wachstum ein. Da das Gewebe jedoch durch die Einlagerung von Lignin eine gewisse Festigkeit erreicht hat, können die Pflanzenzellen nicht mehr so rasch weiterwachsen. Es kommt zu Spannungen im Gewebe, die Knollen platzen auf.
Wahrscheinlich ist zum augenblicklichen Zeitpunkt eine Änderung der Situation nicht mehr zu erreichen. Die Gewebebildung ist vielfach abgeschlossen und kann durch andere Maßnahmen nicht mehr verändert werden. Es sollte vielleicht in Zukunft beachtet werden, dass Kohlrabi immer gleichmäßig gegossen werden, also immer eine mäßige, aber gleichmäßige Bodenfeuchtigkeit vorfinden. Sie bleiben dann im ständigen Wachstum und lagern erst relativ spät Lignin ein. Ein kontinuierliches Wachstum ist also immer die beste vorbeugende Gegenmaßnahme. Gleichzeitig sollten die Pflanzen ausreichend ernährt werden. Benötigt werden vor allem Stickstoff und Kalium. Während der Stickstoff für das Triebwachstum verantwortlich ist, gibt das Kalium dem Gewebe eine gewisse Festigkeit, so dass ein gesunder Aufbau möglich ist.

Können die Gemüsebeete nicht täglich kontrolliert und bei Bedarf mit der notwendigen Feuchtigkeit versorgt werden, sollten sie mit organischem Material gemulcht werden. Durch diese Abdeckung mit Frischkompost, Stroh, Rindenhumus usw. wird die Verdunstung durch Feuchtigkeit aus dem Boden verringert, also die Wasserkapazität im Boden verbessert. Auf diese Weise können günstige Verhältnisse geschaffen und auch schon dadurch dem Platzen von Kohlrabi entgegengewirkt werden.

Kohlrabi von Drehherzmücke befallen

In diesem Jahr habe ich wieder Kohlrabi angebaut. Diese zeigten jedoch eine eigentümliche Erscheinung. So waren die Herzblätter auffallend verdreht und verkrüppelt, manche Pflanzen bildeten überhaupt kein Herz mehr aus und gingen später sogar in Fäulnis über. Was ist die Ursache und kann dieser Schaden im nächsten Jahr wieder auftreten?

Nach der Schilderung des Schadbilds an Kohlrabi (*Brassica oleracea* var. *gonoylodes*) kann es sich um einen Befall durch die Drehherzmücke handeln.

Diese nur etwa 2 mm große Mücke legt meistens ab Mai ihre Eier zwischen die jüngsten Blättchen in das Herz der Kohlrabi, aber auch anderer Kohlpflanzen ab. Daraus schlüpft eine kleine weiße Made, die in das Herz der Pflanze eindringt und die geschilderten Wachstumsstörungen verursacht. Meistens tritt diese Mücke in mehreren Generationen auf. Den größten Schaden richtet aber die erste Generation an.
Normalerweise ist der Befall nicht besonders stark, so dass auf eine Bekämpfung verzichtet werden kann. Sollte sich jedoch der Schaden wiederholen und im Gemüsegarten viele Kohlpflanzen befallen sein, kann ein zugelassenes Pflanzenschutzmittel angewandt werden. Der Pflanzenschutzdienst empfiehlt derzeit ein Stäubemittel auf der Basis der Pyrethrine.

Kopfsalat mit Falschem Mehltau

?

Besonders gerne kultiviere ich im Garten Kopfsalat. Seit einigen Jahren wird der Salat aber immer wieder von einer schweren Krankheit heimgesucht. Plötzlich färben sich die Blätter gelblich, werden später braun und trocknen ein. Die Krankheit breitet sich vor allen Dingen bei feuchter Witterung sehr schnell aus und kann den ganzen Kopf völlig zerstören. Manchmal ist auf der Blattunterseite ein weißlicher Belag festzustellen. Um was für eine Krankheit handelt es sich und wie kann ich sie erfolgreich bekämpfen?

!

Nach der Schilderung handelt es sich eindeutig um eine pilzliche Erkrankung, und zwar den so genannten Falschen Mehltau (*Bremia lactucae*). Es handelt sich dabei um weltweit die wichtigste Pilzkrankheit, die in zahlreichen Stämmen an vielen Kulturpflanzen, auch im Gemüsegarten, verbreitet ist. Allein am Kopfsalat (*Lactuca sativa*) sind heute schon über 22 verschiedene Stämme dieses pilzlichen Erregers in Europa verbreitet.
Natürlich ist es möglich, den Kopfsalat mit einem geeigneten pilzlichen Mittel zu spritzen, um dadurch die Erkrankung zu verhindern. Erkundigen sie sich beim amtlichen Pflanzenschutzdienst über aktuell zugelassene Präparate. Andererseits gibt es heute auch sehr viele resistente Salat-Sorten im Handel. Einige wenige sind gegen alle 22 Stämme des Falschen Mehltaus resistent. Andere nur gegen eine etwas geringere Anzahl.

Auf jeden Fall ist es empfehlenswert, bei der Auswahl der Kopfsalat-Sorten für den Garten auf den Hinweis zu achten, dass die jeweilige Sorte zumindest weitgehend gegen die Erreger des Falschen Mehltaus resistent sind.

Kopfsalat mit Wurzelläusen

?

Seit einiger Zeit kümmern meine Kopfsalatpflanzen sehr stark. Als ich nun einige Pflanzen ausgegraben habe, stellte ich fest, dass am Wurzelhals und im Wurzelbereich unzählige weiß gepuderte Tiere sitzen. Um welchen Schädling handelt es sich und wie kann ich ihn bekämpfen?

!

Bei dem geschilderten Schädling handelt es sich um so genannte Wurzelläuse, die besonders gerne am Kopfsalat (*Lactuca sativa*), aber auch an anderen Gemüsepflanzen, z. B. Petersilie (*Petroselinum*), Möhren (*Daucus carota* subsp. *sativus*), auftreten. Die Läuse schützen sich durch die weißlichen Wachsausscheidungen vor äußeren Einflüssen. Oft treten sie massenhaft auf, so dass sie den Pflanzen so viel Saft entziehen, dass diese kränkeln und nur einen schwachen Wuchs zeigen.
Eine Bekämpfung mit chemischen Mitteln ist nicht angebracht. Im biologischen Garten wird ab und zu das wiederholte Angießen mit Rainfarnbrühe (*Tanacetum vulgare*) empfohlen. Sie wird entweder aus frischem oder getrocknetem Kraut hergestellt. Benötigt werden von frischem Kraut 300 g, von getrockneten Kraut- und Blütenteilen 30 g/10 l Wasser.
Auf jeden Fall sollte die Anbaufläche gewechselt werden, vielleicht ist auch eine Mischkultur mit Kerbel (*Anthriscus*), Bohnenkraut (*Satureja*), Salbei (*Salvia*) oder Thymian (*Thymus*) hilfreich.

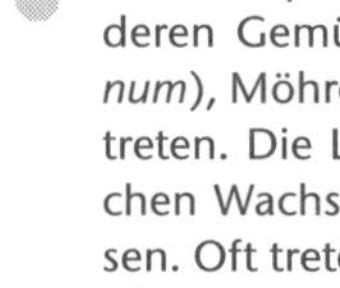

Neuerdings beschäftigt sich die Züchtung mit resistenten Sorten. Erfolge wurden bereits bei Kopfsalat erzielt. Gegen Wurzelläuse weitgehend resistent sollen die Kopfsalat-Sorten 'Elvira' und die Krulsalat-Sorte 'Krizet' sein. Wahrscheinlich wird es in nächster Zeit noch weitere resistente Sorten geben.

Kopfsalat-Sorten mit Blattlausresistenz

Der Kopfsalat in meinem Garten wird immer wieder sehr stark von Blattläusen befallen. Nun habe ich gehört, dass es auch blattlausfreie oder blattlausresistente Kopfsalat-Sorten geben soll. Um welche Sorten handelt es sich?

Tatsächlich gibt es seit einigen Jahren neue Sorten vom Kopfsalat (*Lactuca sativa*), die vor allen Dingen gegen die Grüne Salatblattlaus (Aphididae) resistent sind. Diese Blattlaus-Art sitzt im Inneren des Kopfes und gilt als absolut wichtigster Schädling des Kopfsalats aus der Gruppe der Blattläuse. Seit wenigen Jahren gibt es nun resistente Sorten, die durch Einkreuzung mit resistenten Wildformen entstanden sind. Folgende Sorten sind auch in Kleinpackungen im Handel erhältlich:

- 'Dynamite': erste blattlausresistente Sorte, die sich besonders gut für den Frühjahrs- und Frühsommeranbau eignet.
- 'Sylvesta': Sorte mit sehr schneller Entwicklung und guter Kopfbildung. Besonders gut geeignet für den Anbau im Frühsommer.
- 'Fiorella': Sehr schöne Kopf- und Umblattbildung. Gut geeignet für Sommer- und Herbstanbau.
- 'Barcelona' (Eissalat): Mittelspäter Typ, geeignet für ganzjährigen Anbau.
- 'Smile' (Eichblattsalat): Entwickelt große, gut gefüllte Köpfe in hellgrüner Farbe. Für ganzjährigen Anbau geeignet.

Die Mehrzahl dieser Sorten sind auch gegen den Falschen Mehltau (*Bremia lactucae*) weitgehend resistent.

Kressesamen keimt nicht

Ich habe im Frühjahr in meinem Garten Kresse ausgesät. Obwohl ich die Samen ganz dünn mit humoser Erde abgedeckt habe, keimten die Körner nicht. Was ist wohl die Ursache?

Eigentlich kommen nur zwei Ursachen in Frage. Entweder waren die Samen der Gartenkresse (*Lepidium sativum*) überständig, also zu alt, oder es lag an der Feuchtigkeit. Normalerweise beträgt die Keimfähigkeit von Kressesamen drei bis vier Jahre. Älteres Saatgut sollte nicht mehr verwendet werden.

Kressesamen sollten während der Keimung immer feucht gehalten werden. Trocknet der Boden an einem sonnigen, warmen Frühjahrstag während der Keimung völlig aus, ist der Keimerfolg in Frage gestellt. Kontrollieren Sie bei sonnigem, warmem Wetter täglich die Feuchtigkeit und gießen Sie bei Bedarf. Frisches Saatgut keimt bei ausreichender Feuchtigkeit zu 98%.

Bedenken Sie auch, dass Kresse mit sich selbst unverträglich ist, also bei einer Folgesaat eine neue Aussaatfläche verwendet werden soll. Hintereinander angebaut hat Gartenkresse nicht mehr die ursprüngliche Wuchskraft. Bei einer solchen Erscheinung spricht man von Bodenmüdigkeit.

Sollte nach der Aussaat von Gartenkresse im Frühjahr die Sonne das Beet rasch austrocknen, ist eine vorbeugende Schattierung empfehlenswert. Auf ein einfaches Lattengerüst können Schattiergewebe, Strohmatten oder einfach einige Bretter oder Latten ausgelegt werden, um so das „Ausbrennen" der Erde und des Samens zu verhindern.

Lauch (Porree) durch Lauchmotte geschädigt

Die Blätter meiner Lauchpflanzen waren im Sommer übersät mit streifenförmigen Blattbeschädigungen. Als es im Herbst öfters regnete, gingen die Lauchpflanzen in Fäulnis über. Um welche Krankheit oder welchen Schädling handelt es sich und wie kann ich meine Lauchpflanzen gesund erhalten?

Bei der geschilderten Erscheinung am Lauch (*Allium porrum*) handelt es sich um einen Befall durch die Raupen der Lauchmotte (*Acrolepia assectella*). Bereits ab Juni fressen die kleinen Räupchen helle „Gangminen" in die Blätter. Die Fraßschäden können im Laufe der Zeit bis ins Herz reichen. Bei feuchter Witterung geht dann der Lauch oder Porree in Fäulnis über.

Die Lauchmotte selbst tritt meistens in zwei Generationen auf, erste Generation von Ende Mai bis Ende Juni, die zweite Generation von Mitte August bis Mitte September. Gute Erfolge hat man durch die Abdeckung der Lauchpflanzen mit Gemüseschutznetzen erzielt. In diesem Fall werden die Motten (Kleinschmetterlinge) an der Eiablage auf den Porreepflanzen gehindert. Dadurch kann ein guter Schutz der Pflanzen erzielt werden. Wichtig ist nur, dass die Netze bereits ab der Pflanzung ausgelegt werden und die Motten keine Möglichkeit haben seitlich durchzuschlüpfen. Damit sich die Pflanzen gut entwickeln können, sollte man über die Pflanzen ein Stützgerüst anbringen und darauf das Netz auslegen. Dadurch verbleibt auch ein großer Luftraum unter dem Netz, so dass mögliche Überhitzungsschäden gering bleiben.

Wird Lauch oder Porree in Mischkultur mit Möhren angebaut, kann der Geruch der Möhren die Lauchmotten vertreiben und so eine Eiablage auf den Lauchblättern reduzieren, eventuell sogar ganz verhindern.

Lauch (Porree) mit langen Schäften kultivieren

Auf dem Markt und in den Geschäften wird oft ein sehr langschäftiger Lauch (Porree) angeboten. Auch ich möchte gerne im eigenen Garten einen solchen Lauch mit langen Schäften ernten. Wie kann ich das erreichen?

Es ist kein Problem, einen langschäftigen Lauch (*Allium porrum*) zu erzielen. Zunächst einmal ist es wichtig, dass man eine geeignete Sorte auswählt. Meistens sind die frühen Sorten langschäftiger als die ausgesprochenen Wintersorten. Zu den langschäftigen Sorten zählen unter anderem 'Tropita', 'Herbstriesen', 'Hilari', 'Alma', 'Kajak', 'Noel'

Um möglichst lange, weiße Schäfte zu bekommen, muss der Porree tief gepflanzt werden. Am besten ist es, wenn vor dem Pflanzen etwa 10 bis 15 cm tiefe Rillen gezogen werden. In diese werden die Jungpflanzen im Abstand von etwa 15 cm eingepflanzt. Dannach wird angegossen. Später kann durch notwendiges Hacken und Gießen der Boden eingeebnet und zu einem noch späteren Zeitpunkt können die Pflanzen angehäufelt werden. Durch diese Maßnahme wird ein relativ langer und weißer Schaft ausgebildet.

In schneearmen Wintern können bei strengen Frösten überwinternde Porreepflanzen erfrieren oder stark geschädigt werden. Dies gilt vor allen Dingen für solche Sorten, die nicht ausgesprochen frosthart sind. Deshalb ist es besser, die Pflanzen bereits Mitte Dezember zu ernten und an einer geschützten Stelle einzuschlagen. Günstig ist ein Frühbeetkasten, eine Rabatte nahe dem Haus oder auch ein kühler Keller. Wird im Freien eingeschlagen, können die Pflanzen bei strengeren Frösten mit einfachen Mitteln überbaut und vor zu tiefen Temperaturen geschützt werden. Auf diese Weise kann frischer Porree den ganzen Winter in die Küche geholt werden.

Lauch (Porree) mit Minierfliegenbefall

Mein Lauch (Porree) zeigt seit etwa zwei Jahren ein eigenartiges Schadbild. Die Blätter verfärben sich zunächst punktförmig, später sind zunächst dünne, helle Linien sichtbar, die später verbräunen und die Blätter stark schädigen. Um was für eine Krankheit oder Schädling handelt es sich und wie kann ich den Schaden in Zukunft vermeiden?

Offensichtlich handelt es sich bei diesem Schädling um eine auf Lauch spezialisierte Minierfliege (Agromyzidae). Schon im April schlüpfen diese Fliegen aus den überwinterten Puppen und stechen die Blätter an, um sich zu ernähren. Typisch für diesen Schaden sind auffallende Punktreihen auf den Blättern. Die Weibchen legen ihre Eier in die Blätter. Ausschlüpfende Larven leben in Miniergängen, die als dünne, nach unten reichende Linien zu erkennen sind. An der Pflanzenbasis verpuppen sich die Larven. Ende des Sommers schlüpft eine zweite Generation, die noch einmal den Lauch (Porree), aber auch Winterzwiebeln befällt.

Eine direkte Bekämpfung der Minierfliegen ist laut Pflanzenschutzdienst im Garten nicht möglich. Am besten ist es, wenn Lauch und Zwiebeln nach der Saat oder Pflanzung mit Vlies oder einem Gemüsefliegennetz abgedeckt werden. Empfohlen wird, das Netz hügelförmig über Bügel zu spannen, damit sich die Pflanzen darunter gut entwickeln können. Eventuell befallene Lauchpflanzen sollten zügig geerntet und die Putzabfälle, die oft noch Puppen enthalten, unbedingt vernichtet werden.

Mangold enthält Oxalsäure

Schon seit vielen Jahren baue ich in meinem Küchengarten Mangold an. Die Pflanzen wachsen sehr gut und ich kann den ganzen Sommer Blätter und Stiele ernten. Jetzt habe ich gehört, dass Mangoldgemüse nicht gesund sein soll, da es Oxalsäure enthält. Um was handelt es sich bei dieser Oxalsäure und habe ich gesundheitliche Gefahren zu fürchten?

Mangold (*Beta vulgaris* var. *vulgaris*) ist eng verwandt mit der Roten Rübe (*Beta vulgaris* var. *conditiva*) und dem Spinat (*Spinacia oleracea*). Alle diese Gänsefußgewächse (Chenopodiaceae) enthalten Oxalsäure, manchmal auch noch andere organische Säuren, wie Apfel-, Wein- und Zitronensäure.
Die Oxalsäure kann zusammen mit Kalk so genannte Oxalat-Kristalle bilden, die sich im Körper einlagern können. Auch ist bekannt, dass größere Mengen von Oxalsäure die Nierensteinbildung fördern. Diese Situation kennt man auch vom Rhabarber (*Rheum rhabarbarum*). Der Oxalsäuregehalt im Mangold ist nach den bisherigen Erkenntnissen nicht besonders hoch. Er soll sogar niedriger sein als im Spinat. Deshalb ist, so die Ernährungswissenschaftler im Augenblick, im Zusammenhang mit der Oxalsäure eine gesundheitliche Gefahr nicht zu befürchten.
Wenn Mangold reichlich gedüngt wird, auch mit Humus und organischen Düngern, können die Blätter jedoch viel Nitrat enthalten. Deshalb ist es sinnvoll, die Ernte vorwiegend um die Mittagszeit eines lichtreichen Tages vorzunehmen, da dann die in der Nacht und am frühen Morgen aufgenommenen Nitratmengen bereits zu Eiweißverbindungen umgebaut wurden. Dann ist eine gesundheitliche Gefahr wegen überschüssigem Nitrat weniger zu befürchten.

WUSSTEN SIE, dass man zwischen einem Rippen- und Stielmangold unterscheidet? Blattmangold, hat nur dünne Stiele und große Blätter. Er wird wie Spinat genutzt. Zu den bekannten Sorten zählen 'Lukullus' oder 'Grüner Schnitt'. Beim Rippen- oder Stielmangold, bei uns auch Römischer Kohl, in der Schweiz auch Krautstiele genannt, werden die breiten, fleischigen Stiele als Gemüse zubereitet. Natürlich können auch die Blätter verwendet werden. Als bekannte Sorten kommen in Frage 'Glatter Silber' und 'Krauser Silber'.

Möhren durch Möhrenfliege geschädigt

Im vergangenen Jahr waren meine Möhren (Gelbe Rüben) mit rotbraunen Gängen durchzogen. Sehr viele der rübenförmigen Wurzeln waren nassfaul, als ich sie ernten wollte. Auch das Laub war etwas verfärbt, jedoch habe ich während der Kultur der veränderten Laubfarbe keine Beachtung geschenkt. Offensichtlich muss es sich um einen Schädling handeln, der die Rüben anfrisst. Ich will jetzt wieder Ende März Möhren aussäen. Was soll ich tun, damit sich ein solcher Schaden nicht mehr wiederholt?

Nach dem geschilderten Schadbild wurden ihre Möhren (*Daucus carota* subsp. *sativus*) mit größter Sicherheit von den Maden der Möhrenfliege (*Psila rosae*) befallen. Die Fliege selbst tritt je nach Witterungsverlauf meistens ab Anfang oder Mitte Mai auf und legt ihre Eier nahe den Möhren am Boden ab. Die schlüpfenden Maden leben im heranwachsenden Möhrenkörper und verursachen flache, unregelmäßige Fraßgänge, die sich rostbraun verfärben. Zieht man die Möhren relativ früh aus der Erde, kann man die 6 bis 9 mm langen Maden erkennen. Schon nach einer gewissen Zeit verlassen sie die Rüben und es folgen weitere Generationen. Man muss mit einem Befall bis Oktober rechnen. Durch die rostbraune Farbe der Gänge spricht man in Fachkreisen auch von der „Eisenmadigkeit".
Während früher gegen die Larven chemische Mittel eingesetzt wurden, ist man heute weitgehend davon abgekommen. Neuerdings werden die Kulturen mit Gemüsenetzen abgedeckt, die bei richtiger Auflage ein Hindurchschlüpfen der Fliegen zur Eiablage verhindern. Solche Netze gibt es auch für den Hobbygärtner. Sie sollten ab Anfang Mai bis zur Ernte über die Kulturen gespannt werden. Wichtig ist eine gute Abdichtung an den

Rändern, damit die Fliegen nicht hindurchschlüpfen können. Sollten trotz allen Maßnahmen gelegentlich doch noch Maden der Möhrenfliege, besonders bei einem frühen Satz auftreten, können diese auch von frei im Boden überwinternden Puppen stammen. Deshalb sollte die Aussaatfläche auf jeden Fall gewechselt werden.
Unter einem Kulturnetz wachsen die Blätter der Möhrenpflanzen, aber auch das Unkraut stärker als im nicht abgedeckten Freilandbeet. Deshalb muss man unter Umständen zum Jäten einmal das Netz kurzzeitig abnehmen. Dies sollte man möglichst bei heißem oder auch windigen Wetter machen, da dann die Eiablage der Gemüsefliegen behindert ist.

WUSSTEN SIE, dass je nach Gebiet die Möhren auch Gelbe Rüben oder Karotten genannt werden? Biologische Unterschiede bestehen nicht. Häufig werden die Möhren als Karotten bezeichnet, die besonders früh angebaut werden und normalerweise im Ladengeschäft mit Laub verkauft werden, während die im Herbst und Winter verkauften Dauer- oder Lagermöhren in manchen Gebieten als Gelbe Rüben bezeichnet werden.

Nitratgehalt in Gemüse messbar?

Schon oft wurde darauf hingewiesen, dass ein übermäßiger Nitratgehalt in Gemüsen gesundheitliche Schäden zur Folge hat. Gibt es Möglichkeiten, den Nitratgehalt im Boden und in den Gemüsepflanzen selbst auf einfache Weise zu messen?

Stickstoff- bzw. Nitratuntersuchungen im Boden können durch Schnelltests selbst oder aber auch im Labor vorgenommen werden. In Fachgeschäften gibt es Bodenuntersuchungssets, die zur Testung von Erden und Substraten geeignet sind. Die Feststellung erfolgt colorimetrisch, also auf Grund eines Farbumschlags der Bodenlösung.
Andererseits kann der lösliche Stickstoff (Nitrat) auch im Labor exakt untersucht werden. In diesem Falle muss eine Bodenprobe gezogen und möglichst umgehend an das Labor gesandt werden. Zwischen der Bodenprobenahme und der Untersuchung sollte nur ein kurzer Zeitraum verstreichen, da sich der Stickstoff beziehungsweise die Löslichkeit des Stickstoffs im Boden verändern kann. Am besten setzt man sich mit einem Bodenlabor in Verbindung, um sich über die Art der Bodenprobenahme und die Einsendung zu informieren.
Auch in der Pflanze kann man den Nitratgehalt testen. Dazu gibt es ebenfalls Hilfsmittel, ähnlich dem Lackmuspapier, das zur Reaktionsbestimmung eingesetzt wird. Bekannt sind Merckoquant-Streifen, mit denen man den Presssaft von Pflanzen untersuchen kann. Am besten informiert man sich einmal im Fachgeschäft oder in einem chemischen Untersuchungsamt über die verschiedenen Möglichkeiten.

Pflanzen benötigen den Stickstoff (Nitrat) zum Aufbau wichtiger Eiweißverbindungen. Bis diese Verbindungen zustande kommen, vergeht aber eine gewisse Zeit. Man hat jedoch festgestellt, dass der Nitratgehalt in der Pflanze bei schönem Wetter oder am Mittag geringer ist als bei trüben Witterungsperioden und am frühen Morgen.
Gute Erfahrungen hat man beispielsweise bei Möhren (*Daucus carota* subsp. *sativus*) gemacht. Sie wurden am frühen Morgen mit einem Zinken sehr tief gelockert. Dabei wurde ein großer Teil der Wurzeln abgerissen. Nun unterblieb die Nahrungszufuhr, obwohl die Blätter weiter assimilierten. Da der Saftstrom einige Stunden unterbrochen war, waren die vorhandenen löslichen Nitrate gegen Mittag weitgehend in Eiweißverbindungen umgewandelt. So konnten die löslichen Nitratwerte in der Rübe deutlich gesenkt werden. Grundsätzlich hat man beobachtet, dass reifes, also älteres Gemüse einen geringeren Nitratgehalt hat als junges Gemüse.

Petersilie keimt schlecht und Sämlinge sterben ab

Schon im letzten Jahr hatte ich Probleme mit meiner Petersilie im Garten. Auch in diesem Jahr wiederholt sich der gleiche Schaden. Alljährlich säe ich im Frühjahr aus. In früheren Jahren keimten die Samen ohne Schwierigkeiten und ich konnte sehr schöne Petersilienpflanzen heranziehen. Nun stelle ich aber fest, dass die Samen ungleich keimen und die

Sämlinge sich später gelb verfärben und absterben. Was ist die Ursache und was kann ich dagegen tun?

Das geschilderte Schadbild bei Petersilie (*Petroselinum crispum*) ist seit vielen Jahren bekannt. Mit größter Wahrscheinlichkeit liegt die Wurzel- und Stängelgrundfäule vor und der Schaden wird von einem Bodenpilz verursacht (*Pythium*), der über die Wurzeln die Sämlinge infiziert und zum Absterben bringt. Typisch dafür ist die Gelb- und später auch Rotverfärbung der Blätter. Speziell im Frühjahr werden Aussaaten von diesem Pilz infiziert. Das hängt wahrscheinlich auch mit der langsamen Keimung der Samen und den für die Pflanzen noch etwas ungünstigen Witterungsverhältnissen und Bodentemperaturen zusammen. Beobachtet hat man nämlich, dass spätere Aussaaten nicht oder nicht so stark befallen sind.
Ein gewisses Problem ist die Bekämpfung. Es ist zunächst sinnvoll, die Anbaufläche zu wechseln. Mindestens vier Jahre sollte auf der gleichen Fläche keine Petersilie mehr ausgesät werden.
Ansonsten hat sich sehr gut bewährt, Petersilie erst im Sommer (etwa im Juni) auszusäen. Bedingt durch die höheren Temperaturen erfolgt die Keimung sehr rasch, ebenfalls das weitere Wachstum der jungen Pflanzen. Auch sollen in diesem Fall die höheren Bodentemperaturen die Entwicklung des Pilzes beeinträchtigen.
Eine andere Möglichkeit ist die Aussaat von Petersilie im Februar oder März in eine Saatschale im temperierten Raum. Später können die Pflänzchen bei zu dichtem Stand pikiert und ab etwa Ende April auf ein Gartenbeet ausgepflanzt werden. Wird zur Ausaat und Anzucht eine käuflich erworbene Blumenerde verwendet, ist mit einer Infektion durch Bodenpilze kaum zu rechnen.

WUSSTEN SIE, dass Petersilie bereits im Altertum als Aphrodisiakum bekannt war und in der griechischen Mythologie mehrmals erwähnt wurde? Selbst im Mittelalter sollen Kräuterweiblein aus den Stängeln einen Liebestrank hergestellt und die Wurzeln in ihren Hexensalben verwendet haben, um erotische Exstasen auszulösen. Die moderne Wissenschaft hat nachgewiesen, dass besonders die Petersilienwurzel reich ist an Apiol, einem ätherischen Öl, das eine anregende, leicht psychotrope und erotisierende Wirkung haben soll.

Petersilie von Läusen befallen

In meinem Kräuterbeet habe ich auf einer größeren Fläche Petersilie angepflanzt. Nun stelle ich mit Schrecken fest, dass die Pflanzen mit Läusen dicht überzogen sind. Kann ich diese Petersilie noch verwenden und wie werde ich diese Läuseplage wieder los?

Immer wieder kann es vorkommen, dass Petersilie (*Petroselinum crispum*) von Blattläusen befallen wird. Das ist nicht sehr angenehm, beeinträchtigt aber die Qualität der Petersilienblätter nicht, wenn sich der Befall in Grenzen hält. Zunächst einmal kann man sicherlich vereinzelte Läuse nach dem Pflücken der Blätter abwaschen. Die Petersilie kann dann unbedenklich in der Küche verwertet werden. Die Frage ist, ob man nicht einige Zeit auf eigene Petersilie verzichten will. Dann können die Pflanzen stark zurückgeschnitten und die Blätter nach gründlichem Waschen getrocknet oder eingefroren werden.
Hat man eine größere Fläche mit Petersilie gepflanzt und ist der Befall durch Läuse relativ stark, kann man auch mit zugelassenen Behandlungsmitteln die Läuse beseitigen. Lassen sie sich von Ihrem Pflanzenschutzdienst aktuell beraten. Nach Ablauf der Wartezeit kann die Petersilie in der Küche wieder verwendet werden. Gründliches Waschen ist auf jeden Fall vor der Verwendung empfehlenswert.

In vielen Gärten wird Petersilie auch im Kleingewächshaus angebaut. Auch hier muss mit Blattlausbefall gerechnet werden. Im geschützten Raum kann man auf den Einsatz von Pflanzenbehandlungsmittel unter Umständen verzichten. Hier können Nützlinge zum Einsatz kommen. Bekannt sind z. B. Räuberische Gallmücken (*Aphidoletes aphidimyza*) und Schlupfwespen (z. B. *Aphidius matricariae*).

Rettich von Rettich- oder Kohlfliege befallen

Ein großer Teil meiner Rettiche im Garten waren im vergangenen Sommer ungenießbar. Die „Rüben" waren total zerfressen, oft bereits verfault und auch oberirdisch waren die Pflanzen oft sehr kümmerlich. Es scheint,

als wären die Rettiche von Maden total zerfressen. Um was für ein Tier handelt es sich hier und was kann ich unternehmen, damit ich im nächsten Jahr gesunde Rettiche ernte?

Aufgrund der Schilderung des Befalls ist es ziemlich eindeutig, dass die Rettiche (*Raphanus sativus*) von der Rettich- bzw. Kleinen Kohlfliege (*Delia brassicae, D. floralis*) befallen waren. Es handelt sich dabei um die gleichen Schädiger, die auch an allen anderen Kohlpflanzen vorkommen.
Bei dem Schädling handelt es sich also um Fliegenmaden. Die Fliegen selbst sehen einer Stubenfliege sehr ähnlich. Sie treten in verschiedenen Generationen von Mai bis September auf. Maßgebend dafür sind Faktoren wie der Verlauf der Witterung und die örtliche Lage. Auf jeden Fall sollte etwas gegen die Vermadung unternommen werden.
Während man früher chemische Mittel einsetzte, kann man auf diese heute weitgehend verzichten. Am besten ist es, wenn man Gemüse- oder Kulturschutznetze verwendet. Sie müssen jedoch ab April sofort nach dem Aussäen über die Beete ausgebracht werden und bis zur Ernte auf den Kulturen verbleiben. Durch die Netze werden die Fliegen an der Eiablage gehindert, so dass eine Vermadung nicht mehr in Frage kommt. Beim Ausbringen der Netze ist darauf zu achten, dass sie auch seitlich gut abgedichtet sind, damit die Fliege nicht unter dem Netz hindurchschlüpfen kann.

Rettiche möglichst auf einem wenig mit Unkräutern durchsetzten Beet aussäen, da auch der Unkrautwuchs unter den Netzen den Sommer über besonders stark ist. Muss einmal Unkraut gejätet werden, sollte dies während einer Schlechtwetterperiode (kühles, windiges Wetter) oder an einem sehr heißen Tag gemacht werden. Der Pflanzenschutzdienst hat beobachtet, dass an solchen Tagen die Fliegen nicht so aktiv sind. In jedem Fall ist die Abnahme der Netze zu Kulturarbeiten nur kurzzeitig vorzusehen.

Rettiche brauchen ausreichend Licht

In meinem neu angelegten Frühbeet habe ich Rettiche in drei verschiedenen Sorten ausgesät. Keine einzige Sorte brachte einen ansprechenden Ertrag. Alle Pflanzen entwickelten sehr viel Laub und letztendlich dünne, spindlige, lange Rettiche. Was ist wohl die Ursache?

Nach der Schilderung kann dieser Misswuchs nur auf zwei Wachstumsfaktoren zurückgeführt werden, die vermutlich sogar zusammenwirken. Rettiche (*Raphanus sativus*) wünschen einen relativ hellen, freien Standort, also viel Licht und Luft. Wenn die Pflanzen besonders im Frühjahr in dem mit Glas abgedeckten Frühbeet kultiviert werden, kann es durchaus sein, dass die Temperatur im Frühbeet zu hoch ist. Wenn es die Witterung erlaubt, kann die Abdeckung des Frühbeetes problemlos einige Stunden entfernt werden.

Vielleicht befindet sich der Frühbeetkasten auch nicht an einer idealen Stelle im Garten, so dass er nur zeitweise natürliches und volles Sonnenlicht bekommt. Unter diesen Bedingungen zeigen die Rettiche das geschilderte Erscheinungsbild. Zusätzlich sollte noch darauf hingewiesen werden, dass die Rettiche natürlich auch nicht zu eng ausgesät werden dürfen, da sonst die Pflanzen unter Platzmangel leiden und sich ebenfalls gegenseitig „in die Höhe treiben". Rettiche brauchen, je nach Art, einen Standraum von etwa 20 × 10 bis 15 cm zur optimalen Entwicklung. Sie werden, gerade im Frühbeet oder im Kleingewächshaus, am besten in Reihen mit einem Abstand von etwa 20 cm ausgesät und später auf etwa 10 bis 15 cm in der Reihe vereinzelt.

Rettiche und Kohlsämlinge mit Erdflöhen

Die Blätter der Rettiche und Radieschen, aber auch von Kohlsämlingen sind stark zerfressen. Außerdem habe ich beobachtet, dass kleine schwarze oder gelb gestreifte Käfer in großen Massen auf diesen Pflanzen sitzen. Komme ich in ihre Nähe oder berühre ich die Pflanzen, springen die Käfer fort. Was sind das für Schädlinge und was kann ich dagegen tun?

Wie das Schadbild geschildert wird, handelt es sich zweifelsfrei um Erdflöhe (Phylotreta). Eigentlich sind es kleine Käfer, die an den jungen Blättern der Kreuzblütler (Cruciferae, Brassicaceae) einen siebartigen Lochfraß verursachen. Besonders bei trocken-warmer Witterung vermehren sich diese Schädlinge sehr stark und können größeren Schaden anrichten.
Zunächst einmal sollten Sie versuchen, die Käfer vorbeugend zu bekämpfen. Da sie Trockenheit und Wärme lieben, die Beete öfters mit Wasser besprühen. Deshalb treten sie auch während niederschlagsreicher Witterungsperioden seltener auf. Außerdem wurde beobachtet, dass fleißiges Hacken der Beetflächen die Käfer vertreibt. Im biologischen Garten können gewisse Erfolge mit Spritzbrühen aus Wermut (*Arthemisia absinthicum*) oder Rainfarn (*Tanacetum vulgare*) erzielt werden. Die Pflanzen müssen jedoch mindestens zweimal in der Woche gespritzt werden.

Bei sehr starkem Befall können die Pflanzen auch mit einem pyrethrumhaltigen Stäubemittel behandelt werden.

Rettiche und Radieschen richtig düngen

Meine Rettiche und Radieschen wollen nicht richtig gedeihen. Was stellen sie für Ansprüche an den Boden und die Düngung und muss ich besondere Sorten aussäen?

Rettiche und Radieschen (*Raphanus*) benötigen einen gut gelockerten, möglichst humosen Gartenboden. Zu schwere, nicht tiefgründig gelockerte Böden sind weniger günstig. Ein Boden in guter Kultur ist eigentlich immer am besten geeignet.
Besondere Dünger sind nicht erforderlich. Eine mittlere Nährstoffversorgung des Bodens mit den Kernnährstoffen und Spurenelementen reicht völlig. Doch haben Rettiche und Radieschen ein besonderes Bedürfnis am Kernnährstoff Kalium. Dieser ist für die Bildung von Reservenährstoffen, die Festigkeit des Gewebes und den Geschmack dieses Wurzelgemüses ausschlaggebend. Aus diesem Grund sollte zur Düngung ein organisch-mineralischer oder mineralischer Dünger mit einem hohen Kaliumgehalt verwendet werden. Vielleicht empfiehlt sich auch einmal eine spezielle Düngung mit Schwefelsaurem Kalimagnesia (Patentkali). Dieser Dünger enthält sowohl Kalium als auch Magnesium. Der Aufwand beträgt etwa 20 bis 40 g/m^2.
Bei der Sortenwahl sollte man eigentlich nur auf die jeweilige Jahreszeit achten. Die so genannten Bundrettiche sind besonders für das Frühjahr geeignet, später folgen von den weißen Rettichen die Frühsommer-, Sommer- und Herbstrettiche. Die so genannten Schwarzen Rettiche sind typische Winterrettiche. Bei den Radieschen gibt es ebenfalls Sorten, die mehr für den Frühjahrs- und Herbstanbau oder die Sommerkultur geeignet sind.

Sollte wider Erwarten die Kultur der Rettiche und Radieschen nicht gelingen, wäre eine Bodenuntersuchung angebracht. Erst durch eine solche Analyse kann der Zustand des Bodens und sein Nährstoffvorrat festgestellt werden. Aufgrund der Ergebnisse kann eine gezielte Düngung im Gemüsegarten, speziell bei Rettichen und Radieschen durchgeführt werden. Die Adressen von Bodenlabors erhält man über die zuständigen landwirtschaftlichen Stellen, z. B. die Ämter für Landwirtschaft, Landschafts- und Bodenkultur (Landwirtschaftsämter).

Rhabarber blüht zu früh

In meinem Garten habe ich vor einigen Jahren Rhabarber angepflanzt. Jedes Jahr im Frühjahr beginnt er schon nach kurzer Zeit zu „schießen“, er bildet also schon vorzeitig Blütenstängel aus. Was ist die Ursache und was kann ich machen, damit die Blütenbildung erst zu einem späteren Zeitpunkt einsetzt oder ganz verhindert wird?

Normalerweise ist mit der Bildung von Blütenstängeln im Mai zu rechnen. Manchmal „schießt“ Rhabarber (*Rheum rhabarbarum*) auch schon früher. Das kann unter Umständen auf ungünstige Bodenverhältnisse und Nährstoffmangel zurückzuführen sein. Eine Nährstoffunterversorgung fördert bei vielen Pflanzen die Blütenbildung.
Zunächst einmal müssen die Blütenstängel sobald wie möglich an der Ansatzstelle mit den daran haftenden Blättern aus der Pflanze herausgezogen werden. Achten Sie darauf, die Blütenstängel nicht nur oben auszubrechen, da sonst die Pflanze auch weiterhin in den Trieb viele Nährstoffe einleitet, die somit den anderen Blättern verloren geht. Alle weiteren Blütentriebe, die sich später noch bilden können, werden auf gleiche Weise entfernt.
Außerdem ist zu empfehlen, dass die Rhabarberpflanzen im Sommer, wenn die Ernte vorüber ist, eine kräftige Kopfdüngung erhalten. 50 bis 60 g/m^2 eines mineralischen Volldüngers können ausgestreut und möglichst mit reichlich Wasser in den Boden eingewässert werden. Die Ernte wird Ende Juni (nach Johanni) abgeschlossen. Nun treiben die Pflanzen kräftig durch, bilden große Blätter, die wiederum die Baustoffreserven für den Austrieb im nächsten Jahr bilden. Im Herbst werden beim Absterben der Blätter diese Baustoffe in den unterirdischen Speicherorganen (Rhizomen) eingelagert und bewirken einen kräftigen Blattaustrieb im folgenden Frühjahr.
Rhabarber ist nicht so lichtbedürftig wie viele andere Gemüse-Arten. Er nimmt oft auch mit einem etwas halbschattigen Standort vorlieb. Wichtig ist nur, dass vor der Pflanzung der Boden tiefgründig gelockert und reich mit Humus versorgt wurde. Nur so kann der Rhabarber seine Wuchskraft über viele Jahre erhalten.

WUSSTEN SIE, dass Rhabarber neben Apfelsäure auch reichlich Oxalsäure enthält? Sie kann im Körper, zusammen mit Kalk, zur Bildung von Kalziumoxalatkristallen führen, einem Stoff, der in höheren Dosen die Nieren schädigt. Nach allgemeiner Ansicht soll ein erwachsener Mensch weniger als 1 kg frische Stiele verzehren, um Vergiftungserscheinungen vorzubeugen. Für ein Kind ist die angegebene Menge zu dritteln. Kranke Menschen, die unter Steinbildung, Diabetes, Rheuma und Gicht leiden, sollten den Verzehr von Rhabarber meiden. Übrigens verliert der Rhabarber durch kurzfristiges Blanchieren viel an Oxalsäure. Das Kochwasser muss natürlich weggeschüttet werden.

Rhabarber nach der Ernte pflegen

Mir ist bekannt, dass Rhabarber ab Anfang Juli nicht mehr geerntet werden soll. Nun habe ich, auf Anraten einer Bekannten, nach der letzten Ernte immer alle Blätter abgeschnitten. Diese Maßnahme muss aber den Rhabarberpflanzen nicht bekommen sein. Sie haben im Wachstum stark nachgelassen und vegetieren vor sich hin. Was habe ich falsch gemacht und wie muss ich die Rhabarberpflanzen behandeln, damit ich kräftig wachsende Stöcke erhalte?

Richtig ist, dass Rhabarber (*Rheum rhabarbarum*) normalerweise bis Ende Juni, Anfang Juli geerntet wird. Die Erntemaßnahmen werden dann eingestellt, weil sich in den Folgewochen die Pflanzen bereits wieder regenerieren und schon wieder organische Verbindungen für die nächstjährige Ernte aufbauen müssen.
Ab Anfang Juli sollten die Pflanzen sorgfältig gepflegt, also gegossen und reichlich gedüngt werden. Alle Blätter sind zu belassen, damit diese viele Reservestoffe bilden, die dann beim Abwelken der Blätter im Herbst in die knollenförmigen Rhizome eingelagert werden. Erst nach dem Abster-

ben der Blätter werden diese abgeräumt und kompostiert. Mit den in den Knollen eingelagerten Reservestoffen treiben die Pflanzen im Frühjahr wieder aus und bringen dann eine reiche Ernte.
Auf jeden Fall sollten Rhabarberpflanzen im Juli eine Volldüngergabe von etwa 20 bis 30 g/m^2 erhalten. Dafür ist ein mineralischer Volldünger zu verwenden, da organische Dünger zu lange Zeit benötigen, um in mineralische und damit aufnehmbare Substanzen umgewandelt zu werden.

WUSSTEN SIE, dass Desserts aus Rhabarber mit Sahne, Milch oder Vanillesoße serviert werden sollen? Nach Dr. Riehte von der Uni-Zahnklinik in Tübingen wird die Oxalsäure des Rhabarbers durch das in der Milch enthaltene Kalzium gebunden. Auch soll man nach dem Genuss von Rhabarber sofort die Zähne putzen.

Rhabarber zum richtigen Zeitpunkt verpflanzen

Die Rhabarberernte ist jetzt zu Ende (Juni). Da ich sehr alte Stöcke habe, sollte ich diese sicher einmal verpflanzen. Wann ist dafür der günstigste Zeitpunkt?

Durch Verpflanzen kann man Rhabarber (*Rheum rhabarbarum*) verjüngen. Bester Zeitpunkt dafür ist der Oktober. Vorsichtig werden die knolligen Rhizome ausgegraben und mit dem Spaten in nicht zu kleine Stücke zerteilt. Ideal sind Stücke von etwa 1 kg Gewicht. Jedes Teilstück muss auch mindestens eine gut entwickelte Knospe aufweisen, besser mehr. Gut ist auch, wenn man einen Standortwechsel vornimmt, um den Rhabarberpflanzen einen „jungfräulichen" Boden anzubieten. Eine gründliche Vorbereitung mit reichlich Humus ist für die spätere Entwicklung günstig.
Die Teilstücke werden wieder so gepflanzt, dass die Knospen etwa 3 bis 4 cm unter der Erdoberfläche liegen.
Im ersten Jahr nach der Pflanzung wird noch keine Ernte vorgenommen. Ab dem zweiten Jahr kann eine erste Ernte erfolgen.

Rhabarberernte bis Mitte Juni

In meinen Garten habe ich Rhabarber gepflanzt. Wie lange darf man die Blätter ernten? Soll man die Blätter im August umknicken?

Rhabarber (*Rheum rhabarbarum*) wird im Allgemeinen vom Frühjahr bis etwa Johanni (24. Juni) geerntet. Ab Juli wird nicht mehr geerntet oder die Ernte stark eingeschränkt, da die neu gebildeten Blätter zum Aufbau neuer Nahrung für die Ernte im nächsten Jahr benötigt werden. Diese Baustoffe werden im Herbst, beim Abwelken der Blätter, in die Wurzelstöcke (Rhizome) eingeleitet und dienen als Reservenährstoffe für den Austrieb im folgenden Jahr.
Ein zweiter Grund ist von Bedeutung: Rhabarberblätter und -stiele enthalten Oxalsäure. Aus ihr können sich im Körper des Menschen Kalziumoxalatkristalle bilden, die unter Umständen die Gesundheit gefährden. Das gilt besonders für Nierenkranke (Steinbildung). Es wird auch davon ausgegangen, dass der Oxalsäuregehalt in Blättern und Stielen ab Sommer zunimmt.
Keinesfalls sollen aber Rhabarberblätter im August umgeknickt werden. Im Gegenteil, sie sind für die Bildung der Baustoffe sehr wichtig. Nach der letzten Ernte im Juni oder Anfang Juli sollten Sie die Rhabarberpflanzen stark wässern und sogar zusätzlich düngen. So können sich die Blätter gut entwickeln und bis zum Herbst viele Baustoffe produzieren.

WUSSTEN SIE, dass schon die alten Griechen die Säure des Rhabarbers als „barbarisch" empfanden? Später kam die Wurzel als „Rhabarbarum", als fremdländische oder barbarische Wurzel in den Handel.
Im Mittelalter galt der Rhabarber als Aphrodisiakum. In einem Kochbuch jener Zeit wird empfohlen, die „Wurzel der Barbaren" den Männern vorzuenthalten, weil sie übermütig mache und zum Schabernack verleite.

Rote Rüben mit Ohrwürmern

Meine frisch gesäten Roten Rüben werden immer wieder abgefressen. Ich vermute, dass es die im Garten reichlich vertretenen Ohr-

würmer sind. Kann das sein und was kann ich dagegen unternehmen?

Ohrwürmer werden nicht als typische Pflanzenschädlinge angesehen, wenngleich auch zarte Pflanzenteile oder Blüten angefressen werden. Es kann also sein, dass der Schaden von Ohrwürmern verursacht wird. Andererseits tragen die Tiere sogar zur Blattlausvertilgung bei. Deshalb wird der Ohrwurm heute von vielen Gartenbesitzern als Nützling angesehen und ihm sogar als Unterschlupf „Ohrwurmnester" angeboten. Ein solches Nest besteht aus einem Blumentopf, der mit Holzwolle voll gestopft und umgekehrt an einem Zweig aufgehängt oder am Boden aufgestellt wird. Ab Juni werden diese Töpfe zunehmend von den Ohrwürmern besiedelt. Eine Bekämpfung von Ohrwürmer kommt normalerweise nicht in Frage.

Salatpflanzen faulen

In meinem Gemüsegarten stelle ich immer wieder fest, dass die Blätter vom Kopfsalat welken, später vergilben und dann der Kopf nach kurzer Zeit vollständig zusammenfällt und in Fäulnis übergeht. Handelt es sich dabei um eine bakterielle oder pilzliche Erkrankung und was kann ich dagegen tun?

Mit ziemlicher Sicherheit kann man annehmen, dass es sich bei den Salatpflanzen (*Lactuca sativa*) um die so genannte Salatfäule handelt, die durch verschiedene Pilze (z. B. *Sclerotinia*-Arten, *Botrytis*) verursacht werden kann. Die Krankheit ist sehr häufig und tritt vor allem bei großer Feuchtigkeit auf.
Eine direkte Bekämpfung ist nicht möglich. Befallene Pflanzen müssen sofort vernichtet werden. Sie dürfen aber keinesfalls auf den Kompost gelangen. Außerdem sollen nur robuste Setzlinge verwendet werden, die hoch gepflanzt werden sollten! Zu empfehlen ist ein Wechsel der Beetfläche. Auf den mit Salatfäule befallenen Beeten darf möglichst einige Jahre lang kein Kopfsalat mehr stehen.

Schnittlauchblätter werden gelb

Für die Küche benötige ich verhältnismäßig viel Schnittlauch. Soweit ich weiß, kann man Schnittlauch mehrmals ernten. Meistens werden aber die Blätter (Schlotten) nach dem Schnitt und Wiederdurchtrieb nicht mehr so schön grün. Viele haben auch gelbe Blätter. Was kann ich tun, damit der Schnittlauch wieder kräftig und mit grünen Blättern durchtreibt?

Mit größter Wahrscheinlichkeit leidet der Schnittlauch (*Allium schoenoprasum*) an Nährstoffmangel. Meistens wird er in „Büscheln" oder „Horsten" angebaut, also viele Pflanzen an einer Stelle. Diese stehen miteinander in Konkurrenz und entziehen der umliegenden Erde die Nährstoffe. So kann es vorkommen, dass nach dem ersten Schnitt die im Boden gelösten Nährstoffe aufgebraucht sind und nicht mehr genügend Vorrat für den zweiten oder dritten Durchtrieb vorhanden ist.
Diese Situation kann man einfach beheben, indem der Schnittlauch nach der ersten Ernte mit ei-

ner flüssigen Düngung zusätzlich mit Nährstoffen versorgt wird. Verwendet werden kann jeder Blumen-Volldünger, aber auch mineralischer Gartendünger, z. B. Blaukorn-Volldünger, den man in Wasser auflöst und an die Pflanzen gießt. Gesundheitliche Nachteile sind nicht zu befürchten, da die Nährstoffe in den Boden eingewässert und dort von den Wurzeln aufgenommen werden. Nach dem Düngen sind die Pflanzen mit klarem Wasser abzuspritzen, um Schaden an oberirdischen Pflanzenorganen zu verhindern. Außerdem müssen sie nach dem Düngen mäßig feucht gehalten werden, damit die Nährstoffe auch aufgenommen und möglichst umgehend in den Pflanzen verarbeitet werden können.
Eine weitere Möglichkeit besteht darin, im Frühjahr bei Vegetationsbeginn einen organisch-mineralischen Dünger auszustreuen und flach in die Krume einzuarbeiten. Dieser Dünger hat eine Langzeitwirkung und reicht meistens aus, die Pflanze über die gesamte Vegetationszeit mit den notwendigen Nährstoffen zu versorgen. Die Aufwandmenge liegt bei einem schlecht mit Nährstoffen versorgten Boden bei etwa 40 bis 50 g/m².

WUSSTEN SIE, dass man Schnittlauch auf einfache Weise auch im Winter ernten kann? Zu diesem Zweck lässt man zwei bis drei „Büschel" oder „Horste" das Jahr über wachsen ohne die Blätter abzuschneiden. Im Herbst ziehen die Blätter ein, die Reservenährstoffe speichern sich in den zwiebelähnlichen Wurzeln. Etwa Ende Oktober oder Anfang November werden einige Büschel mit dem Spaten ausgestochen und an einer geschützten Stelle im Freien gelagert. Leichte Fröste sind sogar günstig, da sie das Antreiben begünstigen. Ab etwa Mitte bis Ende Dezember kann ein Schnittlauchbüschel nach dem anderen in Töpfe gepflanzt und am Küchenfenster angetrieben werden. So erzielt man frisches Schnittlauchgrün fast den ganzen Winter über.

Schnittlauchblüten abschneiden?

Auf meinem Kräuterbeet steht auch Schnittlauch. Schon relativ früh im Jahr bildet er Blütenstände aus. Verändert sich dadurch etwas an den Inhaltsstoffen? Muss ich diese Blüten entfernen?

Schnittlauch (*Allium schoenoprasum*) ist bei uns heimisch und bildet deshalb im Frühsommer Blüten und später Früchte aus. Da die Blüten und Früchte ohne Bedeutung sind, sollten sie rechtzeitig entfernt werden. Es wurde sogar beobachtet, dass bei reichem Blütenansatz die Bildung von Vermehrungszwiebeln verringert wird. Deshalb sollte man eigentlich auf die Bildung von Blüten verzichten. Dies erreicht man wohl am ehesten, wenn der Schnittlauch ständig geschnitten wird und sich neue, röhrenförmige Blätter bilden können.
Die Entwicklung von Schnittlauchgrün kann durch eine mäßige Düngung unterstützt werden. Dadurch werden die Pflanzen immer wieder angeregt, neue Sprossen zu bilden. Erfahrungsgemäß setzen Pflanzen auf mageren Böden schneller Blüten an als auf Böden, die normal mit Nährstoffen versorgt sind.

WUSSTEN SIE, dass es von Schnittlauch auch verschiedene Sorten gibt? Die neuen Hybriden sind frohwüchsiger und bringen einen höheren Ertrag als die älteren Sorten. Grobröhrig und auf einen sehr hohen Ertrag gezüchtet ist die Sorte 'Grolau'.

Sellerie mit Kochsalz düngen?

Meine Selleriepflanzen wachsen nicht besonders stark. Nun hat man mir empfohlen, mit Kochsalz zu düngen. In jedes Pflanzloch soll ich eine Hand voll Kochsalz einfüllen. Ist Kochsalz tatsächlich ein Dünger und ist die Mengenangabe vertretbar?

Keinesfalls soll Kochsalz zum Düngen von Pflanzen im Garten verwendet werden. Chemisch gesehen ist Kochsalz Natriumchlorid, also eine Verbindung aus Natrium und Chlor. Eines ist an dieser Empfehlung richtig, dass Sellerie Chlor liebend ist und als Meeresstrandpflanze auch Natrium verträgt, da bekanntlich Meerwasser Kochsalz enthält.
Die angegebene Menge wird aber den Bedarf an Natrium und Chlor der Pflanze weit übersteigen und eher durch Wurzelverbrennungen die Pflanzen zum Absterben bringen. In der Landwirtschaft wird, um das Chlorbedürfnis der Pflanzen abzudecken, eine bestimmte Kaliumform verwen-

det. Dort wird Sellerie (*Apium graveolens*) mit so genannten 40-er Kalidüngesalz gedüngt. Doch lohnt es sich nicht, für einige Selleriepflanzen im Haus- oder Kleingarten dieses Düngemittel zu beschaffen. Sollte in Ihrer Nähe ein Landwirt oder Gärtner Sellerie anbauen und dieses Düngemittel vorrätig haben, könnte er ihnen eine kleine Menge davon abgeben, so dass Sie auf eine Fläche von einem Quadratmeter etwa 10 bis 20 g ausstreuen und einwässern. Ansonsten reicht es völlig aus, wenn die Selleriepflanzen mit einem üblichen Gartendünger ernährt werden.

Da Sellerie jedoch zu den Nährstofffressern zählt, können die Düngermengen gegenüber anderen Gemüsearten durchaus etwas erhöht werden. Eine Vorratsdüngung mit einem organisch-mineralischen Volldünger vor dem Pflanzen im Mai und ein bis zwei Kopfdüngergaben im Juli und August fördern die Entwicklung der Selleriepflanzen. Außerdem ist wichtig, dass Sellerie im September und Oktober reichlich gewässert wird, da zum Ende der Kultur das Hauptwachstum stattfindet. So behandelt, werden Sie bestimmt große Sellerieknollen ernten.

WUSSTEN SIE, dass schon 1543 der berühmte Mediziner und Botaniker Leonhart Fuchs zum ersten Mal über das Vorkommen von wildem Sellerie im Stuttgarter Raum berichtete, der im Raum Cannstatt gewachsen sein soll? Dort traten bereits damals mineralsalzhaltige Quellen zutage, in deren Umgebung sich diese Selleriepflanzen besonders wohl fühlten.

Sellerie mit Septoria-Blattfleckenkrankheit

Die Blätter meiner Selleriepflanzen sind voller rostiger Flecken. Die Blätter werden gelb, später braun und sterben ab. Beim genauen Betrachten sieht man in den Flecken kleine schwarze Pünktchen. Die Krankheit hat schon nach kurzer Zeit fast alle Sellerieblätter befallen. Um welche Krankheit handelt es sich hier und was kann ich dagegen tun?

Selleriepflanzen (*Apium graveolens*) werden von verschiedenen Pilzkrankheiten befallen. In diesem Falle handelt es sich sicher um die weit verbreitete Septoria-Blattfleckenkrankheit (*Septoria apiicola*), die vor allen Dingen bei feuchtem Wetter und nach Nächten mit starker Taubildung auftritt.

Typisch ist für diese Pilzkrankheit die Fleckenbildung auf den Blättern sowie die Sporenbildung. So sind die Sporen als kleine schwarze Pünktchen unregelmäßig auf den Flecken der Blattoberseite verbreitet. Durch diese Krankheit kann unter Umständen das ganze Laub absterben. Dadurch wird das Wachstum gebremst. Bei Knollensellerie bleiben die Knollen klein, während bei Blatt- oder Bleichsellerie die Blätter nicht mehr verwertet werden können.

Am besten ist es, beim ersten Auftreten der Krankheit das befallene Laub sofort zu entfernen und zu vernichten. Es sollte nicht auf den Kompost geworfen werden. Außerdem sollten Selleriepflanzen vorbeugend weit genug gesetzt werden, damit ständig genügend Luft durch die Blätter streichen kann und feuchte Blätter immer schnell wieder abtrocknen. Nach einem stärkeren Befall sollte auf eine weit gestellte Fruchtfolge geachtet werden. Außerdem sollte man in Zukunft weniger anfällige Sorten anbauen, z. B. die Knollensellerie-Sorten 'Sperlings Dolvi', 'Ibis' und die Bleichsellerie-Sorte 'Tall Utah'.

TIPP

Müssen chemische Mittel zur Bekämpfung eingesetzt werden, sind diese nur beim Knollensellerie anzuwenden, nicht bei Bleich- oder Schnittsellerie!

Sellerieknollen überwintern

Gerade ernte ich meine Sellerieknollen im Garten. Sie sind so groß und schön, jedoch kann ich sie unmöglich alle sofort in der Küche verwerten. Wie kann ich sie lagern, dass ich sie auch noch später verwenden kann?

Das Einlagern von Sellerieknollen ist kein Problem. Es muss nur darauf geachtet werden, dass sie ihre Frische lange Zeit behalten. Zunächst einmal werden die Pflanzen des Knollensellerie (*Apium graveolens* var. *rapaceum*) aus dem Boden gegraben, die Erde aus dem Wurzelbereich ausgeschüttelt und zum Nachtrocknen einige Stunden in die Herbstsonne gelegt. Anschließend werden die Wurzeln stark eingekürzt und alle Blätter mit Ausnahme der Herzblätter von der Knolle vorsichtig abgetrennt. Für den Hausgebrauch schlägt man die Knollen dicht an dicht in kleine Handkisten (z. B. Holländer-Tomatensteigen) in ein lockeres, durchlässiges Erdgemisch ein. Garten- oder Komposterde mit reichlich Sand sind gut geeignet, es kann aber auch ein Sand-Torfgemisch verwendet werden. Die Knollen werden etwa ein Drittel bis zur Hälfte in das Substrat eingeschlagen. Anschließend wird mäßig angegossen und die Kistchen in einen kühlen Raum gestellt. Die günstigsten Temperaturen liegen zwischen 5 und 10 °C (z. B. Naturkeller, Garage, Gartenhaus). In der Folge sollte nur in größerem Zeitabstand das Substrat etwas angefeuchtet werden, damit die Knollen nicht zu viel Wasser durch Verdunstung verlieren. Auf diese Weise eingelagert, können Sellerieknollen bis Januar oder Februar, oft auch noch längere Zeit darüber hinaus, nahezu frisch in der Küche verwertet werden.

Wer einen Frühbeetkasten besitzt, kann die Erde etwa spatentief ausheben und dort die Sellerieknollen, ähnlich wie beim Porree (Lauch), dicht an dicht in sandige Erde einschlagen. Gegen Frost wird der Kasten mit einer Laubpackung umgeben und mit Deckbrettern und Stroh- oder Rohrmatten abgedeckt. Im Frühbeetkasten bleibt das Gemüse sehr gut frisch und kann während frostfreier Perioden jederzeit herausgenommen werden. Bei dieser Form der Überwinterung auf Mäusefraß achten!

Sellerieknollen zu klein

Im Gemüsegarten habe ich unter anderem auch Sellerie angebaut. Dieser wollte überhaupt nicht richtig wachsen. Bei der Ernte im Herbst konnte ich nur Pflanzen mit relativ kleiner Knolle ernten. Was ist die Ursache und was muss ich bei der Kultur von Sellerie beachten, damit ich im nächsten Jahr auch schöne große Knollen erhalte?

Sellerie (*Apium graveolens* var. *rapaceum*) gehört zu den Gemüsepflanzen, die relativ viel Nährstoffe benötigen. Ihr Bedarf ist etwa zu vergleichen mit Kohl (*Brassica*) oder Tomaten (*Lycopersicon esculentum*), während Möhren (*Daucus carota* subsp. *sativus*), Zwiebeln (*Allium cepa*), Spinat (*Spinacia oleracea*) oder Salat (*Lactuca sativa*) deutlich weniger Nährstoffe benötigen. Außerdem stellt Sellerie höhere Ansprüche an bestimmte Nährstoffe. Zur Entwicklung schöner Knollen ist relativ viel Kalium und auch der Mikronährstoff Bor erforderlich. Als Meeresstrandpflanze ist Sellerie im Gegensatz zu vielen anderen Gemüsepflanzen chlorverträglich. Deshalb wird er in der Landwirtschaft gerne mit chlorhaltigem Kalium gedüngt. Dies ist aber im Hausgarten nicht unbedingt erforderlich, da andere Gemüsepflanzen Chlor weniger vertragen.

Natürlich wäre es am besten, wenn Sie einmal eine Bodenanalyse machen lassen. Aufgrund des Ergebnisses könnte dann eine gezielte Düngung durchgeführt werden. Wird diese nicht vorgenommen, sollte am besten vor dem Auspflanzen Anfang bis Mitte Mai eine Grunddüngung mit einem organisch-mineralischen Volldünger verabreicht werden. 50 bis 70 g/m^2 sind durchaus verträglich. Je nach Wachstum können dann noch zwischen Juli und Ende August ein bis zwei Kopfdüngergaben mit etwa 20 g/m^2 eines mineralischen Volldüngers verabreicht werden. Diese Dünger sind in den Boden oberflächlich einzuarbeiten und durch reichliche Wassergaben ist für eine rasche Lösung und Aufnahme zu sorgen. Die Dünger können aber auch in Wasser aufgelöst und ausgegossen werden. In diesem Fall werden 20 g Dünger in 10 l Wassser aufgelöst und ausgegossen.

Außerdem ist zu beachten, dass das Hauptwachstum der Selleriepflanzen meistens erst in den Herbstwochen stattfindet (September und Oktober). Sollte während dieser Jahreszeit Trockenheit herrschen, muss unbedingt gewässert werden. Dadurch können Größe und Gewicht der Knollen deutlich verbessert werden.

Auf manchen Böden kann das Herz der Selleriepflanzen absterben. Man spricht von der Herz- und Knollenbräune. Sie wird auf Bormangel zurückgeführt. Sollte ein solcher Schaden auftreten, kann man den Mangel durch Borax (in Drogerie erhältlich) beseitigen. Auf 10 m^2 Gartenland werden nur 6 g benötigt. Diese Menge vermischt man am besten mit feinem Sand, um sie dann gleichmäßig ausstreuen zu können. Bester Zeitpunkt: Frühjahr.

Spinat wächst nicht

In meinem Gemüsegarten möchte ich gerne Spinat anbauen. Ich habe schon häufiger ausgesät und auch die Sorten immer wieder gewechselt, jedoch wachsen die Pflanzen nicht. Sie bleiben klein, geradezu kümmerlich. Die Blätter verfärben sich gelblich. Was kann ich tun, damit ich einen gesunden Spinat mit grünen Blättern ernte?

Spinat (*Spinacia oleracea*) reagiert sehr schnell auf ungünstige Bodenverhältnisse. Bodenverdichtungen, Humusmangel, ungünstige Bodenreaktion und Nährstoffmangel wirken sich sofort auf das Wachstum der Pflanzen aus. Vor allem bei der Neuanlage eines Gemüsegartens kann es mit dem Spinat immer wieder zu Problemen kommen.

Zunächst einmal sollte der Boden im Herbst tiefgründig bearbeitet werden. Schwerer Boden sollte mit Sand durchlässiger gemacht werden, da Staunässe gefährlich ist. Außerdem sollte Humus in Form von Kompost oder Rindenhumus eingearbeitet werden. Auch die Kalkversorgung sollte man überprüfen. Spinat liebt einen neutralen bis höchstens schwach sauren Reaktionsgrad, eine zu saure Bodenreaktion führt ebenfalls zu Vergilbungserscheinungen.

Wird Kompost zur Humusversorgung verwendet, brauchen zusätzliche Dünger selten eingesetzt zu werden. Ansonsten kann eine schwache Volldüngergabe vor der Aussaat das Wachstum anregen. Zu viel Dünger, vor allem Stickstoff, ist bei Spinat zu vermeiden, um einen Überschuss an Nitrat in den Blättern zu verhindern.

Verwenden Sie zur Humusdüngung möglichst keinen frischen Stallmist, da dieser unter Umständen Rübenfliegen (*Pegomyia hyoscyami*) anlocken kann. Sie treten in drei bis vier Generationen im Jahr auf und ihre Larven können breite Gangminen in die Blätter fressen. Dadurch wird der Spinat ungenießbar.

WUSSTEN SIE, dass der Nitratgehalt im Spinat, aber auch in anderen Gemüse-Arten, nicht so hoch ist, wenn das Gemüse um die Mittagszeit an einem sonnenreichen Tag geerntet wird? Auch enthalten die Blattstiele des Spinats mehr Nitrat als die Blätter. Deshalb sollen diese bei der anfallenden Putzarbeit vor dem Kochen entfernt werden.

Steckzwiebeln für raues Klima

Im Gemüsegarten säe ich seit einigen Jahren immer wieder Zwiebeln aus. Da wir im Schwarzwald ein raues Klima haben, muss ich relativ spät aussäen, so dass die Zwiebeln bis zum Herbst nicht besonders groß werden. Nun hat eine Nachbarin empfohlen, ich soll im Frühjahr Rombele stecken. Was sind das für Zwiebeln und wie gehe ich vor?

Rombele ist der volkstümliche Name für Steckzwiebeln (Zwiebel = *Allium cepa*). Sie werden überall dort im Gemüsegarten verwendet, wo Saatzwiebeln keine ausreichende Qualität ergeben. Steckzwiebeln oder Rombele werden bereits im Jahr vorher entweder selbst ausgesät und frühzeitig geerntet, so dass kleine Zwiebeln von etwa 1,5 bis 2 cm Durchmesser entstehen. Fachsamenhandlungen bieten im Frühjahr auch Steckzwiebeln zum Verkauf an.

Normalerweise werden Steckzwiebeln im April auf Beete ausgelegt. Für eine Fläche von 1 m^2 braucht man rund 70 g Zwiebeln. Sie werden in Reihen mit einem Abstand von 20 bis 25 cm und einem Abstand in der Reihe von 6 cm in einen gut gelockerten Boden gesteckt. Die weiteren Pflegemaßnahmen entsprechen denen der Saatzwiebeln. Nicht alle Zwiebel-Sorten eignen sich für den Steckzwiebelanbau. Besonders bekannt ist für diese Anbauform die Sorte 'Stuttgarter Riesen'.

Sollten Sie selbst die Anzucht von Steckzwiebeln vornehmen, müssen diese den Winter über richtig gelagert werden. Bei falscher Lagerung schießen die Zwiebeln im nächsten Jahr und geben qualitativ minderwertige Ware. Am besten lagert man sie den ganzen Winter über bei üblichen Zimmertemperaturen. Werden sie zu kühl gelagert, sollten sie über einen Zeitraum von drei bis vier Wochen bei einer Temperatur zwischen 30 und 40 °C aufbewahrt werden. Diese Methode wird in Fachkreisen „Darren" genannt.

WUSSTEN SIE, dass die Zwiebeln auch im Guiness-Buch der Rekorde eingetragen sind? So hat ein schottischer Gärtner vor einigen Jahren eine Zwiebel mit knapp 3 kg Gewicht geerntet. Es handelte sich dabei um ein Prachtexemplar der Sorte 'The Kelsae'. Sie ist auch in Deutschland erhältlich. Will man sehr große Zwiebeln von dieser Sorte ernten, muss man sie bereits im Februar am Fensterbrett oder im Kleingewächshaus aussäen und später auspflanzen.

Tomaten ausgeizen

Ich habe Tomaten in meinen Garten gepflanzt. Sie bilden viele Triebe. Wie muss ich die Pflanzen behandeln, damit ich schöne Früchte bekomme?

Normalerweise werden Tomaten (*Lycopersicon esculentum*) als so genannte „Stab-Tomaten" kultiviert. Man pflanzt sie in Reihen, mit einem Abstand in der Reihe von etwa 45 bis 50 cm. Jede Pflanze erhält einen Stab (Holz, Welldraht), an dem der Haupttrieb angebunden wird. Alle sich entwickelnden Seitentriebe werden vorsichtig ausgebrochen, so dass nur der Haupttrieb stehen bleibt. Aus den Blattachseln bilden sich die Blüten in Rispen.

Meistens lässt man den Haupttrieb während der ganzen Vegetationsperiode weiterwachsen. Ragt er weit über den Pfahl hinaus, kann er auch an der Spitze gekappt werden. Ansonsten rechnet man mit der Reife von fünf bis sechs Blütendolden im Vegetationsjahr. Die höher angesetzten Blütenstände werden ausgebrochen, da die Früchte nicht mehr ausreifen. Das Ausbrechen der Seitentriebe (Ausgeizen) sollte erfolgen, wenn diese zwischen etwa 5 und 10 cm lang sind. Werden zu große Seitentriebe ausgebrochen, kann es zu Wachstumsstörungen der Tomatenpflanze kommen.

Wer Tomaten im Kleingewächshaus kultiviert, kann auch mehr Blütenstände stehen lassen.

WUSSTEN SIE, dass grüne Tomaten giftig sind? Nicht umsonst gehören sie zur Familie der Nachtschattengewächse, denn sie enthalten giftiges Solanin. Dieser Giftstoff wird jedoch beim Reifeprozess abgebaut, so dass rote oder gelbe Früchte unbedenklich gegessen werden können. Die bayerische Landesanstalt für Ernährung in München hat festgestellt, dass auch in süß-sauer eingelegten grünen Tomaten Solanin in gesundheitsgefährdender Menge enthalten ist, da das Gift nur teilweise in das Essig-Kochwasser übergeht. Konfitüre aus grünen Tomaten soll man jedoch wegen des Zuckerzusatzes und der geringen Menge unbedenklich verzehren können.

Tomaten im Balkonkasten kultivieren?

Nach einem Wohnungswechsel kann ich leider keine Tomaten mehr im Garten kultivieren. Jetzt steht mir nur noch eine große Terrasse zur Verfügung. Ich habe gehört, dass man aber auch in einem Pflanzkübel oder im Balkonkasten Tomaten kultivieren kann. Ist das möglich und welche Sorten soll ich verwenden?

Es ist kein Problem, Tomaten (*Lycopersicon esculentum*) in Gefäßen zu kultivieren. Haben Sie genügend Platz zum Aufstellen einiger größerer Töpfe, können die gleichen Sorten verwendet werden wie im Garten. Üblich sind dann Stabtomaten, die in eine humose, lockere und gut gedüngte Erde gepflanzt und normal kultiviert werden. Im Gegensatz zum Garten muss im Topf das Nährstoffbedürfnis der Tomaten berücksichtigt werden. In diesem Falle wird es wohl sinnvoll sein, nach dem Einwurzeln die Pflanze nicht nur regelmäßig zu gießen, sondern mindestens einmal in der Woche mit einem üblichen Blumenvolldünger zu düngen. Ansonsten sind die gleichen Pflegemaßnahmen notwendig wie im Garten (Ausbrechen der Seitentriebe, Anheften des Stängels am Stab usw.).

Für den Balkonkasten wird die Stabtomate nicht in Frage kommen. Es gibt aber eine ganze Anzahl von Sorten, die in Buschform kultiviert werden können und auch in kleineren Gefäßen oder Balkonkästen gut gedeihen. Einige Züchter haben sogar schon spezielle Balkontomaten entwickelt. Bekannte und gute Sorten sind beispielsweise 'Balkonstar', 'Patio' oder auch die meist als Ziertomate angebotene Sorte 'Minibel'. Sie entwickelt nur relativ kleine, kirschgroße, aber essbare Früchte. Diese Tomaten-Sorte wird nur etwa 25 bis 30 cm hoch. Haben sie eine große Terrasse und nicht den passenden Pflanzkübel, können Tomaten auch in einen Sack mit Blumenerde gepflanzt werden. Der Plastikbeutel wird an passender Stelle ausgelegt, je nach Größe mit einem oder mehreren Kreuzschnitten geöffnet und dort nach dem Anfeuchten des Substrats die Pflanzen eingesetzt. Seitlich sollten im unteren Bereich einige Löcher im Folienbeutel angebracht werden, damit überschüssiges Gießwasser abfließen kann. Mit dieser Folienbeutelkultur kann man recht gute Wachstumsergebnisse erzielen.

WUSSTEN SIE, dass die volkstümliche Bezeichung Liebesapfel für die Tomate nach einer vermutlich aus der Heimat Peru stammenden Legende in Umlauf gesetzt wurde? Danach soll aus dem Saft der roten Früchte ein wirksamer Liebestrank bereitet werden können. Der Genuss soll, so die frühere Ansicht, zärtliche Gefühle auslösen. Schon im 16. Jahrhundert waren auch in Europa für die Tomate Bezeichungen wie Poma amoris oder Amoris pomae bekannt.

Tomaten in Kübeln richtig düngen

Ich wohne in einem Penthouse mit großem Dachgartenanteil. Dort kultiviere ich den Sommer über Tomaten in Kübeln. Wie muss ich diese Pflanzen düngen, damit ich schöne, gesunde, schmackhafte Früchte ernte?

Eigentlich ist es nur erforderlich, die Tomaten (*Lycopersicon esculentum*) harmonisch mit den Kernnährstoffen Stickstoff, Phosphorsäure, Kalium, Kalzium, Magnesium zu ernähren. Nach dem Eintopfen in eine frische Erde sollten die Pflanzen etwa ab der 3. oder 4. Woche zusätzlich mit einem üblichen Volldünger versorgt werden. Dazu kann jeder normale Blumenvolldünger in leicht löslicher mineralischer oder flüssiger Form verwendet werden. Die üblichen Konzentrationen liegen bei 0,2%. Es werden also auf 10 l Wasser 20 g oder 20 ml Dünger benötigt.
Im Übrigen wird der Geschmack und die Festigkeit der Tomaten durch eine gute Kaliumversorgung besonders gefördert. Deshalb kann man im Abstand von etwa einem Monat, vor allem während des Fruchtansatzes und während der Fruchtreife, eine zusätzliche Kaliumdüngung verabreichen. Gut geeignet ist Schwefelsaueres Kalimagnesia (Patentkali). Dieser Dünger ist chlorarm und enthält neben Kali auch noch das wichtige Magensium. Auch hier sollte die gleiche Dosierung verwendet werden wie bei einer allgemeinen Düngung. So ernährt, wird man bestimmt gesunde, schmackhafte Früchte ernten.
Obwohl Tomaten reichlich Nährstoffe benötigen, sollte man die Konzentration der Lösungen bei einer Kultur in Pflanzkübeln nicht zu hoch wählen. Es besteht immer wieder die Gefahr, dass bei heißem, trockenem Wetter die Erde schnell austrocknet. Dann könnten nach einer Düngung die verabreichten mineralischen Substanzen auskristallisieren und Salzkonzentrationsschäden im Wurzelbereich verursachen. Deshalb ist auf jeden Fall nach der Düngung für eine möglichst gleichmäßige Feuchtigkeit des Wurzelballens zu sorgen.

WUSSTEN SIE, dass das manchmal auftretende Platzen der Tomatenfrüchte auf krassen Wechsel der Bodenfeuchtigkeit zurückzuführen ist? Hatten die Wurzeln längere Zeit wenig Wasser zur Verfügung, kann es nach einer reichlichen Bewässerung oder nach heftigen Niederschlägen zu einer starken Wasseraufnahme kommen, die zu Spannungen in den heranreifenden Früchten führt. Ist das Gewebe nicht fest genug, platzen die Früchte auf. Ein solches Platzen kann durch die erwähnte Kaliumdüngung nicht ganz vermieden, aber doch zumindest verringert werden.

Tomaten mit giftigen Inhaltsstoffen?

Besonders gut gedeihen in meinem Garten Tomaten. Nun habe ich gehört, dass die Tomatenfrüchte giftig sein sollen. Was ist Wahres an diesem Gerücht und darf man nur eine gewisse Menge Tomantenfrüchte verzehren?

Tomaten (*Lycopersicon esculentum*) gehören zur Familie der Nachtschattengewächse (Solanaceae). Alle Pflanzen dieser Familie enthalten in ihren grünen Teilen Solanin. Weitere Inhaltsstoffe sind Saponin und Histamin. Diese Stoffe wirken schwach giftig und können zu Magen-Darm-Reizungen führen. Die Inhaltsstoffe sind also auch in den grünen Früchten enthalten. Sobald sich die Früchte jedoch rot färben, werden die Giftstoffe abgebaut, so dass sie voll genussfähig sind.
Wichtig ist also, dass grundsätzlich nur reife, rote oder gelbfrüchtige Tomaten verzehrt werden, die keine grünen Anteile mehr enthalten. Werden im Herbst vor den ersten Nachtfrösten grüne Tomaten abgeerntet, müssen diese nachgereift und nur im roten Zustand verzehrt werden.

Das Nachreifen von grünen Tomaten geschieht am besten bei Zimmertemperaturen. Licht ist dafür, wie vielfach irrtümlich angenommen wird, nicht erforderlich. Die Früchte müssen also nicht an die Sonne gelegt werden. Es kann sogar vorkommen, dass Früchte, die der Sonne ausgesetzt werden, sehr viel Wasser verdunsten und schrumpfen. Besser ist es sogar, die Früchte in Papier einzuwickeln, um die Verdunstung zu reduzieren.

Tomaten mit Kraut- und Braunfäule

Die Tomaten in meinem Garten haben schon wieder diese schlimme Pilzkrankheit bekommen. Die Blätter sind frühzeitig braun und schwarz geworden, gut ausgewachsene Weinberg- und Fleischtomaten sind häufig nicht rot ausgereift, sondern haben über Nacht große und dunkle Flecken erhalten

und gingen anschließend in Fäulnis über. Um was für eine Krankheit handelt es sich und was kann ich in Zukunft tun, damit meine Pflanzen und Früchte gesund bleiben?

Treten auf den Blättern der Tomaten (*Lycopersicon esculentum*) zunächst graugrüne, später braun werdende Flecken, auf der Blattunterseite ein weiß-grauer Pilzrasen auf und trocknen bei warmem Wetter diese Flecken ein, während sie bei feuchtem Wetter in Fäulnis übergehen, dann handelt es sich um die so genannte Kraut- und Braunfäule (*Phytophthora infestans*). Der pilzliche Erreger tritt meistens ab Ende Juni auf und kann sich je nach Witterung sehr rasch ausbreiten. Bei längerer Blattnässe und Temperaturen von über 15 °C findet er optimale Bedingungen zur Entwicklung. Die Infektion erfolgt durch Sporen, die bei Feuchtigkeit auskeimen und in die Blätter und Früchte eindringen. Während zunächst die Blätter erkranken, zeigen sich später auf den Früchten braune, eingesunkene Flecken. Das darunter befindliche Fruchtfleisch verhärtet und wird schließlich braunfaul („Braunfäule").

Um einer Infektion vorzubeugen, sollten Maßnahmen getroffen werden, um lang anhaltende Feuchtigkeit auf Blättern und Früchten zu verhindern. Schon beim Pflanzen sollte Sie einen größeren Abstand von mindestens 50 cm von Pflanze zu Pflanze, bei mehrreihigem Anbau ein Abstand zwischen den Reihen von mindestens 70 cm einhalten. Bewährt hat sich das Überbauen der Pflanzen mit einem Folien-Schutzdach, damit die Pflanzen vor Niederschlag geschützt sind. Ein solcher Schutz kann aus Dachlatten und Folie selbst hergestellt werden. Im Fachhandel werden aber auch Schutzdächer angeboten. Nicht geeignet sind die so genannten Reifehauben. Sie halten zwar bei Niederschlägen die Pflanzen trockener, jedoch ist in kühlen Nächten unter der eng aufliegenden Folie eine Taubildung und damit eine Befeuchtung der Blätter nicht auszuschließen. Auch sollten die Pflanzen nie über die Blätter gegossen werden.

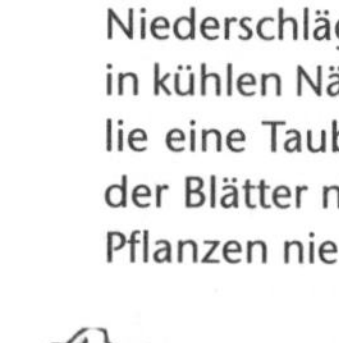

Beim ersten Auftreten der Krankheitserscheinungen kann auch mit einem zugelassenen Pflanzenschutzmittel gespritzt werden. Achtung: Infektionen gehen oft von Kartoffelbeständen aus. Deshalb sollten Tomaten und Kartoffeln nicht in unmittelbarer Nachbarschaft kultiviert werden.

Tomaten mit Kupferdrahtumspannung gegen Braunfäule resistent?

Meine Tomaten waren im vergangenen Jahr sehr stark von der Kraut- und Braunfäule befallen. Nun hat mir ein Nachbar empfohlen, die Pflanzen in diesem Jahr mit Kupferdrähten zu umspannen. Ist es möglich, mit einer derartigen „Kupferdrahtbehandlung" die Krankheitserreger fern zu halten und ganzjährig gesunde Pflanzen zu kultivieren?

Kupfer soll nach altem Volksglauben die verschiedensten Wirkungen auf Pflanzen ausüben. Tatsache ist einerseits, dass die Pflanzen mit Kupferspritzungen vor mancher Pilzkrankheit bewahrt werden können. Dafür geeignet sind aber ausschließlich handelsübliche Präparate, in denen das Kupfer in einer bestimmten und vor allen Dingen wirksamen Formulierung enthalten ist. Keinen Sinn hat es, wenn um kranke Pflanzen Kupferdrähte gespannt werden, die angeblich ebenfalls krankheitsverhindernd wirken sollen. Schon vor einigen Jahren haben Gartenbesitzer das erwähnte Rezept angewandt und um kranke Tomatenpflanzen Kupferdrähte gewickelt, die dadurch natürlich nicht vor einem Befall durch den pilzlichen Erreger der Kraut- und Braunfäule gefeit waren.

Das selbe gilt übrigens auch für Kupfernägel, die – wie häufig empfohlen wird – in die Stämme von Gehölzen geschlagen werden. Sie sollen ebenfalls diese Bäume und Sträucher vor pilzlichen Erkrankungen schützen. Zahlreiche Versuche, die in dieser Hinsicht von Experten gemacht wurden, haben diese Ansicht nicht bestätigt. Die Pflanzen wurden trotzdem von schädlichen Pilzen befallen.

Tomaten mit Stängelfäule

Meine Tomaten haben eine ganz eigenartige Krankheit. Die Pflanzen welken plötzlich und sterben nach und nach ab. Jetzt habe ich mich so auf den ersten Ertrag gefreut. Seit einigen Tagen färben sich die ersten Früchte rot (August), doch scheint es mir nicht mehr möglich, dass ich die Pflanze retten kann. Um was für eine Krankheit handelt es sich und was kann ich dagegen tun?

Aufgrund des geschilderten Schadbilds an den Tomaten (*Lycopersicon esculentum*) kann es sich um die Tomaten-Stängelfäule handeln, die durch den Pilz *Didymella lycopersici* verursacht wird. Diese Krankheit tritt häufig in Jahren auf, in denen das Frühjahr oder der Frühsommer relativ feucht waren und der Pilz somit gute Infektions- und Ausbreitungsmöglichkeiten hatte. Befallen wird in erster Linie der Stammgrund der Pflanze. Auf jeden Fall sollte einmal der Stängel kontrolliert werden. Dort sind meistens braune bis schwarze, oft etwas eingesunkene Flecken zu erkennen. Werden diese festgestellt, ist die Pflanze mit größter Wahrscheinlichkeit von dem genannten Pilz befallen. Er breitet sich im Gewebe des Stängels aus und verstopft die Leitungsbahnen. Dadurch kommt es zu den Welke- und Absterbeerscheinungen.
Die Bekämpfung der Pilzkrankheit ist schwierig, da sich der Erreger nicht nur in den Tomatenpflanzen ausbreiten kann. Es ist auch möglich, dass er auf anderen organischen Substanzen, die sich im Boden befinden, lebensfähig bleibt. Wichtig ist auf jeden Fall, dass die Anbaufläche gewechselt wird. Auch sollen Holzpfähle, die mit kranken Pflanzen in Verbindung kamen, im folgenden Jahr nicht verwendet werden. Günstiger sind Drahtwellstäbe, die man vor der Wiederverwendung gründlich säubern sollte.

Gelegentlich werden Tomaten auch von der Kraut- und Braunfäule befallen, einer ebenfalls pilzlichen Erkrankung. Muss gegen diese Krankheit eine Behandlung durchgeführt werden, sollten von dem Präparat gleichzeitig die Stängel gründlich getroffen werden. Auf diese Weise kann sowohl der einen als auch der anderen Krankheit begegnet werden.

Tomaten nach Kartoffeln anbauen?

Vor zwei Jahren habe ich ein ziemlich verwildertes Grundstück übernommen, das ich nun als Garten gestalten will. Auf Anraten von Bekannten habe ich im ersten Jahr nur Kartoffeln angebaut. Nun möchte ich auch Gemüsebeete anlegen. Mir wurde gesagt, dass ich nach Kartoffeln keine Tomaten anpflanzen darf. Stimmt das und wie lange muss ich warten, bis ich auch Tomaten kultivieren kann?

Tatsache ist, dass durch den Anbau von Kartoffeln (*Solanum tuberosum*) der Boden meistens recht gut aufgeschlossen ist und danach Gemüse problemlos angebaut werden kann. Wahrscheinlich wurde deshalb der Rat gegeben, Tomaten (*Lycopersicon esculentum*) nicht anzubauen, weil beide Pflanzen der gleichen Gattung *Solanum* angehören, und damit zu den Nachtschattengewächsen zählen. Das bedeutet, dass einige Krankheitserreger sowohl Kartoffeln als auch Tomaten befallen können (z. B. Kraut- und Braunfäule). Diese Gefahr sollte man jedoch nicht überbewerten, vor allem dann nicht, wenn die Kartoffeln gesund und ohne Krankheiten und Schädlinge herangewachsen sind und geerntet werden konnten.
Da Tomaten mit Vorliebe auf einem sehr humosen und nährstoffreichen Boden wachsen, ist empfehlenswert, dem Boden vor dem Pflanzen reichlich Humus beizumischen. Sollte das Grundstück schon längere Zeit nicht mehr genutzt worden sein, ist sicher auch der Nährstoffgehalt des Bodens unzureichend. In diesem Fall lohnt sich eine Grunddüngung mit einem organisch-mineralischen Volldünger (etwa 50 bis 70 g/m^2) oder eine Kopfdüngung nach Bedarf mit leicht löslichem mineralischen Volldünger in kleinen Gaben während der Kultur.

Im Gemüsegarten sollte alljährlich versucht werden, einen gewissen Fruchtwechsel durchzuführen und nicht immer auf dem gleichen Beet dieselben Kulturen anzubauen. Allein schon durch diese Maßnahme wird einer Bodenmüdigkeit vorgebeugt und gleichzeitig die Übertragung von Krankheiten und Schädlingen verringert.

Tomaten setzen keine Früchte an

Ich habe in meinem Garten ein Kleingewächshaus errichtet. In diesem Jahr kultiviere ich dort Tomatenpflanzen. Sie sind sehr schön gewachsen, blühen reichlich, doch haben sie bisher keine Früchte angesetzt. Was ist die Ursache, mangelt es am Licht? Das Gewächshaus steht an der Westseite des Hauses.

Es ist wohl nicht anzunehmen, dass Lichtmangel für den unbefriedigenden Fruchtansatz verantwortlich ist. Tomaten (*Lycopersicon esculentum*) sind Selbstbefruchter: Die jeweiligen Blüten bestäuben sich mit dem eigenen Blütenstaub. Dieser muss jedoch auf die Narben übertragen werden. Im Garten ist das gar kein Problem, da die Blüten durch den Wind bewegt werden und die Pollen (Blütenstaub) so auf die Narbe gelangen.
Nun muss man auch im Kleingewächshaus ähnliche Verhältnisse schaffen. An sonnigen Tagen müssen die Lüftung des Kleingewächshauses und die Türen weit geöffnet werden, damit durch die Windströmung die Pflanzen und somit auch die Blüten bewegt werden und so eine Bestäubung ausgelöst wird.

Wenn trotz geöffneter Türen und Lüftungsklappen eine Bestäubung und Befruchtung nicht stattfindet, kann man einen kleinen Trick anwenden. Um die Mittagszeit rüttelt man an den Tomatenpfählen oder Schnüren, an denen die Tomaten hoch geleitet werden. Dadurch kann eine künstliche Bestäubung mit nachfolgender Befruchtung ausgelöst werden. Das Rütteln soll um die Mittagszeit vorgenommen werden, weil zu diesem Zeitpunkt durch die Wärme und Trockenheit im Kleingewächshaus der Pollen am besten stäubt, während er zu anderen Tageszeiten nicht so „flugfähig" ist.

Tomaten zeigen Bodenmüdigkeit

Seit vielen Jahre kultiviere ich Tomaten im Kleingewächshaus. Nun habe ich gehört, dass nicht immer die gleichen Kulturen hintereinander angebaut werden sollen. Woran liegt das und welche Folgen könnten sich bemerkbar machen?

In der Tat sollte immer eine gewisse Fruchtfolge oder ein Kulturwechsel vorgenommen werden, sonst können Bodenmüdigkeitserscheinungen auftreten. Die genaue Ursache dieser Bodenmüdigkeit ist noch nicht erforscht. Vielfach wird angegeben, dass Wurzelreste, die im Boden verbleiben, das Wurzelwachstum der nachfolgenden Pflanzung ungünstig beeinflussen (Toxintheorie). Tomaten (*Lycopersicon esculentum*) gelten im Allgemeinen als selbstverträglich. Aber auch hier wurde schon beobachtet, dass nach einem jahrelangen Anbau im Gewächshaus der Ertrag langsam zurückgeht. Man kann also durchaus von einer Bodenmüdigkeit sprechen. Dieses Nachlassen im Ertrag kann durch ausreichende Humuszufuhr verringert werden. Humus sorgt für ein aktives Bodenleben und dadurch für günstige physikalische und chemische Verhältnisse im Boden.
Andererseits wäre es sicher zu empfehlen, einmal auf eine Tomatenkultur im Kleingewächshaus zu verzichten und vielleicht eine andere Gemüsekultur anzubauen. Ratsam wären Gurken oder Melonen, die zur Sommernutzung eines Kleingewächshauses sehr gut geeignet sind. Ist das Kleingewächshaus ausreichend groß, könnte auch so vorgegangen werden, dass auf der einen Seite des Kleingewächshauses Gurken, auf der anderen Tomaten im Wechsel kultiviert werden. So würden nur alle zwei Jahre auf das gleiche Pflanzbeet die Tomaten oder Gurken kommen.

Da Gurken im Allgemeinen eine höhere Feuchtigkeit benötigen als Tomaten, können sich unter Umständen bei einer gemeinsamen Kultur Pilzkrankheiten an Tomaten eher einnisten. Ihnen könnte man vorbeugend begegnen, wenn resistente Tomatensorten angebaut werden. Bekannt sind z. B. 'Diplom', 'Isabelle' und 'Hildares'.

Tomaten zum richtigen Zeitpunkt aussäen

Nicht ganz einig bin ich mit meinem Mann über die beste Zeit zur Aussaat von Tomaten. Ich wollte die Samen schon Ende Februar aussäen, während er der Meinung war, dass eine Aussaat im April noch reichen würde. Wann ist die günstigste Aussaat für Tomatenpflanzen?

Beim Gartenbesitzer richtet sich die Aussaatzeit nach der Möglichkeit der Anzucht. Normalerweise werden Tomaten (*Lycopersicon esculentum*) bereits im Februar ausgesät, wenn ausreichende Anzuchtbedingungen vorhanden sind. Eine frühe Aussaat ergibt natürlich bis Anfang oder Mitte Mai kräftige, große Setzlinge, die oft schon den ersten Blütenstand ausgebildet haben. Solche Pflanzen tragen relativ früh und bringen, auf das ganze Jahr gesehen, einen hohen Ertrag.

Natürlich sollte in diesem Fall ein Kleingewächshaus oder ein Raum zur Verfügung stehen, in dem die Pflanzen mit viel Licht herangezogen werden können. Zur Not könnte man über Jungpflanzen auch eine Pflanzenleuchte hängen und so mit Kunstlicht das fehlende Sonnenlicht ersetzen. Fehlt genügend Licht, werden die Sämlinge lang und spindlig, so dass keine guten Qualitäten erzielt werden. Dann ist es besser, die Aussaat um drei oder vier Wochen zu verschieben, um dann die Pflanzen bei dem intensiveren Licht im März und April unter günstigeren Bedingungen heranzuziehen. Wichtig ist einfach, dass die Tomatenpflanzen bei der Anzucht möglichst viel Licht erhalten.
Bei einer späteren Anzucht kann man ebenfalls gedrungene und kräftige Setzlinge erzielen, die jedoch zum Zeitpunkt des Auspflanzens Anfang bis Mitte Mai noch keine Blüten gebildet haben. Dann muss eben mit einem etwas späteren Beginn der Ernte gerechnet werden. Bei früher Aussaat kann die Ernte im Freiland im ersten Drittel des Monats Juli beginnen, sonst entsprechend später. Es muss natürlich berücksichtigt werden, dass für eine gute Weiterentwicklung der Pflanzen und einen entsprechenden Fruchtertrag auch die Witterung nach dem Auspflanzen im Garten maßgebend ist.

Will man etwas experimentieren, so können Tomaten bereits im Februar ausgesät werden. Zur zusätzlichen künstlichen Beleuchtung kann entweder eine spezielle Pflanzenleuchte oder aber auch eine Leuchtstoffröhre verwendet werden. Glühlampenlicht ist unzureichend. Wird nur eine Leuchtstofflampe verwendet, so soll diese etwa 50 cm hoch über den Pflanzen aufgehängt werden. So genannte Warmtonlampen sind besonders gut geeignet.

Tomaten-Sorten mit Braunfäuleresistenz

Mir wurden dieses Jahr braunfäuleresistente Tomaten-Sorten zum Pflanzen angeboten. Es soll sich um die Sorte 'Vitella' gehandelt haben. Zunächst entwickelten sich die Pflanzen sehr gut und waren gesund. Jedoch ab August wurden Blätter und später auch die Früchte wieder von der schlimmen Kraut- und Braunfäule befallen, so dass die Ernte deutlich geschmälert wurde. Gibt es andere resistente Sorten?

Seit einigen Jahren werden Tomaten-Sorten wie 'Master', 'Myrto', 'Pyros', 'Vitella', sowie 'De Berao' angeboten, die gegen die gefürchtete Kraut- und Braunfäule tolerant oder sogar resistent sein sollen.
Tatsächlich wurde bei einigen dieser Sorten eine gewisse Toleranz gegenüber dem pilzlichen Erreger (*Phytophthora infestans*) festgestellt, jedoch werden bei Versuchen an der Staatsschule für Gartenbau in Stuttgart-Hohenheim auch diese Sorten vom pilzlichen Erreger befallen. So wurde im Jahr 2000 ab der Woche 31 (Anfang August) insgesamt ein beginnender Befall festgestellt, der aber im Vergleich zu anderen Tomaten-Sorten bei den Sorten 'Myrto', 'Pyros' und 'Vitella' gegenüber anderen Sorten deutlich geringer war. Den schwächsten Befall zeigte die Sorte 'Pyros'. Auf Grund der Versuche in Hohenheim wird deshalb auf jeden Fall empfohlen, auch über den so genannten toleranten oder resistenten Sorten ein Schutzdach anzubringen, damit die Blätter trocken bleiben.

Tomatenblätter ringeln sich

Meine Tomatenpflanzen haben eine eigenartige Erscheinung. Die Blätter fast sämtlicher Pflanzen ringeln sich ein, ohne dass sonst ein Schaden an den Blättern sichtbar ist. Auch keine Insekten oder andere tierische Schädlinge sind zu erkennen. Was ist wohl die Ursache und was kann ich dagegen tun?

Das Ringeln der Tomatenblätter ist eine typische Erscheinung, wenn die Pflanzen zu reich mit Stickstoff versorgt sind. Das Einrollen der Blätter tritt häufig auf, wenn der Boden zu üppig mit mineralischen oder auch organischen Düngemitteln versorgt wurde. Auch eine zu hohe Stallmistgabe kann zu dieser Erscheinung führen.
Am besten ist es, in nächster Zeit, vielleicht sogar während der gesamten Vegetationsperiode, keine zusätzlichen Düngemittel zu verabreichen. Das gilt vor allen Dingen für den Stickstoff. Unter Umständen kann eine schwache Gabe Patentkali, so genanntes schwefelsaures Kalimagensia, für ein

harmonisches Stickstoff-Kaliumverhältnis im Boden und in der Pflanze sorgen und vor allen Dingen helfen, die Früchte gleichmäßig zu ernähren. Empfehlenswert ist sicher auch, vor der nächsten Kulturperiode eine Bodenanalyse durchführen zu lassen. Bei einer solchen Untersuchung sollten vor allen Dingen die Kernnährstoffe Stickstoff, Phosphorsäure, Kalium und Magnesium sowie der Kalkgehalt beziehungsweise der Reaktionsgrad

des Bodens festgestellt werden. Wird diese Untersuchung in einem staatlichen oder privaten Labor durchgeführt, kann gleichzeitig eine Düngeempfehlung erbeten werden. Die Anschriften der nächstgelegenen Untersuchungsanstalten vermittelt im Allgemeinen die zuständige Landwirtschaftsverwaltung (Landwirtschaftsamt, Amt für Landwirtschaft).

Tomatenblätter und -früchte mit Flecken

Auf den Blättern meiner Tomatenpflanzen traten gelbliche Flecken auf. Später sind sie vertrocknet und abgestorben. Jetzt zeigen plötzlich die Früchte braune eingesunkene Flecken. Das Fruchtfleisch stirbt ab.

Um welche Krankheit handelt es sich? Wie kann man die Pflanzen schützen und kann man befallene Früchte noch verzehren?

Nach der Schilderung des Schadbildes an Ihren Tomaten (*Lycopersicon esculentum*) handelt es sich um die Braunfäule (*Phytophthora infestans*), eine weit verbreitete pilzliche Krankheit. Der Pilz lebt im Inneren der Blätter, später auch in den Früchten. An Trieb und Blättern zeigen sich zunächst graugrüne, später braun werdende Flecken auf der Oberseite, auf der Unterseite ist oft ein grauweißer Schimmelrasen bemerkbar. Es handelt sich um die Sporenanlagen des Pilzes. Bei warmem Sommerwetter vertrocknen die Blätter, bei feuchter Witterung gehen sie in Fäulnis über. Auch die Früchte bekommen braune, eingesunkene Flecken. Darunter ist das Fruchtfleisch verhärtet, es wird später braun, faul und stirbt ab.

Die Krankheit selbst ist sehr abhängig von der Witterung. Vor allem bei feucht-warmem Wetter breitet sie sich sehr rasch aus. Deshalb sollte man die Pflanzen möglichst trocken halten. Auch müssen sie mit großem Abstand gepflanzt werden, damit sie nach Regenfällen rasch abtrocknen können.

Meistens tritt der erste Befall an den unteren, älteren Blättern auf. Sollten dort die Erscheinungen eines Pilzbefalls festgestellt werden, Blätter abpflücken und vernichten. In Zukunft werden sicher verstärkt resistente oder tolerante Sorten in den Handel kommen. Darauf ist besonders zu achten. Gegen diese Krankheit tolerant ist unter anderem die Sorte 'Master'.

Wenn alle vorbeugenden Maßnahmen nicht greifen, empfiehlt der Pflanzenschutzdienst auch für den Haus- und Kleingarten derzeit die Anwendung von Grünkupfermittel. Die Anwendung erfolgt genau nach Gebrauchsanweisung.

Da befallene Früchte meistens nicht ausreifen, können sie in der Küche nicht mehr verwertet werden.

WUSSTEN SIE, dass der gleiche Krankheitserreger auch Kartoffeln befällt? Oft gehen Infektionen an den Tomaten im Haus- und Kleingarten von benachbarten Kartoffelfeldern aus. Deshalb sollten auch im Garten Kartoffeln und Tomaten nicht nebeneinander angebaut werden.

Tomatenerde mit Mist abdecken?

Eine Nachbarin gab mir den Rat, den Boden um meine Tomatenpflanzen mit Mist abzudecken. Was halten sie von dieser Methode? Wird durch den Mist die Qualität der Tomatenfrüchte verbessert oder verschlechtert?

Tomaten (*Lycopersicon esculentum*) sind ausgesprochene Nährstofffresser. Das Mulchen, also abdecken des Bodens mit organischem Material nach der Pflanzung, hat sich schon immer bewährt. Während früher dafür üblicherweise verrotteter Stallmist verwendet wurde, kommt heute vielfach der aus dem eigenen Garten stammende Kompost in Frage.
Sollten Sie jedoch Rinder- oder Pferdemist erhalten, kann dieser dafür gut verwendet werden. Nur frischer Mist ist nicht angebracht, da er möglicherweise durch das darin enthaltene Ammoniak aggressiv wirken kann. Ist der Mist aber schon einige Wochen oder Monate abgelagert, kann er zum Abdecken des Bodens gut verwendet werden. Durch die im Mist enthaltenen Nährstoffe wachsen die Pflanzen schnell heran und bringen qualitativ gute Früchte. Eine zusätzliche Düngung mit Handelsdüngern ist aber dann meistens nicht mehr erforderlich. Die Höhe der Abdeckung sollte in Grenzen gehalten werden, um eine Überdüngung und damit auch einen Verlust an wertvollen Nährstoffen durch Auswaschung zu vermeiden. Eine Mulchdecke beeinflusst den Boden in seiner Struktur sehr positiv und verhindert unnötige Wasserverdunstung aus dem Boden. Andererseits sollte beachtet werden, dass sich gelegentlich unter einer Mulchdecke auch Schädlinge, wie Schnecken oder Mäuse einnisten können. Deshalb ist gelegentlich eine Kontrolle zu empfehlen.

Werden zum Mulchen nährstoffarme organische Materialien wie Strohhäcksel, getrocknetes Laub, Rindenhumus, Holzfaserprodukte verwendet, muss eine zusätzliche Düngung der Tomaten erfolgen, da die Mikroorganismen bei der Zersetzung dieser Materialien hauptsächlich Stickstoff benötigen. Wird keine zusätzliche Düngung verabreicht, werden die für die Zersetzung notwendigen Nährstoffe dem Boden entzogen und gehen damit den Tomatenpflanzen verloren. Deshalb die Nährstoffversorgung der Pflanzen je nach Mulchmaterial ausrichten!

Tomatensetzlinge selber ziehen

Dieses Jahr habe ich meine Tomatensetzlinge selbst gezogen. Ausgesät habe ich im März. Gekeimt sind die Samen recht gut, aber die Pflanzen waren immer etwas kümmerlich. Was soll ich im nächsten Jahr machen, damit ich kräftige Tomatensetzlinge erziehen kann?

Eigentlich ist die Anzucht von Tomaten (*Lycopersicon esculentum*) kein Problem. Wichtig ist nur, dass die Pflanze nach der Keimung ausreichend Licht und genügend Nährstoffe zur Verfügung hat. Tomaten zählen zu den Gemüsepflanzen, die ein hohes Nährstoffbedürfnis haben.
Ausgesät werden Tomaten ab Februar. Der Aussaattermin richtet sich nach den Möglichkeiten der Anzucht. Steht ein heizbares Kleingewächshaus oder ein heizbarer Keimkasten zur Verfügung, kann man schon im Februar beginnen, andernfalls erst im März. Das hängt auch damit zusammen, dass die Pflanzen nach der Keimung sehr viel Licht benötigen. Diese Ansprüche können bei einer Anzucht im Zimmer oder am Küchenfenster nicht immer garantiert werden. Im März steht aber die Sonne schon höher, so dass eine Anzucht auch in nicht so idealen Räumen gelingen kann.
Ausgesät wird in ein humoses Substrat, am besten in eine Blumenerde. Man kann aber auch Komposterde verwenden, die mit Sand und Humus, Rindenhumus oder einem ähnlichen Material, lockerer und humoser gemacht wurde. Bei üblichen Zimmertemperaturen, also 18 bis 22 °C, keimen die Samen recht gut. Sofort nach der Keimung benötigen die Pflanzen helles Licht. In den Frühjahrswochen vertragen sie auch direkte Sonne.
Hat man in Kistchen ausgesät, müssen die Pflänzchen später in Töpfe pikiert werden. Oft haben sich die Sämlinge etwas gestreckt. Beim Pikieren können sie tiefer in das Substrat gebracht werden, und zwar bis zum Ansatz der Keimblätter. Das Substrat sollte ähnliche Eigenschaften haben wie bei der Aussaat.
Nun müssen die Pflanzen an einem günstigen Platz bei etwa 18 °C weiterkultiviert werden. Um das Nährstoffbedürfnis abzudecken, können die

Setzlinge ab etwa drei Wochen nach dem Pikieren ab und zu gedüngt werden. Verwendet wird üblicher Blumendünger in einer Konzentration von etwa 0,1 bis 0,2 % (1 bis 2 g oder ml Dünger/l Wasser).
So behandelt, kann man durchaus bis Anfang oder Mitte Mai kräftige Setzlinge heranziehen, die einer „Gärtnerware" nur wenig nachstehen müssen.

Manchmal werden junge Tomatenpflanzen bei einer Anzucht am Fenster trotz aller Bemühungen etwas lang. Das muss kein Nachteil sein. Beim Pflanzen in den Garten können die Setzlinge auch wieder etwas tiefer gepflanzt werden, da sich an den Stängeln in einem humosen, lockeren Gartenboden zusätzlich Wurzeln bilden und sich so die Pflanzen später normal weiterentwickeln können. Wichtig ist immer, dass die Pflanzen während der ganzen Anzucht und auch später im Garten dem vollen Licht ausgesetzt sind.

Topinambur richtig pflegen

Ich möchte in meinem Garten Topinambur (Diabetikerkartoffeln) anpflanzen. Gibt es Pflanzgut im Handel, wie führe ich die Kultur durch und wie muss ich die Pflanzen pflegen, damit ich große Knollen ernte?

Topinambur ist eigentlich eine Sonnenblume mit dem botanischen Namen *Helianthus tuberosus*. Der Anbau und die Pflege erfolgt ähnlich der Kartoffel (*Solanum tuberosum*). Da die Knollen frosthart sind, kann man sie von Oktober bis April pflanzen. Der Boden muss normal vorbereitet werden. An sich ist Topinambur völlig anspruchslos und gedeiht fast auf jedem Boden. Ausgesprochene Extremböden, auch staunasse Böden, sind zu meiden. Gelegt werden die Knollen in Reihen mit einem Abstand von etwa 50 cm. In der Reihe beträgt der Abstand zwischen 30 und 40 cm. Die Pflanzen entwickeln sich unter normalen Pflegebedingungen, also wässern bei großer Trockenheit, düngen bei Bedarf. Bei einer starken Verunkrautung muss gejätet oder gehackt werden.
Die Ernte richtet sich nach der Reife der Knolle. Frühsorten können ab Ende September, späte im Oktober oder November geerntet werden. Eine Knollenlagerung ist möglich. Sie erfolgt ähnlich wie bei Gelben Rüben (Möhren).
In der Bundesrepublik gibt es einen Züchter, der sich mit der Entwicklung von Topinambur-Sorten beschäftigt. Von dort kann auch entsprechendes Pflanzgut bezogen werden. (Bezugsquelle siehe Seite 377).

WUSSTEN SIE, dass die Erdbirne oder Topinambur aus Amerika nach Europa gekommen ist? Wohl deshalb trägt sie gelgentlich auch den volkstümlichen Namen Inkakartoffel. Auf keinen Fall ist der Topinambur aber mit der Kartoffel verwandt, da diese zur Familie der Nachtschattengewächse gehört, Topinambur zu den Korbblütlern.

Wintersalat gedeiht nicht

Wir sind vor einiger Zeit umgezogen. In meinem früheren Garten habe ich alljährlich Wintersalat gepflanzt, der im Frühjahr immer einen guten Ertrag brachte. Jetzt gedeiht er fast nicht mehr. Selbst wenn ich schöne Setzlinge im Herbst pflanze, habe ich immer großen Ausfall. Was kann die Ursache sein, wie komme ich im Frühjahr wieder zu schönen Salatköpfen?

Der Anbau von Wintersalat (*Lactuca sativa* var. *capitata*), der im Herbst gepflanzt und im Frühjahr geerntet wird, kommt vorwiegend für milde Klimagebiete in Frage. Verwendet werden relativ frostharte Sorten, wie 'Maiwunder'. Im rauen Klima kann es immer zu Ausfällen kommen.
Gefährlich ist für den Wintersalat vor allem Kahlfrost, also frostiges Wetter ohne Schneeauflage. Es kann sein, dass der Wintersalat durch die Kälte in der Nacht stark gefroren ist und bereits am Morgen die Sonnenstrahlen auf die gefrorenen Blätter scheinen. Die dadurch entstehenden starken Temperaturgegensätze können größeren Schaden verursachen.
Wichtig ist also zunächst einmal, dass die direkte Sonnenbestrahlung während der Winterwochen verhindert wird. Aus diesem Grund pflanzt man Wintersalat gerne in Rillen, die jedoch von Ost nach West verlaufen sollen. Nun sitzt der Salat etwas tiefer und die flach stehende Wintersonne kann die Pflanzen am frühen Morgen nicht treffen. Schon allein diese Maßnahme kann Ausfälle

verhindern. Zum anderen sollte man vielleicht für alle Fälle etwas „Schattiermaterial" wie Reisigzweige bereithalten, um bei ungünstiger Witterung die Pflanzen zu schützen. Ansonsten sollen natürlich die Standortbedingungen günstig sein. Wichtig ist ein lockerer, humoser Boden, damit die Pflanzen im Herbst rasch und tief einwurzeln können und so die ungünstige Jahreszeit besser überstehen.

Sollte es trotz aller Maßnahmen nicht möglich sein, Wintersalat mit Erfolg im Garten anzubauen, kommt auch ein Frühanbau unter Folie oder Vlies in Frage. In diesem Fall wird Frühkopfsalat so zeitig wie möglich in den Garten gepflanzt und mit gelochter Folie oder einem Gartenvlies (17 g/m² schwer) abgedeckt. Auf diese Weise entfällt das Risiko des Ausfalls im Winter, andererseits kann ein solcher Kopfsalat etwa zur gleichen Zeit wie Winterkopfsalat geerntet werden. Es müssen jedoch Setzlinge beim Gärtner erworben oder diese im Kleingewächshaus oder am hellen Fenster selbst vorgezogen werden.

Zucchini mit günstigen „Nachbarn"

Im Mai möchte ich im Garten gerne Zucchini anbauen. Nun habe ich gehört, dass manche Gemüse-Arten miteinander verträglich und andere wieder nicht verträglich sind. Ich möchte natürlich schöne Pflanzen und gesunde Früchte ernten. Mit welchen Gemüse-Arten vertragen sich Zucchini nicht?

Es gibt in der Tat Gemüse-Arten, die miteinander verträglich sind, währen sich andere nicht vertragen. Diese Besonderheiten sollte man beim Anbau im Garten berücksichtigen.
Für Zucchini (*Cucurbita pepo* var. *giromonitiina*) gibt es keine ausgesprochen schlechten Nachbarn, sie vertragen sich aber gut mit Roter Rübe (*Beta vulgaris* var. *conditiva*), Stangenbohne (*Phaseolus vulgaris*) und Zwiebel (*Allium cepa*). Es sind also im Anbau keine besonderen Gemüse-Arten auszugrenzen.

Zucchini lieben als Kürbisgewächs (Cucurbitaceae) etwa die gleichen Standort- und Pflegebedingungen wie Gurken und Kürbisse im Garten. Ein lockerer und humoser Boden, reichlich Licht und vor allen Dingen viel Feuchtigkeit sind zum zügigen Wachstum erforderlich. Empfehlenswert ist, mindestens zwei Pflanzen zu setzen, damit eine sichere Bestäubung der weiblichen Blüten erfolgt.

Zucchini setzen keine Früchte an

In diesem Jahr habe ich zum ersten Mal versucht, Zucchini im Garten anzupflanzen. Die Pflanzen sind recht schön gediehen und haben auch Blüten angesetzt. Leider muss ich aber feststellen, dass sich keine Früchte ausbilden. Woran kann das liegen und was muss ich tun, damit ich Früchte ernten kann?

Zucchini (*Cucurbita pepo* var. *giromontiina*) sind eigentlich recht pflegeleichte Pflanzen und gedeihen, wie Kürbisse (*Cucurbita pepo*) auch, sehr willig im Garten. Am liebsten haben sie einen humosen, lockeren Boden, der reich mit Nährstoffen versorgt ist. Außerdem brauchen sie natürlich während der gesamten Vegetationszeit reichlich Wasser.
Vielleicht sollte außerdem beachtet werden, dass Zucchinipflanzen einhäusig sind. Das bedeutet, dass männliche und weibliche Blüten getrennt sind, aber von einer Pflanze ausgebildet werden. Bereits am Blütenstand ist zu erkennen, ob er männlich oder weiblich ist. Während männliche Blüten direkt an einem Blütenstiel sitzen, entwickeln weibliche Blüten am Blütenboden einen unterständigen, deutlich sichtbaren Fruchtknoten, der nach einer erfolgreichen Befruchtung zur Zucchinifrucht auswächst. Die Bestäubung erfolgt durch Insekten, meistens Bienen. Wenn nun in einem Gemüsegarten nur wenige Zucchinipflanzen gepflanzt wurden, kann unter Umständen keine Bestäubung erfolgen, wenn im Umfeld sehr viele blühende Pflanzen, auch Pflanzen auf großen landwirtschaftlichen Flächen, in Blüte stehen. Die Zucchiniblüten sind für die Bienen dann vielleicht nicht so attraktiv und werden von ihnen nicht angeflogen.

Zwei Möglichkeiten gibt es, trotzdem eine Befruchtung zu erzielen. Einmal kann mit einem Pinsel der Pollen von männlichen Blüten auf die weiblichen Blüten übertragen werden. Diese Methode ist einfach und meistens erfolgreich. Auch eine zweite Methode wurde bereits erfolgreich ausprobiert: Werden die Zucchinipflanzen am frühen Morgen (am besten vor 6 Uhr) mit einer Zuckerwasserlösung besprüht, finden die „Leitbienen" schon bald diese Futterquelle, signalisieren dies ihren „Kolleginnen", so dass diese ebenfalls die Zucchini anfliegen. Nun werden auch die Blüten aufgesucht, so dass es zu einer erfolgreichen Bestäubung und anschließenden Befruchtung kommt.

Zwiebeln von Zwiebelfliege befallen

Meine Zwiebeln haben eine eigenartige Krankheit. Die Schlotten (Blätter) werden gelb und die Herzblätter lassen sich leicht herausziehen. Sie sind in ihrem unteren Teil weich und faulig. Um was für einen Schaden handelt es sich, was kann ich dagegen tun?

Das Schadbild spricht sehr deutlich für einen Befall durch die Maden der Zwiebelfliege (*Delia antiqua*). Graben sie einmal einige befallene Zwiebeln (*Allium cepa*) heraus und kontrollieren sie diese genau. Sie können dort unter Umständen bis zu 10 mm lange, weißliche Maden finden. Sollte dies der Fall sein, dann sind die Larven für den Schaden verantwortlich.

Während man früher die Zwiebelfliegen mit chemischen Mittel bekämpfte, ist man heute auf eine vorbeugende Maßnahme übergegangen, die auch im Kleingarten Erfolg verspricht. Zu diesem Zweck wird rechtzeitig, also schon im April, das Zwiebelbeet mit einem Gemüseschutznetz abgedeckt, durch das die Zwiebelfliege nicht hindurchschlüpfen kann. Auf diese Weise wird sie an der Eiablage gehindert und die Pflanzen bleiben gesund. Am besten ist es, wenn man um das Beet ein Stützgestell aus Dachlatten oder ähnlichem Material herstellt, über welches man das Gemüseschutznetz ziehen kann. Dadurch bleibt unter dem Netz genügend Luftraum für die Zwiebeln. Außerdem werden die Blätter nicht beschädigt. Beim Auflegen des Netzes muss sehr vorsichtig vorgegangen werden, damit es nicht zerreißt. Außerdem müssen die Ränder in die Erde eingegraben werden, um ein Durchschlüpfen der Fliege auf jeden Fall zu verhindern. Da mindestens zwei schädliche Generationen der Zwiebelfliege auftreten, sollte das Netz bis Ende Juli über den Zwiebeln gespannt bleiben.

Manchmal werden zum Abdecken auch so genannte Vliesmatten empfohlen. Sie können ebenfalls verwendet werden, jedoch kommen dafür nur Vliese mit einem Gewicht von etwa 10 g/m² in Frage. Schwerere Netze sind nicht so günstig, da sie zu dicht sind und im Sommer keinen genügenden Luftaustausch garantieren.

Zierpflanzen im Garten

Der Ziergarten dient gleichzeitig der Erholung und Entspannung, der Kommunikation mit Nachbarn und Freunden. Für Kinder ist er ein geschützter Ort, wo man nach Herzenslust toben oder etwas entdecken kann. Je nach persönlichem Geschmack reicht die Palette bei der Gartengestaltung und Pflanzenauswahl dabei von der naturnahen, „geordneten Wildnis" bis hin zu Pflanzensammlungen in akkurat gepflegten Beeten und Rasenflächen. Dabei sind die Pflanzen vor Befall mit Schädlingen oder Krankheiten nicht immer gefeit; durch Kulturfehler entstandene „Pflanzenpatienten" enttäuschen den Gartenfreund. Hier finden Sie Lösungen für die häufigsten Probleme im Ziergarten.

Gehölze

Ahorn mit Echtem Mehltau

Ich habe einen Zier-Ahornbusch im Garten stehen, dessen Blätter seit einigen Wochen mit einem weißen, mehligen Belag völlig überzogen sind. Handelt es sich hierbei um eine Krankheit und was kann ich dagegen tun?

Die Krankheit an Ihrem Ahornbusch ist weit verbreitet und wird durch einen Pilz verursacht. Es handelt sich um den Erreger des Echten Mehltaus (Erysiphaceae), der als Ektoparasit (Außenpilz) mit seinen Hyphen bzw. seinem Myzel das Blattgewebe dicht überzieht und zu seiner Ernährung Saugschläuche (Haustorien) in das Zellgewebe des Blattes sendet. Er saugt Zellsaft aus den Blättern, Trieben und Knospen. Dadurch verfärbt sich befallenes Blattgewebe gelb, später braun und stirbt ab. Die Krankheit breitet sich vor allen Dingen bei wechselhaftem Wetter (feucht/trocken, warm/kühl) stark aus.
Je nach Stärke des Befalls kann eine Bekämpfung vorgenommen werden. Zugelassen sind Mittel aus der Wirkstoffgruppe Bitertanol. Die Anwendung erfolgt genau nach Gebrauchsanweisung.

Sollte der Ahorn jährlich vom Echten Mehltau befallen werden, sollte einmal ein Versuch mit einem Pflanzenstärkungsmittel gemacht werden. Bereits nach dem Austrieb im Frühjahr sollte ein im Fachhandel erhältliches Stärkungsmittel regelmäßig gespritzt werden. Es kann sein, dass dadurch ein Krankheitsbefall unterbleibt. Bekannt sind Mittel wie Milsana oder Neudo-Vital.

Azaleen mit gelben Blättern und Wuchsdepressionen

Schon vor einigen Jahren habe ich in meinem Garten in einem Moorbeet früh blühende Azaleen gepflanzt. Nun stelle ich seit einiger Zeit fest, dass die Pflanzen nicht mehr richtig gedeihen und immer wieder zahlreiche Blätter gelb werden und abfallen. Was ist wohl die Ursache und was kann ich dagegen tun?

Winterharte Azaleen gehören zur Gattung *Rhododendron*. Sie haben somit etwa die gleichen Ansprüche wie die Rhododendren, die sich vor allen Dingen auf den Zustand des Bodens und den Reaktionsgrad beziehen. Die Rhododendren zählen zu den so genannten Moorbeetpflanzen und gedeihen nur gut, wenn sie in einem geeigneten Boden mit einem Reaktionsgrad von pH 4,5 bis 5,5 heranwachsen.
In dem geschilderten Fall wurden die Azaleen in ein speziell angelegtes Moorbeet gepflanzt. Doch der in der Umgebung befindliche natürliche Lehmboden enthält relativ viel Kalk, der im Laufe der Zeit durchaus auch in das Moorbeet diffundieren konnte und somit dort vermutlich den Reaktionsgrad erhöht hat. Sollte der Zustand der Azaleen, trotz den beobachteten nachteiligen Wachstumserscheinungen, noch ordentlich sein, empfiehlt es sich, das Beet im Garten mit saurem Hochmoor-Weißtorf abzudecken, damit der Boden im Reaktionsgrad absinkt. Im Fachhandel sind auch spezielle Rhododendronsubstrate erhältlich, die dafür ebenfalls geeignet sind. Außerdem sind bei einer notwendigen Düngung spezielle Rhododendron-Volldünger zu verwenden, die auch auf den notwendigen Reaktionsgrad abgestimmt sind.

Bambus in den Garten pflanzen

Vor einigen Jahren hatte ich einen wunderschönen Bambus im Garten. Plötzlich starben die Triebe ab, die Pflanze ging ein. Nun möchte ich wieder eine Bambusecke anlegen. Doch habe ich Sorge, dass auch diese Bambuspflanzen in meinem Garten nicht gedeihen wollen. Welche Voraussetzungen muss ich erfüllen, damit ich wieder über viele Jahre Freude an frisch gepflanztem Bambus haben kann?

Auf Grund der Schilderung kann angenommen werden, dass es sich bei dem plötzlich abgestorbenen Bambus um den so genannten Schirm-

Bambus, *Fargesia murielae*, handelte. Das Eigentümliche bei Bambus ist nämlich, dass die Pflanzen oft erst nach Jahrzehnten zum Blühen kommen und anschließend absterben. Bei der genannten Bambus-Art sind, zumindest in ganz Europa, nach der einheitlich aufgetretenen Blühzeit, alle Exemplare plötzlich abgestorben.
Natürlich können Sie wieder Bambus in Ihren Garten pflanzen. Doch kann niemand voraussagen, wann diese Pflanzen auch einmal zum Blühen kommen und anschließend vielleicht auch wieder absterben. Die Zeiträume für eine solche Blüte sind aber sehr weit gesteckt. Augenblicklich werden viele verschiedene Gattungen, Arten und Sorten angeboten, die vor allen Dingen nach der gewünschten Wuchshöhe ausgewählt und an den geeigneten Platz im Garten gepflanzt werden sollen. Besondere Bedingungen sind eigentlich nicht zu beachten. Die bei uns in Mitteleuropa angebotenen Arten und Sorten sind im Allgemeinen winterhart bis zu einer Tiefsttemperatur von minus 20 °C. Wichtig ist vielleicht der Pflanztermin. Als beste Pflanzzeit kommen die Monate März bis Juli in Frage. Dann können die Pflanzen bis zum Herbst noch gut einwurzeln und überwintern meistens problemlos. Vielleicht sollte noch beachtet werden, dass es Horst bildende Bambus-Arten gibt und solche, die sich durch Rhizome, also Ausläufer seitlich vermehren.

Ist eine Ausdehnung der Bambuspflanzen nicht erwünscht, sollte eine Horst bildende Gattung, Art oder Sorte ausgewählt werden. Ansonsten ist das Umgeben der Pflanzstelle mit einer so genannten Rhizomsperre empfehlenswert, die von den Ausläufern nicht überwunden werden kann. Solche Rhizomsperren werden von gärtnerischen Fachbetrieben zusammen mit den Bambuspflanzen angeboten.

Barbarazweige blühen zu Weihnachten

Am 4. Dezember ist Barbaratag. Wer an diesem Tag knospige Zweige im Garten schneidet, soll diese bis zum Weihnachtsfest im Zimmer zum Blühen bringen. Welche Ziersträucher eignen sich für diesen Zweck und wie muss ich sie behandeln?

Das Aufstellen von Barbarazweigen ist ein alter und guter Brauch. Tatsächlich können eine Reihe von Ziergehölzen mit Knospenansätzen in knapp drei Wochen zum Blühen kommen, wenn sie Anfang Dezember geschnitten und in einer wassergefüllten Vase im warmen Zimmer aufgestellt werden. Besonders geeignet dafür sind Zweige von Kirsche (*Prunus*), Apfel (*Malus*), Forsythie (*Forsythia*), Zierquitte (*Chaenomeles*), Mandel (*Prunus dulcis*), Schlehe (*Prunus spinosa*) und Japanische Kirsche (*Prunus serrulata*).
Nach dem Schnitt sollten die holzigen Stiele entweder mit einem schrägen Schnitt noch einmal nachgeschnitten oder aber die Stielenden mit einem Hammer etwas angeklopft werden. Dadurch wird das Wasseraufnahmevermögen der Zweige verbessert.
Außerdem kann der Blüherfolg verbessert werden, wenn man dem Wasser in der Vase ein Schnittblumenfrischhaltemittel zusetzt. Normalerweise werden 30 ml Schnittblumenfrisch auf 1 l Wasser zugegeben. Die Blühdauer wird verlängert, wenn nach dem Aufplatzen der Knospen dem Wasser noch 20 g Haushaltszucker/l Wasser zugegeben werden. Zucker besteht aus Kohlenhydraten, dem Hauptnährstoff von Pflanzen.

Das Aufstellen von knospigen Zweigen im Zimmer hat nur dann Erfolg, wenn vorab eine längere Zeit kalte Witterung herrschte. Man weiß heute, dass die Knospen vieler Sträucher erst dann aufspringen, wenn sie vorher 1000 und mehr Kältestunden mit Temperaturen unter +7 °C ausgesetzt waren. Nur damit können sie auf die spätere Blühphase eingestimmt werden. Das ist auch der Grund, wenn manchmal ein Barbarazweig zu Weihnachten nicht aufblüht. Dann war das Wetter in der Zeit vor dem Barbaratag zu mild.

Berberitzen richtig schneiden

In meinem Garten stehen einige Berberitzen. Wie soll ich sie schneiden, damit sie sich optimal entwickeln?

Für den Garten sind fast ein Dutzend verschiedene Berberitzen-Arten (*Berberis*) und zahlreiche Sorten geeignet. Es gibt sommergrüne und immergrüne Arten. Sie lieben sonnige, eher trockene

Lagen und eignen sich vor allem gut für dichte Dornenhecken.
Den schönsten Wuchs erzielt man, wenn man die Sträucher in natürlicher Weise wachsen lässt. Besondere Schnittmaßnahmen sind eigentlich nicht erforderlich. Die kräftig wachsenden, Laub abwerfenden Arten werden nur ausgelichtet. Außerdem kann man stark entwickelte Langtriebe im Sommer eventuell einkürzen. Die Rosmarin-Berberitze, *Berberis × stenophylla*, sollte überhaupt nicht geschnitten werden. Insgesamt gesehen entwickeln Berberitzen ihren schönsten Wuchs, wenn sie locker wachsen, also keinem strengen Schnitt unterworfen sind.

Berberitzen als Hecke angepflanzt, sind ein idealer Nistplatz für Vögel. *Berberis thunbergii* kann auch als dornige, undurchdringliche Schnitthecke angepflanzt werden.

Blaufichte von Blattläusen befallen

Meine Blaufichte im Garten sieht traurig aus. Sie hat an den unteren Zweigen fast schon alle Nadeln verloren. Der Schaden vergrößert sich aber ständig. Auch die oberen Zweige sind schon von innen heraus völlig kahl.
Nur die jungen Austriebe sind in den oberen Bereichen frisch und grün. Ich habe gehört, dass dafür Läuse verantwortlich sind. Was kann ich tun, um den Schaden abzuwenden, wachsen die abgestorbenen Zweige nach oder muss ich den Baum entfernen?

Blaufichten (*Picea pungens*), werden sehr gerne von Blattläusen, speziell der Sitkafichtenlaus (*Liosomaphis abietinum*) befallen. Die Läuse leben vorwiegend auf der Unterseite der Nadeln und entziehen diesen durch ihre Saugtätigkeit den Pflanzensaft. Dadurch kommt es zu einem Vergilben und vorzeitigen Abfallen der Nadeln. Besonders ab Mai ist dieser Schaden ganz deutlich feststellbar. Der Neuaustrieb ist meistens weniger befallen.
Die Blattläuse können sich unter günstigen Bedingungen sehr stark vermehren, so dass es nach einem anfänglichen leichten Befall sehr bald zu einer Massenvermehrung mit entsprechendem Schaden an Blaufichten und anderen Fichten kommt.

Am besten kontrolliert man schon ab Vegetationsbeginn Blaufichten und andere Fichten im Garten auf einen Läusebefall. Man hält unter einen Zweig eine helle Unterlage (weiße Pappe) und schlägt mit einem Stock gegen die Zweige. Durch die ruckartige Bewegung fallen die Läuse auf die Unterlage und man kann kontrollieren, wie viele Tiere an den Zweigen sitzen. Hat man einen Läusebefall festgestellt, hängt eine weitere Behandlung von der Zahl der Tiere ab. Sind nur wenige Läuse auf dem Baum, kann meistens auf eine Behandlung verzichtet werden. Fallen jedoch viele Läuse auf die weiße Unterlage, sollte eine Bekämpfungsmaßnahme durchgeführt werden, sonst kann es zu dem geschilderten Schaden kommen.
Vom Pflanzenschutzdienst werden zum Einsatz im Haus- und Kleingarten gegen die Sitkaläuse Mittel auf der Basis von Kaliseife und Piperonylbutoxid + Pyrethrine empfohlen. Ein Problem sind hohe Bäume, da man hier bei einer Spritzung sehr darauf bedacht sein muss, dass keine Spritzflüssigkeit auf andere Pflanzen oder die Nachbargrundstücke abdriftet.
Ein stark geschädigter Baum ist meistens nicht mehr zu retten, da abgestorbene Pflanzenteile nicht mehr nachwachsen. Hier ist zu überlegen, ob man sich nicht von dem Baum trennen soll.

Wird bei einer zeitig durchgeführten Klopfprobe ein schwacher Läusebefall festgestellt, sollte diese Maßnahme im wöchentlichen Abstand wiederholt werden. Nimmt der Läusebefall im Laufe des Frühjahrs zu, können Sie rechtzeitig eine Behandlung mit einem zugelassenen Mittel vornehmen. Außerdem ist es sehr wichtig, dass die Gehölze im Garten richtig und vor allem auch harmonisch mit den Kernnährstoffen ernährt werden. Vor allem Kalium ist wichtig, das das Pflanzengewebe festigt. Eine spezielle Düngung mit Schwefelsaurem Kalimagnesia (Pantentkali) wirkt sich meist günstig aus.

Blutjohannisbeere blüht nicht

In meinen Garten habe ich eine Blutjohannisbeere gesetzt. Mir gefällt dieser wunderschön blühende Strauch. In meinem Garten macht sie nur alljährlich kräftige Triebe, die nicht zum Blühen kommen, obwohl ich sie in jedem Winter kräftig zurückschneide.

Zier- oder Blutjohannisbeere (*Ribes sanguineum*) muss man nach einiger Zeit immer wieder verjüngen. Nur durch ein fortgesetztes Auslichten bilden die Sträucher junge, blühfreudige Triebe. Wahrscheinlich ist der Busch aber deshalb nicht mehr zum Blühen gekommen, weil der Rückschnitt im Winter erfolgte. Zu diesem Zeitpunkt sind die Blütenknospen bereits angelegt und blühen im Frühjahr auf. Am besten ist es wohl, wenn immer wieder ein älterer Trieb ganz herausgeschnitten wird, dafür aber immer wieder ein oder zwei junge Triebe, die nicht geschnitten werden dürfen, hoch gezogen werden. Keinesfalls dürfen also alle Triebe ganz zurückgeschnitten werden. Auf diese Weise erfolgt eine laufende Verjüngung des Strauches und man hat im Frühjahr genügend ein- und mehrjährige Äste, die dann zwischen März und Mai reich blühen. Möglich ist auch, vereinzelt einen sehr wüchsigen Langtrieb unmittelbar nach der Blüte ganz herauszuschneiden. Auf diese Weise bekommen die verbleibenden Zweige Luft zur optimalen Entwicklung. Wichtig ist nur, dass die bis zum Herbst sich bildenden Blütenknospen erhalten bleiben, um den Flor im Frühjahr nicht zu gefährden.

WUSSTEN SIE, dass die Blut- oder Zierjohannisbeere zur gleichen Gattung *Ribes* wie die Johannis- und Stachelbeere gehören? Da diese Pflanzen-Gattung zur Familie der Steinbrechgewächse (Saxifragaceae) zählen, sind also diese Beerensträucher mit den im Alpinum, in Steingärten und auf Trockenmauern oft polsterförmig wachsenden Steinbrechgewächsen nahe verwandt.

Blutpflaumen schneiden

Ich besitze einige Blutpflaumen in meinem Garten. Müssen diese Bäume im Winter geschnitten werden und wie wird der Schnitt ausgeführt?

Blutpflaumen (*Prunus cerasifera* 'Nigra') werden oft in jungen Jahren wenig geschnitten. Es kann dann vorkommen, dass das Holz leicht überaltert und im Trieb nachlässt. Deshalb ist es empfehlenswert, die Triebe nach der Blüte auf drei bis fünf Knospen einzukürzen. Dadurch entstehen wieder genügend neue Austriebe mit gutem Blühholz.

Ältere Exemplare müssen in der Regel kräftig ausgelichtet werden, um das überalterte Holz herauszunehmen.
Schnittmaßnahmen sollten im Winter ausgeführt werden. Oft zieht man aber den Zeitpunkt nach der Blüte vor, um einen möglichen Gummifluss zu verhindern. Darunter versteht man harzähnliche Ausscheidungen aus der Rinde, die häufig bei Steinobstbäumen auftreten. Auf jeden Fall sollte nach dem Schnitt eine ausreichende Wundpflege erfolgen.

WUSSTEN SIE, dass die Blutpflaume zu den Flachwurzlern gehört, und empfindlich gegen Bodenverdichtungen ist? Deshalb sollte dieser Baum nur an einem günstigen, sonnigen Standort mit guten Bodenverhältnissen angepflanzt werden.

Blutpflaumenfrüchte essbar?

In meinem Garten steht eine wunderschöne Blutpflaume. Sie blüht jedes Jahr üppig und setzt oft auch Früchte an. Sind diese Früchte essbar?

Es gibt eine ganze Reihe von Sorten der Blutpflaume (*Prunus cerasifera*) die pflaumenartige, saftige Früchte bilden. Sie sind essbar und schmecken in der Regel süß-säuerlich. Bekannt ist die eigentliche Sorte 'Nigra'. Zu den bekannten Sorten gehört aber auch 'Trailblazer', die relativ große, schmackhafte Früchte ausbildet.

WUSSTEN SIE, dass sich Zweige der Blutpflaume sehr gut als „Barbarazweige" eignen? Diese Kirschen- bzw. Pflaumenart setzt schon im Herbst frühzeitig Knospen an, die sich nach einem frühen Frost ab Anfang Dezember recht gut treiben lassen. Man kann also von dem Strauch oder Baum Anfang Dezember (4. Dezember, Barbaratag) einige Zweige abschneiden und sie, ähnlich Forsythien, in eine Vase stellen und im normal temperierten Zimmer antreiben. Die Knospen öffnen sich meistens um Weihnachten.

Bodendeckerrosen zur Unkrautunterdrückung

In Baumschulen werden so genannte Bodendecker angeboten, um Freiflächen mit niederen Gehölzen oder Stauden gleichmäßig zu bepflanzen. Dadurch kann offensichtlich auch Unkraut unterdrückt werden. Nun habe ich gehört, dass es auch Bodendeckerrosen gibt. Um was für Rosen handelt es sich und welche Anbauempfehlungen können gegeben werden?

Seit einigen Jahren werden zum Abdecken von Böschungen, Rainen oder größeren Freiflächen in sonniger Lage Bodendeckerrosen angeboten. Es handelt sich um Sorten, die zahlreiche, mittellange bis lange Triebe ausbilden, die nicht straff aufrecht wachsen, sondern sich bogig niederbiegen. Die Triebe bedecken die Pflanzflächen relativ dicht, so dass tatsächlich kein oder nur wenig Unkraut aufkommt. Außerdem sind diese Rosen sehr zierend, da sie zum Teil einen reichen Blütenflor tragen.
Meistens handelt es sich auch um sehr widerstandsfähige Sorten, die weniger von Krankheiten und Schädlingen befallen werden. Zu den bekannten Sorten gehören beispielsweise 'Heidekönigin', 'Repandia', 'Swany', 'Marondo', 'Heidetraum'. Benötigt werden je nach Wuchscharakter ein bis drei Pflanzen/m². Die Pflanzzeit und Pflanzung entspricht den Beetrosen.

Obwohl sich Bodendeckerrosen für viele Zwecke recht gut eignen, muss doch bedacht werden, dass diese Rosen über einen längeren Zeitraum keine Blätter besitzen. Sehr hartnäckige Unkräuter können sich dann trotzdem entwickeln, so dass man dann nicht ganz ohne Jäten auskommen wird. Den Aufwand für das Jäten kann man verringern, wenn man nach dem Pflanzen den Boden mit Rindenmulch, also der grobkörnigen Rinde abdeckt. Sie verhindert bei entsprechender Schichtstärke das Aufkommen von Un- bzw. Wildkräutern.

Bonsai erfroren

Im vergangenen Jahr erhielt ich zum Geburtstag einen Bonsai. Es soll sich um eine Kiefer gehandelt haben, die auch bei uns winterhart ist. Die Pflanze sollte nicht im Zimmer, sondern auf der Terrasse aufgestellt werden. Nun sind wir in den Weihnachtsurlaub gefahren. Als wir nach Hause kamen, waren sämtliche Nadeln abgefallen, die Pflanze war tot. Ist sie nun doch erfroren? Was haben wir falsch gemacht?

Echte japanische Bonsai sind überwiegend Freilandpflanzen, die auch bei uns, sobald sie im Garten ausgepflanzt werden, vielfach winterhart sind. Es ist aber ein Unterschied, ob ein Gehölz im Garten ausgepflanzt tief in den Boden einwurzeln kann, oder in einer sehr flachen Bonsai-Schale kultiviert wird. Zwei Möglichkeiten kommen für das Absterben der Pflanze in Frage:
Einmal könnte es tatsächlich ein echtes Erfrieren der Pflanze gewesen sein, wenn während der Zeit des Urlaubs sehr tiefe Temperaturen geherrscht haben. Als zweite Ursache kommt aber ein Vertrocknen in Frage. Die Pflanze hat in der flachen Schale nur sehr geringe Wasserreserven. Wenn sie nun einige Zeit nicht gegossen wird, kann sie unter Wassermangel leiden. In der Folge sterben die Nadeln ab, anschließend werden sie abgeworfen. Ganz sicher liegt also ein Pflegefehler vor. Auf jeden Fall hätte dieser Bonsai in der kalten Jahreszeit in einen kühlen, aber sehr hellen Raum gebracht werden müssen. Gerade das Überwintern der japanischen Bonsais ist nicht ganz einfach, wenn keine geeigneten Räume zur Verfügung stehen. Im warmen Zimmer, bei Temperaturen von teilweise über 20 °C, fühlt sich eine solche Freilandpflanze auch nicht wohl. Ideal ist immer, wenn ein solcher Bonsai während der warmen Jahreszeit im Freien stehen, den Winter jedoch in einem kühlen Raum verbringen kann.

Buchsbaum hat nach dem Winter gelbe Blätter

Mit beginnendem Frühjahr stelle ich fest, dass meine als Hecke gepflanzten Buchsbäume viel gelbe, zum Teil auch trockene und braune Blätter besitzen. Handelt es sich hierbei um eine Krankheit oder habe ich in der Kultur etwas falsch gemacht?

Wenn die Buchsbäume (*Buxus sempervirens*) beim Pflanzen in einen gut vorbereiteten Boden gesetzt wurden und auch der Standort im Garten üblichen Verhältnissen entspricht, kann das Gelbwerden und Vertrocknen der Blätter darauf wohl nicht zurückzuführen sein. Jedoch ist eine andere Möglichkeit in Betracht zu ziehen: Als wintergrüne Pflanzen verdunstet der Buchsbaum auch während milder Witterungsperioden im Winter über seine Blätter ständig Feuchtigkeit. Ist nun der Boden zu trocken oder auch zu lange gefroren, kann die Wasserversorgung der Blätter möglicherweise nicht ausreichend gewesen sein. Als Folge treten die geschilderten Erscheinungen auf.
Sehr wichtig ist es, im späten Herbst, also vor Winterbeginn, die Pflanzen noch einmal durchdringend zu wässern, damit die Wurzeln im Winter bei milder Witterung genügend Feuchtigkeit aufnehmen können. Unter Umständen müssen Sie sie sogar während einer milden Witterungsperiode im Winter bewässern. Das ist vor besonders dann notwendig, wenn Buxus in Pflanzkübeln oder größeren Trögen kultiviert und im Freien überwintert werden.
Gelegentlich kann aber auch Nährstoffmangel für diese Erscheinung verantwortlich sein. Deshalb muss der Buchsbaum während der Vegetationsperiode von Zeit zu Zeit am besten mit einem flüssigen Volldünger ernährt werden. Neuerdings bieten verschiedene Hersteller in ihrem Sortiment sogar einen speziellen Buchsbaumdünger an.

Buchsbaum selbst vermehren

In meinem Garten und in Pflanzkübeln gedeiht der Buchsbaum prächtig. Nun habe ich versucht, selber Pflanzen aus Stecklingen und auch aus selbst geernteten Samen heranzuziehen. Das hat aber bisher nicht funktioniert. Welche Möglichkeiten gibt es für eine eigene Vermehrung?

Buchsbäume (*Buxus sempervirens*) werden im Allgemeinen durch Stecklinge vermehrt. Bester Zeitpunkt ist der Spätsommer, da ausgereifte Triebe besser wurzeln als krautige, junge Sprosse. Vermehrt werden kann bis zum Herbst.

Verwendet werden etwa fingerlange Triebspitzen, von denen im unteren Drittel die Blätter entfernt werden. Die Schnittfläche wird gerade oder leicht schräg angeschnitten. Am besten steckt man diese Stecklinge in Töpfe oder kleine Vermehrungskästen in ein Substrat, das aus gleichen Teilen Sand und Torf, ersatzweise auch Rindenhumus, hergestellt wird. Nach dem Stecken wird das Anzuchtgefäß mit Glas oder Folie abgedeckt. Die Bewurzelung erfolgt am besten auf der Fensterbank bei 20 °C. Bei ausreichender Bodenfeuchtigkeit bildet sich nach etwa sechs bis acht Wochen Wundgewebe, so genannter Kallus. Die Wurzelbildung selbst setzt ab der 8. bis 10. Woche nach dem Stecken ein. Gut bewurzelte Jungpflanzen werden später zunächst wieder in kleinere Töpfe in eine übliche Kübelpflanzenerde oder eine eigene Mischung aus Kompost- und Gartenerde mit etwas Sand gesetzt. Durch Stutzen erhält man buschige Pflanzen. Sie werden später an ihren gewünschten Platz im Garten gepflanzt oder in größeren Töpfen oder Kübeln weiter kultiviert.

Es ist auch möglich, die Samen vom Buchsbaum auszusäen, um daraus selbst Sämlinge und Jungpflanzen heranzuziehen. Empfehlenswert ist es, die Aussaat in einem größeren Topf oder in einer Schale vorzunehmen, um so eine ständige Kontrolle über die Feuchtigkeit bis zur Keimung zu haben. Der beste Aussaattermin ist der Spätwinter oder das Frühjahr, damit die Sämlinge nach der Keimung in das Vegetationsjahr hineinwachsen.

Buchsbäume verpflanzen

In meinem Garten stehen verschiedene Buchsbäume. Kann ich ältere Exemplare problemlos verpflanzen und ist eine Kultur unter oder vor Ziergehölzen im Garten möglich?

Buchsbäume (*Buxus sempervirens*) sind relativ robuste Ziergehölze, die eigentlich an jeder Stelle des Gartens recht gut gedeihen. Selbst in Nordlage oder für eine Unterpflanzung von Bäumen sind sie geeignet. Das hängt damit zusammen, dass Buxus relativ flach wurzeln und so den Wurzeldruck anderer Gehölze gut vertragen.
Beim Verpflanzen sollte man nur darauf achten, dass sie mit einem ausreichend großen Wurzel- beziehungsweise Erdballen ausgegraben und so mit genügend eigenen Wurzeln wieder am neuen Standort eingepflanzt werden. Besondere Ansprüche an den Boden werden nicht gestellt. Natürlich ist ein lockerer, mit Humus angereicherter Gartenboden besonders günstig. Nach dem Verpflanzen ist bis zum Einwurzeln am neuen Standort ausreichend zu wässern. Auch sollten die Pflanzen einmal im Frühjahr mit einer Volldüngergabe zusätzlich ernährt werden.

Eibe schneiden

In meinem Garten steht eine große Eibe. Mir wurde gesagt, dass Nadelgehölze nicht geschnitten werden können. Der Baum wird aber immer größer und nimmt sehr viel Platz ein. Ist es möglich, diese Eibe zu schneiden?

Eiben (*Taxus baccata*) gehören zu den wenigen Nadelgehölzen, die selbst strengen Schnitt vertragen. Es ist also durchaus möglich, dieses Nadelgehölz einem kräftigen Rückschnitt zu unterziehen. Selbst kräftig zurückgeschnittene Stämme oder Äste treiben wieder aus und überstehen diese sonst bei Nadelgehölzen nicht übliche Prozedur.

WUSSTEN SIE, dass Eiben giftig sind? Nadeln, Rinde und Samen sind für Menschen und Tiere giftig. Übrigens ist die Frucht der Eibe eine botanische Besonderheit. Es ist eine Scheinbeere, deren Samen von einem fleischigen, scharlachroten Mantel, dem Arillus, umhüllt ist. Dieser ist essbar, während der Samen wiederum giftig ist. Das Gift selbst nennt man Taxin, ein narkotisch wirkendes Alkaloid, das die Herztätigkeit beeinträchtigen kann.

Fichtenhecke schneiden

Kann im Oktober eine Fichtenhecke noch geschnitten werden?

Viele Koniferen (Nadelgehölze) reagieren auf Schnittmaßnahmen empfindlich. Die Fichte (fälschlicherweise auch als Rottanne bezeichnet), sollte als frei wachsender Baum ebenfalls nicht beschnitten werden. Anders ist es, wenn es sich um eine ausgesprochene Schnitthecke handelt, die schon als solche angepflanzt und aufgebaut wurde. Der beste Schnittzeitpunkt liegt in den Sommerwochen (Ende Juni und Juli). Der neue Austrieb erfolgt dann aus den an der Basis der Triebe verbliebenen Knospen. Dadurch kommt es nicht zu Ausfällen und die Hecke bleibt relativ dicht. Ansonsten wird ein Schnitt auch gerne im Frühjahr kurz vor dem Austrieb vorgenommen.

Zu den schnittverträglichen Koniferen für immergrüne Hecken sind besonders gut Eibe (*Taxus*), Lebensbaum (*Thuja*) und Scheinzypresse (*Chamaecyparis*) geeignet. Diese Nadelgehölze vertragen Schnittmaßnahmen in der Regel besser als andere Koniferen.

Fingerstrauch anpflanzen

Im Nachbargarten wächst ein etwa 1 m hoher Strauch, der den ganzen Sommer bis zum ersten Frost ununterbrochen mit gelben Blüten reich besetzt ist. Die Blätter sind handförmig und fallen im Winter ab. Da mein Nachbar den Namen dieses Strauches nicht kennt, frage ich an, ob sie mir vielleicht weiterhelfen können. Ich möchte auch gerne einen solchen Strauch im Garten anpflanzen.

Es ist natürlich schwierig, durch „Ferndiagnose" aus der großen Zahl von Gehölzen die richtige Gattung und Art herauszufinden. Aufgrund des Hinweises, dass der Strauch handförmige Blätter hat, könnte es aber der Fingerstrauch (*Potentilla fruticosa*) sein. Diesen Fingerstrauch gibt es in verschiedenen Sorten, die etwa ab Juni bis Oktober ununterbrochen blühen. Die Blätter sind sommergrün und meistens 5-zählig gefingert. Ich würde vorschlagen, dass Sie einige Blättchen und Blüten in eine nahe liegende Baumschule mitnehmen und dort das Gehölz exakt bestimmen lassen. Sollte es ein Fingerstrauch sein, so ist dieser für Einfassungen, niedere Blütenhecken, als Bodendecker, für Stein- und Dachgärten sowie Pflanzkübel gut geeignet. Es handelt sich um eines der anspruchslosesten Gehölze für den Garten.

Vom Fingerstrauch gibt es sehr viele Sorten mit zum Teil kriechendem, flachem, oder aufrechtem Wuchs. Von den hoch wachsenden Sorten mit hellgelben Blüten hat sich besonders 'Goldfinger' bewährt, zu den Sorten mit besonders großen Blüten 'Hachmanns Gigant'.

Flieder blüht nicht

In meinem Garten steht ein Fliederbusch, der manchmal keine Blüten ansetzt. Was muss ich tun, damit dieser Flieder alljährlich sicher zum Blühen kommt?

Zwei Maßnahmen sind zu beachten. Zunächst müssen Schnittmaßnahmen beim Flieder (*Syringa vulgaris*) am besten direkt nach der Blüte ausgeführt werden, da bei einem Winterschnitt die Blütenknospen, die bereits im Herbst gebildet wurden, abgeschnitten werden. Als Folge blüht der Fliederbusch im darauf folgenden Frühjahr nicht. Es kommt aber immer wieder vor, dass auch andere Faktoren für die fehlende Blütenbildung verantwortlich sind. Das kann einmal mit der Sorte selbst zusammenhängen, zum anderen kann auch der Standort oder die Witterung schuld sein. Steht nämlich der Flieder in einem relativ feuchten Boden oder regnet es im Spätsommer sehr viel, bleibt er im vegetativen Wachstum und schließt nicht rechtzeitig im Herbst diese Entwicklung ab. Dieser Triebabschluss ist aber sehr wichtig, da noch im Herbst die Knospen für die Blüte im kommenden Jahr angelegt werden müssen.

In einem solchen Fall kann man mit einer einfachen Methode den Fliederstrauch von der Wachstums- in die Blühphase umstimmen: Mit einem scharfen Spaten werden etwa einen Meter vom Stamm entfernt ein paar stärkere Wurzeln durchstochen, damit die Wasseraufnahme gebremst wird. Dadurch wird dem Flieder signalisiert, dass es jetzt Zeit ist, Blütenknospen anzulegen. Diese Methode kann durchaus und ohne Schaden für den Fliederbusch selbst zum Erfolg führen.

Flieder schneiden

In meinem Garten steht ein Fliederbusch. Er blüht jedes Jahr prächtig, entwickelt aber im Laufe des Sommers sehr lange Triebe. Er ist jetzt schon mehrere Meter hoch und wird immer größer. Was kann ich tun, um das Wachstum in Grenzen zu halten?

Fliederbüsche (*Syringa*) werden im Allgemeinen nur ausgelichtet. Die verblühten Rispen kann man ausbrechen oder ausschneiden, vor allem, wenn sie Samen angesetzt haben.

Oft wird empfohlen, den Flieder nach der Blüte zurückzuschneiden. Da jedoch Flieder bereits während der Blütezeit die Langtriebe für die nächstjährige Blüte ausbildet, kann ein Rückschnitt unter Umständen zu einem Verlust der Blütenknospen für das folgende Jahr führen. Ein gewisses Auslichten ist jedoch durchaus möglich.

Andererseits vertragen Fliederbüsche eine „Verjüngungskur" problemlos. Dieser Schnitt erfolgt aber während der Winterruhe. Beim Verjüngungsschnitt kann man die aus der Basis heraus entwickelten Jungtriebe stehen lassen. Sie können zum Aufbau einer neuen Krone verwendet werden. Bei einem solchen Verjüngungsschnitt muss man jedoch auf die Blüte im Frühjahr verzichten, da die bereits im Herbst angesetzten Knospen abgeschnitten werden. Nach der Verjüngung treibt der Flieder jedoch wieder kräftig durch und setzt im Sommer Knospen für die Blüte im folgenden Frühjahr an.

Beim Verjüngen sind alle Stämme und Triebe eines Strauches zurückzuschneiden. Werden nur einige wenige Äste zurückgenommen, fließt der Saft in die verbleibenden Triebe, so dass die abgeschnittenen Äste meistens nicht mehr kräftig austreiben.

Forsythien schneiden

In meinem Garten stehen einige ältere Forsythiensträucher. Sie haben jetzt ausgeblüht (Mai). Da es sich um große, alte Sträucher handelt, interessiert mich, ob ich sie jetzt oder im Winter zurückschneiden soll?

Die Forsythie oder Goldglöckchen (*Forsythia × intermedia*) ist ein bekannter Frühjahrsblüher, dessen Knospen bereits im Herbst angelegt werden. Deshalb erfolgen Schnittmaßnahmen meistens direkt nach der Blüte, damit sich bis zum Herbst wieder neue Zweige mit Knospen entwickeln können.

Damit die lockere Form eines Forsythienstrauchs erhalten bleibt, sollte er immer nur ausgelichtet werden. Die schönsten Blütentriebe entstehen am zwei- bis dreijährigen Holz, also an den meist kürzeren Seitenzweigen der Langtriebe. Günstig ist es, wenn man immer ältere Zweige ganz herausschneidet und neue Bodentriebe von der Basis her nach oben wachsen lässt. Auf diese Weise wird der Strauch ständig verjüngt und behält seine „jugendliche" Gestalt. Nur in ganz dringenden Fällen erfolgt eine radikale Verjüngung im Winter. In diesem Falle muss jedoch ein vollständig neuer Aufbau des Strauchs angestrebt werden.

Will man lange Ruten zum Blütenschnitt erzielen, schneidet man einen vorjährigen Trieb nach der Blüte auf wenige Knospen zurück. Aus den Basisaugen entwickeln sich einige neue Triebe, die auf fast der ganzen Länge mit Blütenknospen besetzt sind, die dann im darauf folgenden Jahr geschnitten werden können.

WUSSTEN SIE, dass Forsythien als „Barbarazweige" zu Weihnachten nur dann blühen, wenn die Winterruhe der Knospen vorher durch Kälte unterbrochen wurde? Das ist auch der Grund, weshalb in manchen Jahren die Zweige zu Weihnachten blühen, in anderen nicht. Künstlich könnte diese Ruhe auch unterbrochen werden, wenn geschnittene Zweige ab Oktober etwa vier Wochen lang kontinuierlich einer Temperatur unter +7 °C ausgesetzt sind. Anschließend kommen sie bei üblichen Zimmertemperaturen problemlos zum Blühen.

Gehölze brauchen ausreichend Wurzelraum

Vor vielen Jahren haben wir einen Baum in den Vorgarten gepflanzt. Dieser ist noch relativ klein und von anderen Sträuchern umgeben. Seit einiger Zeit kränkelt das Gehölz und wächst nicht mehr weiter. Was kann die Ursache sein?

Alle Pflanzen, so auch Bäume, brauchen nicht nur genügend Raum über dem Boden, sondern auch im Wurzelbereich. Ist der Vorgarten relativ klein, entsteht zwischen dem Baum und den anderen Sträuchern eine gewisse Wurzelkonkurrenz. Sie ist umso größer, je beengter die Bodenverhältnisse sind und je weniger sich die Wurzeln nach der Seite ausbreiten können. Nach Ansicht der Fachleute sollte ein Baum eine offene oder eine, mit einem dauerhaft luft- und wasserdurchlässigen Belag versehene Fläche von mindestens 6 m^2 zur Verfügung haben. Die durchwurzelbare Fläche sollte mindestens 16 m^2, besser über 20 m^2 groß sein. Wichtig ist auf jeden Fall, dass dem Baum genügend Feuchtigkeit zugeführt wird und er ausreichend Nährstoffe im Wurzelraum zur Verfügung hat. Außerdem muss der Gasaustausch zwischen Boden und Atmosphäre gewährleistet sein. Je kleiner das Bodenvolumen ist, desto intensiver müssen die notwendigen Pflegemaßnahmen sein. Andernfalls kann sich ein Baum nicht optimal entwickeln.

Nicht nur die Fläche spielt eine Rolle, auch der durchwurzelbare Raum in die Tiefe ist wichtig. Es gibt „Flach"- und „Tiefwurzler". Auf jeden Fall sollte man vor dem Pflanzen des Gehölzes den Grund des Pflanzloches möglichst tief lockern.

Gehölze mit Ballentuch richtig pflanzen

Vor einiger Zeit habe ich in meinen Garten einige Ziergehölze gepflanzt. Bei verschiedenen Arten war der Wurzelballen mit einem Gewebe umhüllt, das ich vor dem Pflanzen entfernt habe. Nun stelle ich fest, dass gerade von diesen Sträuchern und Bäumen einige nicht angewachsen sind. Was habe ich falsch gemacht?

Grundsätzlich dürfen bei allen mit einem Ballentuch bezogenen Gehölze diese Tücher nicht vom Wurzelballen entfernt werden. Es besteht sonst die Gefahr, dass der Wurzelballen beim Pflanzen zerfällt und dadurch der notwendige Wurzelkontakt nicht mehr hergestellt werden kann. Bei vielen Gehölzen besteht auch eine Symbiose zwischen den Wurzeln und so genannten Mykorrhiza-Pilzen, die einerseits die Aufnahme von Nährstoffen durch die Wurzeln fördern, andererseits wiederum ihre Nahrung von den Gehölzen beziehen. Auch diese Lebensgemeinschaft kann durch ein Zerfallen des Wurzelballens empfindlich gestört werden.
Wichtig ist jedoch andererseits, dass beim Pflanzen die Verknotung des Ballentuches gelöst wird. Dies erfolgt, wenn ein Teil des Wurzelballens bereits gepflanzt und mit Erde abgedeckt ist. Da die Knoten nur sehr schwer verrotten, könnten sie den Wurzelhals oder die Stammbasis einschnüren und so zu einer Beeinträchtigung des späteren Wachstums beitragen. Deshalb gilt die Regel: Gehölze immer mit dem Ballentuch pflanzen und nur vor-

sichtig die Verknotung öffnen. Dabei muss aber darauf geachtet werden, dass der Wurzelballen immer erhalten bleibt und nicht zerfällt!

Gehölze richtig pflanzen

In meinem Garten fehlen noch schöne Ziergehölze, die ich jetzt im Herbst pflanzen möchte. Was muss ich bei der Bodenvorbereitung und beim Pflanzen beachten, damit diese Sträucher und kleine Bäume auch sicher anwachsen?

Zunächst ist eine gründliche, flächige Bodenvorbereitung empfehlenswert. Am jeweiligen Pflanzort sollte der Boden je nach Zustand gelockert, von Wildkräutern gesäubert und bei Bedarf auch mit Humusmaterial vermischt werden. Eine solche Bodenlockerung kommt dem Anwachsprozess und der Entwicklung der Gehölze später zugute.
Sehr wichtig ist, dass eine genügend große und tiefe Pflanzgrube ausgehoben und der Boden an der Sohle gelockert werden. Oft wird als Größe der Pflanzgrube ein Umfang von 1 × 1 m und eine Tiefe von 1 m empfohlen. Für größere Gehölze ist eine solche Pflanzgrube sicherlich optimal, in dieser Größe jedoch meistens für übliche Gartengehölze nicht erforderlich. Als Richtmaß gilt ein Mindestumfang und eine Mindesttiefe der Pflanzgrube, die etwa dem 1 1/2-fachen des Wurzel- oder Topfballens des jeweiligen Gehölzes entspricht.
Außerdem muss wie erwähnt die Sohle tüchtig gelockert werden, damit sich die neu entwickelnden Wurzeln am neuen Standort schnell in ausreichender Zahl ausbilden können.
Oft ist die „Muttererde" am neuen Standort zu schwer und es muss zum Pflanzen eine bessere Erde verwendet werden. Ist der vorhandene Boden nicht allzu schwer, kann man vom Aushub etwa die Hälfte mit lockeren und humosen Zuschlagstoffen wie Torf, Rindenhumus und zur physikalischen Lockerung mit grobem Sand mischen und wiederverwenden. Natürlich kann auch eine Mischung aus lockerer Komposterde einschließlich den Zuschlagstoffen Torf oder Rindenhumus und Sand hergestellt werden.
Diese Angaben gelten allgemein für die Gehölzpflanzung. Spezialgehölze mit besonderen Ansprüchen, zum Beispiel Rhododendron (*Rhododendron*) oder Hortensien (*Hydrangea macrophylla*), benötigen ein besonderes, den Ansprüchen der jeweiligen Gehölz-Art entsprechendes Pflanzsubstrat.
Von diesem Pflanzsubstrat wird nun so viel in die Pflanzgrube eingefüllt, dass das jeweilige Gehölz die richtige Pflanztiefe erhält. Als allgemeine Regel gilt: Bäume und Sträucher dürfen nicht tiefer gepflanzt werden als sie vorher in der Baumschule gestanden haben. Von dieser Regel weichen nur wenige Gehölz-Arten ab. Da sich aber bei einer verhältnismäßig tief ausgehobenen Pflanzgrube Gehölze später etwas setzen, können sie zunächst etwas höher stehen als die Umgebung der Pflanzstelle. Nach dem Einwurzeln und Setzen der Erde haben sie dann die richtige Pflanztiefe erreicht.

WUSSTEN SIE, dass man die richtige Pflanztiefe, vor allen Dingen bei ballenlosen Pflanzen, an der unterschiedlichen Färbung des Wurzelhalses meistens deutlich erkennen kann? Nach dem Pflanzen muss gründlich angegossen werden, damit ein direkter Kontakt zwischen den Wurzeln und dem Boden erreicht wird.

Gehölze vor dem Pflanzen beschneiden?

Mein Nachbar hat mich darauf hingewiesen, dass ich beim Pflanzen von Ziergehölzen im Garten einen so genannten Pflanzschnitt ausführen muss. Das bezieht sich wohl in erster Linie auf die oberirdischen Triebe. Müssen auch die Wurzeln der Sträucher und Bäume, die ich von einer Baumschule beziehe, einem Schnitt unterworfen werden?

Tatsächlich müssen Sträucher beim Pflanzen, abhängig von der Gattung und Art, einem Pflanzschnitt unterzogen werden. Generell kann gesagt werden, dass bei vieltriebigen Sträuchern hauptsächlich die schwächeren und ältesten Triebe an ihrer Basis ganz entfernt und die verbleibenden Langtriebe um etwa ein Drittel oder ein Viertel ihrer Länge eingekürzt werden. Die Folge dieser Maßnahme ist, dass sich aus den verbleibenden Knospen neue Triebe bilden und sich so buschige, von der Basis her verzweigte Pflanzen entwickeln. Natürlich sollte diese Maßnahme artgerecht ausgeführt werden, denn Unterschiede zwischen den einzelnen Gattungen und Arten sind durchaus möglich. Eine Beratung durch einen Fachmann oder die Zuhilfenahme eines Fachbuches ist empfehlenswert.

Anders ist es bei den Schnittmaßnahmen an den Wurzeln. Generell sollten bei so genannten gegrabenen Sträuchern und Bäumen, also ballenlosen Pflanzen, alle beschädigten Wurzeln mit einer Gartenschere bis ins gesunde, gelblich-weiße Holz zurückgeschnitten werden. Dabei ist darauf zu achten, dass die Schnittfläche nach unten zeigt, damit so die Wurzeln beim Pflanzen wieder einen direkten Kontakt zum Boden erhalten. Überlange Wurzeln können darüber hinaus etwas eingekürzt werden. Auch sollte man darauf achten, dass eine glatte Schnittfläche entsteht. An dieser bildet sich schneller Wundkallus, und daraus anschließend problemlos neue Wurzeln. Ist bei Gehölzen der Wurzelballen mit Ballentuch umhüllt, werden die Wurzeln im Allgemeinen nicht beschnitten. Dasselbe gilt auch für Gehölze, die im Container, also mit Topfballen, bezogen werden.

Gehölzpflanzung mit Stallmistgabe?

In einer ländlichen Gemeinde kann ich von einem Landwirt frischen Stallmist beziehen. Kann ich diesen zum Pflanzen von Sträuchern im Garten verwenden?

Stallmist ist ein Material, das den Boden mit Humus versorgt und zusätzlich Nährstoffe liefert. Besonders Pferdemist, aber auch Rindermist ist dafür geeignet. Grundsätzlich sollte jedoch im Garten kein frischer Mist verwendet werden, da dieser aggressive Stoffe, vor allen Dingen pflanzenschädliches Ammoniak, enthält. Besser ist es, den Stallmist zunächst zu kompostieren und ihn dann nach einer gewissen Lagerdauer im Garten zu verwenden. Zum Pflanzen von Gehölzen sollte der Stallmist nicht direkt mit der Pflanzerde in Verbindung gebracht werden. Besser ist es, ihn zur allgemeinen Bodenverbesserung vor oder nach dem Pflanzen der Sträucher und Bäume oder auch anderer Pflanzen flächig auszubringen und anschließend mit dem Boden zu vermischen. Die Einarbeitung erfolgt im Allgemeinen in Krumentiefe. Idealer Zeitpunkt zur Ausbringung ist eigentlich das Frühjahr, da dann die im abgelagerten Mist enthaltenen Nährstoffe den Pflanzen voll zur Verfügung stehen. Bei einer Anwendung im Herbst können nämlich lösliche Nährstoffe, die bei der Umsetzung des Stallmistes frei werden, durch die Niederschläge im Winter auch in tiefere Bodenschichten ausgewaschen werden und damit den Pflanzen nicht mehr zur Verfügung stehen.

Heide zurückschneiden

In meinem Garten stehen viele Heidepflanzen. Sie sehen ziemlich verwildert aus. Kann ich diese zurückschneiden? Wann und wie muss ich schneiden?

Zunächst müssen verschiedene Heide-Gattungen unterschieden werden. Im Garten wird meistens die Herbst- oder Besenheide (*Calluna vulgaris*) und die Winter- oder Schneeheide (*Erica carnea*) angepflanzt. Während *Calluna vulgaris* im Spätsommer und Herbst blüht (Juli bis September), liegt der Blühtermin der Schneeheide zwischen Dezember und April. Jetzt kommt es darauf an,

welche Heide Sie im Garten angepflanzt haben. Je nach Gattung richtet sich der Rückschnitt. Auf jeden Fall fördert ein regelmäßiger Schnitt die Wuchs- und Blühfreudigkeit.
Die Herbst- oder Besenheide wird am besten im Nachwinter, wenn die strengsten Fröste vorbei sind, zurückgeschnitten. Die Winter- und Frühjahrsblüher werden am besten in der ausgehenden Blüte geschnitten, ehe sich der neue Austrieb zu üppig entwickelt. Der Rückschnitt der Triebe erfolgt um 1 bis 3 cm. Ein strenger Rückschnitt ist bei Heidekräutern nicht üblich, da ein Wiederaustrieb meistens nicht oder nur ungleichmäßig erfolgt.
Zwischen der Herbstheide und der Winterheide besteht ein ganz wichtiger Unterschied bezüglich des Standorts. Während allgemein die Pflanzen aus der Familie der Erikengewächse (Ericaceae) zu den Moorbeetpflanzen zählen und einen sauren Boden benötigen, ist die Winterheide die große Ausnahme. Während die üblichen Heidekräuter am besten bei einem pH-Wert zwischen 4,5 und 5,5 gedeihen, ist sie kalktolerant und verträgt deshalb auch einen Boden, in dem der Reaktionsgrad höher liegt.

WUSSTEN SIE, dass manchmal auch Sorten von *E. × darleyensis* unter der Bezeichung *E. carnea* angeboten werden? Es handelt sich dabei um eine Hybride zwischen *E. carnea* und *E. erigena*. Diese Sorten sind jedoch nicht so winterhart wie die Sorten der echten *E. carnea*.

Hortensie mit rostigen Nägeln blau färben?

Vor einigen Wochen habe ich eine wunderschöne, blau blühende Hortensie gekauft. Nun möchte ich sie weiterkultivieren und wieder zum Blühen bringen. Mir wurde von Freunden gesagt, dass ich unter die Erde rostige Nägel mischen soll, damit die Pflanze im nächsten Jahr wieder blau blüht.

Hortensien (*Hydrangea macrophylla*) blühen recht unscheinbar. Deshalb haben die Pflanzen zur Anlockung von Insekten in der Natur rosa, rote oder weiße Hochblätter, so genannte Brakteen, ausgebildet. Schon vor langer Zeit hat man festgestellt, dass sich die roten und rosafarbenen Brakteen in einer sauren Erde blau verfärben. Ursächlich dafür verantwortlich sind aber Aluminiumionen, die in einem neutralen oder alkalischen Boden festgelegt, im sauren Boden jedoch gelöst sind und von der Pflanze aufgenommen werden.
Eisenionen können eine ähnliche Reaktion verursachen, sind jedoch nicht so wirksam. Deshalb ist das Untermischen von rostigen Nägeln unter die Erde nicht zu empfehlen. Besser ist es, wenn die Pflanze während der Wachstumsphase, aber vor allen Dingen während der Knospenausbildung bis zum Aufblühen, mit einem aluminiumhaltigen Mittel behandelt werden. Bewährt hat sich Kalialaun oder Aluminium-Sulfat. Die Konzentration beträgt 0,2% (2 g/l Wasser). Damit werden die Pflanzen mehrmals angegossen. Wichtig ist, dass der Wurzelballen gleichmäßig feucht gehalten wird, damit eine Aufnahme über die Wurzeln möglich ist. Außerdem ist Voraussetzung, dass die Reaktion des Substrats etwa bei pH 5 bis 5,5, also im sauren Bereich, liegt. In einem zu kalkhaltigen Boden werden die Aluminiumionen festgelegt und kommen nicht zur Wirkung.

Hortensie schneiden

Meine Hortensien im Garten sind seit dem Spätherbst verblüht. Müssen die Blütenstände abgeschnitten werden und muss ich überhaupt die Triebe zurückschneiden?

Die Gartenhortensie (*Hydrangea macrophylla*) soll so wenig wie möglich geschnitten werden. Werden die Triebe im Spätherbst oder Winter zurückgenommen, blühen die Pflanzen im folgenden Vegetationsjahr nicht, da die bereits im Herbst gebildeten Blütenknospen an den einjährigen Trieben weggeschnitten wurden. Es kommt jedoch vor, dass diese Hortensie unter starkem Frostschaden leidet. Dann müssen die Triebe nach dem Winter zurückgeschnitten werden. Mit einem Blütenflor in diesem Jahr ist aber dann nicht zu rechnen. Andererseits können die verblühten Blütenstände abgeschnitten werden. Geschont werden müssen auf jeden Fall die einjährigen neuen Triebe mit den kräftigen Endknospen.

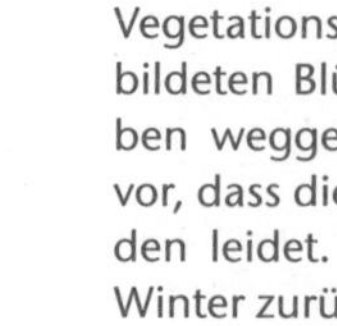

Im Gegensatz zur Gartenhortensie wird die Rispenhortensie (*H. panicula* 'Grandiflora') im Winter kräftig zurückgeschnitten. Alle letztjährigen Triebe werden bis auf fingerlange Zapfen zurückgenommen. Diese Hortensie bildet an den neuen, einjährigen Trieben des Folgejahres ihre Blütenstände aus.

Hortensie selbst vermehren

Hortensien gedeihen bei mir prächtig. Kann ich diese Pflanzen auch selbst vermehren?

Auf jeden Fall sollte eine eigene Vermehrung einmal probiert werden. Hortensien (*Hydrangea macrophylla*) werden vegetativ durch Kopfstecklinge vermehrt. Der beste Zeitpunkt sind im Frühjahr die Monate März und April. Häufig treiben Hortensien an der Basis aus. Man spricht von so genannten Bodentrieben. Sie können sehr gut zur Vermehrung verwendet werden. Mit einem scharfen Messer werden etwa 6 bis 8 cm lange Stecklinge geschnitten und in einen Topf oder eine Schale mit einem Gemisch aus Weißtorf und Sand zu gleichen Teilen gesteckt. Vorab wird das untere Blattpaar vorsichtig entfernt. Die Aufstellung erfolgt am besten an einem hellen Fenster. Jedoch sollen die Stecklinge nicht von der Sonne getroffen werden, damit sie nicht zu viel Wasser verdunsten. Gut ist es, wenn über die Stecklinge eine perforierte Folientüte gestülpt wird. Auch dadurch wird die Verdunstung verringert, gleichzeitig aber der Luftaustausch gewährleistet. Wichtig ist, dass die Stecklinge niemals welken. Sonst ist die Bewurzelung in Frage gestellt. Meistens bewurzeln sie sich willig bei etwa 20 °C.

Hortensie wechselt Farbe

Im vergangenen Jahr erhielt ich eine wunderschön blau blühende Hortensie. Nach dem Verblühen pflanzte ich sie in den Garten. Jetzt hat sie einige neue Blütenstände ausgebildet, die aber nicht mehr blau, sondern rötliche Blüten ausbildet. Warum entwickelt sich jetzt eine andere Blütenfarbe? Kann ich die Pflanze anregen, Im nächsten Jahr wieder blau zu blühen?

Die blaue Farbe der Hortensienblüten (es handelt sich um Hochblätter oder Brakteen) wird durch die Farbintensität des Anthocyans ausgelöst. Es handelt sich dabei um einen roten Farbstoff im Zellsaft, der unter gewissen Bedingungen seine Farbe verändert. Dafür verantwortlich sind Aluminiumionen, die eine Zusammenballung verursachen. Aufgrund dieser Reaktion erscheint dann plötzlich der rote beziehungsweise rosa Farbstoff blau.
Aluminiumionen sind in saurem Boden in Lösung, während sie bei alkalischer Reaktion durch Kalk abgebunden werden. Deshalb blühen manche Hortensien-Sorten in stark saurem Boden blau, in weniger stark saurem Boden rot oder rosa. Weiße Hortensien können ihre Farbe nicht verändern.
Nun war es sicher so, dass sie eine blau blühende Hortensie (*Hydrangea macrophylla*) als Topfpflanze bekommen haben, die in einem stark sauren Boden wurzelte. Ihr Gartenboden hat jedoch eine andere Bodenreaktion, so dass die Wirkung der Aluminiumionen ausblieb. Der mehr rote Farbton ist die natürliche Farbe dieser Hortensien-Sorte.
Es wird sich wohl kaum lohnen, die Hortensie im Garten wieder auszugraben und den Boden durch stark saures Material (sauren Hochmoor-Weißtorf) im Reaktionsgrad zu verändern. Fühlt sich die Hortensie an ihrem neuen Platz im Garten wohl, wird sie auch in nächsten Jahren immer wieder kräftig wachsen und rote oder rosafarbene Blütenstände ausbilden. Immer sollte man jedoch darauf bedacht sei, dass der Boden einen gewissen Säuregrad aufweist. Günstig ist ein Reaktionsgrad von pH 5,5 bis 6,5 für die normale Entwicklung, für blaue Hortensien von pH 4,5 bis 5,5.

Will man einmal mit der Farbe der Hortensien experimentieren, kann man neben der Absenkung des Reaktionsgrades die Pflanze im Garten, aber auch im Blumentopf, mit Kalialaun oder Aluminium-Sulfat angießen. Die Konzentration beträgt 0,2 % (2 g/l Wasser). Die in diesen Chemikalien enthaltenen Aluminiumionen können den Farbumschlag der Hochblätter bewirken.

Hortensien blühen nicht

In meinem Garten stehen zwei Hortensien. Sie machen jedes Jahr kräftige Triebe, kommen aber nicht zum Blühen, obwohl ich sie regelmäßig schneide. Woran liegt das?

Sofern es sich um übliche Gartenhortensien handelt (*Hydrangea macrophylla*), die auch im Frühjahr als blühende Topfpflanzen angeboten werden, so hängt das Problem vermutlich mit dem Schnitt zusammen.
Diese Hortensien-Art entwickelt im Laufe eines Jahres kräftige Triebe, die im Spätsommer oder im Herbst mit einer Blütenknospe abschließen. Wird nun diese Hortensie alljährlich zurückgeschnitten, entfernt man die Blütenknospe, so dass sich aus der Basis wohl immer wieder neue Triebe bilden, die aber im Laufe des Jahres nicht zum Blühen kommen.
Wichtig ist also, dass man die in einem Jahr gebildeten Triebe samt der Knospen stehen lässt, damit sie im folgenden Jahr zum Blühen kommen. Dann können diese Triebe ausgeschnitten werden. In der Zwischenzeit haben sich wieder neue Triebe entwickelt, die wiederum für den Blütenflor im nächsten Jahr zuständig sind. Eine genaue Beobachtung des Wachstums der Pflanzen und des Knospenansatzes ist also wichtig.

Hortensien mit Schmierläusen

In meinem Garten wächst ein riesiger Hortensienbusch. Er entwickelte seit dem Frühjahr mindestens 300 Blüten. Nun sind die Triebe eingehüllt mit lauter weißen Kügelchen, die alle zusammen eine klebrige Masse bilden. Was ist die Ursache und was kann ich tun, um Schaden abzuwenden?

Es handelt sich bei Ihren Hortensien (*Hydrangea macrophylla*) um einen sehr starken Befall durch Schmierläuse (Coccina). Die Läuse selbst sitzen unter den weißen, wolligen oder flaumigen Wachsausscheidungen, die sie zum eigenen Schutz ausbilden. Unter günstigen Bedingungen neigen sie zur Massenvermehrung und dann sind oft ganze Zweig- und Blattpartien von diesen zusammenhängenden weißen, wolligen Belag bedeckt.
Eine Bekämpfung ist sicher nur dann notwendig, wenn ein sehr starker Befall festzustellen ist. Über ein aktuell zugelassenes Präparat berät Sie Ihr Pflanzenschutzdienst. Man sollte die Anwendung dieser Mittel so vornehmen, dass nur die befallenen Stellen an den Pflanzen getroffen werden.

Woll- und Schmierläuse treten auch an Zimmerpflanzen auf. Sofern Topfpflanzen in geschützten Räumen (Wohnräumen, Wintergarten, Kleingewächshaus) befallen sind, kann auch als Nützling der Australische Marienkäfer (*Cryptolaemus montrouzieri*) eingesetzt werden. In diesem Falle kann auf die Verwendung von chemischen Pflanzenschutzmitteln verzichtet werden. Eine Einsatz des Nützlings im Freien kommt nicht in Frage, da er temperaturempfindlich ist und durch eventuelle Abwanderung der Einsatz erfolglos bleibt.

Hortensienblüten schneiden

Ich habe auf einem Grab eine Hortensie ausgepflanzt. Sie hat viele Triebe gebildet und in diesem Jahr mächtig geblüht. Soll ich die verblühten Teile abschneiden? Was soll ich machen, damit die Triebe kurz bleiben und die Pflanze nicht zu groß wird?

Während der Vegetationsruhe können die verblühten Pflanzenteile abgeschnitten werden, jedoch dürfen Sie die neuen Triebe nicht mehr stutzen. Sie haben bereits mit der Blütenknospe für das nächste Jahr abgeschlossen. Die übliche Gartenhortensie (*Hydrangea macrophylla*) blüht immer am so genannten zweijährigen Holz, also an den Trieben des Vorjahres.
Um die Pflanze kurz zu halten, sollten die neuen Austriebe, die sich vom Frühsommer bis zum Sommer entwickeln, einmal gestutzt werden. Sie treiben aus schlafenden Augen in den Blattachseln noch einmal durch und bilden dann ab August oder September ihre Blütenknospen fürs nächste Jahr. Durch dieses Stutzen bleiben die Triebe kürzer, der Busch wird nicht zu groß. Es können sich jedoch nach dem Stutzen zahlreiche Triebe bilden, die sich gegenseitig bedrängen. In diesem Falle muss der Strauch eventuell etwas ausgelichtet werden.

Manchmal bekommen ausgepflanzte Hortensien gelbe Blätter. Man spricht von einer Chlorose. Sie wird meistens durch zu viel Kalk im Boden ausgelöst. Kalk bindet nämlich Eisen. Verhindern kann man dieses Gelbwerden dadurch, dass man bereits beim Pflanzen saures Humusmaterial unter die Erde mischt. Ansonsten kann die Pflanze mit einem Eisenchelatdünger angegossen werden. Verschiedene Handelsformen sind im Handel erhältlich (z. B. Fetrilon, Sequestren). Schnell wirkt auch das flüssige Mittel Optifer.

Hortensienblüten zu Dekorationszwecken trocknen

In meinem Garten blühen in diesem Jahr die Hortensien auffallend schön und reich. Ich liebe sie sehr und möchte ein paar von diesen herrlichen Dolden für den winterlichen Trockenstrauß trocknen. Wann wäre wohl dafür der günstigste Zeitpunkt zum Abschneiden, ohne dass sie sich bereits vor dem Trockenwerden einrollen?

Blütenstände der Hortensien (*Hydrangea*-Arten) können sehr gut zu Trockengebinden verarbeitet werden. Der beste Zeitpunkt für den Schnitt ist gegen Ende der Blühzeit. Meistens färben sich die farbigen Hochblätter der Blütenstände etwas grünlich, ein Zeichen, dass das Ende der Blühzeit naht. Dann werden die Blütenbälle vorsichtig geschnitten und entweder an einen günstigen Ort gelagert oder sofort zu Kränzen oder Gestecken verarbeitet. Der Trocknungsprozess geht nach dem Schnitt sehr schnell. Dabei ist auch nach dem Schnitt immer mit einer leichten Verfärbung der Blüten zu rechnen. Je nach Gebiet liegt der günstige Schnitttermin zwischen Ende Juli und Mitte August.

Kamelie vor Frost schützen

Ich habe eine winterharte Kamelie für den Garten erworben. Soll ich sie, um einen Frostschaden auf jeden Fall zu vermeiden, mit einer Noppenfolie oder einem Vlies schützen?

Kamelien (*Camellia japonica*) zählen nördlich der Alpen nicht unbedingt zu den vollständig winterharten Ziergehölzen. Doch gibt es heute relativ winterfeste Sorten, die jedoch zur Vermeidung von Frostschäden im Winter etwas geschützt werden müssen. Dafür sollte aber lichtundurchlässiges Material verwendet werden, da im Winter bei Frost und gleichzeitigem Sonnenschein die Temperaturen unter der schützenden Hülle plötzlich stärker ansteigen können (Treibhauseffekt) und so doch Schäden möglich sind. Besser ist es, wenn zum Schutz lichtundurchlässiges Material verwendet wird, das vor allen Dingen das Sonnenlicht während der sehr kalten Wintertage abhält. Bewährt haben sich Rohrmatten (Reetmatten), mit denen vor allem noch kleinere Pflanzen vor Beginn des Winters eingehüllt werden.

Kirschlorbeer schneiden

Mein Kirschlorbeer ist kräftig gewachsen. Die Pflanzen haben sich zu großen Büschen entwickelt. Wann und wie können die Büsche geschnitten werden?

Der Kirschlorbeer oder auch die Lorbeer-Kirsche (*Prunus laurocerasus*), ist ein immergrüner, 2 bis 4, manchmal auch bis 8 m hoch wachsender Strauch mit guter Schattenverträglichkeit. Normalerweise werden keine Schnittmaßnahmen ausgeführt, obwohl solche gut vertragen werden. Die Sträucher können je nach Wuchscharakter ausgelichtet oder auch stärker zurückgeschnitten werden. Selbst nach einem sehr kalten Winter mit einem möglichen Frostschaden an den immergrünen Sträuchern treiben die Pflanzen aus der Stammbasis meist wieder gut aus.
Wenn nur ein geringer Rückschnitt erforderlich ist, wird dieser am besten im Frühjahr nach der Blüte ausgeführt. Will man auf eine regelmäßige Blüte und den Fruchtansatz nicht verzichten, empfiehlt es sich, die Sträucher immer wieder im Winter auszulichten. Besondere Regeln für einen strengen Schnitt gibt es bei der Lorbeer-Kirsche nicht.

Bei einer Neupflanzung sollten für extreme Standorte besonders widerstandsfähige Sorten ausgewählt werden wie 'Schipkaensis Macrophylla'.

Kletter- und Edelrosen richtig überwintern

Bisher habe ich meine Rosen im Herbst mit Erde oder Torf angehäufelt, um sie vor Winterfrösten zu schützen. Kann ich für diese

Maßnahme auch Holzhäcksel verwenden? Müssen Kletterosen auch angehäufelt werden?

Nach den bisherigen Erfahrungen erfüllt Holzhäcksel den gleichen Zweck wie andere Materialien auch. Erreichen will man mit diesem Anhäufeln, dass die Veredlungsstelle am Wurzelhals einmal gegen Fröste, vor allen Dingen aber gegen die intensivere Sonnenbestrahlung im Spätwinter geschützt wird. Das kann auch mit Holzhäcksel oder aufgearbeiteten Holzfasersubstraten erreicht werden. Wird dieses Material nach dem Abhäufeln im Frühjahr in den Boden eingearbeitet, muss ausreichend Stickstoff vorhanden sein, da die Mikroorganismen ansonsten den für die Zersetzung notwendigen Stickstoff dem Boden entziehen. Eine ausreichende Düngung ist deshalb angebracht, um Nährstoffmangelerscheinungen an den Rosen zu verhindern.
Auch Kletterrosen sind am Wurzelhals veredelt, so dass sie an extremen Standorten wie die Busch- und Edelrosen vor Beginn strengerer Fröste angehäufelt werden sollten.

Koniferen als Bindegrün

Ich besitze einen großen Garten und möchte dort einige Nadelgehölze anpflanzen, die sich gleichzeitig als Bindegrün eignen. Welche Gattungen und Arten kommen dafür in Frage?

Eigentlich sind alle Nadelgehölze (Koniferen) als „Bindegrün" geeignet. Nur vertragen manche Gattungen eher einen Schnitt als andere. Problemlos geschnitten werden können Eibe (*Taxus baccata*) oder Lebensbaum (*Thuja*-Arten). Alle anderen Koniferen lässt man in der Regel auf natürliche Weise wachsen. Fichten, auch Blaufichten (*Picea pungens* 'Glauca'), werden für Bindezwecke in besonderen Kulturen angebaut. Ein Anpflanzen zum Schnitt im Garten ist nicht empfehlenswert, da sich die Gehölze immer nur sehr schwer regenerieren und meistens ihre natürliche Form verlieren. Im Garten sollte man sich eigentlich mehr auf die schöne Entwicklung eines Nadelgehölzes einstellen, notwendiges Bindegrün für häusliches Blumenbinden vom Fachmann (Floristen) besorgen.

Korkenzieherweide vermehren

In meinem Garten steht eine Korkenzieherweide. Es soll relativ einfach sein, dieses Gehölz selbst zu vermehren. Wie mache ich das, wenn ich selbst Nachkommen ziehen will?

Diese auffallende Weide (*Salix matsudana* 'Tortuosa') mit den spiralig verdrehten, aufstrebenden Ästen kann, wie andere Weiden auch, durch Steckhölzer vermehrt werden. Manche Gartenbesitzer schneiden einfach Ruten ab und stecken sie irgendwo in eine lockere, nicht zu nährstoffreiche Erde.

Es können aber auch richtige Steckhölzer geschnitten werden. Zu diesem Zweck wird ein Trieb abgeschnitten und in etwa 20 bis 25 cm lange Teilstücke geschnitten. Während der obere Teil des Steckhholzes stumpf angeschnitten wird, damit nur eine kleine Wunde entsteht, kann der untere Teil des Steckholzes schräg angeschnitten werden. So weiß man immer, welcher Teil nach oben oder nach unten kommen muss. Wichtig ist nämlich, dass die Steckhölzer so in die Erde gesteckt werden, dass der untere Teil anschließend in die Erde kommt. Nun kann man die Steckhölzer zu mehreren an einer geschützten Stelle des Gartens in die Erde stecken oder auch in eine tiefe Kiste in ein Gemisch aus Torf und Sand. Günstig ist es, wenn Weidensteckhölzer kurz vor dem Austrieb geschnitten und gesteckt werden.

Korkenzieherweiden können sich mächtig entwickeln und oft bis 8 m hoch werden. Da der Strauch im Laufe der Jahre vergreist und auseinanderfällt, kann bei Bedarf eine totale Verjüngung, also ein starker Rückschnitt ausgeführt werden. Durch diese Schnittmaßnahme kann der Strauch zur kräftigen Bildung junger Triebe angeregt werden.

Lavendel zum richtigen Zeitpunkt schneiden

In meinem Garten habe ich eine kleine Lavendelhecke angepflanzt, die sich recht gut entwickelt hat. Welcher Zeitpunkt ist für den Rückschnitt der Pflanzen wohl am günstigsten? Kann ich die Heckenschere verwenden?

Lavendel (*Lavandula angustifolia*) kann zu verschiedenen Zeiten des Jahres zurückgeschnitten werden. Am besten ist es aber, wenn Sie die Pflanzen im zeitigen Frühling schneiden. Dadurch erhält man einen kräftigen Austrieb und dichte Büsche. Der Rückschnitt kann durchaus mit einer Heckenschere ausgeführt werden. Ein schwacher Rückschnitt der Büsche ist auch bereits nach der Blüte möglich.

Lebensbaum noch im Oktober verpflanzen?

Ich habe jetzt Anfang Oktober einige im Garten stehende Lebensbäume verpflanzt. Kann ich damit rechnen, dass diese schon etwas größeren Gehölze gut durch den Winter kommen und am neuen Standort einwurzeln?

Normalerweise beginnt die herbstliche Pflanzzeit von Nadelgehölzen schon Mitte bis Ende September. Doch ist auch der Monat Oktober noch ein durchaus günstiger Pflanzmonat. Wichtig ist in der Tat ein relativ frühes Pflanzen im Herbst, damit diese immergrünen Gehölze möglichst noch vor Winterbeginn am neuen Standort einwurzeln. Dann überwintern sie auch problemlos.
Wichtig ist aber auf jeden Fall, dass diese Gehölze mit einem relativ guten und großen Wurzelballen verpflanzt werden. Je größer und stabiler dieser Wurzelballen ist, um so größer ist auch die Chance, dass die Gehölze am neuen Standort schnell und gut einwurzeln.
Wichtig ist natürlich auch, dass die Lebensbäume (*Thuja*) nach dem Verpflanzen gut eingewässert wurden. Außerdem sollte im Winter, während einer milden Witterungsperiode, der Feuchtigkeitszustand des Bodens kontrolliert und gegebenenfalls etwas gewässert werden.

Decken Sie den Boden rund um die frisch gepflanzten Gehölze mit Laub oder einem ähnlichen Material ab, damit der Boden möglichst lange frostfrei bleibt und so die Gehölze die Möglichkeit haben, nicht nur einzuwurzeln, sondern auch während des Winters Feuchtigkeit aus dem Boden aufzunehmen.

Lebensbaum wächst sehr schwach

Vor einiger Zeit habe ich in meinen Garten eine Lebensbaumhecke gepflanzt. Die Pflanzen wollen nicht richtig gedeihen, muss ich diese Nadelgehölze auch düngen?

Normalerweise ist der Lebensbaum (*Thuja*) sehr frohwüchsig und macht keine Probleme. Natürlich ist es notwendig, dass ein ausreichender Wurzelraum und genügend Nährstoffe zur Verfügung stehen. Andererseits sollte man eine Überdüngung vermeiden, da sonst die Pflanzen zu sehr ins „Kraut schießen".
Wurde der Bereich des Gartens, in dem die *Thuja* stehen, bisher nicht gedüngt, sollte man einmal mit Beginn der Vegetationsperiode 20 bis 30 g eines organisch-mineralischen Volldüngers/m^2 ausstreuen und flach in die oberste Erdschicht einarbeiten. Nun kann man das weitere Wachstum abwarten. Ein solcher Dünger enthält normalerweise die Hauptnährstoffe Stickstoff und Phosphorsäure in langanhaltender, organischer Form, außerdem aber auch noch geringe Mengen mineralischer Nährstoffe einschließlich Kalium. Die mineralischen Komponenten wirken schnell, die organischen langsam und über einen längeren Zeitraum verteilt. Nach einer solchen Düngung müssten die Pflanzen ein normales Wachstum zeigen. Ist dies der Fall, kann die Düngung im folgenden Jahr bei Vegetationsbeginn wiederholt werden. Jedoch darf es nicht zu einer Überdüngung kommen. Zu große Düngermengen sind auch deshalb ungünstig, weil Nadelgehölze, die im Waldhumusboden zu Hause sind, auf zu hohe Salzkonzentrationen empfindlich reagieren. Ausreichende Wassergaben während der Vegetationsperiode sind außerdem wichtig, andererseits ist natürlich Staunässe zu vermeiden. Waldböden sind meistens sehr locker und humos und enthalten nur geringe Mengen mineralischer Bestandteile.

WUSSTEN SIE, dass es neben den bei uns häufig anzutreffenden Arten *T. occidentalis* (Abendländischer Lebensbaum), *T. orientalis* (Morgenländischer Lebensbaum) auch noch den Riesen-Lebensbaum, *T. plicata*, gibt, der aus Nordamerika zu uns gekommen ist und dessen Holz von den Indianern für Totempfähle und Kanus verwendet wurde?

Lebensbaum-Sträucher sterben ab

Um eine Mauer abzudecken, habe ich vor einiger Zeit Lebensbaum-Sträucher gepflanzt. Es handelt sich um etwa 1,80 m hohe Exemplare, die entlang dieser Mauer gesetzt wurden. Nun sind mir im Laufe dieses Sommers bereits vier Sträucher eingegangen. Was ist wohl die Ursache und was kann ich tun, um die anderen Pflanzen zu retten?

Für das Absterben dieser Lebensbaum-Sträucher (*Thuja*) können zwei Ursachen in Frage kommen. Sehr wichtig ist bei Nadelgehölzen, dass beim Pflanzen der Wurzelballen nicht beschädigt wird. Sowohl bei Containerpflanzen als auch bei Exemplaren, deren Wurzelballen mit einem so genannten Ballentuch umhüllt wurde, muss sehr darauf geachtet werden, dass dieser Ballen keinesfalls beim Pflanzen zerfällt und so der Kontakt der Wurzeln zum ursprünglichen Substrat verloren geht. Beim Pflanzen von Koniferen, aber auch vielen anderen Gehölzen, muss immer darauf geachtet werden, dass diese mit einem unbeschädigten Wurzelballen am neuen Standort eingepflanzt werden. Sollte nun dieser Wurzelballen beim Einpflanzen der Lebensbäume beschädigt worden sein, kann das als Ursache für das Nichtanwachsen und das jetzige Absterben der Pflanzen in Frage kommen.
Aber auch Wassermangel kann für das Absterben der Sträucher verantwortlich sein. Wurden alle Standortfaktoren berücksichtigt und der Boden optimal vorbereitet, müssen die Pflanzen bis zum vollständigen Einwachsen während trockener Perioden reichlich gegossen werden. Das ist gerade bei solchen Exemplaren wichtig, die entlang von Mauern oder Hauswänden gepflanzt werden, da sie dort oft nicht genügend Wasser von natürlichen Niederschlägen erhalten. Wichtig ist also, dass der Boden zunächst einmal bis zum völligen Einwurzeln der Pflanzen gleichmäßig feucht gehalten wird. Natürlich sollte andererseits auf jeden Fall Staunässe vermieden werden.

Lebensbaumzweige als Frostschutz verwendbar?

Um mein Grundstück zieht sich eine große Lebensbaumhecke. Sie wird in größeren Abständen geschnitten. Dabei fallen auch größere Zweige an. Können diese zum Abdecken von Rosen und anderen frostempfindlichen Pflanzen verwendet werden? Sind die restlichen Zweige kompostierbar?

Eigentlich spricht nichts dagegen, diese Lebensbaumzweige zum vorbeugenden Frostschutz zu verwenden. Es geht beim Abdecken frostempfindlicher Pflanzen ja in erster Linie darum, Sonnenstrahlen im Spätwinter von den Pflanzen fern zu halten. Meistens hat man für diesen Zweck preiswertes Fichtengrün, so dass dieses bevorzugt wird. Sollten aber Zweige vom Lebensbaum (*Thuja*) zur Verfügung stehen, können sie problemlos verwendet werden.
Auch gegen das Kompostieren des Restmaterials ist nichts einzuwenden. Sicher werden diese Nadelholzzweige etwas langsamer verrotten als andere weichlaubige Gartenabfälle. Aus diesem Grund ist zu empfehlen, den Kompost in Lagen aufzusetzen und immer wieder schnell verrottbares Material zwischen die Thujazweige zu schichten. Dadurch wird insgesamt der Rottevorgang beschleunigt, da bei einem aktiven Mikroorganismenleben auch die langsamer sich zersetzenden Nadelholzzweige humifizieren.

Zur Beschleunigung des Rottevorgangs ist eine Zerkleinerung des *Thuja*-Schnittguts vor der Kompostierung empfehlenswert. Außerdem sollten durch die Zugabe eines Stickstoffdüngers wie Kalkstickstoff (1 bis 2 kg/m^3) einerseits schädliche Säuren abgebunden und andererseits das Bakterienleben angeregt werden. Dadurch kann eine optimale Zersetzung des Komposts erreicht werden.

Magnolie blüht nicht

Ich habe im vergangenen Jahr eine Magnolie in den Garten gepflanzt. Nun hatte ich gehofft, dass sie in diesem Jahr Blüten bilden wird. Das war nicht der Fall. Wann kann ich mit den ersten Blüten rechnen?

Magnolien (*Magnolia*) sind herrliche Frühjahrsblüher. Nur gibt es Unterschiede hinsichtlich der Blütenbildung, die abhängig von der Art und Sorte ist. So ist bekannt, dass die Sternmagnolie (*Magnolia stellata*), schon als junge Pflanze reichlich Blüten ansetzt. Andererseits kann es beispielsweise bei einem Sämling der auch häufig angepflanzten *Magnolia kobus* manchmal 10 bis 15 Jahre dauern, ehe sie zum Blühen kommt. Es ist also durchaus denkbar, dass die Magnolie im ersten Jahr nach dem Pflanzen noch nicht blüht, da nicht bekannt ist, um welche Art, Hybride oder Sorte es sich handelt. Man muss sich wohl etwas in Geduld üben und hoffen, dass die Pflanze im nächsten Jahr zum Blühen kommt.
Ansonsten ist es sehr wichtig, dass gewisse Ansprüche der Magnolie an den Standort, vor allem an den Boden beachtet werden. So lieben Magnolien einen geschützten, freien Stand, obwohl sie nicht unbedingt vollsonnig stehen müssen. Am liebsten haben sie einen guten Gartenboden, der humos und nährstoffreich sein soll. Auch benötigen sie eine leicht saure Bodenreaktion. Ist zu viel Kalk im Boden, werden die Blätter gelb und bekommen eine Chlorose. In etwas rauen Lagen sollte man den Boden mit einer Mulchdecke versehen. Die flach unter der Erdoberfläche streichenden Wurzeln können bei strengen Frösten Schaden leiden.

WUSSTEN SIE, dass es auch in Deutschland Magnolienbestände gibt, die schon rund 150 Jahre alt sind? So gibt es in dem zoologisch-botanischen Garten Wilhelma in Stuttgart zahlreiche Pflanzen, die schon 1845 bei der Anlage des Maurischen Gartens durch König Wilhelm I gepflanzt wurden.

Mandelbäumchen mit absterbenden Trieben

In meinem Garten welkten kurz nach der Vollblüte zahlreiche Triebspitzen des Mandelbäumchens, die schon nach kurzer Zeit abstarben. Ich bin in Sorge, ob dieses Bäumchen eingeht. Was ist die Ursache und was kann ich dagegen tun?

Nach der Schilderung des Schadbilds handelt es sich um die so genannte Spitzendürre (*Monilia*), einer pilzlichen Erkrankung, die verschiedene *Prunus*-Arten, vor allen Dingen Sauerkirschen, Aprikosen, aber auch das Mandelbäumchen (*Prunus triloba*) befällt. Der Pilz infiziert die Pflanzen über die Narbe der geöffneten Blüte und dringt von der Blüte aus in den Stängel ein. Schon kurze Zeit nach dem Befall welken die Triebspitzen und sterben ab. Diese Krankheit hat sich in den letzten Jahren stark verbreitet.

Zur Bekämpfung sollte man sofort nach dem Sichtbarwerden des Schadens die erkrankten Triebspitzen mindestens 5 bis 10 cm tief in das gesunde Holz hinein zurückschneiden. Das ist wichtig, da sich die Hyphen des Pilzes sicher schon im gesunden Teil des Gewebes ausgebreitet haben. Die abgeschnittenen Pflanzenteile nicht auf den Kompost werfen, sondern vernichten (verbrennen, Hausmüll). Will man einen weiteren Befall verhindern, sollte das Mandelbäumchen kurz vor und während der Blüte mit geeigneten Pilzmitteln gespritzt werden, über die Sie der amtliche Pflanzenschutzdienst informiert. Da die Infektion über die Blüte erfolgt, muss die Spritzung ab Blühbeginn durchgeführt werden.

Neben dem bekannten Mandelbäumchen gibt es auch die so genannte Zwerg-Mandel (*Prunus tenella*). Es handelt sich um einen dünnzweigigen aufrechten Strauch, der aber nur bis 150 cm hoch wird. Seine Triebe sind im zeitigen Frühjahr mit zahllosen, 3 cm großen, rosaroten Blüten übersät.

Nadelgehölze düngen

In meinem großen Garten stehen einige Nadelgehölze. Sie haben zum Teil gelbe Nadeln, manche werden auch von innen heraus kahl. Wie muss ich die Pflanzen düngen, damit sie normal gedeihen?

Zwei Dinge sollte man unterscheiden. Einmal können die Aufhellungen der Nadeln tatsächlich auf einen Nährstoffmangel hindeuten, andererseits ist das Kahlwerden der Gehölze von innen nach außen manchmal ein Zeichen für Läusebefall. Diese treten gerne an Fichten, ganz besonders an Blaufichten auf. Deshalb sollten Sie einmal zunächst durch eine Klopfprobe feststellen, ob Läusebefall vorliegt. Zu diesem Zweck wird ein weißer Karton oder ein weißes Papier unter einen Zweig gehalten und mit einem Stock kräftig gegen einen Ast geschlagen. Bester Zeitpunkt ist Ende Februar oder Anfang März. Durch die ruckartige Bewegung fallen Läuse auf die Unterlage. Pflanzenschutzexperten sind der Ansicht, wenn mehr als fünf Läuse herabfallen, ist eine Behandlung mit einem zugelassenen Pflanzenschutzmittel ratsam.

Natürlich kann auch Nährstoffmangel vorliegen. Nadelgehölze lieben an sich einen lockeren Waldhumusboden, der jedoch keine großen Nährstoffvorräte enthalten soll. Auch sind sie gegen zu hohe Salzkonzentrationen empfindlich, weshalb man wohl am im Frühjahr, bei Vegetationsbeginn, einen organisch-mineralischen Volldünger ausstreut und ganz flach in die Krume einarbeitet. Ansonsten haben Nadelgehölze ein hohes Magnesium-Bedürfnis. Die gelben Spitzen deuten gelegentlich auf einen Magnesiummangel hin. In diesem Fall könnte eine spezielle Düngung mit Schwefelsaurem Kalimagnesia (Patentkali) verabreicht werden. Der Dünger enthält sowohl Kalium als auch Magnesium. Beide Nährstoffe sind für Nadelgehölze sehr wichtig. Die Aufwandmenge sollte nicht zu hoch gewählt werden. 20 g/m^2 reichen völlig aus. Der Dünger wird ausgestreut und gründlich eingewässert.

Vielleicht wäre zu empfehlen, bei einem größeren Gartengrundstück einmal eine Bodenuntersuchung zu machen, um festzustellen, welcher Nährstoffvorrat im Boden vorhanden ist. Gleichzeitig könnte man auch eine Aussage über den Säuregrad des Bodens, also den pH-Wert erhalten. Nadelgehölze lieben eine leicht saure Reaktion, also einen pH-Wert zwischen 5,5 und 6,5.

Pfingstrosen verpflanzen

In meinem Garten steht eine sehr alte, große Pfingstrose. Kann ich diese verpflanzen? Ist ein Auspflanzen im Zierrasen möglich?

Normalerweise wollen Pfingstrosen (*Paeonia*) lange Zeit ohne Störung im Garten stehen. Alte Exemplare können aber verpflanzt werden. Jedoch muss man damit rechnen, dass sie nach dem Verpflanzen ein oder zwei Jahre etwas spärlicher blühen.

Die beste Zeit zum Verpflanzen ist der frühe Herbst, etwa Mitte September bis Mitte Oktober. Zu diesem Zeitpunkt muss die Pflanze neue Triebe an der Basis entwickelt haben. Außerdem fängt sie an, neue Wurzeln zu bilden. Mit dem Spaten wird der Wurzelstock vorsichtig ausgegraben. Daraufhin kann der Wurzelstock mit einem scharfen Messer geteilt werden. Dabei ist darauf zu achten,

dass möglichst kleine Wundflächen entstehen. Jedes Teilstück soll etwa drei (bis fünf) starke Triebknospen besitzen. Die verbliebenen Wurzeln werden auf etwa 15 cm eingekürzt. Dadurch wird eine Wurzelneubildung angeregt.
Beim anschließenden Pflanzen sollte vorher der Boden tiefgründig bearbeitet und bei schwerem Boden für eine gute Dränage gesorgt werden. Gepflanzt wird in ein humoses, lockeres Substrat. Dabei ist auf die richtige Pflanztiefe zu achten. Die Triebknospen an den Wurzelstöcken sollen etwa 3 bis 5 cm unter der Erdoberfläche liegen.
Pfingstrosen lieben keine ständige Bodenbearbeitung. Günstig ist aber das Mulchen, also das Abdecken der Bodenoberfläche mit organischem Material. Gute Erfolge erzielt man mit unkrautfreiem Kompost oder einer 3 bis 5 cm dicken Schicht von verrottetem Kuhmist. Dieses Material wird am besten im Frühjahr aufgebracht, da ansonsten die löslichen Nährstoffe über Winter ausgewaschen werden und den Pfingstrosen nicht zugute kommen.
Pfingstrosen bevorzugen einen vollsonnigen Standort. Ein Einpflanzen in den Rasen ist möglich, wenn um die Pfingstrose herum der Boden etwas offen gehalten wird (Baumscheibe).

WUSSTEN SIE, dass bereits im frühen Mittelalter die Pfingstrose als Heilpflanze genutzt wurde? Schon Hieronymus Bock (1489–1554) bezeichnete in seinem Kräuterbuch die Pfingstrose nach alter Überlieferung „Benedikten-Rose". Dieser Name bezieht sich auf das lateinische Wort „benedictus", das so viel wie heilkräftig oder gesegnet bedeutet.

Rhododendron blüht nicht

Die Rhododendren in meinem Garten blühen seit zwei Jahren nicht, obwohl sie früher immer einen reichen Blütenansatz hatten. Sie stehen im Schatten und werden normal gepflegt. Was kann die Ursache sein?

Verschiedene Ursachen kommen dafür in Frage. Einmal muss man beachten, dass Rhododendren (*Rhododendron*) zu den so genannten Moorbeetpflanzen zählen, sie brauchen also einen sauren Boden. Dieser muss ein „saures" Bodenmilieu – also einen pH-Wert von 4,5 bis 5,5 – aufweisen. Sollte der Boden von Natur aus nicht „sauer" sein, muss bereits beim Pflanzen eine große Grube ausgehoben und die Rhododendren in Hochmoorweißtorf, oder in einen Torfersatzstoff wie ungekalkten Rindenhumus gepflanzt werden. Später sollten Sie in regelmäßigen Abständen, am besten jährlich, die Bodenoberfläche mit „saurem" Substrat abdecken.
Es kann auch ein Düngefehler vorliegen. Rhododendren sollten direkt nach der Blüte gedüngt werden, damit sie kräftig durchtreiben und bis zum Herbst, also bis etwa Ende Oktober, bereits die Blütenknospen für das nächste Jahr angelegt haben. Wird die Düngung zu spät durchgeführt, treiben die Pflanzen ständig weiter, ohne im Spätsommer Knospen anzusetzen. Zum Düngen selbst sollte ein Spezialdünger für Rhododendron oder Moorbeetpflanzen verwendet werden, der im Allgemeinen auch physiologisch sauer reagiert.
Als weitere Möglichkeit kommt in Frage, dass Ihre Rhododendren im Winter, wie es für viele andere Gehölze richtig ist, geschnitten wurden. In diesem Falle wurde die Knospenanlage entfernt, so dass die Pflanzen im Frühjahr nicht blühen können. Übrigens sollen Rhododendren nur in Ausnahmenfällen geschnitten werden: Da ja dann der Rückschnitt im Winter erfolgt, muss man im folgenden Frühjahr auf den Blütenflor verzichten.

Sofort nach dem Verblühen müssen die verwelkten Blütenstände vorsichtig ausgebrochen werden. Dadurch wird der neue Durchtrieb aus den Seitenknospen gefördert.

Rhododendron pflanzen

Ich möchte in meinem Garten Rhododendron anpflanzen. Welche Pflanzzeit ist besonders günstig?

Rhododendren (*Rhododendron*) werden meistens mit einem festen Naturballen geliefert. Deshalb können die Pflanzen üblicherweise von Anfang September bis Ende Mai, mit Ausnahme von längeren Frostperioden, gepflanzt werden. Gut ist natürlich immer eine frühe Herbstpflanzung. Natürlich sind, der Jahreszeit entsprechend, einige Besonderheiten beim Pflanzen zu beachten. So sollte eigentlich schon vor dem Pflanzen der Wurzelballen kontrolliert werden. Ist er relativ trocken, sollten Sie das Gehölz mit dem Wurzelballen in ein Wasserbad zu stellen und zwar so lange, bis keine Blasen mehr aufsteigen. Nach dem Pflanzen sollten Rhododendren einige Zeit vor direkter Sonnenbestrahlung geschützt werden. Das gilt nicht nur für eine Frühjahrspflanzung, sondern auch für eine Herbstpflanzung. Verwendet wird dazu Schattier- bzw. Ballenleinen oder Tücher, die sonnenseits angebracht werden. Auch einige an der Sonnenseite in den Boden gesteckte oder auf die Pflanzen gelegte Fichtenzweige sind schon hilfreich. Dieser Schutz ist aber nicht nur im Frühjahr, sondern auch im Winter sinnvoll, da die immergrünen Pflanzen ständig Wasser verdunsten und bei Frost aus dem gefrorenen Boden keine Feuchtigkeit aufgenommen werden kann. Bei einer Herbstpflanzung sollten Sie im Winter bei mildem Wetter einmal kontrollieren, ob der Boden trocken ist. Dann ist es empfehlenswert, die frisch gepflanzten, immergrünen Rhododendren auch einmal zu gießen.

Rhododendron pflegen und überwintern

In meinen Garten habe ich einen Rhododendron gepflanzt. Er blühte im Mai und Juni sehr reich. Was muss ich im Winter tun, damit dieses Gehölz im nächsten Jahr wieder reichlich blüht? Muss ich die Triebe in irgendeiner Weise zurückschneiden?

Rhododendren und Azaleen zählen zu den so genannten Moorbeetpflanzen. Das bedeutet, dass sie einen sauren Boden bevorzugen. Der ideale Reaktionsgrad liegt bei pH 4,5 bis 5,5 (stark sauer). Sollte der Reaktionsgrad zu hoch liegen, was in mineralischen Böden häufig der Fall ist, sollten Sie dafür in erster Linie sauren Hochmoorweißtorf oder das Handelsprodukt Rhodohum verwenden. Sinnvoll ist es, den Boden während der Vegetationsruhe mit Humusmaterial abzudecken. Die Dicke der Mulchschicht kann zwischen 5 und 10 cm liegen. Auch Kiefernadelstreu, Laub von hartholzigen Gehölz-Arten, z. B. Eiche, Esche, Buche, kann verwendet werden. Doch müssen Sie beachten, dass bei der Verwendung von Laubstreu durch die Zersetzung relativ viel Stickstoff verbraucht wird, der unter Umständen dem Boden entzogen wird. In diesem Falle ist während der Vegetationsperiode eine etwas höhere Stickstoffgabe erforderlich.

Gedüngt werden Rhododendren während der Vegetationsperiode. Die Verwendung eines speziellen Rhododendrondüngers ist empfehlenswert. Er ist in seinen Nährstoffen auf die Bedürfnisse der Pflanze abgestimmt. Beim Düngen ist darauf zu achten, dass die Aufwandmengen nicht zu hoch gewählt werden, da Rhododendren salzempfindlich sind. Vor allen Dingen bei der Verwendung mineralischer Dünger kann es sonst leicht zu Salzkonzentrationsschäden (Verbrennungen) kommen.

Normalerweise werden Rhododendren nicht geschnitten. Man überlässt sie ihrem natürlichen Wuchs. Sollte eine Pflanze einmal zu groß geworden sein, ist ein Rückschnitt möglich. Problemlos können Sie einen Rückschnitt bis auf eine Triebstärke von etwa 2 bis 3 cm im Durchmesser vornehmen. Selbst ein stärkerer Schnitt ist möglich, jedoch ist dann mit einem verzögerten Austrieb zu rechnen. Werden relativ dünne Triebe zurückgenommen, beginnt im Frühjahr bereits nach kurzer Zeit ein Austrieb aus „schlafenden Augen". Beste Zeit für einen Rückschnitt ist der Spätwinter oder das zeitige Frühjahr, also Anfang März. Da bei einem solchen Rückschnitt die im Herbst gebildeten Knospen wegfallen, muss auf den Blütenflor in diesem Jahr verzichtet werden. Treiben aber Rhododendren wieder kräftig durch, kann mit einem Ansatz der Blütenknospen bis zum Herbst gerechnet werden, die Blüte folgt dann im nächsten Frühsommer.

Wird im Herbst oder Frühwinter der Boden mit einer Mulchschicht abgedeckt, sollte zusätzlich eine dichte Reisigschicht aufgebracht werden. Beobachtet wurde nämlich, dass über einer frisch aufgebrachten Mulchschicht während klarer, windstiller Frostnächte die Temperatur 3 bis 5 °C niedriger ist als über unbedecktem Boden. Vor allem bei jüngeren Rhododendron und Japanischen Azaleen sind dann Frostrisse an der Rinde kurz über dem Wurzelhals möglich.

Rhododendron vermehren

Wie vermehrt man Rhododendron? Kann man Ableger schneiden und sie zur Bewurzelung in die Erde stecken? Wann müsste das sein und welches Alter müssten die Triebe bzw. Triebspitzen haben?

Für Pflanzenliebhaber eignet sich eine Vermehrung durch Absenker am besten, da diese Methode am sichersten ist. Zu diesem Zweck werden nahe am Boden liegende Triebe im Frühjahr in einen etwa 20 cm tiefen und 30 bis 40 cm langen Graben eingelegt und zwar so, dass noch 10 bis 20 cm der belaubten Triebspitzen aus der Erde herausschauen. Der Trieb wird mit einem Drahthaken am Boden festgehalten. Der Graben wird mit humoser Erde oder Torf aufgefüllt. Es dauert nun ein bis zwei Jahre, bis der im Graben befindliche Triebteil Wurzeln gebildet hat. Nun kann dieser Trieb von der Mutterpflanze abgetrennt und als selbstständige Pflanze weiter kultiviert werden. Insgesamt gesehen ist das „Absenken" für Hobbygärtner die sicherste Methode der Vermehrung.
Auch eine Stecklingsvermehrung ist möglich. Die Stecklinge werden von kurzen, dünnen einjährigen Trieben ohne Blütenknospen geschnitten. Bester Zeitpunkt ist für immergrüne *Rhododendron*-Hybriden Mitte Juli bis Anfang September. Die Stecklinge sollten eine Länge bis etwa 8 cm haben und vier bis sechs Blätter besitzen. Größere Blätter werden etwas eingekürzt und die Stecklinge dann in einen Vermehrungskasten in Torfmull mit einem pH-Wert um 4,0 gesteckt. Die ideale Bewurzelungstemperatur ist 24 bis 26 °C. Erst bei beginnender Bewurzelung, was unter Umständen einige Monate dauern kann, wird die Bodentemperatur auf 16 bis 18 °C abgesenkt.

Rhododendron vor Frost schützen

In meinem an einem Südhang liegenden Garten stehen auch Rhododendren. Welche Möglichkeiten gibt es, dass Frostschäden vermieden werden? Kann ich die Pflanzen abdecken oder gibt es noch eine andere Methode?

Es ist nicht möglich, die Rhododendren oder Azaleen (*Rhododendron*) den ganzen Winter über abzudecken. Das ist sicherlich auch nicht notwendig, da die Gehölze wahrscheinlich nur dann Schaden leiden, wenn nach kalten Frostnächten am Morgen die Sonne direkt auf die Pflanzen scheint. Andererseits ist es natürlich möglich, dass es sich nicht um einen Frostschaden, sondern um Trockenschaden handelt. Die immergrünen Pflanzen verdunsten auch im Winter Wasser. In dem Garten am Hang kann es aber sein, dass der Boden auch während der Wintermonate stark austrocknet und die Pflanzen so unter Wassermangel leiden.
Je nach Ursache müssen zwei Maßnahmen ergriffen werden. Einmal ist auf jeden Fall darauf zu achten, dass die Pflanzen auch im Winter genügend Feuchtigkeit erhalten. Deshalb muss unter Umständen während einer milden Witterungspe-

riode einmal oder auch mehrmals gründlich gewässert werden. Die Wassergaben sind vom Standort und den Bodenverhältnissen abhängig. Sollte es sich um echte Frostschäden handeln, müssen die Pflanzen vielleicht während kalter Witterungsperioden etwas geschützt werden. Bewährt hat es sich, wenn um die Pflanzen einige Pfähle in den Boden geschlagen und diese mit Schnüren verbunden werden. In diese Schnüre wird Fichtenreisig gesteckt, um so zu verhindern, dass die Pflanzen sofort am Morgen von den Sonnenstrahlen getroffen werden. In extremen Lagen kann man aber auch über ein solches Gestell während kritischer Witterungsperioden Sackleinen spannen, um so die Pflanzen zu schützen.

In sehr extremen Lagen ist es auch notwendig, die Wurzeln vor tief eindringendem Frost zu schützen. Bewährt hat sich eine Mulchschicht aus Laub, die im Herbst ausgebracht wird. Unter der Mulchschicht bleibt der Boden lange frostfrei, so dass die Pflanzen immer wieder genügend Feuchtigkeit aufnehmen können. Im Übrigen sind Rhododendren grundsätzlich für eine Mulchdecke aus Laub oder auch Nadelstreu dankbar.

Rhododendronblätter werden gelb

Vor einigen Jahren habe ich Rhododendronbüsche in meinen Garten gepflanzt. Nun stelle ich fest, dass die Blätter gelb werden, manchmal auch braun. Die Büsche verkahlen von unten nach oben. Die Pflanzen haben gute Standortbedingungen, sie stehen im Halbschatten, der Boden ist stark lehmhaltig. Was ist die Ursache und was kann ich dagegen tun?

Sicher hängt die Gelbverfärbung der Blätter mit dem Kalkgehalt des Bodens zusammen. Rhododendren (*Rhododendron*) sind so genannte Moorbeetpflanzen und brauchen einen stark sauren Boden. Der Optimalbereich liegt zwischen pH 4,5 und 5,5. Steigt der pH-Wert über 6,0 an, lässt das Wachstum deutlich nach, außerdem werden die Blätter gelb, später braun und fallen ab. Die Ursache dafür ist der Kalk im Boden, der die Nährstoffaufnahme durch die Wurzeln behindert. Außerdem ist das nur im sauren Bereich lösliche Eisen nicht mehr aufnehmbar beziehungsweise in alkalischer Lösung in den Pflanzenzellen für die Rhododendren nicht mehr verfügbar.
Ganz wichtig ist es deshalb, dass Rhododendren immer einen sauren Reaktionsgrad vorfinden. Beim Pflanzen in oft mit Kalk reichlich versorgten Lehmböden muss der pH-Wert durch sauren Hochmoor-Weißtorf drastisch abgesenkt werden. Am besten ist es, wenn unter die Pflanzerde mindestens zwei Drittel saurer Torf gemischt wird. Später ist der Boden immer mit saurem Material abzudecken, um so möglichst gute Bedingungen für das Wurzelwachstum zu schaffen. Wenn auch sonst im Garten die Verwendung von Torf stark eingeschränkt wird, gibt es für Rhododendren keinen entsprechenden Ersatz. Deshalb auch für diese Maßnahme sauren Hochmoor-Weißtorf oder Rhodohum verwenden.
Keinesfalls dürfen kalkhaltige Düngemittel angewandt werden. Spezielle Rhododendrondünger, die physiologisch sauer reagieren, sind empfehlenswert.

Sollen in einen Lehm- oder Tonboden Rhododendren gepflanzt werden, muss eine tiefe Pflanzgrube ausgehoben und die Sohle gut dräniert werden. Sorgen Sie dafür, dass Überschusswasser abgeführt wird, um somit eine Anreicherung von Kalk im Boden zu vermeiden.

Rhododendronknospen entfalten sich nicht

Viele Knospen meiner Rhododendren müssen von einer eigenartigen Krankheit befallen sein. Sie öffnen sich im Frühjahr nicht, sterben ab und bleiben mumifiziert oft längere Zeit auf den Zweigen. Manchmal bilden sich eigenartige Stacheln. Handelt es sich hierbei um den Feuerbrand, der in unserer Region Obstbäume und Ziersträucher befällt? Muss ich die Rhododendren aus meinem Garten verbannen?

Grundsätzlich handelt es sich bei diesem Schaden nicht um den Feuerbrand, der nur Gehölze aus der Familie der Rosengewächse (Rosaceae) befällt. Das eindeutig geschilderte Schadbild hängt mit einer pilzlichen Infektion zusammen, die

durch den so genannten Knospenbräunepilz (*Pycnostysanus azaleae*) verursacht wird.
Eigentlicher Verursacher ist aber die Rhododendron-Zikade (*Graphocephala coccinea*), ein etwa 10 mm langes, metallisch-grün gefärbtes Insekt in typisch keilförmiger Gestalt. Auffallend sind zwei rote Streifen auf den Vorderflügeln. Diese Zikaden können seitlich laufen und sich springend-fliegend fortbewegen. Larven und die erwachsenen Tiere verursachen Saugschäden an den Rhododendren und Azaleen (*Rhododendron*), wobei sie sich hauptsächlich auf die Hauptadern der Blätter konzentrieren.
Diese Zikaden legen im Spätsommer und Frühherbst ihre Eier in die Blütenknospen der Rhododendren ab. Genau in diese Einstichstellen dringt der Knospenbräunepilz ein und verbreitet sich durch sein Myzel in der ganzen Knospe. Auf diese Weise verfärben sich die geschlossenen Knospen braun und sterben ab. Zu einem späteren Zeitpunkt entwickeln sich dann wieder Sporenträger, die den Knospen das „stachelige" Aussehen verleihen.

Sobald die Rhododendron-Zikaden auftreten, sollten sie bekämpft werden. Geeignet derzeit sind zum Beispiel Präparate auf der Basis von Pyrethrum oder auch das natürliche Präparat Schädlingsfrei Neem.

Rosen (Edelrosen) schneiden

Ich habe einen Garten übernommen, in dem sich große Rosenbüsche befinden. Es handelt sich um so genannte Edelrosen. Wann und wie soll ich diese schneiden?

Auf Beeten werden vorwiegend Beet- oder Buschrosen und Edelrosen angepflanzt. Der wesentliche Unterschied liegt in der Ausbildung der Blüten. Während die Edelrosen (auch Teehybriden genannt) besonders große, edel geformte Knospen ausbilden, die auf starken, langen Trieben sitzen, handelt es sich bei den Busch- oder Beetrosen um Sorten, die ihre Blüten oft büschelförmig entwickeln und mit sehr vielen, aber meist kürzeren Trieben überaus reich blühen.
Am besten werden Rosen im Spätwinter geschnitten. Dies hat gegenüber einem Schnitt nach dem Laubfall im Spätherbst den Vorteil, dass mögliche Schäden im Winter an den Trieben problemlos korrigiert werden können. Vor allem in einem rauen Klima stellt man immer wieder fest, dass nach starken Frösten obere Triebteile abgestorben sind. Meistens handelt es sich dabei aber nicht um einen ausgeprochenen Frostschaden, sondern um einen Trockenschaden. Werden die Rosen zu früh geschnitten, kann dieser Schaden auch an den eingekürzten Trieben auftreten. Aus diesem Grund kann man zwar im Spätherbst Hagebutten und Triebspitzen abschneiden und die Triebe etwas angleichen, der eigentliche Rückschnitt findet aber je nach Klimalage Ende Februar oder Anfang bis Mitte März statt, also vor dem Austrieb der Rosen.
Beim Schnitt selbst werden alle getrockneten oder abgestorbenen Triebe sowie zu dünnes, schwaches Holz herausgeschnitten. Kommt es bei Edelrosen auf starke Triebe mit schönen Rosenknospen an, werden die verbleibenden kräftigen Stängel auf etwa zwei bis drei Augen zurückgeschnitten. „Schlafende Augen", also Knospenanlagen, befinden sich an den Stängelknoten oder Blattansatzstellen des letzten Jahres.
Bei den Busch- oder Beetrosen, die mehr Triebe und somit einen buschigeren Wuchs entwickeln sollen, werden die bleibenden Triebe auf drei bis fünf Augen zurückgeschnitten. Die allgemeine Regel beim Rosenschnitt lautet immer: Durch einen strengen Rückschnitt werden weniger Neutriebe, aber große, schöne Blüten ausgebildet, während sich nach einem nicht so starken Schnitt mehr Triebe bilden, die oft etwas kleinere Knospen und Blüten tragen.

Sind die ersten Rosen im Sommer verblüht, sollten die verblühten Pflanzenteile möglichst umgehend abgeschnitten werden, bei Edelrosen mit zwei bis drei Blättern, bei Buschrosen unter der Blütendolde. Durch diesen „Sommerschnitt" wird ein erneuter Durchtrieb aus „schlafenden" Augen mit einem weiteren Blütenflor im Spätsommer oder Herbst angeregt.

Rosen anhäufeln oder abdecken?

Ich habe einen Garten übernommen, in dem zahlreiche Rosenpflanzen stehen. Warum soll man diese Rosen im Herbst anhäufeln oder abdecken?

Edel- und Buschrosen (*Rosa*) sind meistens auf eine bestimmte, sehr widerstandsfähige Unterlage am Wurzelhals veredelt. Diese Veredelung ist notwendig, damit die Edelsorten standfest sind, das heißt viele Jahre im Garten wachsen und blühen. Die Veredlungsstelle ist in extremen Lagen und tiefen Minusgraden frostgefährdet. Besonders groß ist die Gefahr im Spätwinter, wenn die Rosenpflanzen bereits wieder im Saft sind und nach kalten Nächten die Sonne auf die blattlosen Rosenpflanzen scheint. Dann findet ein größerer Wärmeumsatz an der Erdoberfläche statt, so dass unter Umständen das Edelreis von der Unterlage abplatzen kann.
Um einem solchen Schaden vorzubeugen, werden die Rosen am besten im späten Herbst angehäufelt oder mit lockerer Humuserde wie Kompost an der Basis bedeckt. Dadurch wird die Veredlungsstelle geschützt, ein Frostschaden tritt nicht auf. Das Abdecken der Rosenpflanzen mit Reisig verfolgt den gleichen Zweck. Es sollen die Sonnenstrahlen von der Veredlungsstelle fern gehalten werden. Andererseits sieht ein mit Reisig abgedecktes Rosenbeet etwas schöner aus.

Das Anhäufeln oder Abdecken von Rosenpflanzen ist nur in extremen Lagen, vor allen Dingen am Südhang notwendig. Stehen die Rosen etwas geschützt und werden sie von der Wintersonne nicht getroffen, ist ein Winterschutz nur in ausgesprochen kalten Gebieten mit starken Frösten erforderlich. Im zeitigen Frühjahr sollte man keinesfalls versäumen, den Winterschutz rechtzeitig zu entfernen. Wird diese Maßnahme zu spät ausgeführt, kann es sein, dass die Rosen bereits ausgetrieben haben und die jungen, zarten Austriebe bei der Wegnahme des Winterschutzes beschädigt werden.

Rosen gegen Blattlausbefall schützen

Ich habe nur zwei Rosenstöcke im kleinen Vorgarten, die schon Anfang Mai schön ausgetrieben und Knospen angesetzt haben. Nun stelle ich fest, dass die Triebspitzen und Blätter von Blattläusen befallen sind. Welche Möglichkeiten der ungiftigen Bekämpfung gibt es?

Bei einigen Rosen (*Rosa*) im Garten oder auf dem Balkon und der Terrasse können durch das „Rosen-Pflaster" Läuse erfolgreich bekämpft werden. Es handelt sich um ein Pflaster, in dessen Klebeschicht ein Wirkstoff enthalten ist, der durch die Rinde des Triebes in die Pflanze und von dort in alle darüber liegenden Pflanzenteile transportiert wird. Wenn nun Blattläuse an Blättern, Knospen oder Trieben saugen, nehmen sie den Wirkstoff auf und sterben in kurzer Zeit ab.
Empfohlen wird, an der Basis eines jeden Haupttriebes bei Befallsbeginn ein Pflaster anzubringen, so bleibt die ganze Pflanze mindestens über einen Zeitraum von zwei Monaten blattlausfrei. Durch diese Methode erfolgt keine Wirkstoffbelastung von Wasser, Luft und Boden. Auch werden Nützlinge wie Marienkäfer und Florliegen geschont und Bienen nicht gefährdet. Das Rosenpflaster ist im Fachhandel erhältlich (Bezugsquelle siehe Seite 377).
Ansonsten kann natürlich auch mit einem Pflanzenschutzmittel, das gegen Blattläuse an Rosen zugelassen ist, gespritzt werden. Der amtliche Pflanzenschutzdienst empfiehlt zurzeit Präparate mit den Wirkstoffgruppen Pyrethrine und Piperonylbutoxid. Auch Mittel auf Basis des Neembaumextraktes sind empfehlenswert. Auch diese Mittel sind nützlingsschonend und nicht bienengefährlich.

Rosen nach dem Austrieb schneiden

Normalerweise werden die Triebe der Strauch- und Edelrosen Ende Februar bis Anfang März zurückgeschnitten. In diesem Jahr haben sie durch den milden Winter zum Teil bereits Anfang März 2 bis 3 cm lange Austriebe. Kann ich einen Rückschnitt jetzt noch durchführen, ohne Nachteile befürchten zu müssen?

Durch den milden Winter haben die Rosen in diesem Jahr bereits früh mit dem Austrieb begonnen. Da die jungen Triebe noch relativ klein sind und es erst Anfang März ist, können Schnittmaßnahmen immer noch durchgeführt werden, ohne Nachteile befürchten zu müssen. Sie sollten jedoch bald damit beginnen, damit die Rosen dann in üblicher Weise aus den an der Basis befindlichen jetzt noch „schlafenden Augen" austreiben und kräftige

Triebe bilden können. Der Rückschnitt erfolgt bekanntlich je nach Rosen-Art und -Sorte auf etwa zwei bis fünf Augen.

WUSSTEN SIE, dass man unter Augen die Knospen versteht, die sich in den Achseln der Blattansatzstellen befinden?

Rosen richtig düngen

In meinem Garten wachsen Beet- und Kletterrosen. Wie müssen diese Pflanzen gedüngt werden?

Zunächst einmal muss darauf hingewiesen werden, dass die Rosen (*Rosa*) auf einem mittelschweren, humosen, nicht zu Staunässe neigenden Boden am besten gedeihen. Auffallend ist, dass sie eine Humusdüngung gut vertragen und in manchen Gärten prächtig gedeihen, wenn sie alljährlich im Frühjahr mit verrottetem Mist abgedeckt werden. Am besten geeignet ist Pferde- oder Kuhmist. Allein schon diese Maßnahme reicht meistens aus, die Pflanzen zur normalem Wachstum und einem reichen Blütenansatz anzuregen. Hat man keine Möglichkeiten, Stallmist zu erhalten, kann dieses Abdecken oder Mulchen auch mit Kompost oder entsprechenden Ersatzstoffen wie beispielsweise Rindenhumus, Rindenkompost oder Holzfasersubstraten erfolgen. Eine Abdeckung des Bodens ist immer günstig.
Während Kompost immer etwas Nährstoffe enthält, sind die anderen Substrate meistens nährstoffarm und die Rosen müssen zusätzlich ernährt werden. Je nach Standort empfiehlt es sich, im Frühjahr bei Vegetationsbeginn einen organisch-mineralischen Dünger oder einen Depotdünger flach in die Krume einzuarbeiten. Verwendet werden etwa 40 bis 60 g eines organisch-mineralischen oder 30 g eines handelsüblichen Depotdüngers. Am Wachstum der Rosenpflanzen kann man ersehen, ob diese Düngung insgesamt ausreicht. Lässt der Wuchs und die Blütenbildung etwas zu wünschen übrig, kann man zusätzlich etwa im Juni eine Kopfdüngung verabreichen. In diesem Falle verwendet man einen mineralischen Dünger, z. B. Blaukorn. Hiervon verwendet man etwa 20 bis 30 g/m^2. Der Dünger wird gleichmäßig ausgestreut, flach in die Krume eingearbeitet und nach Möglichkeit eingewässert. Die mineralischen Substanzen lösen sich in feuchtem Boden relativ schnell auf und werden von den Wurzeln aufgenommen. Sie dienen der Ernährung der Pflanzen im Sommer. Meistens klingen diese Nährstoffreserven bis zum Herbst ab, so dass das Holz genügend ausreifen kann.

Keinesfalls soll im Sommer ein organisch-mineralischer oder Depotdünger verabreicht werden. Da diese Dünger ihre Nährstoffe den Pflanzen nur relativ langsam zur Verfügung stellen, könnte das Ausreifen des Holzes im Herbst gefährdet sein. Dann kann es in einem kalten Winter zu Frostschäden kommen. Deshalb muss man immer darauf bedacht sein, dass durch eine Düngung das Wachstum und die Blüte in den Frühsommer und den Sommerwochen unterstützt wird, jedoch die Nährstoffe, vor allem der Stickstoff, bis zum zeitigen Herbst verbraucht sind.

Rosen von Echtem Mehltau befallen

Die Blätter meiner Rosen, neuerdings auch die Triebe und Knospen, sind dicht mit einem weißen, filzigen Belag überzogen. Handelt es sich hier um den Mehltaupilz? Was muss ich unternehmen, um den sich immer weiter ausbreitenden Befall zu beseitigen?

Handelt es sich um einen weißen, samtartigen Überzug, der sowohl blattober- als auch blattunterseits auftritt, Triebe und Knospen befällt, so handelt es sich tatsächlich um den pilzlichen Erreger des Echten Mehltaus (*Sphaerotheca pannosa* var. *rosae*). Dieser Pilz gehört zu den so genannten Außenpilzen (Ektoparasiten), die auf der Außenseite der Pflanzenteile leben und ihre Saugschläuche (Haustorien) ins Innere der Gewebe senden, um von dort Nahrung aufzunehmen. Durch den Befall kann es zu Wachstumsdepressionen und Deformationen von Blütentrieben kommen. Die Krankheit tritt vor allem bei niederschlagsreicher Witterung auf. Häufig genügt es sogar, wenn es tagsüber warm ist und nachts stark abkühlt, so dass sich auf den Blättern Tau bildet. Feuchtigkeit begünstigt die Sporenkeimung und die Entwicklung der Hyphen, also des Pilzkörpers. Vorbeugend sollte man immer dafür sorgen, dass die Pflanzen genügend Luft im Bestand haben.

Das Gewebe sollte nach Regenfällen oder nach einer Bewässerung schnell abtrocknen können. Mit einem Auftreten der Krankheit muss schon ab Mai gerechnet werden. Kann man erste Krankheitsherde erkennen, sollten die befallenen Blätter abgepflückt werden, dadurch kann man meistens schon etwas die weitere Ausbreitung eindämmen. Andererseits gibt es Möglichkeiten, um die Pflanzen mit natürlichen Mitteln zu stärken. Solche Präparate sind im Fachhandel erhältlich. Sie müssen jedoch vorbeugend und in regelmäßiger Folge ausgebracht werden. Bekannt sind beispielsweise Milsana oder Neudo-Vital. Sollte die Krankheit in starkem Maße auftreten und vorbeugende Maßnahmen keine Wirkung gezeigt haben, können bestimmte Präparate zur Bekämpfung eingesetzt werden. Zugelassen sind derzeit Präparate auf der Basis von Bitertanol. Zu den natürlichen Präparaten zählt auch das Lecithin. Dieses Mittel wirkt aber nur, wenn es in mehreren Behandlungen sofort bei Befallsbeginn eingesetzt wird.

Bekannt ist, dass es Rosen-Sorten gibt, die gegen den Befall durch Echte Mehltaupilze relativ widerstandsfähig sind. Bei einer Neupflanzung sollten solche toleranten Sorten bevorzugt werden. Es handelt sich meistens um solche, die kräftige, lederartige Blätter haben und dadurch das Eindringen der Haustorien hemmen.

Rosen von Sternrußtau befallen

Die Blätter meiner Rosen sind mit braunen Flecken übersät. Viele Blätter sind bereits im Sommer abgefallen, so dass manche Sträucher im August völlig kahl waren. Handelt sich dabei um eine Krankheit und was kann ich dagegen tun?

Rosen (*Rosa*) werden von verschiedenen pilzlichen Erregern befallen. Besonders bekannt sind Mehltau- und Rostpilze, aber auch der Sternrußtau (*Diplocarpon rosae*). Die zuletzt genannte Krankheit hat sich in den vergangenen Jahren stark ausgebreitet und viele Rosen-Sorten werden davon stark befallen. Typisch sind bei einer Infektion rundliche, graue oder schwarzbraune Flecken auf der Blattoberseite, wobei der Rand dieser Flecken sternförmig gezackt ist. Im weiteren Bereich dieser Flecken werden die Blätter gelb und fallen schon im Sommer ab.
Der Pilz befällt schon im Frühjahr und Frühsommer die Blätter und breitet sich unter günstigen Bedingungen sehr stark aus. Nicht nur Niederschläge, sondern schon feuchte Luft genügt, um das Auftreten zu fördern.
Wichtig ist auf jeden Fall, den Pflanzen günstige Standortbedingungen zu geben. Auch sollen die Sträucher gut ausgelichtet werden, damit die Blätter und Triebe nach Niederschlägen immer schnell abtrocknen können. Außerdem kann durch eine ausgewogene Düngung die Infektion reduziert werden. Ansonsten kann man die Pflanzen nur durch eine Behandlung mit geeigneten Präparaten gesund halten. Zugelassen sind zurzeit Mittel auf der Basis von Bitertanol. Diese Mittel wirken gleichzeitig gegen Rost- und Echte Mehltaupilze. Die Anwendung selbst sollte mindestens ab Juni erfolgen und alle zehn Tage wiederholt werden. Sind die Blätter schon stark befallen, hat eine Spritzung meistens keinen Wert mehr.

Auf jeden Fall sollen alle abgefallenen Rosenblätter aufgesammelt und vernichtet werden. Keinesfalls dürfen sie auf den Kompost kommen. Bevorzugen Sie bei einer Neuanpflanzung von Rosen widerstandsfähige Sorten!

Rosen wachsen nicht

Nach dem Neubau unseres Hauses habe ich Edelrosen auf eine Rabatte nahe der Hauswand gepflanzt. Diese Rosen können nicht richtig wachsen und entwickeln jedes Jahr höchstens einen neuen Trieb, obwohl ich sie immer gieße und sie an der Südseite in voller Sonne stehen.

Das Anpflanzen von Rosen (*Rosa*) auf einer Rabatte entlang des Hauses in günstiger Lage ist kein Problem, wenn der Boden vorher gründlich gelockert und bearbeitet wurde. Oft ist der Boden in Hausnähe durch Baumaschinen oder Bauschutt stark verdichtet, so dass sich die Pflanzen, vor allen Dingen tief wurzelnde Gehölze, nie richtig entwickeln können. Dann ist es unbedingt notwendig, den Boden vor einer Anpflanzung tiefgründig zu lockern. Der Boden muss vorab mindestens zwei

Spatenstiche tief oder sogar noch tiefer gelockert werden. Auch darf sich im Boden kein Bauschutt wie Gips oder Beton befinden. Einen tief aufgelockerten Boden wird man zusätzlich mit Humus, verrottetem Stallmist oder Rindenhumus in Krumentiefe verbessern müssen. Anschließend wird gepflanzt. Werden solche Bodenvorbereitungen versäumt, kann es zu Wachstumsstockungen und Kümmerwuchs der gepflanzten Gehölze oder auch anderer Pflanzen kommen.

Grundsätzlich soll nach dem Neubau eines Hauses nicht nur die oberste Bodenschicht des Gartens gelockert oder durch das Aufschütten einer 5 bis 10 cm hohen Schicht „Mutterboden“ verbessert werden. Eine solche Maßnahme reicht meistens nicht aus, um ein optimales Wachstum der Gartengehölze zu erzielen. Am besten ist es, wenn der Boden vor der Neuanlage des Gartens durch einen Fachbetrieb (Landschaftsgärtner) tiefgründig mit geeigneten Maschinen gelockert wird. Dies ist umso wichtiger, je schwerer der Boden ist. Bauschutt und andere Materialien, die eventuell im Boden vergraben liegen, müssen entfernt werden.

Rosen-Hochstämmchen im Kleingewächshaus überwintern?

Kann ich in meinem neuen Kleingewächshaus problemlos meine in Töpfen und Kübeln stehenden Rosenbäumchen überwintern? Welche Kulturbedingungen muss ich einhalten?

Ein Kleingewächshaus eignet sich sehr gut zur Überwinterung von Rosenhochstämmchen (*Rosa*). Nur müssen die entsprechenden Klimabedingungen eingehalten werden. Besonders wichtig ist die Temperatur, die weder zu hoch noch zu niedrig sein darf. Die Überwinterung gelingt im so genannten Kalthaus ganz sicher, also einem Glashaus, das frostfrei gehalten werden kann.
Die Pflanzen selbst können bis zu den ersten Herbstfrösten ohne Gefahr im Freien verbleiben. Je länger sie sogar draußen bleiben, um so besser überstehen sie den Winter. Erst im Spätherbst werden sie in das Kleingewächshaus eingeräumt. Zur Überwinterung sind Temperaturen zwischen 0 und +5 °C ideal. Im Spätwinter oder Frühjahr, wenn die Lichtverhältnisse günstiger sind, kann man die Temperatur etwas erhöhen und somit den Austrieb anregen. Durch nicht zu hohe Temperaturen erzielt man gedrungene Austriebe und einen frühen Blütenflor. Im Winter wird sparsam gegossen. Doch sollte der Wurzelballen nie ganz austrocknen.

Rosen-Stecklinge richtig pflegen

Immer wieder experimentiere ich mit Pflanzen im Garten. Nun habe ich Rosen aus Stecklingen vermehrt, die relativ gut neue Wurzeln gebildet haben. Im Sommer habe ich sie in den Garten gepflanzt. Auch dort fühlen sie sich sehr wohl. Muss ich diese Pflanzen im Winter ebenfalls anhäufeln oder in anderer Weise vor Frost schützen?

Das Anhäufeln von Rosen (*Rosa*) hat den Zweck, die am Wurzelhals befindliche Veredlungsstelle zu schützen. Das gilt für alle die Rosen, bei denen die Edelrose auf eine Wildrose veredelt wurde. Dieses Veredeln verfolgt den Zweck, die Standfestigkeit, besonders die Winterfestigkeit der Rosen-Sorten zu verbessern.
Es gibt eine Reihe von Rosen-Sorten, die auch „wurzelecht“ eine relativ lange Lebensdauer haben. Doch kommt es immer wieder vor, dass sie in harten Wintern ausfallen oder später trauern. Deshalb ist die Stecklingsvermehrung, die oftmals einfacher ist als die Veredlung, nur bei wenigen Rosen-Arten üblich (z. B. Kussröschen).
In diesem speziellen Fall hat wohl das reine Anhäufeln nur eine untergeordnete Bedeutung, da die aus Stecklingen vermehrten Pflanzen keine Veredlungsstelle haben. Andererseits ist es wichtig, diese Pflanzen besonders bei Kahlfrösten zu schützen, damit sie nicht erfrieren. Am besten wird es sein, die Rosen insgesamt relativ hoch mit lockerer, humushaltiger Erde, Rindenhumus oder einem ähnlichen Material zu bedecken. Auch ein „Laubumschlag“ könnte vorteilhaft sein. Auf diese Weise muss versucht werden, die Pflanze vor Auswinterungsschäden zu bewahren.

Experimentierfreudige Rosenfreunde könnten auch einmal eine eigene Okulation von Edelrosen-Sorten auf eine entsprechende Unterlage ausprobieren. Dafür eignen sich unsere einheimischen Hunds- oder Heckenrosen (*Rosa canina*). Die Veredlung geschieht durch Okulation, also durch Einsetzen eines „Auges" in die Unterlage, meistens im Juli und August. Über die Methode des Pfropfens informiert ein gutes Fachbuch.

Rosen-Wildtriebe entfernen?

An einzelnen Rosenstöcken im Garten entwickeln sich aus dem unteren Bereich stark bedornte Triebe, manchmal auch solche, die sieben anstelle der fünf Blättchen ausbilden. Man hat mir gesagt, dass es sich um Wildtriebe handelt, die man entfernen müsste. Nun habe ich sie weggeschnitten und sie kommen in viel größerer Anzahl wieder. Was soll ich tun, damit diese Wildtriebe nicht mehr erscheinen?

In der Tat kann es immer wieder vorkommen, dass aus der Rosen-Unterlage wilde Triebe erscheinen. Eines ist auf jeden Fall ein Märchen, dass alle Rosen (*Rosa*) mit sieben Blättchen Wildtriebe sind. Es gibt zahlreiche Rosen-Sorten, die von Natur aus sieben Blätter an einem Stiel besitzen.
Wildtriebe kann man oft am sehr starken, nicht sortentypischen Wuchs und vielleicht an der Zahl der Dornen (richtig: Stacheln) erkennen. Auf jeden Fall sollte man einmal kontrollieren, ob diese Triebe an den Rosenpflanzen unterhalb der Veredlungsstelle entspringen. Dazu wird der Boden rund um den Wurzelhals etwas entfernt.
Wichtig ist, dass man diese Wildtriebe entfernt. Sie dürfen aber nicht nur abgeschnitten werden, da sonst aus schlafenden Augen ein neuer Austrieb erfolgen kann. Besser ist es, diese Wildtriebe direkt an der Ansatzstelle abzureißen oder mit einem scharfen Messer oder einer Schere abzuschneiden. Ein kleiner Rindenverlust ist nicht schlimm. Auf diese Weise wird aber der Neuaustrieb von Wildtrieben unterbunden. Anschließend wird die Erde wieder eben gezogen und die Pflanzen normal weitergepflegt.

Schon beim Pflanzen der Rosen sollte man den Bereich unterhalb der Veredlungsstelle genau kontrollieren, um mögliche Ansätze von Wildtrieben zu entfernen. Diese sollten mit einem scharfen Messer (Hippe) oder einer Schere mit etwas Rinde an der Ansatzstelle abgeschnitten werden. Dadurch wird vermieden, dass sich später Wildtriebe bilden können.

Rosenbeet durch Katzenkot geschädigt

In meinen Garten kommen immer wieder die Katzen aus den Nachbarhäusern. Kann es sein, dass durch ihr „Geschäft", das sie in meinem Rasen oder in den Rosen verrichten, Pflanzen eingehen?

Durch scharfen Urin und Kot ist es durchaus möglich, dass Pflanzen geschädigt werden. Gelbe Platten im Rasen deuten auf einen solchen Schaden hin. Vielleicht ist es Ihnen möglich, durch ein entsprechendes „Geruchsmittel" die Katze von Ihrem Grundstück fernzuhalten. Relativ neu ist ein Dosierglöckchen, das man gegen Wildverbiss einsetzen kann. In dieses kleine Kunststoffglöckchen (Handelsname „Arbin Dosierfix") wird eine mit Arbin getränkte Zellstoffkugel eingelegt und an einem nieder hängenden Zweig im Garten aufgehängt. Die Zellstoffkugel verströmt ihren Wirkstoff sechs bis acht Wochen lang. Danach kann sie gegen eine frische Zellstoffkugel ausgetauscht werden. Die Geruchsstoffe selbst sollen aus reinen Naturstoffen bestehen. Sie sind für Mensch und Haustiere nicht gefährlich.
Der Hersteller weist darauf hin, dass dieses Dosierfix-Kügelchen nicht nur Wild aus dem Garten vertreibt, sondern auch Hunde und Katzen davon abhalten soll, auf einem Grundstück „Duftmarken" zu hinterlassen.

Rosenblätter fallen im Sommer ab

Mein Sohn hat einen Garten übernommen, der im Nordosten des Hauses mit Rosen bepflanzt ist. Im vergangenen Sommer haben wir festgestellt, dass fast alle Blätter abgefallen sind. Sollen wir die Pflanzen stehen lassen oder was sollen wir unternehmen?

Auf jeden Fall stehen die Rosen (*Rosa*) an einer nicht sehr günstigen Stelle. Rosen sind Kinder des Lichtes und der Wärme und sind schon von Natur aus durch das Anpflanzen im Nordosten des Wohnhauses benachteiligt. Dazu kommt sicher, dass die Blätter durch einen Pilz befallen werden, der als Sternrußtau (*Diplocarpon rosae*) bekannt ist. Ganz typisch für den Befall ist, dass die Blätter bereits im Sommer nicht nur braune, sternförmig gezackte Flecken zeigen, sondern weiter gelb werden und abfallen. Es kommt tatsächlich vor, dass manche Rosenpflanzen im Juli oder August völlig entlaubt sind.

Es kann der Versuch unternommen werden, schon im Frühjahr, einige Zeit nach dem Austrieb, Blätter und Triebe mit einem zugelassenen Behandlungsmittel zu spritzen. Solche Mittel dürfen eingesetzt werden, wenn der Schaden groß ist und auf andere Weise eine Abwendung des Schadens nicht erreicht werden kann. Zur Bekämpfung dieser Krankheit sind derzeit nur Mittel mit der Wirkstoffgruppe Bitertanol zugelassen. Diese Mittel wirken gleichzeitig auch noch gegen Rostpilze (*Phragmidium mucronatum*) und Echte Mehltaupilze (*Sphaerotheca pannosa*) an Rosen.

Eine Pflanzenschutzbehandlung mit den zur Bekämpfung dieser Krankheit zugelassenen Mittel hat nur dann einen Sinn, wenn die Pilze bereits bei oder kurz nach der Infektion erfasst werden. Eine Spritzung im Sommer, wenn die Blätter bereits sehr stark befallen sind, bringt keinen Erfolg mehr. Deshalb ist eine solche Pflanzenschutzbehandlung schon im zeitigen Frühsommer durchzuführen. Wiederholungen sind vor allem nach regnerischen Witterungsperioden ein- oder zweimal zu empfehlen.

Rosenblätter nach dem Abfallen entsorgen

Immer wieder werden meine Rosen von Krankheiten befallen. Sollen die abgefallenen Blätter aus den Beeten entfernt werden? Darf man sie auf den Kompost werfen?

Leider werden viele edle Rosen-Sorten im Laufe des Vegetationsjahres von verschiedenen pilzlichen Krankheiten befallen. Besonders häufig treten Echter Mehltau (*Sphaerotheca pannosa* var. *rosae*), Sternrußtau (*Diplocarpon rosae*) und Rosenrost (*Phragmidium mucronatum*) auf. Die Krankheitserscheinungen sind typisch und vor allen Dingen an Blättern, oft auch an Triebspitzen und Knospen zu erkennen. Sind nun eine oder sogar mehrere dieser Krankheitserscheinungen im Laufe des Vegetationsjahres an den Rosen aufgetreten, sollten die Blätter nach dem Laubfall im Herbst nicht zwischen den Rosenpflanzen auf dem Boden liegen bleiben. Sie sind nämlich die Infektionsquellen für einen neuen Befall im kommenden Jahr. Ganz wichtig ist es, diese Blätter nun aus den Beeten und Rabatten zu entfernen und auf jeden Fall zu entsorgen. Keinesfalls dürfen die Blätter auf den Kompost gebracht werden, da von dort aus ebenfalls wieder eine Infektion der Rosen im Garten im folgenden Jahr möglich ist.

Gelegentlich wird darauf hingewiesen, dass durch hohe Temperaturen im Kompost die Sporen der Pilze abgetötet werden würden. Nach den Erfahrungen von Experten ist dies aber nicht der Fall, da die zur Ausrottung der Pilze und ihrer Sporen notwendigen sehr hohen Temperaturen im Allgemeinen im Gartenkompost nicht auftreten.

Rosenblätter werden gelb

In meinem Garten bekommen verschiedene Rosen gelbe Blätter. Was ist die Ursache und was kann ich dagegen tun, damit die Blätter wieder ihre satt dunkelgrüne Farbe annehmen?

Die Gelb- oder Bleichsucht von Rosenblättern tritt immer wieder auf. Diese Erscheinung wird in der Fachsprache auch Chlorose genannt. Es handelt sich um eine krankhafte Erscheinung, bei der die normale Bildung von Blattgrün (Chlorophyll) verhindert wird. Als häufige Ursache kommt ein Mangel an Eisen in Frage. Obwohl dieses Element im Boden in ausreichender Menge vorhanden sein kann, wird es oft durch einen zu hohen Kalkgehalt festgelegt und kann dann von den Rosen (*Rosa*) nicht aufgenommen werden. Die Folge sind Chloroseerscheinungen, kümmerliches Wachstum und eine Schwächung der Triebe.

Grundsätzlich soll vor dem Pflanzen von Rosen der Boden gründlich gelockert und mit humushaltigem Material versorgt werden. Zur Düngung sind Volldünger mit hohem Spurenelementanteil, hauptsächlich Eisen günstig. Bei akuter Gelbsucht kann eine Düngung mit Eisenchelat (z. B. Fetrilon) oder einer flüssigen Eisenverbindung (z. B. Opti-

fer) günstig sein. Diese Präparate können auch als Blattdünger verwendet werden.
Gelegentlich kommt als Ursache aber auch verdichteter Boden und Staunässe in Frage. Dadurch wird das Wurzelwachstum negativ beeinflusst, was sich wiederum nachteilig auf die oberirdische Entwicklung auswirkt.

Rosenhochstämmchen im Topf überwintern

? **Ich habe ein Rosenbäumchen mit hängenden Trieben den Sommer über als Topfpflanze auf dem Balkon gehalten. Das Bäumchen blüht jetzt immer noch (Anfang Dezember) und hat zahlreiche neue Triebe gebildet. Wie kann ich dieses Rosenhochstämmchen am besten überwintern?**

! Rosen (*Rosa*) sind eigentlich Freilandpflanzen und überwintern im Garten meistens problemlos. In Gefäßen ist es etwas schwieriger, da bei strengen Frösten die Erde total durchfriert. Bei lang anhaltenden Frösten kann die Pflanze kein Wasser aufnehmen, die Triebe sterben oft von der Spitze aus ab. Die Pflanze erfriert also nicht, sondern vertrocknet! Trotz dieses Risikos sollte man versuchen, eine Rose im Gefäß im Freien zu überwintern, da auch das Einräumen in einen geschlossenen Raum oftmals problematisch ist. Es gelingt nur, wenn dieser sehr kühl und trocken ist. Andererseits gelingt das Überwintern an einer geschützten Stelle auf dem Balkon, der Terrasse oder im Garten. Dort wintert man die Rose aber erst ein, wenn stärkere Fröste von –5 °C und tiefer auftreten. Bis dahin kann die Rosenpflanze ohne Schutz gehalten werden.
Vor dem eigentlichen Einwintern werden alle welken Blätter, aber auch Knospen und Blüten entfernt, der Boden etwa 10 cm hoch mit trockenem Laub aufgeschüttet oder auch mit Stroh belegt. Dann wird das Gefäß mindestens 20 cm dick mit Laub und Stroh eingehüllt und dieses mit einem Netz oder Ballentuch festgehalten. Auch das Einstellen in eine größere Kiste mit Laubfüllung ist möglich. Zum Schluss werden die oberirdischen Triebe mit Holzwolle vorsichtig „eingepackt" und zum Schutz das ganze Bäumchen mit Fichtenreisig umgeben. Während des Winters sollte einmal die Feuchtigkeit im Wurzelballen kontrolliert werden. Bei Bedarf wird mäßig angefeuchtet. Nach den strengsten Winterfrösten Ende Februar oder Anfang März kann der Winterschutz in der Regel bereits entfernt werden. Der eigentliche Rückschnitt der Triebe erfolgt erst im Spätwinter, sobald die Rosen anfangen zu treiben (Februar/März). Um eine kompakte Krone zu erhalten, erfolgt der Rückschnitt der letztjährigen Triebe auf etwa zwei bis drei Augen.

WUSSTEN SIE, dass Rosen zur Abwehr von Feinden keine Dornen, sondern Stacheln besitzen? Dornen sind, so die Botaniker, Umbildungen von Trieben oder Blättern, die aus den Stängeln herauswachsen, während Stacheln nur Auswüchse der obersten Rindenschichten, der so genannten Epidermis sind. Die Stacheln der Rose lassen sich auch leicht von der Rinde der Rosentriebe abbrechen.

Rosenhochstämmchen mit Winterschutz

? **Vor einiger Zeit habe ich in den Vorgarten eine so genannte Trauerrose (Hochstammrose) gepflanzt. Nun habe ich Sorge, dass diese Pflanze in einem kalten Winter erfriert. Braucht sie einen Winterschutz?**

! Eine Trauerrose ist im Wesentlichen so zu behandeln wie jede normale Hochstammrose auch. Der einzige Unterschied ist nur, dass auf die entsprechende Unterlage eine Rosen-Sorte gepflanzt wurde, die lange Triebe bildet, also meistens eine Kletter- oder Schlingrose. Durch den hängenden Charakter der Triebe hat man im Volksmund diesen Hochstämmchen den Namen Trauerrose gegeben.
Normalerweise sind die Rosen (*Rosa*) unter unseren Klimaverhältnissen winterhart. Problematisch sind extreme Standorte, vor allem der Spätwinter. Zu diesem Zeitpunkt können die Rosen bereits im Saft sein. Treten dann starke Nachtfröste auf, kann gelegentlich die Veredlungsstelle im Kronenbereich abplatzen. Kritisch wird es dann, wenn schon am Morgen nach einer kalten Nacht die Sonne auf die Krone scheint. Dann kann der krasse Temperaturwechsel zu Schäden führen.
Da es sich offensichtlich um eine noch junge Trauerrose handelt, wäre es am einfachsten, wenn man die Pflanze im Spätherbst oder frühen Winter, vor

Beginn der strengeren Fröste, vom Pfahl löst und niederbiegt. Sie wird am besten mit einem Drahthaken am Boden festgehalten. Anschließend wird die Krone mit lockerer Erde mäßig abgedeckt. So ist sie geschützt und kommt gut durch den Winter. Vorher können die Triebe etwas eingekürzt werden. Der eigentliche Rückschnitt der Triebe erfolgt erst im Frühjahr.

Wenn sich ältere Hochstämmchen nicht mehr niederbiegen lassen, kann die Krone bei Beginn des Winters auch eingehüllt werden. Es reicht schon aus, wenn die Kronen zusammengebunden und mit Reisig als Frost- und Sonnenschutz abgedeckt werden. Früher wurde zum Einhüllen sehr gerne Ölpapier verwendet. Heute kann man die Krone auch mit Holzwolle umhüllen und anschließend eine lichtundurchlässige Folie darüber stülpen.

Eingewinterte Rosen sollten im Frühjahr zeitig von ihren schützenden Hüllen befreit werden. Oft treiben sie schon sehr bald aus. Wird der Frostschutz zu spät abgenommen, können junge Austriebe leicht abbrechen. Deshalb ist eine Kontrolle der Pflanzen ab März unbedingt erforderlich. Gegen Spätfröste muss unter Umständen das Frostschutzmaterial immer noch parat gehalten werden.

WUSSTEN SIE, dass die Trauerrosen oft auch als Hänge- oder Kaskaden-Rosen bezeichnet werden? Die Stammhöhe dieser Rosen-Sorten mit hängenden Trieben liegt bei mindestens 140 cm. Manche Sorten haben Stämmchen von 150 bis 160 cm Länge.

Rosenneupflanzung mit Mistzugabe

Auf Anraten eines Nachbars habe ich beim Pflanzen Mist in die Pflanzgrube geworfen und darauf die Rosen gesetzt. Nun muss ich feststellen, dass die Rosen kümmern, keinen Neuaustrieb bilden und die vorhandenen Triebe teilweise absterben. Kann das mit dem Mist in der Pflanzgrube zusammenhängen?

Grundsätzlich sollte kein frischer Mist zum Pflanzen von Gehölzen, auch nicht zum Pflanzen von Rosen (*Rosa*) verwendet werden. Die empfindlichen Wurzeln können – vor allen Dingen bei einem so genannten „hitzigen" Mist – Schaden leiden oder sogar die Neubildung verhindern.

Möglich ist es, bereits verrotteten Mist unter die Pflanzerde zu mischen und in ein solches Gemisch die Rosen einzupflanzen. In diesem Fall ist die erste sehr aggressive Zersetzungsphase bereits abgeschlossen und gleichzeitig wird durch die Mischung mit anderer Erde ein Schaden an den Pflanzenwurzeln verhindert. Natürlich ist es immer günstig, schweren Boden beim Pflanzen mit lockerem, gut zersetztem Humus zu verbessern, um so den Gehölzen, also auch den Rosen, gute Startbedingungen zu geben.

Empfehlenswert ist es, nach dem Pflanzen die Bodenoberfläche mit Humus abzudecken. Hier kann ebenfalls „abgelagerter" Mist verwendet werden, der seine „hitzige Phase" bereits hinter sich hat. In diesem Fall werden durch Niederschläge und das Gießwasser im Mist enthaltene Nährstoffe in den Boden eingewaschen und stehen den Wurzeln zur Verfügung. Gundsätzlich sollten Sie immer bei der Verwendung von frischem Mist vorsichtig zu Werke gehen.

Manche Rosen-Sorten bekommen gelbe Blätter, wenn die Pflanzen auf zu kalkhaltigem Boden stehen. Kalk bindet Eisen im Boden, das zur Blattgrünbildung (Chlorophyll) unbedingt notwendig ist. Man kann Schaden oft durch Düngen mit Eisenchelaten beheben, erhältlich in kleinen Mengen im Fachgeschäft.

Scheinzypresse verpflanzen

Vor vielen Jahren pflanzte ich eine Scheinzypresse in den Garten. In der Zwischenzeit ist sie bereits 2 m hoch geworden. Da sie an einem nicht so günstigen Platz steht, möchte ich sie gerne verpflanzen. Ist das jetzt noch möglich?

Das Verpflanzen von größeren Bäumen oder Sträuchern ist immer etwas problematisch. Es kann aber durchaus funktionieren, wenn die Pflanze mit einem genügend großen Wurzelballen ausgegraben wird. Wichtig ist also, dass die Wurzeln der Scheinzypresse (*Chamaecyparis*) großzügig umstochen und die Pflanze samt der Erde an einen neuen Standort gepflanzt wird. Dieser ist sorgfältig vorzubereiten und das Substrat reichlich mit Humus zu versorgen. Auf keinen Fall soll dafür aber frischer Mist verwendet werden.

Der Wurzelballen muss deshalb so groß sein, damit die Pflanze sofort mit den noch vorhandenen Wurzeln weiterleben und möglichst rasch auch am neuen Standort einwurzeln kann. Außerdem besitzen Nadelgehölze keine Wurzelhaare. Die Wurzeln sind dicht von Pilzen umgeben, mit denen sie in Symbiosen (Lebensgemeinschaft) leben. Solche „Pilzwurzeln" werden auch als Mykorrhizen bezeichnet. Wichtig ist nun, dass beim Verpflanzen diese Mykorrhiza auf den neuen Standort übertragen wird, damit das Gehölz dort überhaupt bestehen kann. Außerdem sind natürlich nach dem Verpflanzen die weiteren notwendigen Pflegemaßnahmen auszuführen, vor allem ist während trockener Perioden ausreichend zu wässern.

WUSSTEN SIE, dass außer Nadelgehölzen auch viele andere Gartenpflanzen solche Lebensgemeinschaften im Wurzelbereich mit Pilzen eingegangen sind? So kennt man diese Mykorrhizen bei vielen Nadel- und Laubbäumen, aber auch bei anderen Pflanzen wie Erikengewächsen und Orchideen. Deshalb müssen alle diese Pflanzen beim Umtopfen oder Verpflanzen besonders vorsichtig behandelt werden.

Scheinzypresse von Minierfliegen befallen

In meinem Garten steht eine Scheinzypresse. Seit etwa zwei Jahren beobachte ich, dass die Triebe braun werden und absterben. Handelt es sich dabei um einen Umwelt- oder parasitären Schaden? Kann ich etwas unternehmen, um eine weitere Ausbreitung zu verhindern?

Wichtig wäre auf jeden Fall einmal, die einzelnen Zweige oder Blätter der Scheinzypresse (*Chamaecyparis*) genau zu untersuchen. Es sind mehrere Ursachen möglich. Naheliegend ist jedoch ein Befall durch die Wacholderminiermotte (*Argyresthia trifasciata*), die seit einigen Jahren als neuer Schädling verschiedene Arten von Wacholder (*Juniperus*), Lebensbaum (*Thuja*) und Scheinzypresse befällt.
Es handelt sich dabei um die Larve eines kleinen Schmetterlings, der vorwiegend im Mai und Juni auftritt. Man bekommt diese Motten kaum zu sehen, da sie nachtaktiv sind und sich tagsüber in den Sträuchern versteckt halten. Nach der Paarung legt das Weibchen ihre Eier ab, aus denen nach etwa drei bis vier Wochen kleinen Raupen schlüpfen. Sie wandern zur Triebspitze und fressen sich dort in eine frische Blattschuppe ein. Dadurch entstehen die geschilderten Braunfärbungen. Außerdem können Gangminen entdeckt werden. Erst im späten Herbst verlassen die Raupen ihre Wirtspflanze und verpuppen sich an den älteren Teilen der Sträucher. Die nächste Generation erscheint im folgenden Jahr.
Der Schaden durch diese Miniermotte ist sehr unterschiedlich. Eine Bekämpfung mit einem zugelassenen Pflanzenschutzmittel auf Pyrethrum-Basis ist nur dann sinnvoll, wenn man sicher ist, dass der Falterflug eingesetzt hat. Zu diesem Zweck kann man einmal tagsüber das Gehölz tüchtig schütteln. Meistens fliegen die Miniermotten kurz auf und setzen sich dann wieder an der Wirtspflanze nieder. Im Zweifelsfalle ist eine Beratung durch den amtlichen Pflanzenschutzdienst empfehlenswert.

Schmetterlingsstrauch schneiden

Vor einigen Jahren pflanzte ich einen Schmetterlingsstrauch in den Garten. Wie soll ich ihn schneiden, damit er sich nicht so üppig entwickelt und trotzdem jedes Jahr zum Blühen kommt?

Es handelt sich beim Schmetterlingsstrauch oder Sommerflieder (*Buddleja davidii*) um eines der schönsten sommerblühenden Gehölze. Die Blüten liefern im Sommer zahllosen Schmetterlingen Nektar. Bei diesem, am einjährigen Holz blühenden Strauch sollten Sie im Herbst die noch weichen Triebspitzen einkürzen. Am Ende der Frostperiode, also im Spätwinter, können alle vorjährigen Triebe auf wenige Knospen zurückgeschnitten werden. Das hat den Vorteil, dass der Strauch alljährlich kräftige Neutriebe bildet, die im gleichen Jahr zum Blühen kommen.

In harten Wintern kann der Schmetterlingsstrauch weit zurückfrieren. In diesem Fall ist ein Rückschnitt ins alte Holz unbedenklich vorzunehmen. Der Strauch erneuert sich aus basalen Knospen. Winterschäden können durch eine Bodenabdeckung mit organischem Material im späten Herbst gemildert oder sogar verhindert werden.

Schmetterlingsstrauch zurückschneiden

Mein Schmetterlingsstrauch hat sich zu einem großen Busch entwickelt. Wie muss ich diesen Strauch schneiden, damit er in meinen nicht so großen Vorgarten passt?

Der Schmetterlingsstrauch oder Sommerflieder (*Buddleja davidii*) ist ein typischer Sommerblüher, dessen fliederförmige Blütenstände an den diesjährigen Trieben ausgebildet werden. Deshalb ist es problemlos möglich, im zeitigen Frühjahr die vorjährigen Triebe auf wenige Augen zurückzuschneiden. Auf diese Weise kann man den Busch immer in seiner Form halten. Er wird dann auch nicht höher als etwa 2 m. Wird nicht regelmäßig geschnitten, kann der Schmetterlingsstrauch bis zu 4 m hoch werden.

WUSSTEN SIE, dass es neben dem Schmetterlingsstrauch *Buddleja davidii* mit seinen prächtigen Blütenrispen auch noch eine andere Art, *B. alternifolia* (Schmalblättriger Schmetterlingsstrauch), gibt? Dieser Strauch hat lange, dünne Zweige, die sich weit ausgebreitet und überhängend entwickeln. Entlang dieser Zweige zeigen sich lebhaft purpur-lilafarbene Blüten in dichten Büscheln, die sehr stark duften. Dieser Strauch ist im Gegensatz zu *B. davidii* frostwiderstandsfähiger und entwickelt sich in Einzelstellung an der Terrasse oder auf einer Rasenfläche besonders schön.

Serbische Fichte nadelt stark

In meinem Garten steht eine Serbische Fichte. Diese sieht schon so aus, dass sogar den Nachbarn das Grausen kommt. Die Nadeln werden braun und fallen ab. Was kann ich gegen diese Krankheit tun?

Serbische Fichten (*Picea omorika*) werden von zahlreichen Schädlingen befallen. Besonders häufig ist die Ansiedlung der Fichtenröhren- oder Sitkafichtenlaus (*Liosomaphis abietinum*). Bei einem Befall zeigen ab dem Frühjahr zuerst die alten Nadeln gelbe Flecken. Diese werden dann braun und fallen ab. An der Unterseite der Nadeln, vor allen Dingen im inneren Bereich des Baumes, sitzen grüne Blattläuse mit rotbraunen Knopfaugen. Sie saugen den Saft aus den Nadeln, die sich dann verfärben und später abfallen.

Zur Kontrolle sollte man unter die befallsverdächtigen Zweige besonders der inneren Partien eine helle Unterlage (weiße Pappe) halten und die Äste mit einem Stock abklopfen. Diese Maßnahme bereits ab dem Spätwinter oder zeitigen Frühjahr ausführen, da die Larven je nach Witterung schon ab Anfang März, manchmal auch früher, schlüpfen. Stellt man durch die „Klopfprobe" einen starken Blattlausbefall fest, empfiehlt der amtliche Pflanzenschutzdienst eine chemische Behandlung. Dabei sollte auf jeden Fall vorab geprüft werden, ob die Höhe der Bäume eine Behandlung erlauben und diese Maßnahme ohne Beeinträchtigung der Nachbargärten oder Wohnbereiche durch Abtriften von Spritzflüssigkeit ausgeführt werden kann. Sind die Nadeln bereits stark verfärbt oder fallen sie bereits ab, ist es für eine Behandlung zu spät.

Im Haus- und Kleingarten dürfen zur Behandlung der Sitkaläuse Mittel auf der Basis Kaliseife oder Piperonylbutoxid und Pyrethrine eingesetzt werden. Die Anwendung erfolgt genau nach Gebrauchsanweisung. Die Kontrolle von Fichten auf Läusebefall sollte auf jeden Fall in wöchentlichem Abstand bis etwa Mitte Mai durchgeführt werden, um sicher zu gehen, dass die Bäume nicht im Frühjahr befallen wurden. Eine Düngung mit schwefelsaurem Kalimagnesia (Patentkali) fördert die Festigkeit des Gewebes und wirkt einem Läusebefall entgegen. Anwendung in der Zeit zwischen Ende August und September. Außerdem sind Fichten in trockener Jahreszeit ausreichend zu wässern.

WUSSTEN SIE, dass diese Fichte ihren volkstümlichen Namen nach ihrer Heimat erhalten hat? Sie wächst vorwiegend auf steilen, häufig stark zerklüfteten Hängen der serbischen und bosnischen Kalkgebirge. Außer der eigentlichen Art gibt es auch einige Sorten, so genannte Zwergformen, die im Verlauf von zehn Jahren je nach Sorte nur zwischen 30 bis 50 cm und 300 cm hoch werden.

Strauchpfingstrosen für den Garten

? **Neben den bekannten Staudenpfingstrosen soll es auch Baum- oder Strauchpfingstrosen geben. Sind diese Pfingstrosen für den Garten geeignet und welche Ansprüche stellen sie?**

! Zu den Baum- oder Strauchpfingstrosen gehören verschiedene Arten der Gattung *Paeonia*, die vor allen Dingen in Japan und China, seit einigen Jahren auch in Amerika züchterisch bearbeitet wurden. Nun gibt es auch in Deutschland Spezialisten, die diese Pfingstrosen-Gruppe anbieten. Diese Pfingstrosen entwickeln sich im Laufe der Jahre zu stattlichen Sträuchern mit einer Höhe und einem Durchmesser von etwa 1,20 bis 1,50 m. Ältere Exemplare können sogar an einem günstigen Standort eine Größe von etwa 3 m erreichen.

Im Angebot sind meistens dreijährige Pflanzen, die im Container kultiviert werden und sich nach dem Auspflanzen an einem geeigneten Standort auch recht gut weiter entwickeln. Voraussetzung ist ein günstiger, möglichst halbschattiger Standort im Garten und ein gut gelockerter und drainierter Boden. Staunässe wird nicht vertragen. Die ideale Bodenreaktion liegt im neutralen Bereich (pH 7). Als Pflanztermin kommt vor allen Dingen der Herbst in Frage, da dann die Pflanzen in der Regel ohne Probleme anwachsen. Ansonsten sind Baum- oder Strauchpäonien gegenüber Trockenheit und Hitze weitgehend tolerant. Das Sortiment ist heute schon sehr umfangreich, wobei seltene Sorten aber auch relativ teuer sind (Bezugsquelle siehe Seite 377).

Strauchpfingstrosen kultivieren

? **Ich bin ein Freund von Pfingstrosen und habe viele Sorten in meinem Garten aufgepflanzt. Nun möchte ich auch Strauchpfingstrosen anpflanzen. Diese sollen jedoch besondere Ansprüche stellen. Können Sie mir sagen, auf was ich bei der Anpflanzung besonders achten muss?**

! Kenner sind der Ansicht, dass Strauch- oder Baumpfingstrosen (*Paeonia-Lutea-* und *-Suffruticosa*-Gruppe) noch geringere Pflegeansprüche stellen als die staudigen Arten und Sorten. Gewünscht wird ein tiefgründiger, gut gelockerter, humoser und durchlässiger Boden. An sich sind die Strauchpäonien winterhart. Doch kann es vorkommen, dass in wärmeren Lagen bei einem frühen Austrieb Spätfrostschäden auftreten. Deshalb sollten diese Pfingstrosen in exponierten Lagen

bei entsprechenden Witterungsverhältnissen geschützt werden. Vorteilhaft ist natürlich ein sonniger, geschützter Standort. Doch vertragen diese Pfingstrosen in günstigen Klimagebieten auch einen etwas schattigeren Platz im Garten.
Gepflanzt wird vorzugsweise im Herbst, wenn die Ruhezeit begonnen hat. Dabei ist nur zu beachten, dass die Veredlungsstelle etwa 5 bis 8 cm unter der Erdoberfläche liegt. Nach dem Pflanzen ist der Boden mit Humusmaterial, wie Rindenhumus, Strohhäcksel oder Laub abzudecken, damit die Pflanzen, so lange der Boden noch warm ist, einwurzeln können.
Ansonsten gelten die üblichen Pflegebedingungen für Pfingstrosen.

Es wird empfohlen, keine einjährigen Veredelungen einzukaufen, sondern darauf zu achten, zwei- bis dreijährige Pflanzen zu erwerben. Diese sind natürlich teurer, wachsen aber meistens rascher an und blühen früher. Von Spezialgärtnereien werden aber chinesische Importe angeboten, die bereits vier bis fünf Jahre alt sind. Der Preis für eine solche Pflanze liegt jedoch im Durchschnitt bei etwa 45 €.

Wacholder mit Birnengitterrost

In meinem Garten steht ein schöner Wacholderstrauch. Nun stelle ich fest, dass an einigen Trieben die Nadeln oder Zweige gelb werden und sich gleichzeitig an den Ästen gelbe bis braune zäpfchenartige Ausstülpungen gebildet haben. Was sind das für Erscheinungen und ist der Wacholder noch zu retten?

Sicher handelt es sich hierbei um einen Befall durch den Erreger des Birnengitterrosts (*Gymnosporangium sabinae*). Diese Krankheit tritt teilweise sehr stark an Birnen auf, deren Blätter im Sommer mit orangefarbenen Pusteln auf der Blattoberseite überzogen sind. Auf der Blattunterseite bilden sich netzartige Auswüchse. Es handelt sich bei diesem Birnengitterrost um einen so genannten wirtswechselnden Rostpilz. Im Herbst fliegen Sporen von den Birnenblättern auf den Wacholder (*Juniperus*), dessen Triebe infiziert werden. Im Frühjahr bilden sich dann die gelatineartig weichen, orangefarbenen Zäpfchen auf den meistens etwas angeschwollenen Trieben. Durch diesen Befall kann es zu Wachstumsstörungen und Nährstoffmangel kommen, so dass die geschilderten Verfärbungen der Nadeln auftreten. Bei einem sehr starken Befall können ganze Äste absterben. Der Pilz selbst bildet im Frühjahr wiederum Sporen, die Neuinfektionen auf den Birnenblättern verursachen.
Eine Bekämpfungsmöglichkeit dieser Krankheit auf dem Wacholder ist nicht bekannt. Pflanzenschutzexperten empfehlen meistens nur, die kranken Pflanzenteile herauszuschneiden. In Birnenanbaugebieten sollte man unter Umständen auf die Anpflanzung solcher Wacholder-Arten und -Sorten verzichten, die besonders gerne als Überträger des Birnengitterrostes auftreten. Es sind dies in erster Linie *Juniperus sabina*, *J. chinensis* und *J. virginiana*. Das gilt natürlich nicht nur für die reinen Arten, sondern auch für die zugeordneten Sorten.

Winterheide liebt schwach sauren Boden

In meinem Garten gedeihen mehrere Heide-Arten vorzüglich. Nur meine Schnee- oder Winterheide kümmert. Was kann wohl die Ursache sein?

Die Ursache ist sicher der falsche pH-Wert des Bodens. Während eigentlich alle Heidekräuter einen relativ stark sauren Boden mit einem pH-Wert zwischen pH 4,0 und 5,0 wünschen, gedeiht die in den Kalkalpen beheimatete Winterheide (*Erica carnea*) recht gut in einem nur schwach sauren Boden mit einem Reaktionsgrad von pH 4,5 bis 6,5.
Sollte der Boden sehr sauer sein, kann durch eine Düngung mit Kohlensaurem Kalk oder Algenkalk der Reaktionsgrad etwas erhöht werden. Der Aufwand richtet sich nach dem jeweiligen Reaktionsgrad und der Bodenart. Eine vorab durchgeführte Bodenanalyse könnte in diesem Fall sinnvoll sein.
Vor der Pflanzung ist auch eine gute Bodenvorbereitung empfehlenswert. Normaler Gartenboden sollte tief gelockert und mit reichlich Humus versorgt werden. Gut ist Fasertorf und Rindenhumus zur Humusversorgung, Sand zur Lockerung und Vermeidung von Staunässe. Die Winterheide liebt nämlich durchaus einen nicht zu trockenen Boden, andererseits kann Staunässe zu Wurzelschä-

den führen. Gepflanzt werden soll auch etwas tiefer, als die Pflanzen vorher im Topf gestanden haben, und anschließend muss gut angegossen werden. Nach der Blüte im Frühjahr empfiehlt sich ein Stutzen der Pflanzen. Dadurch wird der neue Durchtrieb angeregt, die Pflanzen werden dichter und die nachfolgende Blüte reicher.

Ziergehölze mit Dickmaulrüssler-Befall

Ich habe an fast allen Pflanzen stark beschädigte Blätter durch den Dickmaulrüsselkäfer, den ich zwar bei Dunkelheit täglich ablese, aber dennoch nicht beseitigen kann. Es sind in meinem Garten fast alle Pflanzen geschädigt, am meisten bedaure ich dies bei wintergrünen Gewächsen, z. B. Efeu und anderen Gehölzen. Der Befall ist deshalb tragisch, weil nicht nur Laub abwerfende, sondern vor allem die wintergrünen Pflanzen befallen sind. Mich stört, wenn fast jedes Blatt ausgefranst am Baum oder Strauch hängt. Was kann ich tun, um diesem Schädling Herr zu werden? Wie kann ich die Larven beseitigen, um dem Übel im nächsten Jahr bereits von vorneherein zu begegnen?

Bei dem geschilderten Schadbild handelt es sich eindeutig um den Befall durch den Gefurchten Dickmaulrüssler (*Otiorrhynchus sulcatus*). Es gibt aber auch noch andere Dickmaulrüssler-Arten. Besonders gerne befallen werden im Garten Primeln, Hortensien, Farne, Chrysanthemen, Rosen, Flieder, Rhododenron, Eibe, Lebensbaum, Efeu, Azalee, Begonie oder Alpenveilchen.
Der etwa 1 cm große, grau-schwarze Käfer hält sich tagsüber am Boden verborgen. Bei Einbruch der Dunkelheit klettert er an den Pflanzen hoch und frisst an den Blättern vom Blattrand her. Dadurch entstehen U-förmige Kerben, der Fachmann spricht von einem Buchtenfraß. Beliebt sind auch Knospen, die in ähnlicher Weise angefressen werden.
Nicht nur der Käfer ist schädlich. Gefährlich sind auch die weißlich gefärbten, bis 12 mm lang werdenden, bauchwärts gekrümmten Larven mit braunem Kopf, die einem kleinen Engerling ähnlich sehen und vorwiegend an den Wurzeln fressen. Bei starkem Befall kommt es zu Wuchshemmungen, oft sterben geschädigte Pflanzen vollständig ab. Da der Käfer seine Eier gerne in humushaltige Erden wie Kompost ablegt, ist der Schaden im Garten oft sehr groß.
Zur Bekämpfung können Nützlinge eingesetzt werden. Nematoden (Älchen, Fadenwürmer), beispielsweise *Steinernema carpocapsae*, sind besonders wirksam. Sie leben ausschließlich parasitisch von bestimmten Insekten und sind für andere Pflanzen, aber auch Tiere und Menschen ungefährlich. Bezogen werden können die Nematoden von Firmen, die sich auf Nützlingszucht spezialisiert haben. Sie liefern die Nematoden in Kunststoffbeuteln auf Schaumstoffflocken. Nach dem Eintreffen werden die Nematoden in einem Behälter aus den Flocken herausgewaschen. Anschließend können die Nützlinge ausgegossen oder gespritzt werden. Die Anwendung muss unbedingt genau nach Gebrauchsanweisung erfolgen. Besonders wichtig ist, dass bei der Behandlung eine Mindesttemperatur von +13 °C herrscht. Die Nematoden sollten am Tag des Eintreffens sofort ausgebracht werden. Ansonsten ist eine Lagerung im Kühlschrank bei +5 bis +7 °C möglich. Die Nematoden suchen im Boden die Dickmaulrüsslerlarven und -puppen auf, dringen durch Haut und Körperöffnungen ein und sondern Bakterien in das Insektenblut ab, die sich stark vermehren und in wenigen Tagen den Tod des Schädlings herbeiführen. Auf diese Weise kann die Entwicklung neuer Käfer auf biologischem Wege wirksam unterbunden werden.

Schäden durch Dickmaulrüssler-Larven sind in den letzten Jahren in stärkerem Umfang auch auf Dachgärten, Dachterrassen und Gräbern aufgetreten. In die humushaltigen Substrate werden von den Käfern gerne die Eier abgelegt, die Larven fressen die Wurzeln besonders von Sommerblumen und Stauden ab. Oft dringen sie auch in fleischige Stängel, z. B. von sommerblühenden Begonien ein. Auch hier kann eine Bekämpfung mit den Nematoden nützlich sein.

Stauden

Christrosenblätter mit schwarzen Flecken

Die Christrosen in meinem Garten bekommen alle auf den Blättern schwarze Flecken. Während vor einem oder zwei Jahren diese Erscheinung noch relativ selten auftrat, sind jetzt alle Pflanzen befallen und sterben teilweise ab. Was ist die Ursache und was kann ich dagegen tun?

Die Schilderung ist typisch für die so genannte Schwarzfleckenkrankheit. Es handelt sich dabei um einen pilzlichen Erreger (*Coniothyrium hellebori*), der im Innern der Blätter lebt und sich durch die schwarzen Flecken bemerkbar macht. Die Blätter können bei einem starken Befall völlig absterben. Oft werden auch Blütenstiele und Knospen befallen, so dass die Blütenbildung durch eine solche Infektion stark behindert wird.
Zunächst einmal wird die Krankheit durch einen ungünstigen Standort gefördert. Christrosen (*Helleborus niger*) lieben eine neutrale bis leicht alkalische Bodenreaktion. Auf sauren Böden breitet sich der Pilz stärker aus. Außerdem kann seine Entwicklung durch zu hohe Stickstoffgaben gefördert werden.
Je nach Stärke des Befalls sollte man sich überlegen, was gegen diesen Pilz unternommen werden kann. Bei einem starken Befall muss man sich unter Umständen von der Pflanze trennen. Ist der Befall noch nicht so stark, kann eventuell eine Behandlung mit zugelassenen Mitteln, zum Beispiel mit Kupferpräparaten, eine Besserung versprechen. Wichtig ist, dass gründlich gespritzt und vor allen Dingen das Herz der Pflanzen getroffen wird. Die Behandlung ist den Sommer über mehrmals zu wiederholen.

Auf jeden Fall sollte erkranktes Laub entfernt und unbedingt vernichtet werden. Keinesfalls darf es auf den Kompost kommen, da eine Weiterverbreitung der Krankheiten durch Sporen möglich ist.

Dahlie mit Schimmel überzogen

Den Sommer über habe ich einige Miniatur-Dahlien in Töpfen kultiviert. Seit September stelle ich fest, dass auf den Blütenknospen und Blüten, gelegentlich auch auf den Blättern und Stängeln, bräunliche Faulstellen entstehen und außerdem besonders die Blüten mit einem mausgrauen Schimmelrasen überzogen sind. Um welche Krankheit handelt es sich und wie kann ich sie bekämpfen?

Die Beschreibung passt auf eine bekannte Pilzkrankheit, den Grauschimmel (*Botrytis cinerea*). Dieser Pilz breitet sich vor allem bei regnerischem Wetter und kühler August- und Septemberwitterung aus. Typisch ist der lockere, mausgraue Schimmelrasen. Die Krankheit kann die Dahlien (*Dahlia*) stärker schädigen. Außerdem können die Knollen befallen werden. Dadurch kann es zu Lagerfäulen im Winter kommen.
Eine geeignete Behandlung sollte auf jeden Fall durchgeführt werden, vor allen Dingen dann, wenn die Dahlienknollen überwintert werden. Zunächst sollten die Pflanzen nicht nasskalter Witterung ausgesetzt werden. Während solcher Witterungsperioden ist ein Schutz empfehlenswert. Vor allen Dingen sollten die Pflanzen nicht feucht in die Nacht gehen.
Ansonsten kann man einen beginnenden Befall vielleicht eindämmen, wenn die kranken Pflanzenteile ausgeschnitten und vernichtet werden. Ansonsten empfiehlt sich die Behandlung mit einem vom amtlichen Pflanzenschutzdienst zugelassenen Pflanzenschutzmittel.

Fetthenne im Herbst zurückschneiden

Auf der Staudenrabatte habe ich verschiedene herbstblühende Fetthennen-Sorten ausgepflanzt. Einige dieser Pflanzen sind sehr stark gewachsen, und die kleinen Büsche sind dann noch vor der Blüte auseinander gefallen. Soll ich diese Pflanzen jetzt zurückschneiden, damit sie im nächsten Jahr wieder

problemlos durchtreiben und vielleicht dann mit stabilen Trieben heranwachsen?

Zu den wertvollen Fetthennen gehören die Sorten von *Sedum spectabile* und *S. telephium*. Sie entwickeln sich zu 30 bis 50 cm hohen Pflanzen, die im August und September ihre attraktiven Blütenstände ausbilden. Normalerweise tragen die Pflanzen ihre Blütenstände auf straffen Stielen und fallen nicht auseinander. Doch kann manchmal ein solches Missgeschick passieren, vor allen Dingen bei ungünstigen Witterungsbedingungen. In diesem Fall ist es natürlich sinnvoll, diese niederliegenden Triebe im Herbst an der Basis abzuschneiden. Ansonsten ist es aber auch möglich, die Triebe stehen zu lassen und sie erst im Frühjahr zurückzunehmen. Dann sind die Pflanzen oft auch im Winter, zum Beispiel bei Raureif, eine besondere Zierde. Auf jeden Fall besteht kein Anlass zur Sorge und es kann damit gerechnet werden, dass sich die Pflanzen im kommenden Jahr völlig normal entwickeln und dann auch auf straffen Stielen ihre prächtigen Trugdolden im Spätsommer bzw. Herbst ausbilden. Voraussetzung ist allerdings, dass die Pflanzen an einen günstigen und vor allem sonnigen Standort ausgepflanzt sind. Einen schattigen Platz im Garten mögen Fetthennen nicht.

Hirschzungenfarn richtig pflanzen

An verschieden Stellen in meinem Garten habe ich Hirschzungenfarn ausgepflanzt. Bei verschiedenen Pflanzen stelle ich aber fest, dass besonders am Blattrand braune, trockene Stellen auftreten. Was ist wohl die Ursache und was muss ich unternehmen, damit diese Farne schöne und nicht geschädigte Blätter ausbilden?

Die Mehrzahl in unseren Gärten verwendeten Farne sind Waldpflanzen und lieben deshalb einen schattigen und nicht zu trockenen Standort. Das gilt auch für die Hirschzunge (*Asplenium scolopendrium*), die in Europa bevorzugt in steinigen Bergwäldern, an feuchten Felsen, in Höhlen oder Brunnenschächten vorkommen. Sicher ist es sinnvoll, den Pflanzen einen geeigneten Standort anzubieten, damit sie sich dort dann auch optimal entwickeln können. An sonnigen und vor allen Dingen auch trockenen Standorten können die genannten Erscheinungen an den Blättern auftreten. Ideal ist also ein halbschattiger bis schattiger Standort und ein lockerer, humoser und mäßig feuchter Boden.

Oktober-Enzian liebt kalkfreien Boden

In meinem Garten gedeihen Enziane recht gut. Probleme habe ich aber mit dem herbstblühenden Oktober-Enzian. Er bekommt schon nach kurzer Zeit gelbe Blätter und geht ein. Was ist die Ursache und muss ich eine besondere Sorte auswählen?

In über 800 Arten ist der Enzian (*Gentiana*) in den gemäßigten Zonen der Erde verbreitet. Einer der schönsten Herbstblüher ist *Gentiana sino-ornata*, der Oktober- oder Chinesische Herbst-Enzian. An

günstigen Standorten kann sich dieser Enzian richtig ausbreiten und bei einer entsprechenden Pflanzung schon nach wenigen Jahren eine geschlossene Fläche bilden.
Im Gegensatz zu vielen anderen Enzian-Arten ist dieser Oktober-Enzian ein ausgesprochener Kalkmeider. Er benötigt unbedingt einen sauren Boden. Außerdem ist es vorteilhaft, wenn er im Garten die volle Mittagssonne erhält. Können die genannten Bedingungen erfüllt werden, kann sich auch diese Art prächtig entwickeln. Dieser Enzian ist übrigens besonders für Steingärten und Einfassungen geeignet, wobei der Boden jedoch auch ausreichend feucht sein muss.

Neben der eigentlichen Art gibt es noch die Sorte 'Praecox', die etwa drei Wochen früher blüht. Auch eine weiß blühende Sorte 'Alba' und verschiedene Hybriden sind in Staudengärtnereien erhältlich.

Pampasgras einwintern

In meinen Garten habe ich ein Pampasgras gepflanzt. Wie man mir sagte, ist es nicht völlig winterhart. Wie muss ich es schützen, damit es gut durch den Winter kommt?

Das Pampasgras (*Cortaderia selloana*) ist in den Steppen Argentiniens beheimatet. Das bedeutet, dass die Pflanzen an Trockenheit gewöhnt sind. Nicht der Frost schädigt das Pampasgras im Winter, sondern zu hohe Feuchtigkeit im Boden.
Am besten ist es, wenn im Spätherbst die Blütenstängel abgeschnitten und die immergrünen Blätter schopfartig zusammengebunden werden. Schon allein dadurch werden die Niederschläge vom Herz der Pflanze fern gehalten. Günstig ist es außerdem, wenn zusätzlich um den Blätterschopf Reisig gebunden wird. Auch ein Anschütten von trockenem Laub schützt die Pflanze. In Gebieten mit hohen Niederschlägen kann man über die Pflanze zusätzlich eine Kiste oder eine Folienhaube stülpen. Die Folie sollte ebenfalls mit Reisig abgedeckt werden, um die Wintersonne abzuhalten. Unter der Folie kann es nämlich auch im Winter bei Sonnenschein zu einer „Treibhausatmosphäre" kommen. Im Frühjahr werden die abgestorbenen Blätter entfernt, ohne die neuen, grünen Blätter zu beschädigen.

Legen Sie beim Einkauf eines Pampasgrases Wert auf ein vegetativ vermehrtes Exemplar. Generativ, also durch Samen vermehrte Jungpflanzen, sind oft nicht so blühwillig. Vegetativ vermehrt werden nämlich nur die weiblichen Pflanzen, die die schöneren Blütenstände ausbilden.

Pfingstrosen blühen nicht

Im letzten Jahr habe ich in meinen Garten Pfingstrosen gepflanzt. Nun habe ich mich sehr auf die Blüte in diesem Jahr gefreut. Blätter haben die Pflanzen ausgebildet, geblüht haben sie jedoch nicht. Habe ich etwas falsch gemacht und was kann ich tun, damit die Pflanzen im nächsten Jahr sicher blühen?

Voraussetzung für eine baldige Blüte ist, dass ein kräftiger Wurzelstock mit mindestens drei Triebknospen gepflanzt wurde, die nicht zu hoch mit Erde abgedeckt wurden. Trotzdem muss man, selbst bei sorgsamer Pflege, damit rechnen, dass ein üppiger Blütenflor erst nach zwei bis drei Jahren einsetzt.
Mit den ersten Blüten kann sicher erst im kommenden Jahr gerechnet werden. Nach dem Verblühen sollten die verwelkten Blütenstände entfernt werden, damit sie keinen Samen ansetzen. Dieser würde den Pflanzen zu viel Kraft entziehen, was sich wiederum nachteilig auf den Flor im folgenden Jahr auswirken kann. Ab dem dritten Jahr ist dann mit einem normalen Blütenflor zu rechnen.
Wichtig ist außerdem, dass Sie die Pflanzen möglichst wenig durch Bodenbearbeitungsmaßnahmen stören und die Blätter nach dem Verblühen nicht abschneiden.

Phlox mit Echtem Mehltau

Mein Staudenphlox im Garten hat eine eigentümliche Krankheit. Die Blätter, manchmal auch die Triebspitzen, sind mit einem weißen, mehligen Belag überzogen. Die Krankheit hat sich in den letzten Jahren stark ausgebreitet. Um was handelt es sich und was kann ich dagegen tun?

Nach der Schilderung des Schadbilds an Ihrem Staudenphlox (*Phlox paniculata*), auch Flammenblume genannt, handelt es sich um einen Befall durch Echten Mehltau (Erysiphaceae). Diese weit verbreitete Pilzkrankheit befällt Gartenstauden, Gehölze und Gemüsepflanzen. Es handelt sich dabei um einen so genannten Außenparasit (Ektoparasit), dessen Myzel Blätter, manchmal auch Stängelteile und Blüten überzieht und gleichzeitig mit Saugschläuchen (Haustorien) den Pflanzen Saft aus den Zellen entzieht. Die Pflanzen werden durch Saftverlust und Lichtentzug geschädigt. Der Pilz tritt besonders bei wechselhaftem Wetter auf. Wärme am Tag und Kühle in der Nacht fördern die Taubildung und damit die Lebenstätigkeit des Pilzes. Außerdem werden alle anderen Pilzkrankheiten ebenfalls durch feuchtes Wetter gefördert.
Vorbeugend kann man das Auftreten von Echtem Mehltau durch günstige Wachstumsbedingungen für die Pflanzen zumindest verzögern. Ein zu dichter Stand sollte vermieden werden, damit die Pflanzen nach Regenfällen oder nach dem Gießen wieder rasch abtrocknen. Ansonsten gibt es heute verschiedene „Stärkungsmittel", die vorbeugend auf die Pflanzen gespritzt werden und ebenfalls zu einer Befallsverminderung beitragen. Bekannt sind zum Beispiel Mittel wie Milsana oder Neudo-Vital, ebenfalls ein Pflanzenstärkungsmittel natürlichen Ursprungs. Wichtig ist nur, dass diese und ähnliche Mittel schon bei Vegetationsbeginn im Frühjahr angewandt werden. Eine Wiederholung in bestimmten Abständen ist sinnvoll. Die allgemeinen Gebrauchsanweisungen sind dabei zu beachten.

Sollte einmal die Krankheit trotz aller prophylaktischer Maßnahmen trotzdem auftreten und schlimmere Ausmaße annehmen, können auch im Haus- und Kleingarten zugelassene Pflanzenbehandlungsmittel eingesetzt werden. Sie sollen aber nur dann angewandt werden, wenn alle anderen Maßnahmen nicht mehr ausreichen und tatsächlich die Pflanzen gefährdet sind. Derzeit sind Präparate auf der Wirkstoffbasis von Bitertanol oder Lecitin zugelassen. Die einzelnen Mittel können im Fachgeschäft erfragt werden. Auch hier erfolgt die Anwendung genau nach Gebrauchsanweisung.

Riesen-Bärenklau entfernen

Vor zehn Jahren pflanzte ich in meinen Garten einen Riesen-Bärenklau. Leider ließ ich die Pflanze immer wieder aussamen, so dass sie sich jetzt im ganzen Garten ausgebreitet hat. Immer wieder „verbrennt" sich jemand beim Berühren der Blätter und Stängel. Seit mehreren Jahren lasse ich die Pflanze nicht mehr blühen und schneide auch alle Blätter ab. Trotzdem kommen die Pflanzen immer wieder. Gibt es irgendein Mittel, sie los zu werden?

Den Riesen-Bärenklau, auch Herkulesstaude genannt (*Heracleum mantegazzianum*) können Sie nur durch konsequentes Abschneiden aller oberirdischen Pflanzenteile aus dem Garten vertreiben. Diese Maßnahme muss ständig durchgeführt werden, da der Riesen-Bärenklau sonst immer wieder neu ausschlägt.
Sollten sich die Pflanzen auf einer zusammenhängenden Fläche entwickelt haben, die anderweitig nicht genutzt wird, kann man diese Fläche mit einer dichten, undurchlässigen, starken Folie oder „Wurzelschutzmatte" abdecken und die Pflanzen so zum Absterben bringen.

Beim Berühren der Stängel und Blätter kann Saft der Pflanze aus den Haaren in die Haut eindringen. Er enthält Furocumarin, das einen Ausschlag mit Blasenbildung erzeugt. Die Wirkung des Giftes wird nur bei Licht entfaltet, deshalb kann man die Pflanze oft abends oder in der Nacht ohne Schaden berühren. Um Entzündungen zu vermeiden, sofort nach dem Berühren Hände mit Seife und Wasser abwaschen, eventuell den Arzt aufsuchen.

Samen einiger Stauden brauchen Kälteeinwirkung

Ich habe Saatgut vom Echten Duftveilchen gekauft und ausgesät. Die Samen keimten nicht. Nach meiner Reklamation im Samenfachgeschäft wurde mir erklärt, dass Duftveilchen zu den so genannten Frostkeimern gehören und die Samen einer Kälteperiode ausgesetzt werden müssen. Wie gehe ich vor, damit die Samen nun zufriedenstellend keimen?

Die Samen mancher Stauden-Arten brauchen zur problemlosen Keimung tatsächlich eine Kälteeinwirkung. Vielfach wird irreführend von Frostkeimern gesprochen. Die Keimruhe dieser Samen kann jedoch gebrochen werden, wenn sie eine gewisse Zeit kühlen Temperaturen zwischen 0 und +5 °C ausgesetzt werden. Deshalb spricht man heute nicht mehr von Frostkeimern, sondern von Kaltkeimern. Üblich ist folgendes Verfahren:
Bei der Mehrzahl dieser Stauden erfolgt die Aussaat ab September bis März. Ausgesät wird in Töpfe oder kleine Schalen. Nach der Aussaat lässt man die Gefäße zwei bis drei Tage im normal temperierten Raum stehen. Anschließend können die Gefäße im Freien aufgestellt werden, sofern die Temperatur über oder nur wenig unter dem Gefrierpunkt liegt. Bei Bedarf ist eine Laubabdeckung günstig. Ganz sicher kann man gehen, wenn das Gefäß sechs bis acht Wochen in einem Kühlschrank bei Temperaturen von 0 bis +5 °C aufgestellt wird. Natürlich muss ab und zu kontrolliert werden, ob die Aussaaterde auch ausreichend feucht ist, um einen Trockenschaden zu vermeiden.
Nach dieser Kühlbehandlung setzt dann die Keimung bei 12 bis 20 °C relativ schnell ein. Gekeimte Sämlinge werden an einem hellen Platz aufgestellt, später pikiert oder in kleinen Töpfen weiter kultiviert.

Auf diese Weise kann man ebenfalls folgende Stauden-Sämereien neben dem Duftveilchen (*Viola odorata*) gut zum Keimen bringen: Eisenhut (*Aconitum napellus*), die verschiedenen Arten von Lerchensporn (*Corydalis*), Tränendes Herz (*Dicentra*), Steppenkerzen (*Eremurus*), Enzian (*Gentiana*), Primeln (*Primula*), außerdem Küchenschelle (*Pulsatilla vulgaris*) und Trollblume (*Trollius europaeus*).

Scheinmohn richtig pflegen

In einem botanischen Garten habe ich den blau blühenden Scheinmohn entdeckt. Kann ich diese wunderschöne Pflanze auch in meinem Garten kultivieren? Welche Ansprüche stellt der Scheinmohn, wo erhalte ich Pflanzen und welche Pflegebedingungen sind zu beachten?

Der Scheinmohn (*Meconopsis*) zählt zu den selteneren Gartenstauden. Es handelt sich eigentlich um eine ausdauernde Pflanze, die jedoch einige Ansprüche an den Standort stellt. Wichtig ist, dass der Boden kalkfrei, also sauer ist. Auch darf er nicht unter Staunässe leiden. Außerdem sind reine Südlagen zu meiden. Günstiger ist eine West- oder Ostlage, vielleicht sogar ein Standort unter oder im Bereich einer lichten Baumkrone. Der Boden sollte gründlich vorbereitet und nach Möglichkeit mit lockerem Humusmaterial, Torf oder Rindenhumus reichlich vermischt werden.
Pflanzen sind in der Staudengärtnerei erhältlich. Obwohl es viele Arten und Sorten gibt, werden meistens nur zwei Arten angeboten und zwar *Meconopsis betonicifolia*, der Tibet-Scheinmohn, mit nickenden, himmelblauen Blüten. Oft kann man auch den Wald-Scheinmohn, *M. cambrica*, erhalten, der relativ leicht wächst, jedoch gelb blüht.
Im Zusammenhang mit der Pflege sollte nur beachtet werden, dass die Pflanzen im Sommer relativ viel Feuchtigkeit benötigen, andererseits soll im Winter Staunässe vermieden werden.

Damit die Pflanzen im Winter nicht unter Staunässe leiden, sollten vor dem Pflanzen schwerer Boden gut drainiert werden. Eine Schottereinlage in eine tiefe Pflanzgrube ist empfehlenswert.

Schwertlilien verpflanzen

In meinem Garten stehen schon seit vielen Jahren Schwertlilien. Die Blätter sind immer noch schön grün, doch die Blütenbildung lässt zu wünschen übrig. Kann ich diese Schwertlilien ausgraben und an anderer Stelle wieder einpflanzen? Wann ist der beste Zeitpunkt dafür?

Schwertlilien (*Iris*) gibt es in zahlreichen Arten, am bekanntesten ist wohl die Deutsche Schwertlilie, *Iris germanica*. Diese Schwertlilien entwickeln alljährlich aus ihren knolligen Rhizomen Blätter und Blüten. Bekannt ist aber auch, dass die Pflanzen nach vier bis fünf Jahren in ihrer Blühfreudigkeit nachlassen. Dann ist der Zeitpunkt zu einem Verpflanzen gekommen. Gleichzeitig folgt auch eine so genannte Verjüngung. Der beste Zeitpunkt zum Verpflanzen ist während der Ruhezeit,

also entweder im Frühjahr (April, Mai) oder im Herbst (September).
Die Rhizome werden mit einer Grabegabel vorsichtig ausgegraben und die Erde aus den Wurzeln geschüttelt. Nun können die miteinander verwachsenen Rhizome mit einem Messer an der verjüngten Ansatzstelle abgeschnitten und so die jeweilige Pflanze aufgeteilt werden. Jedes Teilstück sollte aus mindestens einem Rhizom und einem Blattschopf bestehen, der schon im Herbst mit der Schere zu einer pfeilförmigen Spitze geschnitten werden kann. Diese Form ist günstig, da in der Mitte des Blattschopfes bereits die jungen Blattspitzen für das kommende Frühjahr sitzen, die allerdings nicht beschädigt werden sollen.
Nun können die Teilstücke an einem sonnigen Platz ausgepflanzt werden. Der Boden wird vorab gründlich gelockert und mit Humusstoffen versetzt. Die Rhizome sollten so tief gepflanzt werden, dass sie gerade mit der Erdoberfläche abschließen. Sie können aber auch etwa zu einem Drittel aus dem Boden herausschauen. Oft wird sogar empfohlen, bei leichten Böden etwas tiefer, bei schweren etwas höher zu pflanzen. Nachteilig für Schwertlilien ist es, wenn der Boden unter Staunässe leidet. Deshalb sollten in schweren Böden die Irisrhizome sogar etwas höher, also auf einen kleinen Hügel gepflanzt werden, damit überschüssiges Wasser seitlich abfließen kann. Werden die Irisrhizome zu tief gepflanzt, bilden sich unter Umständen in den ersten Jahren keine Blüten aus. Es dauert oft sehr lange, bis sich die Rhizome selbst etwas weiter nach oben an die Erdoberfläche „gearbeitet" haben. Erst dann blühen sie zur vollen Zufriedenheit.

Silberdisteln im Garten kultivieren

? **Mein Garten liegt am Hang und ist nach Süden geneigt. Gerne möchte ich dort auch Silberdisteln anpflanzen. Gedeihen sie in Südhanglage und woher erhalte ich Pflanzen?**

! Silberdisteln (*Carlina acaulis*) lieben so genannte Steppenheiden oder trockenere Rasenflächen. Eine Südhanglage ist sicher günstig, wenn die Bodenverhältnisse den Ansprüchen genügen. So wachsen Silberdisteln besonders gerne auf lehmigen, jedoch durchlässigen und mit Schotter durchsetzten Böden mit neutraler oder leicht basischer Bodenreaktion. Sommertrockenheit wird gut vertragen. Will man sie mit anderen Pflanzen zusammen pflanzen, eignen sich dafür Karthäuser Nelke (*Dianthus carthusianorum*), Kugelblumen (*Globularia*-Arten), verschiedene Arten des Alant (*Inula*), niedere Fingerkräuter (*Potentilla*), Küchenschelle (*Pulsatilla vulgaris*) und verschiedene Gräser.
Grundsätzlich muss angeführt werden, dass die bei uns heimische Silberdistel (Wetterdistel, Eberwurz) zu den geschützten Pflanzen gehört. Keinesfalls darf sie also am natürlichen Standort ausgegraben und in den Garten gebracht werden. Staudengärtnereien bieten preiswert Pflanzen in Töpfchen an, die auf natürliche Weise vermehrt und so auch gut im eigenen Garten weiterwachsen. Angeboten werden sie meistens in zwei Varietäten, als normale Wetterdistel oder als eine Sorte mit etwas höheren Stängeln, die man sogar als Schnittblume verwenden kann. Diese wird unter der Bezeichnung *C. acaulis* 'Simplex' geführt.

WUSSTEN SIE, dass die Silberdistel ihren volkstümlichen Namen „Wetterdistel" deshalb erhalten hat, weil sie bei feuchter, trüber Witterung ihre silbrig leuchtenden Hüllblätter geschlossen hält, während diese bei sonnig-klarem, trockenem Wetter weit ausgebreitet sind? Übrigens soll die Pflanze ihren lateinischen Namen nach Kaiser Karl IV (1347–1378) erhalten haben. Der Name Carlina taucht in Pflanzenbeschreibungen bereits 1504 zum ersten Mal auf.

Stauden für flachgründigen Boden

? **Im Eingangsbereich zu meinem Hausgarten ist nur eine flache Schicht Boden vorhanden. Die Schichthöhe beträgt oft nur 3 bis 5 cm. Darunter sind Steine und Schotter. Gibt es Pflanzen, die mit wenig Boden auskommen und diese die Fläche trotzdem über mehrere Jahre bedecken?**

! Zu den sehr anspruchslosen Stauden für Steingärten, Mauerritzen oder Steinmulden zählen Steinbrech (*Saxifraga*), Fetthenne oder Fettblatt (*Sedum*) und Haus- oder Dachwurz (*Sempervivum*). Zu diesen drei Gattungen gehören sehr viele Arten, die geradezu als Durst- und Hungerkünstler bekannt sind und vor allen Dingen an einem sonnigen und nicht zu feuchten Standort recht gut gedeihen. Besonders die niedrigen, Polster bildenden Fetthennen könnten für einen derartigen Standort sehr gut in Frage kommen. Wichtig ist nur, dass die dünne Bodenschicht gut gelockert und möglichst mit etwas Sand und Humus verbessert wird, damit die Pflanzen in dem vorhandenen Substrat problemlos wurzeln können. Besondere Pflegemaßnahmen sind nicht erforderlich, da die Pflanzen sehr anspruchslos sind. Die Auswahl und Zusammenstellung eines schönen Sortiments erfolgt am besten in einer Staudengärtnerei. Dort werden in der Regel von jeder Gattung mehrere Arten und Sorten angeboten, die für einen derartigen Standort geeignet sind.

Tränendes Herz ab September aussäen

Besonders viel Freude habe ich im Garten an meinen Tränenden Herzen. Nun habe ich versucht, sie aus Samen selbst heranzuziehen. Aber auch mit gekauftem Samen gelang es mir nicht. Was war wohl Schuld daran?

Angeboten wird normalerweise das Tränende Herz (*Dicentra spectabilis*) als Jungpflanze in Staudengärtnereien. Tatsächlich gibt es gelegentlich auch Samen im Fachgeschäft, der jedoch zu einem bestimmten Zeitpunkt ausgesät und dabei auch noch einer besonderen Behandlung unterzogen werden sollte, die den ansonsten in der Natur üblichen Bedingungen entspricht.
Allgemein kann man am besten eine Aussaat von September bis Oktober vornehmen. Die Samen werden in eine humose, lockere, leicht saure Erde ausgesät und zum Keimen an einen kühlen Ort aufgestellt. Bei den im Herbst üblichen Temperaturen von etwas 10 bis 15 °C keimen die Samen erst nach vier bis fünf Monaten. Da das Tränende Herz zu den so genannten Kaltkeimern zählt, erreicht man eine raschere Keimung, wenn die Aussaaten zunächst bei 10 bis 20 °C einige Tage vorgequollen und anschließend etwa vier bis sechs Wochen bei Temperaturen zwischen 0 und +5 °C aufbewahrt werden (evtl. im Kühlschrank). Danach wird das Aussaatgefäß wieder bei etwa 10 bis 15 °C aufgestellt, so dass die Samen schneller keimen können.
Die Sämlinge werden später pikiert oder in kleine Töpfe gesetzt, an einem hellen, geschützten Standort überwintert und nach dem Erstarken im Frühjahr im Garten ausgepflanzt (Bezugsquelle siehe Seite 377).

Winterastern überstehen Winter nicht

In einem Staudenbetrieb habe ich Winterastern gekauft. Diese im Spätherbst blühenden Chrysanthemen gefallen mir besonders gut. Doch habe ich kein Glück mit diesen Pflanzen, denn sie sind mir im Winter alle ausgefallen. Warum heißen diese Pflanzen Winterastern, wenn sie doch den Winter nicht überstehen?

Der volkstümliche Name „Winteraster" für die Chrysantheme (*Chrysanthemum*) rührt sicher daher, dass sie zu den letzten, am Ende des Vegetationsjahres blühenden Pflanzen gehören. Sie blühen also nicht im Winter, sondern kurz vor Beginn der unwirtlichen Jahreszeit.
An sich handelt es sich um die gleichen Chrysanthemen, wie sie auch ganzjährig als Topfpflanzen, vor allem aber auch in den Herbstmonaten, auf Allerheiligen oder Totensonntag vom Gärtner angeboten werden. Ausgewählte Sorten sind normalerweise winterfest, können jedoch unter Kahlfrost oder lang anhaltender Winterkälte leiden.
Versuchen Sie es noch einmal mit diesen Winterastern. Die Pflanzen werden nach der Blüte im Oktober oder November zurückgeschnitten. Meistens haben sie dann schon wieder einige Basistriebe gebildet. Diese würde ich auf jeden Fall mit etwas Reisig oder einem anderen Material schützen. Liegt im Winter eine dicke Schneedecke, passiert den Winterastern im Normalfall nichts. Sollte aber, wie es in den letzten Jahren häufig der Fall war, wenig oder gar kein Schnee liegen und es trotzdem sehr kalt werden, können Winterastern leiden. Etwas Winterschutz ist dann günstig.

Zwiebelflanzen

Blumenzwiebeln am Fenster vortreiben

In den letzten Tagen habe ich noch viele frühlingsblühende Blumenzwiebeln geschenkt bekommen. Darunter befinden sich Tulpen, Hyazinthen und Narzissen. Kann ich diese jetzt noch (Mitte Dezember) in Töpfe legen und am Zimmerfenster antreiben?

Um diese Jahreszeit ist es für das Einpflanzen von Blumenzwiebeln schon verhältnismäßig spät. Es kann gelingen, wenn die Zwiebeln noch relativ frisch und von guter Qualität sind. Eine Qualitätszwiebel muss sehr groß sein und im Inneren bereits eine Knospe ausgebildet haben. Außerdem ist wichtig, dass die Zwiebeln vor dem Antreiben noch ausreichend Wurzeln ausbilden. Deshalb könnte nach folgendem Rezept doch noch ein Erfolg möglich sein: Zuächst werden die Zwiebeln einzeln oder zu mehreren in Töpfe oder Schalen in eine normale, durchlässige Erde gepflanzt. Dann werden die Gefäße in einem kühlen Raum bei etwa 10 °C aufgestellt. Dort müssen sie etwa zwei Monate verbleiben und ausreichend Wurzeln bilden. In dieser Zeit ist die Erde mäßig feucht zu halten. Nach etwa zwei Monaten (also Mitte bis Ende Februar) können die Gefäße nacheinander in einen temperierten Raum zum Antreiben gebracht werden. Ideal sind Temperaturen von 18 bis 20 °C. Waren die Zwiebeln noch ausreichend treibfähig, entwickeln sich nun die Blütenschäfte. Mit einer Blüte kann, je nach Gattung und Art, nach zwei bis vier Wochen gerechnet werden.

Während der Treiberei sollten die Pflanzen an einem hellen Platz stehen, damit die Blätter ausreichend Licht zur Assimilation erhalten. Es reicht aus, wenn die Pflanzen immer nur gleichmäßig feucht gehalten werden. Eine zusätzliche Düngung ist nicht erforderlich, da sich die Blütenschäfte durch die Nährstoffvorräte aus den Zwiebeln entwickeln.

Gladiolen anpflanzen

Sehr gerne möchte ich in meinem Garten Gladiolen anpflanzen. Muss ich die Zwiebeln im Herbst oder Frühjahr auslegen?

Gladiolen (*Gladiolus*) gehören zu den sommerblühenden Zwiebelgewächsen, die jedoch in unserem Klima nicht winterhart sind. Die Zwiebelknollen sind im Frühjahr erhältlich und werden Ende April auf Beete und Rabatten in den Garten gepflanzt. Eine lockere, humose Gartenerde ist für die Entwicklung günstig. Meistens legt man sie in Reihen oder kleinen Gruppen aus. Unter günstigen Bedingungen entwickeln sich die Pflanzen ohne besondere Probleme. Nach der Blüte im Herbst werden die Pflanzen vorsichtig aus der Erde gegraben und meistens einen Tag zum Austrocknen auf die Beete gelegt. Dann werden die oberirdischen Pflanzenteile abgeschnitten und die Knollen in einer Tomatenkiste oder auf Horden in einem Raum bei 15 °C überwintert. Vorher können die Brutknöllchen abgenommen und in gleicher Weise gelagert werden.

Obwohl es früh-, mittelfrüh- und spätblühende Sorten gibt, ist die Blütezeit der Gladiolen hauptsächlich im August und September. Will man schon frühzeitig blühende Pflanzen haben, kann man die Knollen bereits im März in kleine Töpfchen mit lockerer Humuserde pflanzen und sie in einem temperierten Raum (etwa 16 bis 18 °C) aufstellen. Auch Handkistchen sind geeignet, in die man die Knollen nebeneinander auslegt. Etwa Mitte bis Ende April werden die Pflänzchen ins Freie gestellt und abgehärtet. Nur bei Nachtfrost müssen sie in den schützenden Raum zurückgebracht werden. Ausgepflanzt werden kann meistens bereits Anfang Mai. Durch diese Maßnahme kann der Blütenflor um drei bis vier Wochen vorverlegt werden.

Gladiolen mit Thripsbefall

Auf den Blättern meiner Gladiolen sind weißliche Flecken sichtbar, die manchmal silbrig schimmern. Auch auf den Blüten erscheinen solche Flecken. Manche Blütenstände sind sogar verkrümmt oder verkrüppelt. Um was für eine Krankheit handelt es sich und ist eine Bekämpfung möglich?

Es handelt sich bei diesem Schaden nicht um eine Krankheit, sondern um den Befall durch den Gladiolenblasenfuß (*Taeniothrips simplex*) oder Thrips. Der Schädling selbst ist nur 1,2 bis 1,5 mm groß, dunkelbraun bis schwärzlich gefärbt und besitzt vier gefranste, kleine Flügel. Deshalb wird er oft auch als Fransenflügler bezeichnet.
Ausgewachsene Tiere und die weiblichen Larven halten sich gerne zwischen den Blättern und Stängeln sowie in der noch geschlossenen Knospe auf. Sie saugen den Pflanzensaft aus dem Gewebe, so dass die weißen bis silbrigen Flecken entstehen. Im Herbst wandern die Blasenfüße auf die Knolle und überwintern dort.
Die Bekämpfung dieses Schädling ist etwas schwierig. Der Pflanzenschutzdienst empfiehlt, auf jeden Fall im Herbst die Gladiolen (*Gladiolus*) sorgfältig zu putzen und vom Laub vollständig zu befreien. Mehrere Spritzungen im Sommer mit Kaliseife oder Mitteln auf der Basis der Pyrethrine lindern den Schaden. Bei einem starken Befall sollte man sich eventuell von den Pflanzen trennen und im nächsten Jahr neue Zwiebelknollen kaufen.

Kaiserkronen richtig pflegen

Vor drei Jahren habe ich schon Kaiserkronen in meinen Garten gepflanzt. Sie treiben wohl jedes Jahr wieder durch, blühen aber nicht. Was kann ich tun, um diese Pflanzen zum Blühen zu bringen?

Kaiserkronen (*Fritillaria imperialis*) lieben einen Standort im lichten Schatten. Sonne ist erwünscht, doch sollten die Pflanzen vor praller Mittagssonne geschützt werden. Wichtig ist ein tiefgründiger, humoser, mittelschwerer und vor allen Dingen gut wasserdurchlässiger Boden. Schwerer Boden erhält eine Drainage aus grobkörnigem Sand. Gepflanzt wird am besten bereits im August. Die Pflanztiefe der Zwiebeln beträgt 20 bis 25 cm. Bewährt hat sich das Abdecken der Zwiebeln mit Komposterde. So behandelt müssen Pflanzen aus kräftigen Zwiebeln problemlos zum Blühen kommen.

Nach dem Verblühen sollten höchstens die Blütenstände, jedoch nicht die Blätter vorzeitig entfernt werden. Sie müssen am Stiel verwelken und absterben, sonst blühen die Pflanzen im nächsten Jahr nicht! Vielleicht hilft dieser kleine Hinweis, um die Pflanzen alljährlich wieder zum Blühen zu bringen.

Narzissen bleiben im Topf zu kurz

Im Herbst habe ich Narzissenzwiebeln in Töpfe gelegt und angetrieben. Die Pflanzen treiben wohl an, die Blütenstiele bleiben jedoch zu kurz und erreichen nicht die normale Höhe. Was ist die Ursache für diesen kümmerlichen Wuchs?

Zwei Möglichkeiten kommen dafür in Frage. Immer sollte man beachten, dass frühlingsblühende Zwiebelgewächse, also Narzissen (*Narcissus*), Tulpen (*Tulipa*), Hyazinthen (*Hyacinthus*) und andere vor dem Antreiben der Zwiebel ausreichend Wurzeln bilden müssen. Dazu benötigen sie etwa acht bis zehn Wochen. Die beste Wurzelbildung erreicht man in einem kühlen Raum bei Temperaturen um 10 °C. Erst nach dieser Zeit sollen die Zwiebelgewächse ins temperierte Zimmer gebracht und angetrieben werden. Haben sie zu wenig Wurzeln ausgebildet, können zu wenig Nährstoffe aus der Zwiebel mobilisiert werden, so dass die Entwicklung vegetativer und generativer Organe gehemmt ist. Einen guten „Treiberfolg“ erzielt man also nur, wenn die Pflanzen viele Wurzeln vor Treibbeginn gebildet haben.
Die andere Möglichkeit besteht darin, dass die Pflanze bei einer frühen Treiberei (Dezember) zu hell stehen. Da die Zwiebelgewächse, also auch Narzissen, um diese Jahreszeit eigentlich zu früh angetrieben werden, kann es sein, dass sie schon bald nach dem Austreiben zum Blühen kommen. Man kann dies dadurch verhindern, dass man die Zwiebeln zunächst in einem temperierten, aber dunklen Raum antreibt und erst etwa 10 bis 14 Tage nach dem Antreiben, wenn die Schäfte

schon relativ lang geworden sind, ans helle Fenster stellt. Es ist auch möglich, die Pflanzen zunächst mit einem lichtundurchlässigen „Hütchen“ abzudecken, damit die Blütenschäfte ausreichend lang werden.

WUSSTEN SIE, dass Narzissen verschiedene giftige Alkaloide ausbilden? Am bekanntesten ist das Galanthidin, das früher auch Narcissin genannt wurde. Der Saft von Narzissen kann bei empfindlichen Menschen Hautausschläge verursachen. Sie sind als „Narzissendermatitis“ vor allem bei Floristen und Gärtnern bekannt.
Es können auch Vergiftungserscheinungen auftreten (Erbrechen, Durchfall, Schweregefühl in den Beinen), wenn versehentlich eine Narzissenzwiebel in der Küche zur Zubereitung von Speisen verwendet wird. Vermutlich hat die Narzisse nach diesen giftigen Stoffen ihren botanischen Namen erhalten. Dieser soll dem griechischen Wort „narkao“ (= ich erstarre) abgeleitet sein.

Narzissen blühen nicht

Dieses Jahr habe ich Tulpen- und Narzissenzwiebeln im Herbst eingekauft und nach Ihren Empfehlungen zur Treiberei im Zimmer kultiviert. Während die Tulpen jetzt prächtig blühen, haben die Narzissen nur Blätter gebildet. Was habe ich falsch gemacht?

Wahrscheinlich wurde nichts falsch gemacht, da die Narzissen (*Narcissus*) in der „Zimmertreiberei“ ähnliche Ansprüche stellen wie die Tulpen. Wurden also die Zwiebeln rechtzeitig im September oder Anfang Oktober einkauft, in Erde ausgelegt und etwa zehn Wochen zum Einwurzeln in einen kühlen Raum gestellt, müssen sie beim Umsiedeln in das warme Zimmer nach zwei bis drei Wochen zum Blühen kommen. Voraussetzung allerdings ist, dass es sich um blühfähige Zwiebeln handelt. Immer kann ein im Frühjahr blühendes Zwiebelgewächs, also auch Hyazinthen (*Hyacinthus orientalis*), Krokusse (*Crocus*), Blauglöckchen (*Scilla*) nur dann im Winter zum Blühen gebracht werden, wenn bereits beim Einpflanzen der Zwiebeln die Knospen in der Zwiebel völlig ausgebildet waren. Das ist aber nur bei entsprechend vorbehandelten Zwiebeln einer bestimmten Größe der Fall. Deshalb sollten zum Treiben von Blumenzwiebeln immer nur die größten Zwiebeln erworben werden. Manchmal wird auch angegeben, dass sich diese Zwiebeln besonders für die Zimmertreiberei eignen. In Holland werden nämlich solche Zwiebeln oft noch zusätzlich präpariert und einer zusätzlichen Wärmebehandlung unterworfen, damit die Knospen in der Zwiebel auch tatsächlich zum gewünschten Termin im Winter austreiben und blühen.

Narzissen wieder zum Blühen bringen

Vor einigen Wochen habe ich blühende Narzissen im Topf gekauft. Sie haben im kühlen Zimmer relativ lange gehalten. Nun sind sie abgeblüht. Kann ich die Pflanzen weiterkultivieren oder in den Garten pflanzen? Ist eine erneute Topfkultur mit diesen Zwiebeln im nächsten Jahr möglich?

Es ist etwas schwierig, die Narzissen (*Narcissus*) im Topf weiter zu kultivieren. Die Zwiebeln haben sich durch die Treiberei stark verausgabt und müssen sich zunächst wieder einmal gründlich erholen.
Am besten ist es, wenn Sie die Pflanzen an einem günstigen Standort im Garten auspflanzen und pfleglich behandeln. Vor allen Dingen sollten die Blätter jetzt im Frühjahr nicht einziehen, also abwelken. Normal ist es, wenn die Pflanzen jetzt noch einige Wochen ihre Blätter behalten und damit Baustoffe aufbauen, die sie später in der Zwiebel einlagern. Erst im Sommer (ab Juli) können die Blätter abwelken und die Zwiebeln eine Ruheperiode einlegen. Sinnvoll wäre es, wenn die Zwiebeln mindestens noch ein Jahr an der gleichen Stelle verbleiben könnten. Sie jetzt schon im Herbst wieder auszugraben und erneut zum Treiben in Töpfe zu pflanzen, ist nicht ratsam, da sicher der Treiberfolg gering wäre. Vielleicht bringen diese Zwiebeln im Garten im nächsten Jahr schon wieder eine Blüte. Dann müssen die Pflanzen aber nach dem Verblühen noch einmal kräftig gedüngt und zu einer üppigen Blattentwicklung angeregt werden. Erst dann wäre es möglich, wenn man die Zwiebel im Spätsommer aus der Erde nimmt und sie nach einer gewissen Ruheperiode in Töpfe zum Antreiben pflanzt.
Da dieses ganze Verfahren sehr umständlich ist, wird es eigentlich eher ratsam sein, sich alljährlich

blühfähige, große Zwiebeln im Fachgeschäft zu kaufen und diese zum Antreiben zu verwenden. Die abgeblühten Pflanzen können dann in den Garten gesetzt und dort wieder normal zum Blühen gebracht werden.

Narzissen zu Weihnachten zum Blühen bringen

In Fachgeschäften werden im Herbst Weihnachtsnarzissen angeboten. Wie muss ich diese Zwiebeln kultivieren, damit sie tatsächlich zu Weihnachten zum Blühen kommen?

Die Gattung *Narcissus* umfasst die verschiedensten Arten. Bekannt sind z. B. die Trompetennarzissen (*N. pseudonarcissus*), Schalennarzissen (*N. × incomparabilis*) und Tazetten (*N. tazetta*). Sie können, haben die Zwiebeln eine gewisse Größe, in Töpfen kultiviert und unter bestimmten Bedingungen bereits zu Weihnachten zum Blühen gebracht werden. Unter den ausgesprochenen Weihnachts- oder Wassernarzissen versteht man eine besondere Unterart der Tazetten, die unter dem richtigen botanischen Namen *N. tazetta* subsp. *papyraceus* und der Sortenbezeichnung 'Totus Albus Grandiflorus' geführt werden. Meistens werden sie in Katalogen oder im Zwiebelangebot einfach unter der Bezeichnung *Narcissus* 'Totus Albus Grandiflorus' oder „Paperwhite-Narzissen" angeboten.
Das Besondere an diesen vielblumigen Narzissen ist, dass sie keine ausgesprochene Einwurzelzeit benötigen und auf einfachste Weise zum Blühen gebracht werden. Die Zwiebeln können etwa im Oktober erworben und einfach in eine Schale auf Kies ausgelegt werden. Es wird vorsichtig Wasser eingegossen und zwar so hoch, dass der Zwiebelboden nicht im Wasser steht. Die Schale kann man gleich in einem hellen, luftigen, möglichst kühlen Raum aufstellen. Schon bald entwickeln sich Wurzeln, die in das Wasser eindringen. Etwas später beginnt die Bildung von Blättern. Es dauert nun insgesamt etwa acht Wochen, bis diese Pflanzen zum Blühen kommen. Der genaue Blühtermin hängt natürlich von der Temperatur des jeweiligen Raumes ab. Bei sehr kühler Temperatur geht die Entwicklung etwas langsamer voran als bei wärmeren Temperaturen. Auf jeden Fall sollte die Temperatur zunächst kühl sein, später, wenn die Knospen bereits sichtbar sind, kann die Schale auch in einem wärmeren Raum aufgestellt werden. Interessant ist bei diesen Narzissen, dass sie nicht nur hübsch aussehen, sondern ihre Blüten auch einen angenehmen Duft verströmen.

Peruanischer Blaustern nur für mildes Klima

In meinem Garten blühen jedes Jahr sehr üppig die Blausterne. Nun soll es auch einen Peruanischen Blaustern geben. Kann ich ihn auch in den Garten pflanzen?

Zu den seltenen Zwiebelgewächsen gehört der Peruanische Blaustern (*Scilla peruviana*). Ebenso wie das in unseren Gärten weit verbreitete und voll winterharte Blausternchen (*Scilla siberica*) mit den kleinen, nickenden Blütenglocken handelt es sich bei *Scilla peruviana* um ein sehr attraktives Zwiebelgewächs. Aus den etwa 5 cm dicken, dunkelschaligen Zwiebeln entwickeln sich mehrere riemenförmige Blätter und ein 20 cm, manchmal auch bis 30 cm hoher Schaft mit einem attraktiven, konischen Blütenstand. Er besteht aus zahlreichen, oft bis zu 100 dunkel- bis mittelblauen Blüten (Bezugsquelle siehe Seite 377).
Zwiebeln erhält man gelegentlich im Fachgeschäft. Sie werden noch im Herbst in den Garten gepflanzt. Sie sollen etwa 18 cm tief an einem geschützten, warmen Platz in den Garten gepflanzt und mit einem ausreichenden Winterschutz versehen werden. Sicherer ist es aber wohl, die Zwiebeln in größere Töpfe in eine sandig-lehmige Erde zu pflanzen und sie bei Temperaturen um 10 °C zu überwintern. Erst im April, wenn sich bereits Blätter und Knospen entwickelt haben, kann dann die Pflanze in den Garten gesetzt werden. Es ist aber auch möglich, sie als Topfpflanze im temperierten Raum zum Blühen zu bringen.

WUSSTEN SIE, dass der Peruanische Blaustern gar nicht aus Peru zu uns gekommen ist, sondern im westlichen Mittelmeerraum beheimatet ist? Clusius, dem großen Naturforscher, wird nachgesagt, dass er die Pflanze *Hyacinthus stellatus peruvianus* benannt haben soll, nicht also nach der Heimat dieses Zwiebelgewächses, sondern nach einem Schiff, das England anlief und den Namen „Peru“ getragen haben soll. Linné, der bekannte schwedische Botaniker, führte dann den Gattungsnamen *Scilla* ein, behielt aber den irreführenden Artnamen *peruviana* bei.

Tulpen im Zimmer zum Blühen bringen

Tulpen soll man nicht nur im Garten zum Blühen bringen können, sondern auch im Zimmer. Wie gehe ich vor, damit diese Zwiebelgewächse auch im Winter blühen?

Tulpen (*Tulipa*) im Winter zum Blühen zu bringen ist möglich, auf einige Punkte jedoch sollten Sie besonders achten.
So müssen zunächst große und dicke Zwiebeln eingekauft werden. Alle frühlingsblühenden Zwiebelgewächse haben bereits im August oder September ihre Blütenknospen angelegt. Nur solche Zwiebeln, die einen voll ausgeprägten Knospenansatz und genügend Reservenährstoffe in den Zwiebelschuppen eingelagert haben, können problemlos zum Blühen gebracht werden. Erwerbsgärtner beziehen sogar präparierte Zwiebeln, die neben einer hervorragenden Qualität sogar noch einer Temperaturbehandlung unterworfen wurden, damit sie im Winter sicher zum Blühen kommen.
Solche Tulpenzwiebeln werden in Kistchen oder Töpfchen gelegt, wobei die Zwiebel noch etwa ein Drittel aus der Erde herausschauen kann. Ganz wichtig ist nun das Einwurzeln im Substrat. Die Zwiebeln können nicht sofort angetrieben werden, sondern müssen zunächst kräftige Wurzeln gebildet haben. Die Bewurzelungsdauer beträgt etwa zehn bis zwölf Wochen bei einer Temperatur zwischen 9 bis 12 °C. Werden die Zwiebeln zu warm gehalten, treiben sie ohne Wurzelbildung durch, bei zu kühler Lagerung bilden sie zu wenig Wurzelmasse. Zum Einwurzeln selbst ist ein kühler Keller am besten geeignet.
Werden diese Zwiebeln im Oktober in die Gefäße gelegt, können sie Mitte Dezember ins Wohnzimmer gebracht werden. Werden sie später gelegt, können sie auch erst zu einem späteren Zeitpunkt angetrieben werden. Sind die Zwiebeln etwas kleiner, sollte man auch länger warten.
Zum Antreiben reichen übliche Zimmertemperaturen von 18 bis 22 °C. Das Substrat ist mäßig

feucht zu halten. Schon bald wird sich der Trieb regen und die Knospen „durchschieben“. Jetzt ist ein heller Standort notwendig, damit sich die Blätter und Blütenstiele sowie später die Blüte gut ausfärben.

Zum Treiben sind vor allem Frühsorten geeignet, also einfache frühe Tulpen, Triumph- und Mendeltulpen. Auch einige Darwin-Hybriden sind geeignet. Bekannte Sorten sind 'Brillant Star', 'Copland', 'Krelages Triumph', 'Paul Richter', 'Lustige Witwe', 'William Pitt', 'Bellona'.

Tulpen mit attraktivem Farbenspiel

Alljährlich pflanze ich viele Tulpenzwiebeln in meinen Garten. Nun hatte mein Nachbar buntfarbene Sorten mit auffallend gewellten Blüten, die sehr interessant aussahen. Er bezeichnete sie als „Papageien-Tulpen“. Sind diese allgemein erhältlich und zu empfehlen?

Tulpen-Sorten (*Tulipa*) gibt es in großer Vielfalt und in zahllosen Sorten. Diese werden wiederum in 15 verschiedene Gruppen eingeteilt, die sich vor allen Dingen durch den Blühzeitpunkt, aber auch durch die Form und Farbe ihrer Blüten unterscheiden. Als ausgesprochene Liebhabertulpen haben sich in den letzten Jahren die „Papageien-Tulpen" erwiesen. Diese Sorten zeichnen sich aus durch bizarr geformte und sehr große Blüten, die auf kräftigen, langen Stielen ausgebildet werden. Augenblicklich gibt es im Handel rund 25 Sorten, von denen in Liebhaberpackungen mindestens sechs Sorten überall erhältlich sind. Besonders bekannt sind 'Black Parrot' (purpurschwarz), 'Estella Rijnveld' (rot, weiß geflammt), 'Flaming Parrot' (gelb, rot geflammt), 'Red Champion' (rot), 'Texas Gold' (gelb, feiner roter Rand) und 'White Parrot' (weiß).

Papageien-Tulpen eignen sich vorzüglich für Beete und Rabatten. Besonders gut kommen sie zur Wirkung, wenn die Zwiebeln in kleinen Gruppen ausgepflanzt werden.

Da die schweren Blüten auf den oft 50 cm langen Stielen gerne umfallen, sollten sie nur an einer windgeschützten Stelle im Garten ausgepflanzt werden. Papageien-Tulpen eignen sich auch sehr gut als Schnittblumen, da ihre Blüten sehr apart und extravagant wirken.

Tulpen ohne Blütenansatz

Ich habe im vergangenen Herbst ein größeres Paket Tulpen gekauft. Nun stelle ich fest, dass die Mehrzahl dieser Pflanzen wohl durchtreiben, aber keine Blütenknospen angesetzt haben. Ich habe die Zwiebeln Anfang Oktober an verschiedenen Stellen in meinen Garten gepflanzt, eigentlich so, wie ich es in den früheren Jahren auch gemacht habe. Was kann die Ursache sein, dass diese Tulpen „taub" geblieben sind?

Mit größter Sicherheit können sie für dieses Missgeschick nichts. Normalerweise werden Tulpen (*Tulipa*) in den Anbaugebieten drei Jahre kultiviert, bis sie zu blühfähiger Ware herangewachsen sind. Sie werden im Frühsommer gerodet und machen anschließend noch eine gewisse Ruheperiode durch, in der sie, sofern es sich um kräftige große Zwiebel handelt, die Knospen bereits anlegen.

Sobald die Zwiebeln ausgeliefert werden, ist die Blüte in der Zwiebel bereits fixiert, so dass der Kunde, also der Gartenbesitzer, keinen Einfluss auf einen möglichen Knospenansatz hat. Im Garten wurzeln die Tulpen ein und treiben im Frühjahr mit Blättern und Knospe durch.

Haben nun die Tulpen keinen Knospenansatz, ist mit größter Wahrscheinlichkeit davon auszugehen, dass zu kleine Ware bezogen wurde. Diese Tulpen haben das Stadium der Knospenbildung im vergangenen Jahr nicht erreicht, so dass sie jetzt nur Blätter bilden und nicht zum Blühen kommen. Eine Änderung der Situation ist augenblicklich nicht zu erreichen. Auf eines sollte bei einem späteren Einkauf geachtet werden: Je größer die Blumenzwiebel ist, umso eher kann davon ausgegangen werden, dass im Frühjahr eine schöne Blüte erwartet werden darf.

Werden im kommenden Herbst wieder Blumenzwiebeln eingekauft, kann man einmal eine Kontrolle durchführen. Mit einem scharfen Messer wird die Zwiebel senkrecht in der Mitte angeschnitten. Schon jetzt muss sie in ihrem Kern die Blültenknospe für das folgende Frühjahr angesetzt haben. Ist das nicht der Fall, wird die Pflanze im Frühjahr wahrscheinlich nicht zum Blühen kommen. Die Blütenknospe ist deutlich erkennbar, ebenso wie einzelne Blütenorgane wie Blütenblätter, Staub- und Fruchtblätter. Besonders schön sieht man diesen Knospenansatz nicht nur bei Tulpen, sondern auch bei Hyazinthen.

Zwiebelblumen im Balkonkasten und in Pflanzschalen

Schon öfters habe ich im Herbst frühjahrsblühende Zwiebelgewächse, zum Beispiel Tulpen, Hyazinthen, Narzissen, Märzenbecher, in Balkonkästen oder Schalen gepflanzt. Leider müssen sie im Winter etwas gelitten haben, denn der Blütenflor war nie so üppig wie bei den direkt in den Garten gepflanzten Zwiebeln. Was habe ich wohl falsch gemacht und was kann ich tun, um im Frühjahr meinen Balkon mit reich blühenden Zwiebelgewächsen zu schmücken?

Eigentlich ist es ganz einfach, im Frühjahr einen mit Zwiebelgewächsen reich blühenden Balkon zu besitzen. Die Zwiebeln der verschiedenen Gattungen und Arten werden im September oder Oktober erworben, wobei möglichst auf große Zwiebeln zu achten ist, da diese bereits mit einer großen Knospe ausgestattet sind und außerdem ausreichend Reservenährstoffe eingespeichert haben. Die Zwiebeln werden dann in eine lockere, humose Erde in verschiedene Gefäße gepflanzt und nach Möglichkeit nicht im Freien überwintert. Da Balkonkästen und Schalen meistens nur ein geringes Erdvolumen haben, ist eine Überwinterung im Freien immer etwas problematisch, da durch sehr lange Frostperioden die Zwiebeln nicht nur unter der Kälte, sondern oft auch unter Trockenheit leiden.
Besser ist es, die Pflanzgefäße in einen kühlen, durchaus dunklen Raum zu bringen und sie bei Temperaturen um etwa 10 °C aufzustellen. Dort wurzeln die Zwiebeln gut ein und entwickeln bis Ende des Winters in der Regel nur einen kurzen Durchtrieb. In dieser Zeit sollte gelegentlich der Feuchtigkeitszustand der Erde kontrolliert und bei Bedarf etwas gewässert werden.
Aufgestellt werden die überwinterten Gefäße im Freien, sobald die strengsten Fröste vorbei sind. Dies ist meistens ab Anfang bis Mitte März möglich. Leichte Fröste schaden den sich dann entwickelnden Zwiebelgewächse in der Regel nicht mehr. Sollten doch einmal ein strengerer Frost angekündigt werden, ist ein leichter Schutz aber auf jeden Fall empfehlenswert.

Gute Erfahrungen wurden auch schon mit der Überwinterung der mit Zwiebeln bepflanzten Balkonkästen in Lichtschächten gemacht. Dort wird es im Winter nicht zu kalt, so dass die Zwiebelgewächse gut einwurzeln und später auch austreiben können.

Sommerblumen

Fächerblume überwintern

Im vergangenen Sommer hatte ich große Freude an meiner Fächerblume. Ich kultivierte sie als Ampelpflanze und sie bildete lange, reich mit Blüten besetzte Triebe. Muss ich mich im Herbst von der Pflanze trennen oder kann ich sie überwintern?

Normalerweise wird die Fächerblume (*Scaevola*) nicht überwintert. Sie wird üblicherweise als einjährige Pflanze kultiviert, obwohl sie einen strauchigen Charakter hat. Unter günstigen Bedingungen ist aber eine Überwinterung möglich. Zu diesem Zweck benötigt die Pflanze jedoch einen sehr hellen Platz in einem kühlen Raum. Am besten wäre ein Wintergarten oder ein Kleingewächshaus, in dem Temperaturen zwischen 10 und 15 °C gehalten werden können. Es kann nämlich sein, dass bei einer zu warmen Überwinterung die Pflanze nicht oder erst relativ spät zum Blühen kommen. Durch Versuche mit Jungpflanzen hat man festgestellt, dass die Fächerblume reichlich Knospen ansetzt, wenn sie im Winter vier Wochen lang bei höchstens 10 °C gehalten wurde. Außerdem ist wichtig, dass die Pflanzen dann ins Frühjahr hinein sehr viel Licht bekommen. In manchen Erwerbsgärtnereien werden die Jungpflanzen sogar zusätzlich künstlich belichtet, um einen relativ frühen Blütenflor zu erzielen.
Auf jeden Fall könnte einmal versucht werden, die Pflanze zu überwintern. Ein Rückschnitt der Triebe ist empfehlenswert, damit sie im Frühjahr aus der Basis wieder austreiben kann.

WUSSTEN SIE, dass diese erst wieder neuerdings aus Australien importierte Pflanze ihren botanischen Namen wahrscheinlich zu Ehren des Römers Mucius Scaevola erhalten hat?

Fleißige Lieschen selber säen

Ich habe Samen vom Fleißigen Lieschen gesammelt. Ist es möglich, diese selbst auszusäen und daraus im nächsten Jahr eigene Pflanzen heranzuziehen?

Ist der Samen des Fleißigen Lieschens (*Impatiens walleriana*) gut ausgereift, kann eine eigene Anzucht vorgenommen werden. Ausgesät wird zwischen Januar und April in Töpfe oder kleine Schalen in eine humose, durchlässige Blumenerde. Die Samen nicht oder nur leicht abdecken und für ausreichende Temperatur und eine gleichmäßige Feuchtigkeit sorgen. Die Keimung erfolgt bei 20 bis 24 °C in 10 bis 18 Tagen. Die Sämlinge werden bei viel Licht und 12 bis 16 °C weiter kultiviert. Später müssen Sie pikieren, also vereinzeln, so dass sie genügend Platz zur Entwicklung haben. Da die Pflanzen frostempflindlich sind, erst nach den Eisheiligen Mitte Mai auspflanzen.
Stammt das selbst gesammelte Saatgut von Hybriden, müssen Sie mit einer unterschiedlichen Ausprägung der ersten Generation rechnen. Diese Pflanzen können also im Wuchs und der Blütenfarbe unterschiedlich sein.

Fleißige Lieschen können auch vegetativ durch Stecklinge vermehrt werden. Dazu werden am besten im Spätsommer etwa 7 cm lange Triebspitzen einiger Pflanzen mit einem glatten Schnitt unter der Blattansatzstelle abgeschnitten und in ein Töpfchen mit Torf-Sandgemisch gesteckt. Nach zwei bis drei Wochen haben sie Wurzeln und können nach dem Pikieren oder Umtopfen weiterkultiviert werden. So erhält man junge Pflanzen für das kommende Jahr. Neben den „normalen" Sorten von *Impatiens walleriana* gibt es auch die Hybriden aus der *I.*-Neuguinea-Gruppe. Sie haben sehr schöne, auffällige Blüten und oftmals hübsch gezeichnete Blätter. Sie werden überwiegend vegetativ vermehrt.

Fleißige Lieschen verlieren Blätter

Im Sommer habe ich Fleißige Lieschen durch Stecklinge vermehrt. Die Pflänzchen haben sich zunächst gut entwickelt. Im Oktober habe ich sie in die Wohnung geholt. Jetzt (Mitte November) verlieren sie schlagartig die Blätter. Was habe ich falsch gemacht und was muss ich tun, um die Pflänzchen zu retten?

Verschiedene Ursachen sind für das plötzliche Abfallen der Blätter möglich. Einmal kann es sein, dass die an Licht gewöhnten Pflanzen nach dem Einräumen in den geschützten Raum unter Lichtmangel leiden. Wichtig ist, dass sie an einem hellen Fenster in einem temperierten Raum stehen. Es genügen zur Überwinterung Temperaturen von etwa 15 bis 18 °C.
Es ist jedoch eher möglich, dass die Fleißigen Lieschen (*Impatiens walleriana*) zu nass gehalten worden sind. Bei Staunässe im Wurzelballen faulen die feinen Wurzelhaare ab. Die Pflanzen können dann keine Feuchtigkeit mehr aufnehmen, welken und werfen die Blätter ab. Als erste Maßnahme sollten Sie einige Pflänzchen austopfen und den Wurzelballen kontrollieren. Sind die Wurzelspitzen noch weiß und völlig intakt, kann der Schaden mit der Feuchtigkeit nicht im Zusammenhang stehen. Sind sie jedoch schwarz und abgefault, sollten die Pflänzchen entweder ab sofort trockener gehalten werden oder sogar, wenn der Schaden schon größer ist, in ein frisches Substrat eingepflanzt werden. Dann müssen sie aber sehr vorsichtig immer nur bei Bedarf gegossen werden. Gerade die Überwinterung junger Pflanzen ist in der lichtarmen Jahreszeit etwas schwierig und die Pflanzen brauchen eine besondere Pflege.

Fleißige Lieschen zeigen gelbe Blätter

Als Zimmerpflanze kultiviere ich Fleißige Lieschen. Sie stehen am Westfenster in schönen Übertöpfen. Jetzt beobachte ich, dass die Pflanzen gelbe Blätter bekommen. Was ist die Ursache?

Gelbe Blätter können verschiedene Ursachen haben. Wahrscheinlich leiden die Pflanzen aber unter Staunässe. Oft kommt es vor, dass man Fleißige Lieschen (*Impatiens walleriana*) in Übertöpfen zu häufig gießt und sich am Boden des Übertopfes das Überschusswasser ansammelt. Dadurch kommt es zu einer Vernässung im Wurzelballen. Die Folge ist, dass die Wurzeln abfaulen und we-

der Wasser noch Nährstoffe aufgenommen werden können.
Auf jeden Fall sollten die Pflanzen einmal ausgetopft und der Wurzelballen kontrolliert werden. Sind Wurzeln und Wurzelspitzen weiß, ist ein anderer Grund für die Gelbfärbung der Blätter maßgebend. Sind jedoch die Wurzelspitzen oder Wurzeln schwarz und abgestorben, ist dafür Staunässe verantwortlich und die Pflanzen sollten deutlich trockener gehalten werden. Vielleicht erholen sie sich wieder und können weiterkultiviert werden. Kommt Staunässe eindeutig nicht in Frage, können gelbe Blätter auch durch Nährstoffmangel ausgelöst werden. Sie müssen die Pflanzen dann im Abstand von 10 bis 14 Tagen mit einem üblichen Blumenvolldünger düngen.

WUSSTEN SIE, dass die ersten Fleißigen Lieschen schon vor 350 Jahren aus dem tropischen Afrika nach Europa eingeführt wurden? Hier haben sie sich rasch zu einer beliebten Zimmerpflanze entwickelt, die unter günstigen Bedingungen ganzjährig Blüten ausbildet. Sicher hat sie nach dieser besonderen Eigenschaft ihren volkstümlichen Namen erhalten.

Kapuzinerkresse blüht nicht

?

Unter meinem Kirschenbaum habe ich Kapuzinerkresse ausgesät. Die Pflanzen wachsen wohl recht gut und bilden lange Triebe, sie blühen jedoch nicht. Was ist wohl die Ursache?

!

Kapuzinerkresse (*Tropaeolum*) zählt wohl zu den ältesten und bekanntesten Gartenpflanzen. Ihre Heimat ist Südamerika, wo die meisten der 50 Arten im Gebirge von Mexiko bis Chile vorkommen. Eigentlich handelt es sich bei der Kapuzinerkresse um anspruchslose Pflanzen, die jedoch einen sonnigen Standort bevorzugen. Auch im lichten Schatten bilden sie noch Blüten. Es kann jedoch sein, dass das Blätterdach Ihrer Kirsche (*Prunus*) so dicht ist, dass die Pflanzen nicht oder kaum von Sonnenstrahlen getroffen werden. In diesem Fall fehlt der Lichtreiz zur Knospenbildung. Die Pflanzen bilden nur Blätter und keine Blüten. Auch ist der lange, vielleicht sogar etwas spindelige Wuchs der Triebe ein Zeichen dafür, dass die Pflanzen nach Licht suchen. Sie streben dem Licht zu, um dann, haben sie einen günstigen Platz gefunden, ihre Floreszenzen auszubilden. Durch besondere Pflegemaßnahmen, also reichlicheres Wässern und zusätzliches Düngen, kann man nicht unbedingt die Blütenbildung fördern. Sie sollten für Ihre Kapuzinerkresse einen Standort auswählen, an dem die Pflanzen einige Stunden am Tag direkt von der Sonne getroffen werden. Das muss nicht unbedingt die Mittagssonne sein, es reicht auch ein Standort mit Morgen- oder Nachmittagssonne. Die Pflanzen werden es Ihnen mit meterlang rankenden Trieben und einem reichen Blütenflor danken.

WUSSTEN SIE, dass junge Blätter, Knospen und Blüten von der Großen Kapuzinerkresse, *Tropaeolum majus*, oft zum Würzen von grünen Salaten und Rohkost verwendet werden? Die stark aromatisch riechenden Pflanzenteile sind, sparsam verwendet, dafür geeignet. Übrigens kann man auch unreife Früchte als Kapernersatz in der Küche gebrauchen. Der Nachteil der Kapuzinerkresse ist nur, dass die Pflanzen gerne von Blattläusen befallen werden.

Malven mit Rostbefall

?

Alljährlich säe ich in meinem Garten Malven aus. Heuer sind die Blätter und Triebe voller brauner Pusteln. Die stark befallenen Blätter welken und sterben ab. Um welche Krankheit handelt es sich und was kann ich dagegen tun?

!

Die Malven (*Malva*) werden häufig vom Malvenrost (*Puccinia malvacearum*) befallen. Es handelt sich dabei um einen Innenpilz, dessen Sporenlager zunächst auf der Blattunterseite als weißlichgelbe, später als braune Pusteln sichtbar werden. Die reifen Sporen werden auf gesunde Pflanzenteile übertragen. Bei einem starken Befall kann es zum Absterben der Blätter kommen.
Im Augenblick ist gegen diese Krankheit nicht mehr viel auszurichten, da sich der Pilz im Innern des Gewebes von Trieben und Blättern eingenistet hat. Im nächsten Jahr sollten Sie darauf achten, dass die Pflanzen gut ernährt werden, da nach Beobachtungen eine gute Nährstoffversorgung einem Rostbefall vorbeugt. Außerdem sind die Pflanzen ständig zu kontrollieren. Sobald die ers-

ten Rostpusteln auftreten, sollten die erkrankten Blätter entfernt werden.
Helfen alle diese Maßnahmen nicht, können auch zugelassene Pflanzenschutzmittel, derzeit beispielsweise Präparate auf der Basis von Bitertanol, eingesetzt werden.

Um eine sichere Wirkung bei der Anwendung von Pflanzenschutzmitteln zu erreichen, sollten die Blätter sorgfältig mit Spritzbrühe benetzt werden, das gilt besonders für die Blattunterseite. Außerdem sollten vorab kranke Blätter entfernt und entsorgt werden.

Marienglockenblumen selbst aus Samen vermehrbar?

In ländlichen Gärten blüht im Sommer eine prächtige Glockenblume. Es soll sich um die Marienglockenblume handeln. Kann ich sie selbst aus Samen heranziehen?

Tatsächlich handelt sich um die attraktive Marienglockenblume (*Campanula medium*), die eine beliebte Glockenblume für Beete und Rabatten ist. Sie eignet sich mit ihrem attraktiven Blütenstand und den großen Glockenblüten aber auch vorzüglich als Schnittblume. Die Marienglockenblume wird im Volksmund oft als Bauerngarten-Glockenblume bezeichnet. Die Pflanzen werden 50 bis 90 cm hoch und entwickeln kräftige Triebe, die während der Blühzeit mit großen, glockenförmigen Blüten reich besetzt sind. Neben blauen Tönen sind auch gibt es auch Sorten mit weißen und rosa Blüten. Der Blühtermin dieser Glockenblume liegt in den Monaten Juni bis August.
Da es sich um eine so genannte zweijährige Sommerblume handelt, erfolgt auch die Aussaat für den Blütenflor im kommenden Jahr am besten im Juni. Ausgesät wird im Frühbeet, aber auch in Schalen oder Töpfe.
Ein gutes Keimergebnis wird erzielt, wenn die Samen nicht mit Erde bedeckt werden, da sie zu den Lichtkeimern zählen. Kleine Pflanzen können später pikiert und die Pflanzen dann schon im August an den vorgesehenen Platz im Garten gepflanzt werden. Im Winter ist ein leichter Schutz mit Fichtenreisig empfehlenswert. Diese Pflanzen blühen dann im kommenden Jahr ab Mitte bis Ende Juni.

Wer einmal die Blumen zum Schmuck in der Vase schneiden will, sollte den richtigen Schnitttermin beachten. Die Marienglockenblumen zählen nämlich zu den dankbarsten zweijährigen Schnittblumen. Werden die Stiele geschnitten, wenn die untersten Blüten am Blütenstand voll geöffnet sind, kann man mit einer Haltbarkeit in der Vase bis zu zwei Wochen rechnen.

Nelken überwintern

In meinem Garten blühen Anfang November immer noch die Nelken. Sind diese winterhart? Wie kann ich die Pflanzen am besten überwintern?

An sich werden Nelken (*Dianthus*) bei uns meistens einjährig kultiviert. Es gibt jedoch Arten und Sorten, die auch im zweiten Jahr einen reichen Blütenflor bringen. Manche sind sogar ausdauernd, also mehrjährig und zählen deshalb zu den Stauden.
Sollte der Winter mild sein, ist eine Überwinterung durchaus denkbar. Auch unter einer lockeren Schneedecke überstehen Nelken in günstigen Klimabedingungen die Winterwochen. Auf jeden Fall kann man einmal versuchen, die Pflanzen mit etwas Reisig oder auf andere Weise zu schützen, um sie gut durch den Winter zu bringen. Sie dürfen nicht von der Sonne getroffen werden. Der krasse Temperaturwechsel zwischen einer kalten Nacht und den wärmenden Sonnenstrahlen am Morgen ist besonders schädlich.
Im Frühjahr können die Stängel etwas zurückgeschnitten werden, auch vertrocknete oder erfrorene Teile werden weggenommen. Aus „schlafenden Augen" in den Blattachseln erfolgt bald ein neuer Austrieb, so dass die Pflanzen schon wieder relativ früh zum Blühen kommen.

Im Balkonkasten werden gerne Hängeformen der Garten-Nelke (*Dianthus caryophyllus*) kultiviert. Die echten „Tiroler Gebirgshängenelken" werden nicht generativ, sondern vegetativ durch Stecklinge vermehrt. Diese kann man selbst im September oder Oktober schneiden und in einem Gemisch aus Torf und Sand bei 12 bis 14 °C bewurzeln. Die jungen

Pflänzchen können an einem hellen Platz am Fenster bei 6 bis 10 °C überwintert werden. Im Spätwinter wird einmal gestutzt, damit sich buschige Pflanzen entwickeln. Auf diese Weise erhält man kräftige Jungpflanzen zur Balkonpflanzensaison.

Nelken zum richtigen Zeitpunkt aussäen

? Sehr gerne möchte ich in meinem Garten Nelken anpflanzen. Wann und wie muss ich diese aussäen, um im Sommer einen reichen Blütenflor zu erzielen?

! Es gibt verschiedene Nelken-Arten und zahlreiche Sorten, die jedoch in der Anzucht und Kultur ähnlich behandelt werden. Angeboten werden beispielsweise Kaiser- oder Heddewigs-Nelken, Chabaud-Nelken und Bartnelken. Meistens werden für den Garten die Kaiser- und Heddewigs-Nelken verwendet, die unter dem botanischen Namen *Dianthus chinensis* angeboten werden.

Sommernelken werden schon ab Januar ausgesät, besser ist jedoch erst eine Aussaat im März. In den Wintermonaten haben die Sämlinge zu wenig Licht, werden lang und vergeilen. Ab März steht die Sonne schon deutlich höher und man erhält kurze, gedrungene Pflanzen. Nur muss man dann einen etwas späteren Blühtermin in Kauf nehmen. Ausgesät wird in Handkisten, einem Frühbeet oder im Kleingewächshaus. Die beste Keimtemperatur liegt bei 18 bis 24 °C. Nach der Keimung müssen die Pflanzen sehr hell stehen, damit sie kurz und gedrungen bleiben.

Die Weiterkultur erfolgt bei 12 bis 14 °C. Später werden die Pflanzen pikiert und in kleine Töpfe gepflanzt. Ausgepflanzt wird nach den Eisheiligen Mitte Mai, auf sonnigen, geschützten Beeten zusammen mit anderen Sommerblumen oder im Balkonkasten beziehungsweise Pflanzkübel. Zur Anzucht wird eine mittelschwere, nährstoffreiche und humose Erde mit einem neutralen Reaktionsgrad (pH 6,5 bis 7) benötigt.

Haben Sie einen schönen Nelkenbestand, der oft bis zum Herbst blüht, versuchen Sie die Pflanzen einmal zu überwintern. Man kann sie mit einem Lattengestell umgeben und bei strengen Kahlfrösten mit Matten oder Reisig schützen. Auf diese Weise ist es möglich, die Pflanzen ohne großen Schaden durch den Winter zu bringen. Dann blühen sie relativ früh im zweiten Jahr.

WUSSTEN SIE, dass es für den Garten eine große Zahl winterharter, aparter Staudennelken gibt? Bekannt sind Sandnelke (*Dianthus arenarius*), Karthäuser-Nelke (*D. carthusianorum*), Heide-Nelke (*D. deltoides*), Steinnelke (*D. sylvestris*), Pfingstnelke (*D. gratianopolitanus*) und Federnelke (*D. plumarius*). Jungpflanzen erhält man in Staudengärtnereien oder im Gartencenter.

Primeln aussäen

? Zu meinen Lieblingspflanzen gehören die im Frühjahr blühenden Topfprimeln. Kann ich sie selbst aussäen? Welche Kulturbedingungen muss ich einhalten?

! Bei den im Frühjahr blühenden Primeln handelt es sich überwiegend um *Primula vulgaris*, die Kissenprimel. Sie werden in der Regel Ende Mai bis Anfang Juli in kleine Kistchen oder Saatschalen ausgesät. Verwendet wird eine lockere, humose und sandige, leicht saure Erde. Der günstigste Reaktionsgrad liegt bei pH 5,5 bis 6,5. Wichtig ist, dass die Primelsamen zum Keimen keinen hohen Temperaturen ausgesetzt werden. 15 °C reichen völlig aus. Primelsaatgut keimt auch etwas unregelmäßig. Es muss schon damit gerechnet werden, dass die Samen drei bis vier Wochen zur Keimung benötigen. In dieser Zeit ist die Erde immer gleichmäßig feucht zu halten. Nach dem Erstarken der Sämlinge werden sie meistens einmal pikiert. Im Spätsommer oder zu Beginn des Herbstes können sie bereits in kleine Töpfe gepflanzt werden.

Die schwierigste Zeit ist der Winter. Ideal wäre es, wenn man für die Pflanzen einen sehr kühlen und hellen Platz im Wohnbereich finden würde. Temperaturen um 8 °C reichen völlig aus. Keinesfalls dürfen die Pflanzen im warmen Wohnzimmer aufgestellt werden. Es ist sogar denkbar – legt man nicht auf eine Blüte mitten im Winter wert –, dass die Pflanzen geschützt im Frühbeetkasten überwintern. Sobald die Frühlingssonne höher steigt und sich stärker erwärmt, können die Pflanzen auf den Balkon oder in den Garten gebracht werden. Dort blühen sie im März und April.

Sind Primel-Jungpflanzen im Herbst erstarkt, kann man sie versuchsweise auch im Freien überwintern. Zu diesem Zweck werden sie im September an einen geschützten, absonnigen bis halbschattigen Platz im Garten ausgepflanzt und dort im Freien überwintert. Bei strengen Kahlfrösten ist

leichter Winterschutz günstig. Vor allen Dingen sollte vermieden werden, dass die Wintersonne auf die gefrorenen Pflanzen scheint. Eine lockere Schneedecke ist der beste Schutz. Deshalb überwintern Primeln oft besonders gerne in Nord- und Westlagen, während ausgesprochene Südlagen nicht so günstig sind. Für eine Freilandüberwinterung sollte man solche Sorten auswählen, die als besonders winterhart gelten.

Ranunkeln überwintern

Ich habe Ranunkelzwiebeln im Herbst in den Balkonkasten gelegt. Im Dezember haben diese schon einen Austrieb von 5 cm Länge gemacht. Der Balkonkasten wurde mit Reisig geschützt. Wie bringe ich die Pflanzen gut durch den Winter, damit sie nicht erfrieren?

Ranunkeln (*Ranunculus*) sind, im Gegensatz zu Tulpen und Narzissen, in unserem Klima nur an einem sehr geschützten Ort mit zusätzlichem Schutz winterhart. Eigentlich hätten die knolligen Überwinterungsorgane (Klauen) erst im Frühjahr ausgelegt werden sollen. Vielleicht gelingt die Überwinterung, wenn Sie den Balkonkasten an einem geschützten Platz aufstellen und zum Frostschutz mit einer dichten Laubpackung umgeben. Sollte es sich im Frühjahr zeigen, dass die Überwinterung nicht funktionierte, erwerben Sie am besten neue Knollen und legen diese im März oder April in eine humusreiche, etwas feuchte Erde. Zum besseren Austreiben sollten sie drei bis vier Stunden gewässert werden.

Nach dem Abblühen und Vergilben der Blätter nimmt man die Knollen im Herbst wieder aus der Erde, überwintert diese kühl und frostfrei, am besten eingeschlagen in trockenem Torf, der übermäßige Wasserverdunstung verhindert. Auf diese Weise können Knollen und auch Brutknöllchen im folgenden Jahr wieder verwendet werden.

WUSSTEN SIE, dass der botanische Name *Ranunculus* schon von dem römischen Gelehrten Plinius verwendet wurde? Er wird aus dem lateinischen Wort rana = Frosch, abgeleitet. *Ranunculus* ist die Verkleinerungsform und weist darauf hin, dass viele Ranunkeln auf feuchten Wiesen oder direkt am Wasser gedeihen.

Sommerastern und Zinnien mit Welkeerscheinungen

Zu meinen Lieblingsblumen im Garten gehören Astern und Zinnien. Immer wieder habe ich aber Probleme mit diesen Pflanzen. Zunächst entwickeln sich die Jungpflanzen nach dem Setzen Anfang Mai recht gut. Plötzlich welken sie und sterben meistens, ehe sie zum

Blühen kommen, ab. Was kann ich tun, damit diese Pflanzen in meinem Garten gut gedeihen?

Bei den Sommerastern (*Callistephus*) handelt es sich um eine Krankheit, die als Asternwelke bekannt ist. Verursacht wird sie durch einen Pilz (*Fusarium oxysporum* f. sp. *callistephi*), der weit verbreitet ist. Das Unangenehme an dieser Pilzkrankheit ist, dass sich der Erreger im Boden lebensfähig erhalten kann und immer wieder aufs neue Infektionen verursacht.
Als einzige Bekämpfungsmöglichkeit kommt in Frage, die Pflanzfläche zu wechseln oder mindestens vier bis fünf Jahre lang keine Astern mehr dort anzubauen. Eine zweite Möglichkeit ist, resistente Astern-Sorten zu kaufen und diese in den Garten zu pflanzen. Ein vollständiger Erfolg ist nicht sicher, da manchmal auch diese Sorten von der Asternwelke befallen werden können.
Ähnlich ist es auch bei den Zinnien (*Zinnia elegans*). Welken die Pflanzen relativ schnell und sind am Stängelgrund dunkle, eingesunkene Verfärbungen oder Faulstellen zu erkennen, handelt es sich ebenfalls um eine pilzliche Erkrankung, die Stängelgrundfäule (*Rhizoctonia solani*). Auch hier handelt es sich um einen Bodenpilz, der in ähnlicher Weise wie bei den Sommerastern die Zinnien dahinraffen kann. Bisher sind bei dieser Sommerblume keine resistenten Sorten bekannt.
Auf jeden Fall sollten aber Pflanzen, die welken und absterben, sofort aus dem Bestand entfernt und vernichtet werden. Keinesfalls dürfen sie auf den Kompost gelangen, da die Gefahr der Verbreitung besteht.

Sommerastern welken und sterben ab

Ich liebe Sommerastern, die ich in großer Zahl immer wieder im Garten anpflanze. Schon häufiger ist mit aufgefallen, dass immer wieder einzelne Pflanzen welken und absterben. Der Schaden hielt sich aber in Grenzen. Im vergangenen Jahr war es aber ein echtes Trauerspiel. Flächenweise starben die Pflanzen innerhalb kürzerster Zeit ab. Was ist die Ursache und was kann ich dagegen tun?

Nach der Schilderung handelt es sich einwandfrei um die Asternwelke (*Fusarium oxysporum* f. sp. *callistephi*), die manchmal seuchenhaft auftreten kann. Verursacht wird sie durch verschiedene Pilze, die meistens vom Boden aus über die Wurzeln in die Pflanzen eindringen. Sie „verstopfen" die Leitungsbahnen, so dass die Pflanze keine Feuchtigkeit und Nahrung mehr aufnehmen kann. Die befallenen Pflanzen welken, besonders während der warmen Sommerwochen und sterben relativ schnell ab.
Das große Problem im Zusammenhang mit diesem Krankheitsbefall ist, dass eine direkte Bekämpfung kaum möglich ist. Die Pilze leben im Boden und infizieren von dort aus die Pflanzen, so dass eine Behandlung mit chemischen Mitteln nicht möglich ist. Eigentlich gibt es nur zwei Empfehlungen, die man beachten sollte: Jährlich sollte der Standort für Sommerastern (*Callistephus chinensis*) gewechselt werden, um Infektionen auszuschalten. Wenn natürlich ein Garten schon großflächig mit Astern bepflanzt wurde, hilft vielleicht nur, einige Jahre auf das Anpflanzen von Astern zu verzichten. Dann kann es zu einem natürlichen Absterben der Pilzerreger kommen, so dass dann wieder Astern kultiviert werden können.
Die zweite Möglichkeit ist die Verwendung so genannter welkeresistenter Sorten. Es gibt eine ganze Reihe bekannter Sorten, die mit einem entsprechenden Hinweis angeboten werden. Es hat sich jedoch gezeigt, dass diese Astern meistens nur gegen die Erreger von *Fusarium*-Erkrankungen resistent sind. Treten andere Pilzgattungen auf, können auch diese welkeresistenten Sorten trotzdem befallen werden und absterben. Eine absolute Sicherheit bieten augenblicklich auch welkeresistente Sorten noch nicht.
Eines sollte man auf jeden Fall tun: Treten in einem Bestand die ersten welkekranken Pflanzen auf, sollte man sie möglichst samt der Erde aus dem Boden ausgraben und über den Müll entsorgen. Keinesfalls dürfen solche Pflanzen auf den Kompost gebracht werden, da sich die Krankheit von dort aus über den ganzen Garten verbreiten kann.

Sommerblumen als Grabbepflanzung?

Auf einem Grab pflanze ich immer wieder Sommerblumen an. Obwohl sie recht gut gedeihen, lässt doch der Blütenflor zu wün-

schen übrig. Was ist die Ursache? Die Grabstelle liegt unter hohen Bäumen.

Offensichtlich leiden die Pflanzen unter mangelndem Sonnenlicht. Unter dem Blätterdach der Bäume bekommen sie nur spärliches Licht, das zur Knospenbildung bei Sommerblumen nicht ausreicht. Abhilfe ist möglich, wenn man zu solchen Gattungen und Arten greift, die schattenverträglich sind. Nur wenige Gattungen sind dafür geeignet. Besonders bewährt haben sich für solche schattigen Pflanzstellen Fuchsie (*Fuchsia*), Knollen-Begonie (*Begonia*-Tuberhybrida-Gruppe), Semperflorens-Begonie (*B.*-Semperflorens-Gruppe) und Fleißiges Lieschen (*Impatiens walleriana*). Mit allen anderen, sonst prächtigen Sommerblumen wird man unter den gegebenen Bedingungen keinen ausreichenden Blütenflor erzielen.

Stiefmütterchen keimen nicht

Ich habe im Juni Stiefmütterchen im Garten ausgesät. Die Samen keimten nicht, was ist die Ursache?

Stiefmütterchen (*Viola wittrockiana*) werden normalerweise in den Hochsommermonaten von Mitte Juni bis Mitte Juli im Garten ausgesät. Dieser Termin ist insofern problematisch, da bei hohen Sommertemperaturen Keimschwierigkeiten auftreten können. Vorbeugend sollte deshalb das Saatgut in einen gut vorbereiteten, humosen Boden ausgesät und leicht abgedeckt werden. Anschließend müssen Sie das Saatgut bis zur Keimung gleichmäßig feucht, möglichst kühl und schattig halten. In sonnigen Lagen ist deshalb eine Abdeckung mit einer „Schattiermatte" zu empfehlen. Auch das Aussäen im Frühbeetkasten ist günstig, der mit Schattiergewebe oder einer Schattenmatte abgedeckt wird. Die beste Keimtemperatur für Stiefmütterchen liegt bei 15 bis 18 °C. Unter günstigen Bedingungen keimen die Samen in zwei bis drei Wochen.
Als eine andere Ursache könnte auch altes Saatgut in Frage kommen. Verwenden Sie immer frisches Saatgut!

Im Samenfachhandel gibt es Saatgut von vielen Sorten. Für den Haus- und Kleingarten sollten Sie vor allem winterharte Sorten auswählen. Ein besonders umfangreiches Sortiment enthalten die Serien 'Riesen Vorbote' und 'Weseler Eis'.

Vanillepflanze richtig überwintern

Ich habe in diesem Jahr in meinen Balkonkästen Vanillepflanzen kultiviert. Kann ich diese Pflanzen ähnlich wie Geranien überwintern?

Die Vanillepflanze oder Sonnenwende (*Heliotropium*) ist eine halbstrauchige Pflanzen aus tropischen und subtropischen Gebieten. Sie ist insgesamt etwas anspruchsvoller als Geranien. Eine Überwinterung ist bei 5 bis 15 °C möglich. Wichtig ist jedoch ein heller Standort und mäßige Feuchtigkeit. Staunässe, also zu viel Feuchtigkeit im Wurzelballen, ist auf jeden Fall zu vermeiden. Die Pflanzen können beim Einräumen ins Winterquartier etwas zurückgeschnitten werden. Der endgültige Rückschnitt erfolgt in der Regel im Spätwinter oder zeitigen Frühjahr. Zu diesem Zeitpunkt (März) werden die Pflanzen auch in frische Erde gesetzt.

Wenn es mit der Überwinterung der älteren Pflanzen nicht richtig funktioniert, kann man auch eine andere Methode versuchen, indem man im August Kopfstecklinge schneidet und sie in einer Schale oder in Töpfen in einem Torf-Sand-Gemisch bewurzelt. Später werden die Pflänzchen in kleine Töpfe in normale Blumenerde gepflanzt und an einem sehr hellen, kühlen Platz überwintert. Der Vorteil dieser Methode ist, dass man mehrere Pflanzen auf einem relativ kleinen Raum über Winter unterbringen kann. Im Spätwinter müssen die Pflanzen gestutzt werden, damit sie buschig heranwachsen.

Wicken-Samen ernten

In meinem Garten blühten in diesem Jahr die Wicken überreich. Sie haben Hülsen (Früchte) angesetzt, die ich nun geerntet habe. Wie soll ich diese aufbewahren und wann die Samen aussäen?

Am besten ist es, die Früchte der Wicke (*Vicia*) an einer luftigen Stelle zu trocknen. Anschließend können die Samen „ausgepult" werden. In einer Tüte, einem Kunststoffgefäß oder einem ähnlichen Behältnis kann man sie in einem kühlen, trockenen Raum lagern. Eine eigene Aussaat kann ab April, je nach Witterung, auf Freilandbeete vorgenommen werden. Das Saatgut keimt meistens ab 15 °C problemlos. Saatgut und Jungpflanzen sind stets mäßig feucht zu halten, wobei Staunässe zu vermeiden ist. Wicken entwickeln sich am besten an einem vollsonnigen, etwas geschützten Standort in guter Gartenerde. Soll eine frühe Blüte erreicht werden, können bereits im März die Samen in Töpfchen ausgelegt und in einem geschützten Raum bei etwa 18 °C zum Keimen gebracht werden. Die Weiterkultur erfolgt bei Temperaturen zwischen 8 und 15 °C an einem hellen Fenster. Die Wicken entwickeln sich bei dieser Methode bis Mitte Mai zu kräftigen Pflanzen, die in den Garten gesetzt werden. Dort blühen sie etwa vier Wochen früher als Freilandsaaten.

WUSSTEN SIE, dass Wicken zur Familie der Schmetterlingsblütler oder Leguminosen gehören, die als Früchte keine Schoten, sondern Hülsen ausbilden? Deshalb werden die Pflanzen dieser Familie auch gerne als Hülsenfrüchtler bezeichnet. Schoten bilden dagegen die Pflanzen aus der Familie der Kreuzblütler.

Kletterpflanzen

Efeu mit Spinnmilben

Ich besitze als Sichtschutz eine Efeuwand. Die Blätter sind weißlich-gelb gefleckt und haben ein fahles Aussehen. Viele Blätter sind bereits gelb und sterben ab. Auf der Blattunterseite kann man zarte Gespinste entdecken, darunter sitzen winzig kleine blasse oder auch rötliche Tiere.

Nach der Schilderung handelt es sich um den Befall von Spinnmilben (Tetranychidae). Im ausgewachsenen Zustand sind die Tiere etwa 0,5 mm groß. Je nach Entwicklungsstadium und Nahrungsaufnahme können sie ihre Farbe verändern. Die Milben und ihre Larven halten sich meistens versteckt auf der Blattunterseite auf und stechen mit ihren Saugrüsseln die Blätter an. Aus dem Gewebe wird der Saft herausgesaugt, dabei wird das Blattgrün zerstört. Das typische Schadbild ist das Gespinst, das den Milben Schutz bietet und zur Fortbewegung dient. Stark vermehren sich die Spinnmilben bei trockenem, warmem Wetter, Feuchtigkeit lieben sie nicht.

Die Bekämpfung ist schwierig, da die Tiere sehr hartnäckig und oft gegen Pflanzenschutzmittel resistent sind. Zugelassen sind derzeit Mittel auf der Basis von Piperonylbutoxid und Pyrethrinen. Die Anwendung muss einige Male wiederholt werden, wobei vor allem die Blattunterseiten behandelt werden müssen.

WUSSTEN SIE, dass Spinnmilben auch gefährliche Feinde der Zimmerpflanzen sind? Sollte ein Befall in Wohn- und Geschäftsräumen, im Wintergarten oder Kleingewächshaus festgestellt werden, können dort natürliche Feinde eingesetzt werden. Gute Erfolge hat man bisher mit Raubmilben (*Phytoseiolus persimilis*) erzielt. Diese Nützlinge sind jedoch nur in geschützten Räumen zu verwenden, da sie besondere Ansprüche an die Temperatur stellen.

Efeuranken klettern nicht

An der Nordseite meines Hauses möchte ich die Wand mit Efeu beranken lassen. Trotzt verschiedener Versuche „greifen" die Ranken nicht. Was soll ich machen, damit der Efeu problemlos nach oben klettert?

Immer wieder hört man Klagen, dass Efeu (*Hedera helix*) an der vorgesehenen Wand nicht nach oben klettert. Spezialisten sind diesem Phänomen

schon nachgegangen und haben einige interessante Beobachtungen gemacht. So weiß man heute, dass die Haftwurzeln des Efeus am besten an einer festen, eher wasserabweisenden Unterlage „greifen". Ein Kratzputz mit seinen groben Unebenheiten kann bereits ein Anhaften des Efeu verhindern. Probleme gibt es auch, wenn die Wand aus feuchtigkeitssaugendem, porösem Material besteht. Weniger günstige Erfahrungen hat man deshalb bei Mauern aus Kalksandstein oder nicht hart gebrannten Ziegeln gemacht. Auch nicht genügend feste Wände verhindern das Anhaften des Efeus. Solche ungünstigen Verhältnisse können auftreten, wenn sich Sandsteine auflösen oder aber auch ein Kratzputz mit losen Sandkörnern und Staub behaftet ist.
Vielleicht kann durch eine Rankhilfe das Problem behoben werden. Manchmal wird empfohlen, dünne Holzleisten senkrecht im Abstand zwischen 40 bis 60 cm direkt an der Wand zu befestigen. An diesen Leisten können Efeuranken meistens gut anhaften.

WUSSTEN SIE, dass die schwarzen Beeren des Efeus giftig sind? Sie können besonders bei Kindern zu einer Reizung des Magen-Darm-Trakts führen und Schmerzen und Erbrechen erzeugen. Größere Mengen führen zu Brechdurchfall. Deshalb sollten Kinder auf jeden Fall davon abgehalten werden, mit den Früchten des Efeus zu spielen.

Efeutriebe schneiden

Meine Pergola ist dicht berankt mit Efeu. Nun ist der Wuchs so dicht, dass dringend ausgelichtet werden sollte. Kann ich die Triebe zurückschneiden oder einkürzen und wann ist der beste Zeitpunkt dafür?

Efeu (*Hedera helix*) zählt zu den robustesten Kletterpflanzen, die wir kennen. Fühlen sich die verschiedenen Arten und Sorten an einem bestimm-

ten Standort wohl, bilden sie kräftige Triebe und oftmals dicke Polster. Um die Pflanzen im Wuchs zu beschränken, sind Schnittmaßnahmen erforderlich. Sie sind eigentlich an keinen bestimmten Zeitpunkt gebunden und können ganzjährig während der Vegetationsperiode oder auch bei einer milden Witterung im Winter ausgeführt werden.

Ältere Pflanzen bilden oft kräftige Stämme, die auch lästig werden können. Soll einmal stärker ausgelichtet werden, kann durchaus ein solcher Stamm an der Basis durchgesägt werden. Die Pflanze selbst lässt man so lange hängen, bis sie abgestorben ist, dann lösen sich die Haftwurzeln relativ leicht von ihrer Unterlage und die Efeuranken können mühelos entfernt werden.

Glockenrebe blüht nicht

Ich habe im Frühjahr eine Glockenrebe gekauft, die jedoch das ganze Jahr nicht zum Blühen kam. Ist diese Pflanze zweijährig, wie soll ich sie weiterkultivieren?

Cobaea scandens, die Glockenrebe, ist in den tropischen Zonen Mexikos beheimatet und dort ein ausdauernder, kletternder Halbstrauch. Bei uns in Mitteleuropa wird die Pflanze als einjährige Kletterpflanze kultiviert.
Damit die Pflanzen zum Blühen kommen, sollte die Aussaat bereits Anfang März vorgenommen werden. Sämlinge und Jungpflanzen sind im Kleingewächshaus oder an einem sehr hellen Zimmerfenster zu kultivieren. Bis zum Auspflanzen Mitte Mai sollten sich bereits 70 bis 100 cm lange Triebe gebildet haben. Nun kann es sein, dass die Pflanzen beim Setzen noch zu klein waren. Auch ein ungünstiger Standort kommt in Frage. Eine gute Weiterentwicklung mit Blütenansatz erreicht man, wenn die Pflanzen in warmer, möglichst vollsonniger Lage ausgepflanzt werden. Außerdem ist ein nährstoffreicher, humoser Boden notwendig.

Kiwipflanzen richtig auswählen und pflegen

Immer wieder höre ich, dass man Kiwi im eigenen Garten anbauen kann. Wo erhalte ich Pflanzen, muss ich bei der Auswahl besondere Dinge beachten und wie werden sie später gepflegt?

Kiwis wurden bei uns erst nach dem zweiten Weltkrieg bekannt. Ursprünglich kamen die Früchte vorwiegend aus Neuseeland, heute gibt es auch in Europa Anbaumöglichkeiten. Im Laufe der Zeit sind durch Kreuzungen Hybriden entstanden, die einen Anbau auch im mitteleuropäischen Klima möglich machen. Angeboten werden Kiwipflanzen oft unter dem botanischen Namen *Actinidia chinensis*. Es gibt verschiedene Sorten, die sich für eine Pflanzung in geschützter Lage eignen. Die beste Pflanzzeit sind die Monate April und Mai. Beim Einkauf der Pflanzen – man erhält sie in einer Baumschule oder Sortimentsgärtnerei – muss man darauf achten, dass die Mehrzahl der Sorten zweihäusig ist. Es gibt also männliche und weibliche Pflanzen. Zur späteren guten Befruchtung müssen also immer mindestens zwei Pflanzen, eine männliche und eine weibliche, gepflanzt werden. Will man mehrere Kiwis pflanzen, genügt eine männliche pro drei bis vier weibliche Pflanzen.
Kiwis sind Schlingsträucher, sie müssen also an einem Spalier oder einer Hauswand, einem Pfeiler oder einer Pergola hoch gezogen werden.
Wichtig ist auch die gründliche Bodenvorbereitung und der richtige Reaktionsgrad. Kiwis gedeihen nur gut im sauren Boden, der einen Reaktionsgrad zwischen pH 4,5 und 5,5 aufweisen sollte. Über pH 6 sollte er nicht ansteigen.
Unter günstigen Voraussetzungen entwickeln die Kiwipflanzen starke Triebe. Der Fruchtansatz entsteht hauptsächlich im unteren Bereich der diesjährigen Triebe. Im Sommer werden diese auf vier bis sechs Blätter über der obersten, gut entwickelten Frucht entspitzt. Triebe ohne Früchte werden zurückgeschnitten, die schwächeren stärker, die stärkeren schwächer. Ein allgemeiner Rückschnitt der Triebe erfolgt im Nachwinter, meistens im Februar.
Sollte sich der Garten in einem etwas raueren Klima befinden, könnte auch die so genannte 'Weiki' gepflanzt werden. Es handelt sich um eine Kiwi-Auslese aus *Actinidia arguta*, die in Weihenstephan

selektiert wurde. Diese 'Weiki' ('Weihenstephaner Kiwi') entwickelt zwar nur walnussgroße und glattschalige Früchte, sie ist aber relativ robust und widerstandsfähig.

WUSSTEN SIE, dass auch das Wappentier Neuseelands ein Kiwi ist? Es handelt sich um eine vom Aussterben bedrohte Vogel-Art, die unter besonderen Schutz gestellt wurde. Übrigens ist es im Frankfurter Zoo zum ersten Mal in Europa gelungen, Kiwi-Nachwuchs zu züchten.

Kletterpflanzen fassadenschädigend?

Immer wieder wird empfohlen, an Wänden und Fassaden Kletterpflanzen anzusiedeln. Ich beabsichtige, Wilden Wein zur Begrünung einer Hauswand anzupflanzen. Nun wurde mir aber abgeraten, da diese Pflanze den Putz und die Fassade beschädigen soll. Gibt es tatsächlich Probleme, wenn solche Pflanzen an einer Hausfassade hochklettern?

Grundsätzlich muss angeführt werden, dass Kletterpflanzen generell eine positive Wirkung haben. So können sie den Wärmehaushalt des Gebäudes regulieren, mancherlei nützlichen Tieren Unterschlupf bieten und die Fassade selbst vor Unbilden der Witterung schützen. Auch tragen sie zur Reinhaltung der Luft und zur Sauerstoffanreicherung der Atmosphäre bei.
Tatsächlich sind aber auch schon Fassadenschäden durch so genannte Selbstklimmer wie Wilder Wein (*Parthenocissus tricuspidata* 'Veitchii') und Efeu (*Hedera helix*) festgestellt worden. Gefährdet sind verputzte Fassaden, die bereits Risse oder andere Schäden aufweisen. Ist genügend Feuchtigkeit vorhanden, können sich Haftwurzeln in sprossbürtige Wurzeln umbilden, die in den Putz oder die Risse eindringen und dort Schäden verursachen.
Ungünstig wird auch ein solcher Putz beurteilt, der aus Dispersionsbeschichtungen hergestellt wurde. Diese haben nur eine begrenzte Lebensdauer, eine geringe Tragfähigkeit und werden von den Wurzeln durchwachsen. Besser beurteilt werden dagegen Dispersions-Silikat-Beschichtungen und reine Silikat-Beschichtungen. Bei diesen ist mit einer Durchwurzelung nicht zu rechnen. Bei reinem Ziegelmauerwerk werden diese Selbstklimmer durchweg positiv beurteilt, da hier Schäden nicht befürchtet werden müssen.
Alternativ zu den Selbstklimmern können solche Klettergehölze empfohlen werden, deren Triebe nicht direkt am Putz, sondern an einer Kletterhilfe nach oben wachsen. Kletterhilfen sind Spanndrähte, dünnes Gitterwerk oder Lattenspaliere. Zu den bekannten Klettergehölzen, für die eine solche Kletterhilfe benötigt wird, zählen Waldreben (*Clematis*), Schlingknöterich (*Fallopia baldschuanica*), verschiedene Geißblatt-Arten (*Lonicera*), Blauregen (*Wisteria sinensis*), aber auch der Wilde Wein (*Parthenocissus quinquefolia*) ohne Haftscheiben. Nicht vergessen werden dürfen in diesem Zusammenhang auch die Kletterrosen (*Rosa*-Sorten), die vor allen Dingen für Südwände gut geeignet sind, sowie die Weinrebe (*Vitis vinifera*).

Kletterpflanzen fundamentschädigend?

Gefährden die Wurzeln von Rank- bzw. Kletterpflanzen die Fundamente von Häusern?

In der Praxis ist bekannt, dass Fundamente, die fachlich korrekt ausgeführt wurden, durch die Wurzeln von Kletterpflanzen nicht geschädigt werden. Es wird sogar im Gegenteil angenommen, dass durch Kletterpflanzen oder andere nahe vor Mauerwerk angepflanzte Gehölze das umliegende Erdreich trocken gelegt und so die Bausubstanz eher noch geschützt wird.
Andererseits kann es aber tatsächlich vorkommen, dass Wurzeln von Gehölzen in ein feuchtes, rissig gewordenes Fundament – besonders bei älteren Gebäuden – eindringen. In diesem Fall handelt es sich aber um nicht fachgerecht ausgeführte und entsprechend isolierte Fundamente. Hier kann die Mauerbegrünung durchaus insofern von Vorteil sein, als diese Wurzeln dem Fundament Feuchtigkeit entziehen und dieses sogar trocken legen.
Ganz auszuschließen ist also das Eindringen von Wurzeln in das Fundament nicht. Andererseits sind aber echte Bauschäden durch Wurzeln in der Praxis kaum bekannt. Deshalb ist das Anpflanzen von Kletterpflanzen an Wänden und Mauern durchaus sinnvoll und vor allem ökologisch vertretbar.

Purpurglocke richtig kultivieren

Auf dem Markt habe ich eine Purpurglocke erstanden. Um was für eine Pflanze handelt es sich, wie wird sie kultiviert und welche Pflegebedingungen muss ich beachten?

Die Purpurglocke (*Rhodochiton atrosanguineum*) ist schon seit über 150 Jahren bekannt, jedoch erst wieder in neuerer Zeit in Kultur genommen worden. Es handelt sich eigentlich um eine Kletterpflanze, die bei uns meistens als Blumenampel angeboten wird. Auffallend sind die langen, dünnen Triebe und die farbenprächtigen Blüten. Die eigentliche Blüte hat eine dunkelviolette Farbe. Sie fällt schon nach kurzer Zeit ab. Umgeben wird sie von hellvioletten Hochblättern, so genannten Brakteen, die jedoch sehr haltbar sind. Der eigentliche Schmuck der Pflanze sind diese Brakteen, die oft die Triebe in ihrer ganzen Länge reich bedecken.

Rhodochiton wird meistens im Frühjahr angeboten und kann an einem hellen, jedoch nicht der Mittagssonne ausgesetzen Fenster kultiviert werden. Fast noch besser ist jedoch ein Standort auf dem Balkon, der Terrasse oder dem Garten, wobei die Pflanze ein geschütztes Plätzchen liebt. So kann eine Blumenampel am Ast eines Baumes aufgehängt werden, wo nun in den folgenden Wochen die Triebe teilweise nach unten hängen, teilweise sich sogar an den Zweigen hoch ranken können.

Während des ganzen Sommers muss die Pflanze nur normal gegossen und ab und zu auch gedüngt werden. So wird sie zu starkem Wachstum und Blühen angeregt. Weitere Pflegemaßnahmen sind nicht erforderlich, da wesentliche Krankheiten und Schädlinge nicht bekannt sind.

Im Herbst wird man sich von der Pflanze trennen, da eine Überwinterung relativ schwierig ist. Probieren kann man das aber. Dazu ist ein relativ kühler, heller Standort notwendig. Temperaturen von 5 bis 10 °C reichen während der unwirtlichen Jahreszeit völlig aus.

Blumenfreunde mit Freude am Experiment können sogar eine eigene Aussaat versuchen. Saatgut ist im Fachhandel erhältlich. Ausgesät wird etwa im März. Die Samen werden in eine normale Blumenerde ausgesät und keimen bei 15 bis 20 °C. Das Saatgut keimt etwas unregelmäßig im Verlauf von zwei bis vier Wochen. Besonders zu empfehlen ist die neuer Sorte 'Purple Bells'.

Waldrebe mit Mehltaubefall

In meinem Garten steht eine wunderschöne Waldrebe. In diesem Jahr sind Blätter, Triebe und Blüten mit einem weißen, mehligen Belag überzogen. Die jungen Blätter sind überhaupt nicht normal ausgebildet, sondern missgestaltet. Um was für eine Krankheit handelt es sich und was soll ich tun, damit die schöne Pflanze nicht stärker darunter leidet?

Es handelt sich bei dieser Krankheit um den Echten Mehltau (Erysiphaceae), eine Pilzkrankheit, die viele Pflanzen befällt. Der Erreger lebt auf der Außenseite der befallenen Pflanzenteile und zieht mit Saugschläuchen, so genannten Haustorien, den Pflanzensaft aus den Zellen. Da natürlich die Pflanzen unter dem Befall leiden, kommt es zu einer Deformierung der Blätter.

Meistens ist die Krankheit an Waldreben (*Clematis*) nicht besonders gefährlich und es kann auch sein, dass sie im nächsten Jahr nicht mehr auftritt. Auf jeden Fall sollte einmal der Befall beobachtet werden. Sind nur wenige Blätter betroffen, können sie abgepflückt und vernichtet werden. Wird jedoch ein größerer Schaden befürchtet, kann eine Behandlung der Pflanze mit einem zugelassenen Mittel erfolgen.

Zur Bekämpfung von Echten Mehltaupilzen an Gehölzen kommen derzeit Präparate auf der Basis von Bitertanol in Frage. Es handelt sich um Spezialmittel gegen Echte Mehltaupilze. Geeignet ist auch Pilzfrei Saprol.

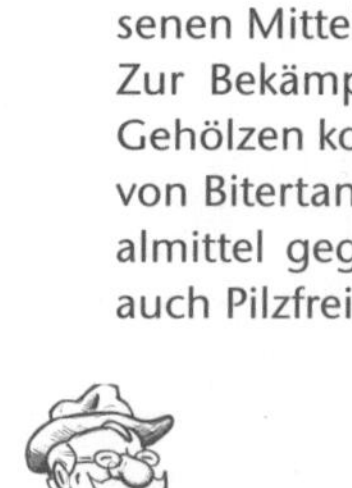

In Fachgeschäften sind auch einige Präparate erhältlich, die prophylaktisch, also vorbeugend angewandt werden können. Es handelt sich um Stärkungsmittel, die einen Befall durch diesen pilzlichen Erreger verhindern. Wichtig ist nur, dass solche Mittel bereits ab Frühjahr eingesetzt werden und eine Behandlung immer wieder in gewissen Zeitabständen wiederholt wird. Bekannt sind Milsana, das aus Knöterichpflanzen hergestellt wird, sowie Neudo-Vital.

Waldrebe pflanzen

Sehr gerne möchte ich in meinen Garten eine Waldrebe pflanzen. Ich suche eine Sorte mit blauen Blüten, die ich schon in anderen Gärten gesehen habe. Wie heißt diese Sorte und wann muss ich sie pflanzen?

Es gibt eine ganze Reihe von blau oder violett blühenden *Clematis*-Sorten. Vermutlich meinen Sie aber die bekannte Sorte 'Jackmanii', die außerordentlich dankbar ist und von Juli bis Oktober blüht. Die Pflanze hat einen robusten Wuchs und gilt mit ihren violett purpurfarbenen Blüten als Massenblüher.

Beste Pflanzzeit ist der frühe Herbst, damit die Pflanze noch vor Beginn des Winters am neuen Standort einwurzeln kann. Wichtig ist, dass der Boden gut vorbereitet wird. Waldreben lieben lockere, humose, durchlässige Böden mit einem neutralen bis schwach sauren Reaktionsgrad. Unter pH 5,5 bis 6 sollte die Reaktion nicht sinken. Nicht geeignet sind schwere, bindige Lehmböden, die zu Staunässe neigen. In diesem Fall muss eine gute Drainage eingebaut und für Wasserabzug gesorgt werden. Die Pflanzgrube muss genügend groß gemacht werden und zum Pflanzen selbst möglichst Rindenkompost, abgelagerte Komposterde mit Torf oder ein ähnliches Substrat verwendet werden. Es kann so tief gepflanzt werden, dass der Wurzelansatz etwa 15 cm unter die Bodenoberfläche kommt. Dann sind die Basisknospen geschützt, so dass die Pflanze problemlos den Winter übersteht und im Frühjahr normal austreibt.

Sehr günstig ist auch, wenn nach dem Pflanzen der Boden mit einer Mulchdecke versehen wird. Zum Abdecken ist Rindenhumus, Rindenmulch oder Rindenkompost gut geeignet.

Wurde die *Clematis*-Sorte 'Jackmanii' im Herbst gepflanzt, sind vermutlich die Triebe im Frühjahr zurückgetrocknet. Die Pflanze kann unbedenklich bis nahe an den Erdboden zurückgeschnitten werden. Sie treibt dann aus den Basisknospen sicher aus. Überhaupt kann die sommer- bis herbstblühende Sorte immer im Nachwinter zurückgeschnitten werden. Auf diese Weise bildet sie alljährlich neue Triebe mit gutem Blütenansatz. Wird nicht zurückgeschnitten, können im Laufe der Zeit die unteren Teile der Triebe verkahlen und sie blüht dann immer nur im oberen Bereich.

WUSSTEN SIE, dass die *Clematis*-Sorte 'Jackmanii' schon etwa 140 Jahre alt ist? In der englischen Baumschule Jackman in Woking wurden 1860 Kreuzungen mit verschiedenen Arten durchgeführt und die daraus erzielten Samen ausgesät. 1862 blühten die Sämlinge zum ersten Mal. Einer dieser Sämlinge fiel besonders auf und erhielt den Namen *C.* × *jackmanii*. Diese Pflanze wurde vegetativ weitervermehrt und die Nachkommen sind bis auf den heutigen Tag erhalten geblieben.

Waldreben im Winter schützen

Im Frühjahr habe ich eine Waldrebe gepflanzt. Sie hat sich im Laufe des Jahres ordentlich entwickelt. Obwohl das Schlinggehölz winterhart ist, mache ich mir Sorgen, ob die junge Pflanze gut durch den Winter kommt. Muss ich die Pflanze in irgendeiner Weise schützen?

Einen ausgesprochenen Winterschutz braucht die Waldrebe (*Clematis*) nicht. Sie ist bei uns genügend winterhart. Empfehlenswert ist jedoch, den Boden mit einer ausreichenden Mulchschicht abzudecken. Sie verhindert eine rasche Austrockung des Bodens und schützt vor eindringender Kälte. Zum Abdecken eignen sich vor allem Rindenmulch, Rindenhumus und Rindenkompost.

Steht die Waldrebe an der Südseite einer Mauer oder Hauswand, sollte für einen „schattigen Fuß" gesorgt werden. Das Vorpflanzen kleiner Gehölze, die der Stängelbasis und dem Boden Schatten spenden, ist deshalb empfehlenswert.

Waldrebentriebe sterben ab

Ich habe eine Waldrebe im Garten. Sie hat sich in den letzten Jahren prächtig entwickelt. Jetzt, im Sommer, sterben die Triebe plötzlich ab. Was ist die Ursache und kann ich die Pflanze noch retten?

Das plötzliche Welken der Triebe deutet auf eine Krankheit hin, die als Clematissterben oder Clematiskrankheit bekannt ist. Sie ist zurückzuführen

auf falsche kulturtechnische Voraussetzungen, die dann den Befall mit verschiedenen Pilzen nach sich ziehen. Waldreben (*Clematis*) sollten nicht auf schweren, undurchlässigen Böden mit stauender Nässe stehen. Auch spätfrostgeschädigte Pflanzen sind gefährdet.
Es ist nicht sicher, ob die *Clematis* oder Waldrebe ganz abgestorben ist. Sie sollten den Versuch machen, die abgestorbenen Triebe sehr tief zurückzuschneiden und zu entsorgen; allerdings nicht über den Kompost. Es ist möglich, dass sich die Pflanze nach einem sehr starken Rückschnitt aus schlafenden Augen, die zum Teil sogar unter der Bodenoberfläche liegen, wieder regenerieren kann. Sollte dies nicht der Fall sein, muss neu gepflanzt werden.

Vor dem Pflanzen ist eine gute, tief greifende Bodenlockerung und Drainage des Bodens wichtig. Auch darf der Stammgrund nicht verletzt werden. Als Standort sollte eine halbschattige Lage gewählt werden.

Pflanzen Sie auf jeden Fall eine andere Sorte an. Nach Beobachtungen sollen die großblütigen Hybriden der Jackmanii-Gruppe eher krankheitsgefährdet sein.

Weinrebe schneiden

Vor einiger Zeit habe ich ein Haus gekauft. An der Südseite rankt eine Weinrebe. Ich möchte sie erhalten, weiß jedoch nicht, wie ich die Triebe beschneiden soll.

Es handelt sich sicherlich um ein schon älteres Spalier, das bereits vor Jahren aufgebaut wurde. In diesem Falle wird man in erster Linie die vorhandenen Seitentriebe immer wieder zurückschneiden, um aus den Basisknospen Jungtriebe zu erzielen. Weinreben (*Vitis vinifera*) blühen meistens nur an Jungtrieben, die sich aus dem zweijährigen Holz entwickelt haben. Es werden also die letztjährigen Triebe im Winter auf zwei gut entwickelte Augen zurückgenommen. Daraus entwickeln sich zwei Triebe. Im Folgejahr schneidet man von den beiden die obere Rute weg, die untere, näher am Haupttrieb stehende, wird wieder auf zwei Augen eingekürzt. So wird mit den Seitentrieben in den Folgejahren verfahren. Die Haupttriebe werden in der Regel

auf sechs bis acht Augen eingekürzt, damit sich aus den verbleibenden Knospen wieder neue Seitentriebe entwickeln. Immer ist darauf zu achten, dass die Weinrebe nie zu dicht wird. Schwache und unfruchtbar Ruten müssen weggeschnitten werden.
Bei besonders starkwüchsigen Reben kann anstelle des „Zapfensschnitts" auch der „Bogenschnitt" durchgeführt werden. Hierbei schneidet man den Seitentrieb nicht auf Zapfen, sondern belässt einen Trieb mit acht bis zehn Augen, der tief herabgebunden wird. Die dann austreibenden Augen bringen Blüten und Früchte. An der obersten Stelle der Biegung lässt man den besten Trieb stehen und biegt diesen für Fruchtbildung im folgenden Jahr wieder nach unten. Der Rest des alten Bogens wird weggeschnitten.

Weinreben eignen sich sehr gut zur Verschönerung von Wänden und Mauern. Das Anpflanzen ist aber nur in günstigen, gemäßigten Klimazonen zu empfehlen. Die Weinrebe benötigt im Jahr etwa 600 mm Niederschlag und eine durchschnittliche Temperatur während der Vegetationsperiode von mindestens 13 °C. Die Sonnenscheindauer soll bei knapp 3000 Stunden liegen und 1300 Stunden nicht unterschreiten. Kritisch sind sehr tiefe Wintertemperaturen. Mit Knospenschäden muss bei Temperaturen unter –12 °C, mit Holzschäden bei unter –16 °C gerechnet werden.

Wohlriechendes Geißblatt mit Läusebefall

An meiner Pergola rankt ein wunderschönes Wohlriechendes Geißblatt empor. Dieser Kletterstrauch hat so viele Läuse, dass sich die vielen Blüten nicht mehr entfalten können. Ich habe schon viel versucht: Seifenlauge, Knoblauch, Lavendel, aber keinen Erfolg gehabt. Gibt es irgendein, möglichst nicht chemisches Mittel, um die Läuse auszurotten?

Bei starkem Läusebefall Ihres Wohlriechenden Geißblattes, auch Jelängerjelieber (*Lonicera caprifolium*) genannt, reichen die erwähnten „Hausmittel" zur Bekämpfung nicht aus. Es gibt jedoch einige Insektizide, die auch in der BRD eingesetzt werden dürfen. Dazu zählen unter anderem Präparate auf Kaliseifenbasis sowie so genannte Pyrethrine mit dem natürlichen Wirkstoff einer Chrysanthemen-Art. Geeignet sind auch Präparate auf Rapsölbasis.

Pflanzenbehandlungsmittel sind immer genau nach Gebrauchsanweisung anzuwenden. Auch wenn nützlingsschonde Mittel eingesetzt werden, sollten blühende Pflanzen immer außerhalb der Zeit des allgemeinen Insektenflugs behandelt werden.

Rasen

Blumenwiese richtig pflegen

Im vergangenen Jahr habe ich eine Blumenwiese angelegt. Die Fläche sieht jetzt im Frühjahr sehr attraktiv aus und es blühen bereits viele Kräuter. Wie soll ich diese Blumenwiese weiter behandeln, damit sie auch in den nächsten Jahren immer in gleicher Weise zum Blühen kommt?

Normalerweise braucht eine Blumenwiese keine besondere Pflege. Wurde sie standortgerecht angelegt und kommen die Pflanzen mit dem vorhandenen Boden zurecht, ist nur ein termingerechtes Mähen wichtig. Eigentlich zeigt es sich erst im folgenden Jahr, ob alles richtig gemacht wurde. Blumenwiesen entwickeln sich nämlich am besten auf einem mageren, durchlässigen Boden, eben an einem Standort, wie er draußen in der Natur auch vorkommt.

Augenblicklich sollte man sich an den vielen Blumen der Wiese erfreuen und diese auch normal abblühen lassen. Sofern einjährige Kräuter in der Mischung sind, müssen sie zunächst Samen bilden und diese auch wieder ausbringen. Dann wird zum ersten Mal gemäht. Auf dieses Mähen darf keinesfalls verzichtet werden, sonst ersticken die Kräuter unter dem dichten Pflanzengewirr. Dieses erste Mähen ist mit dem Heuen in der Landwirtschaft zu vergleichen.
Es bildet sich dann noch ein weiterer Durchtrieb und im Herbst wird die Wiese zum zweiten Mal gemäht. Man muss also eine Blumenwiese im Laufe des Jahres zwei-, manchmal auch dreimal mähen. Das Mähgut selbst wird abgeräumt und am besten kompostiert. Daraus wird wertvoller Kompost, den man im Garten verwenden kann. Das frische oder auch angewelkte Mähgut kann aber auch zum Mulchen, also zur Bodenabdeckung unter Obstbäumen und bei Beerensträuchern verwendet werden.

Der erste Schnitt sollte im Allgemeinen nicht vor Anfang August ausgeführt werden, um das Aussamen der Kräuter nicht zu behindern. Die Schnitthöhe soll in der Regel zwischen 8 und 15 cm betragen. Dadurch werden auch die zwischen den Gräsern stehenden Kräuter weniger beeinflusst. Sollten sich trotz aller Mühe Lücken einstellen, können auch bestimmte Blumen oder Kräuter einfach nachgesät werden. Auf diese Weise kann man doch im Laufe der Zeit eine hübsche Blumenwiese erreichen. Keinesfalls darf eine Blumenwiese als Spielwiese benutzt werden. Sollen Kinder auf dem Rasen tollen, muss eine Spielwiese angelegt werden, die auch regelmäßig gemäht und gepflegt wird.

Pilze im Rasen essbar?

In meinem Rasen wachsen verschiedene Pilze. Mir wurde gesagt, es seien Champignons. Kann das stimmen und sind diese essbar?

Es treten immer wieder verschiedene Pilze im Rasen auf. Möglich ist es, dass in Ihrem Rasen Egerlinge oder Champignons vorkommen, deren Myzel im Boden wächst und später die Hüte aus der Erde herauskommen. Es handelt sich dabei um die Fruchtstände, die in ihren Lamellen schwarz violette Sporen ausbilden. Die Hüte erscheinen meistens in den Monaten Juni bis Oktober.
Der Feldegerling ist essbar. Es gibt aber auch noch andere Pilze wie den oft im Rasen auftretenden Nelkenschwindling, der für die bekannten Hexenringe verantwortlich ist. Auch der Nelkenschwindling (*Marasius oreades*) gehört zu den Speisepilzen. Andere, die auch noch auftreten können, sind teilweise essbar oder zumindest genießbar. Auf jeden Fall sollte man einen Pilzkenner befragen, um welche Pilze es sich handelt, damit keine falschen Pilze verzehrt werden.
An sich sind einige wenige Pilze im Rasen nicht schädlich. Oft leben die Myzele in verrottender Substanz, ohne dass sie größeren Schaden anrichten. Der Nelkenschwindling, der meistens für die Hexenringe verantwortlich ist, kann jedoch die Rasenfläche schädigen. Ist das Gras normal, kann man einen Besatz durch Hutpilze vernachlässigen. Sollten Rasengräser geschädigt werden, muss durch eine gute Rasenpflege, also häufiges Mähen und eine gezielte Düngung, das Wachstum der Rasenpflanzen unterstützt werden. In diesem Fall verschwinden die Pilze oft von selbst wieder.

Rasen düngen

Mein Zierrasen will nicht richtig gedeihen, im Frühjahr ist die ganze Fläche gelblich verfärbt. Was soll ich düngen, damit die Gräser eine schöne grüne Farbe erhalten?

Auch ein Zier- oder Gebrauchsrasen benötigt, wie alle anderen Pflanzen auch, die Kernnährstoffe Stickstoff, Phosphorsäure, Kalium und Magnesium. Bei vielen Bodenuntersuchungen hat man festgestellt, dass in Rasenflächen der Anteil an Phosphorsäure relativ hoch ist. Das hängt damit zusammen, dass dieses Element im Boden schwer beweglich ist und kaum ausgewaschen wird. Ideal wäre es natürlich, wenn vorab eine Bodenuntersuchung gemacht und darauf abgestimmt eine entsprechende Düngung ausgeführt wird. Mit einem guten Wuchsergebnis ist zu rechnen, wenn nach einer Analyse der Boden zwischen 10 bis 15 mg Phosphorsäure, 10 bis 20 mg Kalium und 5 bis 12 mg Magnesium/100 g Boden enthält. Da der Stickstoff sehr beweglich ist und gerade Rasenflächen relativ viel Stickstoff benötigen, geht man davon aus, dass in einem Hausgarten zwi-

schen etwa 10 bis 20 g Stickstoff/m^2 und Jahr benötigt werden. Diese Düngermenge soll auf zwei oder mehrere Gaben verteilt ab Frühjahr ausgebracht werden, damit der Rasen ausreichend mit Nährstoffen versorgt ist.
Normalerweise wird ein Volldünger verwendet. Sollte jedoch durch eine Bodenanalyse festgestellt worden sein, dass es nur an Stickstoff mangelt, kann auch ein Einzeldünger, beispielsweise schwefelsaures Ammoniak, verwendet werden, um die wichtige Stickstoffversorung sicher zu stellen. Möglichst sollten die Empfehlungen des Bodenlabors berücksichtigt werden.
Rasenflächen sollte man möglichst immer bei feuchter Witterung düngen. Das gilt vor allem dann, wenn mineralische Dünger verwendet werden. Sonst ist es möglich, dass durch die Einwirkung der Sonne die Rasennarbe „verbrennt" (Salzkonzentrationsschäden). Vorteilhaft sind so genannte Depotdünger, die ihre Nährstoffe langsam fließend abgeben. Einerseits werden die Pflanzen dann über einen längeren Zeitraum gleichmäßig ernährt, andererseits kommen Salzkonzentrationsschäden so gut wie nicht vor.

WUSSTEN SIE, dass Rasenpflanzen eine schwach saure Bodenreaktion lieben? Deshalb Boden oder gar Rasenflächen nicht übermäßig kalken. Außerdem ist empfehlenswert, Spezial-Rasendünger zu verwenden, die meistens eine physiologisch saure Reaktion aufweisen.

Rasen mit Hexenringen

Seit einigen Jahren bildet sich in meinem Rasen ein Kranz, der von Jahr zu Jahr etwas größer wird. Der Rasen vertrocknet und die ganze Stelle sieht nicht schön aus. Ein Austausch der Erde hat keinen befriedigenden Erfolg gebracht. Nun erscheinen am Grasrand auch noch Pilze. Handelt es sich bei dieser Erscheinung um den so genannten „Hexenkranz"?

Es handelt sich tatsächlich um Einflüsse von Pilzen im Boden, wobei die Erscheinung als „Hexenring" bekannt ist. Verursacher der Hexenringe ist der Nelkenschwindling (*Marasius oreades*), ein Pilz mit 2 bis 5 cm breiten Hüten. Bei Trockenheit sind sie hell gefärbt, bei Feuchtigkeit dunkelgelb. Der Pilz ist übrigens essbar. Er lebt auf den Wurzeln mancher Rasengräser als Parasit, vor allem am Roten Straußgras (*Agrostis tenuis*), Rotschwingel (*Festuca rubra*) und an der Wiesenrispe (*Poa trivialis*). Da sich der Pilz kreisförmig nach allen Seiten ausbreitet, entstehen die eigenartigen Ringe. Im aktiven Bereich des Pilzes sind die Ringe dunkelgrün, im Inneren des Kreises sind die Rasengräser oft abgestorben.
Oft wird der Rat gegeben, die befallenen Stellen abzutragen. Nur ist es zweifelhaft, ob dadurch immer alle Hyphen und Myzele, also der eigentliche Pilzkörper, erfasst werden. Bleiben Reste erhalten, können sich die Pilze weiter ausbreiten. Auch ist immer wieder mit Sporenzuflug zu rechnen. Auf den Einsatz chemischer Präparate im Rasen sollte aber verzichtet werden.

Durch eine gute Rasenpflege kann man das Auftreten von Hexenringen eindämmen. Deshalb Zierrasen häufig mähen und vor allem ausreichend mit Spezialrasendünger düngen.

Rasen mit Moos

Mein Zierrasen im Garten ist stark „verfilzt". Außerdem breitet sich auf der ganzen Fläche Moos aus, das sogar die Graspflanzen „erstickt". Ich habe mir sagen lassen, dass durch das Ausstreuen von Kalk das Moos vernichtet werden kann. Welchen Kalk soll ich für diese Behandlung auswählen?

Keinesfalls soll zur Moosbekämpfung im Rasen Kalk verwendet werden. Rasenpflanzen lieben einen sauren Boden. Durch das Kalken wird der Reaktionsgrad des Bodens nach oben verschoben und dadurch werden auch den Rasengräsern die günstigen Lebensbedingungen entzogen. Zwar „verbrennt" der Kalk bei entsprechender Aufwandmenge zunächst die Moospflanzen. Doch werden sie bald wieder erscheinen, weil die eigentliche Ursache im zu feuchten Boden zu suchen ist. Überall dort, wo schwere Bodenverhältnisse anzutreffen sind und sich der Rasen im Haus- oder Baumschatten befindet, siedeln sich über kurz oder lang Moose an.
Ideal wäre es, wenn Rasenflächen immer nur in sonnigen Lagen angelegt würden. Außerdem soll-

te eine gründliche Bodenvorbereitung stattfinden. Schwere Böden können durch Zugabe von „scharfem Sand" (Flusssand, gewaschener Sand) durchlässig gemacht werden.

Als einzig wirksame Methode kommt auf vorhandenen Rasenflächen nur das so genannte Vertikutieren in Frage. Darunter versteht man eine Behandlung der Rasenfläche mit einem Vertikutierrechen oder einer entsprechenden Maschine. Mit scharfen, senkrecht gestellten Eisenzinken werden die Moospolster aus der Rasenfläche gerissen, gleichzeitig der verfilzte Rasen gesäubert. Diese Methode kann im Frühjahr oder Herbst angewandt werden. Meistens ist die Handarbeit sehr mühevoll. Leichter geht es mit dem Einsatz einer Maschine. Sollte sich die eigene Anschaffung nicht lohnen, können oft geeignete Geräte von Landmaschinenhändlern ausgeliehen werden. Landschaftsgärtner führen diese Arbeit auch im Lohnverfahren aus. Für größere Rasenflächen lohnt sich auch eine nachträgliche Durchlüftungsmaßnahme des Bodens; sie wird als Aerifizieren bezeichnet. Mit einem Spezialgerät werden zahlreiche Löcher in den Boden gestoßen und diese mit Sand verfüllt. Dadurch findet eine bessere Entwässerung und Entlüftung des Wurzelraumes statt.

Sollte nach dem Vertikutieren die Rasennarbe größere Lücken aufweisen, können diese relativ schnell wieder geschlossen werden, wenn man eine „Regenerationsrasenmischung" ausgesät. Es handelt sich dabei um schnell wachsende Rasengräser, die auf einen nur oberflächlich gelockerten Boden ausgesät und mit etwas Erde abgedeckt werden. Natürlich müssen Sie die Rasenfläche während des Keimvorgangs feucht halten, damit die Samen problemlos keimen können. Geeignete Saatgutmischungen gibt es in Fachgeschäften.

Rasen zeigt gelbe Flecken

Meine Rasenfläche ist etwa 550 m² groß. Das Gelände ist nicht ganz eben. Während der größte Teil des Rasens aus normal grünen Gräsern besteht, sind diese in einer Senke gelb verfärbt. Was ist die Ursache und was kann ich dagegen tun?

Die Gelbverfärbung kann verschiedene Ursachen haben. Einmal ist es möglich, dass durch die sich dort ansammelnde Feuchtigkeit der Stickstoff aus dem Boden vermehrt ausgewaschen wurde und dadurch als Mangelsymptom kein Blattgrün mehr gebildet werden kann. In diesem Fall hilft eine schwache Stickstoffgabe, damit sich die Pflanzen wieder normal grün färben.

Eine zweite Möglichkeit besteht darin, dass sich in der Senke Wasser staut und dies zu Sauerstoffmangel im Wurzelbereich führt. Dadurch kann es zu Wurzelschäden kommen, was sich wiederum in einer Gelbverfärbung der Rasenpflanzen äußert.

Auf jeden Fall müssen Sie die Fläche einmal genau kontrollieren und auch die Bodenverhältnisse untersuchen. Ist der Boden relativ leicht, also sandig, wird wahrscheinlich das sich in der Senke ansammelnde Wasser rasch abfließen und es dadurch dort eher zum erwähnten Stickstoff- oder Nährstoffmangel kommen. Handelt es sich um einen sehr schweren Boden, der zu Staunässe neigt, kann ein Wurzelschaden die Ursache sein. Je nachdem, welches Ergebnis eine Kontrolle bringt, müssten entsprechende Maßnahmen getroffen werden.

Bei Staunässe muss auf jeden Fall dafür gesorgt werden, dass das Wasser abgeführt wird. Entweder muss die Fläche grundlegend neu bearbeitet werden, wobei eine Drainage des Boden empfehlenswert ist. Vielleicht hilft aber auch schon ein Untermischen von scharfem Sand (Flusssand), der den Boden lockert und für günstige Verhältnisse sorgt.

Kommt Staunässe nicht in Frage, ist unter Umständen eine Bodenuntersuchung ratsam. In diesem Falle sollte nicht nur die Standarduntersuchung auf Bodenreaktion, Phosphorsäure- und Kaliumgehalt durchgeführt werden, sondern auch eine gesonderte Stickstoffuntersuchung. Aufgrund eines solchen Ergebnisses können notwendige Düngungsmaßnahmen gezielt ausgeführt werden. Soll eine Stickstoffuntersuchung vorgenommen werden, muss die entnommene Bodenprobe möglichst umgehend zum Labor gebracht oder geschickt werden, da sich die Stickstoffkomponenten im Boden innerhalb kurzer Zeit verändern und so das Ergebnis verfälschen können.

Rasenbehandlung vor dem Winter

Meinen Rasen habe ich recht gut durch den Sommer gebracht. Im Herbst lässt er im Wachstum nach. Soll ich ihn jetzt noch düngen und soll ich ihn hoch gewachsen oder kurz geschnitten in den Winter gehen lassen?

Grundsätzlich sollte der Zierrasen kurz geschnitten in den Winter gehen. Es wird also je nach Wuchskraft bis in den Oktober hinein gemäht. Manchmal muss sogar noch ein Schnitt im November erfolgen. Bleiben Grashalme zu lang, können sie unter einer Schneedecke „zusammenkleben" und unter Luftmangel leiden. Möglicherweise sind dann Rasenkrankheiten wie Schneeschimmel die Folge. Auch sollte das Gras, Laub und andere Pflanzenreste vor Eintritt des Winters sauber von der Rasenfläche abgerecht werden.

Die Frage einer letzten Düngung vor dem Winter ist umstritten. Je nach Wuchskraft des Rasens ist es unter Umständen empfehlenswert, im Oktober noch eine sehr schwache Düngung auszubringen. Zu diesem Zeitpunkt sind die Wurzeln der Rasenpflanzen noch aktiv und können leicht lösliche Nährstoffe sofort aufnehmen. Das hat zur Folge, dass die Pflanzen gut ernährt in den Winter gehen und auch im Frühjahr rechtzeitig und kräftig austreiben. Für eine solche Düngung kommen aber Langzeit- oder organische Dünger nicht in Frage. Verwendet wird ein schnell löslicher Dünger wie Blaukorn-Volldünger. Die Aufwandmenge soll keinesfalls 10 g/m^2 überschreiten. Es muss nämlich verhindert werden, dass die überschüssigen Nährstoffe, vor allem Nitrate, ungenutzt im Boden verbleiben, da sie im Winter durch die Niederschläge ausgewaschen werden und zu einer Eutrophierung des Grundwassers beitragen.

Manchmal hat sich im Laufe des Sommers im Zierrasen sehr viel Moos gebildet. Durch Vertikutieren können die Moospolster aus dem Rasen entfernt und gleichzeitig auch verpilzte Rasennarben aufgelockert werden. Normalerweise wird im Frühjahr vertikutiert. Eine solche Behandlung kann aber auch schon im September erfolgen. Das hat den Vorteil, dass, sofern durch diese Maßnahme größere Lücken entstanden sind, jetzt noch eine Nachsaat möglich ist. Die Samen keimen noch recht gut und bis zum Beginn des Winters hat sich schon wieder eine dicht geschlossene Rasennarbe gebildet.

Rasenfläche mit Lücken

In meinem Zierrasen im Garten sind größere Lücken entstanden. Muss ich die ganze Fläche umgraben und neu einsäen oder ist eine Nachsaat möglich?

Da die Rasengräser zu den Flachwurzlern gehören, ist im Allgemeinen eine Nachsaat durchaus möglich. Jedoch sollte vorher geprüft werden, ob die Bodenverhältnisse insgesamt gesehen für das

Wachstum der Gräser in Ordnung sind. Rasen möchte einen lockeren, etwas humosen Boden von leicht saurer Bodenreaktion (pH 5,5 bis 6,5). Ungünstig sind sehr schwere Böden, die zu Staunässe neigen, da sich in diesem Fall immer wieder Moose ansiedeln.
Sind die Bodenverhältnisse in Ordnung, werden die lückigen Flächen mit einem Krail (Dunghaken) oberflächlich leicht aufgekratzt und der Samen ausgesät. Abgedeckt wird er mit unkrautfreier Komposterde oder einem käuflichen Humussubstrat.
Zur Nachsaat selbst eignen sich generell alle Samenmischungen. Empfehlenswert wäre jedoch eine so genannte Regenerationsrasenmischung, die aus schnell wachsenden Gräsern zusammengemischt wird. Geeignete Mischungen sind im Fachgeschäft erhältlich.
Wird der Rasen häufiger betreten oder als Spielwiese benutzt, sollten strapazierfähige Gräser einer Sportplatz- oder Gebrauchsrasenmischung verwendet werden. Die Rasenmischung sollte auch nach den jeweiligen Standortverhältnissen ausgewählt werden.
Spezialrasendünger sind auf die physiologischen Wünsche der Rasengräser abgestimmt.

Rasenneuansaat mit Rindenmulch vorbereiten?

Ich beabsichtige, nur eine etwa 25 m² große Fläche mit Gras einzusäen. Im Fachgeschäft wurde mir Rindenmulch zur Bodenverbesserung angeboten. Kann ich dieses Material in meinen schweren Boden einarbeiten?

Grundsätzlich lieben Rasenpflanzen einen leicht sauren, möglichst durchlässigen und nicht zu schweren, verdichteten Boden. Auf einem dauerfeuchten Boden bilden sich bald Moospolster, die empfindliche Rasengräser verdrängen können.
Deshalb ist es sinnvoll, vor dem Anlegen des Rasens eine gründliche Bodenvorbereitung zu treffen. Schwerer Boden sollte reichlich mit Humus versorgt werden. Außerdem ist das Untermischen von scharfem Sand (Flusssand) sehr zu empfehlen. Grabsand, der viele erdige Einschlüsse hat, ist nicht so günstig.
Der Ihnen angebotene Rindenmulch ist zur Bodenverbesserung nicht so gut geeignet, da es sich um grobes, nicht vorbehandeltes Material handelt. Diese Produkte werden besser zum Abdecken, also Mulchen von Pflanzflächen verwendet. Sehr gut geeignet ist jedoch Rindenhumus oder Rindenkompost. Auch diese Materialien gibt es lose und in Säcken im Fachgeschäft.

Die Aufwandmenge für eine Bodenverbesserung mit Rindenhumus hängt ganz von der Bodenbeschaffenheit ab. Bei der Neuanlage eines Gartens, also auch der Rasenfläche, können zwischen 20 und 50 l/m² ausgebracht werden. Übrigens lieben Rasengräser einen leicht saueren Reaktionsgrad. Da Rindenhumus in der Regel leicht sauer reagiert, kann er recht gut zur Bodenverbesserung vor einer Raseneinsaat verwendet werden.

Zierrasen mit Regenwürmern

Mein Zierrasen ist übersät mit „Regenwurmhäufchen". Was kann ich gegen diese Tiere tun?

Grundsätzlich werden Regenwürmer nicht als Schädlinge, sondern eigentlich als Nützlinge angesehen. Wo sich Regenwürmer wohlfühlen, ist auch der Boden in Ordnung. Sicher ist es aber so, dass Ihr Boden relativ dicht ist und auch viele Humusstoffe enthält, so dass sich die Regenwürmer dort wohl fühlen. Eine Bekämpfung ist nicht zu empfehlen. Jedoch wäre es möglich, durch eine bessere Durchlüftung der Rasenfläche dafür zu sorgen, dass die Regenwürmer sich mehr in tiefere Bodenschichten zurückziehen. Schon allein das jährliche Ausstreuen einer dünnen Schicht Sand kann Durchlüftungsverhältnisse im Rasen verbessern. Zum Besanden einer Rasenfläche sollte körniger Sand, so genannter Rhein- oder Flusssand verwendet werden. Ideal ist eine Körnung von 0,3 bis 1,5 mm. Zu feinkörniger Sand beseitigt Bodenverdichtungen nicht.
Noch besser wäre es, wenn Sie die Rasenfläche aerifizieren würden. Es handelt sich dabei um eine mechanische Belüftungstechnik, bei der zahlreiche Löcher in den Boden gestanzt und diese anschließend mit Sand verfüllt werden. Dadurch bekommt verdichteter und nasser Boden mehr Luft und die Lebensverhältnisse die Rasenwurzeln und die Regenwürmer gleichermaßen werden verbessert.

Zum Aerifizieren werden so genannte Igelwalzen oder Aerifizierer verwendet. Motorgeräte können gelegentlich bei Verleihfirmen von Gartengeräten ausgeliehen werden.

Zierrasen neu einsäen

Ende Februar war der Schnee schon abgetaut. Kann ich Anfang März bereits meinen neuen Zierrasen anlegen und die Aussaat zu diesem Termin schon durchführen?

Die Keimung von Rasensaatgut ist im Wesentlichen von der Temperatur abhängig. Die Mindesttemperatur für die Keimung von Grassamen beträgt etwa +5 °C. Das Optimum liegt zwischen 16 und 21 °C, wobei ein Wechsel mit kurzzeitig höheren Temperaturen (etwa +30 °C) durchaus günstig ist. Aus diesem Grund ist wohl nicht zu empfehlen, Rasensamen schon im März auszusäen. Günstige Keimbedingungen sind in der Regel ab April oder Anfang Mai vorhanden. Aussaaten können dann praktisch während des gesamten Vegetationsjahres vorgenommen werden. Wichtig ist nur – und das gilt vor allen Dingen für die Sommermonate – dass die Aussaatfläche ständig ausreichend feucht gehalten wird. Selbst kurzzeitige Trockenheit kann zu Ausfällen führen!

Zierrasen verunkrautet

Mein Zierrasen im Vorgarten ist voller Unkräuter. Ich komme mit Unkraut jäten nicht mehr nach, was kann ich tun, damit die Rasenfläche wieder unkrautfrei wird?

Der Einsatz chemischer Mittel ist in verschiedenen Bundesländern nicht mehr erlaubt. „Hausmittel" gibt es ebenfalls nicht, so dass letztendlich dort nur das Jäten übrig bleibt. Meistens können einjährige Kräuter durch regelmäßiges Mähen in Schach gehalten werden. Auch soll der Rasen nicht üppig, sondern ausreichend mit Nährstoffen versorgt werden. Manchmal hilft schon, wenn die Rasenfläche im Herbst oder im Frühjahr vertikutiert wird. Darunter versteht man die Behandlung der Rasenfläche mit einem Vertikutierrechen oder einem motorbetriebenen Gerät. Dabei wird die Rasennarbe mit Messern senkrecht angeritzt und Moos sowie Unkräuter herausgeschlagen. Eine solche mechanische Behandlung sorgt wieder für einen kräftigen Wuchs der Rasengräser, die nach dieser Behandlung genügend Platz und Luft haben, um sich normal zu entwickeln.
Haben sich hartnäckige Wurzelunkräuter angesiedelt, ist unter Umständen eine Neuanlage der Rasenfläche vorzusehen. In diesem Fall können bei der notwendigen Bodenbearbeitung die Wurzelunkräuter ausgelesen werden.

Auch Rasenpflanzen benötigen zur Entwicklung optimale Bedinungen. So lieben sie einen durchlässigen, leicht sauren Boden und ausreichend Feuchtigkeit während der gesamten Vegetationsperiode. Durch optimale Bedinungen können viele Rasengräser selbst schon das Aufkommen von Un- oder Wildkräutern unterdrücken. Über den Einsatz von chemischen Mitteln, so genannten Herbiziden, gibt der Pflanzenschutzdienst Auskunft.

Zierpflanzen auf Balkon und Terrasse

Hier „gärtnern“ alle diejenigen, denen der Platz für ein ausgedehnteres Stückchen Garten fehlt oder deren Terminplan ein Mehr an Grün nicht zulässt. Also werden Balkon, Terrasse, Loggia und/oder Dachterrasse zum Blüten- und Blätterparadies. Hier stehen dicht an dicht in Trögen, Töpfen oder Kästen Sommerblumen, Stauden oder für die Kübelkultur geeignete Gehölze. Sogar Gemüse und Kräuter erobern sich dort zunehmend einen Platz. Diese Fülle auf engem Raum bewirkt neben einem beeindruckenden Anblick aber auch, dass die Pflanzen durch falsche Pflege oder Schaderreger nicht optimal gedeihen.
Hier erfahren Sie, welche Ursachen das im Einzelnen haben kann und wie Sie Grundlagen für ein gutes Gedeihen schaffen.

Tipps und Tricks für Balkon und Terrasse

Flora Quick-Pflanzenmatten für den Balkonkasten

Es soll neuerdings eine fertig mit Balkonpflanzen bepflanzte Matte geben, die nur in einen mit Erde gefüllten Balkonkasten eingelegt werden muss. Um was für eine Matte handelt es sich, welche Pflanzenkombinationen gibt es und wird die Matte eingesetzt und behandelt?

Bei dieser Matte handelt sich dabei um mit Erde vermischte Kokosmatten in einer Stärke von 5 cm, die bereits fertig bepflanzt in einer bestimmten Größe angeboten werden. Die Matten werden in einen bis 6 cm unter den Rand mit Erde gefüllten Balkonkasten eingelegt und angegossen. Es brauchen also keine Pflanzen separat gekauft und diese dann selbst in den Kasten gepflanzt werden. Das Bepflanzen eines Kastens ist also im Nu erledigt.
Es handelt sich dabei um eine Weltneuheit, die von Gärtnermeister Hans Jürgen Müller, Kornwestheim, entwickelt und 2001 zum ersten Mal in Gartencentern angeboten wurde. Die Matten sind 13 cm breit und 40 oder 60 cm lang. Dadurch können sie in allen Balkonkästen ab 40 cm Länge eingelegt werden. 2001 gab es die Matten fertig bepflanzt mit Hängepelargonien in Lila, Rot und Weiß sowie *Surfinia*-Hängepetunien in Purpur und Blau. Auch eine Mischung aus jeweils einer aufrecht wachsenden und einer hängenden Pelargonie sowie einer Goldmarie (*Bidens*), bei den großen Matten zusätzlich mit einem Husarenknöpfchen (*Sanvitalia procumbens*), wurde angeboten. Alle Matten sind von einem stabilen Kunststoffrahmen umgeben, damit ein problemloser Transport möglich ist. Die Pflanzen sind für einen sonnigen Standort geeignet. Die Pflege entspricht üblichen Bedingungen. Das Einwurzeln in die Kastenerde erfolgt problemlos, ebenso das weitere Wachstum und die Blütenbildung. Neben regelmäßigen Wassergaben müssen die Pflanzen ab und zu mit einem Dünger zusätzlich ernährt werden. Voraussichtlich werden in Zukunft Flora-Quick Pflanzenmatten auch in anderen Pflanzenkombinationen angeboten.

Komposterde für Balkonkästen?

Sobald es die Witterung erlaubt, möchte ich in meine Balkonkästen Frühlingsblüher wie Stiefmütterchen, Gänseblümchen setzen. Kann ich als Substrat Komposterde aus dem eigenen Garten verwenden? Muss ich diese noch in irgendeiner Weise aufbereiten oder mit anderen Erden mischen?

Normalerweise kann eine lockere, humose Komposterde direkt zur Kultur von Frühjahrs- und Sommerblühern verwendet werden. Natürlich hängt es auch von der Qualität der Erde ab. Sofern diese etwas abgelagert und gut verrottet ist, braucht man im Allgemeinen keine Zuschläge mehr beizumischen. Ist die Komposterde zu schwer, kann sie durch Sand aufgelockert werden. Weiteres Humusmaterial ist nicht erforderlich.
Eine zusätzliche Düngung ist auch bei einem Kompost, der etwa ein bis zwei Jahre alt ist, nicht erforderlich, da meistens noch genügend Reservenährstoffe enthalten sind. Bei älterer Komposterde können die Nährstoffe schon stärker verbraucht sein. Dann kann man eine Grunddüngung mit einem Balkonpflanzendünger (organisch-mineralischer Dünger oder Depotdünger) untermischen. Sinnvoll ist es jedoch, die Pflanzen in eine ungedüngte Komposterde zu setzen und eine zusätzliche Kopfdüngung dann zu verabreichen, wenn man am Wachstum der Pflanzen einen gewissen Nährstoffbedarf feststellen kann. Färben sich die unteren Blätter der Pflanzen gelblich, deutet das oft schon auf einen gewissen Nährstoffmangel hin. Dann kann mit einem üblichen Blumendünger in fester oder flüssiger Form zusätzlich gedüngt werden. Die leicht löslichen Substanzen wirken schon innerhalb weniger Tage. In der Folge sind solche Gaben nach Bedarf zu wiederholen. Während der Hauptwachstumszeit empfiehlt sich eine Düngung im Abstand von mindestens zwei bis drei Wochen.

Steht genügend Komposterde zur Verfügung, sollten die Blumenkästen jedes Jahr mit frischer Erde gefüllt werden. Durch das häufige Gießen wird auch das Mikroorganismenleben im Balkonkasten stark angeregt, so dass die Humussubstanzen im Laufe eines Jahres weitgehend abgebaut werden. Außerdem geht die Struktur des Bodens verloren. Am besten bringt man im Herbst die Erde wieder auf den Kompost und füllt die Kästen im Frühjahr mit frischer Erde. Übrigens braucht die Erde nicht gesiebt zu werden, da sie danach oft zu fein ist und schon nach kurzer Zeit wieder zum Verschlämmen neigt. Ganz grobe Bestandteile wie Stängelstücke können von Hand ausgelesen werden.

Pflanzgefäße aus frostsicherer Terrakotta

Ich habe zahlreiche winterharte Kübelpflanzen auf meiner Terrasse. Eingepflanzt sind sie in Terrakotta-Gefäße, von denen aber immer wieder einige im Winter durch den Frost Schaden leiden. Gibt es Möglichkeiten, das Zerspringen der Tongefäße zu verhindern?

Einfache, so genannte maschinengefertigte Gefäße aus Ton sind im Winter immer frostgefährdet. Es gibt aber auch frostfeste Terrakotten im Fachhandel.
Es gibt verschiedene Möglichkeiten, auch einfache Tongefäße vor Frostschaden zu bewahren. So ist es einmal möglich, die Gefäße vor dem Einsetzen strengerer Fröste in größere Übertöpfe (zum Beispiel aus Kunststoff) zu stellen und die Zwischenräume anschließend mit trockenem Laub auszufüllen. Dadurch entsteht ein Isoliereffekt, so dass die Gefäße meistens heil über den Winter kommen.
Im Handel gibt es aber auch verschiedene Produkte, mit denen Terrakottaware frostsicher gemacht werden kann. Es handelt sich dabei um wässrige Emulsionen, die lösungsmittelfrei und biologisch abbaubar sind. Das Besondere an diesen Produkten ist, dass sie bei der Anwendung in das jeweilige Material eindringen und es dort zu einer chemischen Reaktion zwischen den Wirkstoffen und dem behandelnden Material kommt. Durch den anschließenden Trocknungsprozess verdunstet das Wasser und die Terrakotta-Gefäße selbst sind vor einer weiteren Wasseraufnahme geschützt. Dadurch wird die Frostresistenz deutlich erhöht.

Im Fachhandel gibt es die beiden Spezial-Präparate ProLapit Terrakotta und ProStone Terrakotta: Beide werden am einfachsten durch Sprühen auf die Gefäße appliziert. Nach einer Trocknungszeit von etwa 48 Stunden sind die Gefäße wasserresistent und damit frostsicher.

Balkon- und Kübelpflanzen

Avocado richtig kultivieren

Aus einem Avocado-Kern habe ich eine junge Pflanze herangezogen. Welche Standortbedingungen muss ich beachten, damit sich die Pflanze weiterentwickeln kann?

Die aus Mittel- und Südamerika stammende Avocado (*Persea americana*) hat sich zu einer begehrten Kulturpflanze entwickelt. Der Keimling, der sich aus dem Samen entwickelt, wird zunächst einen langen Stiel bilden und sich meistens in einer Höhe von 60 bis 100 cm verzweigen.
Am besten ist es, wenn die Pflanze, ähnlich wie andere Kübelpflanzen, den Sommer über auf dem Balkon oder im Garten aufgestellt wird. Gewünscht wird ein heller, nur vor direkter Mittagssonne geschützter Platz.
Im Herbst kommt sie in einen hellen Raum und wird kühl, bei etwa 15 °C, überwintert. Gut eignet sich dafür ein Wintergarten. Im Sommer ist reichlich zu wässern und gelegentlich zu düngen. Im Winter wird, dem Standort angepasst, sparsamer gegossen. Als Substrat eignet sich eine mittelschwere Erde. Torfhaltige Substrate sollten mindestens mit einem Drittel krümeligem Lehm vermischt werden. Eine neutrale Bodenreaktion (pH 6,5 bis 7) ist ideal.

WUSSTEN SIE, dass die Avocado zur Familie der Lauraceae, der Lorbeergewächse, zählt? Sie ist also sehr nahe mit dem Lorbeer verwandt und stellt in Kultur auch ähnliche Ansprüche. Heute sind die Früchte begehrte Nahrungsmittel in südlichen und tropischen Ländern.

Avocado selbst vermehren

?

Wir kaufen von Zeit zu Zeit im Feinkostgeschäft eine Avocadofrucht. Im wohlschmeckenden Fruchtfleisch eingebettet ist ein großer Kern. Kann man daraus eine Pflanze ziehen?

!

Es ist eigentlich kein Problem, aus dem Kern oder Samen der Avocado (*Persea americana*) eine Pflanze heranzuziehen. Zwei Möglichkeiten bieten sich an. Einmal wird ein entsprechend großes Töpfchen ausgewählt und mit normaler Blumenerde gefüllt. In die Erde wird der Samen eingebettet und bis zur Keimung immer gleichmäßig feucht gehalten.

Eine zweite Möglichkeit besteht darin, in den Kern vorsichtig zwei Streichhölzer zu stecken und den Samen dann so über einem Glas oder einer Vase zu befestigen, dass das Wasser bis an die Unterkante des Samens heranreicht. Der Kern nimmt Feuchtigkeit auf und nach einiger Zeit entwickeln sich zunächst Keimwurzeln, später der eigentliche Keimling. Nun werden die Hölzchen entfernt und die ausgekeimte Pflanze in ein mittelschweres Substrat eingetopft. Diese Methode wird gerne zusammen mit Kindern ausgeführt, die auf diese Weise den Keimvorgang eines Samens deutlich beobachten können. In beiden Fällen sollte eine übliche Zimmertemperatur von mindestens 20 °C eingehalten werden. Bei etwas höherer Temperatur verläuft der Keimvorgang etwas schneller.

Avocado stutzen

Aus einem Avocadokern habe ich eine junge Pflanze gezogen. Sie hat nur einen Haupttrieb ohne Seitentriebe. Kann ich diesen Trieb zurückschneiden, damit die Pflanze buschiger wird?

Es ist ohne weiteres möglich, den Haupttrieb der jungen Avocadopflanze (*Persea americana*) um einige Zentimeter einzukürzen. Mit einem scharfen Messer wird die Triebspitze über einem Blattansatz abgeschnitten. So bilden sich aus den „schlafenden" Augen in den Achseln der Blätter, in der Regel mehrere Seitentriebe. Dadurch kann ein buschiger Aufbau der Pflanze erreicht werden.

Balkonpflanzen von Weißer Fliege befallen

Meine Balkonpflanzen, insbesondere die Fuchsien, sind stark von der Weißen Fliege befallen. Ich habe gehört, dass man zur Bekämpfung einen Nützling einsetzen kann. Um welches Tier handelt es sich und wie setze ich es ein?

In der Tat kann man die Weiße Fliege oder Mottenschildlaus (Aleurodidae) mit Schlupfwespen (*Encarsia formosa*) bekämpfen. Leider ist das im Freien, also auf dem Balkon oder der Terrasse nicht möglich, weil diese Tiere besondere Ansprüche an die Temperatur stellen. So benötigen sie zur optimalen Entwicklung Temperaturen zwischen 20 und 27 °C. Deshalb kommt ein Einsatz von Schlupfwespen gegen Weiße Fliegen nur im Kleingewächshaus, am Blumenfenster oder einem ähnlichen geschützten Raum in Frage. Dort ist jedoch die Anwendung und der Einsatz von Schlupfwespen sinnvoll und erfolgreich.
Geliefert werden Schlupfwespen in Form parasitierter, also schwarz gefärbter Larven oder Pupparien der Weißen Fliege, aufgeklebt auf kleinen Kartonkärtchen. Diese werden im unteren Bereich der Pflanzen aufgehängt. Innerhalb weniger Tage schlüpfen die jungen Wespen. Sie sind mit bloßem Auge kaum zu erkennen, da sie nur 0,6 mm lang sind. Sie ernähren sich vom Honigtau (Ausscheidungen der Läuse) und von jüngeren Entwicklungsstadien der Weißen Fliege. Später legen sie ihre Eier mit Hilfe eines „Legebohrers" in die Larven der Weißen Fliege und bringen diese zum Absterben.
Ansonsten empfiehlt der Pflanzenschutzdienst zur Bekämpfung Mittel auf der Basis von Kaliseife und Pyrethrinen. Diese Mittel sind normalerweise zum Einsatz gegen Blattläuse gedacht. Sie haben aber auch eine Nebenwirkung gegen die Weiße Fliege. Auch andere Mittel auf natürlicher Basis, wie Rapsöl oder Neem-Präparate, sind geeignet.

Banane im Freien kultivieren

Meine Banane hat Früchte angesetzt. Kann ich die Pflanze Mitte Mai ins Freie stellen?

Soll sich eine Bananenpflanze (*Musa × paradisiaca*) optimal entwickeln und auch Früchte ausbilden, ist eine Kultur im Freien in Mitteleuropa nur an klimabegünstigsten Standorten vertretbar. Eigentlich sollte die Pflanze ganzjährig im Wintergarten verbleiben. Will man sie ins Freie bringen, sollte dies wohl nicht vor Anfang bis Mitte Juni erfolgen, wenn die Gefahr zu tiefer Temperaturen vorüber ist. Kultiviert werden auch verschiedene Bananen-Arten, von denen die essbaren Bananen, *Musa acuminata*, und die Zierbananen, *M. uranoscopos* bzw. *M. velutina*, sehr wärmebedürftig sind. Etwas robuster ist die Japanische Faserbanane, *M. basjoo*, die auch mit kühleren Temperaturen vorlieb nimmt.
Da Bananenpflanzen zur Ausbildung der Früchte immer die Nährstoffe aus den jüngsten Blättern entnehmen, sollte während der Fruchtreife keine Schockwirkung auftreten. Deshalb wäre es sicher günstig, die Pflanze möglichst lange am geschützten Standort stehen zu lassen und sie erst dann, wenn tatsächlich sommerliche Temperaturen vorhanden sind, ins Freie zu bringen.

Banane mit spätem Fruchtansatz

Ich kultiviere eine Banane im Kübel. Kann ich damit rechnen, dass sich Früchte entwickeln?

Als Kübelpflanze wird sehr häufig die Zierbanane (*Ensete ventricosum*) verwendet. Es kommen aber auch die Zwergbanane (*Musa acuminata*) und andere Arten in Frage.

Eine Blütenbildung ist bei einer Kultur im Kübel nach vier bis fünf Jahren möglich, vorausgesetzt die Pflanzen können immer optimal gepflegt und auch richtig überwintert werden. Sie brauchen im Allgemeinen einen sehr hellen Standort und mäßige Temperaturen. Eigentlich sind die verschiedenen Bananen-Arten typische Wintergartenpflanzen.

Sollten sich Blütenschäfte gebildet haben, kann es auch zu einer Fruchtbildung kommen. Die Früchte selbst bleiben oft sehr klein und sind nicht genießbar.

Gelingen wird eine Bananenkultur am ehesten im sehr hellen Wintergarten. Die Mehrzahl der Arten können dann bei Temperaturen zwischen 10 und 18 °C überwintert werden. Mit kühleren Temperaturen ist die Japanische Faserbanane (*Musa basjoo*) zufrieden. Bei ihr genügen schon Temperaturen zwischen 5 und 12 °C.

Bananenpflanze im Wintergarten vermehren

Meine Bananenpflanze im Wintergarten hat schon zweimal Früchte getragen. Jetzt haben sich zusätzlich noch seitlich vier Schößlinge gebildet. Kann ich diese abtrennen und daraus neue Pflanzen ziehen? Wie muss ich vorgehen, damit sich diese jungen Pflanzen zu kräftigen Bananenstauden entwickeln?

Bananen (*Musa × paradisiaca*) werden in ihrer Heimat zur Erzeugung der Früchte angepflanzt und kultiviert. Auch dort bilden sich seitliche Schößlinge, die in der Regel bis auf einen nach der Ernte der Früchte samt der alten Pflanze entfernt werden. Da eine Bananenstaude nur einmal fruchtet, ist so immer für eine Nachkommenschaft gesorgt. Als Kübelpflanze kultiviert ist es möglich, die Sprosse von der Mutterpflanze abzutrennen und sie einzeln in großen Töpfen weiter zu kultivieren. Dazu wird eine nahrhafte, humushaltige, lockere Erde benötigt. Auch sollte man beachten, dass die Mindesttemperaturen eingehalten werden, damit sich die Nachkommenschaft schnell entwickeln und später wieder blühen und fruchten kann.

Bananen sind ausgesprochen nährstoffbedürftig. Hauptnährstoffe sind Kalium und Magnesium. Wichtig ist auch das Spurenelement Mangan. Bei einem entsprechenden Mangel sterben die Blätter frühzeitig ab. Unter idealen Bedingungen bildet sich ein neuer Blüten- bzw. Fruchtstand, wenn die Bananenpflanze 10 bis 14 große Blätter ausgebildet hat.

Will man keine Früchte ernten, kann man ohne große Schwierigkeiten auch die Zierbanane (*Musa ensete/ Ensete ventricosum*) kultivieren. Da diese Art keine Schösslinge bildet, wird sie aus Samen herangezogen. Sie sind im Samenfachhandel erhältlich.

Bleiwurz kühl und hell überwintern

Meine Bleiwurz hat den letzten Winter am Fenster gut überstanden, aber erst sehr spät geblüht. Die Pflanze ist sehr buschig und soll nun wieder überwintert werden. Welches sind die idealen Überwinterungsbedingungen und wann und wie sollen die nun relativ lang gewordenen Triebe eingekürzt werden?

Die Bleiwurz (*Plumbago auriculata*) ist aus Südafrika zu uns nach Europa gekommen und verlangt deshalb während der Vegetationszeit im Sommer einen sehr hellen, sonnigen Standort. Nur dann werden ausreichend Blüten ausgebildet. Die Überwinterung erfolgt am besten hell, luftig und kühl bei Temperaturen zwischen 4 und 10 °C. Ideal wäre ein Gewächshaus oder Wintergarten, ansonsten ein Platz direkt an einem Fenster mit gutem Lichteinfall. Ein älterer Strauch oder ein Hochstamm verträgt auch einen etwas weniger günstigen Standort. Doch muss dann damit gerechnet werden, dass die Pflanze die Blätter ver-

liert und es dann im folgenden Vegetationsjahr sehr lange dauert, bis sich wieder Blätter und vor allen Dingen Knospen und Blüten ausbilden. Ist der Standort im Winter zu warm, wird die Pflanze dadurch zum Wachstum angeregt und es bilden sich überlange Geiltriebe, die im Frühjahr abgeschnitten werden müssen. Ansonsten können Sie auch gleich beim Einwintern sehr lange Triebe um die Hälfte einzukürzen. Dadurch ist die Chance für eine gute Überwinterung noch besser.
Wichtig ist dann auf alle Fälle, dass die Pflanze im folgenden Frühjahr im April oder Mai wieder an einen sonnigen Standort im Freien kommt. Nur dann ist damit zu rechnen, dass sich auch bald wieder Knospen und Blüten ausbilden. Vielleicht sollten Sie noch beachten, dass je nach Standort im Winter die Feuchtigkeit geregelt werden muss. Am hellen, nicht zu kühlen Standort müssen Sie die Pflanze etwas öfters gießen, während Sie sie an einem nicht so hellen, kühleren Standort eher trocken halten können.

Cherimoya kultivieren

Von einem Urlaub in Teneriffa brachte ich eine Cherimoya mit nach Hause. Ich möchte diese Pflanze hier bei uns weiterkultivieren. Ist das möglich und kann sie bei uns auch Früchte ausbilden?

Die Kultur einer Cherimoya (*Annona cherimola*) ist bei uns schon etwas ungewöhnlich. Die Pflanze ist in tropischen Gebieten Amerikas beheimatet und in Kultur recht anspruchsvoll. Keinesfalls kann die Pflanze im Garten kultiviert werden, da sie nicht winterhart ist. Eine Möglichkeit ist, sie als Kübelpflanze zu halten, wobei sie vor allen Dingen sehr viel Licht benötigt. Durch die heimatlichen Bedingungen im Hochland von Peru ist sie eine intensive Sonnenbestrahlung gewöhnt.
Ab Mitte oder Ende Mai bis Ende September kann die Pflanze an einen vollsonnigen, geschützten Standort im Garten oder auf der Terrasse stehen. Ehe die ersten Nachtfröste auftreten, muss sie ins Winterquartier gebracht werden. Auch hier kann sie nicht im dunklen Keller aufgestellt werden. Sie benötigt einen sehr hellen Standort. Am besten wäre ein glasbedachter Wintergarten oder ein beheiztes Kleingewächshaus. Die Temperaturen sollen auch im Winter möglichst nicht unter 15 °C absinken.

Ansonsten stellt die Cherimoya keine besonderen Ansprüche. Während die meisten Kübelpflanzen einen nährstoffhaltigen Boden benötigen, wünscht diese Pflanze einen mehr sandigen, nicht so nährstoffreichen Boden. Das Substrat kann mehr einer Kakteenerde entsprechen. Gegossen werden muss vorsichtig, da die Wurzeln sehr empfindlich sind. In ihrer Heimat ist die Pflanze an Trockenheit gewohnt. Deshalb ist eher sparsam als zu viel zu gießen. Das gilt vor allem für die Wintermonate.
Gedüngt wird nur in der Hauptwachstumsphase im Frühsommer und Sommer, wobei auch hier die Ansprüche relativ gering sind. Nur im Abstand von einem Monat wird eine schwache Blumendüngerlösung verabreicht. Ob sich eines Tages die weißen bis gelblichen Blüten ausbilden, hängt ganz von der Wuchskraft und der Entwicklung des Strauches im mitteleuropäischen Klima ab.

In Feinkostgeschäften werden gelegentlich vom Winter bis Frühjahr die schuppigen Früchte angeboten. Sie enthalten schwarze Samenkörner, die man auch einmal versuchsweise aussäen kann. Im lockeren, sandigen Substrat ausgesät und bei 20 bis 25 °C aufgestellt, keimen die Samen nach etwa drei Wochen.

Chrysanthemen-Hochstämmchen vertrocknet

Im vergangenen Herbst erhielt ich ein blühendes Chrysanthemen-Hochstämmchen. Bis November hielt ich die Pflanze im Freien, dann wurde sie kühl im Zimmer überwintert. Jetzt, im Februar, sind aber die Triebe alle trocken, während sich an der Basis, aus dem Blumentopf viele neue Triebe entwickeln. Soll ich nun das Stämmchen einfach abschneiden? Kann ich aus den Bodentrieben eine neue Pflanze aufbauen?

Es kommt immer wieder vor, dass Chrysanthemen-Hochstämmchen (*Chrysamthemum* × *hortorum*) und manchen anderen Pflanzen den Winter nicht überdauern. Das hängt meistens mit dem Standort und den Pflegemaßnahmen zusammen.
Wenn nun die Krone des Hochstämmchens und der Stamm abgestorben sind, sich an der Basis je-

doch Bodentriebe bilden, kann daraus tatsächlich eine neue Pflanze herangezogen werden.
Am einfachsten ist es, den Stamm kurz über dem Boden abzuschneiden. Dann muss die Pflanze entweder in frische Erde getopft oder aber, sollte diese noch in Ordnung sein, im gleichen Topf und dem vorhandenen Substrat weiterkultiviert werden. Wichtig ist ein heller, kühler Stand, damit die Austriebe im Frühjahr kurz und gedrungen bleiben. Es entwickelt sich aus den Bodentrieben eine buschige Pflanze. Die idealen Temperaturen liegen zwischen 15 und 18 °C. Mitte bis Ende April kann die Pflanze bereits an einen geschützten Platz auf dem Balkon oder in den Garten gebracht werden, wo sie etwas geschützt vor der Mittagssonne problemlos weiterwächst. Zu lange Triebe werden bis etwa Mitte Juni ein- bis zweimal gestutzt, damit die Pflanze buschig bleibt. Während dieser Zeit wird regelmäßig gegossen und ab und zu auch mit einem Blumendünger gedüngt. Ab Sommer wird die Düngung eingestellt und auch etwas sparsamer gegossen, jedoch keine ausgesprochene Ruheperiode eingehalten. Sobald die Tage kürzer werden, setzt die Pflanze normalerweise Knospen an und blüht einige Wochen später auf.
Sollten sich bis Oktober noch keine Knospen gebildet haben, muss die Chrysantheme in ein kühles Zimmer gebracht und am hellen Fenster aufgestellt werden. Es ist sehr wichtig, dass die Pflanze nach Sonnenuntergang absoluter Dunkelheit ausgesetzt ist. Nur so ist sie in der Lage, Knospen und später Blüten auszubilden.

WUSSTEN SIE, dass die Chrysanthemen bzw. Wucherblumen in den letzten Jahren neue botanische Bezeichnungen erhalten haben? Die zunächst unter der Gattung *Chrysanthemum* zusammengefassten Arten sind jetzt ganz verschiedenen Gattungen zugeordnet. Die Straußblütige Wucherblume *C. corymbosum* hat nun den botanischen Namen *Tanacetum corymbosum* bekommen, während die Gewöhnliche Wucherblume der Gattung *Leucanthemum* angehört. Einige Chrysanthemen gehören zur Gattung *Dendranthema*, andere zu *Arcanthemum*. Darüber hinaus gibt es aber auch noch andere Gattungen und Hybrid-Gruppen, in denen Chrysanthemen-Arten zu finden sind. Alle gehören jedoch zur großen Familie der Asteraceae, wobei die Suche nach der richtigen botanischen Bezeichnung nicht immer einfach ist. Unsere bekannte Gartenchrysantheme trägt neuerdings wieder den Gattungsnamen Chrysanthemum.

Drillingsblume blüht nicht

? **Ich habe vor drei Jahren eine Drillingsblume gekauft. Sie steht über Winter im Treppenhaus, den Sommer über auf der Terrasse im Freien. Obwohl ich sie sehr gut pflege und sie problemlos gedeiht, hat sie im vergangenen Sommer keine Blüten angesetzt. Was kann die Ursache sein?**

! Drillingsblumen (*Bougainvillea*) sind in Südamerika beheimatet und lieben hohe Temperaturen und Sonne. Möglich ist es, dass die Pflanze die Überwinterung im Treppenhaus recht gut übersteht, dort jedoch mangels Licht im Frühjahr nicht zur Blütenbildung angeregt wird. Kommt sie erst nach den Eisheiligen Mitte oder Ende Mai ins Freie, reicht meistens der Lichtreiz nicht mehr aus, um bis zum Frühsommer oder Sommer Blüten anzusetzen.
Empfehlenswert wäre es, die Pflanze bereits im Spätwinter oder zeitigen Frühjahr aus dem Überwinterungsquartier zu nehmen und sie an einem sehr hellen sonnigen Standort, möglichst direkt am Fenster, aufzustellen. Sobald die Temperaturen es erlauben, ist eine Aufstellung im Garten oder auf der Terrasse empfehlenswert. Vorsicht ist natürlich angebracht, da Bougainvilleen kälteempfindlich sind. Ins Freie kommen sollten die Pflanzen, wenn die Temperaturen nicht mehr unter 12 bis 15 °C absinken.
Ideal zur Überwinterung wäre ein kühler Wintergarten oder ein Kleingewächshaus, wenn dort beste Lichtverhältnisse herrschen.

Drillingsblume im Flur überwintern?

? **Aus Holland habe ich eine Drillingsblume mitgebracht. Den Sommer über machte sie mir sehr viel Freude, sie blühte üppig. In der kalten Jahreszeit steht sie hinter Glasbausteinen im Flur bei einer Temperatur von 10 bis 12 °C. Seit einiger Zeit beobachte ich, dass sich die Blätter einrollen, einige wurden auch schon abgeworfen. Was ist die Ursache?**

Ganz sicher ist der jetzige Standort dafür verantwortlich. Glasbausteine lassen wohl etwas Tageslicht in den Flur und auf die Pflanze fallen, doch reicht die Intensität der Strahlung für diese empfindliche, aus Südamerika stammende Pflanze nicht aus. Sie benötigt einen sehr hellen Platz, möglichst am Südfenster eines kühlen Raumes. Auch die Temperatur von 10 bis 12 °C ist etwas zu hoch. Zum Überwintern bei mäßigem Lichtangebot reichen 6 bis 8 °C, höchstens 10 °C völlig aus. Empfehlenswert wäre es, die Pflanze vom jetzigen Standort wegzunehmen und sie in einem kühlen, deutlich helleren Raum aufzustellen. Natürlich wäre es noch idealer, wenn Sie einen Platz in einem hellen, luftigen Wintergarten finden würden.

Drillingsblume richtig kultivieren

Seit zwei Jahren besitze ich eine Drillingsblume, die bei mir offensichtlich gut gedeiht. Nun habe ich sie nach der Blüte zurückgeschnitten und mit Erfolg überwintert. Der Blütenflor setzte aber in diesem Jahr sehr spät ein. Wie soll ich die Pflanze behandeln, damit sie zu einem großen Busch heranwächst?

Heimatbedingt liebt die Drillingsblume (*Bougainvillea*) einen warmen, sonnigen, luftigen, möglichst zugluftfreien Standort. Den Sommer über kann man sie auch als Topf- oder Kübelpflanze im Freien halten. Vor praller Mittagssonne ist sie zu schützen. Während der Hauptwachstumszeit im Sommer müssen Sie sie gleichmäßig feucht halten, Staunässe vermeiden, bei Bedarf mit einer schwachen Düngerlösung zusätzlich ernähren. Generell liebt die Pflanze eine gewisse Gleichmäßigkeit in allen Kulturbedingungen.
Ab Mitte Oktober kommt die Pflanze ins Winterquartier. Günstig ist ein heller, aber nur mäßig temperierter Raum und Temperaturen von 10 bis 12 °C bei nur mäßiger Feuchtigkeit im Wurzelballen. Die verschiedenen Arten können in einem hellen Wintergarten auch bei höheren Temperaturen überwintert werden. Dann blühen manche Sorten sogar im Winter. Auch ein nicht so heller Standort im Winter ist möglich, wenn die Temperatur auf 6 bis 8 °C absinkt. In diesem Falle stellt sich die Pflanze auf eine gewisse Winterruhe ein und wirft das Laub ab.

Bereits im Februar oder März beginnt die Pflanze mit dem neuen Austrieb. Jetzt muss sie sehr hell gestellt werden, damit die Triebe kurz und gedrungen bleiben. Die Wassergaben sind über Winter der Temperatur anzupassen. Im kühlen Überwinterungsraum wird nur ganz spärlich gewässert. Verpflanzt wird bei Bedarf (das ist nicht jährlich notwendig), am besten am Ende der Ruhezeit im Frühjahr. Verwendet wird eine lockere, durchlässige Blumenerde mit einem Reaktionsgrad von pH 6,5.
Zurückgeschnitten werden in der Regel im zeitigen Frühjahr die Triebe des vergangenen Jahres um mindestens ein Drittel. Gleichzeitig sollte man überlange Triebe so weit einkürzen, dass an jedem Trieb nur noch zwei oder drei Augen stehen bleiben. Auf diese Weise kann der Strauch seine gute Form behalten. Alle Schnittmaßnahmen richten sich im Wesentlichen nach der allgemeinen Entwicklung der Pflanze. Die Blütenbildung wird durch Sonne gefördert. Deshalb sollten Sie den Pflanzen vor allen Dingen in den Frühjahrswochen einen vollsonnigen Standort geben.
Sorten mit glatten Blättern sind wesentlich robuster und für eine Kübelpflanzenkultur besser geeignet. Dagegen haben Sorten mit behaarten Blättern oft die größeren Blütenstände und intensivere Farben. Sie benötigen jedoch höhere Temperaturen und eignen sich zum Auspflanzen in mäßig temperierte Wintergärten.

WUSSTEN SIE, dass die drei auffallend gefärbten „Blütenblätter" eigentlich Hochblätter oder Brakteen sind? Sie umgeben die relativ unscheinbaren, meistens cremeweißen Blüten.

Drillingsblume überwintern

Meine Drillingsblume hat den Sommer über wunderbar geblüht. Nun habe ich gehört, dass sie recht schwierig überwintert werden kann. Wie stelle ich es an, dass die Pflanze den Winter gut übersteht und nächstes Jahr wieder schön zum Blühen kommt?

Es ist gar nicht so einfach, den aus Südamerika stammenden Strauch der Gattung *Bougainvillea* unter mitteleuropäischem Klima optimal zu kultivieren. Im Sommer macht das oftmals keine Schwierigkeiten, problematisch wird es meistens ab November. In den Wintermonaten fehlt nicht nur die ideale Temperatur, sondern vor allen Dingen das Licht.

Eigentlich sollte man die Pflanze bereits ab September auf die nahende Ruhezeit etwas vorbereiten. Schon ab diesem Zeitpunkt werden die Wassergaben eingeschränkt. Kritisch sind dann die Monate November bis Januar, die Monate mit dem tiefsten Sonnenstand. In dieser Zeit sollte man die Pflanze keinesfalls im normal beheizten Zimmer stehen lassen. Ein kühler, aber heller Raum mit einer Temperatur von etwa 8 °C, höchstens 12 °C eignet sich am besten. In dieser Zeit darf nur so viel gegossen werden, dass der Wurzelballen nicht austrocknet. Das ist sehr wichtig, da nun schon wieder Blütenanlagen für das kommende Jahr angesetzt werden können.

Ab Februar oder März wird die Pflanze an einen sehr hellen und wärmeren Platz gestellt und wieder etwas häufiger gegossen. Nun sind Temperaturen um 20 °C gerade richtig. Hat die Pflanze die Wintermonate gut überstanden, regt sich bald der neue Austrieb. Der Blühbeginn hängt von der Intensität des Lichtes und dem Standort ab. Unter günstigen Bedingungen kann die Pflanze ab April oder Mai die ersten Blüten hervorbringen.

Zum Umpflanzen im Frühjahr verwendet man eine humose Blumenerde, der etwas Lehm oder Rasenerde zugemischt wird. Auf eine gute Wasserdurchlässigkeit ist zu achten. Gut eingewurzelte Pflanzen können den Sommer über auch gelegentlich mit einer 0,1 bis 0,2 %igen Düngerlösung (1–2 g oder ml/l Wasser) gedüngt werden.

Drillingsblume wirft die Blätter ab

Meine Drillingsblume hat sich den Sommer über im Garten prächtig entwickelt. Nun habe ich sie im September ins Zimmer gestellt. Plötzlich wirft sie die Blätter ab.

Es ist für Drillingsblumen (*Bougainvillea*) typisch, dass sie nach einem Standortwechsel, vor allem nach dem Einräumen im Herbst, die Blätter verlieren. Diese Pflanze ist relativ empfindlich und reagiert auf Standortveränderungen oder ungünstige Wachstumverhältnisse mit Blattfall. Handelt es sich um eine Sorte der Art *B. glabra*, nimmt die Pflanze diesen Blattfall meistens nicht sehr übel, wenn sie weiterhin pfleglich behandelt wird. Die Pflanze wird am besten an einem hellen Platz im kühlen Zimmer bei etwa 10 °C aufgestellt. Keinesfalls sollte die Temperatur unter 5 °C absinken. In den nächsten Wochen wird eine Ruhezeit eingehalten, während nur so viel Wasser gegeben wird, dass die Pflanze nicht vertrocknet. Sobald sich der Neuaustrieb regt, werden die Wassergaben etwas gesteigert und die Pflanze durch einen verhältnismäßig hellen Standort zum optimalen Wachstum und zur Blütenbildung angeregt.

Handelt es sich jedoch um eine Sorte der Art *B. spectabilis*, darf im Winter keine zu strenge Ruheperiode eingehalten werden. Der Wurzelballen muss bei dieser Art etwas feuchter gehalten werden. Ob die Pflanze den Blattfall problemlos übersteht, hängt von der allgemeinen Pflegesituation ab.

Eierbaum richtig pflegen

Aus Samen habe ich einen Eierbaum herangezogen. Die Pflanze wächst recht gut und hat jetzt violette Blüten angesetzt. Wie soll ich sie weiter pflegen, damit sich viele Früchte bilden?

Eigentlich ist diese Pflanze nicht sehr pflegebedürftig. Es ist eine besondere Sorte der bekannten Aubergine (*Solanum melongena*), die auch bei uns den volkstümlichen Namen Eierfrucht erhalten hat. Während normalerweise bei den Gemüse-Eierfrüchten große Früchte gewünscht werden, die man in der Küche für die verschiedensten Speisen verwertet, wurde hier eine kleinfrüchtige Sorte ausgewählt, die man seit einiger Zeit als Zierpflanze vermarktet. Da die Früchte im ausgewachsenen Zustand die Größe eines Hühnereis haben und die Pflanze einen etwas strauchigen Wuchs besitzt, wurde daraus der Eierbaum.

Die Ansprüche dieser Pflanze sind ähnlich wie bei der Tomate (*Lycopersicon esculentum*), mit der sie sehr nahe verwandt ist. Benötigt werden in erster Linie viel Licht und Wärme. Kultivieren kann man die Eierfrucht am hellen Zimmerfenster oder auch an einem sehr geschützten Platz auf der Terrasse oder dem Balkon. Steht die Pflanze in einem nicht zu großen Topf, muss alle 10 bis 14 Tage gedüngt werden. Verwendet wird ein üblicher Blumendünger, am besten in flüssiger Form, damit die Pflanze die Nährstoffe schnell verwerten kann. Unter günstigen Verhältnissen setzen die alle Blüten Früchte an, die sehr zierend sind. Ab Herbst stellt die Pflanze meistens ihr Wachstum ein. Neue Blüten werden nicht gebildet und man wird sich dann von ihr trennen müssen.

WUSSTEN SIE, dass die Früchte des Eierbaums relativ lange haltbar sind? Manchmal werden sie zum Basteln verwendet. Sie können auch hübsch bemalt werden.

Engelstrompete blühend überwintern

Im Dezember habe ich noch eine blühende Engelstrompete. Wie kann ich diese Kübelpflanze am besten überwintern?

Die Mehrzahl der Engelstrompeten (*Brugmansia*-Hybriden) kann man auf zweierlei Art und Weisen überwintern:

1. Eine kühle Überwinterung kommt in Frage, wenn die Kübelpflanze in völliger Wachstumsruhe die Wintermonate überdauern soll. Man lässt sie so lange wie möglich im Freien, und bereitet sie so schonend auf den Winter vor. Eingeräumt wird die Pflanze kurz vor Frostbeginn in einen kühlen Raum, in dem etwa 5 bis 8 °C gehalten werden können. Der Raum kann hell oder dunkel sein, weil sich die Pflanze auf eine fast völlige Winterruhe einstellt. Im zeitigen Frühjahr muss die Pflanze – sobald nicht mehr mit strengen Frösten zu rechnen ist – ins Freie gebracht und zu neuem Leben angeregt werden. Nur bei zeitigem Aufstellen im Freien oder in einem kühlen, aber sehr hellen Raum kommt die *Brugmansia* wieder im Sommer zum Blühen. Kommt die Pflanze zu spät aus der Winterruhe, setzt der Blütenflor meistens erst im Herbst ein. Während der Ruheperiode wird nur so viel Wasser verabreicht, dass die Pflanze nicht vertrocknet.

2. Eine warme Überwinterung ist möglich, sofern man einen sehr hellen Raum besitzt (Wintergarten, beheiztes Kleingewächshaus). Der Überwinterungsraum sollte gut belüftbar sein und Temperaturen von etwa 12 bis 18 °C aufweisen. Eingeräumt wird, wenn die herbstlichen Temperaturen unter 10 bis 12 °C absinken. Dies ist in der Regel Mitte bis Ende Oktober der Fall. Während der Wintermonate werden die Pflanzen mäßig feucht gehalten. Sie machen also keine typische Winterruhe durch. Ins Freie gebracht wird die Engelstrompete meistens erst Anfang bis Mitte Mai, wenn keine Nachtfröste mehr auftreten, da die Pflanze nach warmer Überwinterung relativ empfindlich ist. Einige *Brugmansia*-Arten blühen bei warmer Überwinterung auch während der lichtarmen Jahreszeit. Dies trifft vorwiegend auf *Brugmansia sanguinea*, aber auch für *B. aurea*, *B. arborea*, *B. suaveolens* und *B.* × *candida* zu.

Oft trocknen während der Winterruhe Teile der Triebe von der Spitze her ein. Sie werden im Spätwinter herausgeschnitten. Ein zu kräftiger Rückschnitt der Äste und Zweige bis in den vegetativen Bereich verzögert oft die Knospenbildung im folgenden Jahr. Ein kurzer Rückschnitt im Bereich der oberen Seitenknospen verzögert die Blüte jedoch kaum.

Engelstrompete blüht nicht

Ich pflanze im Frühjahr immer wieder meine Engelstrompete im Garten aus. Sie entwickelt sich prächtig, treibt Stängel und Blätter, blüht jedoch nicht. Was ist die Ursache? Was muss ich machen, damit die Pflanze im Garten zum Blühen kommt?

Warum die Engelstrompete (*Brugmansia*-Hybride) nicht blüht, kann verschiedene Ursachen haben. Zum einen sollte man sie so zeitig wie möglich aus dem Winterquartier an einen hellen Standort auf der Terrasse oder im Garten bringen, damit sich die neuen Triebe mit den Blütenknospen bilden können. Ideal wäre eine Überwinterung im Wintergarten, wo die Pflanze auch während der dunklen Jahreszeit ausreichend Licht erhält. Andererseits muss man berücksichtigen, dass die überwinterte Pflanze frostempfindlich ist und durch stärkere Spätfröste geschädigt werden kann. Kommt jedoch die Pflanze zu spät ins Freie, fehlt der Lichtreiz zur Induktion von Knospen und Blüten.
Außerdem ist es sehr wichtig, dass die Pflanze ausreichend mit Nährstoffen versorgt wird. Normalerweise bilden sich Knospen immer dann, wenn sich am neuen Trieb zwei Blätter gebildet haben. Deshalb muss die Trieb- und Blattbildung einschließlich der Entwicklung von Blütenknospen durch eine ausreichende Nährstoffversorgung gewährleistet sein.
Durch einen zu starken Rückschnitt im Winter kann es Probleme mit dem Austrieb im Frühjahr geben; auch dann kann zumindest die Blütenbildung hinausgezögert werden.
Eine andere Möglichkeit kommt bei der gelb bis orange blühenden Engelstrompete (*B. sanguinea*) in Frage. Sie blüht am besten im Sommer bei Temperaturen zwischen 10 und 16 °C. Bei Temperaturen über 22 °C wird die Blütenentwicklung gehemmt. Hier können sich oft Knospen bilden, die dann abgeworfen werden.
Auf jeden Fall sollte das hohe Lichtbedürfnis der Engelstrompete, vor allem in den Frühjahrswochen, beachtet werden.

Engelstrompete braucht reichlich Nährstoffe

Im Frühjahr habe ich eine Engelstrompete erworben. Jetzt im Spätsommer sind fast alle Blätter nicht mehr grün, sondern fahlgelb. Was habe ich falsch gemacht? Kann ich diese Pflanze überwintern und hoffen, dass sie sich im kommenden Jahr wieder normal entwickelt?

Die Engelstrompete (*Brugmansia*-Hybriden) ist eine sehr nährstoffbedürftige Pflanze. Nach dem geschilderten „Schadbild" handelt es sich eindeutig um Nährstoffmangel. Die sich während der Vegetationsperiode kräftig entwickelnde Pflanze muss entweder im Frühjahr mit einem Langzeit- oder Depot-Dünger versorgt werden, der beim Ein- oder Umtopfen dem Substrat beigemischt wird. Auch dann ist meistens ab Sommer zusätzlich in gewissen Zeitabständen eine flüssige Volldüngerlösung zu verabreichen. Wird die Pflanze im Frühjahr nicht in frische Erde getopft, sollte sie während der gesamten Vegetationsperiode im Abstand von etwa zwei Wochen mit einem flüssigen Volldünger zusätzlich ernährt werden. Typisch für solche Nährstoffmangelerscheinungen ist, dass sich zunächst die unteren Blätter gelb verfärben, da ihnen die vorhandenen Baustoffe entzogen und diese für die weitere Entwicklung der Pflanzen an den Triebspitzen und zur Blütenbildung verwendet werden.
Im Herbst kann natürlich auch noch eine Düngung sinnvoll sein, damit die Pflanze etwas gestärkt wird und gut durch den Winter kommt. Dann sollte sie auf jeden Fall überwintert und im zeitigen Frühjahr in ein nährstoffreiches Substrat gepflanzt werden.

Wird dem Substrat ein so genannter Langzeit- oder Depotdünger beigemischt, ist auf jeden Fall die Grundversorgung der Pflanze mit Nährstoffen für eine gewisse Zeit gesichert. In diesem Fall kann auch mit einer optimalen Entwicklung und einem entsprechenden Blütenansatz gerechnet werden. Der Depotdünger wird aber die Pflanze nicht über das ganze Vegetationsjahr mit Nährstoffen versorgen, so dass je nach Entwicklungszustand im Laufe des Jahres wieder zusätzliche Kopfdüngergaben verabreicht werden müssen.

Engelstrompete vermehren

Seit Jahren besitze ich eine prächtige Engelstrompete. Nun möchte ich sie gerne vermehren. Wie gehe ich am besten vor?

Engelstrompeten (*Brugmansia*-Hybriden) können vegetativ durch Stecklinge oder generativ durch Samen vermehrt werden. Wollen Sie Ihre Pflanze durch Stecklinge vermehren, erzielt man das beste Bewurzelungsergebnis im Frühjahr und Sommer. Verwendet werden krautige Kopfstecklinge, die möglichst aus der Blühregion der Pflanze entnommen werden sollen.
Ein Steckling soll etwa 15 cm lang sein. Er wird etwa 3 cm tief in ein Gemisch aus Torf und Sand gesteckt. Um ein vorzeitiges Welken zu verhindern, stülpt man über den Steckling eine durchsichtige Plastikfolie. Die beste Bewurzelungstemperatur liegt bei etwa 18 °C. Die Bewurzelungsdauer liegt bei etwa drei Wochen. Manche Liebhaber haben auch schon gute Erfahrungen mit einer Bewurzelung in einer wassergefüllten Flasche erzielt.
Auch eine Aussaat ist möglich. Die Samen werden in humose Erde ausgesät und gleichmäßig feucht gehalten. Die Temperatur zur Keimung soll etwa 20 °C betragen. Die Keimdauer liegt zwischen zwei und drei Wochen. Meistens muss jedoch einige Jahre gewartet werden, bis ein Sämling zum Blühen kommt. Eine aus Samen herangezogene Jungpflanze blüht oft erst dann, wenn sie über 1 m groß geworden ist.

Engelstrompete wirft Blätter ab

Meine Engelstrompete wirft schon im November alle Blätter ab. Ist das eine normale Erscheinung oder habe ich in der Pflege etwas falsch gemacht?

Das Abwerfen der Blätter ist eigentlich völlig normal. Engelstrompeten (*Brugmansia*-Hybriden) können in einem kühlen Raum bei etwa 5 bis 8 °C überwintert werden, der normalerweise hell sein soll, aber notfalls auch dunkel sein darf.
Hat die Engelstrompete die Blätter abgeworfen, muss nur die Feuchtigkeit mäßig dosiert werden. Da keine Verdunstungsfläche mehr da ist, wird auch kaum mehr Wasser benötigt. Es ist jedoch andererseits ein völliges Austrocknen des Wurzelballens zu vermeiden. Wichtig ist nur, dass die Pflanze im Frühjahr rechtzeitig aus dem Winterquartier genommen und an einem hellen Platz aufgestellt wird. Kommt sie zu spät aus dem Winterquartier, ist es möglich, dass sie erst recht spät, vielleicht sogar überhaupt nicht zum Blühen kommt.
Nicht abgeworfen werden die Blätter bei einer so genannten warmen Überwinterung. In diesem Fall ist es am besten, wenn die Engelstrompete bei 10 bis 12 °C gehalten wird, dann muss jedoch der Überwinterungsraum sehr hell sein. Ideal ist ein Wintergarten. Die Pflanze wächst dann auch im Winter immer etwas weiter.

Engelstrompeten-Jungpflanzen überwintern

Im Sommer habe ich eine Engelstrompete durch Stecklinge vermehrt. Sie haben sich gut bewurzelt. Wie soll ich die jungen Pflanzen jetzt überwintern?

Am besten topft man die bewurzelten Stecklinge der Engelstrompete (*Brugmansia*-Hybriden) in eine nährstoffreiche Erde und gibt den Jungpflanzen einen hellen Standort im temperierten Raum. Will man gleich im ersten Jahr einen kräftigen Zuwachs erzielen, sollte man die Jungpflanzen mehrmals in größere Töpfe verpflanzen.
Zur Überwinterung wählt man ebenfalls einen hellen Standort. Am besten geeignet ist natürlich ein Wintergarten oder ein Kleingewächshaus, ansonsten ein Fensterplatz im geschützten Raum. Die Temperaturen können auf 12 bis 18 °C eingestellt werden. Da die Pflanzen in diesem Falle keine Ruheperiode durchmachen, müssen sie immer wieder bei Bedarf gewässert werden. Doch müssen die Wassergaben auf die Jahreszeit und die Bedürfnisse der jungen Pflanzen eingestellt werden. Staunässe ist zu vermeiden. Sofern das Substrat nicht besonders nährstoffreich ist, können zusätzliche Düngergaben die Entwicklung fördern. Am besten verwendet man 0,1 bis 0,15 %ige Düngerlösungen, also 1 bis 1,5 g bzw. ml Dünger/l Gießwasser. Die Pflanzen bleiben so lange im geschützten Raum, bis sie im späten Frühjahr ins Freie gebracht werden können. Vorsicht, die jungen Pflanzen sind frostempfindlich. Deshalb ist ein ständiger Standort im Freien meistens erst nach den Eisheiligen Mitte Mai möglich. Werden

sie früher ins Freie gebracht, müssen sie, sobald die Temperaturen unter 10 °C absinken, wieder in den geschützten Raum zurückgebracht werden. Zum Umtopfen der jungen Pflanzen verwendet man eine humose, mittelschwere Erde. Sie kann aus Kompost- und Gartenerde, Rindenhumus, Torf und Sand zusammengemischt werden. Auch käufliche Einheitserde ist gut geeignet. Nährstoffarmer Erde kann eine Vorratsdüngung aus einem organisch-mineralischen Volldünger beigemischt werden. Verwendet werden etwa 50 g Dünger/10 l Erde. Man kann auch einen Depotdünger (Langzeitdünger) verwenden (etwa 30 g/10 l Erde).

WUSSTEN SIE, dass die Engelstrompete schon seit fast 200 Jahren nicht mehr den botanischen Namen *Datura* trägt? Bereits 1805 fasste C. H. Persoon alle baumartigen, mehrjährigen Arten nach dem Professor für Naturkunde, Sebald Justin Brugmans, Universität Leiden (1763–1819), zu der eigenständigen Gattung *Brugmansia* zusammen. Dieser Name ist auch heute noch gültig.

Enzianstrauch richtig pflegen

Ich habe ein wunderschönes Enzianbäumchen als Hochstämmchen erworben. Nun blüht es nicht oder nur sehr wenig. Muss ich das Bäumchen reichlicher düngen oder kommen auch andere Ursachen dafür in Frage?

Der Enzianstrauch, auch Kartoffelstrauch, Enzian- oder Kartoffelbaum (*Lycianthes rantonnetii*) ist aus Paraguay und Argentinien zu uns nach Europa gekommen. Heimatbedingt benötigt die Pflanze einen sehr hellen, sonnigen Standort. Im Sommer kann der Enzianstrauch an einem geschützten Platz im Freien aufgestellt werden. Zu beachten ist der hohe Wasser- und Nährstoffbedarf. Nur durch eine reichliche Nachdüngung blühen die Pflanzen von Mai bis zum Frosteinbruch. Empfohlen werden kann eine wöchentliche Düngung mit einem Volldünger in einer Konzentration von 0,2 bis 0,3 % (2 bis 3 g oder ml Dünger/l Wasser). Auch im Winter kann eine um ein Drittel reduzierte Düngermenge verabreicht werden. Werden Substrate mit Langzeit- oder Depotdünger verwendet, muss die flüssige Nachdüngung entsprechend reduziert werden.

Die Überwinterung erfolgt hell und kühl bei 5 bis 10 °C, am besten im Wintergarten. Vor der Überwinterung kann die Krone auf etwa ein Drittel bis zur Hälfte der vorhandenen Blattmasse zurückgeschnitten werden. Ein weiteres Stutzen nach dem Austrieb im Frühjahr ist möglich, sofern Sie eine bestimmte Form der Krone wünschen. Blüten erscheinen dann allerdings erst ab Juni, es sei denn, die Pflanze wird sehr hell überwintert. Umgetopft wird im Abstand von zwei Jahren in eine handelsübliche, strukturstabile Kübelpflanzenerde.

Die Pflanze wird meistens unter dem alten botanischen Namen *Solanum rantonnetii* gehandelt. Sie trägt aber heute den richtigen, noch wenig bekannten botanischen Namen *Lycianthes rantonnetii*.

Eukalyptus zurückschneiden

Vor einiger Zeit habe ich mir einen Eukalyptus gekauft. Er wächst sehr gut und wird immer höher. Kann ich die Triebe zurückschneiden? Wann und wie erfolgt dieser Rückschnitt?

Über 500 verschiedene Eukalyptus-Arten sind heute bekannt, die überwiegend in Australien, einige auch in Neuguinea und Malaysia beheimatet sind. In Kultur ist meistens *Eucalyptus globulus*, der Blaugummi- oder Fieberheilbaum. Es handelt sich dabei um ein außerordentlich rasch wachsendes Gehölz, das in der Heimat bis zu 70 oder 80 m hoch werden kann. Auch als Topfpflanze wächst dieser Eukalyptus bei uns relativ rasch, so dass er oft schon nach kurzer Zeit zu hoch wird.
Ob man die Pflanze im natürlichen Wuchs halten oder sie zurückschneiden will, muss man selbst entscheiden. Durch einen Rückschnitt kann aber die natürliche Schönheit verloren gehen. Möglich ist aber ein Entspitzen junger Triebe, um buschigere Pflanzen zu erzielen. Bei einem solchen Rückschnitt sollte man allerdings nicht zu weit ins alte Holz zurückgehen, da die dort einmal vorhanden gewesenen „schlafenden Augen" oft nicht mehr austreiben.

Eukalyptus bevorzugt einen sehr hellen, durchaus sonnigen Standort. Keinesfalls darf man die Pflanze im Schatten aufstellen. In der Heimat dient Eukalyptus sogar als Schattenspender für andere Pflanzen. Im Sommer kann die Pflanze geschützt auf dem Balkon oder der Terrasse gehalten werden. Im Winter reichen Temperaturen zwischen 6 und 10 °C.

Eukalytus richtig pflegen

Ich habe einen Eukalyptusbaum auf dem Balkon. Nirgends liest man etwas darüber und ich möchte wissen, wie ich ihn im Sommer und Winter richtig behandeln soll?

Von der Gattung *Eucalyptus* sind über 500 Arten bekannt, von denen vor allem der Blaugummibaum, *E. globulus* sowie die Arten *E. gunnii, E. ficifolia* und gelegentlich auch *E. pauciflora* subsp. *niphophila* als Kübelpflanzen kultiviert werden. Erfolg wird man mit diesen Pflanzen haben, wenn sie vom Frühjahr bis zum Herbst an einem warmen, sonnigen Platz auf der Terrasse oder im Garten aufgestellt werden. Wichtig ist vor allem das regelmäßige Gießen. An warmen Sommertagen muss täglich kräftig gewässert werden, denn ein ausgetrockneter Wurzelballen kann irreparable Schäden an den Blättern verursachen. Sehr wichtig ist auch, dass zum Gießen kein kalkhaltiges Wasser verwendet wird. Weiches Wasser oder Regenwasser ist ideal. Während der Vegetationszeit können Sie das Wachstum durch eine gelegentliche Düngergabe unterstützen. Dazu kann man Düngestäbchen, die in die Erde gesteckt werden, oder einen üblichen flüssigen Blumendünger verwenden.

Die Pflanze sollte über den Winter in einem hellen, luftigen Raum bei einer Temperatur zwischen 2 und 10 °C stehen. Gelegentlich muss gegossen werden, da Eukalyptus immergrün ist und die Blätter im Winter nicht verliert.

Umgetopft wird bei Bedarf im Frühjahr. Wie alle Myrtengewächse bevorzugen auch die Eukalyptus-Arten ein kalkarmes Substrat. Deshalb sollte man eine leicht saure, lockere Kübelpflanzenerde verwenden. Ideal ist eine schwach saure Bodenreaktion von etwa pH 5,0 bis 6,0.

Bei einer größeren Pflanze kann ein Rückschnitt der Triebe notwendig sein, der am besten auch im Frühjahr ausgeführt wird.

Feigenernte im eigenen Garten möglich?

Feigen sind köstliche Früchte. Mit Erfolg kultiviere ich eine Pflanze im Kübel, der frostfrei überwintert wird. Nun soll es auch winter- oder frostharte Feigenbäume geben, von denen man selbst nördlich der Alpen Früchte ernten kann?

Seit einigen Jahren beschäftigen sich einige Gärtner mit der Züchtung frostresistenter Feigenbäume (*Ficus carica*). Einige Erfolge wurden bereits erzielt. So hat vor wenigen Jahren Anton Plattner, Aldersbach, eine Neuzüchtung unter dem Namen 'Bayernfeige Violetta' in den Handel gebracht.

Diese Feige ist an einem geschützten Standort im Garten mit etwas Winterschutz immerhin frost-

hart ist bis etwa –20 °C. Ansonsten unterscheidet sich diese Feige kaum von anderen Sorten, die als übliche Kübelpflanzen kultiviert werden. Sie wächst strauchartig und setzt relativ willig und über einen längeren Zeitraum hinweg Früchte an. Die ersten Früchte reifen bereits ab Mitte Juni. Geerntet werden kann bis zum Laubfall im Herbst. Die Einzelfrucht hat ein relativ hohes Gewicht. Sie kann unter günstigen Kulturbedingungen bis zu etwa 110 g schwer werden. Die Früchte selbst sind süß, wohlschmeckend sowie vitamin- und mineralstoffreich.
Der Züchter empfiehlt, junge Pflanzen zunächst im Kübel zu kultivieren und diese im Wintergarten oder im Foliengewächshaus zu überwintern. Ältere Pflanzen können im Frühjahr in geschützter Lage im Garten ausgepflanzt werden. Zur guten Entwicklung müssen sie während der Vegetationszeit reichlich gegossen und zusätzlich gedüngt werden. Im späten Herbst sollte aber trotz der für Feigen außerordentlichen Frosthärte etwas Winterschutz gegeben werden.
Frostresistente Feigen, die Wintertemperaturen von –12 bis –15 °C gut überstehen sollen, hat auch der Schweizer Gärtner G. Berchtold in seinem Betrieb ausgelesen. Er bietet etwa zehn verschiedene Sorten an (Bezugsquellen siehe Seite 377).

Fuchsie im Hausflur überwintern?

Mein Fuchsienbäumchen hat mir den Sommer über viel Freude gemacht. Jetzt im November blüht es immer noch. Wo muss ich es im Winter aufstellen, damit ich es gut durch den Winter bringe? Ist der Hausflur geeignet?

Die Fuchsien (*Fuchsia*-Hybriden) gehören zu den Pflanzen, die auch im Winter ihr Wachstum nicht vollständig einstellen. Sie benötigen also einen Standort, der ihnen eine gewisse Ruheperiode ermöglicht, jedoch die Lebensprozesse aufrecht erhält.
Am besten ist es, wenn das Fuchsienbäumchen je nach Klimalage im Oktober oder November in das Winterquartier genommen wird. Benötigt wird ein möglichst heller Platz am Fenster in einem kühlen Raum. Ideal sind Temperaturen zwischen 5 und 8 °C. Die Pflanze wird nur so viel gegossen, dass sie gerade vor dem Vertrocknen bewahrt wird. Auf jeden Fall sollte die Erde des Topfes oberflächlich etwas antrocknen. Staunässe ist gefährlich, da Wurzelfäule entstehen kann. Gute Erfahrungen hat man auch schon mit einer anderen Methode gemacht. Ist die Erde mäßig angefeuchtet, wird der Topf in einen Folienbeutel gestellt und am Stämmchen zugebunden. So kann man die Pflanze längere Zeit sich selbst überlassen, da wenig Wasser aus dem Substrat verdunstet und so die Erde kaum austrocknet.

Eine besondere Überwinterungsmethode bietet ein ausreichend tiefer Kellerschacht an der Südseite eines Hauses. Dort kann man die Fuchsie, aber auch andere Kübelpflanzen, im Spätherbst einstellen und den Rost mit einer lichtdurchlässigen Kunststoffplatte abdecken. Dort stehen die Pflanzen hell und frostfrei. Sollte das Thermometer im Winter tiefer absinken und besteht Gefahr für die Pflanzen, können zwischen Rost und Platte noch einige Lagen Zeitungspapier gelegt werden. Sie schützen vor dem Kälteeinbruch. Vielleicht sollte man dieses Rezept einmal selbst ausprobieren.

Fuchsie im Kleingewächshaus überwintern

Seit einigen Wochen besitze ich ein Kleingewächshaus. Unter welchen Bedingungen kann ich dort meine zahlreichen Fuchsien-Büsche und -Hochstämmchen überwintern? Welche Temperaturen muss ich einhalten und wann muss ich lüften?

Ein Kleingewächshaus ist zur Überwinterung von Fuchsien (*Fuchsia*-Hybriden) geradezu ideal. Voraussetzung ist allerdings, dass das Glashaus beheizt werden kann. Fuchsien-Büsche und -Hochstämme benötigen zur Überwinterung eine Temperatur von etwa 5 bis 10 °C. Keinesfalls sollte die Temperatur weiter absinken; Frost ist tödlich.
Ansonsten sollten die Pflanzen den Winter über nur ständig kontrolliert und der Topfballen gelegentlich etwas befeuchtet werden. Das Gießen richtet sich ganz nach den örtlichen Verhältnissen, der Temperaturen und dem Wasserbedürfnis der Pflanzen.

Gelüftet wird, sobald die Sonne das Kleingewächshaus zu stark erwärmt, etwa bei Temperaturen über 10 °C.

Im beheizten Kleingewächshaus können auch über Winter verschiedene saugende Schädlinge an den Fuchsien auftreten. Vorbeugend sollte deshalb eine „Gelbtafel" im Gewächshaus aufgehängt werden. Mit dieser beleimten Gelbfalle können Weiße Fliegen, Trauermücken, Minierfliegen und manche geflügelten Blattläuse auf natürlichem Wege abgefangen werden.

Fuchsie richtig schneiden

Mein Fuchsienbäumchen hat im Laufe des Jahres sehr lange Triebe gebildet. Nun muss ich es einwintern. Kann ich die Triebe einkürzen? Wann ist dafür der beste Zeitpunkt?

Die Erfahrungen mit dem Rückschnitt von Fuchsien (*Fuchsia*-Hybriden) gehen auseinander. Manche Fuchsienfreunde schneiden die Krone schon beim Einräumen stärker zurück, um Platz im Winterquartier zu sparen. Allgemein wird empfohlen, beim Einräumen einen leichten Rückschnitt vorzunehmen. Alle weichen Triebteile mit Blütenknospen und Früchten werden entfernt, auch die in das Innere der Krone oder Pflanzen gewachsene Zweige. Durch diese feine Schnittmaßnahme will man verhindern, dass sich über Winter Krankheiten und Schädlinge einnisten.

Der eigentliche Rückschnitt wird erst Ende Februar oder Anfang März ausgeführt. Zu dieser Zeit endet meistens die Ruhezeit und ein neues Wachstum beginnt. Bei diesem Rückschnitt werden alle dünnen, schwachen Triebe, dicht am Ansatz entfernt. Hochstämmchen, die oft im Innern der Krone vergreisen, vertragen auch einen drastischen Rückschnitt bis ins alte Holz. Je härter und holziger aber die Triebe sind, umso länger muss man auf den neuen Austrieb warten. Immer ist es wichtig, den Schnitt so auszuführen, dass sich später eine schöne Krone und ein harmonischer Wuchs der Pflanze ergibt.

Je nach Temperatur beginnen die Fuchsien dann schon sehr bald mit dem Austrieb. Unter Lichtmangel können sich allerdings lange, „vergeilte" Triebe bilden. Sie können noch einmal entspitzt werden. Dann bilden sich bei dem nun intensiveren Licht kräftige Austriebe.

Meine eigenen Fuchsien-Hochstämmchen werden im November in den kühlen, nach Norden und Osten ausgerichteten Wintergarten gestellt und die Krone nicht zurückgeschnitten. Dort blühen die Pflanzen meistens bis nach Weihnachten weiter. Erst im Februar oder März wird der eigentliche Formschnitt ausgeführt. Mit dieser Methode wurden gute Erfahrungen gemacht und der Lebenswille der Kronenbäumchen lange erhalten. Sie sind dann noch zum Christfest eine Zierde im Wintergarten.

Fuchsien blühen nicht

Ich habe Fuchsien in einen Balkonkasten gepflanzt. Sie wachsen sehr gut, blühen aber nicht. Obwohl es jetzt schon Juli ist, bin ich in Sorge, ob die Pflanzen noch zum Blühen kommen. Vor dem Haus steht ein mächtiger Baum mit einer großen Krone. Kann dieser Baum ein Blühen der Fuchsien verhindern?

Obwohl Fuchsien (*Fuchsia*-Hybriden) zu den Schatten liebenden Balkon- und Beetpflanzen zählen, brauchen sie zum Knospenansatz eine gewisse Lichtintensität. Der Standort soll also hell, jedoch nicht vollsonnig sein. Normalerweise sind freie Ost- oder Westlagen am geeignetsten. Es kann also durchaus sein, dass durch das dichte Blätterdach die Pflanzen keine Knospen ansetzen, sondern nur vegetativ wachsen. Vielleicht sollten Sie einmal probieren, den Balkonkasten an eine günstigere Stelle zu bringen, um so doch noch die Pflanzen zum Blühen anzuregen.

Mit relativ wenig Licht kommen auch die Fleißigen Lieschen (*Impatiens walleriana*) aus. Vielleicht sollte an einem solchen Standort im folgenden Jahre einmal ein Versuch mit diesen Pflanzen gemacht werden.

Fuchsien selbst vermehren

Zu meinem Lieblingspflanzen zählen die Fuchsien. Gerne möchte ich die Pflanzen auch selbst vermehren. Gibt es dafür ein besonderes Rezept? Kann ich die Stecklinge in Wasser bewurzeln lassen?

Fuchsien (*Fuchsia*-Hybriden) werden normalerweise vegetativ durch Stecklinge vermehrt. Verwendet werden dabei „weiche" Stecklinge, also keine holzigen Triebe. Doch sollten sie ein gewisses Reifestadium besitzen. Deshalb erfolgt die Vermehrung besonders im Spätsommer oder Herbst. Die 6 bis 8 cm langen Stecklinge werden mit einem scharfen Messer geschnitten, das untere Blattpaar entfernt und die Stecklinge dann zu mehreren in ein Töpfchen in ein Gemisch aus Torf und Sand zu gleichen Teilen gesteckt. Nach dem guten Anfeuchten des Subtrats wird am besten noch eine durchlöcherte Folientüte darüber gestülpt, um für „gespannte" Luft zu sorgen. Darunter versteht man eine verhältnismäßig hohe Luftfeuchtigkeit. Dadurch wird die Verdunstung der Blätter verringert und die Bewurzelung gefördert. Versuchsweise können Stecklinge auch in ein wassergefülltes Glas eingestellt werden. Die Wasser- und Substrattemperatur sollte bei etwa 18 bis 22 °C liegen.
Zum Bewurzeln wird ein heller, jedoch nicht sonniger Standort ausgewählt. Unter günstigen Bedingungen können sich in zwei bis drei Wochen die ersten Wurzeln gebildet haben.

WUSSTEN SIE, dass es jetzt auch eine Fuchsien-Sorte gibt, die durch Samen vermehrt werden kann? Es handelt sich um eine F1-Hybride mit dem Sortennamen 'Florabelle'. Sie wurde in den USA gezüchtet und mit der FLEUROSELECT-Goldmedaille 1995 ausgezeichnet. Diese neue Sorte hat verschiedene Vorzüge. Vor allem soll sie hitzetolerant sein.

Fuchsien überwintern

Meine Fuchsien haben sich in diesem Jahr prächtig entwickelt. Sie blühen jetzt im Oktober immer noch. Habe ich eine Chance, die Pflanzen im Wintergarten zu überwintern?

Kein Problem ist es, Fuchsien (*Fuchsia*-Hybriden) im Wintergarten unter normalen Bedingungen durch den Winter zu bringen. Günstig ist ein heller, luftiger Raum mit Temperaturen von 5 bis 8 °C. Ein kühler Wintergarten ist also bestens geeignet. Während der winterlichen Ruheperiode wird wenig gegossen. Geben Sie nur so viel Wasser, dass die Pflanzen nicht welken und Blätter abwerfen. Ende Februar oder Anfang März werden die Triebe zurückgeschnitten, die Pflanzen etwas wärmer gestellt und mit beginnendem Wachstum auch etwas feuchter gehalten. Sie beginnen aus schlafenden Augen neu auszutreiben, so dass bis zum Beginn der Balkonsaison wieder gedrungene Pflanzen mit kräftigen Trieben entstehen.
Gute Erfolge wurden auch schon mit einer Überwinterung im Kellerschacht erzielt. Hat man im Haus einen solchen Schacht, kann man die Fuchsie nach einem schwachen Rückschnitt der Triebe vor Frostbeginn dort einstellen und über den Rost eine Glasscheibe oder lichtdurchlässige Kunststoffplatte legen. Dort stehen die Pflanzen hell und nahezu frostfrei. Bei tieferem Frost wird über die Abdeckung noch Isoliermaterial gelegt. Günstig sind Styroporplatten, mehrere Lagen Zeitungspapier oder Strohmatten. Sie werden sofort wieder entfernt, wenn Frostmilderung eingetreten ist. Eine gewisse Kontrolle der Pflanzen während des Winters ist natürlich notwendig.

Die heute kultivierten Fuchsien-Sorten sind aus vielfachen Kreuzungen entstanden und werden meist einfach als *Fuchsia*-Hybriden bezeichnet. Etwas widerstandsfähiger sind die so genannten traubenblütigen Fuchsien, die unter dem Sammelbegriff *Fuchsia-Triphylla*-Sorten geführt werden. Diese Fuchsien bilden ihre Blüten in dichten Trauben am Ende der Triebe aus. Zu den bekanntesten Sorten zählen 'Koralle' mit korallenroten und 'Thalia' mit orangeroten Blüten. Sie sind auch für sonnigere Lagen geeignet.

Fuchsien vom Dickmaulrüssler befallen

Einige meiner selbst gezogenen Fuchsien haben vor einiger Zeit getrauert und sind dann, trotz intensiver Pflege, abgestorben. Weitere Pflanzen folgten. Nun habe ich die toten Pflanzen aus dem Topf genommen und

die Wurzeln untersucht. Sie waren alle abgefressen und in der Erde fand ich engerlingähnliche Larven. Was sind das für Tiere und was kann ich dagegen tun?

Es handelt sich bei diesem Schädling an Ihrer Fuchsie (*Fuchsia*-Hybride) sicherlich nicht um Engerlinge, sondern um die ähnlich aussehenden Larven des Dickmaulrüsslers (*Otiorrhynchus sulcatus*). Der Rüsselkäfer legt seine Eier sehr gerne in humose Erden wie Komposterde, und die ausschlüpfenden Larven leben zunächst von verrottenden organischen Pflanzenteilen, später aber auch von Wurzeln der Sommerblumen, Gehölze und Stauden. Sie sind sehr gefräßig und können ihre „Futterpflanzen" zum Absterben bringen. Vermutlich sind die Dickmaulrüssler-Larven durch die verwendete Komposterde in die Töpfe gelangt. Dort ernähren sie sich nun von den Wurzeln der Pflanzen. Sie können sogar die Stängel an der Basis abfressen.

Während man früher chemische Pflanzenschutzmittel zur Bekämpfung einsetzte, kann man darauf heute verzichten. Es ist möglich, zur Bekämpfung Nützlinge einzusetzen und zwar parasitäre Nematoden (*Steinernema carpocapsae*). Besonders bekannt sind Präparate mit der Nematoden-Gattung *Heterorhabditis*, die parasitisch von bestimmten Insekten leben. Dazu gehören auch die Dickmaulrüssler-Larven.

Die Mittel werden auf Schwämmen oder Kunststoffflocken geliefert und müssen in Wasser ausgeschwemmt werden. Anschließend werden mit der Lösung die Pflanzen angegossen. Sicher ist es sinnvoll, alle ihre Fuchsien oder auch andere Balkon- und Zimmerpflanzen mit einer solchen Lösung zu behandeln, sofern dort die eigene Komposterde verwendet wurde. Bei der Anwendung ist zu beachten, dass eine gewisse Temperatur herrscht. Mindestens 13 °C sind notwendig, damit die Nematoden aktiv die Dickmaulrüssler-Larven angreifen.

Auf jeden Fall sollte die Komposterde nach weiteren Larven untersucht werden. Vielleicht ist es sogar sinnvoll, die Erde selbst mit einem solchen Nematodenpräparat zu behandeln. Das Mittel ist für Menschen und Haustiere übrigens völlig gefahrlos und wird sogar dem biologischen Pflanzenschutz zugeordnet.

Fuchsien-Hochstamm wirft Blätter ab

Meinen Fuchsien-Hochstamm habe ich vor einigen Wochen zur Überwinterung in den Heizkeller eingeräumt. Schon Anfang Dezember hat er alle Blätter abgeworfen. Treibt das Bäumchen wieder aus? Was muss ich tun, um es über den Winter zu retten?

Am besten ist es, wenn der Fuchsien-Hochstamm (*Fuchsia*-Hybride) an einem hellen Standort bei etwa 8 °C aufgestellt wird. Ein Temperaturbereich von 5 bis 15 °C ist möglich. Manchmal gelingt auch eine Überwinterung in einem Raum mit weniger Licht. Dann sollten die Temperaturen jedoch 4 bis 8 °C nicht übersteigen. Da Fuchsien über Winter nur eine Halbruhe einlegen, müssen Sie von Zeit zu Zeit etwas wässern. Die Häufigkeit des Wässerns richtet sich nach dem Standort (etwa alle drei bis vier Wochen). Auf jeden Fall muss Staunässe im Wurzelballen verhindert werden, da ansonsten die Feinwurzeln absterben.

Warum das Fuchsienbäumchen schon nach kurzer Zeit die Blätter abgeworfen hat, kann verschiedene Ursachen haben. In Frage kommen können Temperaturschock vor dem Einräumen (zu tiefe Nachttemperaturen), zu dunkler Standort, Staunässe. Treibt das Fuchsienbäumchen unter Bereitstellung günstigerer Standortbedingungen wieder neu aus, kann es bei pfleglicher Behandlung immer noch gut durch den Winter kommen.

Manchmal überwintern Fuchsien besser, wenn ihre Triebe schon beim Einräumen in das Winterquartier um etwa ein Drittel gestutzt werden. Dadurch wird die Verdunstungsfläche verkleinert und die Chance für die Überwinterung verbessert. Der eigentliche Rückschnitt der Triebe erfolgt im Spätwinter, ehe der Neuaustrieb erfolgt.

WUSSTEN SIE, dass die Fuchsie ihren Namen zu Ehren von Leonard Fuchs (1501–1566) erhielt? Der Arzt und Botaniker lehrte von 1533 bis 1566 in Tübingen.

Geranie stirbt plötzlich ab

Ich habe in diesem Jahr Geranien in Balkonkästen ausgepflanzt. Jetzt stelle ich fest, dass die Pflanzen nacheinander welken und ziemlich schnell absterben. Was habe ich falsch gemacht, wie muss ich die Pflanzen behandeln, damit die restlichen Exemplare gesund bleiben?

Die Schilderung des Schadbilds an den Geranien (*Pelargonium*) deutet eindeutig darauf hin, dass es sich um eine bakterielle Krankheit, die Bakterielle Welke (*Xanthomonas campestris* pv. *pelargonii*) handelt. Es ist möglich, dass beim Einkauf der Pflanzen die eine oder andere Pflanze infiziert war. Durch Regenspritzer oder Gießwasser kann die Krankheit im Balkonkasten von Pflanze zu Pflanze übertragen werden.

Auf jeden Fall sollten befallene Pflanzen sofort entfernt und vernichtet werden. Eine andere Bekämpfungsmaßnahme ist nicht möglich. Keinesfalls sollten von diesem Bestand Pflanzen vermehrt werden, da eine Übertragung auf die Jungpflanzen durchaus möglich ist.

Eventuell wird eine weitere Übertragung verhindert, wenn man vorbeugend die Pflanzen oberirdisch trocken hält.

Sofern Geranien im Sommer durch Stecklinge vermehrt werden, sollten diese nur von völlig gesunden Pflanzen geschnitten werden. Gesunde Pflanzen erzielt man auch, wenn Geranien aus Samen vermehrt werden. Es gibt heute so genannte F1-Hybriden, die eine sehr einheitliche und gesunde Nachkommenschaft garantieren. Die Aussaat muss jedoch schon im Dezember oder spätestens Anfang Januar erfolgen. Eine Sämlingskultur ist nur zu empfehlen, wenn man einen geeigneten Raum zur Anzucht der Jungpflanzen besitzt.

Geranien blühen nur sechs Wochen

Im Frühjahr kaufte ich sehr schön blühende Geranien. Ich pflanzte sie in Balkonkästen und brachte diese am Balkon (Nordwestseite) an. Dort entwickelten sich die Pflanzen prächtig. Sie blühten jedoch nur etwa sechs Wochen. Dann ließ der Blütenflor stark nach. Bin ich mit den falschen Pflanzen bedient worden oder liegt ein Pflegefehler vor?

Wenn die Geranien im Frühjahr bereits reich blühten und es schöne, gesunde Pflanzen waren, die sich üppig entwickelten, so liegt es nicht an der Lieferung schlechter Pflanzen. Typisch ist für Geranien (*Pelargonium*), dass sie in den Sommer hinein immer üppiger blühen. Auch sind Pflegefehler dafür wahrscheinlich nicht verantwortlich. Vermutlich hängt es am Standort. Wenn der Balkon, wie Sie berichteten, nach Nordwesten ausgerichtet ist, bekommen die Geranien höchstens am Abend und dann auch nur während der Hochsommerwochen, volles Sonnenlicht. Die Blütenbildung ist aber absolut abhängig von der direkten Sonnenbestrahlung. Je mehr die Pflanzen der Sonne ausgesetzt sind, umso reicher blühen sie. Nicht umsonst sind die Balkone im Voralpengebiet oder in Südtirol meistens sehr viel üppiger und reich blühender als im Flachland, weil dort die Strahlung insgesamt intensiver ist.

Durch intensive Pflege, also in erster Linie Gießen und Wässern, kann wohl das Wachstum angeregt werden, zur Blütenbildung ist jedoch das direkte Sonnenlicht notwendig. Das gilt nicht nur für Geranien, sondern für fast alle Sommerblumen. Wären diese Balkonkästen an der Südseite der Hausfront aufgehängt worden, hätten Sie bestimmt den ganzen Sommer über reich blühende Pflanzen gehabt.

Für die Nordwest-Lage eines Balkons sollten Pflanzen ausgewählt werden, die auch bei geringerer Strahlung Blüten ausbilden. Besonders geeignet sind dafür Fuchsien (*Fuchsia*-Hybriden), Fleißiges Lieschen (*Impatiens walleriana*) und Begonien-Sorten der Semperflorens-, Tuberhybrida- oder Elatior-Gruppe.

Geranien mit Düngestäbchen düngen?

In meine Balkonkästen habe ich im Mai Geranien gepflanzt. Beim Einkauf der Pflanzen habe ich Düngerstäbchen erworben. Soll ich diese jetzt schon in die Erde stecken und sind sie in der Wirkung besser als übliche Blumendünger?

Düngestäbchen gibt es in verschiedenen Ausführungen. Es handelt sich dabei im Wesentlichen um die gleichen Dünger, die ansonsten in granulierter oder pulverisierter Form im Handel sind. Man hat sie nur einfach in andere Formen gepresst, um so den Umgang mit dem Dünger zu vereinfachen. Man kann diese Düngestäbchen in gewissen Zeitabständen einfach in die Erde drücken und auf diese Weise die Zimmer- und Balkonpflanzen zusätzlich ernähren.

Beim Umgang mit Düngestäbchen sollte man jedoch beachten, dass in unmittelbarer Nähe der Stäbchen die Salzkonzentration relativ hoch sein kann. Dies ist der Fall, wenn die Erde austrocknet. Deshalb sollte man nach der Anwendung von Düngestäbchen die Erde immer gleichmäßig feucht halten, damit sich die Nährstoffe auflösen und gleichmäßig im Substrat verteilen. Ist dies nicht gewährleistet, sollte man vielleicht besser zu einem flüssigen Dünger greifen oder einen granulierten bzw. pulverisierten Dünger nehmen, den man im Wasser auflöst und an die Pflanzen angießt. Auf diese Weise werden die Nährstoffe gleichmäßig im Substrat verteilt und Salzkonzentrationsschäden sind weniger zu befürchten. Es hängt also ganz vom Umgang mit dem jeweiligen Material ab, welcher Erfolg erzielt wird. Letztendlich kann man aber die gleiche Pflanzenqualität erzielen, ob man Düngerstäbchen, körnigen oder flüssigen Dünger verwendet.

Der Beginn der Düngung bei Geranien (*Pelargonium*) hängt ganz davon ab, welches Substrat man verwendet hat. Wurde zum Einpflanzen eine Blumenerde mit reicher Nährstoffversorgung verwendet, braucht man mit der Nachdüngung meistens erst im Juni oder Juli zu beginnen. Hat man ein nährstoffarmes oder das gleiche Substrat wie im vergangenen Jahr verwendet, sollte man mit der Düngung etwa drei bis vier Wochen nach dem Einpflanzen beginnen. Zu diesem Zeitraum sind die Pflanzen eingewurzelt und benötigen zur optimalen Entwicklung zusätzliche Nährstoffe.

Geranien überwintern

Ich habe in sechs Balkonkästen, die jeweils 1 m lang sind, Geranien gepflanzt. Wie kann ich sie am besten überwintern?

Es gibt verschiedene Möglichkeiten, Geranien (*Pelargonium*) zu überwintern. Die beste Methode ist, die Pflanzen in den Kästen in einem hellen, kühlen Raum kurz vor Beginn der ersten Nachtfröste aufzustellen. Sie werden den Winter über relativ trocken gehalten, da sie in ihren fleischigen Stängeln und Blättern immer ausreichend Wasser speichern können. Vor dem Einwintern werden Blütenstände und Knospenansätze ausgebrochen. Ein Rückschnitt erfolgt nur, wenn er aus Platzersparnis notwendig ist. Ansonsten werden die Geranien im Spätwinter, also Ende Februar oder Anfang März auf wenige Zentimeter zurückgenommen, damit sie aus den schlafenden Augen an den Blattknoten wieder neue Triebe entwickeln können.

Da meistens der Platz fehlt, um viele Balkonkästen an einem günstigen Standort zu überwintern, gibt es verschiedene andere Möglichkeiten zur Pflanzenüberwinterung. Die beste Methode muss ausprobiert werden, da der Erfolg von den jeweiligen Verhältnissen abhängig ist: Einmal können die Pflanzen im Herbst vorsichtig aus den Kästen genommen und die Triebe etwas zurückgestutzt werden. Anschließend werden die Wurzelballen in eine Plastiktüte gesteckt und an der Stängelbasis zugebunden. Nun können sie in einem hellen Raum, möglichst nahe am Fenster aufgehängt werden. Ende Januar werden die Pflanzen aus der Plastiktüte genommen, in Töpfe gesetzt, später zurückgeschnitten und normal am hellen Zimmerfenster weiterkultiviert.

Bei einer anderen Methode werden die Pflanzen kurz vor dem ersten Frost aus den Kisten oder Töpfen genommen. Wichtig ist, dass die oberirdischen Teile abgetrocknet sind und auch der Wurzelballen nur mäßig feucht ist. Nun wird die Erde leicht aus dem Ballen geschüttelt und die Pflanze samt Blätter und Blüten in Zeitungspapier eingewickelt. Die Blätter und Blüten werden nicht abgepflückt, damit keine unnötigen Wunden entstehen. Nur abgestorbene Pflanzenteile werden entfernt. Anschließend schichtet man die abgeschnittenen Geranien in eine Obst- oder Kunststoffkiste und lagert diese im frostfreien Keller. Bereits Anfang Februar werden die Pflanzen aus dem Winterquartier geholt, die Wurzeln eingekürzt und der Rückschnitt der Triebe auf zwei bis drei Augen (3 bis 5 cm) durchgeführt. Die so vorbehandelten Pflanzen werden dann in ein Kistchen mit humushaltiger Erde dicht an dicht eingeschlagen, angegossen und in einem mäßig temperierten Raum aufgestellt. Bis zum Austrieb spielt das Licht keine

Rolle. Danach müssen die Geranien aber sehr hell stehen, damit die Austriebe kurz und gedrungen bleiben. Später werden die Pflanzen eingetopft und normal weiterkultiviert.

Die beste Überwinterungstemperatur für Geranien liegt zwischen 4 und 10 °C. Je dunkler der Raum ist, desto kühler müssen die Pflanzen gehalten werden. Dasselbe gilt auch für die Feuchtigkeit. Je weniger die Pflanzen wegen Lichtmangel assimilieren können, umso trockener sind sie zu halten. Natürlich muss andererseits das Eintrocknen von Blättern und Trieben bei einer Überwinterung in Kisten oder Töpfen möglichst verhindert werden. Vorsicht: Die so genannten „Hängegeranien" (*Pelargonium-Peltatum*-Sorten) sind etwas schwieriger zu überwintern.

Geranien vermehren

Ich habe jedes Jahr schöne Geranienpflanzen auf dem Balkon. Ist es möglich, dass ich diese selbst vermehre?

Es ist kein Problem, Geranien (*Pelargonium*) durch Stecklinge selbst weiter zu vermehren. Die beste Zeit dafür ist der Sommer von Juli bis September. Mit einem scharfen Messer werden Kopfstecklinge in einer Länge von 7 bis 12 cm direkt unter einem Blattknoten geschnitten und das unterste Blattpaar sowie die „Blattöhrchen", also die kleinen blattartigen Anhängsel am Stängel entfernt. Anschließend werden die Stecklinge am besten in kleine Töpfchen oder Schalen in ein Torf-Sand-Gemisch gesteckt und an einem hellen, nicht vollsonnigen Standort bei normalen Temperaturen (um 20 °C) aufgestellt. Das Substrat wird mäßig feucht gehalten. Nach etwa vier Wochen haben sich neue Wurzeln gebildet. Sobald die nun bewurzelten Stecklinge mit dem Wachstum beginnen, werden sie vorsichtig aus dem Vermehrungssubstrat genommen und in kleine Töpfchen (6 bis 8 cm Durchmesser) in humose Blumenerde eingetopft. Sie sollten an geschützter Stelle im Freien oder im Zimmer stehen. Die Überwinterung der Pflanzen muss an einem sehr hellen Fenster bei etwa 8 bis 15 °C erfolgen. Im Spätwinter oder zeitigen Frühjahr werden die Pflanzen in größere Töpfe (10 bis 11 cm Durchmesser) umgepflanzt und bei 16 bis 18 °C bis zum Auspflanzen weiterkultiviert.

Meistens entwickeln sich aus den Stecklingen junge Pflanzen mit einem Haupttrieb. Will man buschige Pflanzen erzielen, werden die Jungpflanzen etwa Ende Februar oder Anfang März gestutzt, also die Triebspitze entfernt. Dadurch wird ein Austrieb aus schlafenden Augen an den Stängelknoten erreicht, so dass die Pflanzen nun mit zwei bis drei Trieben heranwachsen.

Geranien zurückschneiden

Ich möchte wissen, wann man Geranien kürzen soll. Ich habe sie im Herbst hereingenommen und will sie überwintern.

Normalerweise kommen unsere Balkongeranien (*Pelargonium*) ohne Rückschnitt ins Winterquartier. Sie müssen höchstens zu lang gewachsene Triebe etwas einkürzen. Es kann immer wieder vorkommen, dass die Triebe im Winter zurücktrocknen. Hat man sie noch nicht zurückgeschnitten, bleiben die unteren Partien frisch, so dass ein Austrieb im Frühjahr immer gewährleistet ist. Schneidet man die Stängel bereits im Herbst zurück, können kurze Stängel im Winter eintrocknen, so dass der Wiederaustrieb gefährdet ist.
Der eigentliche Rückschnitt findet dann Ende Februar oder Anfang März statt, wenn sich neues Wachstum in den Pflanzen regt. Zum Rückschnitt sollten Sie eine gute Gartenschere oder ein scharfes Messer benutzen und die vorjährigen Triebe auf eine Länge von etwa 5 bis 7 cm einkürzen. Jeder Triebstummel sollte etwa drei gut entwickelte „schlafende" Augen besitzen. Sie befinden sich an den ehemaligen Blattansatzstellen, die durch eine Ringbildung deutlich zu erkennen sind (Blattknoten). Sie sollten den Rückschnitt nicht nach einem genauen Schema ausführen, sondern nach dem jeweiligen Zustand der Pflanze. Schwache, eingetrocknete Triebe werden entfernt. Bei normalen Pflanzen reicht es aus, wenn nur die drei bis vier stärksten eingekürzten vorjährigen Triebe je Pflanze stehen bleiben.
Nach dem Rückschnitt sollten Sie die Erde mäßig anfeuchten oder Pflanzen, die nicht in Erde überwintert wurden, in frische Erde setzen und mäßig feucht halten. Sobald der Austrieb beginnt, müssen Sie die Pflanzen möglichst hell stellen, damit junge Triebe kurz und gedrungen bleiben. Temperaturen um 16 bis 18 °C sind völlig ausreichend.

WUSSTEN SIE, dass die Botaniker Pflanzen aus der Familie der Storchschnabelgewächse (Geraniaceae) zur Gattung *Geranium* zählen, wenn sie strahlenförmige (= radiäre) Blüten besitzen, während Pflanzen mit längssymmetrischen (= zygomorphen) Blüten zur Gattung *Pelargonium* gerechnet werden? Bereits vor über 200 Jahren hat Direktor Aiton vom botanischen Garten in Kew, London, aufgrund dieser Blütenmerkmale die Trennung der beiden Gattungen vorgeschlagen. Trotzdem hat sich im Volksmund bis auf den heutigen Tag der Name Geranie anstelle von Pelargonie erhalten.

Geranien (hängend) zurückschneiden und überwintern

Jeden Sommer kultiviere ich auf meinem Balkon viele aufrecht wachsende und hängende Geranien. Kein Problem habe ich mit der Überwinterung und dem Rückschnitt von aufrecht wachsenden Geranien, während ich mit den Hängegeranien immer Schwierigkeiten habe. Viele Pflanzen gehen mir im Winter ein. Was mache ich falsch und wie kann ich die Hängegeranien ebenfalls problemlos überwintern und richtig zurückschneiden?

Für den Balkon kommen überwiegend die aufrecht wachsenden Geranien (Züchtungen aus *Pelargonium zonale*, *P.* × *hortorum*) und die Efeu- oder Hängegeranien (Züchtungen aus *P. peltatum*) in Frage. Da sie aus verschiedenen Arten entstanden sind, haben sie deshalb auch etwas unterschiedliche Ansprüche. Erfahrungsgemäß kann man die aufrecht wachsenden Geranien problemloser überwintern als die Hängegeranien. Sie sind etwas empfindlich und anspruchsvoller im Winterquartier.
Am besten ist es, wenn man für die Pflanzen dieser Gruppe einen kühlen, sehr hellen Überwinterungsraum zur Verfügung hat. Dort kann man sie nach Möglichkeit im Balkonkistchen überwintern. Damit man nicht so viel Platz benötigt, können die Triebe beim Einräumen um mindestens ein Drittel zurückgenommen werden. Gleichzeitig wird alles welke Laub abgelesen und überflüssige Blütenansätze herausgebrochen.
Ende Februar oder Anfang März regt sich meistens bereits das neue Wachstum. Nun können die Triebe weiter zurückgeschnitten werden. Üblich ist ein Rückschnitt auf etwa 5 bis 7 cm Länge. Jeder Triebstummel sollte mindestens drei regenerationsfähige „schlafende" Augen besitzen. Sie befinden sich immer an der ehemaligen Blattansatzstelle, die durch eine Ringbildung deutlich zu erkennen ist. Schwache, eingetrocknete Triebe werden ebenfalls entfernt. Nur die stärksten Triebe bleiben stehen. Durch mäßige Feuchtigkeit werden die Pflanzen zu neuem Austrieb angeregt. Nun kann auch bei Bedarf umgetopft werden.

Da es oft Probleme mit der Überwinterung älterer Hängegeranien gibt, sollte überlegt werden, ob man nicht im Sommer (August) Stecklinge von diesen Pflanzen schneidet und diese in einem Gemisch aus Torf und Sand bewurzelt. Anschließend werden sie in kleine Töpfchen gepflanzt und normal weiterkultiviert. Solche Jungpflanzen kann man relativ eng an einem günstigen Platz im Treppenhaus oder an einem sonstigen hellen Fenster in einem kühlen Raum überwintern. Im Frühjahr werden die Jungpflanzen einmal gestutzt und später in einen etwas größeren Topf umgepflanzt. Bis Mitte Mai erhält man so relativ schöne Pflanzen, die sich im Balkonkasten gut weiterentwickeln und reich blühen.

Geranien-Hochstämmchen überwintern

Ich habe ein Geranien-Hochstämmchen, das den ganzen Sommer über schön gewachsen ist und reich blühte. Nun möchte ich es überwintern. Unter welchen Bedingungen gelingt das am besten?

Ideal ist natürlich, wenn dem Geranien-Hochstamm (*Pelargonium*) ein sehr heller Platz in einem relativ kühlen Raum zur Verfügung gestellt werden kann. Überwinterungstemperaturen zwischen 6 und 10 °C werden am besten vertragen. Zu empfehlen ist, die Triebe beim Einräumen auf etwa 12 bis 15 cm Länge einzukürzen, wobei natürlich die jeweilige Kronenform zu beachten ist. Gleichzeitig sollten Sie schlechtes, abgestorbenes Laub entfernen. Da sich im Überwinterungsraum vermutlich die Triebe zum Licht drehen, ist es wichtig, die Pflanze wöchentlich einmal zu drehen, damit das Licht während des Winters von allen Seiten das Hochstämmchen trifft. Noch besser ist natürlich eine Überwinterung im Kleingewächshaus, da hier die Triebe von oben ausreichend Licht bekommen und sich nicht nach der Lichtseite drehen müssen.

Ab Mitte Februar kann die Temperatur auf 16 bis 18 °C erhöht werden, um den Austrieb anzuregen. Nun ist jedoch ein besonders lichtreicher Standort erforderlich, damit die Austriebe kurz und gedrungen bleiben. Um einen schönen Kronenaufbau zu erzielen, können die neuen Austriebe zu einem späteren Zeitpunkt nach dem zweiten Blatt noch einmal gestutzt werden. Dadurch erzielt man eine buschige, dichte Krone. Verpflanzt wird je nach Bedarf etwa im März oder April.

Während der Wintermonate sollte die Pflanze relativ trocken gehalten werden. Gegossen wird nur, wenn die Oberfläche der Erde abgetrocknet ist. Mit Beginn des Wachstums ist mehr Feuchtigkeit zuzuführen. Außerdem sollte dann nach Bedarf zusätzlich gedüngt werden, es sei denn, dass das Hochstämmchen verpflanzt wurde und dabei ein Depot- oder Langzeitdünger untergemischt wurde.

Ab Ende April oder Anfang Mai kann das Hochstämmchen wieder ins Freie gebracht werden. Vorsicht, die Pflanzen sind frostempfindlich. Bei drohender Nachtfrostgefahr sollte die Geranie wieder in einen schützenden Raum gebracht werden.

Geranien-Jungpflanzen überwintern

Im vergangenen Sommer machte ich von meinen Geranien „Ableger". Sie haben sich gut bewurzelt. Im Herbst stellte ich sie in einen Raum bei 22 °C. Nun bekommen sie alle gelbe Blätter. Auch ein Standort unter einem nach Nordosten ausgerichteten Dachfenster funktionierte nicht. Was fehlt diesen Geranien, wie kann ich sie noch gut durch den Winter bringen?

Zunächst einmal ist die Ursache zu ergründen. Gelbe Blätter können durch Lichtmangel oder auch durch Vernässung des Wurzelballens verursacht werden. Sehr wahrscheinlich leiden die Pflanzen unter Lichtmangel. Geranien (*Pelargonium*) benötigen viel Licht zur Assimilation, besonders wenn sie in einem warmen Raum stehen und noch weiterwachsen wollen. Am besten ist ein Standort direkt am Fenster, das möglichst sogar nach Süden ausgerichtet ist. An einem weniger günstigen Platz ist eine kühlere Temperatur besser, da dort die Pflanzen ihr Wachstum weitgehend einstellen. Temperaturen um 15 °C reichen völlig aus.

Ist kein günstiger Standort an einem hellen Fenster im kühlen Raum vorhanden, könnten die Jungpflanzen auch nahe zusammengestellt und zusätzlich belichtet werden. Zu diesem Zweck wäre das Anbringen einer Pflanzenleuchte empfehlenswert, die relativ niedrig über den Pflanzen aufgehängt und etwa 12 bis 16 Stunden am Tag eingeschaltet wird. Das Zusatzlicht sollt jeweils in den frühen Morgenstunden bis zum späten Vormittag und vom frühen Nachmittag bis in die späten Abendstunden brennen. Einige Stunden völlige Dunkelheit in der Nacht sind jedoch angebracht. Die Gesamtbeleuchtungsstärke, also Tageslicht und elektrisches Licht, sollten etwa 2000 bis 2500 Lux betragen.

Außerdem ist darauf zu achten, dass die Pflanzen in größeren Zeitabständen etwas Wasser erhalten, ansonsten aber im kühlen Raum nahezu trocken stehen. Auch die jungen Pflanzen sind in der Lage, in ihren saftigen Stängeln und dicken Blättern etwas Wasser zu speichern, das immer für einige Tage ausreicht. Völlig trocken sollte das Substrat allerdings nie werden.

WUSSTEN SIE, dass Geranien (*Pelargonium*) in Südafrika beheimatet sind? Deshalb haben sie sehr hohe Lichtansprüche, können aber auch Trockenperioden problemlos überstehen. Sie werden deshalb zu den halbsukkulenten Pflanzen gezählt.

Granatapfel richtig pflegen

Zum Geburtstag erhielt ich einen hübschen, kleinen Granatapfelbaum geschenkt. Die Pflanze hat einige 2 bis 3 cm lange, orangerote, glockenförmige Blüten, aus denen sich später apfelförmige Früchte bilden sollen. Wie pflege ich das Pflänzchen, damit es mir lange erhalten bleibt?

Der Granatapfelbaum (*Punica granatum*) ist aus Südosteuropa zu uns gekommen. Schon im Altertum muss dieses kleine Gehölz bekannt gewesen sein, daher auch der botanische Gattungsname, der von dem lateinischen Wort „punicus" abgeleitet wurde. Dieses Wort deutet auf Punien, das heutige Tunis hin.
Die Pflanze benötigt einen hellen, ja sonnigen Standort, möglichst am südlichen Fenster. Den Sommer über wird reichlich gegossen und ab und zu auch eine schwache Volldüngergabe verabreicht. Ab August sind die Wassergaben einzuschränken, da die Triebe bis zum Beginn der kälteren Jahreszeit gut ausreifen müssen. Den Winter über stellt man die Pflanze in einen kühlen, hellen Raum. 2 bis 8 °C sind völlig ausreichend. Sie sind sogar geradezu notwendig, um im nächsten Frühjahr wieder einen gesunden Austrieb zu erreichen. Es ist jedoch darauf zu achten, dass der Wurzelballen während dieser Zeit nicht völlig austrocknen darf. Ab März wird die Pflanze wieder etwas wärmer gestellt und durch eine mäßige Erhöhung der Wassergaben zu neuem Leben erweckt. Es kann sein, dass die Blätter im Winter abfallen, das spielt keine Rolle, da sich in der Regel wieder genügend neue entwickeln.
Wenn man die Pflanze im Frühjahr mit Blüten erhalten hat, können sich im Laufe des Sommers die gelb-orangefarbenen oder gelben Früchte, die Granatäpfel entwickeln. Es ist auch kein Problem, ältere Pflanzen den Sommer über an einem geschützten Platz auf dem Balkon oder der Terrasse aufzustellen. Die Pflanzen vertragen unser Sommerklima im Freien recht gut.

WUSSTEN SIE, dass die reifen Apfelfrüchte des Granatapfelbaums nicht giftig sind? Man kann sogar die fleischig-wässrige Umhüllung der Samenkörner verzehren. Es ist auch möglich, daraus fruchtig-herbe Säfte oder Desserts herzustellen. Auch für die Medizin hatte der Granatapfelbaum schon eine gewisse Bedeutung. Da in der Rinde und in der Frucht verhältnismäßig viel Gerbstoff enthalten ist, hat man diese Pflanzenteile früher zur Bandwurm-Bekämpfung eingesetzt.

Granatapfel zurückschneiden

Mein Granatapfel ist etwas sparrig gewachsen. Trotzdem blüht die Pflanze reich und bringt auch Früchte. Kann ich die Triebe zurückschneiden?

Es ist eigentlich nicht üblich, die Triebe des Granatapfelbaums (*Punica granatum*) kräftig zurückzuschneiden. Es kann sein, dass die einmal vorhandenen „schlafenden" Augen an den holzigen Trieben nicht mehr austreiben. Natürlich kann ein dicht gewachsener Busch ausgelichtet werden. Vielleicht ist es besser, ständig die jungen Triebe etwas zurückzustutzen, damit sich die Pflanze nicht so sparrig, sondern buschig entwickelt. Die jungen Triebe sind in der Lage, nach der Entfernung der Triebspitze aus „schlafenden" Augen neue Austriebe zu bilden.
Ausgelichtet wird am besten im Frühjahr (März), ehe die Pflanze nach der Überwinterung wieder etwas wärmer gestellt wird. Dann sollte man durch entsprechende Pflegemaßnahmen darauf achten, dass sich ein starker neuer Austrieb entwickelt, der in entsprechender Weise behandelt wird.

WUSSTEN SIE, dass es vom Granatapfel verschiedene Sorten gibt? Neben der stark wachsenden eigentlichen Art wird für die Topfpflanzenkultur gerne eine etwas kompaktere und buschiger wachsende Sorte verwendet. Sie wird unter der Bezeichnung Zwerggranatbaum oder Zwerggranatapfel, *Punica granatum* 'Nana', angeboten. Sie ist als Zimmertopfpflanze besonders geeignet.

Hortensie im Topf draußen überwintern?

Im Frühjahr habe ich meine Hortensie nach dem Verblühen in den Garten gestellt. Dort hat sie sich zu meiner vollen Zufriedenheit entwickelt. Sie hat viele Seitentriebe gebildet und offenbar jetzt bereits Knospen angelegt. Sie steht im November immer noch im Garten. Kann ich sie draußen überwintern oder muss ich sie hereinnehmen?

Hortensien (*Hydrangea macrophylla*) sind relativ leicht zu kultivieren, sollten aber nicht ganzjährig im Haus kultiviert werden. Nach dem Verblühen sollten Sie sie etwa ab Mitte bis Ende April in den Garten stellen. Auch ein Auspflanzen ist an einem geeigneten Standort möglich. So kann sich die Hortensie zu einem vorzüglichen Zierstrauch entwickeln, der alljährlich im Sommer sehr reich blüht.
Die im Topf bisher weiter kultivierte Hortensie sollte aber jetzt, vor Einbruch der kälteren Jahreszeit, in einen geschützten Raum gebracht werden. Vorher wird sie noch sauber geputzt, also die sicher abfallenden Blätter entfernt, dabei jedoch die Knospen geschützt. Zur Überwinterung am besten geeignet ist ein kühler, nicht zu dunkler Raum mit Temperaturen bei 4 bis 8 °C. Es wird nur äußerst selten gegossen, damit der Ballen nicht völlig austrocknet.
Etwa ab Februar oder im März kann man die Pflanze in einen wärmeren Raum bringen und sie nun bei etwas höheren Temperaturen antreiben. Sobald sich die Blätter entwickeln, ist ein sehr heller Standort mit viel Licht erforderlich, damit die Triebe gedrungen bleiben. So kultiviert, kommt die Pflanze im April oder Mai wieder zum Blühen.

Hortensie im Übertopf

Kürzlich erhielt ich eine Hortensie als Geschenk. Man sagte mir, dass die Pflanze sehr viel Wasser benötigt. An manchen Tagen müsse sie sogar zweimal gegossen werden. Nun habe ich sie in den Übertopf gestellt und reichlich gewässert. Trotzdem ging mir die Pflanze nach einer gewissen Zeit ein. Was ist wohl die Ursache?

Die Ursache ist sicher schnell gefunden. Hortensien (*Hydrangea macrophylla*) benötigen viel Wasser, doch sollte das Gießen nach Bedarf erfolgen. Gefährlich ist es auf jeden Fall, wenn Pflanzen im Übertopf ohne Kontrolle nur nach dem Rezept „Ein- bis zweimal am Tag gießen" bewässert werden. Hier kann es sehr schnell zu einem Wasserstau im Übertopf kommen, der wiederum zu Sauerstoffmangel im Substrat führt. Die Folge davon ist Fäulnis im Wurzelbereich, so dass die notwendige Wassermenge nicht mehr an die oberirdischen Pflanzenteile transportiert werden kann. Die Blätter welken und sterben ab. Zwei Dinge sind bei der Pflanzenkultur in Übertöpfen immer wichtig: Gießen nach Bedarf und Kontrolle des Wasserstandes im Übertopf. Keinesfalls sollte sich am Gefäßboden über einen längeren Zeitraum ein Wasserstau befinden.

Hortensie in Niedermoorerde?

Im vergangenen Jahr musste ich zur Kur nach Oberschwaben. Dort gibt es verschiedene Moore mit einer wunderschönen, schwarzen Erde. Einen großen Beutel voll nahm ich mit nach Hause und pflanzte in dieses Substrat meine Hortensien. Plötzlich stelle ich fest, dass die Pflanzen alle gelbe Blätter bekommen. Habe ich was falsch gemacht?

Die Hortensien (*Hydrangea macrophylla*) wurden in das falsche Substrat gepflanzt. In der Natur gibt es verschiedene Moore, die sich in der Zusammensetzung und der Qualität des Materials deutlich unterscheiden: Hoch-, Übergangs- und Niedermoore.
Generell kann man davon ausgehen, dass man aus einem Hochmoor einen so genannten sauren Hochmoor-Weißtorf gewinnen kann. Dieser Torf ist schwach zersetzt, meistens bräunlich gefärbt und oft auch noch grob strukturiert. Sein wichtigstes Merkmal ist aber die stark saure Reaktion.
Beim Niedermoor ist es völlig anders. Diese Moor-Arten sind oft durch Verlandung von Seen entstanden, wobei es von dem jeweiligen Wasser abhängig ist, welchen Reaktionsgrad dieser Torf besitzt. Die oberschwäbischen Moore bestehen fast durchweg aus Niedermoor, wobei das Wasser zur Speisung der Moore aus den Alpen stammt. Deshalb sind diese Moore, abgesehen vom sehr feinen Zersetzungsgrad, in der Regel nicht sauer, sondern neutral.
Wenn nun die Hortensien in eine Niedermoorerde oder in einen Niedermoortorf gepflanzt werden, hatte das die geschilderten Auswirkungen. Diese Pflanzen wollen einen sauren Reaktionsgrad, der etwa bei pH 5,5 liegt. Ist der pH-Wert höher, können Nährstoffe und vor allen Dingen Spurenelemente festgelegt werden, so dass sich die Blätter der Pflanzen gelblich verfärben und das Wachstum ins Stocken gerät. Verwendung von Hochmoor-Weißtorf ist günstig, auf Niedermoorerde oder Torf aus Niedermooren sollte man bei der Hortensienkultur grundsätzlich verzichten.

Hortensie setzt keine Knospen an

Mit einem recht guten Erfolg habe ich eine Hortensie weiterkultiviert. Den Sommer über habe ich die Pflanze in den Garten gestellt und sie hat sich üppig entwickelt. Im Herbst habe ich sie kurz vor den Frösten in einen kühlen Souterrainraum gestellt, die Triebe zurückgeschnitten und sie so überwintert. Jetzt im Frühjahr hat die Pflanze gut ausgetrieben, aber nicht geblüht. Woran kann das liegen?

Die Erklärung ist recht einfach. Hortensien (*Hydrangea macrophylla*) sind Sträucher, die im Spätsommer Knospen ansetzen. Diese kommen dann im Frühjahr des nächsten Jahres zum Blühen.
Da in diesem Fall die Triebe beim Einwintern zurückgeschnitten wurden, sind sicher auch die vorhandenen Knospen entfernt worden. Die Hortensie hat nun wieder normal durchgetrieben, konnte jedoch im gleichen Jahr keine Blüten ausbilden. Normalerweise hätte man die Pflanze bis zum Beginn des Frostes im Freien stehen lassen können. Mit großer Wahrscheinlichkeit wären die Blätter im Spätherbst abgefallen. Nun hätte die Pflanze aber ohne Rückschnitt im kühlen Raum bis zum Spätwinter oder zeitigen Frühjahr aufgestellt werden müssen. Sie hätte dann ab Februar oder März mit dem neuen Austrieb begonnen und anschließend die Blütenstände ausgebildet.
Nach der Blüte hätte dann der Rückschnitt erfolgen müssen, damit die Hortensie wieder aus der Basis bis zum Sommer neue Triebe entwickeln kann. Auf diese Weise hätte sich der Kreislauf der jahreszeitlich bedingten Entwicklung normal geschlossen.

Kaffeebaum mit Schimmel auf der Topferde

Seit einiger Zeit beobachte ich, dass sich auf der Topferde meines Kaffeebaums Schimmel bildet. Ist dieser Schimmelrasen für die Pflanze schädlich? Wie kann ich den Schimmelbefall verhindern?

Hin und wieder kommt es bei Zimmertopfpflanzen, also auch beim Kaffeebaum (*Coffea arabica*), zu einem Schimmelbefall auf dem Substrat. Das hängt meistens mit den Mischungskomponenten zusammen. Eine Erde wird aus verschiedenen Ausgangsmaterialien zusammengemischt, darunter sind auch feuchtigkeitsspeichernde Humusstoffe. Wird nun eine solche Erde gleichmäßig feucht gehalten, können sich auf dem Substrat Pilze entwickeln, die jedoch auf die Entwicklung der Zimmertopfpflanze in der Regel keinen Einfluss haben.
Man beseitigt sie am einfachsten durch Auflockern der obersten Erdschicht. Auch kann der Schimmelbefall durch eine dünne Sandschicht unterbunden werden. In diesem Fall trocknet die Oberfläche des Wurzelballens immer rasch ab, so dass es zu keinem Schimmelbefall kommt. Chemische Mittel brauchen nicht eingesetzt zu werden.

Kaffeebaum kümmert im Winter

Seit einigen Monaten besitze ich einen Kaffeebaum. Den Sommer über hatte ich die Pflanze auf dem Balkon. Im Herbst stellte ich sie in einen kühlen Raum. Zunächst entwickelte sich die Pflanze wunderbar. Jetzt im Winter will sie nicht mehr richtig gedeihen. Welche Ansprüche stellt die Pflanze an ihre Umgebung?

Der Kaffeebaum (*Coffea arabica*) ist aus dem tropischen Afrika zu uns nach Europa gekommen. Den Sommer über kann er durchaus an einem geschützten Platz im Garten oder auf dem Balkon aufgestellt werden. Den Winter überdauert er am besten im Wintergarten oder im luftigen Zimmer. Gewünscht wird grundsätzlich ein heller, luftiger Standort, der nur vor praller Mittagssonne geschützt sein soll. Die beste Temperatur liegt im Winter zwischen 12 und 16 °C oder zwischen 16 und 20 °C. Zu beachten ist, dass krasse Temperaturschwankungen nicht vertragen werden. Das Temperaturmaximum liegt bei 34 °C. Günstig ist es, wenn die Blätter, wie bei vielen anderen Grünpflanzen, von Zeit zu Zeit mit zimmerwarmem Wasser abgewaschen werden.
Gegossen wird normal. Vermeiden Sie Staunässe oder Ballentrockenheit. Ist ein Verpflanzen erforderlich, wird eine humose, mittelschwere Blu-

menerde verwendet. Während der Hauptwachstumszeit vom Frühjahr bis zum Spätsommer kann das Wachstum durch eine gelegentliche Kopfdüngergabe unterstützt werden.

WUSSTEN SIE, dass es sich bei den ungerösteten Kaffeebohnen um die Samen des Kaffeebaums handelt? Manchmal wird versucht, aus diesen Samen Pflanzen heranzuziehen. Wenn das nicht gelingt, hängt es an der Keimfähigkeit der Samen, die nur sehr kurz ist. Im Fachhandel wird gelegentlich frischer Samen von *Coffea arabica* 'Nana' angeboten. Stammen die Samen aus frischer Ernte, kann man sie bei 20 bis 25 °C zum Keimen bringen. Nach drei bis vier Jahren kann dieser Zwerg-Kaffeebaum unter günstigen Bedingungen sogar blühen und fruchten.

Kamelie braucht frische Erde

Meine Kamelie ist 16 Jahre alt. In den letzten Jahren stelle ich fest, dass sie immer früher blüht und nun auch seit einiger Zeit gelbe Blätter bekommt und diese abwirft. In all den Jahren habe ich die Pflanze immer gleichmäßig gepflegt und sie hat nie „getrauert". Was soll ich tun, um dieses schöne Exemplar zu erhalten und die Pflanze wieder in den normalen Wachstums- und Blührhythmus zu überführen?

Wenn sich diese Kamelie in früheren Jahren optimal entwickelte und immer etwa zu gleichen Zeitpunkt reich blühte, hat sich die Pflanze an ihrem Standort und bei Ihrer Pflege wohl gefühlt. Denkbar wäre nun, dass sich nach diesen vielen Jahren die Struktur der Erde total verändert hat und somit für die Pflanzenwurzeln ungünstige Verhältnisse entstanden sind. Wichtig ist eigentlich immer, dass alle Kübelpflanzen in einem lockeren, gut durchlässigen Substrat wachsen, das einerseits ausreichend Wasser speichert, andererseits aber die Luftführung nicht behindert. Durch das regelmäßige Gießen geht aber im Laufe der Zeit die Struktur verloren, so dass die Pflanzenwurzeln unter Sauerstoffmangel leiden. Auch ist es denkbar, dass sich im Laufe der Zeit der Reaktionsgrad des Bodens durch das Gießen verändert hat, da Kamelien als so genannte Moorbeetpflanzen am besten in einem sauren Substrat gedeihen. Am besten wäre es, wenn Sie die Pflanze jetzt im Frühjahr in eine saure Spezialerde umtopfen, die im Fachhandel erhältlich ist. Auch eine eigene Mischung aus Torf, Moor- und Heideerde mit Rasenerde und Sandzusatz kann verwendet werden. Der optimale Reaktionsgrad des Bodens liegt bei pH 4,5 bis 5,5. Es sollte natürlich immer mit kalkfreiem oder enthärtetem Wasser gegossen werden.

Kamelie im Freien überwintern?

Vor kurzem erhielt ich eine Kamelie. Sie soll winterhart sein. Wann kann ich sie in den Garten pflanzen und wie wird so dort gepflegt?

Winterharte Kamelien (*Camellia japonica*) sind augenblicklich viel im Gespräch. Grundsätzlich sollte man aber bedenken, dass Kamelien im mitteleuropäischen Klima nicht generell winterhart sind. Südlich der Alpen ist das Klima milder. Dort überdauern sie den Winter meistens problemlos.
Gewisse Minusgrade halten sie schon aus. Doch sagt man im Allgemeinen, dass sie allenfalls nur winterhart sind bis –15 bis –18 °C. Einige Sorten sollen auch etwas frosthärter sein.
Jedoch muss man bedenken, dass diese Winterhärte auch von anderen Faktoren abhängig ist. So spielt einmal das Alter der Pflanze eine Rolle. Nach Erfahrungen der Kamelienspezialisten soll eine Pflanze mindestens vier Jahre alt sein, ehe sie in den Garten gepflanzt wird. Hat eine Pflanze einige Winter ohne Schaden überstanden, ist sie auch abgehärterter und robuster. Das bedeutet, dass frisch ausgepflanzte Kamelien empfindlicher reagieren.
Sehr wichtig ist auch der Reifegrad im Spätherbst. Je besser die oberirdischen Organe ausgereift sind, umso eher überstehen sie den Winter. Deshalb sollte man darauf achten, dass die Pflanzen auch nicht zu spät gedüngt werden, damit der Reifeprozess nicht gestört wird.
Natürlich ist der Standort auch sehr wichtig. Keinesfalls sollten die Pflanzen von der Wintersonne direkt getroffen werden. Schädlich ist ein plötzliches Absinken der Temperatur. Noch gefährlicher ist aber ein schnelles Auftauen nach starkem Frost. Deshalb dürfen Blätter und Triebe nicht von der Morgensonne getroffen werden.
Letztendlich ist auch noch wichtig, welche Sorte für den Garten in Frage kommt. Zu den besonders winterharten Sorten gehören 'Alba Simplex', 'Berenice Boddy', 'Collettii', 'Eximia', 'Hagoromo', 'Donckelaeri' ('Donckelarii'), 'Masajoshi', 'R. L. Wheeler', 'Ville de Nantes' und 'Yukimiguruma'.
Im Allgemeinen ist es wohl am besten, wenn die Kamelie im Frühjahr (April) in den Garten gepflanzt wird. Ein großes Pflanzloch wird ausgehoben. Es sollte mindestens doppelt so tief und breit sein, wie der Wurzelballen der Pflanze. Eine gute Vorbereitung für diese Moorbeetpflanze ist wichtig. Zunächst muss für einen guten Wasserabzug (Drainage) gesorgt werden. Anschließend wird saure, humusreiche Erde eingefüllt. Der ideale Reaktionsgrad liegt zwischen pH 5,0 und 5,5. Diese Reaktion erhält man vielfach nur, wenn saurer Hochmoor-Weißtorf verwendet wird. Anschließend wird gepflanzt. Dabei ist darauf zu achten, dass die Pflanze etwa so tief in das neue Substrat gepflanzt wird, wie sie vorher im Topf gestanden hat. Die Kamelie ist ein Flachwurzler und benötigt im Wurzelbereich viel Sauerstoff. Nach dem Pflanzen wird die obere Bodenschicht mit einer bis zu 20 cm hohen Mulchschicht aus Torf und Laub oder gut verrottetem Kuhdung abgedeckt. Sie verhindert das Austrocknen der Pflanze im Sommer.
Weiterhin ist nun darauf zu achten, dass die Pflanzen genügend Feuchtigkeit erhalten. Vorsicht mit sehr kalkhaltigem Wasser. Es kann den pH-Wert nach oben verändern. Im ersten Jahr erfolgt in der Regel keine Düngung der frisch gepflanzten Kamelie. Meistens beginnt man erst ab dem zweiten Jahr mit einer vorsichtigen schwachen Düngergabe zu Beginn der Wachstumsphase im Spätfrühjahr. Verwendet werden soll ein spezieller Dünger für Moorbeetpflanzen. Er ist in der Regel unter der Bezeichnung Eriken- oder Rhododendrondünger im Handel.
Auf jeden Fall ist im Spätherbst ein Winterschutz zu geben. So kann man um die Pflanze zeltartig große Fichtenzweige aufstellen. Auch ein zeltartiges Einhüllen mit Rohrmatten (Reetmatten) ist günstig. Vorab sollte der Bodenbereich mit einer hohen Mulchschicht gegen Bodenfrost abgedeckt werden.
Vor dem Einwintern sollte man der Boden noch einmal gründlich wässern. Wenn es im Winter zur Austrocknung der Erde kommt, müssen die Pflanzen während einer frostfreien Periode ebenfalls unbedingt gewässert werden.

Vorsicht ist geboten in sehr kalkhaltigem Boden. Hier kann das Bodenwasser seitlich in den Wurzelbereich der Kamelie eindringen. Um dies zu verhindern, sollte das Pflanzloch noch etwas tiefer gemacht und zuerst eine Schicht Kies oder Sand eingefüllt werden. Darauf kommt eine Schicht grobe organische Substanz wie Laub. Dadurch wird verhindert, dass sich kalkhaltiges Wasser im Wurzelbereich ansammelt. Gute Erfahrungen hat man auch mit dem Ausschlagen der Pflanzgrube mit starker Folie gemacht. Dadurch wird das seitliche Bodenwasser abgehalten. Ganz wichtig ist aber, dass der Bodenbereich durch einige Löcher geöffnet wird, damit überschüssiges Wasser in den Untergrund abfließen kann. Eine gute Drainage in der Pflanzgrube ist in diesem Falle besonders günstig.

Kamelie pflegen

?

Viel Glück hatte ich mit meiner Kamelie. Sie hat im Spätwinter reich geblüht und in diesem Jahr auch keine Knospen abgeworfen. Wie soll ich die Pflanze optimal weiterpflegen?

!

Die aus Japan stammende Kamelie (*Camellia japonica*) ist relativ anspruchslos. Sie braucht keine große Wärme, nicht unbedingt volle Sonne, jedoch einen sauren, humosen Boden. Jetzt um diese Jahreszeit (Mai) befindet sich die Pflanze bereits im Hauptwachstum, das bis Ende Juni oder Anfang Juli anhält. In dieser Zeit muss regelmäßig gegossen und in einem größeren Abstand bei Bedarf mit einem kalkfreien Blumendünger gedüngt werden. Die Konzentration ist dabei nur schwach zu wählen, höchstens 0,1 %ig (1 g oder 1 ml/l Wasser). Dann beginnt bereits der Zeitpunkt des Knopsenansatzes. Die Düngung wird eingestellt und auch die Wassergaben stark reduziert. Die Pflanzen benötigen in der Hauptwachstumszeit etwa 18 bis 20 °C, ab der beginnenden Knospenbildung bis zum Herbst 18 bis 15 °C.

Vorteilhaft ist es, wenn die Pflanze im Juni oder Juli in den Garten unter einen Baum gestellt wird, wo sie meistens günstige Bedingungen auch für die Knospenbildung findet.

Vor Beginn der herbstlichen Fröste, also etwa im September, sollte die Pflanze wieder in einen geschützten Raum kommen. Sie muss jetzt an einem sehr hellen Fenster aufgestellt werden. Das Zimmer sollte kühl sein; 12 bis 15 °C reichen völlig aus. Jetzt ist es auch wichtig, dass die Luftfeuchtigkeit relativ hoch ist. Oft platzen die Knospen ab, wenn die Kamelie in dieser Zeit Temperaturschwankungen oder auch Schwankungen der Feuchtigkeit bzw. der Luftfeuchtigkeit ausgesetzt ist. Keinesfalls dürfen die Knospen verhärten, weil sie sonst nach kurzer Zeit abfallen.

Kamelien gehören zu den so genannten Moorbeetpflanzen. Muss im Frühjahr umgetopft werden, ist eine saure Erde zu verwenden. Der optimale Reaktionsgrad liegt bei pH 4,5 bis 5,5. Mischungen aus Torf, Moor- und Heideerde mit Rasenerde und Sandzusatz sind günstig. Auch soll immer mit kalkfreiem oder enthärtetem Wasser gegossen werden.

WUSSTEN SIE, dass es auch winterharte Kamelien gibt? Diese Sorten sind etwas robuster als die üblichen Formen. Jedoch sind sie nur an sehr geschützten Standorten in milden Klimabereichen zu verwenden. Wenn sie im März oder April im Garten blühen, sind sie natürlich ein besonderer Schmuck. Ansonsten sind Kamelien sehr gut für die Kultur im Wintergarten oder im Kleingewächshaus geeignet, wenn die klimatischen Bedingungen erfüllt werden können.

Kamelie zurückschneiden

Meine Kamelie hat sich im Laufe der Jahre zu einem riesengroßen Exemplar entwickelt. Kann ich den Strauch zurückschneiden ohne dass er Schaden leidet?

Normalerweise werden Kamelien (*Camellia japonica*) nicht beschnitten. Doch ist es nach den Kamelienspezialisten Helga und Klaus Urban, Frankfurt/Main, durchaus möglich, einen Rückschnitt vorzunehmen. Sie sind sogar der Ansicht, dass eine ältere Kamelie einen Rückschnitt besser verträgt als ein junges Exemplar. Grundsätzlich sollen alle schwachen, kranken oder sich kreuzenden Triebe entfernt werden. Ansonsten vertragen sie sogar einen Rückschnitt bis ins alte Holz. Wichtig ist der richtige Zeitpunkt für die Schnittmaßnahmen. So soll eine Kamelie am Ende der Blühsaison, wenn auch ihre Ruhezeit beendet ist, geschnitten werden. In dieser Zeit verheilen die Schnittstellen am besten, da das Gewebe sehr aktiv ist. Außerdem wird der Neuaustrieb nicht gestört. Wird ins alte Holz zurückgeschnitten, sollen größere Wunden – ab 5 mm Durchmesser – zur besseren Verheilung mit Baumwachs verstrichen werden.

WUSSTEN SIE, dass es auch eine gelb blühende Kamelie gibt? Sie wurde in jüngster Zeit entdeckt und erhielt zunächst den botanischen Namen *Camellia chrysantha*. Heute trägt sie den gültigen Namen *C. nitidissima* var. *nitidissima*. Diese neue Art wurde aber bisher noch relativ selten zum Blühen gebracht. Ansonsten gibt es auch bei den anderen Kamelien-Arten Sorten mit einer blass gelben Blütenfarbe. Das Ziel der Züchter ist, den gelben Farbstoff durch Kreuzung auf andere Arten zu übertragen, so dass noch reicher blühende Hybriden entstehen. Noch einem weiteren Ziel „jagen" die Züchter hinterher: Der blau blühenden Kamelie.

Knollenbegonien kultivieren

Dieses Jahr habe ich mir einige Knollenbegonien zugelegt. Sie haben sich am Zimmerfenster prächtig entwickelt und reich geblüht. Gibt es eine Möglichkeit, die Pflanzen zu überwintern und im kommenden Jahr wieder zum Blühen zu bringen?

Typische Knollenbegonien sind mehrjährige Gewächse. Sie wurden früher unter dem botanischen Namen *Begonia* × *tuberhybrida* geführt. Heute werden sie im deutschsprachigen Raum unter der Bezeichnung *Begonia*-Tuberhybrida-Gruppe zusammengefasst. Es handelt sich also um vielfache Hybriden, die auf verschiedene Ursprungspflanzen zurückgehen. Sie zeichnen sich durch farbenprächtige Blüten und attraktiv gefärbte Blätter aus.
Obwohl Knollenbegonien eher als Balkon- und Terrassenpflanzen eingesetzt werden, gedeihen die Sorten den Sommer über recht gut auf der Fensterbank. Dort müssen sie geschützt vor praller Mittagssonne kultiviert werden. Gegen Ende des Sommers, etwa ab September, werden die Wassergaben eingeschränkt und die Pflanzen nach einiger Zeit völlig trocken gehalten. In dieser Zeit ziehen die Pflanzen ein, die oberirdischen Pflanzenteile sterben ab. Alle diese Teile werden nun mit einer Gartenschere 1 bis 2 cm über der Erde abgeschnitten und die Knollen vorsichtig aus der Erde genommen. Sie werden noch etwas nachgetrocknet und dann zur Überwinterung in ein mit trockenem Torfmull gefülltes Kistchen eingeschlagen. Der Torfmull soll verhindern, dass die Knollen zu viel Feuchtigkeit verlieren und vertrocknen. Ansonsten ist eine trockene Überwinterung der Knollen durchaus richtig. Das Kistchen mit den Knollen wird in einem mäßig temperierten Raum bei etwa 12 bis 15 °C aufgestellt.
Etwa im Februar holt man die Knollen aus dem Winterquartier und topft sie in eine sehr humose Blumenerde. Es wird vorsichtig angegossen und die Knollen bei einer Temperatur von etwa 16 bis 18 °C zu einem neuen Austrieb angeregt. Zunächst ist vorsichtig zu gießen, damit Fäulnis vermieden wird. Später wird der Entwicklung der Pflanzen entsprechend mehr Wasser gegeben. Nun werden sie sehr hell und bei Temperaturen zwischen 18 und 20 °C aufgestellt. Ab Mai können sich bereits wieder die ersten Blüten ausbilden und dann das Zimmer oder den Balkon schmücken.

Es gibt zahlreiche Knollenbegonien-Sorten, die sich durch ihren Wuchs, die Blütenbildung und ihre Eigenschaften unterscheiden. Der bekannte Knollenbegonienzüchter Ernst Benary, Hann. Münden, führt augenblicklich neun verschiedene Sortimente. Sie sind je nach Eigenschaften für den Balkonkasten, Blumenampeln und den Garten geeignet. Für die Zimmerkultur kommt die Sorte 'Nonstop' in Frage, die es in vielen Einzelfarben gibt. Die gefüllten Blumen erreichen einen Durchmesser von 8 bis 9 cm. Diese Universalsorte kann aber auch sonst noch für viele Bereiche im Garten und auf dem Balkon verwendet werden. Blühende Pflanzen gibt es beim Gärtner und Floristen.

Knollenbegonien richtig überwintern

Den Sommer über habe ich Knollenbegonien im Balkonkasten und in einer Schale kultiviert. Die Pflanzen haben sich prächtig entwickelt und bis in den Spätherbst hinein geblüht. Wie kann ich die Knollen fachgerecht überwintern, damit sie im nächsten Jahr austreiben und die Pflanzen zum Blühen kommen?

Am besten ist es, wenn die Knollenbegonien (*Begonia*-Tuberhybrida-Gruppe) entweder vor oder nach dem ersten Herbstfrost vorsichtig aus dem Pflanzgefäß genommen werden und die Erde aus den Wurzeln geschüttelt wird. Dann werden sie ein oder zwei Tage zum Nachtrocknen an einen geschützten Platz gelegt, damit auch die restlichen Nährstoffe aus den vielleicht noch grünen oberirdischen Pflanzenteilen in die Knolle zurückfließen können. Anschließend werden die oberirdischen Stängelteile knapp über den Knollen abgeschnitten und die Knollen von Wurzelresten und Erde gesäubert.

Sobald die Knollen ganz abgetrocknet sind, kommen sie in den Überwinterungsraum. Da Knollen-Begonien empfindlich sind gegen zu trockene Luft, sollten sie am besten in ein Behältnis mit trockenem Torfmull eingeschlagen werden. Auch das Einwickeln in Zeitungspapier oder ähnliches Material hat sich als günstig erwiesen. So verdunsten die Knollen kaum Feuchtigkeit und überstehen den Winter in einem Lagerraum bei etwa 12 bis 15 °C am besten. Im zeitigen Frühjahr (Ende März bis Anfang April) werden die Knollen aus dem Überwinterungsraum genommen und in Kistchen, Schalen oder Töpfen in eine lockere, humose Erde gepflanzt. Sie können in einem hellen, luftigen Raum angetrieben und nach den Eisheiligen wieder ausgepflanzt werden. Durch das Antreiben erhält man schon bis Anfang oder Mitte Mai kräftige Jungpflanzen. Zur Anzucht im Frühjahr ist relativ viel Licht erforderlich. Jedoch müssen Sie die Pflanzen vor direkter Mittagssonne schützen.

Alte, große Knollen kann man im Frühjahr vor dem Auslegen mit einem scharfen Messer teilen. Dabei sollten Sie beachten, dass jedes Knollen-Teilstück ein oder mehrere „Augen" besitzt, aus dem sich die jungen Triebe bilden. Knollenbegonien gibt es in verschiedenen Sortengruppen. Ganz grob unterscheidet man großblumige und kleinblumige Sorten, wobei die kleinblumigen meist überreich blühen. Ampel-Begonien haben dünne, hängende Triebe und sind für Blumenampeln und Balkonkästen besonders geeignet.

Kübelpflanzen gedeihen nicht

Ich habe im vergangenen heißen Sommer beobachtet, dass meine Kübelpflanzen nicht richtig gedeihen wollen. Sie haben an manchen Tagen richtig getrauert. Es handelt sich um südländische Exemplare, die ich in schwarzen Kunststoffkübeln an der Südseite des Hauses aufgestellt habe. Während der ganzen Vegetationszeit habe ich versucht, die Pflanzen optimal zu pflegen und auch zu gießen. Was kann ich tun, damit die Pflanzen im nächsten Sommer ohne Schwierigkeiten gedeihen?

Es ist durchaus möglich, dass die Pflanzen unter den Einwirkungen der sommerlichen Hitze gelitten haben. Diese Beobachtung hat man gerade bei Kübelpflanzen gemacht, wenn sie in schwarzen Kunststoffcontainern (Kunststoffbehältern) kultiviert werden. Die schwarze Farbe absorbiert die Lichtstrahlen und es kommt im Wurzelbereich zu einem Hitzestau.

Diesen kann man mildern oder sogar verhindern, wenn die Pflanzen in einem anderen Gefäß kultiviert werden. Ansonsten hat man gute Erfahrungen mit Unterpflanzungen gemacht. Hierbei werden rankende Sommerblumen wie Efeuaralie (*Fatshedera*), Kapuzinerkresse (*Tropaeolum*) oder auch nur Efeu (*Hedera helix*) zusätzlich in den Kübel gepflanzt. Durch günstige Wachstumsbedingungen bedecken die Pflanzen schon bald die Oberseite des Kübels und die Ranken wachsen

Kübelpflanzen im Wintergarten richtig düngen

In meinem großen Wintergarten kultiviere ich etwa 60 Pflanzen in unterschiedlich großen Gefäßen. Viele größere Pflanzen habe ich in Kübel gepflanzt. Obwohl ich alle 14 Tage dünge und die Pflanzen auch bereits mit Eisen behandelt habe, bekommen sie immer wieder gelbe Blätter. Was kann dafür die Ursache sein?

Durch Ferndiagnose ist es schwierig, die Ursache exakt zu ermitteln. Pflanzen zeigen aber im Allgemeinen einen physiologischen Schaden immer zuerst an den Blättern. Die Gelbverfärbung kann verursacht werden durch Mangel an Kernnährstoffen und Spurenelementen, ungünstige Klimaverhältnisse, Staunässe im Wurzelbereich, Schädlingsbefall. Hinsichtlich der Klimaverhältnisse kann die Erscheinung mit zu hoher oder zu niedriger Temperatur, kalter Zugluft oder Lichtmangel zusammenhängen. Zunächst sollte man sich mit den Ansprüchen der einzelnen Pflanzen befassen und dann überlegen, ob sie im Wintergarten alle den richtigen Platz haben. Als Beispiel kann nur angeführt werden, dass eine Düngung mitten im Winter kein Erfolg haben kann, wenn die Pflanzen nicht genügend Licht zur Assimilation, also zur Umwandlung der verabreichten Nährstoffe in Baustoffe, haben. Auch die Temperaturansprüche der Pflanzen können sehr verschieden sein. Manchmal ist es den einen Pflanzen zu warm, den anderen wieder zu kühl.

Ganz wichtig ist auch die Feuchtigkeit im Wurzelbereich. Gerade im Winter werden die Pflanzen oft zu reichlich gegossen. Dann entsteht Luftmangel im Wurzelbereich. Als Folge faulen die Wurzeln ab. Dadurch kann es zu Störungen in der Versorgung mit Wasser und Nährstoffen kommen.

Unter Umständen ist auch der Fehler bei der Verwendung eines falschen Düngers zu suchen. Gute Erfolge erzielt man im Wintergarten eigentlich immer mit einem voll wasserlöslichen mineralischen

über den Rand hinaus. Dadurch wird die direkte Sonnenbestrahlung der Gefäße verhindert und ein günstigeres Klima im Wurzelbereich geschaffen. Möglich wäre auch eine Abschattierung der Gefäße mit anderen Materialien.

Wenn Sie Ihre Kübelpflanzen „unterpflanzen", muss auch das Wasserbedürfnis dieser Arten berücksichtigt werden. Da jetzt mehrere Pflanzen in einem Gefäß gedeihen, ist an warmen Tagen das Wasserbedürfnis meistens auch größer.

Dünger oder Flüssigdünger, der über das Gießwasser den Pflanzen verabreicht wird. Dieser Volldünger sollte nach Möglichkeit mit Spurenelementen versetzt sein.
Es könnte als Ursache auch ein falscher Reaktionsgrad der Erde für die Verfärbung der Blätter verantwortlich sein. Wird zum Gießen sehr kalkhaltiges Leitungswasser verwendet, kann nach einiger Zeit der Reaktionsgrad stark nach oben steigen und bei Säure liebenden Pflanzen die genannten Blattverfärbungen verursachen. Hier könnte man durch eine Bodenuntersuchung Aufschluss über den Nährstoffgehalt und den Reaktionsgrad einer stärker geschädigten Pflanze erhalten.

Kübelpflanzen mit Blattläusen und Weißer Fliege

Einige meiner Kübelpflanzen haben einen klebrigen Belag auf den Blättern. Nun habe ich festgestellt, dass diese Pflanzen von Blattläusen und kleinen, weißen Tierchen, die bei Berührung auffliegen, befallen sind. Eine Nachbarin empfahl mir das umweltschonende Mittel „Neem". Ist eine Anwendung erfolgreich?

Den Befall durch Läuse jeglicher Art signalisiert neben den Tieren selbst der Honigtau, eine klebrige Flüssigkeit, die von allen Läusen ausgeschieden wird. Bei den weißen Tierchen handelt es sich um Weiße Fliegen oder Mottenschildläuse (Aleurodidae), die auch zu den Läusen gerechnet werden. Zur Bekämpfung der Läuse werden verschiedene Präparate angeboten. Relativ neu ist ein natürliches Präparat, das aus Samenextrakten des indischen Neembaumes („neem tree"), der den botanischen Namen *Antelaea azadirachta* führt, gewonnen wird. Es handelt sich dabei um ein immergrünes, tropisches Laubgehölz aus der Familie der Zedrachgewächse (Meliaceae), zu der übrigens auch der Mahagonibaum gehört. Die für den Pflanzenschutz wichtigen Wirkstoffe sind in den olivenähnlichen Früchten enthalten, deren Fleisch essbar ist. Die Kerne enthalten den wichtigen Wirkstoff Azadirachtin. Aus diesem Wirkstoff wird das Handelspräparat „Schädlingsfrei Neem" hergestellt. Es handelt sich dabei um ein reines Naturprodukt, das bei saugenden Schädlingen die Sexualreizkette stört, so dass diese ihre Partnersuche einstellen. Dadurch wird die Eiablage dieser oft sich stark vermehrenden Schädlingen auf unter 10% reduziert. Auch kommt es schon nach kurzer Zeit zu einem Fraß- und Saugstopp, so dass die zunächst überlebenden Tiere verhungern. Das Präparat ist nützlingsschonend und nicht bienengefährlich. In der Regel reichen maximal zwei Behandlungen aus, um einen vollen Erfolg zu erzielen.

Kumquat blüht und fruchtet nicht

Mit Begeisterung kultiviere ich verschiedene Zitrusgewächse. Im Allgemeinen setzen alle Pflanzen immer wieder Blüten und Früchte an. Nur meine Kumquat blüht und fruchtet nicht. Was kann ich tun, damit auch sie Blüten und Früchte ansetzt?

Die Kumquat (*Fortunella margarita, F. japonica*) gehört zur Familie der Zitrusgewächse und ist mit der Zitrone (*Citrus limon*) und Orange (*Citrus sinensis*) sowie ähnlichen Arten nahe verwandt. In Wuchs und Blattform ähnelt die Pflanze am ehesten den Mandarinen.
Die Ansprüche an den Standort sind ebenfalls ähnlich. Den Sommer über sollte die Pflanze an einem sonnigen Standort im Freien aufgestellt werden. Während dieser Zeit muss der Wurzelbereich immer gleichmäßig feucht bleiben. Dagegen müssen Sie die Wassergaben im Winter vorsichtiger dosieren. Wichtig ist, dass die Pflanze auch den Winter über ihr Laub behält.
Die Überwinterung selbst sollte in einem möglichst hellen und sehr kühlen Raum erfolgen. Die Kumquat wird erst eingeräumt, wenn die Temperaturen im Freien knapp unter 0 °C absinken. Der Überwinterungsraum selbst sollte ein Temperatur zwischen 0 und +5 °C aufweisen.
Zum guten Gedeihen der Pflanzen ist, wie bei allen Zitrusgewächsen, das richtige Substrat wichtig. Am besten verwendet man eine ausgesprochene Zitruspflanzenerde, die kalkfrei und relativ sauer ist. Zum Gießen sollte weiches Wasser verwendet werden. Von Vegetationsbeginn im Frühjahr bis etwa Ende September kann das Wachstum durch zusätzliche Düngergaben im Abstand von etwa vier Wochen unterstützt und damit auch die Blütenbildung gefördert werden. Unter günstigen Bedingungen erscheinen die weißen Blüten mit den goldgelben Staubgefäßen im Frühjahr zwi-

schen den Blattachseln. Damit sie sicher Früchte ansetzen, sollten sie von Hand, eventuell mit einem feinen Pinsel, bestäubt werden. Dabei kann man den eigenen Blütenstaub der jeweiligen Blüte verwenden.

Werden Früchte angesetzt, können sie über Monate hinweg an der Pflanze hängen. Wenn sie auch anfänglich relativ schnell wachsen, brauchen sie doch bis zur vollen Reife fast ein Jahr. Wenn sie für den Verzehr gedacht sind, sollte man zuwarten, bis die Früchte von selbst abfallen. Dann haben sie ihren besten Geschmack entwickelt.

Lorbeer überwintern

Ich habe mir einen Lorbeer im Kübel zugelegt. Ist diese Pflanze winterhart und kann ich sie im Freien überwintern?

Der Lorbeerbaum (*Laurus nobilis*) ist im Mittelmeergebiet beheimatet und zählt zu den ältesten Kulturpflanzen. Nördlich der Alpen ist er nicht winterhart. Deshalb muss er vor dem Einsetzen stärkerer Nachtfröste in einen Überwinterungsraum kommen. Leichte Nachtfröste bis – 5 °C werden im Allgemeinen vertragen. Am günstigsten ist ein heller und kühler Überwinterungsraum mit Temperaturen zwischen 0 und +15 °C. Je dunkler der Überwinterungsraum ist, desto niedriger sollten die Temperaturen sein. Gegossen wird nach Bedarf. Staunässe ist auf jeden Fall zu vermeiden. Besonders gut überwintert Lorbeer im kühlen Wintergarten.
Vor dem Einwintern sollten Sie die Blattunterseite auf jeden Fall auf Schildlausbefall kontrollieren. Diese Läuse können sich unter Umständen im WInterquartier weiter vermehren. Beim Einräumen im Herbst deshalb die Blätter mit Wasser, dem etwas Schmierseife und ein Schuss Spiritus zugesetzt wurde, abwaschen.

WUSSTEN SIE, dass vom Lorbeerbaum problemlos einige Blätter abgepflückt und in der Küche zum Würzen von Soßen, Suppen oder Fisch verwendet werden können? Für den Winter sollen die Lorbeerblätter ohne Stiel getrocknet werden. Dabei ist darauf zu achten, dass sie nicht zerbrechen. Sie verlieren sonst ihre Würzkraft.

Lorbeerblätter zum Würzen verwenden?

Ich besitze ein Lorbeerbäumchen. Kann man hiervon einige Blätter abpflücken und zum Würzen in der Küche verwenden?

Tatsächlich werden die Blätter und Triebspitzen des auch bei uns als Kübelpflanze verwendeten Lorbeers (*Laurus nobilis*) in der Küche zum Würzen von Suppen, Soßen, Fisch oder zum Einlegen von Gurken verwendet.
Die Blätter haben einen würzigen Duft und schmecken etwas bitter. Sie enthalten ätherische Öle, Gerb- und Bitterstoffe. Schon im Mittelalter war bekannt, dass Lorbeerblätter appetitanregend wirken. Gerne wurden sie auch als Magenmittel verwendet.
Es ist möglich, von einem Lorbeer die eine oder andere Triebspitze im Sommer frisch zu pflücken. Für den Bedarf im Winter können einige Lorbeerblätter ohne Stiel getrocknet werden. Vorsicht, sie dürfen nicht zerbrechen, da sie sonst ihre Würzkraft verlieren.

WUSSTEN SIE, dass im alten Griechenland die Sieger bei sportlichen Wettkämpfen und erfolgreiche Feldherrn mit einem Lorbeerkranz geehrt wurden? Sicher rührt daher heute noch der weise Spruch: „Man soll sich nicht auf seinen Lorbeeren ausruhen". Andererseits sagt aber auch ein deutsches Sprichwort: „Lorbeer macht nicht satt – besser wer Kartoffeln hat!"

Margeriten-Hochstamm überwintern

Ich besitze einen neuen Margeriten-Hochstamm, der sich sehr gut entwickelt hat und bis zum Herbst reich blühte. Wie kann ich dieses Stämmchen am besten überwintern?

Margeriten-Hochstämme (*Argyranthemum frutescens*) zählen zu den beliebtesten, sommerblühenden, aber nicht winterharten Kübelpflanzen. Die Überwinterung ist nicht ganz einfach. Sie gelingt, wenn bestimmte Voraussetzungen erfüllt werden können.
Zunächst ist es sinnvoll, die Triebe beim Einräumen in das Winterquartier um etwa 1/3 bis 1/2 zurückzuschneiden, um die Wasserverdunstung einzudämmen. Oft kommt es im Winter zu Schäden, wenn die Pflanzen durch ihre Ruhezeit zu wenig Wasser aufnehmen. Als Winterquartier ist ein möglichst heller und kühler Raum erforderlich. Ideal wäre ein Wintergarten oder ein Kleingewächshaus. Ansonsten kommt ein heller Platz im Treppenhaus, eine Garage mit Fenster in Frage. Die Temperaturen sollten sich zwischen 5 bis 12 °C bewegen. Aufgrund der niedrigen Temperaturen muss nur wenig gegossen werden. Oft genügt ein Gießen im Abstand von etwa zwei bis drei Wochen. Staunässe ist gefährlich, da Wurzeln schnell in Fäulnis übergehen.
Nach der Überwinterung, also etwa Ende März oder Anfang April, wird die Krone des Bäumchens nochmals in Form geschnitten und über Winter abgestorbene Zweige entfernt. Verpflanzt wird ebenfalls im Frühjahr.

Neben der weiß blühenden Margerite gibt es auch gelb blühende Sorten. Sie alle gehören zu der Art *Argyranthemum frutescens*. Eine sehr nahe Verwandte ist die ebenfalls leuchtend gelb blühende Margerite *Euryops athanasiae*. Sie ist eine prächtige Kübelpflanze und wird in ähnlicher Weise gepflegt und überwintert wie die Strauchmargerite.

Mottenkönig pflegen und überwintern

Im Frühjahr habe ich einige Pflanzen vom Mottenkönig (Harfenstrauch) gekauft. Wie muss ich diese Pflanzen pflegen, kann ich sie auch überwintern und vertreiben die Blätter tatsächlich die Motten aus dem Kleiderschrank?

Der Mottenkönig (*Plectranthus*) ist eigentlich schon eine sehr alte Pflanze. Die Gattung ist sehr artenreich und kommt hauptsächlich in tropischen und subtropischen Gebieten Afrikas, Asiens und Australiens vor. Vor einigen Jahren hat man *Plectranthus coleoides* 'Marginatus' wiederentdeckt; eine Pflanze mit langen Trieben und grünen, gelb panaschierten Blättern. Sie wird gerne für Balkonkästen und Ampeln verwendet. Unter günstigen Bedingungen kann sie im Laufe des Sommers Ranken von 2 m Länge und mehr ausbilden.
Die Pflegebedingungen sind einfach. Normale Komposterde, etwas mit Sand versetzt, reicht aus. Auch kann jede normale Blumenerde verwendet werden. Während des Sommers ist reichlich zu wässern und zu düngen. Vorsicht, die Pflanze hat einen starken Ausbreitungsdrang und kann

schwächere, andere Sommerblumen in unmittelbarer Nähe unterdrücken.
Ob eine Überwinterung gelingt, ist vom jeweiligen Standort abhängig. Am besten ist es, wenn man eine solche Pflanze an einem sehr hellen Platz bei kühlen Temperaturen überwintert (um 10 bis 12 °C). Ein Platz im Wintergarten oder im mäßig temperierten Kleingewächshaus ist natürlich besonders ideal. Jedoch kann man einmal eine andere Möglichkeit ins Auge fassen. Schneidet man im Sommer einige Stecklinge und bewurzelt sie in Torf und Sand, ist es leichter, diese Kleinpflanzen am hellen Fenster eines kühlen Zimmers zu überwintern. So hat man im Frühjahr nach ein- bis zweimaligem Stutzen schöne Jungpflanzen, die sich im Sommer wieder kräftig entwickeln.

Tatsächlich wird behauptet, dass die stark riechenden Blätter Motten und Fliegen vertreiben sollen. Es gibt jedoch noch eine zweite Art, *P. fruticosus*, bei der es sich um den eigentlichen Mottenkönig handelt, da sie besonders stark riechende Blätter ausbildet. Der Geruch ist nach dem Zerreißen der Blätter noch stärker. Diese Pflanze wird gelegentlich für eine Kultur auf dem Fensterbrett angeboten.

Oleander mit Schildläusen

Im April habe ich meinen Oleander aus dem Winterquartier geholt. Nun stelle ich fest, dass er voller Schildläuse ist. Sie sitzen gedrängt auf der Blattunterseite und sondern einen klebrigen Saft ab. Außerdem sind schon viele Blätter gelb oder braun verfärbt. Was kann ich tun, um die Kübelpflanze zu retten?

Befall von Schildläusen (Coccina) an Oleander (*Nerium oleander*) ist weit verbreitet. Wahrscheinlich wurde die Kübelpflanze bereits mit Schildläusen ins Winterquartier gebracht. Dort haben die Tiere günstige Temperaturverhältnisse vorgefunden und sich über Winter weiter vermehrt. Die klebrige Flüssigkeit ist so genannter „Honigtau". Es handelt sich dabei um Ausscheidungen der Läuse.
Normalerweise sollte man empfindliche Topf- und Kübelpflanzen immer wieder auf Schildlausbefall untersuchen. Stellt man einige Tiere fest, können sie leicht durch Abwaschen oder vorsichtiges Abheben mit einem Holzstäbchen und anschließendem Abwaschen beseitigt werden. Da der geschilderte Fall sehr stark ist, wird man die Läuse durch eine solche mechanische Bekämpfung nicht mehr beseitigen können. Hier hilft sicher nur noch der Einsatz eines zugelassenen Pflanzenschutzmittels. Bewährt haben sich Mittel auf der Basis von Mineral-, Paraffin- oder Rapsöl.
Durch den öligen Spritzbelag werden die Atemöffnungen der Tiere verschlossen, so dass sie ersticken. Für die Anwendung bei hartlaubigen Zierpflanzen in Büro- und Wohnräumen, Kleingewächshaus und Wintergarten gibt es derartige Präparate auch im praktischen Pumpspray. Die Mittel sind anwendungsfertig und können direkt ausgebracht werden.

Oleander mit Woll- und Schmierläusen

Mein Oleander auf dem Balkon ist voller weißer Läuse. Was kann ich tun, damit diese Plage ein Ende nimmt?

Es handelt sich bei Ihrem Oleander (*Nerium oleander*) bestimmt um einen Befall durch Woll- und Schmierläuse (Coccina). Diese Läuse sind wohl dunkel gefärbt, überziehen ihren Körper aber mit einem dichten Geflecht aus weißen Wachsfäden, unter deren Schutz sie leben.
Bei einem geringen Befall sollte man den Busch mit einem scharfen Wasserstrahl abspritzen. Meistens ist damit die Gefahr schon gebannt. Jedoch sollte man die Pflanzen genau beobachten, da vielleicht doch nicht alle Tiere abgespült wurden, so dass ein Neubefall möglich ist.
Bei einem starken Befall kann ein zugelassenes Pflanzenbehandlungsmittel verwendet werden. Die Anwendung sollte genau nach Gebrauchsanweisung erfolgen. Außerdem ist die Behandlung auf die befallenen Pflanzenteile zu beschränken.

Wenden Sie diese Mittel am besten außerhalb der Flugzeit der Insekten, also morgens oder abends an. Außerdem sollten andere blühende Pflanzen möglichst nicht getroffen werden. Ein sorgsamer Umgang mit allen zugelassenen Pflanzenbehandlungsmitteln ist unbedingt zu empfehlen.

Oleander überwintern

Seit vielen Jahren besitze ich einen Oleander. In diesem Jahr hat er Früchte angesetzt, soll ich sie wegschneiden? Wie soll ich die Pflanze überwintern und wie oft im Winterquartier gießen?

Die Früchte des Oleander (*Nerium oleander*) können auf jeden Fall entfernt werden, da sie der Pflanze nur unnötige Reservestoffe entziehen. Vorsicht, alle Pflanzenteile sind giftig, also auch Früchte und Samen. Deshalb diese keinesfalls Kindern zum Spielen geben.

Überwintert wird der Oleander am besten in einem möglichst hellen, kühlen Raum. Ideal ist ein Wintergarten. Der beste Temperaturbereich liegt zwischen +3 und 15 °C. Gießen Sie nach Bedarf, wobei die Häufigkeit von der Raumtemperatur abhängt. In kühlen Räumen genügt oft ein Abstand von drei bis vier Wochen. In einem weniger hellen Raum sollte äußerst sparsam gegossen werden.

Vor dem Einräumen ins Winterquartier sollten die Blätter genau kontrolliert werden, da die Pflanzen oft Schildläuse (Coccina) haben. Sie vermehren sich ansonsten im Winterquartier weiter. Am besten wäscht man die Pflanzen vor dem Einwintern ab. Dem Wasser kann etwas Schmierseife (2 bis 3 % = 20 bis 30 g/l Wasser) und einen Schuss Spiritus als Lösungsmittel zugesetzt werden.

Oleander umtopfen

Ich habe schon einige Jahre einen Oleander. Sicher muss ich diesen Strauch einmal umtopfen. Wann ist der beste Zeitpunkt und welche Erde muss ich verwenden?

Ältere Oleandersträucher (*Nerium oleander*) brauchen nicht jährlich umgetopft zu werden. Es genügt ein Abstand von mehreren Jahren. Der beste Zeitpunkt für diese Maßnahme ist das Frühjahr.

Verwendet wird eine lehmig-humose Erde, die man gut selbst aus Kompost, Rindenhumus oder einem ähnlichen Humussubstrat und etwas Sand zusammenmischt. Hat man den Oleander aus dem alten Gefäß herausgenommen, wird der meistens verfilzte Wurzelballen mit einem Holz oder Messer aufgelockert, damit die Pflanze angeregt wird, neue Wurzeln zu bilden. Weitere Besonderheiten sind sonst nicht zu beachten.

Beachten Sie beim Hantieren mit dem Oleander, dass die Pflanze in allen Teilen giftig ist. Keinesfalls sollte Saft aus Blättern und Trieben mit Wunden in Berühung kommen. Auch sollten Blätter oder Samen nicht in den Mund gesteckt oder Saft in die Augen kommen. Da beim Umpflanzen meistens auch Blätter, vielleicht auch kleinere Zweige abbrechen, sollte man nach getaner Arbeit die Hände gründlich reinigen. Verantwortlich für die Giftigkeit des Oleanders sind Glykoside, z. B. Oleandrin. Diese Stoffe haben eine typische Digitaliswirkung und beeinflussen besonders die Herztätigkeit. Als Vergiftungserscheinungen kommen Übelkeit, Kopfschmerzen, Erbrechen und Durchfall in Frage.

Oleander zurückschneiden

Ich besitze einen großen Oleander, der früher einmal in einen großen Topf gepflanzt wurde. Nun ist die Pflanze zu groß und zu breit geworden. Kann ich Triebe wegschneiden, damit der Oleander überhaupt „durch die Türe geht"?

Oleander (*Nerium oleander*) kann beschnitten werden. Meistens reicht es aus, wenn die ältesten und längsten Zweige kurz über der Erde entfernt werden. Es bilden sich dann neue Triebe, die wieder sehr blühwillig sind. Es ist aber auch möglich, im Spätwinter oder zeitigen Frühjahr vorjährige Triebe ohne Blütenansätze etwas zurückzuschneiden. Dadurch wird ein buschiger Wuchs der Krone erzielt.

Haben junge Triebe zum ersten Mal geblüht, sollten diese im Herbst nicht abgeschnitten werden. Am gleichen Blütenstand können sich im zweiten Jahr erneut Blüten bilden.

Orangenbäumchen im Wintergarten mit gelben Blättern

Mein Orangenbäumchen hat sich im Wintergarten recht gut entwickelt und anfänglich sogar zwei Orangen-Ernten im Jahr ermöglicht. Nun werden die Blätter der Pflanze gelb. Was kann ich tun, damit sich die Pflanze weiterhin gut entwickelt?

Orangenbäumchen (*Citrus sinensis*) fühlen sich normalerweise im luftigen Wintergarten recht wohl. Den Sommer über kann die Pflanze aber auch an einem geschützten, luftigen, sonnigen Platz im Garten oder auf dem Balkon aufgestellt werden. Über Winter sollten die Temperaturen idealerweise zwischen 5 und 10 °C liegen.
Während der Vegetationsperiode ist reichlich Feuchtigkeit erforderlich, im Winter muss besonders bei kühlem Stand sparsam gegossen werden, da sonst Wurzelfäule auftritt.
Ist ein Pflegefehler (Staunässe im Wurzelbereich) ausgeschlossen, kann für die gelben Blätter ein zu hoher Reaktionsgrad des Substrats in Frage kommen. Zitrusbäumchen lieben einen sauren Reaktionsgrad von pH 4 bis 5,5. Wird das Orangenbäumchen häufig mit kalkhaltigem Wasser gegossen, erhöht sich der pH-Wert. Dadurch können manche Mikronährstoffe, vor allem, im Boden festgelegt werden. Sie sind dann für die Pflanze nicht mehr aufnehmbar.
Zunächst einmal kann versucht werden, mit einem gut löslichen Eisenpräparat (z. B. Fetrilon, Optifer, Sequestren) die Pflanze zur Aufnahme anzuregen. Im Bedarfsfall sollte das Orangenbäumchen auch umgepflanzt und in eine frische Erde mit saurem Milieu eingepflanzt werden. Durch die Verwendung von saurem Hochmoor-Weißtorf kann der Reaktionsgrad einer Erdmischung auf den richtigen pH-Wert eingestellt werden.

Orangenbäumchen setzt keine Früchte an

Wir haben ein sehr schönes Orangenbäumchen, das jetzt wieder reich blüht. Was kann man anstellen, dass die Blüten befruchtet werden und es wieder kleine Orangen gibt?

Auf jeden Fall sollte einmal versucht werden, Blütenstaub von Blüte zu Blüte zu übertragen. Mit einem feinen Pinsel wird der Pollen auf die Narbe anderer Blüten übertragen. Diese Bestäubung erfolgt am besten zwischen 11 und 14 Uhr, da um diese Tageszeit meistens der Pollen reif und trocken ist. Diesen Vorgang sollte man über mehrere Tage wiederholen, da nicht immer zur gleichen Zeit alle Narben reif, also für die Pollen aufnahmefähig sind. Unter günstigen Bedingungen müsste nach einer solchen Bestäubung die Befruchtung stattfinden und sich anschließend Orangenfrüchte ausbilden.

Neben der eigentlichen Orange (*Citrus sinensis*) wird im Zimmer auch gerne die Calamondin-Orange kultiviert. Es handelt sich dabei um einen Gattungsbastard zwischen *Citrus* und *Fortunella*. Sie wird auch unter den botanischen Bezeichnungen × *Citrofortunella mitis*, *Citrus mitis* oder *C. microcarpa* angeboten. Der Vorteil dieser etwas schwach wüchsigeren Pflanzen ist, dass sie ohne Bestäubung das ganze Jahr über kleine Früchte mit einem Durchmesser von etwa 3 cm ausbilden. Sie sind sehr sauer und deshalb nicht genießbar.

Orangenbäumchen umpflanzen

Ich besitze ein wunderschönes Orangenbäumchen, das voller Früchte hängt. Jetzt werden aber immer mehr Blätter gelb und fallen ab. Sicher muss ich es einmal umtopfen. Wann ist der günstigste Zeitpunkt zum Verpflanzen?

Normalerweise können Orangenbäumchen (*Citrus sinensis*) mehrere Jahre ohne Umpflanzen kultiviert werden. Wichtig ist nur, dass sie während der Hauptwachstumszeit im Sommer ausreichend gewässert und gedüngt werden. Meistens reicht es aus, wenn sie alle drei bis fünf Jahre verpflanzt werden. Es gibt sogar alte Exemplare in großen Kübeln, die sogar schon zehn Jahre im gleichen Gefäß stehen.
Sollte umgepflanzt werden, so ist die günstigste Zeit das Frühjahr, in den Monaten März oder April. Zum Umpflanzen ist eine mittelschwere Erde günstig. Man kann sie aus Kompost, etwas Sand und Hochmoorweißtorf selbst zusammenmischen. Der Torf ist günstig, da die Pflanzen ein saures Substrat bevorzugen.

Manchmal bekommen die Sträucher aus der Gattung *Citrus* gelbe Blätter, wenn der Boden zu kalkhaltig ist. Man spricht dann von Chlorose. Verursacht wird diese Chlorose durch einen Mangel an Eisen, das unter Umständen durch den Kalk festgelegt wurde. Diesen Eisenmangel kann man relativ rasch beheben, wenn man die Pflanze mit einem Spezialpräparat angießt. Dieses ist auch in Kleinmengen in einem Fachgeschäft unter der Bezeichung Eisenchelat erhältlich.

Papyrusstaude für den Wintergarten?

Verhältnismäßig viel Glück habe ich mit der Kultur des Zyperngrases. Jetzt habe ich gehört, dass die echte Papyrusstaude zur gleichen Pflanzengattung zählt. Kann ich diese auch im Zimmer oder Wintergarten kultivieren?

Die Papyrusstaude (*Cyperus papyrus*) gehört zur gleichen Gattung, stellt jedoch in der Kultur deutlich höhere Ansprüche als das pflegeleichte Zyperngras (*Cyperus alternifolius*). Auch wächst die Pflanze stark in die Höhe, mit Halmlängen von zum Teil über 200 cm. Am oberen Ende dieser Halme entwickelt die Pflanze einige Hochblätter und ein dichtes Büschel fadenartiger, herabhängender, 10 bis 25 cm langer Blätter.
Die Lichtansprüche sind mit denen des Zyperngrases zu vergleichen. Ähnlich ist es mit der Feuchtigkeit. Die Papyrusstaude benötigt ebenfalls sehr viel Feuchtigkeit. Anders ist es jedoch mit der Temperatur. Während das Zyperngras durchaus niedrige Temperaturen verträgt, braucht *Cyperus papyrus* eine Mindesttemperatur von 16 bis 18 °C. Sicher ist es denkbar, in einem entsprechend temperierten Wintergarten auch einen guten Erfolg mit der Papyrusstaude zu erzielen.

WUSSTEN SIE, dass die Gattung *Cyperus* sehr umfangreich ist? Man kennt etwa 600 verschiedene Arten, die in tropischen und subtropischen Gebieten, in Sümpfen und an Ufern beheimatet sind. Die echte Papyrusstaude, *Cyperus papyrus*, diente im alten Ägypten zur Herstellung der Papyrusrollen.

Petunien blühen nur mit wenigen großen Blüten

Auf dem Markt habe ich im Frühjahr Petunien-Setzlinge gekauft, die prächtige, große Blüten hatten. Die Pflanzen sind den Sommer über sehr gut gewachsen, hatten aber immer nur wenige, große Blüten. Auf den Balkonen und Terrassen in der Umgebung sah ich aber Petunien, die überreich mit Blüten besetzt waren. Habe ich in der Kultur etwas falsch gemacht, obwohl ich immer reichlich gegossen und ab und zu auch gedüngt habe?

Sicher liegt kein Kulturfehler vor. Wahrscheinlich haben Sie Petunien aus der so genannten *Petunia-Grandiflora*-Gruppe ausgewählt, die sich durch ihre großen, imposanten Blüten auszeichnen. Alle Sorten aus dieser Gruppe sind jedoch nicht so blühwillig wie die Petunien-Sorten der *P.-Multiflora*-Gruppe. Während „Grandiflora-Petunien" großblumig sind, sind die Blüten der „Multiflora-Petunien" kleiner, dafür blühen die Pflanzen aber sehr viel reicher. Bei gleicher Pflege kann also mit einem reicheren Blütenflor gerechnet werden, wenn Sie „Multiflora-Petunien" auswählen.
Im Übrigen sollte noch beachtet werden, dass Petunien besonders reich blühen, wenn sie an einem geschützten, vollsonnigen Standort stehen. Je schattiger ihr Standort ist, umso mehr lässt der Blütenflor zu wünschen übrig.

Seit einigen Jahren gibt es neue Petunien-Sorten, die unter dem Sammelbegriff „Floribunda-Petunien" geführt werden. Diese neuen Sorten sind in der Blüte größer als die „Multiflora-Petunien", zeichnen sich aber durch die gleiche Reichblütigkeit aus. Vielleicht sollten Sie im kommenden Jahr einmal einen Versuch mit diesen Petunien machen.

Prinzessinnenblume richtig überwintern und kultivieren

Ich habe im Frühjahr eine Prinzessinnenblu me erstanden. Sie hat das ganze Jahr über in voller Sonne reich geblüht und soll nun überwintert werden. Welche Ansprüche dieser für mich seltenen Pflanzen müssen erfüllt werden, damit sie gut durch den Winter kommt und sich im kommenden Jahr wieder gut entwickelt und reich blüht?

Die Prinzessinnenblume (*Tibouchina urvilleana*) ist ein aus Brasilien stammendes Gehölz, das an einem sonnigen Standort reichlich Blüten ansetzt. Leider hält die Einzelblüte je nach Temperatur nur einen bis vier Tage.
Jetzt im Spätherbst erfolgt die Überwinterung. Sie muss in einem hellen und kühlen Raum bei Temperaturen zwischen 5 und 15 °C erfolgen. Ein dunkler Überwinterungsraum ist nicht geeignet. Im Frühjahr können die letztjährigen Triebe zurückgeschnitten werden, da sich sonst die Pflanze sehr schlecht verzweigt. Ein Rückschnitt in das mehrjährige Holz wird nicht gut vertragen, da sich am alten Holz keine entwicklungsfähigen Knospen befinden. Sobald es die Witterung erlaubt, kommt die Pflanze ins Freie. Ein vollsonniger Standort ist wichtig, da die Blütenbildung von der Lichtmenge und der Wärme abhängig ist. An einem schattigen Standort muss mit Laubfall gerechnet werden. Wichtig ist während der Vegetationszeit, dass reichlich gewässert wird und immer wieder der Nährstoffbedarf durch eine Flüssigdüngung gedeckt wird. Möglichst mit weichem Wasser oder Regenwasser gießen. Umgetopft wird im Abstand von ein bis zwei Jahren im Frühjahr in eine spezielle Kübelpflanzenerde, die einem möglichst hohen Anteil an mineralischen Bestandteilen aufweist (z. B. Sand, Tuffe, Blähton).

Rosen im Topf im Garten überwintern

Zum Schmuck meiner Terrasse kultiviere ich einige Rosen, auch ein Hochstämmchen, in größeren Pflanzgefäßen. Wie kann ich diese Topfrosen am besten im Garten überwintern, damit sie sich im kommenden Jahr wieder gut entwickeln und üppig blühen?

Eine Überwinterung von Topfrosen im Garten ist eigentlich problemlos möglich. Am einfachsten ist es, wenn an einer geschützten Stelle eine größere Grube ausgehoben und die Gefäße dort in ein lockeres Humusmaterial eingesenkt werden. Dabei sollte, vor allem bei Buschrosen, auch die Veredelungsstelle an der Basis mit Substrat abgedeckt

werden. Bei der Hochstammrose ist es empfehlenswert, gleichzeitig die Krone durch Einbinden von Fichtenreisig vor Frostschaden zu schützen. Diese Pflanze kann aber auch schräg gelegt und die Krone ebenfalls mit Humusmaterial bedeckt werden. Ein Schutz der Krone ist sinnvoll, da sich die Veredelungsstelle für die Edelsorte am oberen Stammende befindet.
Eine weitere Möglichkeit wäre, die Pflanzgefäße zum Beispiel in Gemüsekisten einzustellen und die Gefäße samt der Basis der Pflanzen mit trockenem Herbstlaub zu umgeben und das Ganze mit einer Sackleinwand abzudecken. Auch dieser Frostschutz reicht meistens aus, damit die Rosen gut durch den Winter kommen.

Je nach Standort kann im Laufe des Winters der Wurzelballen gelegentlich stark austrocknen. Um einen Trockenschaden, also keinen Frostschaden, zu vermeiden, sollten die Pflanzen gelegentlich kontrolliert und bei Bedarf bei milder Witterung etwas gegossen werden.

Rosenholzbaum zurückschneiden

Mein Rosenholzbaum hat sich sehr schnell entwickelt und hat nun eine Höhe von etwa 180 cm erreicht. Kann ich die Pflanze stutzen, damit sie nicht zu hoch wird?

Wahrscheinlich handelt es sich um *Jacaranda mimosifolia*, ein gerne als Zimmer- oder Wintergartenpflanze kultiviertes Gehölz. Hat man einen günstigen Standort, ist es möglich, die Triebspitze in einer gewissen Höhe zu entfernen. Dadurch entstehen aus „schlafenden" Augen mehrere Austriebe, die später auch wieder pinziert werden können. So kann man bei dieser Pflanze eine hübsche Krone erzielen, die einer Kugelakazie ähnlich sieht. Natürlich gehören dazu etwas Fingerspitzengefühl und ideale Standortbedingungen. Ideal ist natürlich ein heller Standort, möglichst im Wintergarten. Die Pflanze sollte mindestens drei Stunden täglich direktes Sonnenlicht erhalten. Kultiviert werden kann bei üblichen Zimmertemperaturen. Im Winter wird eine Ruheperiode eingehalten. In dieser Zeit liegt die günstigste Temperatur zwischen 15 und 16 °C.
Wie bei vielen anderen Pflanzen wird während der Hauptwachstumszeit im Frühsommer und Sommer normal gewässert. Doch kann die oberste Erdschicht durchaus auch einmal abtrocknen. Während der winterlichen Ruheperiode gießt man nur so viel, dass der Ballen nicht austrocknet. In der Hauptwachstumszeit kann die Pflanze alle zwei Wochen mit einem handelsüblichen Flüssigdünger zusätzlich ernährt werden.
Muss der Rosenholzbaum umgetopft werden, erfolgt dies am besten im Frühjahr. Zur gleichen Zeit werden am besten auch die notwendigen Schnittarbeiten ausgeführt.

WUSSTEN SIE, dass es sich beim Rosenholzbaum eigentlich um den Palisander handelt, ein Gehölz, aus dem wertvolle Möbelstücke hergestellt werden? Dafür geeignet sind die beiden *Jacaranda*-Arten *J. mimosifolia* und *J. brasiliensis*. Es handelt sich dabei in der Natur um einen Baum, der über 15 m hoch wird. Er ist in Argentinien beheimatet. Heute wird dieses Gehölz in wärmeren Gebieten gerne als Straßenbaum und in Gärten verwendet. Dort erfreuen sie die Menschen auch durch die wunderschönen röhrenförmigen, malvenfarbigen Blüten, die in einem auffallenden Blütenstand ausgebildet werden. Bei uns kommen bei einem idealen Standort gelegentlich ältere Exemplare zum Blühen.

Rosmarinbäumchen überwintern

Ich habe schon ein sehr schön gewachsenes Rosmarinbäumchen, das ich jetzt sicher durch den Winter bringen will. Unter welchen möglichst idealen Bedingungen kann ich diese schöne Pflanze überwintern?

Rosmarin (*Rosmarinus officinalis*) kann unter günstigen Voraussetzungen gut überwintert werden. Benötigt wird ein helles und luftiges Winterquartier. Ideal sind Temperaturen zwischen 5 und 10 °C. Am besten ist für die Überwinterung natürlich ein entsprechend temperierter Wintergarten. Ansonsten sollte ein Standort am hellen Fenster ausgewählt werden.
Eingeräumt wird der Rosmarin etwa Ende Oktober. Leichte Minusgrade werden noch vertragen. Während der Überwinterung wird die Pflanze etwas trockener gehalten als im Sommer. Achtung: Staunässe im Wurzelbereich wirkt sich sehr schädlich aus.

In sehr günstigen Lagen ist auch eine Überwinterung im Freien möglich. Doch sollte hier die Pflanze vor Sonne, Frost und zu hoher Verdunstung durch eine Umhüllung mit Reisig geschützt werden. Sicherer ist immer eine Überwinterung im kühlen, hellen, geschützten Raum.

Schmucklilie blüht nach dem Verpflanzen nicht

?

Anfang März habe ich meine große, überwinterte Schmucklilie geteilt und in frische Erde gepflanzt. Diese Teilpflanzen haben in diesem Jahr nicht oder vereinzelt nur ganz spärlich geblüht. Habe ich etwas falsch gemacht und was muss ich tun, damit diese Pflanzen im kommenden Jahr wieder so üppig blühen, wie die „Mutterpflanze" vor der Teilung?

!

Das Teilen und Umpflanzen einer älteren Schmucklilie (*Agapanthus praecox*) ist immer die beste Vermehrungsart. Ideal ist es, wenn diese Vermehrung im April durchgeführt wird, da die Pflanze im Winter während der Ruhezeit bereits die neuen Blühanlagen für das kommende Vegetationsjahr ausbildet. Es kann nun allerdings sein, dass diese Ausbildung der neuen Blühanlagen durch das etwas frühe Aufteilen unterbrochen wurde. Andererseits ist es sehr wichtig, bei der Teilung die fleischigen Wurzelkronen und Wurzeln möglichst weitgehend zu schonen. Nur dann ist ein rasches An- und Weiterwachsen im neuen Topf gewährleistet.

Im Allgemeinen dauert es aber etwa zwei Jahre, bis sich geteilte Schmucklilien im neuen Gefäß etabliert haben und wieder einen reichen Blütenflor ansetzen. Voraussetzung ist allerdings, dass alle Pflegemaßnahmen optimal durchgeführt werden. Das bezieht sich vor allen Dingen auf das Gießen und die zusätzliche Ernährung. *Agapanthus* brauchen im Sommer viel Nahrung und Wasser, während sie im Winter spärlicher gegossen werden müssen. Zum Überwintern sind Temperaturen in einem sehr hellen Raum von 8 bis 10 °C ideal, in einem dunkleren Raum 5 bis 8 °C. Die neuen blühenden Anlagen werden während dieser Überwinterung bei Temperaturen unter 15 °C angelegt.

Vanilleblume bekommt gelbe Blätter

?

Sehr gerne kultiviere ich Vanilleblumen im Balkonkasten. In diesem Jahr bekommen sie trotz sorgsamer Pflege gelbe Blätter. Was kann die Ursache sein?

!

Es ist immer schwierig, durch Ferndiagnose einen Schaden an Pflanzen festzustellen und Empfehlungen zur Abhilfe zu geben. Gelbe Blätter sind oft ein Zeichen von Nährstoffmangel, gerade bei Balkonpflanzen im Sommer. Auch Staunässe im Boden kann die Ursache sein. Allerdings können die gelben Blätter der Vanilleblume (*Heliotropium*) auch durch Schädlinge verursacht werden. Blattläuse (Aphididae), Weiße Fliege (Aleurodidae) und vor allem Spinnmilben (Tetranychidae) schädigen diese Pflanze häufig, während Krankheiten seltener auftreten. Gerade das Gelbwerden der Blätter kann auf einen Befall durch Spinnmilben hinweisen. Die nur 0,5 mm großen Tierchen sitzen meistens auf der Blattunterseite und saugen mit ihren stechend-saugenden Mundwerkzeugen den Saft aus den Zellen der Blätter. Im Balkonkasten können Spinnmilben problemlos und umweltfreundlich mit einem nicht bienengefährlichen Neem-Präparat bekämpft werden.

Veilchenstrauch richtig schneiden und pflegen

?

Im letzten Jahr habe ich mir einen Veilchenstrauch gekauft, der sich gut entwickelte und üppig blühte. Nun ist er noch im Winterquartier und soll aber auf das kommende Vegetationsjahr gut vorbereitet werden. Welche Pflegemaßnahmen sind zu beachten, wann und wie wird die kräftig entwickelte Krone geschnitten?

!

Der Veilchenstrauch (*Iochroma cyaneum*) gehört momentan zu den beliebten Kübelpflanzen, die unter günstigen Bedingungen von Mai bis zum Frosteinbruch blühen. Während der Vegetationszeit ist ein sonniger Standort ideal, wobei die Pflanze aber während der heißen Mittagsstunden im Hochsommer vor allzu viel Sonne ebenso geschützt werden muss wie vor zu starkem Wind. Der Wasserbedarf im Sommer ist hoch, doch sollte

die Erde zwischen den Wassergaben oberflächlich immer abtrocknen.
Während der Vegetationszeit wird wöchentlich einmal mit einer 0,2%-igen Volldüngerlösung gegossen (2 g oder ml Dünger/Liter Wasser). Ist die Erde im Frühjahr mit einem Langzeitdünger versorgt worden, muss die flüssige Nachdüngung dem Nährstoffvorrat angepasst werden. Im Allgemeinen rechnet man mit 3 g Langzeitdünger pro Liter Erdsubstrat, verabreicht etwa im Mai.
Die Überwinterung erfolgt hell bei mindestens 10 °C. Bei Temperaturen unter 5 °C verliert die Pflanze den größten Teil der Blätter. Umgetopft wird nach ein bis zwei Jahren im Frühjahr in eine lockere, strukturstabile Kübelpflanzenerde. Zurückgeschnitten werden die letztjährigen Triebe im Frühjahr auf zwei bis drei Blattpaare. Selbst ein Rückschnitt in das mehrjährige Holz wird gut vertragen. Diese Schnittmaßnahmen sind erforderlich, um einen buschigen Aufbau der Krone zu erzielen.

Veltheimie blüht im Winter

Vor einiger Zeit erhielt ich eine Veltheimie. Diese Pflanze soll normalerweise im Winter blühen. Jetzt im Januar zeigt sie aber nur Blätter. Habe ich etwas falsch gemacht und wie kann ich diese Pflanze zum Blühen bringen?

Die am häufigsten kultivierte Art ist *Veltheimia bracteata*. Diese Pflanze blüht normalerweise ab Mitte Dezember oder Januar bis Ende Februar oder Anfang März. Ganz wichtig ist, dass dieses Liliengewächs von Anfang Mai bis Ende August eine ausgesprochene Ruhezeit durchmacht. Während dieser Zeit stirbt das Laub völlig ab. Die Zwiebeln werden möglichst im Garten, auf der Terrasse oder auf dem Balkon an einem hellen, sonnigen Platz völlig trocken gehalten.
Erst Ende August oder Anfang September setzt wieder der Neuaustrieb ein. Zu diesem Zeitpunkt können die Zwiebeln auch in eine mittelschwere, mit Lehm durchsetzte Gartenerde gepflanzt werden. Etwas Sand sorgt für den Wasserabzug. Man kann immer eine Zwiebel in einen Topf pflanzen. Oft werden jedoch zwei oder drei Zwiebeln zusammen in ein größeres Gefäß gepflanzt. Beim Pflanzen achte man darauf, dass etwa ein Drittel der Zwiebel aus der Erde herausschaut.
Aufgestellt wird die Pflanze an einem hellen Platz in einem kühlen Raum. Es reichen 10 bis 12 °C völlig aus.
Nun kann es sein, dass vielleicht Ihre *Veltheimia* keine ausgesprochene Ruhezeit durchgemacht hat bzw. in einem zu warmen Raum aufgestellt war. Dadurch ist es möglich, dass die Pflanze aus ihrem Rhythmus gerät und nicht zum Blühen kommt.

Beim Umtopfen kann man kleine Brutzwiebeln, die sich am Zwiebelboden befinden, ablösen und in kleine Töpfchen pflanzen. Aus diesen kleinen Zwiebeln entwickeln sich nach zwei bis drei Jahren blühfähige Veltheimien.

Wandelröschen umpflanzen

Im Herbst habe ich meine Wandelröschen im Garten ausgegraben und eingetopft. Zunächst standen die Pflanzen alle sehr gut, jetzt welken die Triebe. Was ist wohl die Ursache?

Durch das Ausgraben der Wandelröschen (*Lantana camara*) im Herbst haben sie sicher viele Wurzeln verloren. Sie müssen jetzt im Pflanzgefäß zuerst neue Wurzeln bilden. Nun kann es vorkommen, dass durch hohe Wassergaben (Staunässe) die Wurzelneubildung unterbunden wird, vorhandene Wurzeln abfaulen. Deshalb sind frisch eingetopfte Pflanzen sehr vorsichtig zu gießen. Erst nach einer gewissen Einwurzelzeit können Wassergaben in normaler Höhe verabreicht werden.
Zunächst sollte auf jeden Fall geprüft werden, ob diese Diagnose richtig ist. Die Pflanzen werden ausgetopft, der Wurzelballen kontrolliert. Sind tatsächlich schwarze Wurzeln festzustellen, muss der Wurzelballen vorsichtig ausgeschüttelt und die Pflanzen in frische Erde eingetopft werden. Alle schwarzen Wurzeln sind vorher vollständig zu entfernen. Wählen Sie lockere, humose, luftdurchlässige Erde. Anschließend sind die Pflanzen nur mäßig feucht zu halten. Durch diese Behandlung können Pflanzen meistens gerettet werden. Sollten sie sich nicht mehr erholen, ist eine Weiterkultur und Überwinterung ausgeschlossen.

Wandelröschen umtopfen

Ich besitze ein schönes Wandelröschen-Hochstämmchen, das ich sicher einmal umtopfen muss. Nun steht es bereits in einem relativ großen Topf. Muss ich einen noch größeren Kübel nehmen oder kann ich die Pflanze mit frischer Erde wieder in den gleichen Topf zurücksetzen?

Die Größe des Hochstämmchens und das Gefäß sollten einen harmonischen Gesamteindruck vermitteln. Je größer der Topf, um so mehr Erde, Nährstoffe und Feuchtigkeit stehen natürlich der Pflanze zur Verfügung. Andererseits sollte das Gefäß auch nicht zu groß sein, weil dann unter Umständen beim Transport Schwierigkeiten auftreten.
Sollten Sie der Ansicht sein, dass die Pflanze schon in einem Gefäß steht, das ausreichend groß ist, kann das Wandelröschen (*Lantana camara*) im April immer noch umgetopft werden. Vorsichtig wird die Pflanze aus dem Gefäß herausgenommen, alte, überschüssige Erde ausgeschüttelt und dabei vielleicht ein sehr stark verwurzelter Ballen etwas aufgerissen. Ein stärkeres „Abballieren" würde ich um diese Jahreszeit nicht mehr empfehlen, damit die Pflanze keinen Schock erleidet. Sie muss in den nächsten Wochen kräftig heranwachsen und blühen. Nach dieser leichten Verjüngung des Wurzelballens wird in frische, strukturstabile Erde gepflanzt und angegossen. In den nächsten Tagen sollte die Pflanze nur mäßig feucht gehalten werden, damit der Wurzelballen nicht vernässt und die Wurzeln genügend Sauerstoff zum Atmen haben. Nach etwa zwei Wochen ist der Einwurzelungsprozess beendet und die Pflanze kann ganz normal weiterkultiviert werden.

Zitronen- und Orangenbäumchen blühen und fruchten spät

Ich habe aus Samen Zitronen- und Orangenbäumchen herangezogen. Kommen diese Büsche bei mir zum Blühen und Fruchten?

Die meisten Zitrusgewächse (*Citrus*) werden durch Veredlung vermehrt. Es handelt sich dabei um ausgewählte Sorten, ähnlich unseren Apfel- oder Birnbäumen. Manche Zitrus-Arten werden auch durch Stecklinge vermehrt, sofern diese Vermehrungsart den gewünschten Erfolg bringt.
Es ist natürlich möglich, Zitronen- oder Orangenbüsche bzw. -stämmchen aus Samen heranzuziehen. Unter günstigen Bedingungen muss man aber damit rechnen, dass frühestens nach sechs (oft auch 10 bis 15) Jahren die ersten Pflanzen blühen. Da das Erbgut dieser Sämlinge nicht bekannt ist, können sich die Pflanzen in der Blüten- und Fruchtentwicklung sehr unterschiedlich verhalten. Will man ein Zitronen- oder Orangenbäumchen mit Früchten kultivieren, sollte man veredelte oder durch Stecklinge vermehrte Pflanzen beim Gärtner beziehen. Es handelt sich dabei um ausgesuchte Exemplare mit gutem Blüten- und Fruchtansatz.

WUSSTEN SIE, dass die Gattung *Citrus* die wichtigste Obstgehölzgattung überhaupt ist? Zur wichtigsten Art zählen die Orangen. Allein von dieser Zitrus-Art sind über 1100 Sorten bekannt. An zweiter Stelle der Weltproduktion innerhalb der Zitrusfrüchte folgen die Mandarinen und dann die Zitronen.

Zitronenbäumchen mit Schildläusen

Die Blätter meines Zitronenbäumchens sind dick mit Schildläusen überzogen. Auch die Blätter sind ganz klebrig. Was kann ich gegen diese Schädlinge unternehmen?

Es gibt nur wenige zugelassene Mittel, um Schildläuse (Coccina) an Zimmerpflanzen, also auch an Ihrem Zitronenbäumchen (*Citrus limon*), abzutöten. Vom Pflanzenschutzdienst werden ölhaltige Mittel empfohlen. Sie verschließen die Atemöffnungen der Läuse, so dass sie absterben. Es handelt sich bei allen diesen Präparaten nicht um chemische, sondern um biologische Mittel. Verwendet werden können zurzeit Mittel auf der Basis von Paraffinöl oder auf der Basis von Rapsöl. Auch die neuen Neem-Präparate sind geeignet. Die Anwendung erfolgt nach Gebrauchsanweisung.

Zitronenbäumchen richtig aufstellen

Ich habe mir ein Zitronenbäumchen zugelegt. Welche Ansprüche stellt diese Pflanze an das Licht? Kann ich es im Schatten kultivieren oder braucht es volle Sonne?

Die Heimat der Zitronen und Orangen (*Citrus*) ist Südostasien, vorwiegend Indien und der Malaiische Archipel. Heimatbedingt wünschen alle Citrus-Arten einen geschützten, möglichst vollsonnigen Standort im Garten, auf der Terrasse oder dem Balkon. Auch über Winter ist ein möglichst heller Standort wichtig. Die Temperaturen können in dieser Jahrezeit bis auf 5 bis 3 °C absinken. Je kühler der Standort ist, umso vorsichtiger muss man mit dem Gießen sein.

Zitronenbäumchen richtig überwintern

Im vergangenen Frühjahr erhielt ich ein Zitronenbäumchen als Geschenk. Wie muss ich die Triebe beschneiden, damit die Krone nicht zu groß wird, wann und wie muss ich umtopfen und wie erfolgt die richtige Überwinterung? Augenblicklich steht die Pflanze im hellen Schlafzimmer.

Zitronenbäumchen (*Citrus limon*) wünschen zunächst während der Vegetationszeit einen geschützten, sonnigen, möglichst warmen Platz im Garten, auf dem Balkon oder Terrasse. Während der Vegetationszeit wird gleichmäßig gegossen und mit einem Spezialdünger nach Anweisung gedüngt.
Damit die Pflanze nicht zu groß wird, müssen die Triebe ab und zu beschnitten werden. Einzelne, stark wachsende Triebe können jederzeit eingekürzt werden. Dadurch wird auch gleichzeitig die Verzweigung angeregt, so dass die Krone ein buschige Form erhält. Bei Zitronenbäumchen werden ansonsten im Frühjahr vor dem Austrieb die vorjährigen Zweige um ein bis zwei Drittel ihrer Länge zurückgeschnitten. Bei Büschen werden meistens vor dem Austrieb die störenden Äste herausgeschnitten und die Pflanze insgesamt etwas formiert.
Über Winter kommt die Pflanze in einen möglichst kühlen, hellen Raum. Es genügen Temperaturen um 3 bis 5 °C. Sie ist nur so viel zu gießen, dass der Wurzelballen nicht völlig austrocknet. Von der Gattung *Citrus* gibt es zahllose Arten und Sorten. Neben der echten Zitrone (*Citrus limon*) werden als Kronenbäumchen gerne Orange (*C. sinensis*), Calamondin (x *Citrofortunella mitis*), Pampelmuse (*C. maxima*), Mandarine (*C. reticulata*), Kumquat (*Fortunella*-Arten), Pomeranze (*C. aurantium*) kultiviert. Gelegentlich findet man auch die Dreiblättrige Orange (*Poncirus trifoliata*). Verschiedene dieser Gattungen und Arten – wie Calamondin und Pampelmuse – wünschen zum Überwintern eine etwas höhere Temperatur von etwa 12 bis 16 °C. Grundsätzlich gilt die Regel: Je wärmer der Standort ist, desto heller muss der Platz sein.
Verpflanzt wird im Frühjahr, etwa März oder April. Doch muss nicht jedes Jahr umgetopft werden. Ein Abstand von drei bis fünf Jahren ist ausreichend. Verwendet wird eine lehmig-humose Erdmischung mit reichlich saurem Torfzusatz. Zitronenbäumchen lieben eine saure Erde mit einem Reaktionsgrad von pH 4,5 bis 5,5.

Gelbe Blätter erhalten Zitronenbäumchen oft, wenn sie in einer zu kalkhaltigen Erde stehen. In diesem Falle beim Umtopfen unbedingt auf ein saures Substrat mit Lehm- und Torfzusatz achten. Ansonsten kann diese „Chlorose" oft auch durch Angießen mit Eisenchelat-Präparaten begegnet werden. Kleinpackungen für Liebhaber gibt es im Fachhandel.

Zylinderputzer brauchen Licht

Viel Freude hat mir im letzten Jahr mein Zylinderputzer gemacht. Im Spätherbst habe ich die Pflanze zur Überwinterung ins Treppenhaus gestellt, da man mir sagte, die Pflanze soll kühl überwintert werden. Dort hat sie Temperaturen von etwa 10 bis 12 °C. Jetzt wirft sie die Blätter von unten nach oben ab. Habe ich etwas falsch gemacht?

Zu den interessanten Topfpflanzen gehört der Zylinderputzer (*Callistemon citrinus*). Doch lässt sich dieser Strauch nicht einfach als Zimmertopfpflanze kultivieren. Er gehört zur Familie der Myrtengewächse (Myrtaceae) und ist in Australien beheimatet. Entsprechend dem dortigen Klima stellt die

Pflanze besondere Ansprüche an die Kultur, ebenso an das Substrat.

So wünscht eine Topfpflanze zur optimalen Entwicklung volle Sonne, im Winter einen kühlen luftigen Platz bei Temperaturen um etwa +5 °C. Die Temperatur sollte 10 °C möglichst nicht überschreiten. Während im Sommer gleichmäßig gegossen werden soll, ist im Winter sparsamer zu gießen. Doch darf die Pflanze nie völlig austrocknen.

Den Sommer über kann der Zylinderputzer durchaus an einem geschützten, sonnigen Platz im Garten oder auf der Terrasse aufgestellt werden. Eigentlich sind die Ansprüche dann ähnlich einem Zitronenbäumchen (*Citrus limon*) oder Oleander (*Nerium oleander*). Die Hauptwachstumszeit ist vom Frühjahr bis zum Herbst. Das Wachstum sollte dann durch eine gelegentliche Kopfdüngung unterstützt werden.

Soll die Pflanze im kommenden Frühjahr wieder zum Blühen kommen, darf sie während der Ruheperiode nicht zu feucht gehalten werden. Eine gewisse Trockenperiode regt sie zum Triebabschluss und zur Knospenbildung an. Viel Licht und das sparsame Gießen ist ebenfalls für eine erneute Knospenbildung wichtig.

Warum die Pflanze jetzt die Blätter abwirft, kann mit den Standortbedingungen zusammenhängen. Einmal kann es im Treppenhaus zu dunkel sein, da der Standort dort sicher nicht vollsonnig ist. Zum anderen können eine falsche Temperatur, Zugluft oder zu wenig beziehungsweise zu viel Gießen die Ursache sein. Wahrscheinlich liegt der Grund aber in den verkehrten Lichtverhältnissen. Selbst im Winter wird ein möglichst sonniger Standort gewünscht. Sollte sich die Pflanze durch einen schnellen Standortwechsel erholen, kann sie im Frühjahr oder Frühsommer wieder blühen. Anschließend ist es sinnvoll, die Triebe direkt nach der Blüte zurückzuschneiden. Im Allgemeinen kürzt man den Frühjahreswuchs immer bis zur Hälfte ein. Dadurch können sich neue Triebe entwickeln und die Pflanze behält ihre schöne Gestalt.

WUSSTEN SIE, dass es sich bei der interessanten „flaschenputzerähnlichen“ Blume nicht um die eigentlichen Blüten handelt? Diese sind nämlich unscheinbar. Attraktiv und deutlich sichtbar sind die auffallend gefärbten langen Staubfäden, die dicht beieinanderstehen.

Eine ebenfalls zu den Myrtengewächsen zählende andere Pflanzengattung bildet ähnliche Blütenstände aus. Es handelt sich um *Metrosideros excelsa*, den Eisenholzbaum. Manchmal werden wegen ihrer Ähnlichkeit die Pflanzen oder die Namen verwechselt. *Metrosideros* blüht in der Heimat Neuseeland zu Weihnachten, weshalb dieses auch bei uns gelegentlich als Kübelpflanze gezogene Gehölz dort den Namen „Christmas Tree“ trägt.

Zylinderputzer richtig pflegen

? **Ich habe ein reich blühendes Zylinderputzer-Hochstämmchen erworben. Es soll eine mehrjährige Kultur möglich sein. Wie pflege ich diese schöne Pflanze richtig?**

! Zylinder- oder Flaschenputzer (*Callistemon citrinus*) sind attraktive, aber nicht winterharte Kübelpflanzen. Auffallend sind nicht die Blütenblätter, sondern die langen, roten Staubfäden, die zylinderputzerähnlich angeordnet sind. Die Pflanzen blühen vom späten Frühjahr bis in den Hochsommer.

Wichtig ist ein heller, durchaus sonniger Standort. Über den Sommer kann die Pflanze auch an einer geschützten Stelle im Freien aufgestellt werden. Während der Hauptwachstumszeit vom Frühjahr bis zum Sommer ist reichlich zu wässern. Sowohl Ballentrockenheit als auch Staunässe sollten Sie vermeiden. Es sollte möglichst nur mit Regenwasser gegossen werden. Die Pflanze wird während der Hauptwachstumszeit im Abstand von 10 bis 14 Tagen zusätzlich gedüngt. Üblich sind etwa 2 g oder ml eines handelsüblichen Volldüngers je Liter Wasser. Auch Langzeit- oder Depot-Dünger können im Frühjahr (ab Mai) eingesetzt werden. Dann muss die flüssige Düngung aber unterbrochen oder stark reduziert werden.

Umgetopft wird im Abstand von ein bis zwei Jahren im Frühjahr in eine lockere, humose, möglichst kalkarme Kübelpflanzenerde. Die Überwinterung erfolgt an einem hellen, kühlen Standort. Ideal ist eine Überwinterungstemperatur von etwa 5 °C.

Wichtig ist auch der Rückschnitt. Er sollte nach der Blüte erfolgen, da die Blütenanlagen noch im gleichen Jahr für das nächste Jahr gebildet werden. Eine zu groß gewordene, ältere Pflanze kann auch stärker zurückgeschnitten werden. Dann muss aber damit gerechnet werden, dass der Blütenflor im Folgejahr aussetzt oder nur sehr gering ist.

Zierpflanzen für das Zimmer

Zimmerpflanzen sorgen in der Wohnung oder im Büro für ein wohnliches Ambiente. Sie schmücken mir ihren Blättern, Blüten oder Früchten unsere Innenräume. Sie setzen mit Farben Akzente und hüllen sich selbst, aber auch ihre Umgebung in einen mal dezenten, mal stärkeren Duft. Darüber hinaus besitzen sie positive Auswirkungen auf das Wohlbefinden des Menschen. Viele gute Gründe, um sich in die Gesellschaft von Zimmerpflanzen zu begeben – daran ändern auch Pflanzenkrankheiten und -schädlinge nichts, die durch Lufttrockenheit, Wärme oder Zugluft in geschlossenen Räumen auftreten können. Sie müssen nur wissen, wie Sie diesen Feinden der Zimmerpflanzen wirksam vorbeugen oder begegnen können. So bleibt die Freude an der lebendigen Zimmerdekoration ungetrübt.

Tipps und Tricks für Zimmerpflanzen

Abmoosen von Zimmerpflanzen

Von einem Pflanzenfreund habe ich den Rat erhalten, meine zu groß gewordenen Zimmerpflanzen, vor allem die Palmlilie und den Gummibaum, durch „Abmoosen" zu vermehren. Er hat mir den Vorgang auch einigermaßen erklärt. Können Sie mir nicht doch noch einmal sagen, wie das genau gemacht wird und ob ich dabei mit Erfolg rechnen kann?

Diese Vermehrungsart hat den großen Vorteil, dass man Stamm bildende Zimmerpflanzen mit einer gewissen Sicherheit vermehren kann. Nicht immer gelingt es dem Pflanzenfreund, eine ältere Pflanze auf vegetativem Wege, also durch Stecklinge oder eine ähnliche Methode zu vermehren. Vielfach fehlt es an den geeigneten Klimaverhältnissen, die normalerweise in einem Gewächshaus gegeben sind.
Beim Abmoosen erfolgt die Vermehrung direkt an der Pflanze, so dass der Steckling, also die zu erzeugende junge Pflanze, so lange mit der Mutterpflanze verbunden ist, bis sich neue Wurzeln gebildet haben und dann die Abtrennung von der Mutterpflanze erfolgt. Zunächst sollte man sich das notwendige Material parat legen. Benötigt wird ein scharfes Messer, eine Plastikfolie, eine nur wenige Zentimeter große, dünne Plastikscheibe und das eigentliche Vermehrungssubstrat. Früher hat man dafür feuchtes Moos verwendet, das kann man natürlich auch heute noch nehmen, doch hat sich auch die Verwendung von feuchtem Torf bestens bewährt. Es sollte aber ungedüngter Hochmoor-Weißtorf sein. Außerdem sollte man sich vorab überlegen, wo die Vermehrung erfolgen soll. Am besten gelingt sie immer im etwas ausgereiften, aber doch noch grünen Teil des Stammes. Eine solche Stelle befindet sich meistens etwa 40 bis 50 cm unterhalb der Triebspitze.
Hat man alle Utensilien zurechtgelegt, wird mit dem scharfen Messer der Stamm an der geeigneten Stelle bis etwa zur Mitte durchgeschnitten. Der Schnitt erfolgt am besten direkt unter einem Blattknoten, da sich dort gewisse Reservenährstoffe befinden. Ist dort noch ein Blatt vorhanden, wird dies vorsichtig vom Stamm abgetrennt. Nun wird das kleine Kunststoffplättchen in den Spalt geschoben. Es soll verhindern, dass der Stamm an dieser Stelle wieder zusammenwächst. Anschließend wird der Stamm an der Schnittstelle mit feuchtem Moos oder dem feuchten Torf gut eingepackt. Gut ist es immer, wenn gerade jetzt eine zweite Person assistiert. Hat man das Material um den Stamm gleichmäßig verteilt, wird das Ganze mit der Plastikfolie umwickelt. Sie wird dann oben und unten gut zugebunden, damit keine Feuchtigkeit entweichen kann. Nur so ist mit einer ausreichenden Wurzelbildung zu rechnen. Bedingt durch den Wundreiz und die Feuchtigkeit bilden sich nach einigen Wochen über der Schnittstelle Wurzeln, die bald unter der Plastikfolie sichtbar werden. Nun kann man die Verpackung vorsichtig lösen. Anschließend wird der nun bereits bewurzelte Steckling von der Pflanze abgetrennt. Er kann sofort in einen Topf mit üblicher Blumenerde eingepflanzt werden.
Dieses Verfahren ist beispielsweise gut geeignet für Fensterblatt (*Monstera deliciosa*), Gummibaum (*Ficus elastica*), Dieffenbachie (*Dieffenbachia*), Efeuaralie (*Fatshedera*), Palmlilie (*Yucca*), Schraubenbaum (*Pandanus*).

Durch das Abmoosen hat man von der Triebspitze eine neue Pflanze bekommen. Der untere Teil der Pflanze braucht jedoch nicht weggeworfen zu werden. Sofern vorsichtig weiter gegossen wird, treibt sie an einem oder zwei „schlafenden" Augen aus und ergibt eine neue Pflanze. Es ist aber auch möglich, wenn es die Pflanze zulässt, nach einem kräftigen Austrieb auch diesen Teil wieder durch Abmoosen oder als Kopfsteckling abzutrennen und wieder zu bewurzeln.

Bier als Düngemittel?

Kürzlich saßen wir in der Stammtischrunde beisammen. Viel diskutiert wurde über nützliche und weniger nützliche Wirkung des Biers. Dabei erzählte ein Pflanzenfreund, dass er seine Zimmerpflanzen mit Bier düngt

und damit gute Erfolge erzielt. Kann tatsächlich Bier zum Düngen von Pflanzen verwendet werden?

Von den vielen bestehenden Hausrezepten ist tatsächlich die Verwendung von Bier zum Düngen der Pflanzen positiv einzuschätzen. Die Ausgangsmaterialien für die Bierherstellung sind Hopfen und Malz, zwei hochwertige Pflanzensubstanzen, die auch nach der Bierzubereitung im Getränk noch enthalten sind. Deshalb kann man durchaus einen Bierrest, der einmal in der Flasche übrig bleibt, auf die Erde der verschiedenen Zimmerpflanzen verteilen.

Normalerweise kommt aber ein Düngen mit Bier als ausschließliches Rezept nicht in Frage, da die Nährstoffanteile äußerst gering sind und dieses Düngen zu einer kostspieligen Angelegenheit werden würde. Man sollte deshalb eher zu einem der üblichen Blumen-Volldünger greifen. Zur Restverwertung ist aber Bier als „Düngemittel" durchaus günstig.

Blattränder mit Braunfärbung

Meine Zimmerpflanzen bekommen immer wieder braune Blattränder. Halte ich sie zu nass oder was ist die Ursache?

Sehr häufig treten an Zimmerpflanzen vertrocknete Blattspitzen und braune Blattränder auf. Im Allgemeinen hängt dieser Schaden mit der trockenen Zimmerluft zusammen. In den Gewächshäusern der Gärtner beträgt die relative Luftfeuchtigkeit meistens über 70%, im Wohnzimmer oder in Büroräumen nur zwischen 40 und 50%. Durch diese relativ niederige Luftfeuchtigkeit wird die Pflanze zu einer verstärkten Verdunstung über die Blätter angeregt. Manchmal kann es dann zu „Versorgungsschwierigkeiten" kommen. Die Pflanze

kann nicht die notwendigen Wassermengen aus dem Wurzelbereich nach oben transportieren, so dass die am weitesten entfernt liegenden Verbrauchsstellen unter Wassermangel leiden. Dort sterben dann die Pflanzenzellen, nachdem sie sich braun verfärbt haben, ab.
Abhilfe kann man nur schaffen, wenn die Luftfeuchtigkeit etwas erhöht wird. Deshalb sollten die Verdampfer an Heizkörpern immer mit Wasser gefüllt sein. Auch ein Zimmerspringbrunnen oder das Einfüttern der Pflanzen im ausgebauten Blumenfenster in Torf – den man immer feucht hält – kann zur Erhöhung der Luftfeuchtigkeit beitragen. Ein häufigeres oder stärkeres Gießen kann den Schaden meistens nicht beseitigen, da die Pflanze nicht in der Lage ist, die notwendigen Wassermengen nach oben zu transportieren. Oft ist sogar das Gegenteil der Fall. Durch stärkeres Gießen kommt es zu einer Vernässung des Wurzelballens. Die Wurzelspitzen faulen in Folge Luftmangels ab, so dass die Pflanze noch weniger Wasser aufnehmen kann.
Bei einer solchen Situation ist es schon erforderlich, seine Pflanzen mit etwas Fingerspitzengefühl zu behandeln, um einerseits den Schaden zu verhindern und andererseits keinen Fehler bei der Bewässerung zu machen.

Manchmal hilft auch ein Besprühen der Blätter mit Wasser. Nicht besprüht werden sollen blühende Zimmerpflanzen und solche Arten, die behaarte Blätter haben. Glattblättrige Zimmerpflanzen, vor allen Dingen Grünpflanzen, vertragen ein gelegentliches Besprühen recht gut. Immer sollte aber dafür gesorgt werden, dass die oberirdischen Organe, also Blätter und Triebe, trocken in die Nacht gehen. Zu lange sollte Feuchtigkeit nicht auf den Blättern „stehen" bleiben. Auch sollte zum Besprühen kein zu kaltes oder zu warmes Wasser verwendet werden. Ideal ist es, wenn das Wasser etwa Zimmertemperatur besitzt.

Blaukorn zur Zimmerpflanzendüngung?

Noch nicht sehr lange pflege ich Zimmerpflanzen. Nun hat man mir empfohlen, diese mit „Blaukorn" zu düngen. Um was für einen Dünger handelt es sich und wie wird er eingesetzt?

Beim so genannten Blaukorn handelt es sich um einen mineralischen Volldünger, der in erster Linie im Garten zur Anwendung kommt. Er enthält die, für die Pflanzen wichtigen Kernnährstoffe Stickstoff, Phosphorsäure und Kalium, wobei gerade das Kalium in chlorfreier Form vorliegt. Das ist wichtig, weil viele Gartenpflanzen chlorempfindlich sind. Blaukorn gibt es von verschiedenen Herstellern. Es ist in der Formulierung aber immer gleich.
Man kann diesen Blaukorn-Volldünger aber auch zur Düngung der Zimmerpflanzen verwenden. Dort ist es jedoch üblich, den Dünger in aufgelöster, also flüssiger Form, zu verabreichen. Blaukorn löst sich in Wasser ebenfalls auf, jedoch nicht vollständig. Aus diesem Grunde werden für die Zimmerpflanzenpflege im Allgemeinen volllösliche Volldünger angeboten. Sie sind so formuliert, dass sie sich, werden sie dem Gießwasser beigemischt, restlos auflösen. Es bleibt also kein Satz in der Gießkanne zurück.
Sehr gerne werden in den letzten Jahren auch flüssige Volldünger verwendet. Die Hersteller haben in diesem Falle die Nährstoffe bereits in Wasser aufgelöst und bieten den Dünger als konzentrierte Lösung an. Ein solcher Dünger vermischt sich problemlos mit dem Gießwasser, so dass das Ansetzen einer Düngerlösung keinerlei Schwierigkeiten macht.
Im Allgemeinen gibt man die vorgeschriebene Düngermenge in die Gießkanne, füllt das Wasser auf, rührt einmal um und kann diese Lösung dann sofort zum Düngen der Pflanzen verwenden.

Bei der Anwendung von Zimmerpflanzendüngern richte man sich immer nach der Gebrauchsanweisung. Keinesfalls sollte die vorgegebene Konzentration überschritten werden. Im Normalfalle vertragen Zimmerpflanzen während der Hauptwachstumszeit Konzentrationen von 0,1 bis 0,2 %. Diese Konzentration entspricht 1 bis 2 g oder ml Dünger je Liter Wasser. Salzempfindliche Pflanzen (z. B. Orchideen, Moorbeetpflanzen) sollen sogar mit noch schwächeren Lösungen gedüngt werden.
Nach dem Düngen ist die Erde immer gleichmäßig feucht zu halten. Das verhindert Salzkonzentrationsschäden im Wurzelbereich. Außerdem werden die Nährstoffe rasch von der Pflanze aufgenommen.

Blumenfenster richtig anlegen

In meinem neuen Haus habe ich ein Blumenfenster von 3,50 m Breite eingebaut. Zur Kultur von Zimmerpflanzen ist vorgesehen, einen ca. 50 cm breiten Trog einzubauen, der etwa 20 cm tief ist. Was muss ich noch beachten, damit die Zimmerpflanzen in diesem Fenster gut gedeihen?

Es kommt nun darauf an, was Sie an in diesem Fenster alles kultivieren wollen. Sollen die üblichen blühenden und grünen Zimmerpflanzen arrangiert werden, genügt es, wenn der Trog nach dem Einbau mit Hochmoor-Weißtorf gefüllt wird. Es hat sich gezeigt, dass dieses Material zum „Einfüttern" der Blumentöpfe am besten geeignet ist. Anschließend werden die Zimmerpflanzen samt den Töpfen bis zum Topfrand in den Torf eingestellt und der jeweiligen Art entsprechend gepflegt. Sollte einmal eine Pflanze ausgewechselt werden müssen, kann sie problemlos aus dem Trog oder Beet genommen und durch eine neue ersetzt werden. Es empfiehlt sich, das Einfütterungssubstrat im Abstand von zwei bis drei Jahren auszuwechseln, da oft die Pflanzen aus den Töpfen in das Substrat einwurzeln und es dadurch langsam an Qualität verliert. Bei den üblichen Pflegemaßnahmen werden die Zimmerpflanzen einzeln gegossen. Das Einfütterungssubstrat sollte aber auch eine gleichmäßige, jedoch mäßige Feuchtigkeit aufweisen. Besonders stark wachsen die Pflanzen, wenn auch dem Einfütterungssubstrat etwas Blumendünger zugegeben wird. Es kann dann über die ausgewachsenen Wurzeln aufgenommen werden.
Vielleicht sollte noch darauf hingewiesen werden, dass als Einbauwanne ein pflanzen- oder wurzelunschädliches Material verwendet werden muss. Pflanzenwurzeln sind gegen manche Werkstoffe, beispielsweise Metalle, empfindlich. In diesem Fall muss vor dem Einfüllen des Substrats die Wanne mit einem pflanzenunschädlichen Schutzanstrich versehen werden. Sollte die Wanne noch nicht fest installiert sein, ist am tiefsten Punkt ein Wasserabzug günstig. Das überschüssige Wasser kann entweder in einer Erdgeschosswohnung direkt ins Freie abgeleitet werden, ansonsten auch in einen versteckten Behälter im Zimmer selbst. Dadurch können Sie Staunässe im gesamten Wurzelbereich auf Dauer verhindern.
Sollen in dem Blumenfenster tropische Pflanzen wie Orchideen kultiviert werden, ist eine feste Verglasung mit Schiebefenstern günstig. In einem solchen Fenster können eine zusätzliche Heizung und Luftbefeuchtungsapparaturen eingebaut werden, um so die idealen klimatischen Voraussetzungen zu erfüllen. Alle diese Einrichtungen können mit entsprechenden Messfühlern automatisch gesteuert werden.

Mit Ausnahme eines Nordfensters, das praktisch nie von der Sonne getroffen wird, sollte jedes Blumenfenster mit einer verstellbaren Jalousie ausgestattet werden. So kann man, je nach Sonnenstand, die Pflanzen vor direkter Bestrahlung während der Mittagszeit in den heißen Sommerwochen schützen. Obwohl viele Pflanzen am heimatlichen Standort eine direkte Besonnung vertragen, sind sie bei Zimmerkultur etwas empfindlicher. Es können Blattverbrennungen im Sommer auftreten. Mit einer verstellbaren Jalousie kann jedoch die Sonneneinstrahlung pflanzengerecht gesteuert werden.

Bodenanalyse für Zimmerpflanzen

Ich bin ein großer Zimmerpflanzenfreund und mische mir immer wieder meine Erde für die Pflanzen selbst zusammen. In der Regel habe ich Glück mit der Erdmischung. Manchmal scheinen die Pflanzen aber die „Eigenmischung" nicht zu vertragen. Kann ich vor der Verwendung die Erde selbst untersuchen oder von einem Fachmann untersuchen lassen?

Es gibt in Fachgeschäften Bodentest-Sets zur einfachen Ermittlung des Stickstoff-, Phosphat- und Kaliumgehalts der Erde. Auch den Kalkgehalt bzw. die Bodenreaktion kann man mit einfachen Mitteln feststellen. Meistens basieren diese Mittel auf einem bestimmten Farbumschlag, an dem man den Gehalt der Nährstoffe und den Reaktionsgrad ablesen kann.
Natürlich ist es auch möglich, Erden und Substrate in einem privaten oder staatlichen Labor untersuchen zu lassen. Üblich sind dort Standarduntersuchungen. Sie sind preiswert und umfassen in der Regel eine Untersuchung auf Phosphat (Phosphorsäure), Kalium und Magnesium. Außerdem wird bei dieser Untersuchung auch der Reaktions-

grad bestimmt. Auf Wunsch wird als gesonderte Untersuchung auch der Nitratanteil (Stickstoffanteil) der Erde untersucht.
Am besten ist es, wenn man sich vorab mit einem solchen Labor in Verbindung setzt. Von dort erhält man in der Regel ein Merkblatt und auch eine Kostenaufstellung. Landwirtschaftliche Untersuchungsanstalten, die in den verschiedenen Bundesländern solche Untersuchungen ausführen, gibt es neben zahlreichen privaten Labors. Die Adressen erfährt man am besten bei den Dienststellen der staatlichen Landwirtschaftsverwaltung bzw. den Landwirtschaftskammern und den nachgeordneten Behörden.

Wird bei der Einsendung einer Bodenprobe an das Labor in einem Begleitschreiben mitgeteilt, für welchen Zweck das Substrat verwendet werden soll, erhält man in der Regel mit dem Untersuchungsbefund auch einen Vorschlag für eine mögliche Düngung der Pflanzen.

Düngen von Zimmerpflanzen

In nächster Zeit muss ich meine Zimmerpflanzen umtopfen. Soll ich dem Substrat einen Dünger beimischen? Welcher Dünger ist für blühende Zimmerpflanzen besonders geeignet?

Zunächst kommt es darauf an, welches Substrat verwendet wird. Wird zum Umtopfen eine käufliche Blumenerde verwendet, sollte man die Empfehlungen auf der Packung genau studieren. Die meisten Zimmerpflanzenerden sind bereits mit einem Vorratsdünger versehen und können ohne zusätzliche Düngung verwendet werden. Es gibt jedoch auch Substrate, die nicht aufgedüngt sind. Wird eine eigene Mischung aus Komposterde, Rindenhumus, Torf, Holzfaserprodukten oder humoser Gartenerde zusammengemischt, muss je nach Ausgangsmaterialien eine zusätzliche Düngung erfolgen.
Pflanzen benötigen in erster Linie die Kernnährstoffe Stickstoff, Phosphorsäure, Kalium und Magnesium. Diese wichtigen Nährstoffe sind in einem Volldünger enthalten. Für Zimmerpflanzen eignen sich zur Vorratsdüngung am besten organisch-mineralische Volldünger. Sie enthalten die Komponenten Stickstoff und Phosphorsäure in organischer Form (z. B. Hornmehl, Hornspäne, Fischmehl), das Kalium und Magnesium jedoch in mineralischer Form.
Von einem solchen Dünger wird auf 10 l Erde eine Menge zwischen 30 und 70 g verwendet und vor dem Eintopfen gleichmäßig mit dem Substrat vermischt. Dieser Düngervorrat reicht während der Hauptwachstumsperiode der Pflanzen für etwa drei bis vier Monate. Dann ist aber in der Regel eine zusätzliche Kopfdüngung der Pflanzen erforderlich.

Beim Einkauf der Dünger achte man auf den Reinnährstoffgehalt. Er wird allerdings bei Kleinpackungen nicht immer angegeben. Für blühende Zimmerpflanzen werden gerne Dünger mit einem höheren Phosphorsäure- und Kaliumgehalt verwendet. Diese Elemente fördern den Knospenansatz und die Blüte. Andererseits haben Dünger für Grünpflanzen einen höheren Stickstoffanteil, da diese überwiegend vegetativ gedeihen sollen.

Düngen von Zimmerpflanzen mit Taubenmist?

Als Taubenzüchter fällt bei mir immer verhältnismäßig viel Taubenmist an. Kann ich diesen Mist zur Düngung meiner Zimmertopfpflanzen verwenden?

Taubenmist zählt zur Gruppe der Naturdünger, zu denen der Stallmist, in erster Linie von Pferden und Kühen, aber auch Schafen, Schweinen und Hühnern zählt. Taubenmist hat ähnliche Eigenschaften wie Hühnermist und wird zu den „hitzigen" Düngern gezählt, die arm an Wasser, aber reich an Stickstoff sind. Aufgrund dieser Eigenschaften erfolgt die Zersetzung sehr schnell. Das hat zur Folge, dass die Nährstoffe verhältnismäßig rasch freigesetzt werden und den Pflanzen zur Verfügung stehen. Deshalb sollte der Taubenmist auch nicht in zu großen Mengen verwendet werden, um einerseits die Pflanzen nicht zu überdüngen, andererseits Wurzelschäden durch rasche Zersetzung zu vermeiden.
Möglich ist es, den Taubenmist über den Kompost und die Komposterde für die Pflanzen nutzbar zu machen. Andererseits kann der Taubenmist auch getrocknet und dann so, in geringen Mengen den

jeweiligen Substraten beim Umtopfen der Zimmerpflanzen beigemsicht werden.
Taubenmist hat in seiner Nährstoffzusammensetzung eine gewisse Ähnlichkeit mit Hühnermist. Er enthält die wichtigsten Kernnährstoffe Stickstoff, Phosphorsäure (Phosphat), Kalium und Kalk im Verhältnis $N+P_2O_5+K_2O+CaO$ = 1,8+1,8+1,0+1,6. Die Humustrockenmasse beträgt 30 %.

Sicher ist es empfehlenswert, den Taubenmist in getrockneter Form bei einer Grunddüngung zu verwenden. Als Rezeptur können etwa 10 bis 15 g bei schwach wachsenden und 15 bis 20 g bei stark wachsenden Pflanzen je Liter Erde untergemischt werden. Hat man noch keine Erfahrung mit diesem Dünger, sollte man die Düngermenge lieber schwächer konzentrieren. Bei zu hohen Gaben ist unter Umständen mit einem Wurzelschaden zu rechnen.

Dünger auf Naturbasis für Zimmerpflanzen

Ich möchte meine Zimmerpflanzen auf natürliche Weise kultivieren. Zu den natürlichen Düngern gehört doch auch Kompost. Seine Verwendung ist mir bisher nur aus dem Erwerbsgartenbau bekannt. Welche Möglichkeiten hat man bei Zimmerpflanzen, um diesen natürlichen Dünger zu verwenden?

Kein Problem ist es, ähnliche Substrate oder Dünger wie im Erwerbsgartenbau auch im Liebhabergartenbau oder der Zimmerpflanzenpflege einzusetzen. So kann Kompost aus dem Garten auch für viele Zimmerpflanzen verwendet werden. Viele Grünpflanzen, aber auch manche Blütenpflanzen, können in ein Substratgemisch aus Kompost und anderen Komponenten wie mürbem Lehm, Rindenhumus oder Sand gepflanzt werden. Nur Zimmerpflanzen mit besonderen Ansprüchen an das Substrat wie Azaleen, Eriken oder Hortensien benötigen ein Spezialsubstrat.
Beachten muss man jedoch, dass Kompost eigentlich ein humoses Substrat darstellt und zu den Humusdüngern gezählt wird. Unter natürlichen Düngern werden häufig organische Dünger wie Hornspäne oder Hornmehl verstanden. Auch sie werden bei der Zimmerpflanzenkultur gerne verwendet, da sie bei wohldosiertem Aufwand keine Salzkonzentrationsschäden verursachen. Dabei muss jedoch beachtet werden, dass diese Dünger überwiegend nur Stickstoff und Phosphorsäure liefern. Der dritte wichtige Kernnährstoff, Kalium, kann den Substraten nur in mineralischer Form zugemischt werden.

Dünger für die Hydrokultur

Zur Ernährung meiner Pflanzen in Hydrokultur werden mir verschiedene Dünger angeboten. Einmal handelt es sich um einen Flüssigdünger, den ich dem Wasser in einer bestimmten Konzentration beimischen muss, zum anderen sind es so braune Kügelchen, die ich in den Wasser-Einfüllstutzen in einer bestimmten Menge einschütten muss. Was sind die Unterschiede zwischen diesen beiden Düngern und welchen soll ich bevorzugen?

Eigentlich gibt es zwei große Gruppen von Düngern für die Hydrokultur. Besonders groß ist das Angebot an Flüssigdüngern. Es handelt sich dabei um Volldünger, die meistens die Elemente Stickstoff, Phosphorsäure (Phosphat), Kalium und Magnesium enthalten. Es gibt aber auch Flüssigdünger für die Hydrokutur, die darüber hinaus mit den Spurenelementen Eisen, Mangan, Zink, Kupfer, Molybdän und Bor versetzt sind. Vielleicht sollte man beim Einkauf eines Flüssigdüngers schon auf diese Zusammensetzung achten, denn die Spurenelemente sind auch für die Pflanzen in Hydrokultur sehr wichtig.
Untersuchungen haben vor einigen Jahren ergeben, dass die Flüssigdünger hinsichtlich ihrer Zusammensetzung sehr unterschiedlich sind. Wichtig ist natürlich, dass sie einen hohen Reinnährstoffanteil besitzen. Deshalb sollte man, vor dem Einkauf, die Beschreibung lesen. Normalerweise sollte man den Dünger bevorzugen, der die höheren Nährstoffanteile besitzt. In der betreffenden Untersuchung wurden Hydrokultur-Flüssigdünger getestet, die im Stickstoffanteil zwischen einer Menge von 1,5 und 10,3 % schwankten. Hier wäre natürlich der Dünger mit 10,3 % besonders günstig, wenn gleichzeitig auch genügend Phosphorsäure (P_2O_5) und Kalium (K_2O) enthalten sind. Dieser Dünger darf auch durchaus etwas teuerer sein als ein anderer, da dies der hohe Rein-Nährstoffgehalt wieder ausgleicht.

Solche Flüssigdünger werden in der angegebenen Menge dem Wasser der Hydrokultur zugemischt. Üblich sind Konzentrationen von 0,1 bis 0,2% (1 bis 2 ml Dünger/l Wasser).
Als zweite Gruppe kommen die so genannten Ionenaustauscher in Frage. Es handelt sich dabei um Düngemittel, bei denen die Nährstoffe von einer durchlässigen Membran umgeben sind. Diese Hülle hat die Eigenschaft, Salze aus dem Wasser der Hydrokultur gegen Nährsalze in diesen Hüllen auszutauschen. Es handelt sich dabei um die braunen Kügelchen, die häufig angeboten werden. Der Vorteil eines solchen Düngers ist, dass nicht die gesamte Nährstoffmenge sofort zur Verfügung steht, sondern ein langsamer Ionenaustausch über verschiedene Wochen hinweg erfolgt. Dieser Dünger ist also mit einem Depotdünger oder Langzeitdünger, der bei der üblichen Zimmerpflanzenkultur verwendet wird, zu vergleichen. Die Wirkungsdauer hängt vom Anteil der Ionen im Leitungswasser ab. Normalerweise rechnet man mit etwa drei bis vier Monaten. Ionenaustauscher können sehr gut als Langzeitdünger bei der Hydrokultur verwendet werden. Es liegt also am einzelnen Zimmerpflanzengärtner, das Düngemittel auszuwählen, das er für seinen Zweck für besonders günstig hält.

Mit einem Dünger auf der Basis von Ionenaustauschern hat man nur Erfolg, wenn übliches Leitungswasser verwendet wird. Werden jedoch die Hydrokulturgefäße mit weichem oder entkalktem Wasser versorgt, sollte besser ein Flüssigdünger verwendet werden, da im weichen Wasser keine entsprechenden Elemente zum Austausch mit den Nährsalzen enthalten sind. Bei der Verwendung von flüssigen Düngern sollte man die Konzentration der Lösung im Winter im Vergleich zum Sommer etwas verringern, da die Pflanzen im Winter kein so hohes Nährstoffbedürfnis haben.

Düngerschaden bei Zimmerpflanzen

Vor einiger Zeit habe ich meine Zimmerpflanzen mit Blaukorn-Volldünger gedüngt. Ich habe etwa 40 bis 50 g Dünger/l Wasser verwendet und angenommen, dass meine Zimmerpflanzen wieder grüne Blätter bekommen und flott weiterwachsen. Im Gegenteil, sie bekommen braune Blattränder, fleckige Blätter und manchmal sterben sogar Pflanzenteile ab. Habe ich etwas falsch gemacht? Ist dieser Dünger für Zimmerpflanzen schädlich?

Mit größter Wahrscheinlichkeit war die Konzentration der Düngerlösung zu hoch. Viele Zimmerpflanzen, vor allen Dingen Humuswurzler, sind salzempfindlich und reagieren auf zu hohe Salzkonzentrationen in der geschilderten Weise. Deshalb werden im Allgemeinen Düngerlösungen für Zimmerpflanzen in einer Konzentration von 0,1 bis 0,2% (10 bis 20 g oder ml Dünger/l Wasser) angesetzt. Schäden treten dann auf, wenn die Pflanzen anschließend nicht gleichmäßig feucht, sondern ab und zu trocken gehalten werden.
Bei der Verwendung mineralischer, aber auch flüssiger Dünger mit mineralischen Anteilen muss immer mit Salzkonzentrationsschäden gerechnet werden, wenn die Lösungskonzentration zu hoch ist. Deshalb ist es besser, nur schwach konzentrierte Lösungen zu verwenden, um solche Schäden zu vermeiden.
Es muss jedoch darauf hingewiesen werden, dass Blaukorn-Volldünger kein schädlicher Dünger ist, sondern zu den üblichen mineralischen Volldüngern gezählt wird. Er wird hauptsächlich im Garten eingesetzt. Für Zimmerpflanzen werden lieber ausgesprochene Zimmerpflanzendünger verwendet. Sie sind voll wasserlöslich, so dass keine Rückstände in der Gießkanne bleiben.

Werden mineralische Dünger unsachgemäß eingesetzt, „verbrennen" Wurzeln oder auch oberirdische Pflanzenteile. Das Wort „verbrennen" wird deshalb häufig verwendet, weil sich die Pflanzenteile, also Blätter, Triebe, aber auch Wurzeln, braun verfärben. Diese Verfärbung wird dadurch verursacht, dass der mineralische Dünger (Salzdünger) den Pflanzen Wasser entzieht und dadurch die Pflanzenteile braun werden und absterben. Wichtig ist immer, dass nach jedem Düngen die Erde feucht gehalten wird.

Eierschalenwasser für die Düngung von Zimmerpflanzen?

Von meiner Mutter habe ich das Rezept übernommen, Eierschalen einige Zeit in einer wassergefüllten Wanne „gären" zu lassen. Damit gieße ich meine Zimmerpflanzen. Trotzdem habe ich den Eindruck, dass die Pflanzen nicht richtig gedeihen wollen. Muss ich zusätzlich noch einen anderen Dünger geben?

Das Düngen mit Eierschalenwasser ist ein uraltes Hausrezept. Leider ist dieser natürliche Dünger relativ wenig wert. Durch das Einlegen der Schalen in Wasser wird höchstens etwas Kalk gelöst, andere Nährstoffe werden nicht freigesetzt. Deshalb hat eigentlich das Düngen mit einer solchen Lösung für die Pflanzen keinerlei Bedeutung, ganz abgesehen von dem abscheulichen Gestank, den die Brühe bereits einige Tage nach dem Ansetzen der Eierschalen verbreitet. Er entsteht durch das Vergären der eiweißhaltigen Reststoffe.
Es ist sinnvoller, zum Düngen einen bewährten körnigen, pulverförmigen oder flüssigen Volldünger zu verwenden. Damit werden die Pflanzen mit den notwendigen Kernnährstoffen und Spurenelementen in einem günstigen Verhältnis versorgt.

Viele so genannte Hausrezepte haben für Zimmerpflanzen keine oder nur eine geringe Bedeutung. Das gilt beispielsweise für Kaffeesatz oder Zigarettenasche. Gefährlich werden können sogar Rezepte, bei denen die Verwendung von Salatöl oder Rizinusöl empfohlen wird. Gerade diese Öle verkleben die Poren der Erde und können ungünstige physikalische Verhältnisse schaffen.

Erde für Zimmerpflanzen richtig auswählen

Wenn ich meine Pflanzen so anschaue, bin ich der Meinung, dass ich einige von ihnen dringend umtopfen sollte. Nun bin ich mir nicht im Klaren, was für eine Erde ich einkaufen soll. Gibt es für verschiedene Pflanzen, beispielsweise Alpenveilchen, Rhododendron oder Wachsblume unterschiedliche Substrate?

Tatsächlich sind die Ansprüche der verschiedenen Zimmerpflanzen an die Substrate unterschiedlich. Übliche Zimmerpflanzenerden sind so zusammengesetzt, dass sie für viele Pflanzen verwendet werden können. So gedeiht das erwähnte Alpenveilchen (*Cyclamen persicum*) und die Wachsblume (*Hoya*) recht gut in einem lockeren, humosen Substrat mit einem schwach sauren pH-Wert. Gut geeignet ist eine Erde, die der so genannten Einheitserde entspricht.

Die Idee der Einheitserde hatte vor etwa 50 Jahren Prof. Fruhstorfer, der stabilen Untergrundlehm und Hochmoor-Weißtorf zu gleichen Teilen mischte und mit zusätzlichen Düngern versorgte. Er hat in Versuchen festgestellt, dass in einem solchen Substrat die Mehrzahl der Zimmerpflanzen recht gut gedeihen. Deshalb wurde dafür auch der heute noch gültige Name Einheitserde geprägt.

In der Zwischenzeit wurde das Verhältnis da und dort etwas verändert. Meistens ist der Anteil an Ton und Lehm geringer geworden, dafür der Anteil an Humusstoffen größer. Auch wurde Torf vielfach durch andere Substrate wie Rinde, Kokos- oder Holzfasern ergänzt.

Es gibt jedoch auch noch einige Sonderkulturen. In erster Linie sollte man die Orchideen erwähnen. Sie benötigen in der Regel ein Spezialsubstrat, das auf die Ansprüche dieser Pflanzen ausgerichtet ist. Ähnlich ist es mit den Moorbeetpflanzen, zu denen auch die Rhododendren gehören. Während man früher die Azalee in Nadel- oder Heideerde pflanzte, verwendet man heute vielfach ein Substrat, das vor allem aus Hochmoor-Weißtorf besteht. Da dieser Torf sehr nährstoffarm ist, müssen geeignete Dünger untergemischt werden. Am besten bezieht man eine fertige Spezialerde vom Fachgeschäft. Sie besteht aus dem geeigneten Substrat und enthält einen Grundvorrat an Nährstoffen.

Auf jeden Fall sollte man sich durch ein Fachbuch immer wieder informieren, welche Ansprüche die jeweilige Pflanze an das Substrat stellt. Oft enthalten auch die Stecketiketten an einer Pflanze kurze Hinweise zum richtigen Substrat.

Gießen von Zimmerpflanzen mit abgestandenem Wasser

Das Gießen von Zimmerpflanzen scheint nicht ganz einfach zu sein. Immer wieder geben Bekannte Ratschläge, wie man dabei vorgehen soll. Die Empfehlungen gehen aber oft weit auseindander. Häufig wird die Frage, ob frisches Leitungswasser oder abgestandenes Wasser verwendet werden soll, konträr diskutiert. Gibt es zu diesem Thema eine klare Aussage?

Eigentlich ist frisches Wasser immer am besten. Die Erklärung ist einfach. Bleibt Wasser mehrere Tage offen stehen, siedeln sich darin rasch Kleinlebewesen (Mikroorganismen) an, welche sich auf die Erde und damit auf die Pflanzen ungünstig auswirken. Es verliert damit einfach seinen frischen Charakter. Deshalb sollte grundsätzlich frisches Wasser zum Gießen verwendet werden.

Eine kleine Ausnahme kann man gerne gelten lassen. Manchmal wird die Gießkanne am Morgen oder Abend mit Wasser gefüllt. Das Wasser selbst wird aber erst nach einigen Stunden verwendet. Dann hat das Wasser die Temperatur des Raumes angenommen. Trotzdem hat es seine Frische noch nicht verloren. Anders ist es, wenn das Wasser in einem größeren Behälter gesammelt und erst nach Tagen verwendet wird.

Noch kritischer wird es, wenn Regenwasser in der Tonne im Garten gesammelt wird und sich dort in der Tonne bereits Algen und viele Kleinlebewesen angesammelt haben. Dieses Wasser ist nicht mehr frisch und sollte gerade zum Gießen von empfindlichen Zimmerpflanzen nicht verwendet werden. Deshalb wird aber die Bedeutung des Regenwassers für die Pflanzen nicht eingeschränkt. Zimmerpflanzen, die kalkfliehend sind, also mit weichem Wasser gegossen werden müssen, sind auf Regenwasser angewiesen; nur muss das Wasser eben immer frisch verwendet werden.

Gießen von Zimmerpflanzen mit Regenwasser

Wir sammeln seit einiger Zeit Regenwasser. Damit begießen wir bei Trockenheit das Gemüse, aber auch Zierpflanzen und den Rasen. Können wir mit diesem Wasser auch die Zimmerpflanzen gießen?

Es ist durchaus möglich, Regenwasser zum Gießen von Zimmerpflanzen zu verwenden. Es ist sogar oft günstiger, vor allem dann, wenn das Leitungswasser sehr kalkhaltig ist und kalkempfindliche Zimmerpflanzen gewässert werden müssen. Regenwasser ist, da es nicht kalkhaltig ist, ein „weiches" Wasser.

Eines sollte man jedoch bedenken: Zimmerpflanzen sind im Allgemeinen empfindlicher als Freilandpflanzen. Deshalb sollte Regenwasser immer frisch verwendet werden. Zu altes, abgestandenes Regenwasser ist nicht günstig. Eine weitere Gefahr besteht vor allen Dingen in dicht besiedelten Gebieten und in Industriegebieten. Dort können sich nach längerer Trockenheit Schmutz, Ruß, aber auch andere Rückstände auf dem Dach angesammelt haben. Es muss deshalb damit gerechnet werden, dass bei Niederschlägen, das zuerst abfließende Wasser zahlreiche Schmutzstoffe und vielleicht auch pflanzenschädliche Stoffe enthält. Deshalb sollte der Zufluss zur Wassertonne erst dann geöffnet werden, wenn der Niederschlag schon einige Zeit anhält.

Gießen von Zimmerpflanzen mit weichem Wasser

Wir haben in unserem Gebiet hartes Wasser. Es hat einen Härtegrad von 22 °dH (deutscher Härte). Nun ist mir bekannt, dass manche Zimmertopfpflanzen, wie Rhododendren und Eriken, nur mit weichem Wasser gegossen werden sollen. Kann ich anstelle des harten Leitungswassers auch Regenwasser verwenden? Sind darin keine Umweltgifte enthalten?

Für viele Zimmerpflanzen spielt der so genannte Härtegrad des Wassers keine Rolle. Es gibt jedoch eine Reihe von Zimmerpflanzen, wie Rhododendren, Eriken, Kamelien, Anthurien, Zimmerfarne, Zitronenbäumchen, Orchideen, die auf kalkhaltiges, hartes Wasser ungünstig reagieren. Durch den Kalkgehalt des Wassers wird der saure Reaktionsgrad des Bodens nach oben verschoben, so dass die Pflanzen ihre ideale Lebensgrundlage verlieren. Das wirkt sich in der Regel so aus, dass bestimmte Mikronährstoffe im Boden durch den Kalk festgelegt werden und so Nährstoffmangelerscheinungen auftreten. Deshalb müssen diese Pflanzen, werden sie über einen längeren Zeitraum kultiviert, mit weichem Wasser gegossen werden.

Hat das örtliche Leitungswasser einen hohen Kalkgehalt, kann natürlich Regenwasser verwendet werden. Voraussetzung ist aber, dass es frisch verwendet wird und keine schädlichen Stoffe enthält. Heutzutage kann es vorkommen, dass sich nach längeren Trockenperioden Schadstoffe der Luft auf den Dächern absetzen und diese beim ersten Regen in die Regenwassertonne gelangen. Deshalb sollte man Regenwasser erst einige Zeit nach Beginn des Regens sammeln und für Zimmerpflanzen verwenden.

Es gibt aber auch noch andere Möglichkeiten, um zu weichem Wasser zu kommen. Einfach ist es, nur abgekochtes Wasser zu verwenden. Im Wasser ist der Kalk an Kohlendioxid (CO_2) gebunden. Beim Kochprozess wird das CO_2 ausgetrieben und der Kalk ausgefällt. Er setzt sich am Grund oder an der Wandung des Topfes ab und bildet dort den bekannten Kesselstein.

Natürlich kann man das Wasser auch enthärten. Ganz einfach geschieht das mit saurem Hochmoor-Weißtorf. So kann 1 kg Torfmull aufgrund seines natürlichen Säuregehalts etwa 20 bis 30 g Kalk (CaO) binden. Theoretisch könnte man also ohne weiteres 100 l Wasser mit einem Härtegrad von 20 bis 30 °dH mit 1 kg Torf völlig enthärten. Solch große Wassermengen werden auf einmal für einige Zimmerpflanzen aber nicht benötigt. Man kann aber etwa 20 bis 30 g Torf in ein grobporiges Säckchen füllen und dieses etwa 12 bis 24 Stunden in ein Gefäß mit gut 1 l Wasser einhängen. Nach dieser Zeit kann dieses Wasser für Gießzwecke verwendet werden.

Natürlich gibt es noch viele andere Möglichkeiten zur Wasserenthärtung. Werden andere Verfahren angewandt, sollte man auf jeden Fall vorher die Pflanzenverträglichkeit prüfen.

WUSSTEN SIE, dass in vielen Teilen des Bundesgebietes hartes Wasser vorherrscht? Die Einteilung in die verschiedenen Härtegrade wird nach folgendem Schema vorgenommen:

- sehr weiches Wasser 0–4 °dH
- weiches Wasser 4–8 °dH
- mittelhartes Wasser 8–12 °dH
- hartes Wasser 12–30 °dH
- sehr hartes Wasser ab 30 °dH

Vielleicht muss noch hinzugefügt werden, dass 1 °dH einem Kalziumoxidgehalt (CaO) von 10 mg in 1 l Wasser entspricht.

Ideal für das Gießen von Zimmerpflanzen ist nicht unbedingt ein Wasser mit 0 °dH. Es darf durchaus 3 bis 4 °dH entsprechen. Ab 12 bis 14 °dH kann es bei empfindlichen Pflanzen im Laufe der Zeit zu Schwierigkeiten kommen. Den Härtegrad des örtlichen Leitungswassers erfährt man beim Wasserversorgungsunternehmen.

Gießen von Zimmerpflanzen nach „Klanghöhe"?

Mir gab kürzlich jemand den Rat, an die Topfwand meiner Zimmerpflanzen zu klopfen, um am jeweiligen Klang zu erkennen, ob die

Pflanzen nun gegossen werden müssen oder nicht. Welcher Klang zeigt nun tatsächlich an, wann die Pflanzen ein Wasserbedürfnis haben?

! Dieses alte Hausrezept kann nicht mit Erfolg eingesetzt werden. Verfechter dieser Methode behaupten, dass die Pflanzen gegossen werden müssen, wenn durch das Anklopfen ein heller Ton entsteht. Klingt es beim Anklopfen dumpf, soll die Erde noch feucht sein.

Diese Methode führt aber meistens nicht zu einem einwandfreien Erfolg, da für den jeweiligen Klang oder die Klanghöhe nicht nur die trockene oder feuchte Erde maßgebend ist, sondern allein schon die Topfart und die Wandstärke. Die „Klopfprobe" funktioniert vielleicht noch bei Tontöpfen der gleichen Wandstärke, bei Kunststofftöpfen wird sie fehlschlagen. Viel besser ist immer, wenn man die „Fingerprobe" macht, also mit den Fingern feststellt, ob die Topferde trocken oder feucht ist.

Gießen von Zimmerpflanzen nur über Untersetzer?

? **Sehr schädlich soll es für Zimmerpflanzen sein, wenn man sie von oben, also über den Topf begießt. Manche Zimmerpflanzenfreunde empfehlen, das Wasser den Pflanzen grundsätzlich über den Untersetzer zuzuführen. Was ist nun richtig?**

! Den Pflanzen ist es wahrscheinlich zunächst einmal gleichgültig, ob sie von oben oder von unten bewässert werden. In der Natur kommt das Wasser auch meistens von oben. Die Empfehlung, nur von unten zu gießen, resultiert aus der häufigen Ansicht, dass die oberirdischen Pflanzenteile nicht befeuchtet werden dürfen. Wird aber das Wasser direkt auf die Erde des Blumentopfes gegossen, spielt das gar keine Rolle.

Vielleicht sollte sogar auf eine gewisse Gefahr aufmerksam gemacht werden, wenn Zimmerpflanzen immer nur von unten gegossen werden. In diesem Fall muss die Feuchtigkeit im Substrat nach oben aufsteigen und so die Wurzeln im gesamten Topfraum mit Wasser versorgen. Gleichzeitig mit dem Wasser steigen aber auch die darin gelösten Nährstoffe nach oben und werden von den Pflanzenwurzeln aufgenommen. Wie in wissenschaftlichen Untersuchungen der letzten Jahre festgestellt wurde, kann es aber dabei zu einer gewissen Salzanreicherung im oberen Bereich des Topfes kommen, wenn ein Teil der überschüssigen Feuchtigkeit über die Topferde verdunstet. Das kann im schlimmsten Fall zu Salzkonzentrationsschäden an den Pflanzenwurzeln im oberen Topfbereich führen. Deshalb sollte man daran denken, dass man, werden Pflanzen immer von unten über den Untersetzer gegossen, diese von Zeit zu Zeit doch wieder einmal von oben bewässert. Dadurch wird das im oberen Bereich des Topfes eingespeicherte Salz aufgelöst und in den unteren Bereich des Blumentopfes gespült. So können Wurzelschäden vermieden werden.

Viel wichtiger ist aber die optimale Wasserzufuhr. Der goldene Mittelweg ist für die meisten Zimmerpflanzen richtig. Einerseits darf eine Erde nicht zu stark austrocknen, andererseits muss aber Staunässe auf jeden Fall vermieden werden. Auch ist der jeweilige Pflanzenrhythmus immer zu beachten. Meistens ist es ideal, wenn man während der üblichen Wachstumsphase der Pflanzen immer dann bewässert, wenn die oberste Erdschicht leicht abgetrocknet ist. Eine Kontrolle mit den Fingern ist immer angebracht.

Gießen von Zimmerpflanzen zum richtigen Zeitpunkt

? **Nicht alle meine Zimmerpflanzen gedeihen zu meiner vollen Zufriedenheit. Nun hat mir eine Bekannte geraten, die Pflanzen immer zu einer bestimmten Tageszeit, also morgens oder abends zu gießen. Ist das richtig und welche Tageszeit soll ich bevorzugen?**

! Bei der Zimmerpflanzenkultur spielt es keine Rolle, zu welcher Tageszeit die Pflanzen gegossen werden. Wichtig ist eigentlich nur, dass nach Möglichkeit die Blätter nicht nass gemacht werden. Bei empfindlichen Pflanzen – und zwar solchen, die weiche, behaarte Blätter oder einen dichten Blattkranz besitzen – können sich Pilze entwickeln, die zu Blattschäden führen. Kann ein Befeuchten der Blätter nicht verhindert werden, sollte man darauf achten, dass die Feuchtigkeit nach einer gewissen Zeit wieder abgetrocknet ist. Andererseits gibt es auch Grünpflanzen wie Palmen, die man unter Tag gelegentlich mit Wasser besprüht, um die Luftfeuchtigkeit zu erhöhen und die Verdunstung der Blätter (Transpiration) einzuschränken.

Spielt unter Umständen dieser Punkt eine gewisse Rolle, ist das Gießen am Morgen günstiger, weil dann die Blätter bis zum Abend wieder abgetrocknet sind. Meistens ist es in Wohn- und Geschäftsräumen auch über Nacht etwas kühler als am Tag, so dass sich die Feuchtigkeit auf den Blättern etwas länger halten kann. Werden die Blätter aber nicht befeuchtet, spielt die Tageszeit keine Rolle.

Gießwasser anwärmen?

? **Die Ansichten über das richtige Gießen gehen bei vielen Blumenfreunden weit auseinander. Nun habe ich einmal gehört, dass kein kaltes, sondern nur handwarmes Wasser zum Gießen verwendet werden soll. Stimmt diese Ansicht und gilt das für alle Zimmerpflanzen?**

! Im Sommer spielt die Temperatur des Gießwassers keine Rolle. Es kommt in der Regel aus der Leitung mit einer Temperatur zwischen 12 und 15 °C. Oft ist es auch „zimmerwarm", weil es über Nacht oder sonst längere Zeit in den Leitungen des Hauses gestanden hat. Auch sind die Pflanzen selbst nicht so empfindlich, da sie ausreichend hohen Temperaturen ausgesetzt sind und sich das Wasser, wird es auf den Blumentopf gegossen, beim Einsickern in das Substrat auf die dort vorhandene Temperatur einstellt. Geringe Temperaturunterschiede spielen zu diesem Zeitpunkt keine Rolle.

Völlig anders ist es im Winter. Hier kann natürlich das Wasser auch mit einer ähnlichen Temperatur aus der Leitung fließen. Ist aber an diesem Tag schon sehr viel Wasser aus der Leitung entnommen worden, kann die Temperatur deutlich unter den Werten des Sommers liegen. Im Winter hat frisches Leitungswasser oft nur eine Temperatur von etwa 8 °C. Werden nun, vor allem empfindliche Zimmerpflanzen, mit diesem Wasser gegossen, ist der Temperaturunterschied zwischen dem Wasser und der im Zimmer stehenden Pflanze doch sehr viel größer. Außerdem sind die Pflanzen in dieser Zeit auch viel empfindlicher.

Gerade aus diesem Grunde stimmt es tatsächlich, dass man das Wasser etwas temperieren sollte. Die Frage ist nur, welche Temperatur ist günstig? Wir Menschen haben üblicherweise eine Körpertemperatur von 37 °C. Fühlen wir „handwarmes" Wasser, so liegt dieses meistens bei Temperaturen über 37 °C. Andererseits empfinden wir Wasser mit einer Temperatur um 20 °C als kühl oder sogar kalt. Das Gießwasser sollte eine Temperatur haben, die der Umgebungstemperatur der Pflanzen entspricht, also Zimmerwärme. Das bedeutet, dass frisches Leitungswasser auf etwa 20 bis 22 °C erwärmt werden sollte. Man sollte des Guten aber auch nicht zu viel tun. Empfindsame Pflanzen können auf zu warmes Wasser genauso negativ reagieren wie auf zu kaltes.

Guano-Dünger für Zimmerpflanzen

?

Mir wurde in einem Haus- und Gartenmarkt Guano zum Düngen meiner Zimmerpflanzen angeboten. Um was für einen Dünger handelt es sich und wie muss ich ihn einsetzen?

!

Als Guano wird ein natürlicher organischer Dünger bezeichnet, der aus Vogelexkrementen besteht und in Peru seit ungefähr 150 Jahren abgebaut und in alle Welt verschickt wird. Dieser Dünger ist auch bei uns als organischer Dünger im Handel. Er wird normalerweise als Volldünger angeboten, denn er enthält Kernnährstoffe wie Stickstoff, Phosphorsäure (Phosphat) und Kalium. Der Reinnährstoffgehalt schwankt etwas. Folgende Werte können jedoch angenommen werden: $N+P_2O_5+K_2O = 6+12+2$. 1 kg dieses Düngers enthält also 60 g N, 120 g P_2O_5 und 20 g K_2O. Vergleicht man diese Reinnährstoffe mit einem anderen Volldünger, so fällt sicher auf, dass der Dünger relativ viel Phosphorsäure und wenig Kalium enthält. Dieses Reinnährstoffverhältnis ist nicht ganz ideal, da im Allgemeinen ein Volldünger etwa 50% mehr Kalium enthalten sollte als Phosphorsäure. Das hängt aber damit zusammen, dass organische Dünger immer relativ wenig Kalium enthalten. Ein gewisser Ausgleich ist deshalb bei einer häufigen Verwendung von Guano empfehlenswert.

Peru-Guano wird ausschließlich als Vorratsdünger der Erde zugemischt. Wird eine eigene Mischung hergestellt, können etwa 30 bis 50 g/10 l Erde untergemischt werden. Diese Menge reicht aus, um die Pflanzen über einige Wochen mit den notwendigen Nährstoffen zu versorgen. Später müssen zusätzlich „Kopfdüngergaben" verabreicht werden. Hier ist auf einen nach Möglichkeit kaliumreichen Volldünger zurückzugreifen, damit das gewisse Missverhältnis im Zusammenhang mit der Guano-Düngung ausgeglichen wird. Als Kopfdünger kann jeder übliche Blumen-Volldünger mit einem relativ hohen Kaliumgehalt verwendet werden.

Günstig ist es, wenn die Substratmischung schon etwa 8 bis 14 Tage vor der Verwendung zusammen mit dem Dünger hergestellt wird, damit sich die organisch gebundenen Nährstoffe bereits etwas mineralisieren. Eine zu lange Vorlaufzeit ist nicht zu empfehlen, da dann in der feuchten Erde bereits viele der organischen Komponenten mineralisiert werden. Dann ist der „Langzeiteffekt" des organischen Düngers nicht mehr vorhanden. Auch können Wurzelschäden auftreten.

Wird zum Ein- oder Umtopfen käufliche Blumenerde verwendet, braucht eine zusätzliche Düngung in der Regel nicht verabreicht werden. Diese Erden enthalten bereits eine gewisse Menge Vorratsdünger. Es kann höchstens sein, dass auf der Packung vermerkt ist, dass es sich um ein ungedüngtes Substrat handelt. Dann kann das angegebene Düngerrezept auch für diese Erde angewandt werden.

Hohe Luftfeuchtigkeit bei Zimmerpflanzen

?

Obwohl ich meine Zimmerpflanzen immer wieder mit Wasser besprühe, bekommen Palmen und einige Grünpflanzen braune Blattspitzen. Auch meine Zimmerfarne wollen nicht richtig gedeihen. Mein Gärtner sagte mir, dass diese Erscheinungen mit der zu trockenen Zimmerluft zusammenhängen. Was kann ich noch unternehmen, dass ich im Wohnzimmer ideale Verhältnisse schaffen kann?

!

Das gelegentliche Besprühen der Pflanzen mit Wasser hilft schon etwas, die relative Luftfeuchtigkeit zu erhöhen. Man muss jedoch bedenken, dass in den Gewächshäusern der Gärtner, vor allem bei der Kultur tropischer Pflanzen, eine relative Luftfeuchtigkeit von 80 bis 90% herrscht. Eine so hohe

Luftfeuchtigkeit ist im Wohnzimmer kaum zu erreichen.
Nachhaltig erhöhen kann man die Luftfeuchtigkeit am ehesten mit einem elektrischen Luftbefeuchter. Es gibt jedoch auch andere Möglichkeiten, die Luft mit Wasser anzureichern. Ideal ist natürlich ein ausgebautes Blumenfenster mit einer Pflanzenwanne. Diese Wanne wird mit feuchtem Torfmull (Hochmoor-Weißtorf) gefüllt, der ständig feucht gehalten wird. In diesen Torf werden nun die Zimmerpflanzen samt den Töpfen eingesenkt und normal gepflegt. Aus dem feuchten Torf kann aber immer Wasser verdunsten und so die Luft in der Umgebung der Pflanzen mit Feuchtigkeit anreichern. Die Pflanzen fühlen sich in diesem Klima meistens recht wohl. Wenn aus technischen Gründen ein derartig ausgebautes Blumenfenster nicht machbar ist, könnte auch ein wasserdichtes Gefäß, das natürlich in den Raum passen muss, eine ähnliche Aufgabe übernehmen. Vorsicht, es darf sich in diesem Gefäß oder in der Wanne im Blumenfenster auf Dauer kein Wasser stauen. Das wiederum könnte tödlich sein für die Pflanzenwurzeln.
Sind die vorgeschlagenen Maßnahmen nicht zu verwirklichen, hilft schon das Aufstellen einer flachen, wassergefüllten Schale in der Nähe der empfindlichen Zimmerpflanzen. Andererseits sollten natürlich die an den Heizkörpern angebrachten Verdunster immer mit Wasser gefüllt sein.

WUSSTEN SIE, dass es auch Pflanzen gibt, die sehr viel Wasser verdunsten? Das gilt beispielsweise für *Cyperus involucratus* (*C. alternifolius*), das Zypergras. Diese Pflanze ist völlig anspruchslos und verdunstet ständig viel Wasser. Der Wasserverbrauch soll bei 2 bis 3 l am Tag liegen. Vielleicht könnte ein solches Zypergras zusammen mit den anderen Grünpflanzen aufgestellt werden und so für diese das Zimmerklima verbessern.

Hornmehl zur Zimmerpflanzendüngung?

Meine Zimmerpflanzen möchte ich auf natürliche Weise ernähren. Man hat mir die Verwendung von Hornmehl empfohlen. Kann ich diesen Dünger verwenden und wie wende ich ihn an?

Hornmehl ist ein organischer Dünger und wird in erster Linie zur Stickstoffversorgung der Pflanzen verwendet. Er hat den Vorteil, dass er die Salzkonzentration im Boden nicht oder kaum erhöht und außerdem über einen längeren Zeitraum wirksam ist. Andererseits wirkt er nicht sofort, da zunächst die organische Substanz von Mikroorganismen im Boden mineralisiert werden muss. Erst dann ist die Pflanze in der Lage, den Stickstoff, überwiegend in Nitrat-, manchmal auch in Ammoniumform aufzunehmen. Deshalb ist Hornmehl ein typischer Vorratsdünger.
Aus diesem Grund kann Hornmehl auch nicht als „Kopfdünger" während der Kultur verabreicht werden, sondern wird nur beim Umtopfen dem Substrat beigemischt. Die allgemeine Aufwandmenge liegt bei etwa 2 bis 5 g/l Erde, je nach Zusammensetzung des Substrats.

Sollen die Pflanzen bei einer Vorratsdüngung mit den wichtigsten Kernnährstoffen versorgt werden, sollte nicht nur Hornmehl als Stickstoffdünger, sondern auch Phosphorsäure- und Kaliumdünger verwendet werden. Nur so ist eine harmonische Ernährung der Pflanzen gewährleistet.

Hydrokultur-Pflanzen sterben ab

Verschiedene Pflanzen kultiviere ich in Hydrokultur. Nun sehen einige sehr traurig aus. Vor allen Dingen die Strahlenaralie besitzt nur noch einige Stängel, die Blätter sind alle abgefallen. Die Pflanzen habe ich ganz nach Vorschrift mit Wasser und Nährlösungen versorgt und das Gefäß immer bis zur oberen Marke des Wasserstandsanzeigers aufgefüllt.

Mit großer Wahrscheinlichkeit sind die Pflanzen an Sauerstoffmangel im Wurzelbereich zugrunde gegangen. Im Normalfalle sollen Hydrokulturpflanzen immer nur so viel Wasser oder Nährlösung erhalten, dass der Spiegel im Höchstfalle bis zur mittleren Marke des Wasserstandsanzeigers reicht. Manche Wasserstandsanzeiger sind noch mit den Abkürzungen min. (Minimum), opt. (Optimum) und max. (Maximum) von unten nach oben versehen. Die Optimummarke befindet sich immer in der Mitte.

Sinkt der Wasser- beziehungsweise Nährlösungsspiegel bis zur Minimummarke ab, soll der Flüssigkeitsspiegel bis zur Optimummarke aufgefüllt werden. Das ist sehr wichtig, da die Wurzeln nicht nur Wasser oder Nährslösung, sondern auch Sauerstoff benötigen. Wird Wasser oder Nährlösung nur bis zur Optimummarke aufgefüllt, kann der Wurzelbereich immer wieder optimal mit Sauerstoff versorgt werden, während bei einem ständigen Auffüllen bis zur Maximummarke die Wurzeln bald unter Sauerstoffmangel leiden, in Fäulnis übergehen und dann die oberirdischen Organe absterben.
Die Maximummarke hat nur dann eine Bedeutung, wenn man längere Zeit abwesend ist und in diesem Fall eine gewisse Langzeitbevorratung mit Nährlösung erfolgen muss. Werden Hydrokulturgefäße zwei- oder vielleicht auch dreimal im Jahr bis zur maximalen Höhe mit Nährlösung aufgefüllt, schadet das den Pflanzen in der Regel nicht. Nur eine Dauerbefüllung bis zur oberen Marke ist für viele Pflanzen tödlich.

Nicht nur die Höhe des Wasserstandes kann für Schäden verantwortlich sein. Auch eine zu hohe Konzentration der Nährlösung kann zu Schäden führen. Deshalb sollte die Verwendung von Hydrokulturdünger immer nach Gebrauchsanweisung erfolgen. Empfehlenswert ist auch, die Lösung nach einigen Monaten einmal auszuwechseln, um Überschüsse an einzelnen Elementen oder Salzen zu beseitigen.

Hydrokulturen als Raumteiler

? **In meinem großen Wohnraum habe ich auf Empfehlung eine Hydrokultur als Raumteiler aufgestellt. Am Anfang fühlten sich die Pflanzen offensichtlich wohl. Seit einigen Wochen beobachte ich aber, dass die Pflanzen trauern und nicht mehr richtig gedeihen wollen. Dabei habe ich genau nach Vorschrift mit einem Langzeitdünger gedüngt und auch immer das Wasser bis zur Marke „Optimum" aufgefüllt. Was muss ich tun, damit sich die Pflanzen normal weiter entwickeln?**

! Sehr gerne werden Hydrokulturen als Raumteiler empfohlen. Das hat allerdings nur einen Sinn, wenn sie in diesem Raum genügend Licht erhalten. Die Hydrokultur selbst bietet den Pflanzen Wasser und Nährstoffe in optimaler Weise. Das wurde sicherlich auch in diesem Falle durch eine richtige Düngung mit einem Langzeitdünger und dem ständigen Nachfüllen von Wasser beachtet. Schwierigkeiten machen jedoch die Lichtverhältnisse. So liegt die Lichtintensität weitab vom Fenster meistens deutlich unter dem für die Pflanzen notwendigen Minimum. Das spielt im Sommer meistens keine so große Rolle, da die Strahlung in dieser Zeit wesentlich höher ist. Problematisch sind immer die Wintermonate.
Am besten ist es, wenn man einmal die Lichtintensität mit einem Luxmeter misst. Die Strahlungsintensität sollte am Tag, zumindest zwischen 9 und 15 Uhr bei mindestens 1 000 Lux liegen. Oft werden als Mindestbeleuchtungsstärke auch nur 500 Lux genannt. Doch sollte zu einer ordentlichen Entwicklung der Pflanzen eher eine höhere Lichtintensität vorhanden sein. Dies gilt vor allen Dingen dann, wenn auch die Temperaturen im Raum verhältnismäßig hoch sind.

Je nachdem, wie die Lichtverhältnisse tatsächlich sind, kann unter Umständen durch die Verwendung einer speziellen Pflanzenbeleuchtung die Lichtintensität so erhöht werden, dass die Pflanzen auch weiterhin als Raumteiler verwendet werden können. Gegebenenfalls sollte man zur Beratung einen Garten-Spezialisten (Hydrokulturpflanzen-Gärtner) hinzuziehen.

Kakteenerde mit „scharfem" Sand mischen

? **Kürzlich habe ich mir beim Gärtner zum Umpflanzen meiner Kakteen Erde geholt. Da die Mischungen je nach Kakteen-Art etwas verschieden sein sollen, gab er mir den Rat, für einige Arten noch zusätzlich „scharfen" Sand zu verwenden. Was versteht man unter „scharfem" Sand, von wo kann ich ihn beziehen?**

! Der Begriff „scharfer" Sand ist uralt und hauptsächlich in der gärtnerischen Praxis eingeführt. Im Allgemeinen unterscheidet man zwischen Grabsand und Flusssand. Grabsand, der in der Bauwirtschaft vielfach verwendet wird, enthält einen ho-

hen Anteil feiner, erdiger Substanzen, während der Flusssand aus einem gewaschenen und deshalb körnigen Material besteht. Hier ist der Feinstoffanteil äußerst gering. Sicher hat sich die Bezeichnung „scharfer" Sand deshalb eingebürgert, weil die kleinen Quarzkörner scharfe Kanten haben.
Sand wird zum Untermischen in Substraten vielfach verwendet. Der gewaschene oder „scharfe" Sand hat den Vorteil, dass die Substrate durch die grobe Körnung wasserdurchlässiger werden. Dadurch wird gleichzeitig die Luftführung im Substrat verbessert. Diese idealen Eigenschaften hat der Grabsand nicht. Deshalb sollte eigentlich für Erden und Substrate immer ausschließlich der „scharfe" Sand verwendet werden.

Knochenmehl selbst herstellen und Zimmerpflanzen düngen?

Knochenmehl soll ein sehr gutes Düngemittel zum Düngen von Zimmerpflanzen sein. Kann ich aus Knochen, die ich von der Metzgerei erhalte, selbst Knochenmehl herstellen und damit meine Zimmerpflanzen düngen?

Es ist richtig, dass aus Knochen das so genannte Knochenmehl hergestellt wird. Es handelt sich dabei um ein typisches organisches Düngemittel, das vor allen Dingen Phosporsäure (Phosphat) enthält. Der Reinnährstoffgehalt liegt bei 17 % P_2O_5.
Dieses Knochenmehl wird aber nicht nur durch reines Zermahlen der Knochen gewonnen, sondern durch verschiedene Verfahren so aufgeschlossen, dass die darin enthaltenene Phosphorsäure in eine für die Pflanzen leicht aufnehmbare Form überführt wird. Deshalb würde ich auch nicht empfehlen, selbst aus Abfallknochen der Metzgerei ein Düngemittel herzustellen. Darüber hinaus wird im Rahmen der BSE-Krise von dem Einsatz von Knochenmehl abgeraten.

Kompost als Zimmerpflanzenerde verwenden?

In meinem Garten hat sich in letzter Zeit sehr viel Kompost angesammelt. Kann ich diesen als Erde für Zimmerpflanzen verwenden?

Guter Kompost ist ein wertvolles Erdmaterial. Sicher können eine ganze Reihe von Zimmerpflanzen in ein Substrat gepflanzt werden, bei dem Kompost ein überwiegender Bestandteil ist. Voraussetzung ist allerdings, dass diese Komposterde gut verrottet ist. Man unterscheidet zwischen Frischkompost und Reifkompost. Frischkompost ist ein Kompostmaterial, das schon nach wenigen Wochen Rottezeit in erster Linie im Garten gerne verwendet wird. Für Zimmerpflanzen ist dieses Material normalerweise nicht so gut geeignet, da es noch sehr viele unverrottete Bestandteile enthält.
Ist die Komposterde aber schon gut abgelagert und die organischen Substanzen weitgehend verrottet, kann dieser „Reifkompost" recht gut für Grünpflanzen, wie Amaryllis, Riemenblatt, Zierspargel, Chrysantheme oder Alpenveilchen, zum Treiben von Blumenzwiebeln und natürlich für die Balkonpflanzen verwendet werden.

Meistens wird der Kompost nicht rein verwendet, sondern als Hauptbestandteil. Zusätzlich werden noch andere Substanzen je nach Ansprüche der Zimmerpflanzen zugemischt. Zur Lockerung und noch besseren Humusversorgung werden heute sehr gerne Rindensubstrate oder Rindenhumus zugemischt. Früher war Torf – und zwar so genannter Weißtorf – das besondere Humusmaterial. Heute gibt man anderen Substraten den Vorzug, um den Torfabbau in den Mooren zu vermeiden. Zur besseren Lockerung wird immer noch „scharfer" Flusssand untergemischt. Darunter versteht man gewaschenen Sand, der frei ist von feinen, erdigen Bestandteilen.
Die Mischungsverhältnisse müssen je nach Pflanze variiert werden. Immer ist es jedoch wichtig, dass die Zimmerpflanzen in ein lockeres, einerseits wasserhaltendes, andererseits aber durchlässiges Substrat gepflanzt werden.

Da Kompost in der Qualität abhängig ist vom Ausgangsmaterial, kann eine generelle Empfehlung zur Verwendung nicht gegeben werden. Sinnvoll wäre es, wenn man einmal von einem solchen Reifkompost eine Bodenanalyse in einem Labor machen lassen würde. Von dort erhält man Auskunft über die Qualität des Substrats und die wichtigsten Inhaltsstoffe, bei einer Standarduntersuchung den Anteil an Kernnährstoffen. Auch Hinweise zum Reaktionsgrad, also pH-Wert, sind in dieser Analyse eingeschlossen. Sinnvoll ist es, beim Einsenden einer Bodenprobe dem Labor mitzuteilen, für welchen Zweck diese Komposterde verwendet werden soll, damit dem Zimmerpflanzengärtner entsprechende Empfehlungen gegeben werden können.

Kopfdüngung von Zimmerpflanzen

Meine Zimmerpflanzen wollen nicht richtig gedeihen. Manchmal färben sich die Blätter gelb und fallen später ab. Mir wurde vom Gärtner empfohlen, den Pflanzen eine Kopfdüngung zu verabreichen. Was versteht man darunter und welchen Dünger setze ich ein? Muss ich damit die Pflanzen über die Blätter düngen?

Der Begriff „Kopfdüngung" hat sich in der gärtnerischen Fachsprache seit Jahrzehnten eingebürgert. Darunter versteht man eine Düngung während der Kultur der Pflanzen im Garten, auf dem Balkon oder im Zimmer. Für diesen Zweck werden fast ausschließlich schnell wirkende Dünger verwendet, die sich also in der Feuchtigkeit auflösen und sofort von den Wurzeln aufgenommen werden. Zwei Düngergruppen können unterschieden werden: Leicht lösliche mineralische Dünger in Pulver- oder Granulatform und flüssige Dünger.
Manchmal wird für die mineralischen Dünger der Ausdruck „Kunstdünger" verwendet. Er ist heute nicht mehr üblich, da viele dieser Dünger aus natürlichen, aber mineralischen Rohstoffen hergestellt werden.
Diese Dünger werden nun bei der Zimmerpflanzenpflege während der Kultur der Pflanzen in der vorgeschriebenen Menge mit Wasser vermischt und mit der Gießkanne ausgebracht. Hinsichtlich der Düngermenge und Konzentration der Lösung halte man sich genau an die Gebrauchsanweisung. Üblich sind Konzentrationen zwischen 0,1 und 0,3 % (1 bis 3 g oder ml Dünger/l Wasser). Damit werden die Zimmerpflanzen in gewissen Abständen angegossen. Dabei sollen jedoch die oberirdischen Organe möglichst nicht getroffen werden. Lässt sich das nicht verhindern, sollte man die Pflanze nach dem Düngen mit klarem Wasser abspritzen. Andernfalls bleibt auf den oberirdischen Pflanzenteilen unter Umständen ein Salzrückstand, der zu Verbrennungen führen kann. Auch die Erde der gedüngten Pflanzen sollte in den folgenden Tagen gleichmäßig feucht gehalten werden, damit die Nährstoffe sofort aufgenommen werden können. Andererseits wird dadurch auch ein Salzschaden im Wurzelbereich vermieden.
Bei einer Kopfdüngung sollte immer beachtet werden, dass das alte Sprichwort „viel hilft viel" bei der Düngung nicht gilt. Besonders salzempfindliche Pflanzen müssen mit Vorsicht gedüngt werden. Es ist deshalb oftmals besser, eine Düngerlösung schwach konzentriert anzuwenden und dafür öfters zu düngen, als seltener eine hohe Konzentration anzuwenden. Ein flüssiger Dünger ist meistens einfacher in der Anwendung. Für die Pflanze spielt es aber keine Rolle, ob ein fester oder flüssiger Dünger verwendet wird.

WUSSTEN SIE, dass man Dünger durchaus auch über die Blätter verabreichen kann? Man spricht dann von einer Blattdüngung.

Sie ist selten und wird vor allen Dingen im Erwerbsgartenbau angewandt. Pflanzen sind tatsächlich in der Lage, bestimmte Nährstoffe über die Blätter aufzunehmen. Die Wirkung erfolgt sehr rasch und ist oftmals nach einem oder zwei Tagen bereits sichtbar. Diese Blattdüngung wird gelegentlich während trockener Perioden im Freiland, manchmal aber auch bei der Anzucht von Zimmerpflanzen in Kombination mit Pflanzenbehandlungsmitteln eingesetzt. Besonders gerne wird dafür Harnstoff, ein Stickstoffdünger, verwendet, der innerhalb kürzerster Zeit vom Blatt absorbiert wird. Bei vorsichtiger Dosierung treten keine Pflanzenschäden auf. Pflanzen, die unter einer Stresssituation leiden, können so rasch und problemlos in ihren allgemeinen Funktionen normalisiert werden.

Kunststoff- oder Tontöpfe für Zimmerpflanzen?

? **Ich habe beobachtet, dass die Gärtner Zimmerpflanzen in Kunststoff- und Tontöpfen anbieten. Dabei scheint es keine Regel zu geben, welche Pflanzen im einen oder im anderen Topf kultiviert werden müssen. Warum gibt es diese Unterschiede und welche Auswirkungen haben die Töpfe auf die weitere Pflege im Zimmer?**

! Die Art des Topfes spielt heute keine Rolle mehr. Es können praktisch alle Zimmerpflanzen sowohl im Kunststoff- als auch im Tontopf kultiviert werden. Für die Auswahl der Töpfe spielen beim Gärtner meistens innerbetriebliche Besonderheiten eine Rolle, manchmal aber auch Probleme im Zusammenhang mit den Pflanzen. Während früher Zimmerpflanzen ausschließlich in Tontöpfen kultiviert wurden, sind viele Gärtner heute auf den Kunststofftopf übergegangen. Das hängt vielfach mit Transportproblemen zusammen, denn der Kunststofftopf ist sehr viel leichter als der Tontopf. Andererseits ziehen manche Gärtner für bestimmte Kulturen nach wie vor den Tontopf vor, da er gerade durch sein Gewicht die Pflanze „standfester" macht.

Hinsichtlich der Pflege von Zimmerpflanzen in den verschiedenen Töpfen gibt es jedoch einige Unterschiede. So hat ein Tontopf meistens eine poröse Wandung, durch die Wasser nach außen abgeben wird, andererseits auch Sauerstoff an den Wurzelballen gelangen kann. Deshalb ist für den Pflanzenliebhaber die Kultur von Pflanzen im Tontopf meistens relativ problemlos, da ein gewisser Ausgleich von ungünstigen Pflegemaßnahmen stattfinden kann. Beim Kunststofftopf findet ein solcher Austausch durch die Topfwand nicht statt. Überschüssiges Wasser kann nur durch die Öffnungen am Topfboden abfließen oder an der Ballenoberfläche verdunsten. Daraus resultiert meistens der Pflegehinweis, dass Pflanzen in Kunststofftöpfen nicht so oft gegossen werden müssen wie Pflanzen in Tontöpfen. Man kann auch einfacher sagen, dass Pflanzen in Kunststofftöpfen etwas aufmerksamer bewässert werden müssen als solche in Tontöpfen. Alle anderen Pflegemaßnahmen sind im Wesentlichen gleich.

Sollten Probleme in der Zimmerpflanzenkultur mit zweierlei Topfarten auftreten, sollte man alle Pflanzen in möglichst einer Topfart, also im Ton- oder Kunststofftopf kultivieren. Hat man sich für den Tontopf entschlossen, sollten immer einige Töpfe in Reserve gehalten werden. Erwirbt man eine Pflanze im Kunststofftopf, wird sie einfach aus diesem Gefäß herausgenommen und in einen gleichgroßen Tontopf eingepflanzt. Mittlerweile gibt es aber auch quadratische Kunststofftöpfe. Diese Form gibt es bei den Tontöpfen nicht. Hier kann man aber auch mit etwas Vorsicht und Gefühl eine solche Pflanze aus einem quadratischen Kunststofftopf in einen passenden runden Tontopf umpflanzen.

WUSSTEN SIE, dass man die Topfgröße sehr leicht erkennen kann? Töpfe werden immer nach dem Durchmesser gerechnet. So hat z. B. ein 11-cm-Topf immer einen Durchmesser von 11 cm. Bei den Kunststofftöpfen ist der Durchmesser im Allgemeinen im Topfboden eingraviert, während bei den Tontöpfen eine andere Kennzeichnung üblich ist. So haben alle Töpfe mit geradem Durchmesser, also 8, 10, 12 cm Durchmesser einen glatten Topfboden, während alle Töpfe mit einem ungeraden Durchmesser, also 9, 11, 13 cm einen zusätzlichen Ring am Topfboden besitzen. Mit etwas Augenmaß und der entsprechenden Kennzeichnung am Topfboden kann man auf Anhieb feststellen, wie groß der jeweilige Tontopf ist.

Langzeitdüngerwirkung bei Zimmerpflanzen

Zur Düngung meiner Zimmerpflanzen erhielt ich im Fachgeschäft einen Dünger mit dem Namen Osmocote. Es soll sich um einen ganz hervorragenden Dünger handeln, der über viele Monate hinweg die Pflanzen mit den notwendigen Nährstoffen versorgt. Dieser Dünger soll dem Substrat beigemischt werden. Danach soll sich der Dünger je nach Pflanzenbedarf in aufnehmbare Nährstoffe umwandeln.

Eigentlich kann man alle die Dünger als Langzeitdünger bezeichnen, die Pflanzen über einen längeren Zeitraum hinweg mit Nährstoffen versorgen. Dazu zählen einmal die organischen Dünger, aber auch einige synthetisch hergestellten Düngemittel. Letztere gibt es in verschiedenen Formen. Besonders bekannt ist für den Zimmerpflanzengärtner der Dünger Osmocote. Hierbei handelt es sich um einen so genannten Ionenaustauscher, bei dem sich alle erforderlichen Nährstoffe in einem Korn, das mit verharzten Pflanzenölen umhüllt ist, eingeschlossen sind. Die Feuchtigkeit aus dem Boden dringt durch die Harzhülle in das Düngerkorn ein. Dann lösen sich die Nährsalze und das Korn dehnt sich durch den osmotischen Druck aus. Die Nährstoffe gelangen dann gleichmäßig und kontinuierlich durch die Poren der Harzhülle in das Substrat und an die Wurzeln. Hierbei spielen Substrat, Salzgehalt oder Reaktionsgrad keine Rolle. Jedoch wird die Nährstoffabgabe durch höhere oder niedrigere Bodentemperaturen beschleunigt oder verzögert. Deshalb wirkt gerade dieser Dünger während der warmen Jahreszeit schneller als bei kühlen Perioden im Winter. Die Freisetzung der Pflanzennährstoffe beginnt bereits bei Temperaturen über 0 °C.
Da die Formulierungen von Osmocote unterschiedlich sind, wird meistens auf der Packung angegeben, wie lange der Düngervorrat im Durchschnitt anhält. Diese Angabe muss aber nur als Durchschnittswert angesehen werden, da wie angeführt die Temperatur bei der Freigabe der Nährstoffe eine Rolle spielt. Da ein solcher Dünger über einen längeren Zeitraum wirksam ist, wird er gerne auch als „Depotdünger" bezeichnet.
Ebenfalls verwendbar sind Düngestäbchen von verschiedenen Herstellern. Sie werden in gewissen Zeitabständen in die Erde der Zimmerpflanzen gedrückt. Durch die Feuchtigkeit des Substrats lösen sich die Nährstoffe und stehen den Pflanzen zur Verfügung. Unter Umständen kann es allerdings im nahen Bereich eines Düngestäbchens zu Wurzelbeschädigungen kommen, wenn durch ein trockenes Substrat der Salzgehalt in diesem Bereich zu stark ansteigt. Deshalb ist etwas Vorsicht geboten.
Auch die Wirkung der Düngestäbchen ist etwas unterschiedlich. Das hängt meistens davon ab, aus welchen Grundsubstanzen die Stäbchen hergestellt werden und welche Bindemittel bei der Herstellung verwendet werden. So gibt es Düngestäbchen, die auf der Basis organisch-mineralischer Dünger aufgebaut sind und solche auf rein mineralischer Basis. Auch Unterschiede im Reinnährstoffverhältnis sind möglich. So werden oft Stäbchen mit unterschiedlichem Nährstoffgehalt für Blüten- und Grünpflanzen angeboten. Es kann also Unterschiede in der Löslichkeit, der Verfügbarkeit der Nährstoffe und der Zusammensetzung geben. Deshalb ist eine entsprechende Auswahl schon sinnvoll. Auch sollte man das Pflanzenwachstum nach einer Anwendung beobachten und danach die weitere Dosierung regeln. Generell können diese Düngestäbchen aber für Zimmerpflanzen eingesetzt werden.

Langzeitdüngung von Zimmerpflanzen mit Düngekegeln

In einem Fachgeschäft wurden mir Düngekegel zur Langzeitdüngung angeboten. Es soll sich um eine neue Form eines Depotdüngers handeln und vor allen Dingen für meine größeren Zimmer- und Kübelpflanzen geeignet sein. Es handelt sich um braune Kügelchen, die zu einem Kegel geformt sind. Kann ich diese Düngekegel für meine größeren Zimmerpflanzen als Vorrats- oder Dauerdünger verwenden?

Im Prinzip handelt es sich bei den geschilderten Düngekegeln um den Langzeit- oder Depotdünger Osmocote. Er wird normalerweise als Vorratdünger Substraten, auch für Zimmerpflanzen, zugemischt. Da jedoch dieser Dünger später nicht mehr in die Erde eingemischt werden kann, hat der Hersteller diese Düngekegel entwickelt. Damit wurde jetzt eine Form geschaffen, die den Einsatz als Kopfdünger ermöglicht. Die neuartigen Dün-

gekegel werden aus original Osmocote-Düngergranulaten hergestellt, die in Form eines konischen Düngekegels zusammengeklebt werden. Die Kegel garantieren eine exakte Dosierung mit allen wichtigen Hauptnährstoffen und Spurenelementen, wobei sich der Aufwand nach der Größe des Volumens und des Topfballens richtet.
Im Handel sind diese neuartigen Düngekegel in zwei Formulierungen in der jeweiligen N+P+K+Mg-Kombination von 10+11+18+2 + Spurenelemente und einer Wirkungsdauer von fünf bis sechs Monaten sowie der Zusammensetzung 16+8+12+2 + Spurenelemente und einer Wirkungsdauer von acht bis neun Monaten.
Diese beiden verschiedenen Formulierungen wurden deshalb gewählt, weil Blütenpflanzen etwas mehr Phosphat und Kalium, dafür weniger Stickstoff benötigen. Deshalb sollte man für solche Pflanzen die zuerst genannte Variante nehmen. Die zweite ist mehr für Grünpflanzen gedacht, die einen höheren Stickstoffbedarf haben.
Mit diesen Düngekegeln können nun Kübel-, Container-, große Topf- und Ampelpflanzen während der Kultur gedüngt werden. Dabei ist die Anwendung relativ einfach. Den Düngekegel braucht man nur in das Substrat einzudrücken und mit etwas Erde abzudecken. Nun werden die Nährstoffe im Substrat aus der Umhüllung gelöst und den Pflanzenwurzeln zugeführt. Diese Anwendungsform ermöglicht also eine Versorgung gärtnerischer Kulturpflanzen mit Langzeitdünger auch dann noch, wenn eine ursprüngliche Grund- oder Vorratsdüngung bereits aufgebraucht ist.
Nach dem Düngen werden die Pflanzen von oben angegossen, damit die Nährstoffabgabe gestartet wird. Günstig ist es, wenn das Düngedatum im Kalender oder am Blumentopf vermerkt wird, damit die nächste Düngung rechtzeitig nach sechs bis neun Monaten wieder durchgeführt wird. Die gedüngten Pflanzen sollen regelmäßig von oben bewässert werden, damit sich die gelösten Nährstoffe immer gleichmäßig im Wurzelballen verteilen. Zu beachten ist auch, dass die Düngekegel nicht beschädigt oder aufgeteilt werden dürfen, weil dadurch die Harzhüllen der einzelnen Körnchen beschädigt werden können. In diesem Falle können die Nährsalze unkontrolliert freigesetzt werden. Wurzelschäden sind möglich.
Der Einsatz der Düngekegel hängt in der Dosierung von der Größe der Pflanzen und dem Erdvolumen ab.

Müllkompost für Zimmerpflanzen?

In unserer Stadt wird Müll kompostiert und an Interessenten abgegeben. Es gibt aber auch ein Kompostwerk, wo Bioabfälle gesammelt und kompostiert werden. Kann Komposterde aus diesen Werken für Zimmerpflanzen verwendet werden?

Es ist äußerste Vorsicht geboten bei der Verwendung nicht selbst hergestellten Kompostes. In der Praxis wird zwischen Müllkompost, Biokompost und Grüngutkompost unterschieden. Das jeweilige Produkt hat sehr unterschiedliche Eigenschaften und manche Komposte enthalten pflanzenschädliche Inhaltsstoffe.
Normalerweise kann für den Garten, aber auch für Zimmerpflanzen, der Kompost aus Grüngutabfällen verwendet werden. Dieser hat nach der Rotte etwa ähnliche Eigenschaften wie der im Garten selbst hergestellte Kompost. Das fertig verrottete Material enthält also im normalen Fall keine pflanzenschädlichen Stoffe.
Schon etwas problematischer ist es mit dem Biokompost. Er wird aus den Abfällen der Biotonne hergestellt. Auch hier kann das Kompostmaterial recht ordentlich sein, wenn in der Biotonne nur organische Reste entsorgt wurden, die noch nicht verkocht waren. Werden nämlich in größerer Menge verkochte Speisereste oder ähnliches Material über die Biotonne entsorgt, kann insbesondere der Salzgehalt dieses Materials sehr hoch sein. Dann sind Pflanzenschäden bei der späteren Verwendung der Erde bei empfindlichen Pflanzen nicht ausgeschlossen.
Überhaupt nicht verwendet werden soll Müllkompost. Er enthält viele pflanzenschädliche Stoffe, unter anderem auch Schwermetalle, die pflanzenunverträglich sind. Außerdem sind in diesem Kompost auch vielfach Plastik- und Glasabfälle enthalten, die den Umgang mit dem Kompost erschweren. Er sollte übrigens auch nicht im Garten verwendet werden.

Ehe Kompost von einer öffentlichen Kompostmiete beschafft wird, sollte man sich von den zuständigen Stadtwerken oder dem Betreiber der Kompostanlage eine Analyse des Materials geben lassen. Diese Analyse sollte nicht nur über den Nährstoffgehalt Auskunft geben, sondern auch über den Salzgehalt. Gerade ein zu hoher Salzgehalt kann Wurzelschäden verursachen. Dieser sollte möglichst unter 3 g/l Substrat liegen. Außerdem ist dann zu empfehlen, dass die Komposterde nicht rein verwendet wird, sondern mit Streckmaterialien, wie Rindenhumus und Sand vermischt wird. Blumenerden haben im Durchschnitt je nach Verwendungszweck einen Salzgehalt von etwa 0,5 bis 3 g/Substrat.

Perlite zur Pflanzenvermehrung

In einer Gärtnerei habe ich gesehen, dass dort alle durch Stecklinge vermehrte Pflanzen in ein weißliches, körniges Material gesteckt werden. Man nannte es Perlite. Welchen Vorteil hat dieses Material und könnte ich meine Zimmerpflanzen auch darin vermehren?

Perlite ist ein Material, das in der Bauindustrie verwendet wird. Es handelt sich vom Grundmaterial her um Magnesiumglimmer, der durch Erhitzen aufgebläht, aufgeschlossen und sterilisiert wurde. Dadurch entstand ein krümeliges, poröses und auch saugfähiges Material.

Im Erwerbsgartenbau werden viele Topfpflanzen- und Schnittblumen-Arten in Perlite vermehrt, weil es steril ist und fast ähnliche Eigenschaften hat wie ein Torf-Sand-Gemisch. Besonders bewährt hat sich das Material beim Einsatz so genannter Sprühnebelanlagen. Die Stecklinge werden also in ihren Vermehrungsgefäßen im Gewächshaus aufgestellt und immer in gewissen Zeitabständen mit einem feinen Wassernebel besprüht. Perlite garantiert eine gewisse Wasserhaltekraft, andererseits wird überschüssige Feuchtigkeit relativ schnell abgeleitet.

Sollte man Perlite in kleinen Mengen erhalten, ist eine vegetative Vermehrung mit diesem Material durchaus empfehlenswert. Nur muss auch gleichzeitig gewährleistet sein, dass das Material während der Bewurzelungsphase immer gleichmäßig feucht gehalten wird.

Regenwurm im Blumentopf

In der Erde meines Gummibaums habe ich Regenwürmer entdeckt. Diese sind für die Pflanze sicher schädlich. Was kann ich tun, um sie aus dem Blumentopf zu vertreiben?

Eigentlich ist der Regenwurm kein Schädling. Trotzdem ist er im Blumentopf nicht gerade erwünscht, da er sich von Wurzelresten ernährt, andererseits jedoch auch das Wasserabzugsloch im Topfboden verstopfen kann.

Im Allgemeinen wird empfohlen, den Topf kurzzeitig in zimmerwarmes Wasser einzustellen. Der Wurzelballen saugt sich mit Feuchtigkeit voll und der Regenwurm tritt an der Topfoberfläche aus. Er kann dann beseitigt werden. Anschließend ist es aber sehr wichtig, dass die Feuchtigkeit aus dem Wurzelballen wieder entweichen kann, da sonst die Wurzeln unter Sauerstoffmangel leiden können. Das hätte Wurzelfäulnis zur Folge.

Reinnährstoffverhältnis beachten

Was versteht man unter dem Begriff „Reinnährstoffverhältnis"? Mir wurde im Blumenfachgeschäft empfohlen, dass ich zum Düngen meiner Grünpflanzen im Zimmer einen Dünger mit einem hohen Stickstoffanteil wählen soll. Das „Reinnährstoffverhältnis" würde immer auf der Packung vermerkt sein.

Alle so genannten Mehrnährstoffdünger enthalten Reinnährstoffe in unterschiedlichem Verhältnis. Mehrnährstoffdünger sind solche Dünger, die zwei oder mehr Nährstoffe enthalten. Gemeint sind die Anteile an Stickstoff, Phosphorsäure, Kalium und Magnesium. Sie werden immer in Ziffern angegeben und zwar in der Reihenfolge $N+P_2O_5+K_2O+MgO$. Enthält ein Dünger z. B. das Reinnährstoffverhältnis 15+8+11+2, dann weiß man, dass in diesem Dünger 15 % N, 8 % P_2O_5, 11 % K_2O und 2 % MgO enthalten sind. Diese Mengen entsprechen wiederum den angegebenen Werten in g/100 g oder ml Dünger.
Nun ist dieses Reinnährstoffverhältnis für einen geübten Zimmerpflanzengärtner immer von Wichtigkeit. Je höher der Gesamtanteil an Reinnährstoffen ist, umso weniger Ballaststoffe enthält der Dünger. Andererseits gibt das Verhältnis einen Hinweis, für welche Pflanzen dieser Dünger verwendbar ist. Ist der Anteil an Phosphorsäure (Phosphat) und Kalium hoch, ist dieser Dünger vor allem für Blütenpflanzen geeignet. Andererseits ist ein stickstoffreicher Dünger besonders zur Düngung von Grünpflanzen geeignet.

Achten Sie beim Einkauf eines Düngemittels auch auf den Hinweis, ob Spurenelemente oder Mikronährstoffe enthalten sind. Neben den Kernnährstoffen enthalten viele Dünger auch noch Elemente wie Eisen (Fe), Zink (Zn), Bor (B), Molybdän (Mo) und Mangan (Mn). Diese Mikronährstoffe werden nur in kleinsten Mengen benötigt, unterstützen aber die Entwicklung der Pflanze in besonderem Maße.

Rinde als Kultursubstrat geeignet?

Gehört habe ich, dass Rinde als Kultursubstrat recht gut geeignet sein soll. Im vergangenen Jahr habe ich nun Rinde aus dem Wald geholt und meine Zimmerpflanzen in dieses Material getopft. Zu meinem Leidwesen musste ich aber feststellen, dass die Pflanzen darin nicht gedeihen. Sie sind im Laufe der Zeit alle abgestorben. Habe ich etwas falsch gemacht?

Das Absterben der Pflanzen ist ganz sicher auf die Rinde selbst zurückzuführen. Wenn die Rinde direkt aus dem Wald geholt worden ist, kann dieses Material nur mit dem käuflichen Rindenmulch verglichen werden. Diese Rinde ist unzersetzt, enthält Gerbsäure und ist für eine direkte Kultur der Pflanzen nicht geeignet.
Im Fachhandel gibt es Rindenprodukte, die zur Kultur von Pflanzen, auch von Zimmerpflanzen, geeignet sind. Am ehesten kommt hier das Rindensubstrat in Frage. Hierbei handelt es sich um eine Mischung von fein gehäckselter und vorkompostierter Rinde mit anderen Zuschlagstoffen. Als solche Zuschlagstoffe kommen Torf, Kompost oder Kokosfasern in Frage. Wichtig ist aber, dass diese Rinde bereits vorkompostiert ist. Bei dem Humifizierungsprozess werden schädliche Stoffe abgebaut und das Material durch die Zugabe von entsprechenden Düngemitteln pflanzenverträglicher gemacht.
Will man, aus welchen Gründen auch immer, eine eigene Erdmischung mit Rindenhumus herstellen, so sollte der Anteil an Rindenhumus etwa 30 % betragen.

Rindenmulch zum Einfüttern geeiget?

In meinem ausgebauten Blumenfenster habe ich bisher die Zimmerpflanzen immer in Torf eingefüttert. Kann man diesen Torf auch durch Rindenmulch ersetzen, der zum Mulchen im Garten angeboten wird?

Es muss zwischen verschiedenen Rindenprodukten unterschieden werden. So gibt es außer dem Rindenmulch auch noch Rindenhumus, Rindensubstrat und Rindenkompost.

Die grob geschredderte Rinde wird als Rindenmulch angeboten. Sie hat vor dem Verkauf keinerlei Rottestufen durchlaufen. Für den Garten ist dieser Rindenmulch zum Abdecken von Gehölzflächen recht gut geeignet. Schon bei Stauden wurden jedoch nach der Verwendung dieses Materials Wachstumsstockungen beobachtet. Sie werden auf entsprechende Inhaltsstoffe wie Gerbsäure und vor allen Dingen auf einen verstärkten Stickstoffmangel zurückgeführt. Der Rindenmulch wird langsam zersetzt, wobei die daran beteiligten Mikroorganismen den Stickstoff aus der umgebenden Erde ziehen.
Ähnliche Erscheinungen sind sicher auch bei der Verwendung im Zimmerpflanzenbereich zu erwarten. Deshalb ist Rindenmulch für das Blumenfenster nicht geeignet. Es könnte aber ersatzweise durchaus einmal ein Versuch mit Rindenhumus gemacht werden. Dieses Material ist sehr fein geschreddert und hat schon unter Stickstoffzugabe eine Rottestufe durchgemacht. Hier wäre es denkbar, dass nicht allzu empfindliche Pflanzen in diesem Einfütterungssubstrat recht gut gedeihen würden. Auf jeden Fall sollte einmal eine Probe mit diesem Material gemacht werden.
Nur zur Ergänzung kann noch darauf hingewiesen werden, dass Rindensubstrat direkt zum Kultivieren von Jungpflanzen verwendet wird, während Rindenkompost eine Mischung aus Rinde mit anderen Kompostmaterialien darstellt.

Sämlinge von Zimmerpflanzen nicht zu früh düngen

Vor einiger Zeit habe ich Samen von verschiedenen Zimmerpflanzen ausgesät. Ich wollte eine eigene Anzucht versuchen. Die Samen keimten zufriedenstellend. Nach kurzer Zeit habe ich zusätzlich gedüngt, um den Pflanzen genügend Nährstoffe mit auf den Weg zu geben. Danach sind mir viele Sämlinge eingegangen. Was habe ich falsch gemacht?

Mit großer Wahrscheinlichkeit wurde zu früh nachgedüngt. Normalerweise sind in einer Aussaaterde genügend Nährstoffe vorhanden, um empfindliche Sämlinge über einen gewissen Zeitraum zu ernähren. Erst wenn die Sämlinge erstarkt und kräftig geworden sind, kann bei Bedarf eine zusätzliche Düngung erfolgen. Den Bedarf erkennt man meistens daran, dass die normalerweise dunkelgrünen Blätter eine hellgrüne oder gar gelbliche Farbe annehmen.
Durch die zusätzliche Düngung mit einem Blumendünger entstand vermutlich eine zu hohe Salzkonzentration des Substrats, so dass die Pflanzenwurzeln „verbrannt" sind. Vielleicht war auch die Düngerlösung etwas zu konzentriert bemessen. Bei Sämlingen und Jungpflanzen sollte man immer nur sehr schwach konzentriert düngen. Werden zum Beispiel normalerweise 2 g oder ml Dünger/l Wasser zum Düngen von Zimmerpflanzen verwendet, sollte die Konzentration bei jungen Pflanzen keinesfalls über 0,1 % (1 g oder ml Dünger/l Wasser) liegen.

Werden Zimmerpflanzen gedüngt, soll das Substrat in den Folgetagen immer mäßig feucht gehalten werden. Dadurch besteht für die Wurzeln die Möglichkeit, die gelösten Nährstoffe aufzunehmen und in die oberirdischen Organe weiterzuleiten. Trocknet eine frisch gedüngte Zimmerpflanzenerde aus, können die mineralischen Bestandteile des Düngers auskristallisieren und so genannte Salzkonzentrationsschäden verursachen. Auch sollte man immer wieder berücksichtigen, dass die Dünger- beziehungsweise Salzverträglichkeit der Pflanzen sehr unterschiedlich ist. Es ist immer besser, die Düngerlösungen etwas schwächer konzentriert zu verabreichen und auch bei nährstoffbedürftigen Pflanzen etwas häufiger zu düngen. Dadurch werden Pflanzenschäden schon vorsorglich vermieden.

Schimmelbelag auf der Erde von Zimmerpflanzen

Meine Zimmerpflanzen, besonders die Kakteen, bekommen immer wieder auf der Erde einen grauen Schimmelbelag. Es handelt sich offensichtlich um einen Pilzbefall. Können durch diese Pilze auch die Pflanzen befallen werden? Wie kann ich den Schimmelbelag verhindern?

Ein solcher Schimmelbelag kann gelegentlich auftreten, wenn die Erdoberfläche längere Zeit nicht abtrocknet. Diese Schimmelbildung hängt etwas mit der Substratmischung zusammen. Häufiger ist sie, wenn als Pflanzsubstrat Torf verwendet wurde. Schädlich ist der Belag für die Zimmerpflanze

nicht, er befällt weder die oberirdischen noch die unterirdischen Organe.
Da dieser Schimmelrasen jedoch unschön aussieht und vielleicht auch den Gasaustausch zwischen der Erde und der Außenluft hemmt, sollte er beseitigt werden. Es wird einfach die oberste Erdschicht etwas abgekratzt und durch Auffüllen mit frischer Erde ersetzt. Eine aufgebrachte dünne Sandschicht sorgt unter Umständen für ein schnelles Abtrocknen der Bodenoberfläche, so dass der Schimmel in Zukunft nicht mehr auftreten kann. Vielleicht sollte man auch darauf achten, dass immer wieder die Topfoberfläche etwas abtrocknet, um so den Pilzsporen keine Gelegenheit zum Auskeimen zu geben.

Stecklingsbewurzelung durch Hormone fördern

Als begeisterte Zimmerpflanzengärtnerin experimentiere ich immer wieder mit meinen Pflanzen. Auch manche vegetative Vermehrung gelingt mir recht gut. Doch habe ich manchmal Probleme mit den Stecklingen. Obwohl sie einige Wochen im Vermehrungssubstrat stehen, bilden sie keine Wurzeln, später faulen sie ab. Nun habe ich von meinem Gärtner erfahren, dass er zur Bewurzelung Hormone verwendet. Um welche Stoffe handelt es sich hierbei und wie werden sie angewandt?

Es gibt viele Pflanzen, die problemlos bei der Stecklingsvermehrung Wurzeln bilden. Bei manchen ist die Wurzelbildung schwieriger und vor allen Dingen langwieriger. Bei solchen Pflanzenarten hilft sich der Erwerbsgärtner mit der zusätzlichen Verwendung von Bewurzlungshormonen.
Es handelt sich dabei um so genannte Auxine, die auch von den Pflanzen selbst produziert werden. Erhöht man nun durch einen entsprechendes Präparat den Auxingehalt an der Schnittfläche der Stecklinge, wird die Wurzelbildung deutlich gefördert. Es handelt sich dabei um chemische Stoffe wie Indol-3-Essigsäure, Indol-3-Buttersäure. Diese Wirkstoffe sind meistens in einem wuchsstoffhaltigen Puder enthalten, als Trägerstoff dient Talkum. Bei der Anwendung wird die Schnittfläche des Stecklings in den Puder getaucht. Dabei kommt es nicht darauf an, dass möglichst viel an der Schnittfläche haften bleibt, ein Abschütteln von überschüssigem Puder ist sogar ratsam. Dann wird der Steckling sofort gesteckt und bewurzelt sich in der Regel besser als ohne eine solche Behandlung. Manchmal erhält man solche Bewurzelungsmittel auch in Kleinpackungen in einem Fachgeschäft.

Stecklingsvermehrung bei Zimmerpflanzen

Immer wieder höre ich, dass man bestimmte Zimmerpflanzen durch Stecklinge selbst vermehren kann. Was versteht man eigentlich unter dem Begriff Stecklinge? Welche Zimmerpflanzen lassen sich auf diese Weise vermehren und kann der Pflanzenliebhaber eine solche Vermehrung ebenfalls durchführen?

Zwei Vermehrungsarten haben bei Pflanzen eine Bedeutung. Bei der generativen Vermehrung handelt es sich um die Pflanzenvermehrung durch Samen.
Die zweite Vermehrungsart ist die vegetative Vermehrung. Darunter versteht man ganz allgemein eine Gewinnung von Nachkommen aus vegetativen Pflanzenteilen. Wohl am häufigsten ist im Gartenbau die Vermehrung durch Stecklinge üblich. Ganz typisch ist der Kopfsteckling. Dabei handelt es sich um die Triebspitze einer Pflanze mit einem geeigneten Vegetationspunkt. Zu dieser Vermehrungsart greift man, wenn man ganz einheitliche Nachkommen erzielen will oder wenn manche Zimmerpflanzen, auch Schnittblumen, aus Samen keine geeigneten Nachkommen ergeben. Von den bekannten Zimmerpflanzen werden durch Stecklinge wie Fuchsie (*Fuchsia*), Weihnachtsstern (*Euphorbia pulcherrima*), Zimmerlinde (*Sparmannia africana*), Medinilla, Wachsblume (*Hoya*), Roseneibisch (*Hibiscus*), Chrysanthemen (*Chrysanthemum*) und viele Grünpflanzen vermehrt.
Bei der Vermehrung selbst schneidet man die Triebspitzen mit einem scharfen Messer von der Mutterpflanze. Die Länge des Stecklings hängt von der jeweiligen Pflanze ab. Bei vielen Zimmerpflanzen ist ein Steckling etwa 6 bis 8 cm lang, manchmal auch länger. Meistens schneidet man den Steckling nach, damit ein glatter, sauberer Schnitt erfolgt und die Wundfläche möglichst klein bleibt. Am besten bewurzelt er direkt unter einem Blattknoten, also einer Blattansatzstelle.

Dieses untere Blatt oder Blattpaar wird entfernt und der Steckling dann in ein geeignetes Substrat gesteckt. Dieses soll nährstoffarm, wasserhaltend, gleichzeitig aber auch durchlässig und luftführend sein. Ideal ist immer ein Gemisch aus 50 Vol.% Hochmoor-Weißtorf und 50 Vol.% „scharfem" Sand, so genanntem Flusssand. Im Erwerbsgartenbau wird sehr gern dazu auch Perlite verwendet, das aber in kleineren Mengen für den Liebhaber kaum erhältlich ist.
Die Stecklinge werden in Blumentöpfen oder Schalen gesteckt und angegossen. Aufgestellt werden sie an einem hellen, nicht sonnigen Platz am Fenster. Das Substrat wird während der Bewurzelungszeit immer gleichmäßig feucht gehalten. Da die Pflanzen noch keine Wurzeln besitzen, müssen sie natürlich pfleglich behandelt werden. Um die Wasserverdunstung über die Blätter einzudämmen, wird häufig über das Gefäß mit Stecklingen eine Plastiktüte gespannt. Ein Drahtbogen sorgt für den richtigen Pflanzenabstand. Diese Tüte sollte einige Löcher aufweisen, deshalb spricht man immer von einer perforierten Plastiktüte. So ist ein Luftaustausch möglich und überflüssige Luftfeuchtigkeit kann entweichen.
Die Dauer der Bewurzelung hängt von der Pflanzenart ab. Manche Zimmerpflanzen haben bereits nach zwei Wochen die ersten Würzelchen gebildet, bei manchen dauert es auch länger. Sobald die Wurzeln etwas erstarkt sind, können die Pflanzen in ein geeignetes Kultursubstrat umgepflanzt werden.

Neben den Kopfstecklingen gibt es noch zahlreiche andere Stecklingsarten. Bei manchen Pflanzen können sich auch Stammstücke bewurzeln, wenn sie an den Blattachseln „schlafende" Augen besitzen. Verhältnismäßig leicht geht das mit der Efeutute (*Epipremnum*) oder dem Fensterblatt (*Monstera*). Durch ausgesprochene Blattstecklinge können beispielsweise Usambaraveilchen (*Saintpaulia*) und Blattbegonien (*Begonia*) vermehrt werden.

Topfpflanzen im Krankenzimmer?

Im Zimmer eines Patienten stehen übliche Topfpflanzen. Ich habe gehört, dass diese eine Infektionsquelle für den Kranken darstellen. Muss ich diese blühenden und grünen Zimmerpflanzen aus dem Krankenzimmer entfernen?

Es gibt Hinweise, dass sich in der Blumenerde Schimmelpilze, vor allen Dingen *Aspergillus*-Arten entwickeln können. Es ist bekannt, dass Sporen dieser Pilze durch wiederholtes Einatmen allergische Erscheinungen verursachen können. Auch bei schwerkranken Patienten (z. B. bösartigen Erkrankungen des Blutes und des Knochenmarkes, Leukämie) können Infektionen verursacht werden. Ansonsten sind schädliche Auswirkungen nicht bekannt.
Spitalhygieniker haben festgestellt, dass Gefahren durch diese Pilze nur für so genannte Risikopatienten bestehen. Eine Rückfrage beim behandelnden Arzt wegen möglicher Gefahren ist empfehlenswert. Andererseits können Zimmerpflanzen auch im Krankenzimmer verbleiben, wenn sie in Hydrokultur stehen. Eines ist dabei zu beachten: Auch auf den Blähtonkügelchen älterer Hydrokulturpflanzen können sich Schimmelpilze ansiedeln. Deshalb sollte im Krankenzimmer die Oberfläche mit frischen Blähtonkügelchen abgedeckt werden.

Stark duftende Pflanzen sollten nicht ins Krankenzimmer kommen, da Menschen den Duft unterschiedlich wahrnehmen und sie unter Umständen in ihrem Wohlbefinden beeinträchtigt werden.

Umtopfen in Seramis

Zum Umtopfen von Zimmerpflanzen wird „Seramis" angeboten. Wird dieses Material zum Umtopfen verwendet, können die Pflanzen dann wie eine Hydrokultur im Langzeitverfahren mit Wasser versorgt werden? Kann man tatsächlich beim Umtopfen die Erde des Topfballens an den Pflanzen belassen?

Das Seramis-System basiert auf der Tatsache, dass in einem Erdsubstrat gezogene Pflanzen mit einem speziell entwickelten Tongranulat umfüttert werden. Das Volumenverhältnis Erdballen zu Granulat sollte 1:2 betragen. Es können also in Erdkultur vorgezogene Pflanzen in diesem Substrat weiterkultiviert werden. Ein besonderer Kulturtopf ist

nicht nötig, sondern nur ein wasserdichtes Gefäß, in das die Pflanzen eingetopft werden. Der Gießanzeiger wird in den Wurzelballen gesteckt, ein Umschlagen des Anzeigenfeldes von Blau nach Rot zeigt einen Wasserbedarf an, wobei die empfohlene Gießmenge ein Viertel des Topfvolumens betragen sollte.
Das System hat den Vorteil, dass es auch für blühende Pflanzen geeignet ist. Es gibt aber nur wenige blühende Zimmerpflanzen, die für eine Hydrokultur in Frage kommen. Andererseits reicht wohl der Wasservorrat im Seramis-System für einige Tage. Fraglich ist jedoch die Tauglichkeit für eine Langzeitbewässerung.

WUSSTEN SIE, dass es auch einige andere, ähnliche Systeme gibt? Bekannt ist zum Beispiel das Terraponic-System, das ebenfalls auf der Idee der Hydrokultur basiert. Auch hier können in Erde angezogene Zimmerpflanzen ohne Umstellung in ein Gemisch aus gebrochenem und ungebrochenem Blähton umgepflanzt werden. Ähnlich verwendet wird „Blühvit", ein rieselfähiges Pflanzgranulat, das aus natürlichen Humusstoffen und Tonmineralien mit einer Korngröße von 2 bis 5 mm hergestellt wird.

Umtopfen mit gleichzeitigem Wurzelrückschnitt?

? **Jetzt im Frühjahr sollte ich eine größere Anzahl von Zimmerpflanzen umtopfen. Mir wurde empfohlen, nach dem Austopfen der Pflanzen die Wurzeln stärker zurückzuschneiden, damit sie zu neuem Austrieb angeregt werden.**

! Einen generellen Wurzelrückschnitt kann man nicht empfehlen. Viele Pflanzen reagieren auf eine solche Maßnahme allergisch. Es kann zu Blattfall kommen. Grundsätzlich soll nach dem Austopfen das Wurzelwerk kontrolliert werden. Entfernt werden alle abgestorbenen oder fauligen Wurzelteile. Das ist vor allen Dingen dann wichtig, wenn durch falsche Gießmaßnahmen bereits viele Wurzeln abgestorben sind. Sie müssen sauber aus dem Ballen entfernt werden. Es gibt einzelne Pflanzen, bei den ein zu üppiger Wurzelfilz nach dem Austopfen reduziert werden kann. Aber diese Maßnahme sollte auch vorsichtig geschehen, damit eine größere Schockwirkung vermieden wird.
Ist vorgesehen, für größere Zimmerpflanzen den gleichen Topf wieder zu verwenden, muss natürlich die alte Erde aus dem Wurzelballen vorsichtig ausgeschüttelt werden. Auch diese Arbeit sollte umsichtig ausgeführt werden. Werden dabei Wurzeln beschädigt, können diese natürlich vorsichtig entfernt werden. Für alle Maßnahmen ist ein scharfes Messer zu verwenden, damit die Wundenflächen möglichst klein bleiben.

Umtopfen von großen Zimmerpflanzen

? **Über viele Jahre pflege ich meine Zimmerpflanzen. Sie wurden regelmäßig umgetopft. Jetzt sind aber die Töpfe so groß, dass ich wohl kaum mehr größere verwenden kann. Welche Möglichkeit gibt es, die Pflanzen trotzdem mit frischer Erde zu versorgen?**

! Es gibt tatsächlich einmal die Situation, dass größere Töpfe oder Kübel für die Kultur von Pflanzen aus verschiedenen Gründen nicht mehr verwendet werden können. Nun kann man natürlich die Pflanzen so lange in dem jetzigen Gefäß belassen, bis sie durch ihr Wuchsverhalten anzeigen, dass sie dringend umgepflanzt werden müssen. Das kann durch einen schwachen Wuchs oder durch die Ausbildung kleinerer, vielleicht auch gelber Blätter angedeutet werden. Diesen Zeitpunkt kann man durch eine optimale zusätzliche Pflanzenernährung weit hinausschieben.
Durch die laufende Humifizierung des Substrats kann es jedoch sein, dass irgendwann einmal die physikalische Struktur des Bodens so schlecht ist, dass ein Umpflanzen erforderlich wird. In diesem Falle wird man eine solche Pflanze austopfen und die alte Erde vorsichtig aus dem Wurzelballen schütteln. Dabei können auch schlechte Wurzeln ausgeschnitten werden. Nun wird das alte Pflanzgefäß gereinigt und die Pflanze wieder vorsichtig in frisches Substrat eingetopft. Wird dieser gesamte Vorgang mit etwas Fingerspitzengefühl ausgeführt, kann durchaus wieder das gleiche Pflanzgefäß verwendet werden und die Pflanze sich nach dem Einwurzeln in das neue Substrat wieder recht wohl fühlen.

Weiches Wasser aus dem Trockner zum Gießen?

Manche Zimmerpflanzen müssen mit weichem Wasser gegossen werden. Nun verwende ich seit einiger Zeit auf Anraten das Kondenswasser aus dem Wäschetrockner. Bisher habe ich noch keine Schäden an Pflanzen feststellen können. Ist bekannt, ob dieses Wasser zum Gießen von Zimmerpflanzen geeignet ist?

Wissenschaftliche Untersuchungen über die Verwendung von Kondenswasser aus dem Wäschetrockner sind nicht bekannt. Doch sind die Experten der Ansicht, dass es sich durchaus um kalkfreies, also weiches Wasser handelt. Aus diesem Grunde kann es zum Gießen verwendet werden. Voraussetzung ist allerdings, dass sich keine schädlichen Reststoffe in diesem Wasser befinden. Das Wasser sollte also frei sein von Waschmittelresten und Schmutzstoffen.

Zimmerpflanzen auf Hydrokultur umstellen

Die kontinuierliche Pflege meiner Zimmerpflanzen macht mir oft Schwierigkeiten. Oft bin ich geschäftlich abwesend und muss die Pflanzen dann sich selbst überlassen oder jemand um Hilfe bitten. Nun hat man mir empfohlen, die Pflanzen auf Hydrokultur umzustellen. Dadurch wäre eine Abwesenheit von einer Woche oder länger problemlos möglich. Wie stelle ich das an?

Im Allgemeinen sagt man, dass eine Umstellung von Pflanzen in Erdkultur auf Hydrokultur problemlos möglich sei. Es gelingt auch, wenn bei dieser Maßnahme die Wurzeln der Pflanzen möglichst geschont werden und anschließend die Klimabedingungen ideal sind.
Auf jeden Fall müssen die Pflanzen ausgetopft und das ganze Substrat sorgfältig ausgewaschen werden. Es darf keine Erde in die Hydrokultur gelangen, da diese sofort in Fäulnis übergehen würde. Gerade bei älteren Pflanzen ist diese Prozedur sehr umständlich und oftmals verlieren die Pflanzen viele Wurzeln. Deshalb ist dann auch der Anwachserfolg in der Hydrokultur nicht immer gesichert. Dazu kommt, dass die Pflanzen mit den vorhandenen Wurzeln vielleicht etwas Wasser, aber meistens noch keine Nährstoffe aus der Lösung aufnehmen können. Die „Erdwurzeln" sind dafür nicht in der Lage. Es müssen zunächst „Wasserwurzeln" gebildet werden. Ist die Umstellung gelungen, können die Pflanzen natürlich auch in der Hydrokultur sehr gut weiter gedeihen.

Meistens gelingt eine Umstellung mit jungen Pflanzen sehr viel leichter als mit älteren Exemplaren. Ob deshalb das ältere Grünpflanzen-Sortiment jetzt noch auf Hydrokultur umgestellt werden soll, muss vom Blumenfreund selbst entschieden werden.

Müssen Pflanzen in Erdkultur auf Hydrokultur umgestellt werden, muss das Auswaschen des Substrats sehr vorsichtig geschehen. Am besten benutzt man dazu einen Gartenschlauch mit einem sehr feinen

Strahl und wäscht die Erde unter möglichster Schonung der Wurzeln aus.
Am sichersten gelingt eine Hydrokultur, wenn man neue Pflanzen in einer Spezial-Hydrogärtnerei erwirbt. Dort werden die verschiedenen Gattungen und Arten direkt in Nährlösungen vermehrt. Die Pflanzen wachsen dann am neuen Standort in Wohn- oder Geschäftsräumen problemlos weiter, wenn sie idealen Klimaverhältnissen ausgesetzt sind.

Zimmerpflanzen für das sonnige Fenster

Vor einiger Zeit haben wir eine Neubauwohnung bezogen. Im Wohnzimmer, das nach Süden ausgerichtet ist, haben wir ein großes Blumenfenster. Offensichtlich mögen manche Zimmerpflanzen volle Sonne nicht. Welche Pflanzenarten könnte ich dort vorzugsweise aufstellen?

Es ist immer ein Problem, am direkten Südfenster Zimmerpflanzen zu kultivieren. An sich ist dieser Standort ideal, doch gilt das nur für die Wintermonate, wenn die Sonne keine so hohe Strahlungsintensität hat. Während der Sommermonate sollten alle Zimmerpflanzen um die Mittagszeit etwas schattiert werden. Deshalb ist es zweckmäßig, dieses Südfenster doch mit einer verstellbaren Jalousie auszustatten. Ansonsten gedeihen natürlich dort Zimmerpflanzen, die helles Licht besonders mögen. Dazu gehören zum Beispiel Schönmalve (*Abutilon*), *Agave*, *Aloe*, Drillingsblume (*Bougainvillea*), Zylinderputzer (*Callistemon*), Grünlilie (*Chlorophytum*), Palmfarn (*Cycas*), Echeverie (*Echeveria*), *Eucalyptus*, Christusdorn (*Euphorbia milii*), Ruhmesblume (*Gloriosa*), Roseneibisch (*Hibiscus*), Wachsblume (*Hoya*), Palisanderbaum (*Jacaranda*), Flammendes Käthchen (*Kalanchoe*), Myrte (*Myrtus*), Madagaskarpalme (*Pachypodium*), Schraubenbaum (*Pandanus*), Passionsblume (*Passiflora*), Granatapfel (*Punica*), Bogenhanf (*Sanseveria*), Strelitzie (*Strelitzia*), Palmlilie (*Yucca*) und Zimmercalla (*Zantedeschia*).
Auch viele Palmen-Arten sowie Kakteen sind für das Südfenster geeignet. Doch sollte man bedenken, dass auch von diesen Pflanzen immer wieder manche im Sommer auf eine direkte Sonnenbestrahlung um die Mittagszeit empfindlich reagieren. Die Mehrzahl der anderen Zimmerpflanzen gedeihen sehr viel besser an einem Ost- oder Westfenster. Sie können nur dann im Südfenster kultiviert werden, wenn die Schattierung gut funktioniert und bei Zeiten um die Mittagszeit die direkte Sonnenbestrahlung vermieden wird.

Zimmerpflanzen im Winter düngen?

Ich habe eine große Freude an meinen blühenden und dekorativen grünen Zimmerpflanzen. Alle diese Pflanzen werden im Sommer reichlich gewässert und auch in gewissen Zeitabständen zusätzlich gedüngt. Nun weiß ich nicht, ob ich diese Pflanzen auch im Winter zusätzlich mit Nährstoffen versorgen muss?

Ob die Zimmerpflanzen im Winter zusätzlich ernährt werden müssen, hängt von der jeweiligen Gattung oder Art und ihrem Wachstumsrhythmus ab. Besonders blühende Pflanzen legen im Winter oft eine Ruheperiode ein, bei der meist nur wenig gegossen wird. Auch zusätzliche Nährstoffgaben sind dann nicht erforderlich. Anders ist es bei solchen Pflanzen, die auch im Winter blühen oder ganzjährig als dekorative Grünpflanzen kultiviert werden. Haben diese Pflanzen einen ausreichend hellen Standort, der eine normale Assimilation der Pflanzen erlaubt, ist auch eine zusätzliche Düngung während der Wintermonate empfehlenswert. Exakte Angaben über die Häufigkeit und Höhe der Düngung kann jedoch allgemein nicht gegeben werden. Sie hängt von der jeweiligen Pflanze ab. Jedoch gibt es einen Erfahrungswert, der hilfreich sein kann. So sagt man im Allgemeinen, dass die Häufigkeit der Düngung im Winter etwa auf ein Drittel der während der Vegetationszeit üblichen Düngergaben reduziert werden kann, um die Pflanzen dann auch den Winter über ausreichend zu ernähren.

Wichtig ist aber in jedem Fall, dass die Pflanzen einen hellen Standort haben, damit die aufgenommenen Nährstoffe auf dem Wege der Assimilation in die für die Pflanze wichtigen organischen Substanzen umgewandelt werden können.

Zimmerpflanzen richtig beleuchten

?

Nicht viel Glück habe ich mit meinen Zimmerpflanzen in meinem nach Norden ausgerichteten Wohnzimmer. Nun soll man mit Kunstlicht die Pflanzen am Leben erhalten können? Reicht es aus, wenn ich über dem Fenster eine Leuchtstoffröhre anbringe?

!

Nicht das Wasser oder die Temperatur sind für die Zimmerpflanzen die wichtigsten Wachstumsfaktoren, sondern das Licht. In der Natur erhalten die Pflanzen meistens genügend Licht, während in Wohn- und Geschäftsräumen starker Mangel herrscht. Dies gilt hauptsächlich für die Wintermonate, während im Sommer die Lichtintensität zumindest am Fenster meistens ausreicht. Einige Zahlen sollen dies verdeutlichen: So herrschen im Freien an der Südseite eines Hauses im Sommer gegen Mittag zwischen 80000 und 120000 Lux Lichtstärke. Zur gleichen Zeit werden aber an der Nordseite nur etwa 7000 Lux gemessen. Im Raum selbst wird das Licht beim Einfall durch das Fenster bereits gefiltert, so dass zur selben Zeit am Südfenster auf der Fensterbank etwa 50000 Lux Lichtstärke herrschen, am Nordfenster nur 2000 bis 2500 Lux. Steht nun eine Blumenbank auf dem Fußboden hinter dem Fenster und kann dort das Licht nicht direkt auf die Pflanzen treffen, so beträgt die Strahlung dort zur gleichen Zeit hinter dem Südfenster nur 250 bis 300 Lux, am Nordfenster 150 Lux. Diese im Sommer gemessenen Werte sind natürlich im Winter noch deutlich geringer. Hier kann es sein, dass unter Tag bei bewölktem Himmel die Strahlung im Freien nur etwa 10000 Lux beträgt. Im Zimmer sind dann nur sehr niedrige Werte messbar.

Welche Lichtstärke ist aber für eine optimale Entwicklung der Pflanzen erforderlich? Hier gehen die Ansprüche der einzelnen Gattungen weit auseinander. Sie sind abhängig vom heimatlichen Standort. Eine in der vollen Sonne Afrikas aufgewachsene Pflanze benötigt eine intensivere Strahlung im Vergleich zu einer im tiefen Schatten von Bäumen lebenden Pflanze.

Ganz allgemein kann gesagt werden, dass die Pflanzen bei einer Lichtintensität von etwa 500 Lux mit der Assimilation beginnen. Die assimilatorische Leistung steigert sich mit höherer Lichtintensität. Sie erreicht optimale Leistungsfähigkeit bei etwa 5000 Lux. Mehr als 5000 Lux sind in der Regel nicht erforderlich. Deshalb herrscht auch im Sommer oft ein Überangebot an Strahlung, so dass es gelegentlich zu „Verbrennungen" an Blättern und Trieben kommen kann.

Diese wenigen Hinweise sollen das Verständnis für die Bedeutung des Lichtes fördern. Will man nun an einer nicht ausreichend belichteten Stelle eine Pflanze ziehen, kann durch Kunstlicht das natürliche Tageslicht ersetzt werden. Aber auch hier ist eine entsprechende Strahlung erforderlich. Sie wird mit einer normalen Glühlampe oder einer Leuchtstoffröhre nicht erreicht, es sei denn, dass eine Leuchtstoffröhre dicht (30 bis 40 cm) über der Pflanze angebracht wird. Da sich dies in der Praxis nicht verwirklichen lässt, müssen so genannte Pflanzenleuchten eingesetzt werden. Sie haben eine intensivere Strahlung und können bei entsprechender Aufhängung das natürliche Licht zumindest etwas ersetzen. Der Einsatz ist vor allen Dingen während der Wintermonate zumindest als Zusatzlicht empfehlenswert.

Zur Messung der Beleuchtungsstärke kann ein Luxmeter verwendet werden. Es gibt einfache Geräte, mit denen Lichtstärken bis 3000 oder 10000 Lux gemessen werden können. Sie reichen zur Messung der Beleuchtungsstärke (Lichtintensität) in Wohn- und Geschäftsräumen völlig aus. Sie sind ein wertvolles Hilfsmittel zur Feststellung der idealen Beleuchtungsstärke von Zimmerpflanzen.

Zimmerpflanzen-Ableger sterben in gekaufter Erde ab

Vor einigen Wochen habe ich meine Zimmerpflanzen in zugekaufte Blumenerde umgetopft. Gleichzeitig habe ich von verschiedenen Pflanzen Ableger gemacht, die nun alle abgestorben sind. Ich habe die Pflanzen noch einmal ausgetopft und festgestellt, dass die Wurzelansätze alle schwarz verfärbt sind. Was ist die Ursache für diesen Schaden?

Zwei Möglichkeiten kommen in Frage. Einmal wäre es denkbar, dass die frisch verpflanzten Gewächse zu nass gehalten wurden. Gerade nach dem Verpflanzen sind die Wurzeln sehr empfindlich, so dass vorsichtig gewässert werden sollte. Das Wasser soll in kleinen Gaben verabreicht werden und zwar immer nur so viel, dass die Erde nur mäßig feucht ist. Bei Staunässe sterben die empfindlichen Wurzelspitzen ab und werden schwarz. Eine zweite Möglichkeit kommt leider immer wieder vor. Wird käufliche Blumenerde zu lange gelagert, können die dem Substrat beigegebenen organisch-mineralischen oder Depotdünger Nährstoffe freisetzen, die dann in einer relativ hohen Konzentration im Substrat vorhanden sind. Werden nun empfindliche Pflanzen in eine solche Erde gesetzt, sterben die Pflanzenwurzeln an einer Überdosis Salz ab. Sie „verbrennen" und werden ebenfalls schwarz. Man spricht von einem Salzkonzentrationsschaden.

Wichtig ist aus diesem Grund, Blumenerde möglichst immer frisch zu kaufen und innerhalb einer kurzen Zeitspanne zu verwenden. Die Erde sollte nicht wochen- oder gar monatelang gelagert werden, da sonst mit den geschilderten Umsetzungen der Dünger gerechnet werden muss.

Vielleicht kann die eine oder andere Pflanze noch gerettet werden, wenn sie sofort wieder ausgetopft und der Wurzelballen vorsichtig ausgeschüttelt wird. Anschließend werden die Pflanzen in eine frisch zugekaufte Erde gepflanzt und wie geschildert vorsichtig weitergepflegt. Sollten die Wurzelschäden noch nicht so gravierend sein, kann sich die eine oder andere Pflanze sicher wieder regenerieren.

Krankheiten und Schädlinge

Ameisen im Blumenfenster

In meinem verhältnismäßig großen, ausgebauten Blumenfenster wimmelt es seit einigen Tagen von Ameisen. Ich kann mir kaum vorstellen, woher diese vielen Tiere kommen. Sie sind wohl keine ausgesprochenen Pflanzenschädlinge, sind aber unangenehm. Wie kann ich sie auf möglichst gefahrlose Weise wieder beseitigen?

Es bieten sich verschiedene Möglichkeiten an, um die Ameisen zu beseitigen. Sofern es sich um ein ausgebautes Blumenfenster mit einer entsprechenden Wanne handelt, kann man ein vorhandenes Nest mit kochendem Wasser ausgießen. Vorher sollten natürlich die Pflanzen aus der Umgebung entfernt werden.
Zu den durchaus bewährten „Hausmitteln" gehört auch ein Rezept, das meistens Erfolg hat. Es wird selbst zusammengemischt und zwar aus einem Teil Borax und zwei Teilen Puderzucker. Borax erhält man in der Apotheke und kann in einer kleinen Menge bezogen werden. Auf einer Briefwaage werden die benötigten Mengen abgewogen und miteinander vermischt. Anschließend wird das Pulver auf die Ameisenstraßen gestreut. Meistens erzielt man damit einen guten Erfolg. Es scheint jedoch auch einige Ameisen-Arten zu geben, die dieses Hausmittel nicht annehmen. Es ist aber auf jeden Fall ein Versuch wert.

Blattläuse an Zimmerpflanzen

Meine Zimmerpflanzen, besonders Orchideen, Anthurien und Blattfahne sind voller Läuse. Knospen, die noch gebildet wurden, öffnen sich nicht und sterben ab. Was kann ich tun, damit die Pflanzen gerettet werden?

Bei einem so starken Befall mit Blattläusen (Aphididae) wird es wohl sinnvoll sein, die Pflanzen mit einem Präparat, das für die Anwendung im Wohnbereich zugelassen ist, zu behandeln. Möglich ist die Anwendung von Kaliseife oder einem Mittel mit dem natürlichen Wirkstoff Pyrethrum. Beide Wirkstoffe enthalten bei sachgemäßer Anwendung keine für Menschen und Haustiere giftigen Substanzen.
Außerdem könnte einmal der Einsatz von Nützlingen versucht werden. Für einzeln stehende Pflanzen kommen unter Umständen Florfliegen (*Chrysoperla carnea*) in Frage, die auch unter der volkstümlichen Bezeichnung „Blattlauslöwe" oder „Goldauge" bekannt sind. Die Larven der Florfliege leben von kleinen Insekten und deren Eier, besonders von Blattläusen.
Blattläuse in einem Kleingewächshaus oder Wintergarten können mit der Räuberischen Gallmücken-Art *Aphidoletes aphidimyza* bekämpft werden. Sie werden als Puppen geliefert und schlüpfen erst nach dem Auslegen unter den befallenen Pflanzen aus.
Ein Nützlingseinsatz ist nur dann erfolgreich, wenn die Tiere geeignete Klimaverhältnisse vorfinden. Deshalb sollte man sich vorab genau über die Lebensbedingungen der Tiere informieren. So sind die Mehrzahl der Nützlinge nur für geschützte Räume geeignet; Florfliegen können aber auch auf der Terrasse oder auf dem Balkon zur Blattlausbekämpfung ausgebracht werden, da sie auch in der Natur den Sommer über im Freien leben. Sie können diese Nützlinge von Labors beziehen, die sich auf die Zucht dieser winzigen Insekten spezialisiert haben. Die Adressen können in Fachgeschäften oder beim örtlichen Pflanzenschutzdienst erfragt werden.

WUSSTEN SIE, dass sich die Läuse den ganzen Sommer über durch Jungfernzeugung weiter vermehren? Im Frühjahr schlüpft aus den überwinterten Eiern die so genannte „Stammmutter", die dann ohne Befruchtung lebendige Junge zur Welt bringt. Je nach Art und Witterung können diese Tiere wiederum ohne Befruchtung schon nach zwei bis drei Wochen Junge zur Welt bringen. So vermehren sich die Läuse bis zum Herbst. Zu diesem Zeitpunkt erscheinen plötzlich Männchen, so dass dann die begatteten Weibchen befruchtete Eier zur Überwinterung ablegen. Durch diese Art der Vermehrung kommt es zu der riesigen Nachkommenschaft an Blattläusen im Laufe eines Sommers.

Blattläuse an Zimmerpflanzen bekämpfen

In meinem Kleingewächshaus ziehe ich viele Zimmerpflanzen selbst heran. Immer wieder kommt es zu einem Blattlausbefall. Manchmal gelangen die Tiere auch in die Wohnräume, wenn ich die Schädlinge vorher nicht mit einem chemischen Mittel vollständig abgetötet habe. Nun soll es Nützlinge geben, die ich im Kleingewächshaus, vielleicht auch im Blumenfenster einsetzen kann. Um welche Nützlinge handelt es sich und wo kann ich diese beziehen?

Am bekanntesten ist wohl die Florfliege (*Chrysoperla carnea*), ein heimischer Nützling, der auch im Garten den ganzen Sommer über auf Blattlausjagd geht. Es handelt sich um ein etwa 10 bis 15 mm großes, zartes Tier mit einem schlanken, grün gefärbten Leib und großen, hellgrünen, netzartigen Flügeln. In der Natur legen die Florfliegen ihre Eier auf etwa 5 mm langen Stielchen ab, aus denen später die Larven schlüpfen. Sie vertilgen während ihrer Entwicklung ca. 500 Läuse. Deshalb trägt die Larve im Volksmund auch den Namen „Blattlauslöwe".
Die Eier der Nützlinge können Sie von einem Nützlingszüchter beziehen. Sie werden auf einer Mullgaze oder auf Papierstreifen geliefert. Sie werden vorsichtig aus der Verpackung genommen, in kleine Stücke geschnitten und diese nahe den Blattlauskolonien ausgelegt. Schon in den folgenden Tagen schlüpfen die „Blattlauslöwen" aus und vertilgen die Blattläuse. Erfolgreich ist der Einsatz aber nur, wenn günstige Raumtemperaturen zwischen 18 bis 26 °C herrschen. Außerdem sollten die blattlausbefallenen Pflanzen möglichst dicht bei einanderstehen, damit die Larven bei der Suche nach der Beute von einer Pflanze auf die andere hinüberwandern können.
Ein zweiter Nützling ist die Räuberische Gallmücke (*Aphidoletes aphidimyza*). Es handelt sich dabei um unscheinbare, zierliche Insekten, die ihre Eier in der Nähe der Blattläuse ablegen. Ein Weibchen kann bis zu 100 Eier produzieren. Aus den Eiern schlüpfen nach etwa zwei Tagen kleine orange-rote Larven, die sich ausschließlich von Blattläusen ernähren. Über einen Zeitraum von fünf bis zehn Tagen werden von einer einzigen Larve etwa 50 Blattläuse abgetötet. In dieser Zeit erreichen sie eine Größe von etwa 3 mm. Anschließend wandern sie zur Verpuppung in das Substrat der Töpfe. Nach weiteren 10 bis 14 Tagen schlüpft die nächste Generation Gallmücken aus. Die Mücken selbst leben ungefähr zwei Wochen und ernähren sich ausschließlich vom Honigtau der Blattläuse.
Geliefert werden von diesem Nützling die Puppen. Sie sind in einem feuchten Torf-Vermiculite-Gemisch enthalten. Wichtig ist eine exakte Anwendung, damit die schlüpfenden Mücken auch die Blattlauskolonien finden. Deshalb sollte man den geöffneten Behälter direkt unter die befallenen Pflanzen legen und mindestens eine Woche feucht halten. Dann schlüpfen die Mücken aus und legen ihre Eier zwischen die Blattläuse ab. Voraussetzung für eine erfolgreiche Anwendung sind aber Temperaturen zwischen 20 und 24 °C. Deshalb kommt eine Bekämpfung mit diesem Nützling, ähnlich wie bei der Florfliege, überwiegend nur im Sommer in Frage.
Sollten Nützlinge im Kleingewächshaus oder auch Wintergarten oder Blumenfenster eingesetzt werden, dürfen andere Pflanzenschutzmittel nicht eingesetzt werden. Sie können nämlich die empfindlichen Tiere ebenfalls abtöten. Nur wenige Pflanzenschutzmittel schonen Nützlinge. Im Bedarfsfall sollte man sich beim amtlichen Pflanzenschutzdienst über Möglichkeiten der Anwendungen genau informieren.

WUSSTEN SIE, dass die Florfliege im Herbst besonders gerne auf Dachböden oder in Gartenlauben überwintert? Oft sieht man die Tiere mit den großen Augen (daher auch der volkstümliche Name „Goldauge") am erleuchteten Zimmerfenster. Die Tiere sollten unbedingt geschont und im Frühjahr Dachluken und Fenster geöffnet werden, damit die Tiere wieder ins Freie gelangen können. Sie sind auch in der Natur unbedingt zu schonen, da sie neben den Marienkäfern und ihren Larven zu den wichtigsten natürlichen Blattlausvertilgern gehören.

Echten Mehltau mit Spülwasser bekämpfen?

Meine Pflanzen werden immer wieder vom Echten Mehltau befallen. Nun hat mir eine Bekannte empfohlen, zur Bekämpfung die Blätter mit dem letzten Spülwasser ab-

zuwaschen. Über diesen Rat war ich sehr skeptisch. Hat dieses „Hausmittel" Erfolg?

Ob tatsächlich Spülwasser zur Bekämpfung des Echten Mehltaupilzes (Erysiphaceae) eingesetzt werden kann, ist wissenschaftlich nicht erforscht. Tatsache ist jedoch, dass schon das Abwaschen der Blätter mit Wasser einen gewissen Teilerfolg möglich machen kann. Bekannt ist, da es sich beim Echten Mehltau um einen Außenpilz handelt, so dass schon allein die Anwendung von Wasser einen gewissen Erfolg bringen könnte. Der amtliche Pflanzenschutzdienst prüft neue Pflanzenschutzmittel gegen den Echten Mehltau immer im Vergleich zur Anwendung von normalem Wasser, um die Wirkung dieser Mittel zu testen. Ob nun durch die vielleicht in dem Spülwasser vorhandenen „Entspannungsmittel" ein zusätzlicher Erfolg zu erwarten ist, kann nicht mit Sicherheit bestätigt werden. Auf jeden Fall sollte man aber darauf achten, dass die Blätter der Pflanze nicht zu lange feucht sind, damit sich die Pilze andererseits durch das feuchte Klima nicht doch wieder stärker ausbreiten.

Grauschimmel an Zimmerpflanzen

Auf einigen meiner Zimmerpflanzen haben sich eigenartige Schimmelpilze niedergelassen. Es handelt sich um zunächst helle, später graue bis graubraune Flöckchen, die sich schnell ausbreiten. Berührt man die Pflanze, stäubt es richtig. Befallene Pflanzenteile welken und sterben ab.

Aufgrund der Beschreibung handelt es sich um den Grauschimmel, einen Pilzbefall, der durch *Botrytis cinerea* verursacht wird. Dieser Pilz wuchert sehr üppig, vor allem auf abgestorbenen Pflanzenteilen und kann von dort auch lebende Pflanzenteile befallen. Zunächst entstehen meist fleckige, braune Verfärbungen. Unter günstigen Bedingungen entwickelt er sich sehr rasch und es entsteht ein mausgraues, dichtes Schimmelmyzel mit unzähligen Sporenträgern. Befallen werden viele Zierpflanzen, besonders Chrysanthemen, Fuchsien und Geranien. Befallene Pflanzenteile werden weich und faulen.
Wichtig ist zur vorbeugenden Behandlung peinlichste Sauberkeit. Absterbende Pflanzenteile müssen regelmäßig entfernt werden. Die Pflanzen müssen hell und luftig stehen und es muss für eine angemessene Temperatur gesorgt werden. Krankheitsgefährdete Pflanzen mit Vorsicht gießen. Vor allen Dingen dürfen oberirdische Pflan-

zenteile nicht feucht in die Nacht kommen. Nächtlicher Niederschlag im Wintergarten und Kleingewächshaus muss vermieden werden. Pflanzen sollten auch nicht mit Stickstoff überdüngt werden. Bei Bedarf kann auch ein zugelassenes Präparat eingesetzt werden.

Honigtau giftig?

Meine Zimmerpflanzen werden ab und zu von Läusen und vor allem von der Weißen Fliege befallen. Immer wenn diese Tiere auftreten, sind die Blätter mit einem glänzenden, klebrigen Belag überzogen. Ist dieser für Menschen und Haustiere giftig?

Es handelt sich bei diesem klebrigen Belag um Ausscheidungen der Läuse. Auch die Weiße Fliege ist nämlich eine Mottenschildlaus (Aleurodidae). Bei diesem klebrigen Saft handelt es sich um süße, flüssige Kotausscheidungen der Läuse, die als Honigtau bezeichnet werden. Er ist übrigens eine begehrte Nahrung für Ameisen. Deshalb sieht man oft auf läusebefallenen Pflanzen gleichzeitig viele Ameisen. Manchmal nimmt der Belag auch eine schwärzliche Farbe an. In diesem Falle haben sich Rußtaupilze angesiedelt, die ebenfalls den Honigtau als Lebensgrundlage haben. Honigtau ist für Menschen und Haustiere nicht schädlich.

WUSSTEN SIE, dass die Blattläuse durch den Ameisenbesuch zu einer verstärkten Saugtätigkeit angeregt werden? Die Ameisen betrillern nämlich die Läuse mit ihren Fühlern und veranlassen diese zur verstärkten Abgabe von Honigtau.

Schildläuse und Rußtau an Zimmerpflanzen

Ich besitze viele Zimmerpflanzen, hauptsächlich Grünpflanzen. Sie sind seit einiger Zeit mit einem schwarzen, klebrigen Belag überzogen. Außerdem habe ich festgestellt, dass sich auf der Blattunterseite und zum Teil auch an den Stängeln ovale oder runde, braune höckerförmige Tiere befinden. Woher kommt der Belag und handelt es sich bei den Tieren um Schildläuse? Was soll ich tun, um wieder gesunde Pflanzen zu erhalten?

Zunächst einmal sind die Übeltäter mit größter Wahrscheinlichkeit die entdeckten Schildläuse (Coccina). Sie gehören zur Gruppe der Läuse und saugen aus den Blättern ihre Pflanzennahrung heraus. Dadurch werden die Pflanzen bei einem starken Befall empfindlich geschädigt.
Alle Läuse, also auch die Schildläuse, sondern süße, flüssige Kotausscheidungen ab. Diese werden als Honigtau bezeichnet. Manchmal ist die Honigtaubildung so stark, dass die Flüssigkeit auf tiefer gelegene Blätter abtropft. Auf dem Honigtau können sich nach einiger Zeit Pilze ansiedeln und den geschilderten schwarzen Belag bilden. Sie werden deshalb auch als Schwärzepilze oder Rußtaupilze bezeichnet. Diese Pilze leben von den süßen Säften, ohne direkt die Pflanzen zu schädigen. Andererseits wird natürlich den Pflanzen durch den schwarzen Belag das Licht entzogen, so dass die Assimilationsleistung gehemmt wird.
Zunächst einmal ist es wichtig, möglichst rasch die Schildläuse zu beseitigen. Bei einem nicht so starken Befall wirkt manchmal schon das Abwaschen mit zimmerwarmem Wasser, dem etwas Schmierseife und ein Schuss Spiritus zugesetzt wurde. Ansonsten können auch Pflanzenschutzmittel eingesetzt werden, die für die Anwendung bei Zimmerpflanzen zugelassen sind. Meistens müssen diese auf Pflanzenbasis aufgebauten Präparate (so genannte Pyrethrine) mehrmals eingesetzt werden. Auf Paraffinöl-Basis aufgebaute Mittel hinterlassen einen öligen Spritzbelag, unter dem die Schädlinge ersticken. In ähnlicher Weise wirken Mittel auf Rapsölbasis. Sie werden den biologischen Pflanzenschutzmitteln zugerechnet.

Springschwänze an Zimmerpflanzen

Seit einiger Zeit beobachte ich, dass auf der Erde meiner Zimmerpflanzen, vor allem nach dem Gießen, kleine Tiere auftreten, die manchmal auch richtig hüpfen. Schaden diese den Pflanzen und was kann ich dagegen tun?

Nach der Schilderung handelt es sich um Springschwänze (Collembola), das sind kleine, bis etwa 4 mm lange, springende Insekten, die gerne in

Zimmerpflanzenkulturen auftreten. Gelegentlich kann man sie auch im Garten antreffen. Sie fressen an den Wurzeln, im Garten auch an Zwiebeln und Knollen. Da sich die kleinen Tiere stark vermehren, treten sie öfters in größeren Mengen auf. Dann ist mit Pflanzenschäden durchaus zu rechnen. Einzelne Tiere können keinen größeren Schaden an Ihren Pflanzen anrichten.
Vorbeugend kann man einer Massenvermehrung begegnen, in dem man den Wurzelballen der Pflanzen nicht zu feucht hält. Günstig ist es, wenn man immer wieder die Oberfläche etwas abtrocknen lässt und erst dann wieder zur Gießkanne greift. Sollte der Befall sehr stark sein und ein Schaden an den Wurzeln der Zimmerpflanzen befürchtet werden, kann man mit aktuell zugelassenen Mitteln dagegen vorgehen, über die der amtliche Pflanzenschutzdienst informiert.

Thripsbefall an Zimmerpflanzen

Viele meiner Zimmerpflanzen zeigen auf den Blättern kleine weißliche Flecken und Sprenkel. Stärker befallene Blätter haben einen silbrigen Glanz. Später trocknen die Stellen aus und es entstehen braune Flecken. Einige Zimmerpflanzen werfen auch schon die Blätter ab. Kann es sein, dass es sich um einen Blasenfuß- bzw. Thripsbefall handelt?

Das geschilderte Schadbild deutet ganz eindeutig auf einen Befall durch Blasenfüße oder Thripse (Thysanoptera) hin. Meistens treten diese weißlichen Flecken entlang der Blattnerven besonders stark auf. Der silbrige Glanz entsteht dadurch, dass die Insekten mit ihren stechend-saugenden Mundwerkzeugen den Pflanzensaft aus den Zellen saugen und Luft in das Blattgewebe eindringt. Übrigens kann man die winzigen, oft nur 1 mm großen, meist dunkel gefärbten Tiere kaum erkennen. Typisch sind andererseits die kleinen, punktförmigen und schwärzlichen Kothäufchen auf Blättern und Blüten.
Eine Bekämpfung mit chemischen Mitteln in Wohnräumen ist relativ schwierig. Verhältnismäßig einfach und problemlos ist die Bekämpfung saugender Insekten allerdings mit Pflanzenschutz-Stäbchen. Sie enthalten einen Wirkstoff, der über die Wurzeln aufgenommen wird und sich überall in der Pflanze verteilt. Die saugenden Insekten nehmen ihn auf und verenden. Die Stäbchen werden entsprechend der Gebrauchsanweisung einfach in die Erde der Zimmerpflanzen gesteckt. Dort wird durch die Feuchtigkeit der Wirkstoff gelöst und von den Wurzeln aufgenommen.

Blasenfüße lieben trockene Zimmerluft. Man kann sie „vergraulen", wenn man die Pflanzen ab und zu mit Wasser besprüht. Diese Pflegemaßnahme aber nur bei nicht blühenden Pflanzen ausführen, die das Besprühen auch vertragen. Pflanzen mit fleischigen oder auch stark behaarten Blättern vertragen oft das Besprühen mit Wasser nicht.

Trauermücken an Zimmerpflanzen

Seit einiger Zeit habe ich Probleme mit meinen Zimmerpflanzen. Sie kümmern und ich habe den Eindruck, dass die Wurzeln abgefressen sind. Als ich die Topferde näher untersuchte, entdeckte ich etwa 5 bis 6 mm lange, weißliche Larven an den Wurzeln, teilweise aber auch am Stängelgrund und an den Stängeln, vor allen Dingen an jüngeren Pflanzen. Kann der Schaden durch diese winzigen Tiere verursacht werden? Was sind es für Larven oder Maden und was kann ich dagegen tun?

Nach der Schilderung handelt es sich um die Larven oder Maden der Trauermücke (Lycoriidae). Die Mücke selbst ist etwa 3 bis 4 mm groß und schwarz gefärbt. Oft sieht man sie gegen das Fenster fliegen. Die Weibchen legen ihre Eier besonders gerne in eine feuchte humushaltige Erde. Deshalb werden gerade Substrate von Topfpflanzen bevorzugt. Unter den günstigen Bedingungen im Zimmer oder im Kleingewächshaus entwickeln sich die Larven sehr schnell. Vom Ei bis zum erwachsenen Tier kann die Entwicklung nur drei Wochen dauern.
Während man früher zur Bekämpfung chemische Mittel einsetzte, kann man heute weitgehend darauf verzichten. In Fachgeschäften gibt es Gelbtafeln oder kleine Gelbsticker, die man im Wintergarten entweder an den Ästen größerer Büsche aufhängt oder bei normalen Zimmerpflanzen einfach in die Erde des Blumentopfes steckt. Die Trauermücken, nicht die Larven, werden von der gel-

ben Farbe angezogen und bleiben auf dem Leim hängen und verenden. Durch diese biotechnische Maßnahme wird meistens ein voller Erfolg erzielt.

Ganz neu ist die Anwendung eines Nützlings. So können die Larven der Trauermücken durch parasitäre Nematoden (*Steinernema feltiae*) abgetötet werden. Der mikroskopisch kleine Nützling kann von einem Labor bestellt werden. Sie werden in einem Kunststoffbeutel geliefert und mit einer Gießkanne genau nach Gebrauchsanweisung ausgebracht. Bei der Anwendung sollte man sich genau nach der Gebrauchsanweisung richten, damit die Bekämpfungsmaßnahme erfolgreich ist. Der Einsatz solcher Nützlinge ist vor allem dann sinnvoll, wenn man eine größere Anzahl von Zimmer- oder Balkonpflanzen auf schnelle Weise schützen will.

Trauermücken-Larven mit Nematoden bekämpfen

In meinem Wintergarten beobachte ich immer wieder zahlreiche winzige Mücken, die gegen die Glasfenster fliegen. Auch stelle ich fest, dass meine Pflanzen nicht mehr so gut gedeihen wie früher. Gibt es hier einen Zusammenhang und was kann ich tun?

Tatsächlich kann ein Zusammenhang zwischen dem „Mückenflug" und dem Kümmern der Zimmerpflanzen bestehen. Es treten nämlich in den letzten Jahren die 2 bis 5 mm großen, dunklen, so genannten Trauermücken (Lycoriidae) sehr häufig auf. Die Weibchen legen etwa 100 bis 200 Eier in feuchte und humose Erde ab. Die Larven ernähren sich von Humusstoffen, befallen aber auch die zarten, feinen Wurzeln vor allem von Sämlingen, aber auch von größeren Pflanzen. Diese welken und sterben bei stärkerem Befall sogar ab.
Zur Bekämpfung der Larven gibt es neuerdings winzige Fadenwürmer oder parasitäre Nematoden (*Steinernema feltiae*), die in einem feinen Puder geliefert und über das Gießwasser in die Erde eingebracht werden. Die Fadenwürmer dringen in die Trauermücken-Larven ein und setzen ein Bakterium aus ihrem Darmtrakt frei, durch das die Larve dann abgetötet wird. Solche Nematoden werden in Labors gezüchtet und direkt an den Besteller ausgeliefert. Die Anwendung erfolgt sofort nach dem Eintreffen beim Kunden. Beachten Sie, dass ein Versand nur bei frostfreiem Wetter stattfindet, in der Regel bei Temperaturen über 5 °C. Die Anwendung ist erfolgreich, wenn der Boden feucht ist und die Temperatur über 12 °C beträgt (Bezugsquelle siehe Seite 377).

Weiße Fliege mit Gelbstickern bekämpfen

An meinen Zimmerpflanzen tritt immer die Weiße Fliege auf. Kann ich diesen Schädling mit einem einfachen Mittel bekämpfen?

Es handelt sich bei der Weißen Fliege (Aleurodidae) um die so genannte Mottenschildlaus. Sie hat sich in den letzten Jahren zu einem besonders hartnäckigen Schädling bei Zimmerpflanzen entwickelt. Vielfach sind diese Tiere sogar gegen chemische Pflanzenschutzmittel resistent. Trotzdem gibt es Möglichkeiten der Bekämpfung. Einerseits können in geschützten Räumen Nützlinge eingesetzt werden, andererseits ist schon ein erster Erfolg mit Gelbtafeln oder Gelbstickern möglich, die für das Zimmerfenster meistens ausreichen. Es handelt sich um kleine Gelbtafeln, die mit einem Spezialleim beschichtet sind. Diese Tafeln können direkt in den Blumentopf gesteckt oder an einem kleinen Stab befestigt werden. Die Tiere werden nun von der gelben Farbe angelockt, bleiben auf dem Leim hängen und verenden.
Für den Wintergarten oder das Kleingewächshaus können auch die größeren Gelbtafeln verwendet werden. Sie werden einfach an einem höheren Stab oder direkt am Zweig einer Pflanze aufgehängt. Am besten ist es, wenn man mit dem Abfangen der Schädlinge sofort beginnt, wenn die ersten Tiere auftreten. So kann man mit diesem einfachen Hilfsmittel einem verbreiteten Auftreten und damit größeren Schaden an den Pflanzen wirksam vorbeugen.

Woll- und Schmierläuse an Zimmerpflanzen

Viele meiner grünen Zimmerpflanzen, aber auch die Klivien, sind von Schild- oder Schmierläusen befallen. An den Trieben und Blättern, insbesondere aber in den Blatt-

achseln sitzen sie und sind mit einem dichten, wachsartigen, weißen Überzug versehen. Sind diese Pflanzen noch zu retten? Was kann ich gegen diese Schädlinge unternehmen?

Woll- oder Schmierläuse (Coccina) zählen zu den hartnäckigsten Schädlingen von Zimmerpflanzen. Sie lieben die gleichmäßige Temperatur in geheizten Wohnräumen und vermehren sich praktisch ganzjährig. Von Pflanze zu Pflanze verbreiten sie sich durch wandernde Jungläuse, aber auch durch ausgewachsene Stadien. Eigentlich sollte man auf den Einsatz von Pflanzenschutzmitteln zur Beseitigung von Zimmerpflanzenschädlingen verzichten, es sei denn, dass andere Möglichkeiten keinen ausreichenden Schutz gewähren.
Seit kurzer Zeit kann aber ein Nützling mit gutem Erfolg eingesetzt werden. Angeboten wird von Spezialunternehmen der Australische Marienkäfer (*Cryptolaemus montrouzieri*), der gute Erfolge verspricht. Dieser Marienkäfer ist etwa 4 mm lang, hat schwarze Flügeldecken und einen orangefarbenen Kopf. Gezüchtet wird er in Labors. Er wird als erwachsener Käfer in Papierwolle geliefert. Meistens enthält eine Versandpackung 25 Marienkäfer. Zur erfolgreichen Bekämpfung der Woll- und Schmierläuse benötigt man etwa fünf Käfer pro Pflanze, in Wintergärten oder Kleingewächshäusern rechnet man mit zwei bis fünf Käfern/m^2.
Nach dem Eintreffen müssen die Marienkäfer möglichst dicht bei den Woll- und Schmierlauskolonien ausgesetzt werden. Die Käfer ernähren sich dann von diesen Tieren, aber auch von Blattläusen und Larven anderer Insekten. Bei günstigen Bedingungen vermehren sich die Marienkäfer sehr gut weiter. Die Weibchen legen ihre Eier zwischen die Eigelege der Woll- und Schmierläuse. Jedes Weibchen kann bis zu 500 Eier ablegen. Vorsicht: Die älteren Marienkäferlarven sind, ähnlich den Woll- und Schmierläusen, von einer wachsartigen Ausscheidung bedeckt und daher von den Beutetieren oft nur schwer zu unterscheiden.
Die Larven ernähren sich bereits von den Eiern und jungen Woll- und Schmierläusen, die ausgewachsenen Marienkäfer vertilgen alle Schädlingsstadien. Ein Marienkäfer kann im Verlauf seiner Entwicklung über 250 Woll- und Schmierläuse vertilgen.
Eines ist jedoch Voraussetzung für den Erfolg: Der Australische Marienkäfer benötigt immer Temperaturen über 10 °C. Ideal sind sogar Temperaturen zwischen 18 und 26 °C.

Setzen Sie niemals gleichzeitig Nützlinge und chemische Pflanzenschutzmittel ein. Die Nützlinge könnten durch den Einsatz chemischer Mittel abgetötet werden, da sie gegen viele Mittel sehr empfindlich sind.

Wollläuse mit Spiritus bekämpfen

Meine Zimmerpflanzen haben Wollläuse. Mir wurde empfohlen, sie mit einer Spirituslösung abzutöten. Die Behandlung hat jedoch nicht geholfen.

Das „Spiritusrezept" taucht immer wieder bei Pflanzenliebhabern auf. Wahrscheinlich wird man mit einigen Tropfen Spiritus im Wasser die hartnäckigen Wolläuse (Coccina) nicht bekämpfen können. Das Rezept, das Sie angewandt haben, ist nicht vollständig. Eigentlich müsste es eine Spiritus-Seifen-Lösung sein. Sie wird gerne als „Hausrezept" empfohlen. Das Rezept lautet: In einem Liter warmen Wasser werden ein Esslöffel Schmierseife oder ein Spritzer Spülmittel gleichmäßig verteilt und anschließend ein Eßlöffel Brennspiritus zugemischt. Damit können Pflanzen, die von Woll- und Schmierläusen befallen sind, besprüht werden. Wirkungsvoller ist, wenn man mit dieser Lösung die Schädlinge direkt bepinselt.

Wurzelläuse an Zimmerpflanzen

Manchmal stelle ich fest, dass sich an den Wurzeln meiner Zimmerpflanzen kleine Tiere ansiedeln, die mit einem weißen, watteartigen Belag überzogen sind. Es soll sich um Wurzelläuse handeln. Welche Möglichkeiten gibt es, diese Tiere zu beseitigen?

Tatsächlich handelt es sich um Wurzelläuse, die sich besonders in warmer, trockener und torfreicher Erde ansiedeln. Durch ihre Saugtätigkeit schädigen sie die Wurzeln. Dadurch kann es auch an oberirdischen Pflanzenteilen zu Vergilbungen und Wachstumshemmungen kommen. Bei dem watteartigen Belag handelt es sich um Wachsausscheidungen, die zum Schutz der Tiere dienen. Am besten ist es, wenn eine befallene Pflanze in frisches Substrat umgetopft wird. Befallene Topfpflanzen können auch mit Präparaten auf der Basis von Pyrethrinen und Piperonylbutoxid behandelt werden.

Zimmerpflanzen mit Schädlingsbefall durch Bodenheizung?

Wir sind in ein neues Haus umgezogen. Der ganze Wohnbereich hat Bodenheizung. Ganz unglücklich bin ich, da jetzt, nachdem der Winter fast vorbei ist, meine Zimmerpflanzen recht traurig aussehen. Viele haben lange, dünne Triebe, gelbe Blätter. Das Schlimmste ist aber, dass sie voller Schädlinge sind. Obwohl ich die Pflanzen gleich behandle wie in der alten Wohnung, ist es ein Bild des Jammers. Hängt das wohl mit der Bodenheizung zusammen?

Die Bodenheizung hat sicherlich einen großen Anteil daran. Sie gibt den Wohnräumen eine wunderschöne, gleichmäßige Wärme, für viele Pflanzen kann diese aber dann unangenehm sein, wenn es am notwendigen Licht mangelt. An sich sind Zimmerpflanzen vielfach für eine Bodenheizung dankbar – wir haben sie auch in den Gewächshäusern der Gärtnereien –, dann muss aber der Kopf verhältnismäßig kühl sein. Ansonsten wachsen die Pflanzen auch im Winter in dieser Wärme weiter, können jedoch mangels Licht nicht assimilieren, also die aufgenommenen Nährstoffe nicht in Baustoffe umwandeln. Dadurch kommt es zu den gelben Trieben und Blättern, da sie von ihren letzten Reservebaustoffen ihre Lebensprozesse bestreiten müssen. Dazu kommen die Schädlinge. Gerade Blattläuse (Aphididae), Schildläuse, Woll- und Schmierläuse (Coccina) fühlen sich in diesem angenehmen Raumklima wohl, vermehren sich prächtig und nehmen so die Zimmerpflanzen in Besitz.

Empfehlen kann man in diesem Falle eigentlich nur, die Zimmerpflanzen in diesen gut temperierten Wohnräumen den Winter über möglichst nahe ans Licht zu stellen. Dort können sie vielleicht noch mit dem verhältnismäßig geringen Lichtanteil assimilieren und den Winter einigermaßen überstehen. Zimmerpflanzen, die ein ausgesprochen kühles Klima benötigen, sollte man in diesen Räumen nicht kultivieren. Vielleicht gibt es im neuen Haus doch noch noch ein oder mehrere Zimmer, die nicht so warm gehalten werden. Dort müsste man versuchen, die nicht so wärmeverträglichen Pflanzen zu überwintern.

Vielleicht kann man jetzt das eine oder andere Exemplar, vor allem Grünpflanzen, insofern wieder in einen normalen Wachstumsprozess bringen, indem man die dünnen Triebe zu Beginn des Frühjahrs zurückschneidet. In den lichtreichen Monaten können sich dann aus den „schlafenden" Augen sicher neue, gedrungene und kräftige Austriebe bilden.

Die Schädlinge sind natürlich ein Problem. Vielleicht sollte man versuchen, in diesem schwer wiegenden Falle sobald als möglich ein zugelassenes Pflanzenschutzmittel einzusetzen. Wichtig ist aber, dass man zunächst einmal weiß, um welche Schädlinge es sich handelt. Spezialmittel gegen die einzelnen Schädlinge sind im Handel und bei richtiger Anwendung für Menschen und Haustiere ungefährlich.

Blütenpflanzen

Alpenveilchen mehrjährig kultivieren

Mit Erfolg habe ich mein Alpenveilchen „übersommert" und nun im Winter wieder zum Blühen gebracht. Ist es möglich, dieses Alpenveilchen auch weiter zu kultivieren? Wie alt kann ein Alpenveilchen werden?

Wenn ein Alpenveilchen (*Cyclamen persicum*) schon einmal „übersommert" wurde und wieder zum Blühen kam, sollte man auf jeden Fall die Weiterkultur versuchen. Eigentlich ist das Alpenveilchen eine Knollen bildende Staude, die eine hohe Lebenserwartung hat. Wenn also die Pflanze jetzt im Januar blüht, sollte sie durch liebevolle Pflege im Wachstum und am Blühen gehalten werden. Sobald die Pflanze abgeblüht ist, sollte

sie auch weiterhin am hellen Zimmerfenster gepflegt werden.
Nach den Eisheiligen, also Mitte bis Ende Mai, kann die Pflanze an einen schattigen Platz auf die Terrasse, oder aber, was noch besser ist, in den Garten gebracht werden. Dort wünscht sie ein Plätzchen im Halbschatten, wo sie noch einige Wochen gut weitergepflegt wird. Bereits im Juli werden jedoch die Wassergaben eingeschränkt, es beginnt eine Ruheperiode. Die oberirdischen Teile welken und sterben ab. In dieser Zeit kann der Topf mit der Knolle völlig trocken an einem geschützten Plätzchen im Garten, auf dem Balkon oder der Terrasse aufgestellt werden.
Im September oder Anfang Oktober wird die Knolle in frische Erde gepflanzt und mäßig angefeuchtet. Bald regt sich neues Leben und es sprießen junge Blättchen hervor. Nun wird wieder regelmäßig gegossen und später auch gedüngt. Im Spätherbst werden bei dieser Behandlung die Knospen ausgebildet. Im kühlen, aber hellen Zimmer wird die Pflanze wieder üppig blühen.

Die Eltern unseres Zimmer-Alpenveilchens stammen aus dem östlichen Mittelmeerraum. Sie sind typische Gebirgspflanzen. Dort blühen die Pflanzen mitten im Winter. Sie sollten Alpenveilchen also nicht im warmen Wohnzimmer zum Blühen bringen wollen. Ideal ist ein kühles Zimmer mit Temperaturen um 15 °C. Deshalb halten Alpenveilchen heute im beheizten Wohnzimmer auf der Fensterbank oft nicht sehr lange, während sie früher als Doppelfensterpflanze über viele Monate hinweg sehr reich blühten. Übrigens kann ein Alpenveilchen im ersten Jahr etwa 40 bis 50 Blüten ausbilden. Alte Knollen bei mehrjährig kultivierten Pflanzen entwickeln sogar unter günstigen Bedingungen sehr viel mehr Blüten.

Alpenveilchen mit unterschiedlichen Blütenfarben

Vor vielen Jahren erlebte ich zum ersten Mal verschiedenfarbige Blüten an meinem Alpenveilchen. Ich hatte mir eine weiß blühende Pflanze gekauft, die mich aber bereits nach einiger Zeit plötzlich mit einer rosa Blüte überraschte. Im nächsten Jahr gesellten sich zwei rosa farbene Blüten zu dem üppigen weißen Flor. In den Folgejahren stieg die Anzahl der rosa Blüten weiter sehr langsam an. Ganz vereinzelt traten im Laufe der Zeit auch weiße Blüten auf, die rosa „geflammt“, also mit einem rosa Streifen versehen waren. Wie ist das Phänomen der verschiedenfarbigen Blüten aus einer Knolle zu erklären?

Es kommt immer wieder vor, dass Pflanzen ihre Blütenfarben verändern. Besonders häufig treten solche Veränderungen bei Hybriden auf, also Pflanzen, die durch Kreuzungen entstanden sind. Auch Sorten, bei denen früher einmal spontan eine Farbänderung auftrat, mutieren gerne wieder weiter oder auch zurück zur ursprünglichen Blütenfarbe.
Gerade beim Alpenveilchen (*Cyclamen persicum*) kann man dies immer wieder feststellen. Die Ursprungsfarbe der Vorfahren von Cyclamen persicum ist rosa, so dass ein „Zurückmutieren“ immer möglich ist. In der Vererbungslehre spricht man bei einer sprunghaften Veränderung von Erbanlagen von einer Mutation. Werden Veränderungen nur durch äußere Einflüsse verursacht, ohne dass die Erbanlagen verändert werden, spricht man von einer Modifikation. Beim Alpenveilchen ist es tatsächlich so, dass solche Veränderungen nicht die ganze Pflanze erfassen müssen. So genannte partielle Veränderungen sind möglich. Neue Sorten entstehen bei Gärtnern und Züchter gerade durch Auslese solcher mutierten Pflanzen. Daraus kann dann unter Umständen eine wertvolle neue Sorte entstehen.

WUSSTEN SIE, dass eine Mutation der Erbanlagen in allen Bereichen der Pflanzen möglich ist? Treten solche Mutationen jedoch nur in den vegetativen Organen auf, können die daraus sich entwickelnden neuen Eigenschaften nicht auf generativem Wege, also durch Samen weitervermehrt werden. Man spricht hier häufig von Sprossmutationen. In diesem Falle können die neuen Eigenschaften nur auf vegetativem Wege durch Stecklinge, Steckhölzer oder durch Pfropfung weitervermehrt werden. Das ist einer der Gründe, weshalb viele Pflanzen nur vegetativ vermehrt werden.

Alpenveilchen selber aussäen

Meine Alpenveilchen haben Samen angesetzt. Kann ich die Kapseln abschneiden und die Samen aussäen? Was muss ich dabei beachten?

Kein Problem ist es, Alpenveilchen (*Cyclamen persicum*) aus Samen heranzuziehen, wenn man geeignete Klimabedingungen schaffen kann. Zunächst einmal sollten die Kapseln vor dem Aufplatzen gepflückt werden. Sie bleiben dann noch einige Zeit zum Nachreifen und Trocknen in einem temperierten Raum offen liegen. Anschließend werden die Samen aus den Kapseln herausgepult und in einem Glas oder Plastikgefäß kühl und luftig gelagert.

Ausgesät wird im Allgemeinen im späten Herbst (Oktober oder November) in Töpfchen, Schalen oder Kistchen in eine humose, lockere, leicht saure Blumenerde. Das beste Keimergebnis erzielt man bei einer möglichst gleichmäßigen Temperatur von 18 °C. Alpenveilchen, die zu den Primelgewächsen gehören, keimen etwas unregelmäßig. Man muss bis zur vollständigen Auskeimung der Samen etwas Geduld haben (dauert oft mehr als vier Wochen).

Das Jugendwachstum ist relativ langsam. Die Sämlinge stellt man an einem sehr hellen Platz in einem kühlen Raum auf. Es genügen Temperaturen zwischen 16 und 18 °C.

Im Frühjahr bei stärkerer Lichtintensität beginnen die Pflanzen kräftiger zu wachsen. Sie werden in kleine Töpfe gepflanzt und später noch einmal umgetopft. Übliche humose, leicht saure Blumenerde ist für Alpenveilchen ideal. Ab Juni können die Pflanzen sogar im Freien aufgestellt werden. Ein luftiger, schattiger Platz unter dem dichten Blätterdach eines Baumes ist besonders günstig. Die Pflanzenentwicklung wird während der Wachstumszeit durch gelegentliche Düngergaben unterstützt. Die Pflanzen vertragen 0,2%ige Lösungen (2g oder ml Dünger/l Wasser). Vor den ersten Nachtfrösten im Herbst werden die Pflanzen wieder eingeräumt. Sie kommen entweder in einen Frühbeetkasten, ein Kleingewächshaus oder an ein helles Fenster im kühlen Raum. Dort werden sie zwischen Oktober und Dezember zum Blühen kommen.

Alpenveilchen sind in den Bergregionen im Mittelmeerraum beheimatet. Sie benötigen in der Zeit der kurzen Tage sehr viel Licht, damit sie kurz und gedrungen bleiben, andererseits wünschen sie den Sommer über einen halbschattigen Standort, wo sie vor direkter Mittagsonne geschützt sind. Eine feucht-kühle Atmosphäre fördert das Wachstum und den Knospenansatz im Herbst. Andererseits ist Staunässe im Wurzelbereich unbedingt zu vermeiden.

WUSSTEN SIE, dass Sie abgeblühte Alpenveilchen weiterkultivieren können? Sie sollten zunächst im Zimmer gepflegt werden, bis im Frühjahr keine Nachtfröste mehr zu erwarten sind. Dann kommen die Pflanzen an einen halbschattigen Platz im Garten. Von Juli oder August bis Oktober wird eine Ruhepause eingelegt. In dieser Zeit welken die Blätter ab und die Pflanzen können trocken gehalten werden. Im Oktober wird in frisches Substrat eingetopft, etwas angegossen und die Knolle zu neuem Leben erweckt. Um Weihnachten kann eine auf diese Weise kultivierte Pflanze wieder zum Blühen kommen. Alpenveilchen können bei dieser Kulturmethode viele Jahre alt werden.

Alpenveilchen sterben nach zwei Wochen ab

Wir wohnen seit einger Zeit in einer kleineren Industriestadt. Dort haben wird eine Neubauwohnung bezogen und fühlen uns recht wohl. Gerne kultiviere ich Zimmerpflanzen. Ein Problem habe ich aber mit Alpenveilchen. Während sie bei meiner Mutter in einer ländlichen Gemeinde wochenlang ununterbrochen blühen, sterben die Pflanzen bei mir oft schon nach zwei bis drei Wochen ab, obwohl ich sie genauso pflege. Hängt das mit den Schadstoffen in der Luft zusammen?

Schadstoffe in der Luft sind für das Absterben der Alpenveilchen (*Cyclamen persicum*) sicher nicht verantwortlich. Wahrscheinlich würden empfindlichere Pflanzen früher zugrunde gehen und derartige Erscheinungen auch bei allen Nachbarn auftreten. Viel eher kann vermutet werden, dass die Neubauwohnung dafür verantwortlich ist. Dort gibt es in allen Räumen eine Warmwasserheizung und die Pflanzen stehen in der Regel auf den Fenstersimsen, unter dem sich ein Heizkörper befindet.

Andererseits haben vielleicht die Eltern im ländlichen Raum eine Kachelofen- oder Ofenheizung und heizen oft nicht die ganze Wohnung, sondern nur bestimmte Räume. Steht nun das Alpenveilchen bei den Eltern vielleicht in einem Wohnzimmer, das nur über das Wochenende benutzt wird, so hat es dort die ganze Woche über ideale Temperaturverhältnisse, die bei etwa 15 °C liegen. Wenn in der schönen, zentral beheizten Wohnung während der Wintermonate die warme Luft aus dem Heizkörper nach oben steigt und die Blätter des Alpenveilchens noch mit hohen Temperaturen erreicht, leidet die Pflanze und kann unter Umständen innerhalb ganz kurzer Zeit zugrunde gehen.
Auf jeden Fall sollte man einmal den Versuch machen und die Pflanze an ein helles Fenster im kühlsten Zimmer der Wohnung aufstellen. Da dies meistens das Schlafzimmer ist, haben manche Pflanzenliebhaber das Alpenveilchen schon als eine „Schlafzimmerpflanze" bezeichnet. Dieser Ausdruck ist zutreffend, wenngleich man sie natürlich viel lieber im Wohnzimmer hätte. Die Lebensdauer ist aber im ständig beheizten Wohnraum wesentlich kürzer als in einem kühlen Zimmer.

Alpenveilchen voller Läuse

?

Bisher hatte ich immer viel Glück mit den Alpenveilchen. Den Sommer über stelle ich die Pflanzen an einen schattigen Platz unter einem Baum. Im Herbst habe ich die Pflanzen wie gewohnt in einen kühlen Raum gestellt. Dort haben sie sich recht gut entwickelt und bereits die ersten Knospen angesetzt. Nun stelle ich fest, dass alle Pflanzen sehr stark von Blattläusen befallen sind. Was soll ich tun, damit ich sie retten kann? Gibt es einen Nützling, den ich hier einsetzen kann?

!

Zur Bekämpfung von Blattläusen (Aphididae) in geschlossenen Räumen, vor allem in Gewächshäusern, können Räuberische Gallmücken (*Aphidoletes aphidimyza*) und Florfliegen (*Chrysoperla carnea*) eingesetzt werden. Es ist aber fraglich, ob im Dezember eine Bekämpfung mit den Nützlingen möglich ist, da diese besondere Ansprüche an das Klima stellen. So benötigen Florfliegen mindestens 18 bis 26 °C Raumtemperatur, die Gallmücken 20 bis 24 °C. Außerdem müssen auch die anderen Klimafaktoren stimmen. Im Sommer ist die Erfolgsquote mit dem Nützlingseinsatz im Allgemeinen deutlich besser.
Deshalb ist es sicherlich empfehlenswert, die Alpenveilchen (*Cyclamen persicum*) jetzt mit einem

aktuell zugelassenen Pflanzenschutzmittel zu behandeln, um das weitere Überhandnehmen der Blattläuse zu verhindern. Dazu kann ein auf der Basis von Kaliseife aufgebautes Mittel verwendet werden. Die Anwendung erfolgt genau nach Gebrauchsanweisung. Relativ einfach ist die Bekämpfung mit Pflanzenschutzstäbchen, die man in die Erde drückt.

Alpenveilchen wieder zum Blühen bringen

Ich hatte in den vergangenen Wochen wunderschöne Alpenveilchen. Sie sind jetzt verblüht (Februar). Wie muss ich sie weiterkultivieren, damit sie später wieder blühen? Aufgefallen ist mir, dass bei der einen oder anderen Pflanze die Knollen faulen.

Alpenveilchen (*Cyclamen persicum*) können viele Jahre alt werden, wenn sie richtig gepflegt werden. Zunächst einmal ist es wichtig, dass sie in den nächsten Wochen und Monaten normal mit Feuchtigkeit und Nährstoffen versorgt werden. Sie sollen jetzt in die vegetative Phase übergehen und reichlich Blätter bilden oder die vorhandenen Blätter behalten. Die Pflanzen bleiben bis etwa Ende Mai oder Anfang Juni im Zimmer, bis keine Nachtfröste mehr auftreten. Dann können die Alpenveilchen sogar im Garten unter einem Baum oder an eine nicht zu sonnige Stelle auf den Balkon gestellt werden. Bis zur Ruheperiode werden sie normal gegossen. Bei sehr heißer Witterung ist auch ein tägliches leichtes Besprühen der Blätter günstig, da sie bei zu trockener Luft leicht von Spinnmilben und Thripsen befallen werden. Im Sommer, etwa ab Juli oder Anfang August, beginnt die Ruheperiode. Schon etwa drei bis vier Wochen vorher wird die Nährstoffversorgung eingestellt und die Pflanzen durch weniger Gießen auf diese Ruheperiode vorbereitet. Die Blätter sterben nun ab und die Pflanzen können ganz trocken gehalten werden. Stehen sie in Töpfen im Garten, sollten diese sogar während feuchter Witterungsperioden umgelegt werden, damit die Knospen nicht austreiben und auch nicht in Fäulnis übergehen.

Erst im Oktober werden die Knollen wieder in Kultur genommen. Entweder werden die Pflanzen in einen kühlen Raum gebracht, ohne sie vorher umzutopfen, oder aber pflanzt man die Knollen vorsichtig in ein frisches Substrat. Alpenveilchen lieben eine humose, leicht saure Erde mit einem Reaktionsgrad von pH 6,0. In den nächsten Wochen muss vorsichtig gegossen werden, da die Pflanzen noch keine Blätter besitzen. Es bilden sich nun neue Wurzeln und bald wird sich die Blattbildung bemerkbar machen. Die Pflanzen werden dann in einem Raum bei etwa 15 °C gehalten. Viel Licht ist erforderlich, damit die Blattstiele kurz und gedrungen bleiben. Ein zu warmes Zimmer ist ungünstig, da sie dort zu lange Blattstiele bilden, die Blätter „vergeilen". Unter günstigen Bedingungen werden die Alpenveilchen ab November oder Dezember wieder zum Blühen kommen.

Obwohl die Alpenveilchen nicht zu trocken gehalten werden dürfen, sind sie doch behutsam zu gießen, da sonst die fleischigen Wurzeln und Knollen leicht in Fäulnis übergehen. Ein individuelles Gießen der Pflanzen ist immer erforderlich.

WUSSTEN SIE, dass die Alpenveilchen den botanischen Namen *Cyclamen persicum* tragen, obwohl sie nicht in Persien beheimatet sind? Die eigentliche Heimat ist das östliche Mittelmeer. Dort gedeihen die Stauden im lichten Schatten. Das genaue Datum der Einführung nach Mitteleuropa ist nicht bekannt. Erste Kulturpflanzen gab es wohl schon um 1620 in Paris.

Amaryllis blüht nicht mehr

Vor über einem Jahr erhielt ich eine blühende Amaryllis geschenkt. Nun hat sie in diesem Jahr wieder Blätter gebildet, aber keine Blüten. Ich habe die Pflanze nach dem Verblühen zur Seite gestellt. Nach einigen Wochen starben die oberirdischen Organe ab. Den Topf mit der Zwiebel brachte ich den Sommer über in den Garten. Im Oktober nahm ich die Pflanze wieder ins Zimmer. Dort hat sie nur Blätter ausgebildet.

So wie die Kultur in diesem vergangenen Jahr geschildert wurde, lag sicher ein Pflegefehler vor. Amaryllis (*Hippeastrum*) zählen zu den Steppenpflanzen, die einen ganz bestimmten Entwicklungsrhythmus innerhalb eines Jahres haben. In der Natur folgt nach Beginn der Regenzeit die Blüte, anschließend das vegetative Wachstum, das durch die anschließende Trockenperiode abge-

schlossen wird. Während dieser Zeit werden in der ruhenden Zwiebel die Knospen für die nächste Blütezeit ausgebildet.
Dieser Rhythmus muss in der Zimmerkultur nachgeahmt werden. Nach Beendigung der Blüte darf die Pflanze deshalb nicht beiseite gestellt, sondern muss pfleglich weiterbehandelt werden. Bis zum Sommer müssen sich möglichst viele Blätter entwickeln, die für die Nährstoffversorgung der Zwiebel und der sich später bildenden Knospen verantwortlich sind. Während dieser Zeit muss also die Pflanze gegossen und ab und zu auch gedüngt werden. Bei Bedarf wird im Frühjahr auch umgetopft.
Im Sommer, etwa ab Juli, folgt die Ruheperiode. Während dieser Zeit sterben die oberirdischen Organe ab. Die vorhandenen Baustoffe werden in der Zwiebel eingelagert. Sie werden zur Entwicklung der sich nun bildenden Knospe verwendet. Diese Ruheperiode, in der die Zwiebel völlig trocken gehalten wird, dauert bis zum Spätherbst oder Frühwinter. Erst ab November oder Dezember wird die Zwiebel wieder in Kultur genommen, der Boden etwas angefeuchtet und die Wassergaben – dem Entwicklungsrhythmus des Blütenschaftes angepasst – gesteigert. Auch die Temperatur wird dann etwas erhöht. So behandelt, kann eine Amaryllis alle Jahre wieder zum Blühen gebracht werden.

WUSSTEN SIE, dass die Zimmerpflanze Amaryllis eigentlich mit dem richtigen botanischen Namen *Hippeastrum* heißt? Der Gattungsname *Amaryllis* gilt heute nur noch für die Belladonna-Lilie, *Amaryllis bella-donna*, die sich in einigen botanischen Merkmalen von der Gattung *Hippeastrum* unterscheidet. Die Belladonna-Lilie kann in milden Gegenden im Garten kultiviert werden, blüht im Sommer und benötigt einen ausreichenden Winterschutz.

Amaryllis durch Nebenzwiebeln vermehren?

Schon seit einigen Jahren kultiviere ich mehrere Amaryllis. Von Zeit zu Zeit pflanze ich um. Dabei habe ich festgestellt, dass sich immer kleine Zwiebeln an der Basis bilden. Kann ich diese abnehmen und daraus neue, blühfähige Pflanzen heranziehen?

Früher hat man die echten Amaryllis-Sorten (*Hippeastrum*) durch diese Nebenzwiebeln vermehrt. Heute hat man auch andere vegetative Vermehrungsarten gefunden. Es ist also durchaus möglich, aus diesen Brut- oder Nebenzwiebeln neue Pflanzen heranzuziehen.
Normalerweise werden die Nebenzwiebeln oder die sich daraus oft schon entwickelten kleinen Pflanzen beim Umtopfen vorsichtig von der Zwiebel abgetrennt und in kleine Töpfchen gepflanzt. Am besten kommen sie gleich in eine nahrhafte Blumenerde und werden wie die großen Zwiebeln und Pflanzen weiterkultiviert. Da sich aus diesen Nebenzwiebeln erst blühfähige Pflanzen bilden müssen, braucht man hier anfänglich keine Ruheperiode im Sommer einhalten. Die Pflanzen werden also immer gleichmäßig gegossen und bei Bedarf gedüngt. Gut gepflegte Pflanzen aus Nebenzwiebeln blühen etwa nach zwei bis vier Jahren. Vorher müssen sie natürlich, wie die großen Zwiebeln, im Sommer eine Ruheperiode durchmachen, damit sie während dieser Zeit Knospen ansetzen können.

WUSSTEN SIE, dass man Amaryllis auch durch Zwiebelschuppen vermehren kann? In diesem Fall werden die Zwiebeln drei- bis viermal in sechs bis acht Stücke durchgeschnitten und die einzelnen Schalen vorsichtig auseinandergenommen. Es muss jedoch an jedem Teilstück ein Ansatz des Zwiebelbodens erhalten bleiben. So erzielt man 16 bis 50 Segmente, die man vorsichtig in eine Schale pikiert und bei etwa 25 °C aufstellt. Nach etwa acht bis zwölf Wochen haben sich junge Zwiebelchen gebildet, die auf normale Weise weiterkultiviert werden.

Amaryllis in Hydrokultur

Wie kultiviere ich eine Amaryllis in Hydrokultur, damit sie zum Blühen kommt?

Zweierlei Dinge sind zunächst zu beachten. Einmal soll das Hydrogefäß groß genug und das Füllsubstrat relativ schwer sein. Da sich aus der Zwiebel ein sehr langer Trieb, oft mit einem großen Blütenstand entwickelt, muss die Zwiebel Gelegenheit haben, reichlich Wurzeln auszubilden, damit die Amaryllis (*Hippeastrum*) später nicht

„kopflastig" wird. Unter Umständen muss etwas Basaltsplitt unter den normalerweise verwendeten Blähton gemischt werden. Nach dem Einpflanzen der Zwiebel füllt man so viel Wasser auf, dass es fast bis an den Zwiebelboden reicht. Meistens genügt ein normaler Wasserstand bis zur Markierung „Optimum" am Wasserstandsanzeiger. Nährlösung ist anfänglich noch nicht notwendig, da die Zwiebel zunächst Wurzeln ausbilden muss. Die Nährstoffe dafür nimmt sie aus den Reservestoffen in der Zwiebel. Die Zwiebel wird auch nicht ganz in das Gefäß eingetopft. Es kann durchaus die obere Hälfte oder zumindest ein Drittel aus dem Hydrogefäß herausschauen. Erst nach Ausbildung der Wurzeln wird das Gefäß mit Nährlösung aufgefüllt beziehungsweise üblicher Hydrokulturdünger in das Gefäß eingefüllt. Normal behandelt wie bei der Erdkultur, entwickelt sie einen Blütenschaft und später die Blätter. Wichtig ist, dass die Pflanze nach Entwicklung des Blütenschaftes in der noch geschlossenen Knospe sehr hell und sonnig bei etwa 20 °C aufgestellt wird. Nun kann die Pflanze selbst assimilieren und sich aus der Nährlösung mit den notwendigen Nährstoffen versorgen.

Nach dem Abblühen wird der Schaft noch nicht abgeschnitten, sondern nur die verwelkten Blütenteile entfernt. Die noch im Schaft vorhandenen restlichen Nährstoffe werden von der Pflanze zurückgezogen und zur Entwicklung der Blätter verwendet. Diese müssen sich nun kräftig ausbilden, um die Nährstoffe zur Knospenbildung für die Blüte im nächsten Jahr zu bilden. Es ist durchaus möglich, ab Mitte bis Ende Mai die Amaryllis an einen geschützten und möglichst regensicheren Platz im Freien aufzustellen. Dort wird ab Ende Juni die Konzentration der Nährlösung verringert, um die Pflanze auf die Ruheperiode vorzubereiten. Sie beginnt ab Juli und dauert etwa drei Monate. In dieser Zeit wird nicht mehr gegossen und keine Nährlösung mehr verabreicht. Oberirdische Organe welken ab und die Zwiebel bildet während der Ruheperiode wieder eine Knospe.

Sobald die Nächte kühler werden, meistens im Oktober, wird die Pflanze wieder ins Zimmer geholt und bei etwa 8 bis 10 °C aufgestellt. Meistens braucht man während der Ruheperiode nicht danach zu schauen, da sie immer noch aus Feuchtigkeitsreserven des Substrats ihren notwendigen Feuchtigkeitsbedarf decken kann. Am Ende der Ruheperiode, also ab Ende Oktober oder zu einem späteren Termin, wird die Zwiebel an einen wärmeren Ort gestellt und durch Wasserzufuhr zu neuem Leben erweckt. Der Jahresrhythmus beginnt aufs Neue. Natürlich kann die Zwiebel auch vor Beginn der neuen Treibperiode umgepflanzt werden. Oft ist dies aber erst nach mehreren Jahren notwendig.

WUSSTEN SIE, dass es neben den üblichen Amaryllis mit roten, rosa, weißen und zweifarbigen Blüten auch solche mit gelben und gefüllten Blüten gibt? Seit einigen Jahren werden diese attraktiven Neuzüchtungen von Spezialfirmen angeboten.

Amaryllis mit Rotem Brenner

Meine ganze Freude sind meine Amaryllis. Ich habe mehrere Sorten mit farbenprächtigen Blüten. Nun stelle ich fest, dass an einer Zwiebel, aber auch an den Blütenschäften, rote, rissige Streifen auftreten und das Gewebe auch teilweise abstirbt. Handelt es sich hierbei um eine Krankheit und wie kann ich die Pflanze wieder heilen?

Der Schilderung nach handelt es sich bei der Amaryllispflanze (*Hippeastrum*) um eine pilzliche Erkrankung, die in Fachkreisen als Roter Brenner bekannt ist. Beteiligt sind als Erreger verschiedene Pilze (*Stagnospora curtisii, Steneotarsonemus laticeps*), die sich besonders dann ausbreiten, wenn die Zwiebeln und die Pflanzenbasis etwas zu feucht gehalten werden. Unter ungünstigen Verhältnissen kann sich die Krankheit weiter ausbreiten und zu einem Krüppelwuchs der Pflanze führen.

Eine Bekämpfung ist verhältnismäßig schwierig. Es hat sich aber in der Praxis gezeigt, dass schon ein sehr vorsichtiges Gießen ausreicht, um die Ausbreitung der Krankheitserreger einzudämmen. Nach Möglichkeit sollte das obere Drittel der Zwiebel und die oberirdischen Pflanzenorgane nicht mehr feucht gemacht werden. Am besten ist es, wenn man eine solche befallene Pflanze von unten, also über den Untersetzer gießt.

Eine chemische Bekämpfung bei einer Einzelpflanze lohnt sich sicherlich nicht.

Sollte nur eine Pflanze befallen sein, wäre es sinnvoll, diese in der geschilderten Weise vorsichtiger zu bewässern und vor allem den oberen Bereich der Zwiebel trocken zu halten. Außerdem wäre es sicherlich nützlich, die anderen Amaryllis nicht in unmittelbarer Nähe aufzustellen, da eine Krankheitsübertragung durch Sporen möglich ist. Auch sollten die Pflanzen an einem hellen, luftigen Standort in möglichst kühler, trockener Luft kultiviert werden. Ein Besprühen mit Wasser sollte unterbleiben.

Amaryllis richtig pflegen

Ich habe eine blühende Amaryllispflanze gekauft. Der Gärtner hat mir empfohlen, die Pflanze später weiterzukultivieren. Wie soll ich die Pflanze pflegen, damit sie in einem Jahr wieder zum Blühen kommt?

Amaryllis (*Hippeastrum*) sind typische Zwiebelgewächse, die für eine mehrjährige Kultur gut geeignet sind. Voraussetzung für ein weiteres Blühen ist jedoch, das der Wachstumsrhythmus genau eingehalten wird.

Nach dem Verblühen darf die Pflanze nicht zur Seite gestellt werden. Sie benötigt auch weiterhin einen hellen Standort möglichst nahe am Fenster und übliche Raumtemperaturen. Die verwelkten Blütenteile werden abgeschnitten, die Pflanze normal gegegossen. Sie sollte sogar zusätzlich im Abstand von etwa zwei bis drei Wochen mit einem Blumendünger versorgt werden. Die Konzentration beträgt etwa 0,2 % (2 g Dünger/l Wasser). Die Düngung stellt man etwa ab Juli ein, um die Pflanze auf die Ruheperiode vorzubereiten, die ab etwa Anfang August beginnt. Nun wird zwei bis drei Monate nicht mehr gegossen und gedüngt. Die Blätter ziehen vollständig ein und sterben ab. Während der Ruheperiode werden bereits die Blütenknospen in der Zwiebel angelegt. Wird die Ruheperiode nicht eingehalten, wachsen die Pflanzen immer weiter und setzen keine Blütenknospen an.

Erst ab November oder Dezember wird die Amaryllis wieder in Kultur genommen. Durch etwas Feuchtigkeit werden die Nährstoffe in der Zwiebel mobilisiert, sie beginnt durchzutreiben. Entsprechend dem Austrieb wird immer etwas mehr Wasser gegeben, gleichzeitig die Pflanze an einem hellen Platz am Fenster aufgestellt. Abhängig von der Temperatur und den sonstigen Bedingungen kann sie dann nach etwa sechs bis acht Wochen blühen.

Umgepflanzt wird am besten, wenn die Zwiebel eben angetrieben hat oder aber auch nach der Blüte. Auch vor dem Antreiben kann man die Zwiebel in frische Erde pflanzen. Nur muss man dabei beachten, dass die vorhandenen Wurzeln möglichst wenig beschädigt werden.

WUSSTEN SIE, dass der volkstümliche Name Ritterstern vom botanischen Gattungsnamen Hippeastrum abgeleitet wird? Die Bezeichung stammt aus dem Griechischen hippeus = Ritter und astron = Stern. Ursprünglich benannte Linné das Zwiebelgewächs Amaryllis. Doch hat man schon 1837 wegen bestimmter Unterschiede zur Gattung Amaryllis dieser Pflanze den Namen Hippeastrum gegeben. Trotzdem blieb im Volksmund der ursprüngliche Gattungsname bis auf den heutigen Tag erhalten.

Amaryllis zweimal blühend

Meine Amaryllis muss eine besondere Pflanze sein. Sie hat dieses Jahr schon zweimal geblüht. Ist das normal?

Es ist nicht normal, wenn eine Amaryllis (*Hippeastrum*) zweimal im Jahr blüht. In ihrer südamerikanischen Heimat hat sich die Pflanze in der Entwicklung ganz auf die dortigen Standortverhältnisse eingestellt. So blüht sie am Ende einer Trockenperiode, entwickelt während der Regenzeit kräftige Blätter, um anschließend wieder in ein Reife- und Ruhestadium überzugehen, in dem sie die Blätter wieder verliert. Diesen Rhythmus sollte man auch bei der Kultur in Europa nachahmen. Bei uns blüht die Pflanze in den Wintermonaten, geht im Frühjahr und Frühsommer in die Hauptwachstumsphase über und beginnt mit der Ruhezeit im Sommer.

Nun kann es durchaus vorkommen, dass durch eine entsprechende Behandlung in der Zwiebel zweimal Knospen ausgebildet wurden und deshalb dieser zweimalige Flor zustande kommt, der für die Pflanze allerdings eine Schwächung bedeutet. Sie hat nicht genügend Zeit, immer wieder in den Zwischenpausen in ausreichender

Menge Reservebaustoffe aufzubauen, die für eine Entwicklung kräftiger Blütenschäfte erforderlich ist.
Warum die Pflanze zweimal zum Blühen kam, ist nur so zu deuten, dass sie aus einer kurzen vegetativen Phase ziemlich abrupt mitten im Jahr in eine Ruhepause übergegangen ist. Das ist möglich, wenn beispielsweise urlaubsbedingt die Pflanze plötzlich anderen Pflegebedingungen unterliegt. Dann kann es zu Störungen in der Entwicklung kommen, die zu einem Knospenansatz in der Zwiebel führen. Ist die anschließende Ruheperiode nicht besonders lang, weil wieder entsprechende Pflegebedingungen herrschen, kann es zu einem erneuten Durchtrieb des Blütenschaftes und der Zwischenblüte kommen.

WUSSTEN SIE, dass es bei verschiedenen Zimmerpflanzen immer wieder vorkommen kann, dass sie zweimal blühen? Ein ganz typisches Beispiel für dieses Phänomen ist der Weihnachtskaktus (*Schlumbergera*).

Amarylliszwiebeln einpflanzen

? **In Gartenmärkten werden im November noch viele Amarylliszwiebeln angeboten. Ist es lohnend, eine solche Zwiebel zu erwerben? Kann man die Pflanze dann sicher zum Blühen bringen?**

! Die angebotenen Amarylliszwiebeln (*Hippeastrum*) können, vorausgesetzt es sind kräftige und große Zwiebeln, durchaus ohne großen Aufwand zum Blühen gebracht werden. In der Zwiebel selbst sind bereits um diese Jahreszeit die Knospenanlagen fertig ausgebildet, so dass der Blütenschaft nur durchtreiben und zum Blühen gebracht werden muss. Erforderlich ist dazu ein entsprechend großer Topf und übliche Zimmerpflanzenerde. Je nach Größe des Topfes wird zunächst etwas Erde eingefüllt und dann die Zwiebel so auf die Erde gelegt, dass etwa ein Drittel der Zwiebel über den Topfrand hinausschaut. Nun wird der Topf bis auf einen etwa 5 bis 10 cm hohen Gießrand mit Erde aufgefüllt und das Substrat angegossen.
Ideal ist ein Standort mit Temperaturen um etwa 18 bis 20 °C. Zur Wurzelbildung benötigt die Pflanze etwa zwei bis drei Wochen. In dieser Zeit wird nur so viel gegossen, dass die Erde nicht völlig austrocknet. Durch zu viel Wasser kann Staunässe entstehen, die das Wurzelwachstum ungünstig beeinflusst. Auch wird durch zu viel Feuchtigkeit bereits der Austrieb der Blätter angeregt. Sie sollen sich aber erst nach dem Durchtrieb des Blütenschaftes entwickeln. Natürlich müssen die Wassergaben der Entwicklung angepasst und beim Durchtreiben des Blütenschaftes auch etwas gesteigert werden. Nun kann der Topf auch etwas wärmer gestellt werden. Ein Platz am hellen Fenster ist jetzt erforderlich.
Bei einer optimalen Kultur entwickelt sich ein langer Blütenschaft, der vier große, farbenprächtige Blüten trägt. Manchmal kann eine Zwiebel noch einen zweiten Schaft ausbilden, der etwas später zum Blühen kommt. Zur gleichen Zeit werden sich einige Blätter ausbilden, die aber zunächst klein bleiben. Sie sollen sich erst nach dem Verblühen der Hippeastrum voll entwickeln.
Während der Treibperiode braucht nur für die notwendige Feuchtigkeit gesorgt werden. Ein zusätzliches Düngen ist nicht erforderlich, da sich der Blütenschaft aus den in der Zwiebel gespeicherten Reservestoffen aufbaut.

Ananas im Zimmer kultivieren

? **Als Geschenk erhielt ich eine Ananaspflanze, die eine kleine Frucht trägt. Ich möchte sie gerne so kultivieren, dass ich später die Frucht ernten kann. Was muss ich dabei beachten?**

! Sofern es sich um die echte Ananas (*Ananas comosus*) handelt, ist das schon ein besonderes Geschenk, denn solche Pflanzen sind nicht oder nur ganz selten einmal im Handel erhältlich. Als Pflanze aus dem tropischen Amerika stellt sie natürlich besondere Ansprüche. In Mitteleuropa ist es am besten, wenn sie ständig als Zimmerpflanze gehalten wird. Noch besser ist natürlich eine Kultur in einem Kleingewächshaus. Im Zimmer muss ein helles Südfenster ausgewählt werden, um ihre Lichtbedürfnisse zu befriedigen. Auch benötigt sie einen ausreichend großen Standort, damit sich die Blätter gut entwickeln können.
Die Menge des Gießwassers muss nach Jahreszeit und Zimmerklima dosiert werden. Auf jeden Fall ist zu beachten, dass die Ananaspflanze auf zu viel Gießwasser empfindlich reagiert. Im Winter ist

nur eine ganz leichte Ballenfeuchtigkeit erforderlich, damit die feinen Faserwurzeln nicht absterben. Im Sommer wird natürlich mehr Wasser benötigt.
Ananaspflanzen sind „kalkfliehend". Deshalb sollte zur Kultur eine leicht saure Erde und zum Gießen kalkfreies Wasser verwendet werden. Gegossen wird übrigens in den Trichter der Blattrosette oder direkt auf die Topferde. Zur zusätzlichen Ernährung ist es empfehlenswert, im Abstand von etwa zwei Monaten eine schwach konzentrierte Blumen-Volldüngerlösung zu verabreichen.
Bekommt die Ananas genug Sonne, kann die angesetzte Frucht unter diesen Bedingungen voll ausreifen. Bei beginnender Reife färbt sich die Frucht von grün nach goldgelb. Der beste Erntezeitpunkt ist erreicht, wenn beim Drücken mit dem Finger auf eine der Schuppen ein Tropfen Saft aus der Frucht quillt. Insgesamt muss mit einem Zeitraum von etwa einem Jahr gerechnet werden, bis eine Frucht unter unseren Klimaverhältnissen erntereif ist.

Die Pflanze entwickelt nach der Ernte keine weiteren Blüten und Früchte. Wenn Sie eine Weiterkultur versuchen wollen, nehmen Sie dazu die so genannten Kindel. Diese Schösslinge haben sich sicher zur gleichen Zeit an der Seite der Pflanze ausgebildet. Sie werden vorsichtig von der Mutterpflanze abgetrennt. Vorteilhaft ist es, wenn sie bereits Wurzelansätze haben. Dann können sie sofort in ein geeignetes Substrat gepflanzt und unter den üblichen Bedingungen weiter kultiviert werden. Bis sich jedoch Blüten und wieder eine Frucht bildet, können selbst unter günstigsten Verhältnissen mindestens zwei Jahre vergehen.

Ananas selbst vermehren

Am Stammtisch wurde diskutiert, ob man aus einer frischen Ananas selbst eine Pflanze im Zimmer heranziehen kann. Sollte dies möglich sein und wie heißt das Rezept?

Es gelingt tatsächlich, aus einer frischen Ananas (*Ananas comosus*) eine neue Pflanze heranzuziehen. Man muss aber eine möglichst frische Frucht verwenden, die auch noch einen voll intakten Blattschopf besitzt.
Nun schneidet man mit einem scharfen Messer den Blattschopf etwa 2 cm unter der Ansatzstelle von der Ananasfrucht ab und entfernt das saftige Fleisch bis zum harten Teil in der Mitte. Diese Vorsichtsmaßnahme ist wichtig, damit keine Fäulnis entsteht. Anschließend lässt man die abgeschnittene Rosette etwa zwei Tage ruhen, damit die Schnittfläche eintrocknet. Erst wenn der Fruchtsaft an der Schnittfläche gut abgetrocknet ist, kann der Steckling eingepflanzt werden. Vorab sollte man aber vielleicht noch einige der unteren Blätter entfernen, damit diese später nicht in Fäulnis übergehen können.
Verwendet wird nun ein ausreichend großer Blumentopf, den man am besten mit einer Mischung aus Torf und Sand zu gleichen Teilen oder mit einer sehr sandigen, humosen, aber möglichst nährstoffarmen Erde füllt. Die Rosette wird auf das Substrat gesetzt und vielleicht noch zusätzlich mit einer Plastikhaube abgedeckt. Sie unterbindet

eine zu starke Verdunstung der noch nicht bewurzelten Pflanze. Aufgestellt wird der Steckling an einem hellen und warmen Platz. 20 bis 23 °C sind ideal. Unter 18 °C sollte die Temperatur auch nicht bei Nacht absinken. Sobald neue Wurzeln gebildet wurden, entfernt man die Plastikhülle und kultiviert die Ananas bei normalen Zimmertemperaturen am hellen Fenster weiter.

Neben der normalen Ananas gibt es auch noch eine zierende Sorte, deren grüne Blätter elfenbeinfarbene Ränder besitzen. Es handelt sich um eine ausgesprochene Zierpflanze mit dem Sorten-Namen 'Variegatus', die ebenfalls in einem gewissen Alter eine kleine Frucht mit einem Blattschopf ausbildet. Sie kann auf gleiche Weise vermehrt werden wie die Stammpflanze *A. comosus*.

Ardisie mit geringem Beerenansatz

Schon lange bin ich im Besitze einer Ardisie. Monatelang hielten die rot gefärbten Beeren. Dann sind sie eingeschrumpft und abgefallen. Seither steht die Pflanze bei mir im Blumenfenster. Zwischendurch hat sie einmal einige Beeren angesetzt, doch war der Fruchtschmuck anfänglich sehr viel üppiger. Kann ich die Pflanze wieder zu einem reichen Beerenansatz anregen?

Die Ardisie (*Ardisia crenata*) gehört wegen des auffallenden Fruchtschmucks zu den attraktiven Zimmerpflanzen. Wenig auffällig sind die weißen Blüten. Interessanter sind die kräftig rot gefärbten Beeren. Sie können auch über viele Monate hinweg die Pflanze schmücken. Dann schrumpfen sie ein und fallen ab.
Unter günstigen Bedingungen kann die Pflanze im Blumenfenster recht lange gedeihen, doch ist der Blüten- und Fruchtansatz manchmal nicht befriedigend. Das hängt angeblich mit der relativ niedrigen Luftfeuchtigkeit in unseren Wohnräumen zusammen. Im Gewächshaus der Gärtner, in denen eine hohe Luftfeuchtigkeit eingestellt werden kann, gibt es mit der Blüte und der Fruchtbildung keine Probleme.
Ansonsten soll die Pflanze an einem hellen, aber vor direkter Sonne geschützten Platz am Fenster stehen. Morgen- und Abendsonne wird gut vertragen. Die übliche Zimmertemperatur liegt bei 16 bis 20 °C. Bei höheren Temperaturen muss unbedingt wieder für eine höhere Luftfeuchtigkeit gesorgt werden. Normal werden die Pflanzen während der Wachstumsperiode gleichmäßig feucht gehalten. Nur im Winter wird etwas sparsamer gegossen. Im Frühjahr und Sommer kann mit üblichen Blumendüngern gedüngt werden. Muss umgepflanzt werden, sollte eine humose, mittelschwere Erde mit einem schwach sauren Reaktionsgrad (ca. pH 6,0) verwendet werden.

Becherprimel soll Hautkrankheit auslösen?

Die Becherprimel soll bei empfindlichen Menschen eine Hautkrankheit auslösen. Nun hat mir eine Bekannte gesagt, dass man schon durch das reine Anschauen der Pflanze

krank werden könnte. Da ich diese Primel als dankbare Zimmerpflanze besonders liebe, interessiert mich diese Frage natürlich sehr.

Tatsächlich enthält die Becherprimel (*Primula obconica*) einen Stoff, der bei empfindlichen Menschen eine mehr oder wenige schmerzhafte Hautentzündung verursachen kann. Es handelt sich dabei um das so genannte Primin, das als Sekret in den kleinen Haaren auf der Außenseite der Blätter enthalten ist. Werden die Blätter berührt, dringen die Haare in die Haut ein, die Spitze bricht ab und das Sekret ergießt sich in den Körper. Dort kann es, aber nur bei empfindlichen Menschen, zu diesen Hautausschlägen kommen.
Eines muss in die Welt des Märchens verwiesen werden. Allein vom Anschauen kann man keinen Primelausschlag bekommen, man muss also die Pflanzen vorher erst einmal berühren. Seit einiger Zeit gibt es aber priminfreie Sorten, bei denen dieses Problem nicht mehr besteht.

Sollte einmal nach dem Berühren der Primel eine Entzündung bemerkt werden, wird als Gegenmittel empfohlen: Waschen der Hände in einer Sodalösung, abreiben mit reinem Alkohol oder Essig.

Blattfahne blüht nicht

Eigentlich besitze ich eine sehr schöne Blattfahne. Als ich sie vor langer Zeit erwarb, blühte sie einige Zeit recht schön. Dann hat sie nachgelassen. Nach dem Umtopfen hat sie sich wieder recht gut erholt und eine größere Zahl dunkelgrüner, gesunder Blätter gebildet. Seither hat sie aber keine Blüten mehr angesetzt. Der Blumenerde habe ich noch zusätzlich Hornspäne beigemischt. Nun würde mich interessieren, warum die Pflanze nicht mehr zum Blühen kommt?

Wenn die Blattfahne (*Spathiphyllum wallisii*) eine größere Anzahl dunkelgrüner Blätter ausgebildet hat, also ansonsten völlig gesund ist, können für das Nichtblühen zwei Ursachen in Frage kommen. Tiefdunkelgrüne Blätter sind manchmal ein Zeichen von Lichtmangel. Die Pflanzen bilden intensiv Blattgrün (Chlorophyll) aus, um damit die geringe Lichteinstrahlung besser ausnutzen zu können. Nur in den grünen Zellen findet die Photosynthese statt, bei der aus anorgansichen Nährstoffen organische Baustoffe aufgebaut werden. Nun kann es sein, dass die Energie der Pflanze für die Bildung von Blättern ausreicht, jedoch nicht für eine zusätzliche Blütenbildung.
Die zweite Möglichkeit, die fast näher liegt, hängt mit den Hornspänen zusammen. Dieses organische Düngemittel liefert der Pflanze ausschließlich Stickstoff. Sie benötigt jedoch zur Blütenbildung auch Phosphorsäure und vor allen Dingen Kalium. Das ideale Verhältnis von N:P:K sollte etwa 1:1:2 sein. Die Pflanze benötigt also zur Blütenbildung etwa die doppelte Menge an Kalium im Vergleich zu Stickstoff. Wird die Pflanze nun mit Stickstoff überdüngt, entwickelt sie reichlich Blattmasse, jedoch keine Blüten.
Vielleicht sollte die Blattfahne noch einmal zusätzlich mit einem kalireichen Blütendünger gedüngt werden, um dieses Missverhältnis auszugleichen. Dann ist es möglich, wenn die Stickstoffreserven aufgezehrt sind, dass es unter günstigen Standortbedingungen doch wieder zu einer Blütenbildung kommt.

Blattfahne mit trockenen Blattspitzen

Seit einigen Wochen besitze ich eine Blattfahne. Nun bemerke ich, dass die Blätter von der Spitze her eintrocknen und sich neuerdings die jungen Blätter nicht mehr richtig öffnen. Halte ich die Pflanze zu feucht oder zu trocken?

Die Blattfahne (*Spathiphyllum wallisii*) gehört zur Familie der Aronstabgewächse (Araceae) und ist aus Kolumbien zu uns gekommen. Die Pflanze liebt einen hellen, jedoch niemals vollsonnigen Platz und verträgt auch einen halbschattigen Standort. Die ideale Temperatur liegt zwischen 18 und 25 °C. Während der Vegetationszeit ist reichlich zu wässern. In dieser Zeit benötigt die Pflanze aber auch eine relativ hohe Luftfeuchtigkeit, die sich positiv auf das Wachstum auswirkt.
Es kann nun sein, dass die Pflanze etwas zu trocken gehalten wurde und vor allen Dingen auch die Luftfeuchtigkeit nicht genügend hoch ist. Vielleicht könnte durch gelegentliches Besprühen der Blätter mit Wasser die Pflanze zu normalem Wachstum angeregt werden. Vorsicht, die weiße

Spatha (Blütenhüllblatt) darf nicht befeuchtet werden.

WUSSTEN SIE, dass sich die Blattfahne sehr gut für die Hydrokultur eignet? Sie ist eine der wenigen blühenden Zimmerpflanzen, die sich für dieses Kulturverfahren gut eignet und immer wieder neue Blütenstände ausbildet. Am besten ist es, wenn man in einer Spezialgärtnerei schon eine in Hydrokultur vorkultivierte Pflanze erwirbt.

WUSSTEN SIE, dass die Pflanze ihren volkstümlichen Namen „Blattfahne" nach der botanischen Bezeichnung bzw. dem weißlichen Hüllblatt erhalten hat? Der kolbenförmige Blütenstand der Pflanze ist unscheinbar. Attraktiv wirkt die Pflanze durch das auffallende Hüllblatt, das als Spatha bezeichnet wird. Davon abgeleitet wird auch die botanische Bezeichnung Spathyphyllum (griech.: spathe = Blütenscheide, phyllon = Blatt).

Blattfahne richtig pflegen

? **Vor einiger Zeit habe ich eine Blattfahne gekauft. Nun werden die Blätter gelb. Ich habe Sorge, dass mir die Pflanze unter der Hand stirbt. Was kann die Ursache sein und wie muss ich die Pflanze richtig pflegen?**

! Die Blattfahne (*Spathyphyllum wallisii*) ist eigentlich pflegeleicht, wenn sie jetzt schon gelbe Blätte bekommt und vielleicht schon Absterbeerscheinungen zeigt, ist es nicht sicher, ob sie sich wieder ganz erholt. Als Ursache kann ein falscher Standort oder zu häufiges Gießen in Frage kommen. So benötigt sie im Zimmer einen hellen, aber niemals vollsonnigen Platz. Im Sommer ist sogar etwas Halbschatten günstig. Die Wärmeansprüche sind hoch. 18 bis 25 °C dürfen die Temperaturen im Sommer betragen. Während der Vegetationszeit wird reichlich gewässert, jedoch ist Staunässe immer zu vermeiden. Auch feuchte Luft ist günstig, sie wirkt sich auf ein freudiges Wachstum aus. Deshalb verträgt die Pflanze ein gelegentliches Besprühen mit Wasser. Dabei soll aber der Blütenstand nicht nass gemacht werden.

Im Winter kann die Temperatur etwas absinken, 15 °C sollten aber nicht unterschritten werden. In dieser Zeit muss die Feuchtigkeit den Temperaturverhältnissen angepasst werden. Es wird im Vergleich zum Sommer etwas sparsamer gegossen.

Neben der eigentlichen Art gibt es auch noch verschiedene Hybriden, die aber alle ungefähr die gleichen Kulturansprüche stellen. Gelingt die Kultur, sollte die Pflanze im Abstand von ein bis zwei Jahren im Frühjahr oder Sommer umgepflanzt werden. Hier ist dabei zu beachten, dass eine humose, lockere Erde verwendet wird. Ideal ist ein Fertigsubstrat mit einem leicht sauren Reaktionsgrad und pH-Werten zwischen 5,0 und 6,5.

Blattkaktus blüht nicht

? **Seit zwei Jahren kultiviere ich einen Blattkaktus. Die Pflanze wächst nur, entwickelt jedoch keine Blüten, obwohl ich regelmäßig gieße und dünge. Sie steht im Wohnzimmer auf dem Simsen, unter dem sich ein Heizkörper befindet. Wie muss ich die Pflanze behandeln, damit sie einmal zum Blühen kommt?**

! Blattkakteen (*Epiphyllum*) haben zweischneidige, abgeplattete und fast immer stachellose Triebe. Sie sind aus vielfachen Kreuzungen entstanden und heute soll es mehrere tausend Sorten geben. Sie sind beliebte Zimmerpflanzen und bei richtiger Kultur sehr anspruchslos.

Wahrscheinlich kommt die Pflanze deshalb nicht zum Blühen, weil sie den Winter über im warmen Wohnzimmer auf einem Simsen steht, unter dem sich die Heizung befindet. Normalerweise sollte die Pflanze während der Wintermonate in einem kühlen Raum am hellen Fenster bei etwa 8 bis 10 °C aufgestellt werden. Dort legt sie in dieser Zeit eine Ruheperiode ein und es wird nur so viel gegossen, dass kein Trockenschaden auftritt. Durch diese Ruheperiode wird sicher der Knospenansatz angeregt, so dass die Pflanze zwischen April und Juni blüht. Während der warmen Jahreszeit sind übliche Zimmertemperaturen verträglich. Den Sommer über kann die Pflanze sogar im lichten Schatten auf der Terrasse oder im Garten unter einem Baum gehalten werden. Sie sollte jedoch vor praller Mittagssonne geschützt werden. Natürlich wird während der Hauptwachstumszeit auch reichlich gegossen. Obwohl die Blattkakteen vor praller Mittagssonne geschützt sein sollten, kommt auch ein Platz im dichten Schatten nicht in Frage, da dadurch ebenfalls die Blühwilligkeit herabgesetzt wird.

WUSSTEN SIE, dass die Blattkakteen aus Kreuzungen vieler Gattungen und Arten entstanden sind? Heute werden die typischen Vertreter dieser Blattkakteen zur Gattung *Nopalxochia* gerechnet. Je nach Ausgangsmaterial variieren die Ansprüche der jeweiligen Sorte. Doch sollten vor allem die Grundansprüche der Standortfaktoren im Sommer und Winter eingehalten werden, um die Pflanze zum Blühen zu bringen.

Blutblume überwintern

Viel Freude hatte ich an meiner Blutblume im Sommer. Sie blühte sehr lange und ich möchte sie auch im kommenden Jahr wieder zum Blühen bringen. Welche Bedingungen muss ich, vor allen Dingen im Winter, beachten, damit ich dieses Ziel erreichen kann?

Die Blutblume zählt zu den attraktivsten sommerblühenden Topfpflanzen. Eigentlich ist es ein Zwiebelgewächs, das zur Familie der Amaryllisgewächse (Amaryllidaceae) gehört. Vorab muss darauf hingewiesen werden, dass auch beim Gärtner diese Pflanze fast immer noch den botanischen Namen *Haemanthus katharinae* führt, obwohl es sich bei der im Handel befindlichen Form um eine Kreuzung handelt und diese heute richtigerweise den botanischen Namen *Scadoxus multiflorus* subsp. *katharinae* führen muss. Bei den im Handel angebotenen Pflanzen handelt es sich im Allgemeinen um die Sorte 'König Albert'.
Die Pflanze kann mehrjährig kultiviert werden, wenn einige wichtige Punkte beachtet werden: Die Vegetationszeit dieser aus dem tropischen Afrika stammenden Pflanze reicht vom Frühjahr bis zum späten Herbst. Dann beginnt eine Ruheperiode, die über den ganzen Winter eingehalten werden sollte. In dieser Zeit wird die Pflanze trockener gehalten, doch sollte immer so viel Feuchtigkeit verabreicht werden, dass die Pflanzenteile nicht vertrocknen. Die Blätter sollten möglichst den ganzen Winter über erhalten bleiben. Während dieser Zeit ist ein heller Standort und eine Temperatur um 12 °C ideal.
Im Frühjahr wird durch eine wärmere Temperatur und höhere Feuchtigkeit das Wachstum angeregt. Nun kann die Entwicklung auch durch zusätzliche Kopfdüngergaben unterstützt werden. Wurde die Ruheperiode im Winter richtig eingehalten, beginnt die Pflanze wieder etwa im Juni zu blühen.

Während der Vegetationszeit ist ein heller bis sonniger Standort bei normalen Zimmertemperaturen günstig. Zu dieser Zeit wird auch der Wurzelballen immer gleichmäßig feucht gehalten. Staunässe müssen Sie vermeiden.

Bromelien durch Kindel vermehren

Offenbar habe ich mit der Pflege meiner Bromelien eine glückliche Hand. Sie gedeihen mir recht gut und viele haben wochenlang geblüht. Nun haben einige Pflanzen an der Basis seitliche Austriebe gebildet. Kann ich diese für eine Vermehrung der Pflanzen verwenden?

Viele Pflanzen haben die Fähigkeit, neben der Fruchtausbildung zur generativen Vermehrung auch Ausläufer, Seitensprosse und Brutpflanzen zu entwickeln, die eine vegetative Vermehrung ermöglichen. Alle diese natürlichen Vermehrungsorgane dienen zur Erhaltung der Art.
Eine solche Vermehrungsart gibt es auch bei den vielen Gattungen der Bromeliaceae oder Ananasgewächse, die in der Natur vielfach als Epiphyten auf den Bäumen im Urwald gedeihen. Dort nisten sie in Astgabeln mit einer geringen Humusauflage und entwickeln immer wieder solche Seitensprosse, die als Kindel bezeichnet werden.
Auch in der Kultur bilden sich diese Kindel aus, die der Pflanzenliebhaber sehr gut zur Vermehrung verwenden kann. Ideal ist es, wenn man sie zunächst zu einer gewissen Größe heranwachsen lässt. Man kann schon während dieser Zeit etwas feuchten Torf oder feuchtes Moos um die Basis schichten. Dann kann es sein, dass sich dort sogar schon die ersten Würzelchen bilden. Nun ist es kein Problem, das „Kindel" mit einem scharfen Schnitt von der Mutterpflanze zu trennen und in ein Töpfchen mit geeignetem Substrat zu pflanzen. Es soll eine lockere, humose, leicht saure Blumenerde verwendet werden. Eigene Mischungen aus Lauberde, Torf und gehacktem Moos werden von Kennern der Bromelienkultur gerne verwendet.
Haben die Kindel noch keine Wurzeln gebildet, sollten sie vielleicht noch einige Tage in eine Folientüte gesteckt werden, damit sie nicht zu viel Wasser verdunsten. Junge Pflänzchen mit Wurzelansätzen können schon ganz normal weiterkultiviert werden. Am besten stellt man die Pflänzchen

an einem hellen, aber nicht vollsonnigen Platz am Fenster auf. Ideal sind Zimmertemperaturen zwischen 20 und 22 °C. So behandelt, können die jungen Pflanzen flott heranwachsen. Sie brauchen aber immerhin zwei bis drei Jahre, bis sie wieder zum Blühen kommen. Nur wenige Gattungen sind in der Lage, schon nach eineinhalb bis zwei Jahren Blüten auszubilden.

Christusdorn lässt Blätter fallen

? **Schon seit einigen Jahren kultiviere ich einen Christusdorn. Die Pflanze hat sich reich verzweigt und wächst auch gut. Doch wirft sie von Zeit zu Zeit immer wieder die Blätter ab. Was ist die Ursache?**

! Eigentlich braucht man sich über das Abwerfen der Blätter beim Christusdorn (*Euphorbia milii*) den Kopf nicht zu sehr zu zerbrechen. Das kommt immer wieder vor, besonders häufig, wenn die Pflanze zu kühl steht. Meistens bilden sich im Frühjahr, sobald die Tage wieder länger werden, neue Austriebe mit Blättern. Sehr wichtig ist nur, dass die blattlose Zeit ohne Probleme überstanden wird. Vor allem muss vorsichtig gegossen werden, da die Pflanze durch den Abfall der Blätter kaum mehr eine Verdunstungsfläche besitzt.
Ansonsten liebt der Christusdorn einen sonnigen Platz am Fenster. Den Sommer über kann er am geöffneten Fenster stehen oder auf den Balkon gestellt werden. Er verträgt warme Temperaturen, im Winter ist er sehr genügsam und kann bei etwa 15 °C gehalten werden. Die Feuchtigkeit ist nach der Temperatur zu regeln, Staunässe ist auf jeden Fall zu vermeiden.
Der Christusdorn ist eine der wenigen Zimmerpflanzen, die trockene Luft problemlos verträgt. Dem äußeren Erscheinungsbild nach und der Fähigkeit, Wasser im Stängel zu speichern, kann der Christusdorn bereits zu den Sukkulenten gezählt werden.

WUSSTEN SIE, dass der Christusdorn nahe verwandt ist mit dem Weihnachtsstern (*Euphorbia pulcherrima*)? Beide Pflanzen gehören zur Familie der Wolfsmilchgewächse oder Euphorbiaceae. Auch der Christusdorn enthält einen giftigen Milchsaft, der bei Menschen Kopfschmerzen, Benommenheit und sogar Schockwirkungen auslösen kann. Eine gewisse Vorsicht beim Umgang mit der Pflanze ist deshalb angebracht.

Christusdorn selbst vermehren

? **Seit vielen Jahren pflege ich einen Christusdorn. Die Pflanze steht am Südfenster und hat sich recht gut entwickelt. Zahlreiche Seitentriebe sind vorhanden. Nun habe ich mir überlegt, ob ich von diesem alten Exemplar Ableger machen kann?**

! Es ist durchaus möglich, den Christusdorn (*Euphorbia milii*) durch Stecklinge zu vermehren. Am besten geschieht dies im Frühjahr oder zeitigen Sommer. Mit einem scharfen Messer oder einer Rasierklinge werden 7 bis 10 cm lange Triebspitzen abgeschnitten. Der austretende Milchsaft kann jetzt die Schnittfläche verstopfen und die Bewurzelung hemmen. Um dies zu vermeiden, taucht man die Stecklinge zum Ausbluten mit der Schnittfläche ins Wasser und lässt sie einen Tag lang antrocknen, ehe man sie in kleine Töpfe in ein Torf-Sandgemisch (Hochmoor-Weißtorf und Flusssand im Verhältnis 1:1) steckt. Aufgestellt werden die Töpfe an einem hellen Platz am Fenster bei üblicher Zimmertemperatur. Direktes Sonnenlicht ist zu vermeiden. Wichtig ist, dass das Substrat ständig mäßig feucht gehalten wird. Es darf aber zwischen den einzelnen Wassergaben immer etwas abtrocknen. Zu hohe Feuchtigkeit kann Fäulnis verursachen. Die Bewurzelung dauert je nach Standort und Reife des Stecklings etwa 5 bis 8 Wochen. Anschließend pflanzt man die bewurzelten Jungpflanzen in eine humose Blumenerde, der man durchaus etwas Komposterde beimischen kann.

WUSSTEN SIE, dass die von Jesus getragene Dornenkrone nicht aus Zweigen vom Christusdorn, *Euphorbia milii*, geflochten wurde? Man kennt in Jerusalem mindestens ein Dutzend dorniger Pflanzenarten. Heute ist man der Meinung, dass es sich um die Zweige von *Sarcopoterium spinosum*, einem Zwergstrauch aus der Familie der Rosengewächse handelte. In der christlichen Tradition wird als Christusdorn gerne *Ziziphus spina-christi* genannt. Auch heute noch wachsen an den östlichen Hängen des Tempelbergs in Jerusalem einige Christusdornbäume.

Chrysanthemen zum Blühen bringen

Letztes Jahr erhielt ich eine wunderschöne Topfchrysantheme. Ich brachte sie auch gut durch den Winter. In diesem Frühjahr und Sommer bildeten sich viele neue Triebe. Jetzt im Herbst sollte die Pflanze eigentlich wieder zum Blühen kommen. Doch Knospen setzte die Pflanze nicht an. Wie kann ich sie noch zum Blühen bringen?

Topfchrysanthemen (*Chrysanthemum*) gehören zu den Kurztagpflanzen. Sie setzen ihre Knospen erst dann an, wenn die Tageslänge zwölf Stunden unterschritten hat. Normalerweise ist das ab Ende September. Nun kann es aber sein, dass Ihre Chrysantheme in einem Zimmer steht, in dem abends ein Licht brennt. Dadurch wird die Induktion (Auslösung des Knospenansatzes) unterbunden. Selbst eine Straßenlaterne kann mit ihrer geringen Lichtintensität einen Knospenansatz verhindern.
Ganz sicher setzt die Chrysantheme Knospen an, wenn sie, je nach Sorte, zwischen neun und zwölf Wochen täglich mindestens vierzehn Stunden absoluter Dunkelheit ausgesetzt ist. Da die Erwerbsgärtner diese Situation kennen, verdunkeln sie ihre Chrysanthemenbestände nach einer gewissen Zeit zwischen 17 und 7 Uhr bezeihungsweise 18 und 8 Uhr. Durch diese Dunkelperiode können sie nach neun bis zwölf Wochen blühende Pflanzen verkaufen.
Setzt nun eine Chrysantheme bei der Zimmerkultur keine Knospen an, hängt das mit den mangelnden Kurztagverhältnissen zusammen. In diesem Fall sollte man die Pflanze in ein Zimmer bringen, in dem es ab Herbst zur normalen Abend- und Nachtzeit absolut dunkel ist. Ansonsten muss man durch künstliche Maßnahmen die Pflanze zusätzlich, wie im Erwerbsgartenbau, verdunkeln. Einfach ist es, wenn man immer am Abend zur bestimmten Zeit eine schwarze Folientüte darüber stülpt, die man morgens wieder abnimmt. Dieser Vorgang muss regelmäßig durchgeführt werden, eine Unterbrechung der Verdunkelung unterbricht auch die Induktion. Während der Verdunkelungszeit liegen die besten Temperaturen bei etwa 18 °C.
Nicht außer acht lassen soll man jedoch, dass tagsüber die Pflanzen dann trotzdem viel Licht benötigen. Eine Kultur am hellen Fenster ist trotz der Verdunkelung in der Nacht unbedingt wichtig.

Echter Jasmin als Topfpflanze?

Vor einigen Wochen erhielt ich eine aparte Topfpflanze mit zarten, stark duftenden Blüten. Es soll sich um den Zimmerjasmin handeln. Welche Ansprüche stellt die Pflanze in der Zimmerkultur?

Es handelt sich um den Echten Jasmin (*Jasminum officinale*). In ihrer Heimat, dem Iran, Kaschmir und China, gedeiht diese Pflanze als Kletterstrauch. Bei uns wird dieser Jasmin meistens im Sommer als Topfpflanze mit rankenden Trieben und herrlich duftenden Blüten angeboten.
Die Kultur im Zimmer ist nicht ganz einfach. Die Pflanze wünscht einen hellen, vor praller Mittagssonne geschützten, luftigen Stand am Fenster. Im Sommer kann sie auch an einen geschützten Platz im Garten aufgestellt werden. Im Winter wird eine Ruheperiode eingelegt. Hier genügen Temperaturen um 8 bis 10 °C.
Die Pflanze wird immer gleichmäßig feucht gehalten, bei kühler Überwinterung werden aber auch die Wassergaben eingeschränkt. Man wartet immer mit dem nächsten Gießen, bis die Oberfläche der Erde abgetrocknet ist.
Es kann sein, dass die Fiederblättchen im Winter abgeworfen werden. Bei günstiger Überwinterung treibt die Pflanze aber im Frühjahr wieder aus. Zur Aufleitung der Triebe muss man ein kleines Spalier anbieten, an dem sich die Sprossen entgegen dem Uhrzeigersinn hochwinden.

WUSSTEN SIE, dass der Echte Jasmin mit unserem Winterjasmin, *J. nudiflorum*, eng verwandt ist? Dieser schmückt im Winter Mauern und Fassaden mit seinen leuchtend gelben Blüten. Beide Jasminum-Arten gehören zu der Familie der Ölbaumgewächse (Oleceae).
Fälschlicherweise wird im Garten ein sommerblühendes Gehölz ebenfalls als Jasmin bezeichnet. Es handelt sich dabei um den weiß blühenden *Philadelphus coronarius*, den Falschen oder Sommerjasmin, der auch unter dem volkstümlichen Namen Pfeifenstrauch bekannt ist.

Echter Jasmin blüht nicht

Mein Zimmerjasmin, den ich im letzten Jahr erworben habe, hat viele neue Triebe gebildet. Sie sehen gesund aus, doch setzt die Pflanze keine Blüten an. Was muss ich tun, damit ich sie wieder zum Blühen bringe?

Wahrscheinlich handelt es sich um den bei uns meistens kultivierten, weiß blühenden und duftenden Echten Jasmin (*Jasminum officinale*). Diese Art blüht bei uns normalerweise von Juni bis September, kann aber auch zu anderen Jahreszeiten zum Blühen gebracht werden. Die Kulturbedingungen entsprechen einer Kalthauspflanze.
Am besten ist es, wenn die blühende Pflanze an einem hellen Platz aufgestellt wird. Sie ist jedoch vor direkter Sonnenbestrahlung um die Mittagszeit zu schützen. Der Jasmin kann sogar den Sommer über im Garten an einem geschützten Platz stehen. Wichtig ist der richtige Standort im Winter. Die Pflanzen benötigen während der kalten Jahreszeit nur eine Temperatur von 5 bis 10 °C. Während im Sommer der Wurzelballen gleichmäßig feucht gehalten werden muss, sollte bei kühler Überwinterung nur dann gegossen werden, wenn die Erde oberflächlich etwas abgetrocknet ist.
Sobald sich im Frühjahr der neue Austrieb regt, kann die Temperatur etwa bei 18 °C gehalten werden. So behandelt, müsste die Pflanze im Sommer wieder zum Blühen kommen.

Edelpelargonie als Zimmerpflanze

Mir gefallen die großblumigen Edelpelargonien sehr gut. Ich habe mir im letzten Jahr einige Pflanzen gekauft und sie in den Balkonkasten gesetzt. Dort war ich aber mit den Pflanzen nicht glücklich. Mir wurde nun gesagt, dass es sich um eine Zimmerpflanze handelt. Wie muss ich sie kultivieren?

Die Edelpelargonie gehört zur gleichen Pflanzengattung wie unsere bewährten Geranien oder Pelargonien für den Balkon, die Terrasse oder den Garten. Die Pflanzen sind aus verschiedenen Arten entstanden. Besonders daran beteiligt war *P. grandiflorum*, eine Art, die in Südafrika beheimatet ist.

Im Gegensatz zu den bekannten Geranien sind die Lebensansprüche der Edelpelargonie höher. Sie ist eigentlich eine typische Zimmerpflanze. Sie benötigt einen hellen, nur in der heißesten Jahreszeit etwas leicht schattigen Standort. Viel Luft ist Bedingung, doch ist eine typische Freilandkultur im Sommer immer etwas problematisch.
Wird die Pflanze im Frühjahr erworben, kann sie bei normaler Zimmertemperatur gehalten werden. Im Herbst sollte sie aber in einen sehr kühlen Raum am hellen Fenster überwintert werden. Temperaturen um etwa 10 °C sind günstig. Erst wenn sich im Spätwinter oder Frühjahr die ersten Blütenansätze zeigen, kann die Temperatur auf etwa 12 °C erhöht werden.
So kultiviert, kann diese Pflanze viele Jahre alt werden. Ein älteres Exemplar wird nach der Blüte zurückgeschnitten. Danach muss man mit dem Gießen etwas vorsichtig sein, bis sich wieder der neue Austrieb regt. Überhaupt ist vorsichtig zu gießen, da die Pflanze gegen Staunässe empfindlich ist. Muss eine Pflanze umgetopft werden, sollte eine lockere, humose Zimmerpflanzenerde verwendet werden. Die Ansprüche an das Substrat sind ebenfalls etwas größer als bei den üblichen Geranien.

Sehr wichtig für die Blütenbildung ist die Temperatur im Winter. Wird die Pflanze den Winter über zu warm gehalten, unterbleibt die Knospenbildung. Deshalb sollte die Temperatur während der Wintermonate 15 °C nicht überschreiten. Auch die Lichtintensität spielt sicher eine gewisse Rolle. Im Erwerbsgartenbau kann man die Pelargonie schon im Winter zum Blühen bringen. Dann werden sie jedoch mit Zusatzlicht bestrahlt. Dafür benötigt man eine Lichtstärke von etwa 4000 Lux.

Edelpelargonie selbst vermehren

Schon seit längerer Zeit besitze ich Englische Geranien. Sie gedeihen bei mir sehr gut. Nun habe ich versucht, Samen zu ziehen, was jedoch nicht gelang. Kann ich die Pflanzen auf andere Weise vermehren?

Englische Geranien sind bei uns eher unter der Bezeichnung Edelpelargonien (*Pelargonium-Grandiflorum*-Hybriden) bekannt. Sie werden aus-

schließlich durch Stecklinge, also vegetativ, vermehrt. Die beste Vermehrungszeit ist im Sommer, in den Monaten Juli und August.
Zu diesem Zweck werden einigen Triebspitzen in einer Länge von etwa 6 bis 8 cm abgeschnitten, je nach Stecklingsqualität die unteren Blätter vorsichtig entfernt und dann in Töpfchen oder Schalen in ein Gemisch mit Torf und Sand (Hochmoor-Weißtorf und Flusssand im Verhältnis 1:1) gesteckt. Die Aufstellung erfolgt an einem hellen, jedoch nicht sonnigen Fenster bei üblichen Temperaturen. Das Substrat wird mäßig feucht gehalten. Unter günstigen Bedingungen können die Stecklinge nach etwa drei Wochen Wurzeln gebildet haben. Meistens beginnen sie schon bald mit dem vegetativen Wachstum. Dann können sie problemlos in einen größeren Topf in normale humose Blumenerde umgepflanzt werden. Edelpelargonien lieben eine nicht so schwere Erde.

Flamingoblume gedeiht nicht

Kein Glück habe ich offensichtlich mit meiner Flamingoblume. Sie steht schon einige Zeit im Zimmer und will nicht richtig gedeihen. Welche Pflegeansprüche muss ich beachten, damit sich die Pflanze auch bei mir ordentlich entwickelt?

Die Flamingoblume (*Anthurium*) ist keine gewöhnliche Zimmerpflanze. Sie stellt heimatbedingt gewisse Ansprüche an den Standort und an das Klima. So sollte die Pflanze an einem stets hellen, aber nie vollsonnigen Platz am Fenster aufgestellt werden. Sie liebt Wärme, weshalb die Temperaturen auch im Winter nie unter 16 bis 18 °C sinken sollen. Im Sommer liegt die ideale Temperatur bei 20 bis 22 °C. Während der Hauptwachstumszeit im Frühsommer und Sommer ist reichlich zu bewässern, im Winter wird vorsichtiger gegossen, damit die fleischigen Wurzeln nicht abfaulen. Eine gewisse Ruhezeit kann im Dezember und Januar eingehalten werden.
Günstig ist auch eine relativ hohe Luftfeuchtigkeit. Entweder kann man die Pflanzen gelegentlich mit Wasser besprühen, es ist aber auch möglich, die Blätter regelmäßig mit einem feuchten Schwamm abzuwaschen.
Da Flamingoblumen immer in eine sehr humose, lockere Erde eingepflanzt werden, die relativ wenig Nährstoffe enthält, kann auch Nährstoffmangel für das schwache Wachstum verantwortlich sein. Eine zusätzliche Dü
ngung vom Frühjahr bis zum Sommer ist möglich. Doch sollte die Düngerlösung nur schwach konzentriert werden. 1 g oder ml Dünger/l Wasser reicht normalerweise völlig aus.

Das Besprühen der Blätter zur Erhöhung der Luftfeuchtigkeit und Reduzierung der eigenen Verdunstung der Pflanze ist sinnvoll. Dabei sollte jedoch die Spatha, das farbige Hochblatt, nicht feucht gemacht werden. Darunter leidet die Haltbarkeit. Sie kann sogar in ungünstigen Fällen vorzeitig in Fäulnis übergehen.

Flamingoblumen unterscheiden

Recht gute Erfahrungen habe ich mit der Flamingoblume in Hydrokultur gemacht. Jetzt scheint es zwei verschiedene Arten zu geben, die ich nicht auseinander halten kann. Wie unterscheiden sich diese Arten und stellen diese in Hydrokultur unterschiedliche Ansprüche?

Die Flamingoblume trägt den botanischen Gattungsnamen *Anthurium*. Über 500 verschiedene Arten soll es geben. In gärtnerischer Kultur sind einige, davon spielen vor allen Dingen Züchtungen aus *A. scherzerianum* und *A. andreanum* die größte Rolle. Früher hat man ganz einfach gesagt, dass die *A.-Scherzerianum*-Sorten für die Zimmerpflanzenkultur, die *A.-Andreanum*-Sorten für die Schnittblumenkultur in Frage kommen. Pflanzenzüchter haben aber diese Hybriden in den letzten Jahren intensiv bearbeitet, so dass es heute für die Zimmerpflanzen- und Hydrokultur von beiden Arten geeignete Sorten gibt.
Am ehesten kann man die Sorten der beiden Arten am Blütenstand unterscheiden. Darunter versteht man den fortsatzlosen Kolben auf dem langen Blütenstiel, der von dem attraktiv gefärbten Hochblatt, der Spatha, umgeben ist. Bei den *A.-Scherzerianum*-Sorten ist dieser Blütenstand meistens spiralig-gedreht, während er bei den *A.-Andreanum*-Sorten gerade ist. Oft ist auch die Spatha bei den *A.-Andreanum*-Sorten etwas größer als bei den *A.-Scherzerianum*-Sorten.
In der Kultur unterscheiden sich die Sorten beider Arten aber nicht. Sie wünschen im Zimmer den

gleichen Standort und benötigen auch die gleichen Pflegeansprüche.

WUSSTEN SIE, dass die Flamingoblume, die gelegentlich im Volksmund auch Schwefelblume oder Schweißblume genannt wird, zu den wenigen gut geeigneten Blütenpflanzen für die Hydrokultur gehört? Für diese Kulturweise sind sehr viele Grünpflanzen geeignet. Wegen ihrer kurzen Blühzeit kommen aber für die Hydrokultur nur wenige Blütenpflanzen in Frage. Fast problemlos gedeihen aber Flamingoblumen in Hydrokultur und entwickeln an günstigen Standorten fast ganzjährig immer wieder neue Blütenstände.

Flammendes Käthchen blüht mit abgestorbenen Wurzeln

Mein Flammendes Käthchen blüht und rollt langsam die Blätter ein. Ich habe die Pflanze ausgetopft und festgestellt, dass alle Wurzeln abgestorben sind. Was ist die Ursache und warum blüht die Pflanze trotz abgestorbener Wurzeln?

Eigentlich ist der Vorgang recht einfach zu erklären. Schon Goethe sagte: „Blühen und Fruchten ist eine tödliche Krankheit". Das Flammende Käthchen (*Kalanchoe blossfeldiana*) ist eine sehr genügsame Pflanze. Auf etwas muss man aber besonders achten. Da sie in den Stängeln und den fleischigen Blättern Wasser speichern kann, braucht sie vielfach deutlich weniger Wasser als andere Zimmerpflanzen. Das ist heimatbedingt, denn sie stammt von der Insel Madagaskar.

In diesem Falle wurde der Wurzelballen sicher zu nass gehalten. Es entstand Staunässe, verbunden mit Sauerstoffmangel. Dadurch sind die Wurzeln abgestorben. Trotzdem blühte die Pflanze weiter, da sie in ihren oberirdischen Pflanzenteilen noch genügend Reservenährstoffe und Feuchtigkeit hatte. Nun sind aber die Wasservorräte verbraucht und können, da das Wurzelwerk abgestorben ist, nicht mehr ergänzt werden. Dadurch beginnen sich die Blätter einzurollen und sicher innerhalb kurzer Zeit abzusterben. Die Pflanze selbst aber will so lange wie möglich am Leben bleiben, um, so ist es in der Natur, möglichst noch Samen auszubilden, um sich auf diesem Wege weiter zu vermehren.

Es wird aber in diesem Zustand wohl keinen Zweck mehr haben, die Pflanze umzutopfen. Das Wurzelwerk wird sich kaum mehr regenerieren, wenn es schon so stark in Mitleidenschaft gezogen wurde.

Für experimentierfreudige Blumenliebhaber kann vielleicht angeboten werden, von den gesunden Trieben noch einige Stecklinge zu schneiden und diese in ein Töpfchen oder in eine kleine Schale in ein Gemisch aus Torf und Sand (Verhältnis 1:1) zu stecken. An einem hellen, nicht zu sonnigen Platz, können diese Stecklinge Wurzeln bilden. Bei vorsichtiger Behandlung ist es möglich auch von einer solchen schon etwas mitgenommenen Pflanze Nachkommen zu ziehen. Natürlich sollten vorher die Blütenstände vorsichtig entfernt werden. Noch besser ist es, den einen oder anderen Trieb zu verwenden, der noch keine Blütenansätze hat.

Fleißige Lieschen im Zimmer kultivieren

Recht gute Erfahrungen habe ich mit Fleißigen Lieschen als Zimmertopfpflanzen gemacht. Nun wollte ich aus Samen Pflanzen selbst heranziehen. Nach der Keimung wurden aber die Sämlinge viel zu lang und kippten um. Was kann ich machen, um gedrungene Pflanzen zu erhalten?

Werden Sämlinge zu lang, hängt das in der Regel mit dem Mangel an Licht zusammen. Alle grünen Pflanzen benötigen reichlich Licht für die Photosynthese. Stehen die Pflanzen zu dunkel, recken sie sich in die Höhe oder zum Fenster, um möglichst viel Sonnenlicht zu erhaschen.

Es kann nun sein, dass die Sämlinge Ihrer Fleißigen Lieschen (*Impatiens walleriana*) an einem zu dunklen Standort stehen. Sie sollten also möglichst nahe ans Licht gebracht werden. Sobald die Keimung erfolgt, ist ein Platz am Fenster, geschützt vor praller Mittagssonne, am besten. Günstig ist ein Ost- oder Westfenster, wo die Pflänzchen morgens oder abends Sonnenlicht erhalten. Im Winter ist auch ein Südfenster ideal.

Es ist aber auch möglich, dass die Sämlinge zu dicht stehen. Dann „treiben" sie sich gegenseitig in die Höhe. Deshalb ist es auch notwendig, die Samen mit einem gewissen Abstand auszusäen. Zu eng stehende Sämlinge müssen frühzeitig pikiert werden. Darunter versteht man ein Verschulen junger Pflanzen. Ganz allgemein gilt, dass mit genügend Licht aufgezogene Jungpflanzen gedrungen und kompakt wachsen und so recht schöne Pflanzen ergeben.

Frauenschuh-Orchidee kann mehrmals blühen

Vor einiger Zeit erhielt ich eine Frauenschuh-Orchidee. Blüht diese Pflanze nur einmal wie eine Bromelie, oder kann ich sie später wieder zum Blühen bringen? Entwickelt sie eine weitere Blüte am gleichen Stiel?

Frauenschuh-Orchideen (*Paphiopedilum*) werden in verschiedenen Arten, besonders aber als Hybriden, also Kreuzungen, kultiviert und angeboten. Alle diese Arten, Hybriden und Sorten haben einen ganz bestimmten Wachstumsrhythmus, der von den heimatlichen Bedingungen abhängig ist. Manche benötigen im Sommer etwas höhere Temperaturen, andere wieder etwas weniger. Üblich ist aber, dass sie im Winter durchaus kühler stehen können. Wichtig ist auch eine gewisse Ruheperiode, die häufig nach Beendigung der Blüte einsetzt. Meistens reichen hier schon zwei bis drei Wochen aus. In dieser Zeit wird sparsamer gewässert. Das Substrat darf aber nie ganz austrocknen. Entsprechend den Bedürfnissen gehalten blüht die Frauenschuh-Orchidee im regelmäßigen Rhythmus einmal im Jahr. Gelegentlich kann es sein, dass auch ein Knospenansatz unterbleibt. In diesem Fall hängt dies damit zusammen, dass keine Ruheperiode eingehalten wird, bzw. die Pflanze während des Winters zu warm gehalten wurde.

Es ist immer günstiger, wenn man die Abstammung der Orchideen kennt. Dann kann man sich besser auf den jeweiligen Rhythmus einstellen.

Frauenschuh-Orchidee umtopfen

Ich besitze einen Frauenschuh, der immer wieder zum Blühen kommt. Sicher muss ich die Pflanze auch einmal umtopfen. Wann ist der günstigste Zeitpunkt?

Rund 50 verschiedene *Paphiopedilum*-Arten sind bekannt, die vor allen Dingen in Asien, von Indien über den malaiischen Archipel bis nach Neu-Guinea und China verbreitet sind. In den einzelnen Ländern sind die Standortbedingungen sehr unterschiedlich. Dementsprechend haben sich die verschiedenen Arten an die heimatlichen Bedingungen angepasst.
Grundsätzlich unterscheidet man Arten und Sorten, die relativ kühl kultiviert werden können, andere wieder, die etwas mehr Wärme benötigen. Handelt es sich nun um einen Frauenschuh, der relativ kühl kultiviert werden kann, so liegt die beste Zeit für das Verpflanzen in den Monaten März und April. Arten, die etwas mehr Wärme benötigen, sollten unmittelbar nach der Blüte zwischen März und August umgetopft werden.
Umgepflanzt wird im Allgemeinen alle zwei bis vier Jahre in ein Orchideensubstrat mit etwas mineralischem Erdeanteil. Dies gilt hauptsächlich für Arten, die in der Heimat terrestrisch, also auf dem Boden gedeihen. Wichtig ist, dass das Substrat durchlässig ist, damit keine Staunässe entsteht.
Während manche Orchideen-Arten relativ fest eingetopft werden, sollen Frauenschuh-Orchideen locker eingepflanzt werden. Es gilt der Rat, sie nur so fest in das Substrat einzusetzen, dass sie aufrecht stehen bleiben. Beobachtet hat man, dass bei einem zu festen Andrücken der Pflanzen das Substrat verfestigt wird und die Wurzeln in Fäulnis übergehen.

WUSSTEN SIE, dass der botanische Gattungsname *Paphiopedilum* entweder von Paphos, einer Stadt auf Zypern, oder von Paphia, dem Beinamen für die Venus abgeleitet wird? Das ist auch der Grund, weshalb der Frauenschuh oft als Venusschuh bezeichnet wird. Gelegentlich werden die als Zimmertopfpflanzen kultivierten Frauenschuh-Arten als *Cypripedium* bezeichnet. Unter diesem Gattungsnamen werden auch alle die Frauenschuh-Arten zusammengefasst, die im Freien, also in der Natur oder in den Gärten wachsen.

Gardenie bekommt braune Blattspitzen

Im letzten Jahr erhielt ich eine Gardenie. Jetzt hat die Pflanze braune Blattspitzen bekommen. Es scheint sogar so, dass sich die Blätter mehr und mehr gelblich verfärben. Ich gieße immer mit abgestandenem Wasser und lasse es sogar mehrere Tage stehen. Was ist die Ursache und wie kann ich wieder sattgrüne Blätter bekommen?

Gardenien (*Gardenia augusta*) zählen auch heute noch zu den exklusiven Topfpflanzen und sind nicht ganz einfach zu kultivieren. Sie vertragen einen hellen Standort im normal temperierten Zimmer. Über Winter können und wollen sie etwas kühler stehen. Etwas Schwierigkeiten bereitet das Substrat und die Feuchtigkeit. So wünscht eine Gardenie einen sauren Boden mit einem Reaktionsgrad um pH 5,0. Wichtig ist auch, dass die Pflanze immer einen mäßig feuchten Wurzelballen hat. Staunässe ist natürlich gefährlich.
Zum Gießen sollte aber keinesfalls kalkhaltiges Wasser verwendet werden, da es den pH-Wert nach oben verändert. Das Stehenlassen von kalkhaltigem Wasser bewirkt nichts. Entweder muss das Wasser abgekocht werden, so dass der Kalk ausfällt oder aber, was sicher besser ist, Regenwasser verwendet werden. Natürlich ist auch eine Enthärtung von kalkhaltigem Wasser mit geeigneten Mitteln möglich.
Zur Anregung des Wachstums sollte ein sauer reagierender Dünger verwendet werden. Gute Erfolge wurden schon mit einer gelegentlichen Düngung mit Schwefelsaurem Ammoniak erzielt. Mit ihm kann das Gelbwerden der Blätter verhindert oder zumindest verzögert werden. Die Lösung darf jedoch nur sehr schwach konzentriert sein. 0,5 g Dünger/l Wasser (0,05 %) reichen völlig aus.

Unter Umständen hilft ein Verpflanzen im Frühjahr in eine saure Zimmerpflanzenerde (z. B. Einheitserde oder Torfkultursubstrat). Hat die Pflanze bereits Blätter verloren, ist zum gleichen Zeitpunkt ein Rückschnitt empfehlenswert. Im frischen Substrat kann sie sich unter Beachtung der sonstigen Pflegeregeln erholen und junge, gesunde Austriebe bilden.

Gardenie im Garten aufstellen

Zum Geburtstag erhielt ich eine wunderschöne Gardenie mit vielen Knospen. Kann ich diese mit den anderen Zimmerpflanzen schon Ende Mai in den Garten stellen?

Die Gardenie (*Gardenia augusta*) ist aus China zu uns gekommen und gehört auch heute noch zu den exklusiven Zimmerpflanzen. Normalerweise wird sie immer im geschützten Raum kultiviert, wobei der günstigste Standort im Wintergarten oder Kleingewächshaus ist. Das hängt damit zusammen, dass die Pflanze neben gewissen konstanten Temperaturen eine hohe Luftfeuchtigkeit benötigt. Sind die Klimafaktoren sehr wechselhaft, machen die Pflanzen Schwierigkeiten beim Knospenansatz oder es werden auch bereits ausgebildete Knospen abgeworfen. Günstig ist über Sommer eine Temperatur von etwa 16 bis 24 °C, im Winter, während einer gewissen Ruheperiode, etwa 15 °C. In milden Gegenden kann die Pflanze den Sommer über im Freien aufgestellt werden. Doch ist es sicher ratsam, sie erst nach der „Schafskälte", also ab etwa Mitte Juni, ins Freie zu bringen. Eine pflegliche Behandlung ist ganzjährig erforderlich.

Gardenie richtig pflegen

Vor einiger Zeit erhielt ich eine Gardenie. Es soll sich um eine etwas schwierig zu kultivierende Zimmerpflanze handeln. Welche Pflegeansprüche muss ich beachten?

Tatsächlich gehören Gardenien (*Gardenia augusta*) zu den Zimmertopfpflanzen, die nicht ohne Schwierigkeiten kultiviert werden können. Am besten ist es, wenn die Pflanze an einem hellen und sonnigen Standort aufgestellt wird. Am Südfenster ist während der Mittagsstunden Sonnenschutz erforderlich.

Während der warmen Jahreszeit werden übliche Temperaturen vertragen. Im Winter sollte die Pflanze jedoch möglichst kühl bei 10 bis 16 °C gehalten werden. Während der Hauptwachstumszeit im Sommer gießt man regelmäßig, während die Pflanze im Winter deutlich trockener gehalten werden muss. Man gießt dann erst wieder, wenn die Erde etwas stärker abgetrocknet ist. Wichtig ist jedoch, dass kein hartes, also kalkhaltiges Gießwasser verwendet wird, da die Pflanze keinen Kalk verträgt. Das betrifft auch das Substrat. Die Pflanze benötigt immer eine Erde mit einem sauren Reaktionsgrad. Ideal ist ein pH-Wert um 5,0. Deshalb wird am besten ein Torfkultursubstrat oder eine Einheitserde verwendet. Unter Umständen kann eine humose Blumenerde auch durch den Zusatz von saurem Hochmoor-Weißtorf auf den richtigen Reaktionsgrad abgesenkt werden.

Will man die buschige Form der Pflanze erhalten, kann man die Triebe im zeitigen Frühjahr zurückschneiden. Am besten schneidet man unmittelbar über einem Auge, das möglichst nach außen und nicht zur Mitte der Pflanze gerichtet ist. Beachten sollte man auch, dass zum Knospenansatz und zur Blütenbildung gleichmäßige Temperaturen zwischen 16 und 20 °C erforderlich sind. Damit die Knospen nicht abgeworfen werden, sind weiterhin sehr ausgeglichene Temperatur- und Feuchtigkeitsverhältnisse wichtig. Umgepflanzt wird die Gardenie erst, wenn der Topf ganz durchwurzelt ist. Der beste Zeitpunkt dafür ist bei Austriebsbeginn im Frühjahr.

Gardenie zurückschneiden

Seit zwei Jahren besitze ich eine Gardenie, die ich immer wieder zum Blühen bringe. Jetzt wächst mir die Pflanze etwas zu sparrig. Sie besitzt einzelne lange Triebe. Kann ich diese ohne Schaden für die Pflanze zurückschneiden?

Hat man Glück mit der Kultur der Gardenie (*Gardenia augusta*), kann ein leichter Rückschnitt im zeitigen Frühjahr erfolgen. Damit kann man das Sträuchlein niedrig und buschig halten. Bei größeren Pflanzen können die Triebe um die Hälfte oder zwei Drittel zurückgeschnitten werden. Hat die Pflanze bereits Knospen angesetzt, sollen diese geschont werden. Es ist aber auch möglich, die Triebe nach dem Verblühen der Pflanze zurückzuschneiden. Vielleicht sollte man noch beachten, dass der Rückschnitt immer unmittelbar über einem nach außen gerichteten Trieb erfolgt, so dass durch den neuen Austrieb der harmonische Aufbau der Pflanze nicht gestört wird.

Gerbera vermehren

Schon seit drei Jahren kultiviere ich eine Gerbera. Sie hat sich zu einem großen Busch entwickelt. Kann ich diese Pflanze auf irgendeine Weise vermehren?

Es ist schon ein Erfolg, wenn eine Gerbera im Zimmer mehrere Jahre problemlos kultiviert werden kann. Die Vermehrung kann auf verschiedene Art und Weise vorgenommen werden. So kann eine generative Vermehrung in Frage kommen, wenn die Gerberapflanze nach der Blüte Samen angesetzt hat. Diese Vermehrungsart ist jedoch etwas kompliziert und vor allem sehr langwierig.
Viel einfacher ist eine so genannte vegetative Vermehrung durch Pflanzenteilung. In diesem Fall wird die Pflanze am besten im Frühjahr vorsichtig aus ihrem Topf genommen und mit einem scharfen Messer in mehrere Teilstücke zerlegt. Die Pflanze hat verschiedene Vegetationspunkte, die nun auseinander genommen werden müssen. Jede Teilpflanze soll mindestens einen, besser zwei oder sogar drei solcher Vegetationspunkte besitzen. Die Arbeit muss vorsichtig ausgeführt werden, damit keine zu großen Verletzungen an den Teilpflanzen entstehen.
Anschließend werden die Teilpflanzen in eine lockere, humose, durchlässige Erde gepflanzt. In den ersten Tagen wird etwas sparsam gegossen und dann ganz normal weitergepflegt.

Glockenblume als Zimmerpflanze?

In meinem Garten habe ich verschiedene Glockenblumen. Nun habe ich kürzlich gesehen, dass eine Bekannte in ihrem Blumenfenster ebenfalls eine Glockenblume als Ampelpflanze kultiviert. Sie fühlt sich offensichtlich im Zimmer recht wohl. Um welche Art handelt es sich, wo erhalten ich sie und wie muss ich sie pflegen?

Der Schilderung nach handelt es sich um die Sternglockenblume (*Campanula isophylla*). Diese Art stammt aus den Ligurischen Alpen. Ihre Triebe sind verhältnismäßig lang und dünn, so dass sie meist überhängen. Den ganzen Sommer über entwickelt sie je nach Sorte weiße oder blaue Glockenblüten. Aufgrund ihres Wuchscharakters wird die Pflanze gerne als Ampelpflanze kultiviert. Erhältlich sind diese Glockenblumen bei Gärtnern und Floristen.
Die Ansprüche sind relativ gering. Gewünscht wird ein heller Platz am Fenster. Die Pflanze verträgt etwas Sonne, nur vor praller Mittagssonne sollte sie im Sommer geschützt werden. Außerdem ist sie dankbar für verhältnismäßig viel frische Luft. Während der Sommermonate ist gut und gleichmäßig zu bewässern. Nach dem Verblühen, meistens im September, muss man sich überlegen, ob man die Pflanze weiterkultivieren oder sich von ihr trennen will. Auf jeden Fall kann man die Weiterkultur probieren, wenn man einen geeigneten Raum hat. Als Alpenpflanze sollte sie über Winter in einem kühlen Raum bei etwa 3 bis 6 °C aufgestellt werden. Nun wird eine Ruheperiode eingeschaltet, während der auch nur sehr sparsam gewässert wird. Wird die Pflanze in einem zu warmen Raum überwintert, lässt im folgenden Jahr bestimmt die Blütenbildung zu wünschen übrig. Bei Bedarf muss im folgenden Frühjahr in eine übliche lockere, humose, mittelschwere Erde verpflanzt werden. Glockenblumen sind Kalk liebend und benötigen deshalb keine Spezialerde mit saurer Reaktion.

Hat sich die Pflanze im Laufe des Jahres üppig entwickelt und ist die Überwinterung gelungen, kann man natürlich die Pflanze im folgenden Jahr weiterkultivieren. Es ist aber auch möglich, im Februar oder März, wenn sich schon neue Triebe gebildet haben, Kopfstecklinge zu schneiden, die man zu mehreren in einen kleinen Topf in eine relativ nährstoffarme Erde steckt. Bei üblichen Zimmertemperaturen erfolgt bald eine Bewurzelung. Da man mehrere Stecklinge in ein Töpfchen gesteckt hat, kann man auf diese Weise schon relativ frühzeitig voll garnierte Pflanzen erhalten.

Gloxinie mehrjährig kultivieren

Viel Freude machen mir immer die farbenprächtigen und großblütigen Gloxinien. Nun habe ich festgestellt, dass manche Pflanzen eine Knolle bilden. Kann denn diese Pflanze auch mehrjährig kultiviert werden?

Gloxinien (*Sinningia speciosa*) gehören zu den Zimmertopfpflanzen, die besonders farbenprächtige und attraktive Blüten ausbilden. Während die Pflanzen früher nur im Sommer zum Blühen gebracht werden konnten, so werden sie heute von den Gärtnern ab April angeboten. Normalerweise kann die Pflanze über mehrere Wochen aus den angesetzten Knospen immer wieder neue Blüten

bilden. Meistens trennt man sich von der Pflanze nach dem Abblühen, da eine Weiterkultur nicht bekannt ist.
Pflanzenfreunde, die jedoch einen „grünen Daumen" haben, können eine Weiterkultur ins Auge fassen. Zu diesem Zweck sollte die Pflanze auch nach dem Verblühen bis in den Sommer und Herbst weiterkultiviert werden. Die Blätter sollte man also erhalten und die Pflanze durch gute Pflege und einen gelegentlichen Dungguss noch lange zum Weiterwachsen anregen. Erst ab September werden die Wassergaben eingeschränkt und die Pflanze auf die Ruheperiode vorbereitet. In der Zwischenzeit hat sie an der Basis eine Knolle gebildet. Im Spätherbst verliert die Pflanze sämtliche Blätter. Vorher transportiert sie die Reservenährstoffe in die Knolle. Nun stellt man den Topf mitsamt der Knolle an einen kühlen Ort. Temperaturen um 15 °C sind ideal. Gegossen wird nicht mehr, da die Knolle eine völlige Ruhepause einlegt.
Im Februar wird die Gloxinien-Knolle aus der Erde genommen und in frische Erde eingepflanzt. Mit mäßiger Feuchtigkeit regt man sie zur Wurzelbildung und zu einem Trieb an. Sobald sich die ersten Blätter ausbilden, muss die Pflanze hell gestellt werden. Vor direkter Mittagssonne ist sie jedoch zu schützen. Je günstiger der Standort ist, umso besser wird sich die Pflanze entwickeln und sicher auch im Sommer zum Blühen kommen.

Gloxinien gehören zur Familie der Gesneriengewächse (Gesneriaceae). Somit sind sie auch nahe mit dem Usambaraveilchen verwandt. Viele Gattungen aus dieser Familie sind auf ein humoses, leicht saures Substrat angewiesen. Deshalb sollte man für die Knolle beim Wiedereinpflanzen eine sehr humose Blumenerde verwenden.

Ixora fachgerecht pflegen

Nirgends kann ich etwas über die Pflege einer *Ixora* nachlesen. Wie kann ich diese schöne Pflanze weiterkultivieren, dass sie nach Möglichkeit wieder zum Blühen kommt?

Die *Ixora* wird immer wieder in Gartenbaubetrieben für den Topfpflanzenverkauf herangezogen. Sie ist aber etwas anspruchsvoll in der Pflege, denn sie ist eine typische Warmhauspflanze. Sie liebt Temperaturen über 18 °C. Selbst im Winter sollte das Thermometer nicht unter 15 bis 18 °C absinken. Sehr wichtig ist auch eine hohe Luftfeuchtigkeit. In den Gewächshäusern der Gärtnereien sinkt sie selten unter 70% ab. Deshalb wäre es ideal, wenn im Zimmer mindestens eine relative Luftfeuchte von 50, besser 60% herrschen würde.
Gewünscht wird außerdem ein heller Stand am Fenster. Im Sommer sollte die Pflanze vor direkter Mittagssonne geschützt werden. Im Winter verträgt sie die Sonnenstrahlen eher. Gegossen wird vorsichtig. Im Sommer benötigt die Pflanze mehr Wasser, im Winter während der Ruheperiode gibt man nur so viel Wasser, dass der Topfballen nicht austrocknet.
Unter günstigen Bedingungen setzt die *Ixora* im Frühsommer wieder Knospen an. Die farbenprächtigen Dolden öffnen sich normalerweise im Sommer. Gelegentlich treten aber auch im Herbst Blüten auf.
Meistens werden blühende Pflanzen unter der botanischen Bezeichung *Ixora coccinea* angeboten. Sie ist aus Indien zu uns gekommen. Die handelsüblichen Sorten sind jedoch Hybriden, weshalb die Pflanze gelegentlich auch unter der Bezeichnung *Ixora*-Hybriden angeboten werden. Die eigentlich bei uns sehr seltene Gattung *Ixora* verfügt über rund 400 Arten. Sie alle gehören zur Familie der Krappgewächse (Rubiaceae). Als Zimmertopfpflanzen werden fast ausschließlich Kreuzungen angeboten, bei denen *I. coccinea* den wichtigsten Kreuzungspartner stellte.

Eigentlich werden *Ixora* kaum von Krankheiten und Schädlingen befallen. Gelegentlich kann es vorkommen, dass sich Schildläuse (Coccina) auf der Blattunterseite ansiedeln. Man sollte deshalb ab und zu die Blattunterseite kontrollieren und einen Anfangsbefall durch Abwaschen beseitigen. Ansonsten kann die Pflanze mit einem für Zimmerpflanzen zugelassenen Mittel behandelt werden.

Kahnorche blüht nicht

Schon seit längerer Zeit kultiviere ich eine Kahnorche. Obwohl mir diese Pflanze als anspruchslose Orchidee empfohlen wurde, kommt sie nicht zum Blühen. Was ist die Ursache, wie muss ich sie behandeln?

Die Orchideen-Gattung *Cymbidium* bildet einige sehr attraktive Pflanzen aus, die aus dem asiatischen Raum zu uns gekommen sind. In der Heimat wachsen sie epiphytisch (auf Bäumen) oder terrestrisch (auf dem Boden). Bei uns werden sie als halbterrestrische Pflanzen kultiviert, also meistens in einem verhältnismäßig großen Topf in einem lockeren Orchideensubstrat, das aus Kiefernrinde, *Osmunda*-Wurzeln, Baumfarnfasern oder zerkleinertem Sumpfmoos mit grobkörnigem Sand besteht. Heute werden auch gerne grobe Torfprodukte und aufgeschäumtes Polystyrol oder Steinwolle verwendet.
Wichtig ist, dass die Wurzeln genügend Platz haben und das Substrat nicht nur Wasser speichert, sondern auch wasserdurchlässig ist.
Die Hauptwachstumszeit liegt im Sommer. In dieser Zeit ist viel Feuchtigkeit, auch Luftfeuchtigkeit notwendig. Charakteristisch für die Kahnorche sind die auffallenden Pseudobulben, an deren Spitze sich die riemenförmigen Blätter befinden. Sobald diese Pseudobulben ausgewachsen sind, werden die Pflanzen trockener und kühler gehalten. Die Pflanzen legen nun eine Ruheperiode ein, die mehrere Wochen dauern kann. In dieser Zeit werden die Blütenknospen angelegt. Deshalb ist es sehr wichtig, die Ruheperiode auch einzuhalten, damit die Pflanzen später blühen. Gießen Sie jetzt nur so viel, dass Pseudobulben und Blätter nicht schrumpfen.
Günstig ist es sogar, während dieser Zeit die Pflanzen im Garten oder auf dem Balkon an einer schattigen Stelle aufzustellen, am besten unter einem Baum. Sie bleiben so lange im Freien, bis die ersten Nachtfröste nahen. Die kühlen Nächte des Herbstes fördern sogar die Blütenbildung. Sobald die Blütentriebe wieder sichtbar sind, wird normal gegossen, damit sich die Rispen kräftig ausbilden. An sich sind Kahnorchen Pflanzen für kühle Räume. Es reichen durchaus Temperaturen um 15 °C. Natürlich wird während der Wintermonate viel Licht benötigt. Eine Ausnahme von dieser Regel bilden nur die Arten aus Indonesien oder Australien, die mehr Wärme benötigen.

WUSSTEN SIE, dass die Bezeichnung Kahnorche direkt aus der griechischen Bezeichnung des Gattungsnamens kymbos = Boot oder Kahn abgeleitet wird? Die Bezeichnung bezieht sich auf die kahnartig gewölbte Lippe der Einzelblüte.

Kahnorche weiterkultivieren

Zu Weihnachten erhielt ich eine wunderschön blühende Kahnorche (Orchidee). Kann ich die Pflanze nach dem Verblühen weiterpflegen in der Hoffnung, dass sie wieder blüht, oder muss ich sie wegwerfen?

Auf jeden Fall sollte versucht werden, die Pflanze weiter zu kultivieren. Im Allgemeinen gedeiht die Kahnorche (*Cymbidium*) bei mittleren, eher kühleren Temperaturen recht gut. Im Sommer wird kräftig gegossen und manchmal auch gedüngt. Ein geschützter, halbschattiger Platz im Garten ist ideal. An heißen Tagen kann man die Pflanze gelegentlich übersprühen. Im Zimmer sollte für viel frische Luft gesorgt werden.
Im Herbst wird eine gewisse Ruheperiode eingehalten. In dieser Zeit wird sparsam gegossen, um die Knospenbildung anzuregen. Viele Sorten benötigen auch gewisse Wechseltemperaturen. So werden oft Knospen nur dann angesetzt, wenn ein deutlicher Unterschied zwischen der Tages- und Nachttemperatur besteht. Werden immer gleichmäßige Temperaturen eingehalten, kann unter Umständen eine Induktion (Knospenbildung) unterbleiben. Im Winter wird die Pflanze bei etwa 12 bis 15 °C gehalten. Bei zu hohen Temperaturen können unter Umständen Knospen und Blüten abgeworfen werden.

Kahnorchen brauchen verhältnismäßig viele Nährstoffe. Deshalb muss die Entwicklung im Sommer durch gelegentliche Düngergaben unterstützt werden. Jedoch sollte die Konzentration nicht zu hoch sein, um Wurzelschäden zu vermeiden. Oft wird empfohlen, im Sommer das Substrat mehrmals mit klarem Wasser kräftig durchzuspülen, um überschüssiges Salz auszuwaschen.

Kakteen düngen

Für mein Südfenster habe ich mir einige Kakteen zugelegt. Sicher muss ich diese auch zusätzlich mit Nährstoffen versorgen. Wie kann ich die Pflanzen am besten düngen?

Sicher kann man die Düngung der Kakteen nicht verallgemeinern. Gewisse Unterschiede zwischen den Gattungen und Arten müssen berücksichtigt werden. Doch geht man meistens davon aus, dass sich die Nährstoffvorräte in den käuflichen Substraten nach einiger Zeit erschöpfen. Nun muss nachgedüngt werden.

Dafür verwendet man am besten einen flüssigen Volldünger, der physiologisch sauer reagiert und stickstoffarm ist. Im Handel erhältliche Dünger werden in einer geeigneten Zusammensetzung direkt als Kakteendünger angeboten. Es kann aber auch ein Dünger für Blütenpflanzen verwendet werden.

Gedüngt wird vom Frühjahr bis zum Herbst während der allgemeinen Wachstumsphase. Die Konzentration der Lösungen sollte relativ schwach gewählt werden. Üblich sind 0,1 %ige Lösungen (1 ml Dünger/l Wasser). Eine solche Lösung kann während der Hauptwachstumsphase alle zwei bis vier Wochen verabreicht werden. Manchmal wird sogar empfohlen, die Konzentration auf 0,05 % herabzusetzen (0,5 ml/l Wasser) und dafür lieber etwas häufiger zu düngen.

Gedüngt werden alle Kakteen, die gut eingewurzelt sind. Frisch umgetopfte Pflanzen sollten erst einige Wochen nach dem Umpflanzen mit zusätzlichen Nährstoffen versorgt werden.

Kakteen überwintern

Ich möchte mir eine Sammlung Kakteen zulegen. Einige Exemplare besitze ich schon. Kann ich die Pflanzen im Wohnzimmer überwintern?

Bekannt ist, dass Kakteen den Sommer über Sonne und Wärme benötigen. 25 bis 35 °C sind an sonnigen Tagen, 20 bis 25 °C bei bedecktem Himmel ideal. Auch die Nachttemperaturen sollen bei 15 bis 20 °C liegen.

Etwas schwieriger ist die Temperaturführung im Winter. Die Mehrzahl der Kakteen benötigen in dieser Zeit niedrige Temperaturen. Sie können also im warmen Wohnzimmer nicht überwintert werden. Bei zu hohen Temperaturen treiben die Pflanzen weiter und vergeilen. Die Tagestemperatur soll im Winter höchstens 15 °C betragen und in der Nacht auf etwa 5 °C absinken. Das gilt für die Mehrzahl der Kakteen. Ausnahmen sind üblich, beispielsweise brauchen Kakteen aus Brasilien auch im Winter Temperaturen über 15 °C.

Außerdem muss im Winter beachtet werden, dass die Kakteen eine Ruheperiode einlegen. In dieser Zeit werden sie relativ trocken gehalten. Doch ist es falsch, sie wochen- oder monatelang nicht zu gießen. In der Heimat sind die Kakteen durch die nächtliche Abkühlung einer starken Taubildung ausgesetzt. Deshalb können sie dort längere Trockenheit besser überstehen als bei der Kultur in geschützten Räumen. Auf jeden Fall ist es sinnvoll, wenn man als Kakteenfreund zu Beginn einer Sammlung nur solche Gattungen und Arten anschafft, die etwa gleiche Kulturbedingungen benötigen.

Kamelie wirft Knospen ab

? **Vor einiger Zeit erhielt ich eine wunderschöne Kamelie. Sie hatte wenige offene Blüten, aber noch eine ganze Anzahl Knospen. Nun wirft sie plötzlich diese Knospen ab. Was soll ich tun, damit nicht alle Knospen abfallen und sich die wenigen zu einer schönen Blüte entwickeln?**

! Kamelien (*Camellia japonica*) sind als Zimmerpflanzen immer etwas empfindlich. Ganz sicher hängt das Abwerfen der Knospen mit der Umstellung von der Gewächshauskultur auf den neuen Standort im Zimmer zusammen. Es wird angenommen, dass durch ein Verstellen der Pflanzen die Knospen abgeworfen werden. Das mag manchmal der Fall sein, doch ist das sicher nicht der ausschlaggebende Faktor, denn sonst dürfte keine Kamelie nach dem Knospenansatz in der Gärtnerei an einen Kunden verkauft werden.
Kamelienkenner sind der Ansicht, dass als Hauptursache eine Verhärtung der Knospenbasis durch eine zu geringe Luftfeuchtigkeit in Frage kommt. Da gerade im beheizten Zimmer die Luft sehr trocken ist, kann es zu dem geschilderten Abwerfen der Knospen kommen. Ideal wäre zunächst einmal ein sehr kühler Standort. Für Kamelien reicht ein heller, luftiger, kühler Raum mit Temperaturen um 10 °C; eventuell sind sogar Temperaturen um 5 °C noch besser. Außerdem sollen Kamelien nicht der direkten Mittagssonne ausgesetzt werden. Sie wünschen wohl einen hellen, aber nicht sonnigen Standort.
Um die Luftfeuchtigkeit zu erhöhen und das Austrocknen der Knospen an der Basis zu verhindern, sollte man die Pflanzen täglich mit Wasser besprühen. Das ist besonders im warmen Zimmer wichtig. Verwendet werden soll weiches, also kalkfreies Wasser, da Kamelien auf zu viel Kalk empfindlich reagieren. Übrigens liegt der ideale Luftfeuchtigkeitsgehalt über 60 %, ideal sind 70 bis 80 %. Sobald sich die Pflanzenknospen gebildet haben, sollte auch der Wurzelballen immer mäßig feucht gehalten werden. Staunässe ist aber auf jeden Fall zu vermeiden.

WUSSTEN SIE, dass der Schwarztee, also die Teepflanze, eine nahe Verwandte der Kamelie ist? Unsere Zimmerpflanze heißt mit dem botanischen Name *Camellia japonica*, während der Teestrauch die botanische Bezeichnung *C. sinensis* trägt. Unsere Kamelie ist vorwiegend in Japan und Korea beheimatet. Der Teestrauch in China, Assam und Burma.

Königin der Nacht setzt keine Knospen an

? **Meine Königin der Nacht entwickelt jedes Jahr 20 bis 30 cm lange Neutriebe. Sie wächst also gut, setzt aber nie Knospen an. Wie muss ich die Pflanze behandeln, dass sie zum Blühen kommt?**

! Wenn die Königin der Nacht (*Selenicereus grandiflorus*) jährlich einen schönen Zuwachs hat, fühlt sich die Pflanze an ihrem Standort wohl. Vielleicht fehlt aber doch etwas mehr Licht zur Induktion der Knospen. Die Königin der Nacht ist ein typischer Sommerblüher, der Knospenansatz und die Blüte ist also von der Jahreszeit abhängig.
Andererseits gehören die Pflanzen aus der Gattung *Selenicereus* zu den Kakteen, die in der Heimat längere Trockenperioden überstehen müssen. Vielleicht sollte zusätzlich die Pflanze im Winter etwas trockener gehalten werden und durch diese Ruheperiode angeregt werden, mit Beginn der Wachstumsperiode im Frühjahr bei steigendem Sonnenlicht Knospen anzusetzen. Auf jeden Fall sollte man durch eine entsprechende Behandlung versuchen, die Pflanze doch zur Knospenbildung anzuregen.

WUSSTEN SIE, dass der Gattungsname *Selenicereus* von der griechischen Mondgöttin Selene abgeleitet wird? Dieser Name bezieht sich auf den Blühtermin dieser Kaktee zur Nachtzeit.

Königin der Nacht umtopfen

Seit vielen Jahren kultiviere ich eine Königin der Nacht. Nun hat sie im Wachstum nachgelassen. Ich vermute, dass ich sie umpflanzen muss. Wann ist der beste Zeitpunkt gekommen und welches Substrat wird verwendet?

Die Königin der Nacht (*Selenicereus grandiflorus*) ist anspruchsvoll an die Nährstoffe. Deshalb gedeiht die Pflanze besonders gut in ziemlich großen Töpfen. Gute Erfahrungen wurden auch mit einer Kultur im Blumenkasten gemacht.
Verpflanzt werden kann eigentlich zu jeder Jahreszeit. Verwendet wird eine lockere, durchlässige, humose Erde. Für einen guten Wasserabzug ist zu sorgen. Deshalb sollte man in den unteren Bereich des Gefäßes gröberen Kies oder Sand einfüllen. Auch die Erde wird mit grobem Sand vermischt. Da die Wurzeln bei Verletzungen auf Infektionen empfindlich reagieren, sollte man immer ein trockenes Substrat nehmen und die Pflanzen erst zwei oder drei Tage nach dem Umpflanzen angießen. Bis zu diesem Zeitpunkt sind mögliche Wurzelverletzungen wieder verheilt.
Nachdem sich neue Wurzeln ausgebildet haben, kann die Entwicklung während der Hauptwachstumszeit durch schwach konzentrierte Volldüngerlösungen unterstützt werden. Das ist natürlich dann besonders wichtig, wenn in der Blumenerde keine oder nur wenig Nährstoffreserven enthalten waren. Da Kakteen etwas salzempfindlich reagieren, sollten Nährlösungen 0,1 % (1 g oder ml Dünger/l Wasser) nicht überschreiten.

Korallenbäumchen eingegangen

Ich habe mir im Frühsommer ein Korallenbäumchen gekauft. Mir wurde gesagt, dass es sich um eine sehr anspruchslose Pflanze handelt. Nachdem ich an der Pflanze große Freude hatte, ist sie im Spätherbst plötzlich eingegangen. Ist die Pflanze vielleicht frostempfindlich?

Ganz sicher ist das Korallenbäumchen (*Solanum capsicastrum*) durch zu kühle Herbsttemperaturen abgestorben oder durch den ersten Nachtfrost zu Grunde gegangen. Es handelt sich beim Korallenbäumchen um ein Nachtschattengewächs (Solanaceae) aus Südbrasilien und Uruguay, während der sehr nahe verwandte Korallenstrauch mit etwas größeren Beeren (*S. pseudocapsicum*) von der Insel Madeira stammt. Beide Pflanzen werden bei uns meistens nur einjährig kultiviert. Man kann jedoch eine Weiterkultur probieren, wenn man die Klimabedingungen einhält.
Über den Sommer können die Pflanzen an einer geschützten Stelle im Freien gehalten werden. Sobald aber die Temperaturen im Herbst unter 10 °C absinken, müssen sie in einen geschützten Raum gebracht werden. Am besten kann man sie am sehr hellen Fenster bei 8 bis 10 °C halten.
Hat man die Pflanze relativ gut durch den Winter gebracht, werden die Triebe im Februar um etwa ein Drittel zurückgeschnitten und die Pflanze umgetopft. Der neue Austrieb wird ein- bis zweimal gestutzt und die Pflanze im Sommer dann wieder ins Freie gebracht. An einem recht sonnigen Standort im Freien kann das Korallenbäumchen bzw. der Korallenstrauch wieder blühen und Früchte tragen.

Korallenbäumchen überwintern?

Im Sommer erhielt ich ein Korallenbäumchen mit zahlreichen kugelrunden, roten Früchten. Viele Wochen habe ich mich an der Pflanze erfreut. In der Zwischenzeit sind die Früchte abgefallen und ich weiß nicht, ob ich die Pflanze überwintern kann.

Vielleicht sollte man vorausschicken, dass es zwei sehr ähnliche Pflanzenarten gibt, die mit dem gleichen volkstümlichen Namen bezeichnet werden. Sie unterscheiden sich auch äußerlich kaum. Es handelt sich einmal um den eigentlichen Korallenstrauch, *Solanum pseudocapsicum*, der von der Insel Madeira stammt und *Solanum capsicastrum*, das Korallenbäumchen. Diese Pflanze, die aus Brasilien stammt, ist immer noch eher unter ihrer alten botanischen Bezeichnung *S. diflorum* bekannt. Während *S. pseudocapsicum* kahle Sprossen entwickelt, sind diese bei *S. capsicastrum* behaart. Außerdem sind die Früchte von *S. pseudocapsicum* in der Regel etwas größer.

Die Pflege beider Arten ist die gleiche. Sie benötigen einen möglichst hellen, zeitweise sogar sonnigen Stand und eine gleichmäßige, mäßige Ballenfeuchtigkeit. Man könnte die Ansprüche beinahe mit denen der Tomate (*Lycopersicon esculentum*) vergleichen.

Normalerweise trennt man sich von der Pflanze, wenn die Früchte abgeworfen wurden. Es ist jedoch auch möglich, das Sträuchlein zu überwintern, wenn man einen kühlen und sehr hellen Platz zur Verfügung hat. Im Frühjahr, etwa ab März, erfolgt ein Rückschnitt der Triebe, so dass die Pflanze aus „schlafenden" Augen wieder austreiben kann. Vielleicht kann man sie nach den Eisheiligen sogar auf den Balkon oder die Terrasse stellen. Dort ist meistens der Fruchtansatz besser als im Zimmer.

WUSSTEN SIE, dass *S. pseudocapsicum* schon über 400 Jahre bekannt ist? Dieser Korallenstrauch wurde 1596 auf der Insel Madeira entdeckt und wird auch heute immer noch gerne als hübsche, fruchtende Zimmerpflanze kultiviert und angeboten.

Lanzenrosette in Zisterne gießen

Zum Hochzeitstag erhielt ich eine wunderschöne Lanzenrosette. Es soll sich um ein Ananasgewächs handeln. Man hat mir empfohlen, nicht nur die Erde im Blumentopf zu gießen, sondern auch Wasser in den Blatttrichter zu füllen. Normalerweise soll man die Blätter von Zimmerpflanzen nicht nass machen, warum aber nun gerade bei dieser Pflanze?

Es handelt sich bei der Lanzenrosette (*Aechmea fasciata*) um ein Ananasgewächs (Bromeliaceae), das im brasilianischen Urwald als Epiphyt (Baumaufsitzer) im Geäst der Urwaldriesen lebt. Dort hat sich die Pflanze in ihrer Entwicklung auf den ständigen Niederschlag eingerichtet, da sie aus dem Boden kein Wasser aufnehmen kann. Deshalb haben die Wurzeln mehr oder weniger nur die Aufgabe, als Haftorgane zu fungieren. Die Blattrosette mit ihrer Zisterne ist aber der eigentliche Wasserlieferant für die Pflanze.

Deshalb ist es durchaus richtig, wenn auch immer wieder in den Blatttrichter Wasser gegossen wird, da die Pflanze in der Lage ist, die Feuchtigkeit durch die Blätter aufzunehmen und an die verschiedenen Zonen des Bedarfs zu leiten. Natürlich wird in Kultur auch die Erde im Blumentopf immer wieder gegossen. Nur sollte man etwas vorsichtig sein und das Substrat immer nur mäßig feucht halten. Ansonsten stellt die Pflanze keine großen Ansprüche bei der Zimmerkultur. Ein heller, im Sommer nicht zu vollsonniger Standort wird bevorzugt. Größere Temperaturschwankungen sollten vermieden werden. Sie liebt eine Durchschnittstemperatur von etwa 18 bis 20 °C. Nach dem Verblühen kann die Lanzenrosette mit ihren bunt gezeichneten Blättern noch monatelang als Zierde gehalten werden. Sie blüht aber ein zweites Mal nicht mehr.

Wie alle Pflanzen aus der Familie der Bromeliengewächse entwickelt auch die *Aechmea* nach einer gewissen Zeit an der Basis Seitensprosse, so genannte Kindel. Sie können später abgetrennt und als selbstständige Pflanzen weiterkultiviert werden. Man muss jedoch bis zur Ausbildung einer neuen Blüte mehrere Jahre rechnen.

In der Natur fallen in den Blatttrichter der Lanzenrosette immer wieder kleine Insekten. Sie gehen in Zersetzung über. Die Pflanze ist in der Lage, die dabei frei werdenden Nährstoffe für die eigene Ernährung aufzunehmen. Deshalb ist es auch durchaus möglich, dass man die *Aechmea* ab und zu im Blumentopf über die Zisterne düngt. Nur sollte man dafür eine sehr schwache Blumen-Volldüngerlösung verwenden. Es reicht aus, wenn die Lösung eine Konzentration von 0,1 % (1 g oder ml Dünger/l Wasser) nicht überschreitet.

Leuchterblume richtig kultivieren

Vor kurzem erhielt ich eine zierliche Pflanze mit fadendünnen Trieben und kleinen, dunkelgrünen, weiß marmorierten Blättern. Die Pflanze soll Leuchterblume heißen und anspruchslos sein. Welche Ansprüche stellt diese Pflanze in der Zimmerkultur?

Es handelt sich um *Ceropegia woodii*, die im Volksmund tatsächlich Leuchterblume genannt wird. Ihren volkstümlichen Namen erhielt die Pflanze wohl nach den Blüten, die sich nach einiger Zeit entwickeln. Die Einzelblüte besteht aus einer etwa 2 cm langen, trüb-fleischfarbenen Kronröhre mit schwarzbraunen Abschnitten, die mit etwas Phantasie einem hübschen Leuchter ähnlich sieht. Die Leuchterblume gehört zur Familie der Asclepiadaceae oder Seidenpflanzengewächse und fühlt sich an einem günstigen Standort im Wohnbereich recht wohl. Meistens wird sie in Töpfen an Moosstäben oder als Ampelpflanze kultiviertund an einem hellen, luftigen Standort aufgestellt oder aufgehängt. Sie verträgt durchaus Sonne am Vormittag und am Nachmittag. Vor praller Mittagssonne sollte sie im Sommer aber geschützt werden. Andererseits gedeiht sie aber auch an einem Nordfenster, wenn sie dort nicht zu warm steht. Die üblichen Zimmertemperaturen werden vertragen. Im Winter ist die Pflanze auch mit bescheideneren Temperaturen zufrieden. 10 bis 12 °C Mindesttemperatur müssen jedoch eingehalten werden. Deshalb eignet sich *Ceropegia woodii* auch sehr gut für den kühlen Wintergarten.
Wenn sich die Leuchterblume gut entwickelt und ein Umtopfen erforderlich wird, sollte dies im Frühjahr erfolgen. Verwendet wird eine sandige, durchlässige Humuserde. Das Wachstum kann im Frühsommer und Sommer durch eine gelegentliche Volldüngerlösung unterstützt werden, wobei die Konzentration nicht zu hoch sein darf. 0,1 % (1 g oder 1 ml Dünger/l Wasser) reicht völlig aus. Unter günstigen Wachstumsbedingungen kann die Leuchterblume bis zu 40 cm lange Triebe im Laufe des Jahres bilden.

Malaienblume richtig kultivieren

Seit kurzer Zeit besitze ich eine Malaienblume (Orchidee), die sehr reich geblüht hat. Kann ich die Pflanze weiterkultivieren? Augenblicklich steht sie auf dem Fenstersims im Wohnzimmer über einem Heizkörper. Ich habe fast den Eindruck, dass sie dort zu warm steht. Soll ich sie an einen anderen Platz stellen und wie soll ich sie behandeln?

Es sind etwa 70 verschiedene Arten der Gattung *Phalaenopsis* bekannt, die epiphytisch auf Bäumen wachsen und überwiegend auf den Malaiischen Inseln und auf den Philippinen zu Hause sind. Kultiviert werden heute meistens Hybriden, die etwas widerstandsfähiger und für die Zimmerkultur geeignet sind.
Heimatbedingt sind *Phalaenopsis* gegen Trockenheit und zu niedere Temperaturen empfindlich. Andererseits ist wohl ein Standort direkt über dem Heizkörper auch nicht gerade geeignet. Ein guter Platz ist ein Ost- oder Westfenster. Ein Südfenster kommt in Frage, wenn es im Sommer ausreichend schattiert werden kann. Die heutigen Hybriden sind vorwiegend für eine temperierte Kultur geeignet. Sie vertragen 14 bis 17 °C im Winter und 18 bis 24 °C im Sommer. Über Nacht kann die Temperatur problemlos um 4 bis 6 °C absinken. Je nach Temperatur sollte das Gießen eingestellt werden. Bei höheren Temperaturen wird das Substrat etwas feuchter, bei kühler Temperatur trockener gehalten. Obwohl die Orchideen eine gewisse Wärme lieben, ist vielleicht ein Standort direkt über einer Heizquelle nicht günstig, es sei denn, dass sie auf die Bedürfnisse der Orchideenpflanzen etwas eingestellt und nur mit gedrosselter Temperatur betrieben werden kann. Außerdem lieben *Phalaenopsis* eine hohe Luftfeuchtigkeit. Günstig ist es deshalb, wenn sich im Raum ein Luftbefeuchter befindet. Vorteilhaft ist zumindest das Anbringen eines Wasserverdunsters am Heizkörper oder das Aufstellen einer wassergefüllten Schale auf der Fensterbank. Auch die Blätter können ab und zu mit zimmerwarmem Wasser besprüht werden.

Malaienblume zum Blühen bringen

Recht gute Erfahrungen habe ich in den letzten Monaten mit meiner Orchidee gemacht. Sie hat viele Wochen geblüht. Wie muss ich sie weiterbehandeln, damit ich sie wieder zum Blühen bringe. Muss ich eine Ruheperiode einhalten?

Eigentlich ist es nur notwendig, diese Orchideen-Gattung (*Phalaenopsis*) in einem temperierten Raum weiterzukultivieren. Den Winter über vertragen sie relativ kühle Temperaturen, wobei der Wurzelballen nur mäßig feucht gehalten werden

darf. Es muss immer ein gewisses Verhältnis zwischen Raumtemperatur und Substratfeuchtigkeit herrschen. Temperaturen um 14 bis 17 °C reichen im Winter in der Regel völlig aus. Bei wärmeren Temperaturen muss die Pflanze etwas feuchter gehalten werden. Die Temperatur kann aber auch über Nacht etwas absinken. Dann ist aber äußerste Vorsicht mit zu viel Feuchtigkeit im Wurzelballen geboten.
Ab März beginnt die Vegetationsperiode. Dann kann die Temperatur etwas erhöht werden, ebenfalls die Feuchtigkeit. Während der Hauptwachstumszeit im Frühjahr und Sommer kann sogar mit einer schwachen Volldüngerlösung gedüngt werden. Eine Konzentration von 0,05% (0,5 g Volldünger/l Wasser) ist ausreichend.
Günstigste Verpflanzzeit ist das späte Frühjahr. Es muss jedoch nicht jedes Jahr umgepflanzt werden. Da Malaienblumen in der Heimat als Epiphyten (Baumaufsitzer) wachsen, ist ein spezielles Orchideensubstrat zu verwenden. Es besteht heute meistens aus Rinde, Steinwolle und gehäckseltem Buchenlaub.

Medinille braucht eine Ruhezeit

Zum Geburtstag erhielt ich eine Medinille geschenkt. Es soll sich um einen Strauch handeln, den man mehrjährig im Zimmer kultivieren kann. Welche Ansprüche stellt die Pflanze, damit sie immer wieder ihre prächtigen Blüten ansetzt?

Die Medinille (*Medinilla magnifica*) wünscht einen hellen Platz am Fenster. Im Sommer soll die Pflanze nicht unbedingt direkt von der Sonne beschienen werden. Vertragen werden während der Hauptwachstumszeit im Sommer übliche Zimmertemperaturen. Gegossen wird normal, auf etwas feuchte Luft ist zu achten.
Wichtig ist die Ruhezeit von November bis Februar. In dieser Zeit werden die Wassergaben etwas reduziert und die Temperaturen auf etwa 15 bis 17 °C gesenkt. Diese Ruheperiode ist wichtig, da nun die Triebe ausreifen und bereits die Anlagen für die Blüte in der nächsten Vegetationsperiode gebildet werden. Ohne Einschaltung der Ruhezeit treiben die Pflanzen immer wieder durch und bilden fast ausschließlich Blätter.
Da eine Medinille relativ stark wächst, müssen ältere, zu groß gewordene Pflanzen zurückgeschnitten werden. Das ist problemlos bis ins ältere Holz möglich. Am besten schneidet man die Pflanzen im zeitigen Frühjahr (März) zurück. Zu diesem Zeitpunkt kann auch in eine mittelschwere, humose Blumenerde umgepflanzt werden.

Gelegentlich kann es vorkommen, dass die Blütenstände abgeworfen werden. Damit muss man rechnen, wenn die Pflanzen während der Blühzeit umgestellt werden. Ist ein Umräumen erforderlich, sollte die Pflanze wieder in gleicher Richtung zum Fenster wie vorher aufgestellt werden.

Medinille wirft Blätter ab

Meine Medinille hat im vergangenen Sommer wunderschön geblüht. Mitten im Winter hat sie aber begonnen, die Blätter abzuwerfen. Kann ich die Pflanze wohl retten und wie soll ich sie behandeln?

Medinilla magnifica ist eine stattliche Pflanze mit prächtigen Blüten, jedoch stellt sie in der Kultur gewisse Ansprüche. Wichtig ist, dass sie ganzjährig einen hellen, durchaus auch einen sonnigen Standort besitzt und den richtigen Temperaturen ausgesetzt ist. Während der Hauptwachstumsperiode und Blühzeit im Sommer sollen die Temperaturen möglichst über 20 °C liegen, im Winter, bei viel Licht, über einen Zeitraum von zwei Monaten etwa bei 15 bis 17 °C. Anschließend kann die Temperatur wieder etwas höher ansteigen. Ganz wichtig ist aber auch eine hohe relative Luftfeuchtigkeit. Sie sollte nie unter 60% absinken. Während der Kühlperiode im Winter wird auch nur mäßig gegossen, gerade so viel, dass der Wurzelballen nicht völlig austrocknet.
Die Blätter der Pflanze sind wahrscheinlich deshalb abgeworfen worden, weil gerade die anspruchsvollen Klimabedingungen im Winter nicht richtig eingehalten werden konnten. Es ist nun denkbar, dass die Pflanze nach einem Rückschnitt wieder zum Austreiben kommt, wenn sie noch genügend Triebkraft besitzt. Deshalb sollte man einmal versuchsweise die Triebe kurz über einem Blattknoten (Blattansatzstelle) mit einer Gartenschere abschneiden. Ein Rückschnitt bis ins alte Holz ist unter Umständen möglich. Ob die Pflanze, die ja offensichtlich keine Blätter mehr hat, diese

Gewaltkur übersteht, muss auf jeden Fall versucht werden. Sehr wichtig ist, nach dem Rückschnitt nicht zu viel Feuchtigkeit zu geben, da das Wasser nicht über die Blätter verdunstet werden kann. Bei sorgfältiger Pflege kann aber ein Neuaustrieb erfolgen. Dann ist die Einhaltung der optimalen Wachstumsbedingungen besonders wichtig.

Myrte wirft Blüten ab

Meine sehr schön gewachsene Myrte hat immer reichlich geblüht. Nun hat sie wiederum Blüten angesetzt, die jedoch plötzlich alle abgefallen sind. Was ist die Ursache für diese eigenartige Reaktion der Pflanze?

Mit größter Wahrscheinlichkeit liegt ein Pflegefehler vor. Zunächst einmal wollen Myrten (*Myrtus communis*) immer in einem relativ kühlen Raum kultiviert werden. Ein heller, luftiger Stand ist ebenfalls wichtig. Den Sommer über kann man eine Myrte sogar an einer geschützten Stelle im Garten, auf der Terrasse oder auf dem Balkon halten. Im Winter reichen Temperaturen zwischen 5 und 8 °C völlig aus.
Schwierigkeiten gibt es oft mit dem Gießen. Der Wurzelballen sollte nie ganz austrocknen, aber auch nicht vernässen. Nun besteht die Möglichkeit, dass im vorliegenden Falle die Pflanze einmal relativ trocken gehalten wurde und anschließend stark gewässert wurde. Dadurch kann es zu einer Schockwirkung kommen, die sich im Abwerfen der Blüten äußerte.
Es sollte auch beachtet werden, dass Myrten am liebsten in einer mittelschweren, humosen Erde mit einem leicht sauren Reaktionsgrad wachsen. Deshalb kann die Pflanze auch ungünstig reagieren, wenn immer mit kalkhaltigem Wasser gegossen wird.

Orchidee verpflanzen

Viel Freude hat mir in den letzten Jahren eine Orchidee der Gattung *Dendrobium* gemacht. Sie kam auch immer wieder zum Blühen. Doch jetzt vermute ich, dass ich sie verpflanzen muss. Eine normale Zimmerpflanzenerde ist dafür doch nicht geeignet, welches Substrat soll ich verwenden?

Am einfachsten wäre es, wenn man von einer Spezial-Orchideengärtnerei ein fertiges Substrat beziehen könnte. Auch einige Gartencenter bietet entsprechende Substrate an. Gut gedeihen Orchideen der Gattung *Dendrobium* in einer Mischung aus Farnwurzeln, Borke und Styroporschnitzel. Auch ein Untermischen von Wurzeln vom Königsfarn (*Osmunda regalis*) wird immer wieder empfohlen. Hier sei jedoch darauf hingewiesen, dass dieser Farn bei uns unter Naturschutz steht. Der Reaktionsgrad des Substrats soll zwischen pH 5 und 5,5 liegen.
Immer wird empfohlen, *Dendrobium* in nicht zu große Töpfe zu pflanzen und für eine gute Drainage im Topf zu sorgen.

Immer wieder versuchen Pflanzenfreunde, *Dendrobium* im Zimmer zu kultivieren. In diesem Zusammenhang sollte man berücksichtigen, dass diese Gattung außerordentlich umfangreich ist. Etwa 1000 verschiedene Arten sind bekannt, die natürlich auch unterschiedliche Ansprüche an ihre Umgebung stellen. Das gilt vor allem für die Temperatur. Es gibt Arten und Hybriden, die eher für einen temperierten Raum geeignet sind, während andere schon das Klima eines warmen Gewächshauses benötigen. Als verhältnismäßig „kulturfreundlich" wird *Dendrobium nobile* angesehen, eine Art, die im temperierten bis kühlen Klimabereich recht gut gedeiht. Das gilt übrigens auch für die aus der Art entstandenen Sorten.

Orchideen bilden Luftwurzeln

Ich besitze einige Orchideen. Diese bilden jetzt über der Erde Luftwurzeln. Soll ich diese abschneiden oder einfach wachsen lassen?

Viele Orchideen, hauptsächlich epiphytisch wachsende Gattungen, bilden immer wieder neue Luftwurzeln, die normalerweise in der Natur nach Halt suchen und sich oft an der Rinde der Bäume fest anschmiegen. Meistens haben die Wurzeln ein besonderes Gewebe, das der Fachmann Velamen bezeichnet. Es kann Wasser und auch bestimmte Nährstoffe aufnehmen. So können die Wurzeln nach Regen nährsalzreiches Wasser speichern und an die Pflanzen weiterleiten.
Obwohl die Orchideen bei uns unter anderen Be-

dingungen wachsen, sollten die Luftwurzeln als natürliches Organ erhalten bleiben, da sie immer zur Ausführung dieser Lebensvorgänge notwendig sind. Manche Orchideen bilden sogar sehr viele Luftwurzeln aus, die sich dann „nesterartig" verbinden. Darin sammeln sie organische Substanzen, die sich zersetzen. Die dabei frei werdenden Nährstoffe tragen wiederum zur Ernährung der Orchideen bei.

Bei manchen Erdorchideen entwickeln sich an der Wurzelspitze später Wurzelhaare, die der Wasser- und Nährstoffaufnahme dienen.

Orchideen gedeihen nicht

Bisher hatte ich immer viel Glück mit meinen verschiedenen Orchideen. Kummer habe ich mit meinen Miltonien, die seit einiger Zeit nicht mehr richtig gedeihen wollen. Die Pflanzen kümmern. Soll ich sie umpflanzen? Wann ist der beste Zeitpunkt und welches Substrat verwende ich?

Miltonia ist etwas empfindlicher in der Kultur im Vergleich zu anderen bekannten Orchideen, wie *Phalaenopsis* oder *Cymbidium*. Am besten gedeihen sie in einem temperierten Raum, geschützt vor der prallen Mittagssonne.

Obwohl es verschiedene Arten gibt, gilt allgemein, dass die Triebbildung meistens erst in den Herbstmonaten einsetzt. Zu diesem Zeitpunkt werden sie auch am besten verpflanzt. Orchideenspezialisten empfehlen immer wieder, niemals in den Sommermonaten zu verpflanzen, da nur voll bewurzelte Exemplare die hohen Sommertemperaturen ohne Schaden überstehen.

Als Pflanzstoffgemisch eignet sich ein Substrat für epiphytische Orchideen, zum Beispiel Farnwurzeln (Wurzeln vom Königsfarn und Tüpfelfarn), Torfmoos (*Sphagnum*) und Styropor zu gleichen Teilen.

Ein Dünger wird normalerweise nicht zugemischt, da Miltonien sehr salzempfindlich sind. Deshalb muss man auch mit zusätzlichen Düngergaben äußerst vorsichtig sein.

Im Vergleich zu den kultivierten Wildarten sind die Hybriden meistens widerstandsfähiger. Sie können unter Umständen mit einem etwas besseren Erfolg kultiviert werden.

WUSSTEN SIE, dass viele heimische Farne unter Naturschutz stehen? Deshalb sollte man nur käufliche Substrate erwerben und keinesfalls Wurzeln vom Königsfarn (*Osmunda regalis*) in der Natur sammeln. In Orchideenbetrieben gibt es auch geeignete Substrate aus Süd- bzw. Mittelamerika. Sie stammen von Baumfarnen und werden oft als Mexifarn oder Xaxin angeboten.

In Orchideenbetrieben bekommt man aber auch meistens fertige Mischungen für Orchideen. Sie bestehen heute oft aus Rinde, Blähton und Schaumstoffen und ersetzen Pflanzstoffe von geschützten Gewächsen.

Orchideen in Hydrokultur

Kann ich Orchideen auf Hydrokultur umstellen, damit die Pflanzen Urlaubszeiten besser überstehen?

Die Kultur von Orchideen in Hydrokultur ist nicht sehr verbreitet. Manche Spezialisten kultivieren verschiedene Gattungen wie *Cattleya*, *Coelogyne*, *Cymbidium*, *Dendrobium* und *Phalaenopsis* in Nährlösungen. Doch ist diese Kultur für den Pflanzenliebhaber offensichtlich nicht einfach, da sonst sicher mehr Pflanzen auch von den Hydrokulturgärtnereien angeboten würden.

Relativ gut wachsen in Hydrokultur die *Phalaenopsis*-Hybriden. Vielleicht sollte man die erste Erfahrung mit einer oder mehreren Pflanzen dieser Gattung sammeln.

Wichtig ist bei einer Kultur von Orchideen in Hydrokultur, dass die Nährlösung schwach konzentriert wird, da die Wurzeln sehr salzempfindlich sind. Als Beispiel kann angeführt werden, dass viele Hydrokulturpflanzen mit üblichen Nährsalzkonzentrationen von 0,1 bis 0,2 % versorgt werden, also 1 bis 2 g oder ml Dünger/l Wasser. Bei Orchideen sollte die Konzentration bei etwa 0,05 % liegen, also 5 g oder 5 ml/10 l Wasser. Ionenaustauscher-Dünger (Langzeitdünger) haben sich auch bei Orchideen bewährt.

Manchmal sind auch schon Wurzelverbrennungen aufgetreten, wenn nach der Verdunstung des Wassers im oberen Bereich der Hydrokulturpflanze höhere Salzkonzentrationen entstanden sind. Deshalb wird von Spezialisten empfohlen, in gewissen Zeitabständen normales Wasser von oben in das Gefäß zu gießen, um dieses Salz wieder nach unten auszuspülen.

Während der Ruheperiode soll auch keine Nährlösung, sondern nur normales Wasser verabreicht werden. Meistens wird auch der Wasser- beziehungsweise Nährlösungsspiegel nicht so hoch gehalten wie bei anderen Hydrokulturpflanzen. Oft reicht eine Wasserstands- oder Nährlösungshöhe von wenigen Zentimetern bereits aus, da bei einem zu hohen Flüssigkeitsstand Sauerstoffmangel eintreten kann und die Wurzeln in Fäulnis übergehen.

Bei der Kultur von Orchideen in Hydrokultur sollte man beachten, dass die einzelnen Arten oft sehr unterschiedliche Temperaturansprüche haben. Einige bevorzugen kühlere Räume, mit einer Temperatur im Winter von etwa 10 °C, andere benötigen einen temperierten Bereich um 15 bis 18 °C. Dann gibt es auch noch die Warmhaus-Orchideen, die am besten bei Temperaturen um 20 bis 25 °C gedeihen. Während einer Ruheperiode oder Ausbildung der Blühorgane können sie auch etwas kühler stehen. Gerade zu dieser Gruppe gehören auch die *Phalaenopsis*-Hybriden.

Orchideen mit weichem Wasser gießen

Unser Gießwasser hat einen Härtegrad von über 20 °dH. Können damit unbesorgt Orchideen bewässert werden?

Die Mehrzahl der Orchideen lieben ein Wasser, das weder zu weich noch zu hart ist. Der ideale Härtegrad liegt im Allgemeinen zwischen 8 und 15 °dH (dH = deutsche Härte). In diesem Fall ist wohl auf Dauer gesehen das Wasser für die Orchideen etwas zu hart. In diesem Fall wäre es günstig, zum Gießen Regen- oder Schneewasser zu verwenden, das generell als weich gilt. Es gibt auch verschiedene Möglichkeiten, Wasser zu enthärten. In Fachgeschäften gibt es dafür kleine Geräte, so genannte Ionenaustauscher. Einfach ist auch die Verwendung von saurem Hochmoorweißtorf. Um mittelhartes Wasser zu enthärten, genügen 200 g Torf auf 10 l Wasser. Der Torf wird in ein Säckchen gefüllt und dieses über Nacht ins Wasser eingehängt. Der Torf kann mehrmals verwendet und anschließend zur Humusverbesserung von Blumenerden oder im Garten aufgebraucht werden.

Orchideen mit Wollläusen

An meinen Orchideen haben sich in kurzer Zeit ganze Kolonien von Tieren festgesetzt, die mit einem weißen, watteartigen Überzug versehen sind. Sie scheiden auch einen klebrigen Saft aus. Man hat mir gesagt, es handele sich um Wollläuse. Was kann ich gegen diese Schädlinge an meinen empfindlichen Orchideen tun, damit die Pflanzen nicht beschädigt werden?

Offensichtlich handelt es sich um eine ganze Orchideensammlung im geschützten Raum, die tatsächlich von Wollläusen (Coccina) befallen ist. Hier wird es wohl sinnvoll sein, die Tiere mit einem Nützling zu bekämpfen. Seit einigen Jahren gibt es den Australischen Marienkäfer (*Cryptolaemus montrouzieri*), der in kurzer Zeit die vorhandenen Wollläuse abtöten kann. Wichtig ist, dass die Tiere in einem geschlossenen Raum ausgesetzt werden. Ein Einsatz im Blumenfenster oder im Wintergarten ist gut möglich. Die Australischen

Marienkäfer können von einem Nützlingszüchter bezogen und nach Vorschrift ausgesetzt werden. Den Einsatz chemischer Mittel bei den empfindlichen Orchideen würde ich nicht unbedingt empfehlen.

Orchideen richtig düngen

Nicht im Klaren bin ich mir, ob ich meine Orchideen zusätzlich düngen soll? Kann ich dafür einen normalen Blumendünger verwenden und wann muss ich düngen?

Normalerweise sind Orchideen sehr anspruchslos an die Nährstoffe. Doch ohne die Kernnährstoffe und Spurenelemente geht es auch bei Orchideen nicht. Der Aufwand an Dünger ist auch etwas abhängig von der jeweiligen Gattung oder Art. Allgemein gilt aber, dass Orchideen sehr salzempfindlich sind und äußerst vorsichtig ernährt werden müssen.

Im Allgemeinen benötigen sie eine zusätzliche Düngung während der Hauptwachstumsphase, meistens vom Frühjahr bis zum Spätsommer. Verwendet wird kein normaler Blumendünger, sondern spezieller Orchideendünger, am besten in flüssiger Form. Er sollte in der vom Hersteller empfohlenen Konzentration eingesetzt werden. Zu hohe Nährstoffkonzentrationen sind unbedingt zu vermeiden.

Vor dem Düngen sollte die Erde gut angefeuchtet werden. Ist sie zu trocken, kann es sein, dass die Nährlösung beim Gießen durch das Substrat fließt, ohne Erde und Wurzeln ausreichend zu benetzen.

Manchmal werden Orchideen auch in besonderen Hängekörben aus Holzleisten kultiviert. In diesem Falle ist es möglich, die Nährstofflösung in einem Eimer anzusetzen und die Pflanzen samt dem Körbchen in das Düngerwasser einzutauchen. Das ist übrigens auch mit Orchideen in Töpfen möglich. Auch hier ist darauf zu achten, die Lösung möglichst sehr schwach zu konzentrieren.

Orchideen benötigen während der Hauptwachstumsphase vor allem Stickstoff. Deshalb empfehlen Kenner, beim Umpflanzen der Orchideen dem Substrat etwas Hornspäne beizugeben. Sie zersetzen sich langsam und liefern den Orchideen über einen längeren Zeitraum den notwendigen Stickstoff.

Die Häufigkeit der Düngung hängt von den Pflanzen und ihrem allgemeinen Zustand ab. Während der Hauptwachstumsphase kann eine schwache Düngerlösung im Abstand von etwa zwei bis drei Wochen verabreicht werden.

WUSSTEN SIE, dass auch Bier zum Düngen von Orchideen verwendet werden kann? Damit sollen die Orchideenzüchter in Ostasien beste Kulturergebnisse erzielt haben. Dort wird das Bier im Verhältnis 1:40 mit Wasser verdünnt und über die Blätter gesprüht. Dadurch soll die Wuchskraft der Pflanzen deutlich gesteigert werden. Vielleicht könnte man dieses Rezept einmal bei einer Pflanze versuchsweise ausprobieren.

Orchideen richtig gießen

Ich bin ein großer Orchideenfreund. Doch glaube ich, dass ich das Gießen noch nicht richtig im Griff habe. Welche allgemeinen Hinweise muss ich beachten, damit meine Orchideen genügend Feuchtigkeit bekommen, sie andererseits aber nicht zu nass gehalten werden?

Es gibt einige allgemeine Regeln für das Gießen von Orchideen. Doch sollten auch die Bedürfnisse der jeweiligen Gattung oder Art berücksichtigt werden. Generell ist ein Zuviel an Wasser ungünstig, da viele Orchideen in den Pseudobulben, aber auch in den dickfleischigen Luftwurzeln und den sukkulenten Blättern Wasser speichern können. Als allgemeine Regel kann gelten, dass immer dann gegossen werden soll, wenn das Substrat abgetrocknet, aber nicht ausgetrocknet ist. Auch soll während der Ruhepausen, die oftmals in den Wintermonaten liegen, nur seltener gegossen werden, im Gegensatz zu den Wachstums- und Blühphasen. Es genügt, wenn Orchideen oft nur zwei-, höchstens dreimal in der Woche gegossen werden. Gegossen wird in der Regel von oben. In größeren Abständen bekommt den Orchideen auch ein „Tauchbad" gut. Das gilt vor allen Dingen auch für solche Orchideen, die nicht in Töpfen, sondern in Kulturkörbchen kultiviert werden. Staunässe ist immer sehr gefährlich. Deshalb müssen Sie Pflanzen in Übertöpfen immer wieder kontrollieren und überschüssiges Gießwasser sofort ausleeren.

Zum Gießen, vor allen Dingen im Winter, ist zimmerwarmes Wasser (20 bis 22 °C) ideal. Bei warmem Wetter können Orchideen auch leicht mit Wasser besprüht werden. Das gilt aber nur für die Blätter, nicht für Blüten und Knospen! Auch soll Sprühwasser nicht in Blattachseln längere Zeit stehen bleiben, um Fäulnis zu vermeiden.

Orchideen von Blattläusen befallen

Schon vor einiger Zeit habe ich beobachtet, dass meine Orchideen klebrige Blätter haben. Nun habe ich beim genauen Untersuchen festgestellt, dass sie zum Teil stark von Blattläusen befallen sind. Diese müssen die klebrige Flüssigkeit ausscheiden. Eigentlich habe ich bisher recht gute Erfahrungen mit Orchideen auf der Fensterbank gemacht. Was kann ich tun, um die Blattläuse zu beseitigen, ohne die Orchideen zu schädigen?

Es kommt immer wieder vor, dass Orchideen von Blattläusen (Aphididae) befallen werden. Sie können sich im günstigen Klima des Zimmers stark vermehren. Bei der klebrigen Flüssigkeit handelt es sich um Honigtau, eine Ausscheidung der Blattläuse.

Sollte der Befall noch nicht so stark sein, kann zunächst einmal eine mechanische Bekämpfung Vorrang haben. Mit Hilfe einer Handbrause wäscht man die Blätter vorsichtig mit zimmerwarmem Wasser ab. Die Blätter kann man dann zusätzlich mit der Hand abstreifen, um so die Blattläuse zu beseitigen.

Gute Erfahrungen wurden auch schon mit Rainfarn-Tee (*Tanacetum vulgare*) gemacht. Hergestellt wird dieser aus 30 g getrockneten Blüten, die mit 1 l kochendem Wasser übergossen werden. Nach dem Abkühlen der Flüssigkeit wird diese 1:3 verdünnt und dann auf die Pflanzen gespritzt.

Versuchsweise könnte auch einmal ein Nützling eingesetzt werden. Gegen Blattläuse gut wirksam sind räuberische Gallmücken (*Aphidoletes aphidimyza*), mit denen man in letzter Zeit gute Erfahrungen gemacht hat. Die 2 mm großen Weibchen legen ihre Eier gezielt in die Nähe von Blattläusen ab, denn die kleinen orange-roten Larven ernähren sich ausschließlich von Blattläusen. Jedes Gallmücken-Weibchen kann etwa 100 Eier ablegen. Im Zeitraum von fünf bis zehn Tagen kann eine einzige Gallmücken-Larve etwa 50 Blattläuse abtöten.

Geliefert werden die Gallmücken in Form von Puppen, die meistens in feuchtem Torf eingebettet sind. Nach dem Eintreffen wird die Versandschachtel geöffnet und unter die befallenen Pflanzen gelegt. Schon bald wird man in unmittelbarer Nähe der Blattläuse die winzigen orange-roten Eier und Larven erkennen, die dann bald ihre nützliche Tätigkeit vollbringen. Beim Umgang mit Nützlingen sind die mitgelieferten Gebrauchsanweisungen genau einzuhalten.

WUSSTEN SIE, dass der von den Blattläusen ausgeschiedene Honigtau oft in der freien Natur von Bienen gesammelt und bei der Honigproduktion mitverarbeitet wird? Wenn der Wald „honigt", dann sind die Nadeln ebenfalls von Honigtau dicht überzogen, so dass die klebrige Flüssigkeit sogar auf den Erdboden herabtropft. Sie gibt dann über die Organe der Biene den begehrten Waldhonig.

Orchideen-Luftwurzeln beim Umtopfen abschneiden?

Meine Orchideen haben sich sehr schön entwickelt. Nun muss ich sie dringend umtopfen. Was mache ich mit den Luftwurzeln, schneide ich sie ab oder leite ich sie in das neue Substrat ein?

Orchideenwurzeln sind sehr wichtige Organe. Sie haben, wie andere Pflanzen auch, zunächst die Aufgabe, Wasser und Nährstoffe aufzunehmen. Darüber hinaus sind vor allem die dicken Wurzeln mit einem besonderen Gewebe umgeben, das als „Velamen" bezeichnet wird. Diese Schicht besteht aus abgestorbenen Gewebeteilen, die bei der Zimmerkultur der Orchideen meistens mit Luft gefüllt sind. In der Natur kommt diesem Gewebe die Funktion eines Schwammes zu, denn es kann sich mit Wasser füllen, das zur Versorgung der Pflanze dient. Außerdem gibt es auch sehr elastische Haftwurzeln, mit denen sich die Epiphyten (Baumaufsitzer) an ihre Unterlage festklammern.

Beim Umpflanzen ist zunächst einmal der richtige Zeitpunkt wichtig. Am besten werden Orchideen zu Beginn einer Wachstumsperiode umgepflanzt. Man erkennt diesen Zeitpunkt oft am beginnenden Wurzelwachstums. Zunächst einmal sollten die zu verpflanzenden Orchideen gut angefeuchtet werden, damit sie sich problemlos aus dem Gefäß lösen. Die Wurzeln sollen nämlich möglichst nicht beschädigt werden. Faule und abgestorbene Wurzeln werden entfernt. Zurückgeschnitten wird mit einem scharfen Schnitt bis in das gesunde Gewebe. Dann kann man zusätzlich alle die Wurzeln beschneiden, die ohnehin nicht in den neuen Topf passen oder beim Eintopfen abbrechen würden. Anschließend wird die Pflanze vorsichtig in das neue Substrat getopft.

Orchideenblüten nicht besprühen

Meine Orchideen sind mir sehr ans Herz gewachsen. Sie machen auch alle einen sehr guten Eindruck. Ich versuche sie optimal zu pflegen, gieße nach Bedarf, dünge gelegentlich mit einem Spezial-Orchideendünger und sorge durch Besprühen für genügend Luftfeuchtigkeit. Trotzdem beobachte ich immer wieder, dass Blütenrispen schon sehr frühzeitig von der Spitze her absterben oder in Fäulnis übergehen. Womit kann diese ungewöhnliche Erscheinung zusammenhängen?

Nach der Schilderung kann es eigentlich nur damit zusammenhängen, dass es mit der Luftfeuchtigkeit zu gut gemeint wird. Tatsächlich vertragen viele Orchideen ein tägliches Besprühen der Blätter mit klarem Wasser. Orchideenspezialisten empfehlen das Besprühen vor allen Dingen am frühen Morgen bei Sonnenaufgang. Dieser Termin entspricht etwa der natürlichen Taubildung auf den Orchideen am heimatlichen Standort. Außerdem sollen die Pflanzen am Fenster bei erhöhter Zimmertemperatur oder bei warmem Wetter auch unter Tag einige Male besprüht werden. Eine Ausnahme ist jedoch zu beachten. Keinesfalls dürfen Blüten oder Knospen mit Wasser besprüht werden. Selbst Wasser, das sich in Blattachseln längere Zeit ansammelt, kann zu Fäulnis und zum Absterben der Pflanzenteile führen. Es ist also anzunehmen, dass in diesem Falle das Absterben der Blütenstände mit dem Besprühen zusammenhängt.
Bei zu trockener Zimmerluft kann es manchmal vorkommen, dass bei einigen Orchideen die Blütenblätter zusammenkleben. Das kann z.B. bei *Dendrobium* und *Phalaenopsis* vorkommen. Dafür verantwortlich soll eine übermäßige Produktion von Nektar sein. In diesem Falle ist es also notwendig, die Luftfeuchtigkeit zu erhöhen, um für die Orchideen günstige Wachstumsbedingungen zu schaffen.

WUSSTEN SIE, dass das Apfelgas Ethylen Orchideenblüten zum schnelleren Verwelken anregt? Das hat man schon beobachtet, wenn neben den blühenden Orchideen eine Schale mit reifen Äpfeln oder anderen Früchten steht. Gerade Äpfel scheiden dieses Gas besonders reichlich aus.

Osterkaktus wirft alle Knospen ab

Meinen Osterkaktus habe ich den Sommer über immer sehr trocken und später feucht gehalten und gedüngt. Er hat reichlich Knospen angesetzt, die jedoch gerade jetzt im April eine nach der anderen abgeworfen werden. Habe ich die Pflanze zu feucht gehalten?

Eigentlich wurde der Osterkaktus (*Hatiora gaertneri*) vom Grundsatz her richtig kultiviert. Vielleicht ist aber eine kleine Korrektur erforderlich. Hat der Osterkaktus etwa im Mai ausgeblüht, beginnt er schon wieder nach kurzer Zeit mit der Ausbildung neuer Glieder. In dieser Zeit sollte ausreichend gewässert und auch gedüngt werden. Die Pflanze sollte gleichzeitig an einem hellen Platz, geschützt vor der Mittagssonne, aufgestellt werden. Erst im Spätherbst schränkt man die Wassergaben ein. Gegenüber dem verwandten Weihnachtskaktus beginnt aber die Ruheperiode wesentlich später. In dieser Zeit hält man die Pflanze ziemlich trocken und jetzt ist auch ein kühler Platz bei 5 bis 10 °C völlig ausreichend. In dieser Zeit werden die Knospen angesetzt.
Nach einer Ruhezeit von etwa sechs bis acht Wochen kann durch gleichmäßige Wassergaben und einer mäßigen Erhöhung der Temperatur die Blütenentwicklung gefördert werden. Jetzt ist es ganz wichtig, ausgeglichene Klimaverhältnisse einzuhalten. Die Pflanzen dürfen also weder zu großen Temperatur- als auch Feuchtigkeitsschwankungen ausgesetzt werden, da sie sonst die Knospen abwerfen. Vermutlich war es in diesem Falle tatsäch-

lich so, dass die Pflanze unterschiedlich feucht oder bei zu wechselnden Temperaturen gehalten wurde. Auf ausgeglichene Verhältnisse ist unbedingt zu achten.

WUSSTEN SIE, dass der Osterkaktus schon viele verschiedene botanische Namen getragen hat? Unter dem jetzt gültigen Gattungsnamen *Hatiora* kennt man die Pflanze kaum. Fachleuten ist sie eher unter der Bezeichnung *Rhipsalidopsis* oder *Epiphyllum* bekannt. Sie hat auch schon den gleichen Namen wie der verwandte Weihnachtskaktus, *Schlumbergera*, getragen.

Passionsblume blüht nicht

?

In meinem Wintergarten hat sich eine Passionsblume recht gut entwickelt. Sie hatte auch immer einen schönen Blütenansatz. Nun habe ich die langen Triebe der wild wuchernden Pflanze zurückgeschnitten, ein neuer Austrieb erfolgte, jedoch hat sie seither nicht mehr geblüht. Woran kann das liegen?

!

Die Ansprüche der Passionsblume (*Passiflora*) sind je nach Art etwas unterschiedlich. Es kann aber vielleicht damit zusammenhängen, dass die Pflanze nach dem Rückschnitt zunächst wieder ausreichend vegetative Triebe bilden muss, um genügend Assimilate für einen Knospenansatz aufzubauen. Wenn sie vor dem Rückschnitt blühte, ist auch in Zukunft mit einem Blütenansatz zu rechnen.
Es kann auch etwas mit der Temperatur zusammenhängen. Es gibt beispielsweise Passionsblumen, die im zeitigen Frühjahr Blüten ansetzen. Sobald es jedoch wärmer wird, unterbleibt die Blütenbildung. Sie setzt dann wieder im Herbst ein. Wenn die Pflanze weiterhin gut gepflegt wird, ist sicher mit einem Blütenansatz zu rechnen.
Vielleicht kann man den Knospenansatz damit unterstützen, dass während der Vegetationszeit zusätzlich mit einem Blumen-Volldünger für Blütenpflanzen gedüngt wird. Dieser Dünger enthält mehr Phosphorsäure und Kalium im Vergleich zum Stickstoff. Dadurch wird unter Umständen ein günstiger Einfluss auf die Knospenbildung ausgeübt. Festgestellt hat man, dass zu reichliche Stickstoffgaben wohl das vegetative Wachstum anregen, jedoch verzögernd auf die Blütenbildung wirken.

Passionsblume in den Garten pflanzen?

?

Im Sommer verbrachte ich einen Urlaub an der holländischen Küste. Dort entdeckte ich in einigen Gärten blühende Passionsblumen. Bei uns in Deutschland habe ich diese Pflanze noch nie gesehen. Jedoch wird sie als Topfpflanze angeboten. Kann ich ein solches Exemplar auch in den Garten pflanzen?

!

Die Passionsblume (*Passiflora*) ist aus den südamerikanischen Ländern Brasilien, Paraguay und Argentinien zu uns nach Europa gekommen. Heimatbedingt kann sie also im typischen mitteleuropäischen Klima im Garten ganzjährig nicht existieren. Es gibt einige wenige robuste Arten, die mit Winterschutz in milden Klimagebieten, gerade in Küstenländern, auch winterhart sind. Ansonsten kann die Pflanze durchaus den Sommer über als attraktive Schlingpflanze auf dem Balkon, der Terrasse oder im Garten gehalten werden. Empfehlenswert ist es aber, die Pflanze bei Beginn der kühlen Witterung in ein schützendes Winterquartier einzuräumen.
Im Freien braucht sie einen sonnigen, etwas geschützten, aber luftigen Standort. Zur kräftigen Entwicklung sind reichlich Wasser und Nährstoffe erforderlich. Ab Oktober oder November sollte die Pflanze aber ins Winterquartier eingeräumt werden.
Angeboten werden von Spezialgärtnereien verschiedene Arten und Sorten mit farbenprächtigen Blüten. Relativ anspruchslos ist *Passiflora caerulea*. Sehr bekannt sind die Sorten *P.* × *belotii* 'Kaiserin Eugenie' und 'Constance Eliott'. Bekannt sind ferner *P. edulis*, *P.* × *violacea* und die anspruchsvolleren *P. racemosa*, *P. coccinea* und *P. quadrangularis*.

WUSSTEN SIE, dass aus den großen, eiförmigen Früchten der Passionsblumen der köstliche Maracuja-Saft gewonnen wird? In tropischen Ländern werden die Früchte auch als frisches Obst angeboten und der Saft zu Likören verarbeitet.

Passionsblumen richtig überwintern

Im Frühjahr erhielt ich eine Passionsblume, die sich prächtig entwickelt hat. Jetzt im Herbst mache ich mir Sorgen, ob ich die Pflanze gut durch den Winter bringe. Welche Kulturansprüche benötigt sie während der lichtarmen Wintermonate?

Passionsblumen (*Passiflora*) gibt es in verschiedenen Arten. In Kultur ist meistens *P. caerulea*, die zu den genügsameren Arten gehört. Wenn man ein solches Exemplar besitzt, sollte man die Überwinterung durchaus versuchen.
Am besten ist es, wenn die Pflanze in einem hellen, kühlen Raum aufgestellt wird. Ideal ist eine Durchschnittstemperatur zwischen 8 und 15 °C. Manchmal wirft die Passionsblume im Winter die Blätter ab. Jedoch sollte man versuchen, die Pflanze nicht so stark zur Ruhe kommen zu lassen, da sie sich sonst später erst kräftig erholen muss.
Sofern die Pflanze während des Sommers Nebentriebe entwickelt hat, werden diese im Spätwinter auf vier bis acht Augen zurückgeschnitten. Aus den in den Blattachseln befindlichen schlafenden Augen bilden sich dann im Frühjahr neue Austriebe. Die älteren Triebe des Vorjahres kann man später durch die jüngeren Triebe ersetzen. Auf diese Weise erhält man wieder eine buschige Pflanze. Unter günstigen Bedingungen beginnt die Passionsblume bereits im späten Frühjahr wieder zu blühen.

WUSSTEN SIE, dass sich der botanische Name *Passiflora* aus den beiden Worten „passio" (das Leiden) und „flos" (die Blüte) zusammensetzt? Daraus entstand die volkstümliche Bezeichnung Passionsblume, die schon Ende des 16. Jahrhunderts gebräuchlich war. Man verglich die Blütenteile mit den Attributen des Leiden Christi. So sollen die drei Narben die Nägel, der Strahlenkranz die Dornenkrone, der gestielte Fruchtknoten den Kelch, die fünf Staubbeutel die Wunden, die dreilappigen Blätter die Lanze, die Ranken die Geißeln und die weiße Farbe in der Blüte die Unschuld des Erlösers darstellen.

Riemenblatt im Sommer nach draußen stellen?

Seit kurzem bin ich im Besitz eines uralten Riemenblattes. Die Pflanze ist vielleicht schon 50 Jahre alt, hat aber nicht geblüht. Mir wurde empfohlen, sie den Sommer über in den Garten zu stellen. Ist das möglich? Der Pflanze sollte aber nichts geschehen, da ich sehr an ihr hänge.

Ein Riemenblatt (*Clivia miniata*) kann den Sommer über durchaus an einem geschützten Platz im Garten aufgestellt werden. Wichtig ist nur, dass die Pflanze während der Hauptwachstumszeit vom Frühjahr bis zum Sommer ausreichend gedüngt wird, damit sich kräftige Blätter entwickeln. Außerdem ist wichtig, dass die Pflanze im Sommer bzw. Spätsommer eine gewisse Ruheperiode einschalten kann. Während dieser Zeit werden nämlich die Knospenanlagen im Innern des Schaftes ausgebildet. Dazu muss die Pflanze verhältnismäßig trocken gehalten werden. Steht sie nun im Garten und erhält vielleicht durch eine lang andauernde Regenperiode immer viel Feuchtigkeit, geht der Wachstumsprozess weiter und die Ruheperiode und damit Knospenbildung kann nicht eingeleitet werden. In diesem Falle muss die Pflanze an einen überdachten Platz oder einen geschützten Raum gebracht werden, damit diese Ruheperiode auch eingehalten werden kann. Diese ist auf jeden Fall wichtig und für die Knospenbildung ausschlaggebend.
Während dieser Zeit soll die Pflanze nur so viel Wasser erhalten, dass die Blätter nicht welken oder sogar absterben. Die Ruheperiode dauert etwa sechs bis acht Wochen. Später kann die Pflanze wieder etwas feuchter gehalten werden. Dies ist vor allen Dingen dann wichtig, wenn die Knospen sichtbar werden und der Blütenschaft durchtreibt. Dann muss durch normale Zimmertemperaturen und mäßige, aber gleichmäßige Feuchtigkeit die Blütenbildung gefördert werden.

Riemenblatt im Tankraum überwintern?

Mir wurde kürzlich von einer Bekannten gesagt, dass ich meine Riemenblätter am besten im Tankraum überwintern soll. Dort

würden die an den Blätter haftenden Schädlinge kaputtgehen.

Ob die an den Riemenblättern oder Klivien (*Clivia miniata*) haftenden Schädlinge durch eine Überwinterung der Pflanze im Tankraum kaputtgehen ist sehr fraglich. Viel kritischer sind die Lichtverhältnisse, da es sich bei dem Öl-Tanklager in der Regel um einen völlig dunklen Raum handelt. Klivien benötigen aber ganzjährig Licht zur Assimilation, so dass ein Aufenthalt im Tankraum durch den Lichtmangel eher schädlich für die Pflanzen sein kann.

Vielleicht hängt dieser Ratschlag mit der Tatsache zusammen, dass manche Pflanzenschädlinge durch ölige Mittel vernichtet werden können. In diesem Falle müssen die Pflanzen aber mit diesen Spezialpräparaten behandelt werden. Die öligen Mittel überziehen die Schädlinge wie ein Film und verschließen die Atemöffnungen der Tiere. Keinesfalls ist aber zu empfehlen, Zimmerpflanzen, auch nicht die Klivie, mit Heizöl zur Schädlingsbekämpfung zu behandeln. Nur amtlich geprüfte und von der Biologischen Bundesanstalt (BBA) zugelassene Mittel dürfen eingesetzt werden.

Riemenblatt mit Korkflecken

Mein Riemenblatt ist schon sehr alt. Jetzt bekommt die Pflanze von innen heraus kleine, zunächst gelbgrüne, später braune Flecken, die schwielig aufgetrieben sind. Um was für eine Krankheit handelt es sich und welche „Schönheitskur" kann ich durchführen, um Abhilfe zu schaffen?

Es handelt sich dabei um eine für Klivien oder Riemenblätter (*Clivia miniata*) typische Erscheinung. Diese korkartig anschwellenden Flecken werden als Korkflecken oder Korkwucherungen bezeichnet. Das ist keine parasitäre Erkrankung, sondern eine Erscheinung, die auf ungünstige Standortverhältnisse zurückgeführt wird. Sie kann auftreten bei Wasserüberschuss, ungünstigen Temperaturverhältnissen und Nährstoffüberschuss. Deshalb sollten ältere Pflanzen im Winter bei etwa 12 °C, jüngere bei 12 bis 15 °C gehalten werden. Vermieden werden sollen zu reichliche Wasserzufuhr bei dunklen, kühlen Standortverhältnissen sowie eine Überdüngung, vor allem bei zu trockener Luft. Unter günstigen Standortverhältnissen treten die Korkflecken bei den sich neu bildenden Blättern nicht mehr auf.

Riemenblatt nach der Blüte pflegen

Mein wunderschönes Riemenblatt hat mit zwei Stängeln geblüht. An einem der abgeblühten Stängel sitzen große Knollen. Was mache ich damit, soll ich diese abschneiden und wie soll ich die Pflanzen weiter pflegen?

Die „Knollen" sind Früchte, die die Blüten nach einer Bestäubung und Befruchtung angesetzt haben. Will man nicht selbst Samen des Riemenblattes oder auch Klivie (*Clivia miniata*) ernten, sollten die Fruchtstände abgeschnitten werden, da sie der Pflanze sehr viel Kraft entziehen. Die beiden Blütenstängel können noch stehen bleiben. Sie trocknen langsam ein und die Nährstoffe werden in andere Pflanzenteile abgeleitet. Stören jedoch die beiden Stängel, können sie auch jetzt schon abgeschnitten werden. Nachdem die Pflanze im Februar abgeblüht hat, soll sie jedoch nicht beiseite gestellt werden. Mit einem schönen Blütenflor im nächsten Winter ist zu rechnen, wenn die Pflanze jetzt weiter gegossen und gedüngt wird. Im Frühjahr kann auch umgepflanzt werden. Im Sommer ist von Juli oder August bis etwa Oktober eine Ruheperiode einzuhalten. In dieser Zeit wird nur so viel gegossen, dass die Blätter nicht schrumpfen. Erst ab Oktober wird wieder etwas mehr Feuchtigkeit gegeben damit sich die während der Ruheperiode induzierten Blütentriebe entwickeln und durchschieben können. So behandelt wird die Pflanze irgendwann zwischen Dezember und Februar sicher wieder zum Blühen kommen.

Klivien sind relativ harte und widerstandsfähige Pflanzen. Sie vertragen durchaus eine „Sommerfrische" im Garten. Man kann die Pflanzen ab Juni unter der schützenden Krone eines Baumes im Garten aufstellen. Sollte jedoch im Sommer eine Schlechtwetterperiode einsetzen, muss die Pflanze vor zu viel Feuchtigkeit geschützt werden. Oft genügt, wenn man sie einfach umlegt, so dass der Wurzelballen nicht ständig nass ist.

Riemenblatt richtig vermehren

Mein Riemenblatt hat mehrere Seitentriebe gebildet. Können diese entfernt und zur Vermehrung verwendet werden?

Das Riemenblatt (*Clivia miniata*) ist bekannt dafür, dass es unter günstigen Bedingungen immer wieder Seitensprosse bildet. Sie können zur Vermehrung verwendet werden. Vielleicht sollte man abwarten, bis sie an der Mutterpflanze eine gewisse Größe erreicht haben. Dann werden sie vorsichtig abgetrennt und einzeln in ein kleines Töpfchen gepflanzt. Manchmal hat ein Seitenspross schon kleine Wurzelansätze. Das ist natürlich besonders günstig, weil dann der Anwachserfolg nahezu gesichert ist.

Natürlich muss das Substrat immer gleichmäßig feucht gehalten werden. Es sollte jedoch vorsichtig gegossen werden, damit sich die neuen Wurzeln ohne Störung entwickeln können. Als Substrat wird eine lockere, durchlässige Blumenerde verwendet. Sie sollte nach Möglichkeit wenig Nährstoffe enthalten. Die Wurzelbildung einer Pflanze wird durch ein nährstoffarmes Substrat immer begünstigt. In diesem Falle „suchen" die Wurzeln Nährstoffe und entwickeln sich verhältnismäßig rasch.

Eines muss man bei dieser Vermehrung aber bedenken: Es dauert etwa zwei bis drei Jahre, bis sich aus einem Seitenspross eine blühfähige Pflanze entwickelt hat. Während dieser Zeit braucht keine Ruheperiode eingehalten zu werden. Die jungen Pflanzen können im Winter durchkultiviert werden. Hat das neue Riemenblatt eine gewisse Größe erreicht, muss der übliche Rhythmus mit der sommerlichen Ruhepause eingehalten werden, damit die Pflanze in der Basis des Schaftes Knospen ansetzt.

Riemenblatt von Schildläusen befallen

Mein Riemenblatt ist übersät von Schildläusen. Welche Möglichkeiten gibt es, um diese Pflanze noch zu retten?

Schildläuse (Coccina) zählen zu den hartnäckigsten Schädlingen an Zimmerpflanzen, also auch am Riemenblatt oder der Klivie (*Clivia miniata*). Da die Anwendung der für Zimmerpflanzen zugelassenen Pflanzenschutzmittel kaum Aussicht auf Erfolg hat, sollte man die Blätter in kürzeren Abständen abwaschen. Dem Wasser kann etwas Schmierseife zugemischt werden.

Versuchsweise kann man zurzeit auch Mittel auf Mineralölbasis verwenden, die Schildläuse abtöten. Der Hersteller empfiehlt, zwei Tage nach der Anwendung die toten Schildläuse und den möglichen Rußtaubelag mit einem weichen Papier oder Lappen von den Blättern abzuwischen. Bei nur einer Pflanze kann auch ein zugelassenes Pflanzenspray eingesetzt werden.

Riemenblatt von Wollläusen befallen

Plötzlich stelle ich fest, dass an der Basis der Blätter meines Riemenblattes weiße, wollige „Häufchen" auftreten und die Blätter ganz klebrig werden. Handelt es sich dabei um einen Schädling und wie wird er wieder beseitigt?

Die Schilderung des Schadbildes an Ihrem Riemenblatt beziehungsweise an Ihrer Klivie (*Clivia miniata*) ist typisch für Woll- oder Schmierläuse (Coccina). Es handelt sich um Läuse, die sich mit einer schützenden Hülle aus weißen, wolleartigen Wachsausscheidungen umgeben. Die Läuse saugen bevorzugt am Blattgrund der Blätter. Bei den klebrigen Ausscheidungen handelt es sich um den so genannten Honigtau.

Eine Bekämpfung mit chemischen Mitteln im Zimmer kommt kaum in Frage. Denkbar ist der Einsatz eines zugelassenen Pflanzensprays oder so genannter Kombistäbchen, die einfach in die Erde gesteckt werden.

In geschützten Räumen kann aber auch ein Nützling eingesetzt werden. Gute Erfolge wurden mit dem Australischen Marienkäfer (*Cryptolaemus montrouzieri*) erzielt. Der Käfer ist etwa 4 mm lang, schwarz gefärbt mit orangefarbenem Kopf und Hinterteil. Die erwachsenen Tiere, aber auch die Larven, ernähren sich von Woll- und Schmierläusen. Im Verlauf seiner Entwicklung kann ein Marienkäfer um die 250 Woll- und Schmierläuse vertilgen.

Die Käfer werden von Spezialzüchtern geliefert und müssen möglichst bereits am Ankunftstag auf den Pflanzen ausgebracht werden. Zu beachten ist, dass die älteren Marienkäferlarven, wie die Schädlinge auch, von weißen, wachsartigen Ausscheidungen bedeckt sind. Man kann sie deshalb nur aufgrund ihrer Größe (bis 13 mm) und ihrer besseren Beweglichkeit von den Schädlingen unterscheiden. Bei der Anwendung sind die Empfehlungen der Lieferanten zu beachten.

Am besten erfolgt die Freilassung der Australischen Marienkäfer erst bei Einbruch der Dämmerung. Erfolgt die Aussetzung der Käfer bei vollem Tageslicht, werden sie von der Helligkeit der Fenster angezogen und fliegen davon. Sie finden meistens nicht mehr zur befallenen Pflanze zurück. Außerdem lieben die Marienkäfer eine Temperatur von über 20 °C und eine höhere Luftfeuchtigkeit. Auf kühle Temperaturen und Zugluft reagieren sie empfindlich. Unter idealen Bedingungen kann mit den Marienkäfern ein voller Erfolg erzielt werden.

Riemenblatt-Blütenstängel nach dem Verblühen abschneiden?

Seit vielen Jahren kultiviere ich ein Riemenblatt. Alljährlich erfreut sie mich mit einem prächtigen Blütenstand. Nun bin ich mir nicht im Klaren, ob ich nach dem Verblühen den ganzen Stängel abschneiden oder nur den Blütenstand entfernen soll?

Eigentlich sollte nach dem Verblühen des Riemenblattes (*Clivia miniata*), auch Klivie genannt, nur der Blütenstand entfernt werden. Im Blütenstängel selbst sind noch viele Reservenährstoffe enthalten, die der Pflanze zugute kommen. So soll die Pflanze auch nach dem Verblühen nicht achtlos zur Seite gestellt werden, sondern nun reichlich gewässert und gedüngt werden. Im Laufe der Zeit wird der alte Blütenschaft gelblich verfärbt. Die vorhandenen Reservestoffe wurden nun in die anderen Pflanzenteile abgeleitet. Jetzt ist es möglich, diesen Stängel vorsichtig von der Mutterpflanze zu entfernen.

Roseneibisch blüht nicht

Schon vor vier Jahren erwarb ich einen Roseneibisch. Die Pflanze hat sich eigentlich recht gut entwickelt, doch habe ich immer wieder Probleme. Im letzten Jahr hat sie geblüht, in diesem Jahr dann wieder keine einzige Knospe angesetzt. Steht die Pflanze den Sommer über im Freien, entwickelt sie grüne Blätter, hole ich sie ins Zimmer, werden sie gelb. Was mache ich falsch?

Zunächst hängt die Knospenbildung ganz sicher von der Lichtintensität ab. Der Roseneibisch (*Hibiscus rosa-sinensis*), auch Hibiskus genannt, wünscht immer einen sehr hellen, jedoch im Hochsommer nicht zu vollsonnigen Platz am Fenster. Natürlich kann sie, während der milderen Jah-

reszeit, auch geschützt auf dem Balkon, der Terrasse oder im Garten aufgestellt werden. Immer ist es aber wichtig, dass die Pflanze viel Licht bekommt. Nicht umsonst blüht der Roseneibisch südlich der Alpen in den strahlungsreicheren Mittelmeerländern sehr üppig.
Auch die Gelbverfärbung der Blätter hängt sicher mit dem Licht und vielleicht etwas mit der Temperatur zusammen. Wenn es sehr hell ist, kann die Pflanze assimilieren, also aufgenommene Nährstoffe in organische Baustoffe umwandeln, die sie zum Leben, zur Trieb- und Knospenbildung benötigt. An einem nicht sehr hellen oder gar dunklen Standort ist eine solche Assimilation nicht möglich. Da jedoch die Lebensvorgänge in der Pflanze weitergehen, verbraucht sie die in den Blättern gespeicherte Nahrung. Dann verlieren die Blätter die satt dunkelgrüne Farbe und werden gelb. Erst nach einem Platzwechsel, wenn sie wieder genügend hell steht, können die Blätter eine grüne Farbe annehmen, sofern sie nicht schon so stark geschädigt sind, dass sie abfallen.

WUSSTEN SIE, dass der Hibiskus zu den sehr alten Kulturpflanzen gehört? In den tropischen asiatischen Ländern gehört er zu den begehrten Blütenpflanzen. Nicht umsonst wird er dort auch als „China-Rose" bezeichnet. Seine Beliebtheit kommt auch dadurch zum Ausdruck, dass der Hibiskus die Nationalblume gleich mehrerer Staaten ist und zwar von Hawaii, Malaysia und Jamaica. Neben seinem herausragenden Zierwert werden aber auch von manchen Arten verschiedene Pflanzenteile in den Tropen als Gemüse (Okra), Tee, Färbemittel, Holz, Faser, für pharmazeutische Zwecke und zur Herstellung von Schuhcreme verwendet.

Roseneibisch mit „verbrannten" Blättern

? **Mein Roseneibisch hat im vergangenen Sommer wunderschön geblüht. Jetzt kam er prima durch den Winter. Nach den Eisheiligen habe ich ihn auf den Südbalkon gestellt. Schon zwei Tage später wurden die Blätter braun und sahen wie „verbrannt" aus. Was ist die Ursache und wie kann ich die Pflanze noch retten?**

! Der Roseneibisch (*Hibiscus rosa-sinensis*) hat ganz sicher den plötzlichen Standortwechsel vom geschützten Winterquartier auf den vollsonnigen Südbalkon nicht überstanden. Die plötzliche intensive Strahlung wirkte sich negativ aus. Die Blätter wurden zu starker Verdunstung angeregt und die Pflanze hatte sicher nicht die Möglichkeit, den hohen Wasserbedarf zu decken. Deshalb starben die Pflanzenzellen ab, die Blätter „verbrannten".
Vielleicht ist die Pflanze noch zu retten, wenn sie unverzüglich an einen anderen Platz gestellt wird. Ideal wäre ein geschützter Standort an der Ost- oder Westseite. Dort wird die Pflanze nur von der Morgen- oder Abendsonne getroffen. Wichtig ist aber auch ein windgeschützter Platz, da eine ständige Luftbewegung die Blätter ebenfalls zu starker Verdunstung anregt. Sind nur die Blätter und nicht die Triebe beschädigt, kann sich die Pflanze voraussichtlich wieder regenerieren. Unter Umständen müssen die Zweige etwas eingekürzt werden.
Für die Zukunft ist ganz wichtig, dass der Roseneibisch, kommt er aus dem Winterquartier, zunächst langsam an das Außenklima und vor allen Dingen auch an das volle Sonnenlicht gewöhnt wird.

Roseneibisch mit dünnen Trieben

? **Im letzten Jahr erwarb ich einen etwa 2 m hohen Roseneibisch-Hochstamm, dessen Krone als Kugel geschnitten ist. Der Durchmesser der Krone beträgt etwa 60 cm. Die Pflanze blühte wunderbar bis November. Auch jetzt, im Februar, hat sie noch einige Blüten. In den letzten Wochen hat sie aber lauter dünne, unnormale Triebe gebildet. Ich mache mir Sorgen um die Pflanze. Was soll ich tun, damit sie wieder normal wächst?**

! Ganz sicher stand dieser Roseneibisch (*Hibiscus rosa-sinensis*) während der Wintermonate in einem zu warmen Raum. Deshalb ist die Pflanze ständig weitergewachsen und hat wegen Lichtmangel diese dünnen „spindligen" Triebe gebildet.
Roseneibischpflanzen sollte in einem hellen, kühlen Raum überwintert werden. Dabei reichen Temperaturen von 10 bis 15 °C völlig aus. Bei diesen Temperaturen legt die Pflanze eine Ruheperi-

ode ein oder wächst höchstens ganz langsam weiter. Sicher ist es sinnvoll, diese dünnen Triebe im zeitigen Frühjahr auf ein oder zwei Augen zurückzuschneiden, damit dann den Sommer über unter günstigen Lichtverhältnissen kräftige Austriebe gebildet werden. Wichtig ist aber auf jeden Fall, dass auch nach einem Rückschnitt die Pflanze einen sehr hellen Platz bekommt, damit sich ein neuer kräftiger und gedrungener Austrieb bilden kann. In diesem Fall kann sich sicher die Pflanze wieder zu voller Schönheit entwickeln.
Vorsicht ist angebracht, wenn der Hochstamm mit den empfindlichen, weichen Trieben nach der „Nachtfrostperiode“ ins Freie gestellt wird. Er muss sich zunächst an die neuen Bedingungen gewöhnen und darf keinesfalls sofort in die volle Sonne gestellt werden.

Roseneibisch mit verbrannten Blättern

Meinen Roseneibisch kultiviere ich seit vielen Jahren mit gutem Erfolg. Im Herbst kommt er an einen günstigen Platz im kühlen Zimmer. Dort überwintert er ohne Probleme. Im Frühjahr stelle ich die Pflanze auf die Terrasse oder den Balkon, wo er an einem sonnigen, geschützten Platz kräftige Triebe und zahlreiche Blüten bildet. Ein Problem ist immer die Anpassung im Frühjahr an das Klima im Freien. Nur wenige Tage nach dem Aufstellen „verbrennen“ viele Blätter und werden abgeworfen. Was kann ich tun, damit diese jungen Blätter erhalten bleiben?

Zimmerpflanzen, die ins Freie gestellt werden, müssen sich zunächst etwas akklimatisieren. Keinesfalls sollten die Pflanzen, also auch der Roseneibisch oder Hibiskus (*Hibiscus rosa-sinensis*), aus dem geschützten Raum sofort an einen vollsonnigen Platz gestellt werden. Die noch empfindlichen jungen Blätter sind dort der starken Sonnenbestrahlung, aber auch dem Wind ausgesetzt. Die Blätter verdunsten in der neuen Umgebung sehr viel Wasser, das oft nicht in genügender Menge nachtransportiert werden kann. Dadurch kommt es zu Welke- und den nachfolgenden „Verbrennungserscheinungen“.
Am besten stellt man die Pflanzen an einem trüben Tag zunächst an einen schattigen Platz und versucht so, sie langsam an das Freilandklima zu gewöhnen. Nach einigen Tagen kann der Hibiskus dann an seinen endgültigen Platz gebracht werden. Meistens wird die Sonne dann gut vertragen, obwohl die Pflanzen im Sommer vor zu praller Mittagssonne geschützt werden sollten.

Wichtig ist auch, dass der Hibiskus während der Hauptwachstumszeit vom Frühjahr bis zum Sommer gleichmäßig mit Wasser versorgt wird. Zusätzliche Düngergaben mit einem kaliumreichen Flüssigdünger unterstützen das Wachstum und die Blütenbildung. Bei Bedarf wird die Pflanze, am besten im März, in eine mittelschwere Erde umgetopft.

Roseneibisch richtig düngen

Vor zwei Jahren kaufte ich mir einen Roseneibisch. An sich bin ich mit der Pflanze zufrieden, doch will sie nicht richtig blühen. Jetzt habe ich sie vor einigen Monaten umgetopft und der Erde reichlich Hornspäne beigegeben. Dieser Dünger soll das Wachstum der Pflanze besonders anregen. Was soll ich tun, damit die Pflanze zum Blühen kommt?

Zunächst einmal sind die Standortverhältnisse die erste Voraussetzung für einen Blütenansatz. Volles Licht und günstige Temperaturen um über 20 °C im Sommer sind ideal.
Vielleicht ist aber gerade die Düngung mit den Hornspänen nicht ganz richtig gewesen. Hornspäne sind ein organischer Dünger, der nach der Mineralisierung im Boden ausschließlich zur Stickstoffversorgung der Pflanze dient. Es kann nun sehr gut sein, dass durch die Hornspäne ein Missverhältnis zu den anderen Nährstoffen, vor allem zu Phosphorsäure und Kalium entstanden ist. Wissenschaftler haben ermittelt, dass gerade der Roseneibisch (*Hibiscus rosa-sinensis*) dreimal so viel Kalium benötigt im Vergleich zum Stickstoff, um einen guten Knospenansatz und eine schöne Blütenqualität, Farbe und Haltbarkeit zu erzielen. Deshalb sollte eine Düngung immer mit einem kalibetonten Volldünger erfolgen.
Da nun in der Erde sehr viel Stickstoff enthalten ist, könnte vielleicht ein günstigeres Verhältnis durch eine zusätzliche Kaliumgabe erzielt werden. Vielleicht könnten Sie bei einem Gärtner etwas schwefelsaures Kalimagnesia, so genanntes Patentkali,

erhalten. Damit sollten sie die Pflanze im Abstand von etwa zwei Wochen mehrmals mit einer 0,1 bis 0,2%igen (1 bis 2 g Dünger/l Wasser) angießen, um das Missverhältnis zwischen Stickstoff und Kalium zu verbessern. Es ist möglich, dass durch diese Zusatzdüngung und einen idealen Standort die Pflanze doch noch Knospen ansetzt und zum Blühen kommt.
Ansonsten sollte man auf eine ausschließliche Düngung mit Hornspänen verzichten. Ideal ist ein so genannter Volldünger, bei dem der Kalianteil deutlich höher ist als der Stickstoffanteil.

Roseneibisch überwintern

Den Sommer über hatte ich meinen Roseneibisch im Garten stehen. Nun habe ich ihn vor einiger Zeit hereingenommen. Er steht im Treppenhaus und soll dort überwintern. Nun stelle ich fest, dass er die Blätter abwirft. Was ist die Ursache, wie kann der Blattfall verhindert werden?

Mit größter Wahrscheinlichkeit fehlt dem Roseneibisch, auch als Hibiskus bekannt (*Hibiscus rosa-sinensis*), im Treppenhaus das notwendige Licht. Diese Pflanze stammt in seiner Urform aus dem subtropischen und tropischen Asien und liebt deshalb im Sommer sonnige bis leicht halbschattige Standorte, im Winter ist volles Licht erforderlich. Deshalb sollte der Hibiskus in einem kühleren Raum, jedoch möglichst am Südfenster, aufgestellt werden. Besser wäre noch ein Wintergarten. Dort werden die Ansprüche an das Licht meistens erfüllt.
Die Überwinterungstemperatur ist den Lichtverhältnissen anzupassen. Im Allgemeinen fühlt sich der Hibiskus bei etwa 10 bis 15 °C recht wohl. An sich ist der Roseneibisch keine sehr robuste Zimmer- oder Kübelpflanze. Manchmal reagiert er nicht nur auf das Licht, sondern auch auf andere physiologische Störungen wie Wassermangel oder veränderte Luftfeuchtigkeit mit dem Abwerfen von Blättern und Knospen. Deshalb ist gerade der Übergang vom sommerlichen Standort im Freien auf den Überwinterungsraum immer etwas schwierig.
Im Übrigen sollte noch beachtet werden, dass gerade über die Wintermonate Staunässe im Wurzelbereich gefährlich werden kann. Auch hier sind ähnliche Reaktionen der Pflanze möglich.

Roseneibisch zurückschneiden

In meinem Wintergarten gedeiht der Roseneibisch prächtig. Die Pflanze nimmt viel Platz weg und soll in ihrer Ausdehnung beschränkt werden. Kann ich die Triebe gefahrlos für die Pflanze zurückschneiden?

Gerade im Wintergarten hat der Roseneibisch (*Hibiscus rosa-sinensis*) nahezu ideale Bedingungen. Er kann sich zu einem mehrere Meter hohen Baum oder Strauch entwickeln. Deshalb wird man meistens um einen entsprechenden Rückschnitt der Triebe nicht herumkommen.
Dieser Rückschnitt wird am besten jeweils im Frühjahr durchgeführt. Wird der Rückschnitt jährlich vorgenommen, kann die Pflanze meistens im Zaum gehalten werden. Natürlich dauert es dann wieder einige Zeit, bis sich neue Austriebe gebildet haben, die aber im Sommer willig Knospen ansetzen.

Wenn der Roseneibisch im Sommer manchmal mit der Blüte aussetzt, hängt dies oft mit den zu hohen Temperaturen zusammen. Der Optimalbereich für die Blütenbildung liegt bei 25 °C. Wird dieser überschritten, setzt der Strauch einige Zeit mit dem Flor aus. Meistens folgt dann aber im Herbst noch einmal ein reicher Blütenflor.

Ruhmeskrone selbst heranziehen

Mir gefällt die attraktive karminrote Blüte der Ruhmeskrone besonders gut. Nun habe ich bisher beim Floristen immer nur Schnittblumen gesehen. Kürzlich wurden auch blühende Pflanzen angeboten. Kann ich eine solche Pflanze auch mehrjährig im Zimmer kultivieren?

Es handelt sich bei der Ruhmeskrone (*Gloriosa superba*) um eine recht attraktive Pflanze aus der Familie der Liliengewächse (Liliaceae). Sie kann in den Gewächshäusern der Erwerbsgärtner relativ einfach herangezogen werden, stellt aber in der Kultur doch gewisse Ansprüche. Deshalb ist es nur dem geübten Hobbygärtner zu empfehlen, eine Weiterkultur nach dem Verblühen zu probieren.
Meistens welken die oberirdischen Pflanzenteile

nach dem Verblühen der Pflanze und sterben ab. Nun lässt man die Knollen eintrocknen und lagert sie bei einer Temperatur von 10 bis 13 °C. Im Spätwinter oder zeitigen Frühjahr des folgenden Jahres werden die Knollen in eine nahrhafte, humose Erde gelegt. Für eine einzelne Knolle wird ein Topf von 15 cm Durchmesser benötigt. Beim Legen ist darauf zu achten, dass die Triebaugen nicht beschädigt werden.
Angetrieben wird die Knolle bei einer Temperatur von 16 bis 19 °C. Man hält zunächst die Knolle, später auch die Pflanze mäßig feucht und sorgt für eine hohe Luftfeuchtigkeit. Sehr wichtig ist, dass die *Gloriosa* an einem sehr hellen, ja sogar sonnigen Fenster aufgestellt wird. Im Sommer ist es sogar möglich, die Pflanze im Freien an einem geschützten, warmen Platz aufzustellen. Unter günstigen Bedingungen wird die Pflanze ab Juni oder Juli zum Blühen kommen.

WUSSTEN SIE, dass die Ruhmeskrone auch heute noch bei den Gärtnern unter der früher üblichen Artbezeichnung *G. rothschildiana* geführt wird? Dieser Name gilt aber seit einiger Zeit nicht mehr. Heute sollte die Pflanze unter der Bezeichnung *G. superba* geführt werden.

Schlangenkaktus vermehren

? **Von einem sehr großen, hohen Schlangenkaktus sind mir einige Triebe abgebrochen. Kann ich diese wieder bewurzeln lassen und daraus neue Pflanzen heranziehen? Erfolgt die Bewurzelung in reinem Sand und welchen Sand soll man verwenden?**

! Schon seit über 300 Jahren wird der Peitschen- oder Schlangenkaktus (*Aporocactus flagelliforis*) als Kulturpflanze gezogen. Es handelt sich um eine dankbare Zimmerpflanze, die den Sommer über auch auf dem Balkon oder der Terrasse gehalten werden kann.
Eine Vermehrung durch Stecklinge ist möglich. Auf jeden Fall sollte man eine Bewurzelung der abgebrochenen Triebe probieren. Zu diesem

Zweck wird der abgebrochene Sproß mit einem scharfen Messer noch einmal nachgeschnitten und dann einige Tage zum Abtrocknen der Schnittfläche an einem halbschattigen Ort gelagert. Gut ist es, wenn dabei die normale Wuchslage eingehalten wird, der Steckling also senkrecht so aufgestellt wird, dass die Basis nach unten und die Vegetationsspitze nach oben zeigt. Die Schnittfläche kann man zusätzlich mit Holzkohlenpulver bestäuben.

Ist die Schnittfläche gut abgetrocknet, wird der Steckling in ein Töpfchen in ein sandiges, durchlässiges Substrat gesteckt. Bewährt hat sich eine Mischung aus Torf und Sand zu gleichen Teilen. Zur Vermehrung wird „scharfer" Sand oder Flusssand verwendet.

Nun wird der Steckling zur Bewurzelung in einem warmen Raum ohne direkte Sonneneinstrahlung aufgestellt und das Substrat mäßig feucht gehalten. Die beste Zeit für eine solche Stecklingsvermehrung ist das Frühjahr.

Hat der Steckling Wurzeln gezogen, kann er in ein durchlässiges Erdsubstrat umgepflanzt werden. Mischungen, ähnlich der Einheitserde, die noch mit Sand etwas durchlässiger gemacht werden und zusätzlich etwas Torfmoos (*Sphagnum*) enthalten, sind günstig.

Das Aufrechtstellen der geschnittenen Stecklinge ist leicht möglich, wenn man sie in einen kleinen Blumentopf stellt oder an einer Schlinge aufhängt. Übrigens gehört zur Verwandtschaft der Schlangenkakteen auch die „Königin der Nacht". Die Vermehrung kann auf ähnliche Weise erfolgen.

Schönmalve richtig kultivieren

Viel Freude bereitet mir eine Schönmalve mit gefleckten Blättern. Im Sommer hat die Pflanze auch reich geblüht. Welche Kulturansprüche muss ich beachten, damit ich diese zierende Pflanze lange am Leben erhalten kann?

Die Schönmalve (*Abutilon*) gehört zu den dankbarsten Zimmerpflanzen. Am besten steht sie während des ganzen Jahres an einem hellen, sonnigen Platz. Sie nimmt aber oft auch mit einem Standort etwas abseits vom Fenster vorlieb, wenn er nicht zu dunkel ist. Die Temperaturansprüche sind nicht besonders hoch. Übliche Zimmertemperaturen werden vertragen. Anders ist es im Winter. In dieser Zeit sollte die Pflanze kühler stehen, vor allem wenn es nicht so hell ist. Bei einem zu dunklen und warmen Stand werden dann gerne die Blätter abgeworfen.

Das Gießen richtet sich nach dem jeweiligen Standort. Im Sommer wird mehr, im Winter sparsamer gegossen. Während der Hauptwachstumszeit vom Frühjahr bis zum Herbst können zusätzliche Kopfdüngergaben das Wachstum unterstützen. Ab und zu muss die Pflanze umgetopft werden. Dies geschieht am besten im Frühjahr in eine übliche Topfpflanzenerde.

Die Schönmalve neigt im Laufe der Zeit zu einem sparrigen Wuchs. Will man die Triebbildung in Grenzen halten, können die vorjährigen Zweige am besten im Frühjahr am Ende der Ruhezeit zurückgeschnitten werden. Auf diese Weise kann die Pflanze sehr gut in ihrer Form gehalten werden.

Schönmalve überwintern und vermehren

Ich habe mir ein Hochstämmchen einer Schönmalve zugelegt. Sie hat jetzt mehrere Triebe. Muss ich die Pflanze vor dem Einwintern zurückschneiden? Und kann ich die abgeschnittenen Triebe anschließend vermehren? Wie muss ich die Pflanze am besten überwintern?

Schönmalven (*Abutilon*-Hybriden) werden durch krautige Stecklinge vermehrt. Der beste Zeitpunkt ist normalerweise im Spätwinter oder im zeitigen Frühjahr. Die Stecklinge benötigen zur Bewurzelung eine Bodentemperatur von 20 bis 25 °C. Als Substrat eignet sich ein Torf-Sandgemisch. Natürlich kann bei einem Rückschnitt der Triebe im Oktober eine Vermehrung durchgeführt werden. Da jedoch das Licht um diese Zeit stark abnimmt, kann unter Umständen der eine oder andere Steckling keine Wurzeln mehr bilden.

Die Schönmalve kann in einem hellen Raum bei Temperaturen zwischen +5 und 20 °C überwintert werden. Wichtig ist, dass die Pflanzen möglichst viel Licht haben. Je wärmer der Raum ist, um so heller müssen die Pflanzen stehen. Steht ein heller Wintergarten zur Verfügung, kann die Schönmalve sogar den Winter über weitere Blüten ausbilden, da sie ein unter günstigen Bedingungen ein Dauerblüher ist. Das Gießen und Düngen ist immer auf die jeweiligen Licht- und Temperaturverhältnisse abzustimmen. Ein Rückschnitt der Triebe ist beim Einräumen ins Winterquartier möglich. Bei Bedarf müssen neue Austriebe im Frühjahr einmal gestutzt werden.

WUSSTEN SIE, dass es neben den üblichen *Abutilon-Hybriden* auch noch die Art *Abutilon megapotamicum* gibt, die an dünnen, überhängenden Trieben attraktive Blüten ausbildet? Sie bestehen aus einem „aufgeblasenen", tief purpurroten Kelch sowie hellgelben, am Grund purpurn gefärbten Kronblättern.

Schönmalve wirft untere Blätter ab

Im Frühjahr habe ich mir eine Schönmalve zugelegt. Die Blätter sind sehr zierend und jetzt im Sommer haben sich zahlreiche orangefarbene Blüten gebildet. Nun stelle ich fest, dass die Pflanze die unteren Blätter abwirft. Woher kann der Blattfall kommen, fehlt es der Pflanze an Nährstoffen?

Es ist schwierig, durch Ferndiagnose die genaue Ursache des Schadens festzustellen. Denkbar ist es aber, dass in der Tat Nährstoffe fehlen. Wurde die Pflanze im zeitigen Frühjahr in einer Gärtnerei in den jetzt noch vorhandenen Blumentopf gesetzt, können die Nährstoffe bis zum Sommer verbraucht sein. Einmal benötigt die Schönmalve (*Abutilon*) selbst reichlich Nährstoffe zum Wachstum, andererseits werden auch immer wieder Nährstoffe durch das häufige Gießen ausgewaschen.
Es sollte möglichst umgehend eine Düngung erfolgen, da während der Sommermonate Reservenährstoffe für den Reifeprozess im Herbst und für den Winter aufgebaut werden müssen. Gedüngt wird mit leicht löslichen Blumendüngern in fester oder flüssiger Form. Empfehlenswert ist ein flüssiger Dünger in einer Konzentration von 0,2% (2 ml/l Wasser). Eine Wiederholung der Düngung in etwa zehn Tagen sollte auf jeden Fall erfolgen. Lässt der Blattfall nach, wurde die Ursache richtig erkannt und der Schaden behoben. Nun kommt es darauf an, wie die Pflanze weiterkultiviert wird. Soll sie auch im Winter im geschützten Raum bei 15 bis 18 °C stehen und weiterwachsen, kann auch später eine Düngung erfolgen. Wird die Schönmalve aber in einem kühlen Raum überwintert, so dass kein Wachstum mehr stattfindet, sollte die Düngung im September eingestellt werden, damit die Triebe ausreifen können.
Wurde die Schönmalve gut überwintert, sollte sie vielleicht im Frühjahr in frische Erde umgetopft werden. Je nach Nährstoffvorrat wird man dann später auch wieder zusätzlich Kopfdüngergaben verabreichen müssen, um die Pflanze ausreichend zu ernähren. In der Regel reichen Vorratsdünger in einem Blumentopf oder Pflanzkübel nicht für ein zügiges Wachstum und Blühen während des ganzen Vegetationsjahres.

WUSSTEN SIE, dass die häufig kultivierte Schönmalve mit den gelb panaschierten Blättern von einem Virus befallen ist? Es handelt sich also bei dieser Marmorierung der Blätter nicht um eine natürliche Erscheinung, sondern um eine Viruserkrankung. Der Erreger entzieht den Blätter Nährstoffe zum Aufbau seines eigenen Körpers, ohne die Pflanze letztendlich stärker zu schädigen. Durch vegetative Vermehrung kann diese Scheckung auf die Nachkommen übertragen werden. Jedoch darf Saft der Pflanze nicht mit grünlaubigen Schönmalven in Berührung kommen, da sie sonst ebenfalls angesteckt werden.

Seidenpflanze richtig kultivieren

Vor einiger Zeit erhielt ich eine Seidenpflanze geschenkt. Dieses Gewächs kannte ich bisher nicht. Auch in meinem Bekanntenkreis konnte mir niemand sagen, wie die Pflanze kultiviert wird. Welche Pflegemaßnahmen sind erforderlich?

Im Allgemeinen wird von den etwa 120 verschiedenen Arten *Asclepias curassavica* als Zimmertopfpflanze angeboten. Sie stammt aus Südamerika und blüht im Sommer mit roten Blütendolden.
Die Pflanze wünscht einen hellen Standort und verträgt in der Regel auch direkte Sonnenbestrahlung. Sie wird normal gegossen und im Abstand von zwei bis drei Wochen auch mit einem Blumendünger zusätzlich ernährt. Normalerweise

hält der Blütenflor bis September an. Nun muss man sich entscheiden, ob die Pflanze weiterkultiviert wird.
Versuchsweise kann sie in einem kühlen Raum am hellen Fenster aufgestellt werden. Ideale Temperaturen sind 12 bis 15 °C. In dieser Zeit darf die Pflanze jedoch nur mäßig feucht gehalten werden. Gelingt es, die Pflanze gut durch den Winter zu bringen, setzt sie oft schon ab Mai oder Juni Knospen an und kommt wieder zum Blühen. Man hat jedoch die Beobachtung gemacht, dass zweijährige oder gar ältere Pflanzen nicht mehr so willig blühen wie Sämlinge, die Ende Januar im Warmhaus bei 20 bis 25 °C ausgesät und herangezogen werden.

Sinnpflanze selbst heranziehen

Ich habe ein Faible für die „Schamhafte Sinnpflanze“. Beim Gärtner oder Floristen bekommt man aber nur selten Pflanzen. Ich habe gehört, dass man sie auch selbst heranziehen kann. Gibt es dafür eine Kulturempfehlung?

Auf jeden Fall ist es möglich, eine eigene Anzucht der Sinnpflanze (*Mimosa pudica*) auszuprobieren. Saatgut gibt es gelegentlich bei Samenhandlungen, die exotische Sämereien versenden.
Ausgesät wird im März oder April. Am besten legt man einige Samenkörner (vier bis acht Stück) in einen 7-cm-Topf. Dazu verwendet man eine sandige, humose, mittelschwere Erde. Eine gute Anzucht-Blumenerde ist durchaus verwendbar.
Beachtet werden muss jedoch, dass die Samen nur bei relativ hohen Temperaturen keimen. 22 bis 25 °C sollten eingehalten werden. Unter günstigen Bedingungen erfolgt die Keimung innerhalb von zehn Tagen. Nach der Keimung verbleiben etwa zwei bis drei Pflänzchen im Topf, bis sie etwas herangewachsen sind. Dann kann, je nach Bedarf, in einen größeren Topf umgepflanzt werden. Sind die Pflanzen etwas erstarkt, vertragen sie einen hellen, sonnigen Standort. Es darf jedoch nie an ausreichender Feuchtigkeit fehlen.
Meistens wird *Mimosa pudica* nur als einjährige Pflanze kultiviert. Sie wird also nur selten überwintert. Funktioniert die eigene Anzucht, kann man sie von Jahr zu Jahr wiederholen.

Sinnpflanze wirft Blättchen

Nach einem Urlaub stelle ich mit Schrecken fest, dass meine liebevoll gepflegte Mimose die kleinen Fiederblättchen abwirft. Wurde die Pflanze während meiner Abwesenheit falsch behandelt?

Es ist natürlich schwierig festzustellen, was genau die Ursache für das Gelbwerden und Abwerfen der Blätter ist. Tatsache ist, dass die Sinnpflanze (*Mimosa pudica*) empfindlich auf Pflegefehler reagiert. So wünscht die Pflanze einen hellen Standort am Fenster und gleichmäßige Temperaturen, bei ausgewachsenen Exemplaren um etwa 18 °C. Auch ist eine gleichmäßige Bodenfeuchtigkeit wichtig.
Nun kann es sehr gut sein, dass während der Urlaubszeit zu viel gegossen wurde und durch Staunässe die Wurzeln beschädigt wurden. Am besten wird die Pflanze einmal ausgetopft, um die Wurzeln zu kontrollieren. Sind sie schwarz, kann ein Überschuss an Feuchtigkeit für den Schaden in Frage kommen. Möglich sind aber auch krasse Temperaturschwankungen oder kalte Zugluft.

WUSSTEN SIE, dass diese echte Mimose tatsächlich ein mimosenhaftes Verhalten hat? Werden nämlich die Fiederblättchen berührt, klappen sie ruckartig zusammen. Deshalb hat die Gattung auch zu Recht ihren Namen erhalten.

Strahlenaralie zurückschneiden

In meinem Blumenfenster hat sich die Strahlenaralie prächtig entwickelt. Jetzt wird die Pflanze fast zu groß. Kann ich die Triebe zurückschneiden und wann führe ich diese Arbeit aus?

An günstigen Standorten kann die Strahlenaralie (*Schefflera*) lange, etwas dünne Triebe bilden. Sie müssen meistens an Stäben aufgebunden werden. Es ist aber möglich, eine etwas zu groß gewordene Pflanze durch einen entsprechenden Rückschnitt im Wuchs zu bezähmen. Am besten wird dieser im Spätwinter oder Frühjahr ausgeführt, damit die Pflanze mit Zunahme des natürlichen Tageslichts mit der Entwicklung der neuen Triebe aus den „schlafenden“ Augen beginnen kann. Es ist aber auch möglich, die Haupttriebe der Strahlenaralie immer wieder zu pinzieren, also von Zeit zu Zeit die Triebspitzen zu entfernen. So kann die Pflanze kleiner gehalten werden und die Triebe brauchen keine so starke Abstützung.

Strelitzie braucht viel Licht

Meine Strelitzie (Paradiesvogelblume) steht im Treppenhaus mit Glasbausteinen. Sie kommt einfach nicht zum Blühen. Was mache ich falsch und welche Erde braucht die Pflanze? Kann ich ein älteres, größeres Exemplar selbst vermehren und wann ist der beste Zeitpunkt?

Die Strelitzie oder Paradiesvogelblume (*Strelitzia reginae*) gehört zur Familie der Bananengewächse (Musaceae) und ist aus Südafrika zu uns nach Europa gekommen. Heimatbedingt benötigt die Pflanze sehr viel Licht, um ihre Blütenstände auszubilden. Sicher ist das Lichtangebot hinter den Glasbausteinen im Treppenhaus zu gering, so dass die Pflanze an einen anderen Standort gestellt werden sollte. Ideal ist im Sommer ein Platz im Freien an der Süd- oder Westseite des Hauses vor einer hellen Hauswand. Auch die Überwinterung sollte an einem hellen Standort nahe am Fenster erfolgen. Ideal wäre natürlich ein Wintergarten oder ein nach Süden ausgerichtetes Fenster.
Hinsichtlich der Erde ist die Pflanze nicht anspruchsvoll. Empfehlenswert ist eine übliche lockere, humose Kübelpflanzenerde. Umgetopft wird am besten nach der Winterruhe im Frühjahr. Zu diesem Zeitpunkt (April bis Mai) können ältere Pflanzen auch durch Teilung oder Abnahme von Seitentrieben vermehrt werden.

Verwenden Sie beim Teilen der Strelitzie nicht zu kleine Teilstücke, sonst dauert es zu lange, bis die jeweilige Pflanze wieder neue Blüten ansetzt.

Strelitzie will nicht blühen

Seit vielen Jahre kultiviere ich eine Strelitzie. Im Sommer steht sie im Freien. Überwintert wird sie im Kleingewächshaus, neuerdings im Wintergarten. Die Pflanze treibt willig Blätter, blühen will sie aber nicht. Was kann ich tun, damit sie zum Blühen kommt?

Die Strelitzie (*Strelitzia reginae*) ist in Südafrika beheimatet und wird heute gerne in südlichen Ländern kultiviert. Heimatbedingt stellt sie besondere Ansprüche, die man auch in Mitteleuropa unbedingt nachahmen muss, wenn die Pflanze gut gedeihen und blühen sollen. So ist es wichtig, dass sie praktisch ganzjährig an einem hellen, möglichst sonnigen Standort kultiviert wird. Mindestens drei bis vier Stunden direkte Sonne am Tag sind erforderlich, weil sonst die Pflanze nicht zum Blühen kommt. Außerdem sollte man etwas auf die Temperaturverhältnisse achten. Im Sommer, während der Hauptwachstumszeit, gedeiht die Strelitzie bei uns recht gut. In dieser Zeit kann sie im Garten, auf einem Balkon oder einer Terrasse an einem geschützten Standort aufgestellt und reichlich gewässert werden. Gegossen wird immer dann, wenn die oberste Erdschicht etwas abgetrocknet ist.
Wichtig ist die Ruheperiode im Winter und Frühjahr. In dieser Zeit wird die Pflanze bei etwa 13 °C gehalten. Auch die Wassergaben werden dann eingeschränkt. Es wird nur so viel gegossen, dass der Wurzelballen nicht vollständig austrocknet.
Das Nährstoffbedürfnis der Pflanzen ist während der Hauptwachstumszeit verhältnismäßig groß. Im Abstand von zwei bis drei Wochen wird die Pflanze mit einem handelsüblichen Flüssigdünger versorgt. So behandelt, wird die Strelitzie sicher zum Blühen kommen.

Die Strelitzie, die aufgrund ihrer interessanten Blüte im Volksmund auch Paradiesvogelblume genannt wird, kann manchmal auch nicht blühen, wenn die Wurzeln beim Umtopfen beschädigt wurden. Deshalb sollte beim Verpflanzen sehr vorsichtig vorgegangen und das Wurzelwerk möglichst nicht beschädigt werden.

Usambaraveilchen mit Blattflecken und Läusen

Meine Usambaraveilchen bekommen plötzlich auffallende helle Blattflecken. Es handelt sich oft um unregelmäßige, manchmal scharf begrenzte Flecken, manchmal aber auch um geschlängelte Linien oder ringförmige Flecken. Können diese Flecken durch Blattläuse verursacht werden, die gelegentlich in geringer Zahl auftreten?

Die geschilderten Blattflecken sind sehr typisch für das Usambaraveilchen (*Saintpaulia*). Mit ziemlicher Sicherheit kann angenommen werden, dass es sich dabei nicht um einen parasitären Befall handelt. Oft meint man, dass die geschlängelten Linien durch Larven von Minierfliegen verursacht werden. Das ist aber in der Regel nicht der Fall. Auch Blattläuse verursachen nicht diesen typischen Schaden. Es kann dagegen mit großer Wahrscheinlichkeit angenommen werden, dass es sich um einen so genannten Sonnenbrandschaden handelt. Das Usambaraveilchen reagiert auf starke Temperaturunterschiede, wenn die Blattoberfläche bei starker Besonnung mit kaltem Wasser bespritzt wird. Auch zu starke Sonnenbestrahlung allein kann zu Blattverbrennungen führen. Deshalb sollten Südfenster rechtzeitig schattiert und Usambaraveilchen möglichst nicht bei starker Sonneneinstrahlung gegossen oder bespritzt werden.
Die Blattläuse können Saugschäden an den Blättern verursachen. Versuchsweise kann mit einem Pflanzenschutz-Spray für Zimmerpflanzen gesprüht werden. Sinnvoll ist aber, wenn zunächst einmal nur eine Pflanze behandelt wird, um die Verträglichkeit des Mittels zu prüfen. Sind innerhalb einiger Tage keine weiteren Blattschäden aufgetreten, können auch die anderen Usambaraveilchen damit behandelt werden.

Es gibt viele Pflanzenschutzmittel in Spraydosen für die Behandlung von Zimmerpflanzen gegen schädliche Insekten, vor allen Dingen gegen Blattläuse. Bei dem Einsatz von Spraydosen sollte immer ein gewisser Abstand zu den Pflanzen eingehalten werden. Die Mittel sind mit einem Treibgas versetzt, das eine feine Verteilung des Präparats auf der Pflanzenoberfläche garantiert. Diese Treibgase verdunsten sehr rasch und verursachen dabei eine Abkühlung der Blätter und Triebe. Bei empfindlichen Usambaraveilchen könnte es dadurch zu Blattschäden kommen. Sie werden vermieden, wenn zwischen Pflanze und Sprühdose ein Mindestabstand von etwa 40 cm eingehalten wird.

Usambaraveilchen richtig pflegen

Nicht immer habe ich Glück mit meinen Usambaraveilchen. Manchmal lassen sie sehr rasch mit der Blüte nach, manchmal faulen auch die Blätter. Welche Ansprüche stellen die Pflanzen und wie muss ich sie düngen?

Das Usambaraveilchen (*Saintpaulia*) gehört zu den beliebtesten Zimmerpflanzen. Es handelt sich um eine krautige Pflanze mit auffallend fleischigen Blättern. Sie gedeiht in ihrer Heimat Ostafrika in tropischen Zonen, also unter dem Blätterdach großer Bäume. Deshalb benötigt die Pflanze bei uns einen mäßig warmen Standort und liebt mittlere Temperaturen um 18 bis 20 °C.

Sehr wichtig ist, dass die Pflanze vor allem im Sommer volle Mittagssonne nicht verträgt. Sie muss also immer rechtzeitig schattiert werden. Während der lichtarmen Jahreszeit kann sie aber durchaus von den Sonnenstrahlen getroffen werden. Außerdem dürfen die fleischigen und saftigen Blätter nicht nass gemacht werden. Gerade dann gehen sie in Fäulnis über. Auch sollte das Gießwasser im Winter immer auf Zimmertemperatur gehalten werden.

Während der Hauptwachstumszeit im Sommer kann durchaus ab und zu gedüngt werden. Die Lösungen sollten jedoch nicht zu hoch konzentriert werden. 0,15 bis 0,2%ige Lösungen (1,5 bis 2 g oder ml Dünger/Wasser) reichen völlig aus. Unter günstigen Standortverhältnissen kann das Usambaraveilchen über Jahre hinweg gut gedeihen und fast das ganze Jahr über blühen, besonders in den Frühjahrs- und Sommermonaten.

Usambaraveilchen vermehren

Recht viel Glück habe ich mit der Kultur von Usambaraveilchen. Die Pflanzen haben sich gut entwickelt und blühen auch immer sehr reichlich. Nun möchte ich sie einmal vermehren. Wie stelle ich das am besten an?

Usambaraveilchen (*Saintpaulia*) werden am einfachsten durch Blattstecklinge vermehrt. Es ist eine der wenigen Pflanzen, bei denen abgebrochene oder abgeschnittene Blätter an der Basis, Wurzeln und Knospen für einen vegetativen Austrieb bilden. Gut ist es, wenn aus der mittleren Region der Pflanzen nicht zu junge Blätter herausgebrochen werden und dann der Blattstiel auf etwa 1 bis 2 cm Länge zurückgeschnitten wird. Anschließend werden die Blätter so in ein Torf-Sandgemisch (Hochmoor-Weißtorf und Flusssand im Verhältnis 1:1) gesteckt, dass sie nicht waagrecht, sondern leicht schräg stehen. Es können mehrere Stecklinge zusammen in einen Topf oder in eine kleine Schale gesteckt werden. Anschließend werden die Gefäße mit den Pflanzen mit einer Folienhaube oder Glasglocke abgedeckt und an einem hellen, jedoch keinesfalls sonnigen Platz am Fenster aufgestellt. Voraussetzung für eine gute Bewurzelung ist eine gleichmäßige Bodenwärme von etwa 20 bis 22 °C. Es dauert schon einige Wochen, bis sich am Grund der Blattstiele neue Pflanzen bilden. Vorher haben natürlich die Stiele schon Wurzeln gezogen. Bei vorsichtigem Umgang mit diesen Stecklingen kann ein nahezu 100%iger Erfolg erzielt werden.

WUSSTEN SIE, dass das Usambaraveilchen seinen botanischen Gattungsnamen *Saintpaulia* nach dem ehemaligen Bezirkshauptmann von Usambara (Ostafrika) Walter von Saint-Paul-Illaire (1860–1910) erhalten hat? Er hat diese Pflanzengattung im Usambaragebirge entdeckt.

Vriesea blüht nur einmal

Zum Geburtstag erhielt ich vor vielen Monaten eine wunderschöne Vriesea. Es soll sich um ein Bromeliengewächs handeln, das einen prächtigen, schwertförmigen Blütenstand hatte. Nun habe ich die Pflanze weiterkultiviert, in der Hoffnung, dass sie irgendwann wieder zum Blühen kommt. Der Gärtner sagte mir aber nun, dass eine solche Pflanze nur einmal blühen wird.

Ganz sicher handelt es sich bei dieser prächtigen Pflanze um eine *Vriesea splendens*, die zu den schönsten Bromeliengwächsen zählt. Neben der stattlichen Blattrosette mit der interessanten, schwarzpurpurnen Zeichnung ist der Blütenstand recht attraktiv. Er stellt eine schwertförmige Ähre dar, wobei die einzelnen, fast unscheinbaren Blüten von glänzend scharlachroten Deckblättern umhüllt sind. Gerade diese Deckblätter sind für

die optische Wirkung des Blütenstandes verantwortlich.
In der Tat hat auch die Vriesea die Eigenschaft, wie alle anderen Bromeliengewächse, nur einmal zu blühen. Hat also nach vielen Wochen der Blütenstand seine Funktion und Schönheit verloren, kann man das Gewächs als attraktive Grünpflanze noch viele Monate weiterpflegen. Zum Blühen wird aber diese Pflanze nicht mehr kommen.
Die Natur hat sich aber etwas einfallen lassen. Wahrscheinlich haben sich bereits oder werden sich noch an der Basis seitliche Austriebe bilden, so genannte Kindel. Haben sie eine gewisse Größe erreicht, können sie abgetrennt und in einem lockeren Humussubstrat bewurzelt werden. Gute Erfolge erzielt man, wenn die Kindel erst in einer Größe von 10 bis 15 cm von der Mutterpflanze abgetrennt und an einem relativ hellen und warmen Platz bis zur Bewurzelung aufgestellt werden. Ideal sind Bodentemperaturen von 25 °C. Eine Plastiktüte, die man über die Kindel stülpt, verhindert eine zu starke Wasserverdunstung.

Wachsblume richtig vermehren

? **Viel Freude bereitet mir meine Wachsblume. Sie blüht alljährlich im Frühjahr oder Frühsommer und hat sich zu einer mächtigen Pflanze entwickelt. Nun möchte ich gerne Ableger machen. Kann ich diese Pflanze selbst vermehren?**

! Die Vermehrung der Wachsblume (*Hoya*) ist relativ einfach. Am besten werden Kopfstecklinge geschnitten. Will man aber nicht so viele Triebspitzen dafür verwenden, können auch Triebstecklinge genommen werden. Darunter versteht man Stängelstücke mit zwei bis drei Augen (Blattansätze), die wie die Kopfstecklinge behandelt werden. Der günstigste Vermehrungszeitpunkt ist das Frühjahr. Die Stecklinge werden geschnitten und in ein Torf-Sandgemisch (Verhältnis 1:1) zu mehreren in einen kleinen Topf gesteckt. Anschließend wird angegossen und am besten darüber eine Folientüte gestülpt, damit die Pflanzen eine hohe Luftfeuchtigkeit haben und nicht so viel Wasser verdunsten.
Aufgestellt wird das Töpfchen an einem hellen, jedoch nicht sonnigen Platz am Fenster. Die Temperatur soll zwischen 20 und 25 °C liegen. Ideal ist es, wenn sich unter dem Fenstersims eine Heizung befindet, damit etwas Bodenwärme entstehen kann. Sofern man ein Zimmergewächshaus mit einer elektrischen Heizung hat, kann man auch darin recht gut vermehren.
Sobald sich der Trieb regt, wird die Folie abgenommen und die Pflänzchen normal weitergepflegt. Es sollte jedoch kontrolliert werden, ob die Stecklinge auch Wurzeln getrieben haben. Nach einiger Zeit muss in eine nährstoffhaltige Erde umgepflanzt und normal weiterkultiviert werden.

WUSSTEN SIE, dass es verschiedene Wachsblumen-Arten gibt? Bekannter ist *Hoya carnosa*, eine großblättrige Art, die auch große Blütendolden ausbildet. Von ihr gibt es eine buntblättrige Sorte mit der Bezeichnung 'Variegata'. Sehr dekorativ ist auch die Sorte 'Compacta' mit gedrehten Blättern. Außerdem gibt es die kleinblättrige Wachsblume, die insgesamt etwas zierlicher ist und unter der Bezeichnung *H. bella* geführt wird. Einige andere Arten der Gattung *Hoya* sind seltener im Handel.

Wachsblume wirft Blüten ab

? **Viel Freude hat mir schon meine Wachsblume bereitet. Nun wirft sie plötzlich die Blüten ab. Was habe ich falsch gemacht? Welche Ansprüche stellt die Pflanze an ihre Umgebung?**

! Die Wachsblume (*Hoya carnosa*) ist eine sehr beliebte Zimmerpflanze. Sie kann viele Jahre kultiviert werden, wenn sie günstige Pflegebedingungen vorfindet. So liebt die Pflanze einen hellen, nicht vollsonnigen Standort im Zimmer. Die Temperaturen sollen im Sommer etwa um 20 bis 25 °C betragen. Im Winter wird eine Ruhepause eingeschaltet, während der die Temperaturen etwa 15 °C oder etwas darunter betragen müssen.
Das Gießen muss der Jahreszeit angepasst werden. Im Sommer ist gleichmäßig und reichlich, im Winter aber sparsamer zu gießen. Der Wurzelballen darf aber nicht austrocknen.
Im Frühjahr wird die Temperatur langsam auf 15 bis 20 °C erhöht, gleichzeitig werden aber auch die Wassergaben gesteigert. Nun ist aber wichtig, dass, sobald die Blütenknospen erscheinen, keine Schwankungen im Wasserhaushalt mehr auftreten dürfen. Für eine gleichmäßige, aber mäßige Bodenfeuchtigkeit ist zu sorgen. Sonst kann es

vorkommen, dass die Blütenknospen abgestoßen werden. Damit ist auch zu rechnen, wenn Pflanzen mit Knospen oder Blütenansätzen verstellt und in einer anderen Richtung zum Licht wieder platziert werden.
Es ist also in diesem Fall möglich, dass die Pflanze größeren Schwankungen in der Bodenfeuchtigkeit ausgesetzt war oder verstellt wurde. Wird ihr ein anderer Platz zugewiesen, sollte sie immer in der gleichen Richtung zum Licht wieder aufgestellt werden. Dies ist besonders wichtig, wenn sie Knospen und Blüten bereits angesetzt hat. Eine kleine Hilfe ist es immer, wenn am Topf eine so genannte Lichtmarke angebracht wird. Mit einem Strich am Blumentopf wird immer die Seite gekennzeichnet, die zum Licht ausgerichtet werden soll. Wird diese Lichtmarke angebracht, kann man die Pflanze immer wieder in der angestammten Richtung zum Licht aufstellen.

WUSSTEN SIE, dass man den Blütenstand nach dem Abblühen nicht ganz entfernen darf? Die Blüten stehen in einer Scheindolde an einem Kurztrieb, der auch nach dem Verblühen an der Pflanze verbleiben muss. Daran erscheinen nämlich nach einiger Zeit wieder neue Blüten.
Viele Menschen empfinden den oft gegen Abend besonders intensiven, betörenden und süßlichen Duft der Blüten als sehr angenehm. Im Übrigen kann der klebrige Nektar auf den Blüten durchaus einmal abgeleckt werden. Er hat einen süßlich-bitteren Geschmack.

Weihnachtskaktus blüht im Sommer

Seit einiger Zeit besitze ich einen Weihnachtskaktus. In diesem Jahr blühte die Pflanze plötzlich im Sommer. Was ist die Ursache und kommt sie an Weihnachten wieder zum Blühen?

Der Weihnachtskaktus (*Schlumbergera*) ist eine Pflanze, die durch Einflüsse des Klimas zum Knospenansatz und zur Blüte angeregt werden kann. Einmal handelt es sich um eine so genannte Kurztagpflanze, die erst dann Knospen ansetzt, wenn die Tage im Herbst kürzer werden. Sinkt die Tageslänge unter zwölf Stunden, wird die Knospenbildung angeregt. Aus diesem Grund blüht der Weihnachtskaktus normalerweise während der kurzen Tage, also ab Advent bis etwa Weihnachten. Ein zweiter Auslösungsfaktor für eine Knospenbildung ist Trockenheit. Wird der Weihnachtskaktus zu einer bestimmten Zeit nicht oder nur sehr wenig gegossen, kann es ebenfalls zu einem Knospenansatz kommen.
Nun kann es sein, dass aus irgendeinem Grund der Weihnachtskaktus im Frühjahr über einen gewissen Zeitraum hinweg wenig oder nicht gegossen wurde. Häufig ist das der Fall, wenn ein längerer Urlaub gemacht wird. Durch diese Trockenperiode kann nun die Pflanze Knospen ansetzen und einige Wochen später plötzlich blühen. Empfehlenswert wäre nun, die Pflanze in den nächsten Wochen und Monaten im Wachstum zu halten und erst im Sommer des folgenden Jahres wiederum eine Ruheperiode einzuhalten, damit der Weihnachtskaktus dann termingerecht während der kurzen Tage blüht. Wird jetzt im Sommer sofort nach dieser Blüte, die Pflanze auf eine Weihnachtsblüte eingestellt, kann unter Umständen der Erfolg ausbleiben.

Hat ein Weihnachtskaktus normalerweise im Winter geblüht, wird nach der Blüte eine kurze Ruheperiode eingehalten, in der die Pflanze nur sehr mäßig gegossen wird. Ab Frühjahr beginnt die Hauptwachstumszeit, die etwa Ende Juli oder im August endet. Nun kann der Weihnachtskaktus über mehrere Wochen recht trocken gehalten werden, um den Knospenansatz bis zum Spätsommer oder Herbst anzuregen. Etwa ab Oktober wird die Pflanze wieder feuchter gehalten. Staunässe ist auf jeden Fall zu vermeiden. So behandelt wird der Weihnachtskaktus im Dezember zum Blühen kommen.

Weihnachtskaktus blüht nicht

Seit 30 Jahren pflege ich mit Liebe einen Weihnachtskaktus. Nun bin ich umgezogen. Zu meinem großen Kummer setzt die Pflanze nun keine Blüten mehr an. Was kann ich tun, damit meine Lieblingspflanze wieder Knospen ausbildet?

Sicher hat der Weihnachtskaktus (*Schlumbergera*) in der früheren Wohnung an einem idealen Platz gestanden. Durch den Umzug haben sich die

Standortverhältnisse geändert, so dass die Pflanze aus ihrem normalen Rhythmus gekommen ist.
Wichtig ist nun, dass sie wieder an einem Standort aufgestellt wird, der ihren Ansprüchen gerecht wird. Der Weihnachtskaktus benötigt einen sehr hellen, jedoch nicht vollsonnigen Platz am Fenster, damit er während der Hauptwachstumsphase ausreichend neue Blattglieder bilden kann. Im Sommer muss dann eine Ruheperiode eingehalten werden, in der sich die Knospen entwickeln.
Möglich ist, dass die Pflanze in der neuen Wohnung zu wenig Licht erhält und deshalb kein ausreichendes Wachstum stattfindet. In diesem Falle kann dies auch zu einer mangelhaften Knospenbildung führen.

Weihnachtskaktus nach der Blüte richtig pflegen

? **Mein Weihnachtskaktus hat im November und Dezember wunderschön geblüht. Er sieht immer noch recht gut aus. Was mache ich, damit die Pflanze auch nächstes Jahr wieder zum Blühen kommt?**

! Nach dem Verblühen beginnt für den Weihnachtskaktus (*Schlumbergera*) eine Ruheperiode. Die Blattglieder bekommen meistens eine matte Farbe. In dieser Zeit darf nur wenig gegossen werden. Nach zwei bis drei Monaten setzt ein neues Wachstum ein. Die Glieder werden straff und füllen sich wieder mit Wasser und Nährstoffen. Ab jetzt wird wieder regelmäßig gegossen und im Abstand von etwa zwei bis drei Wochen eine Kopfdüngung verabreicht. Die Konzentration der Düngerlösung sollte nicht zu stark gemacht werden. 0,1 bis 0,2%ige Lösungen (1 bis 2 g oder ml Dünger/l Wasser) reichen völlig aus.
Ab Ende Juli oder Anfang August beginnt eine zweite Ruhezeit. Sie ist sehr wichtig, weil sich in dieser Zeit die Blütenknospen ausbilden. Einzuhalten ist außerdem eine verhältnismäßig kühle Temperatur. So erzielt man bei etwa 15 °C – das ist für die Sommerzeit verhältnismäßig kühl – den besten Knospenansatz. Ab Ende September wird meistens wieder regelmäßiger gegossen. Natürlich ist Staunässe stets zu vermeiden. Bei üblichen Zimmertemperaturen von etwa 20 °C kommt die Pflanze im November oder Dezember wieder zum Blühen.

WUSSTEN SIE, dass der Weihnachtskaktus schon viele botanische Namen trug? So kann es sein, dass er beim Gärtner oder auch in der Literatur immer wieder unter den botanischen Bezeichnungen *Epiphyllum truncatum* oder *Zygocactus truncatus* geführt wird. Die richtige botanische Bezeichnung lautet heute *Schlumbergera*-Hybriden, da es sich bei den Zimmertopfpflanzen um Kreuzungen handelt, an denen vor allem *Schlumbergera truncata* beteiligt war.
Die Gattung *Schlumbergera* erhielt ihren Namen nach Friedrich Schlumberger, einem Kenner der Kakteen, Begonien und Bromelien, der im 19. Jahrhundert lebte.

Weihnachtskaktus wirft Blätter ab

? **Schon seit einigen Jahren kultiviere ich einen Weihnachtskaktus mit gutem Erfolg. Auch jetzt steht die Pflanze wieder in Blüte. Doch stelle ich fest, dass die Blätter sich einrollen, absterben und abfallen. Was habe ich falsch gemacht? Kann ich die Pflanze noch retten?**

! Das Eintrocknen von Blättern des Weihnachtskaktus (*Schlumbergera*) während der Blüte ist ungewöhnlich. Vor allen Dingen dann, wenn normal gepflegt wurde. Eigentlich gibt es nur eine Möglichkeit, die geprüft werden sollte. Alle Kakteen und andere Sukkulenten benötigen während ihrer Hauptwachstumsphase ausreichend Wasser. Sie sind aber gegen Staunässe oft sehr empfindlich. Nun kann in diesem Fall zu viel Feuchtigkeit im Wurzelballen auch die Ursache für den Schaden sein. Oft steht die Pflanze in einem schönen Übertopf, in dem man den Wasserstand nicht genügend kontrollieren kann. Wird nun zu viel Wasser verabreicht, sammelt sich das Überschusswasser am Topfboden an und führt zu einer Vernässung des Wurzelballens. Dadurch faulen die Wurzeln ab, die Pflanze kann kein Wasser mehr aufnehmen und die Blätter trocknen, obwohl Wasser im Überschuss vorhanden ist.
Zunächst einmal sollte die Pflanze aus dem Übertopf herausgenommen und der Wasserstand kontrolliert werden. Außerdem empfiehlt sich eine Kontrolle des Wurzelballens. Sind die Wurzelspitzen weiß und gesund, hängt es nicht mit dem vermuteten Wasserüberschuss zusammen. Sind sie

jedoch braun und abgefault, haben Sie die Ursache für die welken Blätter gefunden. Sie könnten versuchen, durch vorsichtiges Abballieren die Pflanze von dem alten Substrat und den verfaulten Wurzel zu trennen, sie in frisches Substrat einzutopfen und nur mäßig zu gießen. Eventuell kann der Weihnachtskaktus so gerettet werden. Ob dies gelingt, hängt vom Grad der Beschädigung ab.

Weihnachtskaktus wirft Blüten ab

Mein Weihnachtskaktus hat wunderschöne Knospen angesetzt. Schon vor einigen Tagen habe ich festgestellt, dass einige Knospen abfallen. Auch heute morgen lagen wieder einige Knospen auf dem Boden. Was ist die Ursache und was muss ich machen, damit der Kaktus nicht alle Knospen verliert und die restlichen möglichst aufblühen?

Das Abwerfen von Blütenknospen kann verschiedene Ursachen haben. Immer deutet es auf irgendwelche Störungen hin. So kann es sein, dass der Weihnachtskaktus (*Schlumbergera*) einige Zeit trocken gehalten wurde und anschließend durch kräftigeres Gießen ein stärkerer Druck im Zellgewebe entstanden ist, so dass die Knospen abplatzen.

Möglich ist aber auch, dass der Kaktus zu feucht gehalten wird, das kann vorkommen, wenn er im Übertopf steht. Bei Staunässe faulen die Wurzelspitzen ab, die Pflanze kann nicht mehr genügend Feuchtigkeit aufnehmen, so dass die Knospen abgeworfen werden. Eine weitere Möglichkeit wäre auch noch Lichtmangel oder Lufttrockenheit.

Nun muss selbst einmal versucht werden, die Ursache zu finden und abzustellen. Ob die restlichen Knospen noch gerettet werden können, hängt vom Zustand der Pflanze und von den jetzt noch eingeleiteten Maßnahmen ab. Auf jeden Fall sollte der Pflanze ein heller Platz am Fenster gegeben und der Wurzelballen nur mäßig, jedoch gleichmäßig feucht gehalten werden.

Manchmal wird auch behauptet, dass Knospen durch ein Verstellen der Pflanze abgeworfen werden. Das ist möglich, wenn sie in einer völlig anderen Richtung zum Fenster aufgestellt wird. Ein kurzzeitiges Wegstellen zum Lüften oder Putzen des Fensters oder das Umstellen an ein anderes Fenster schadet dem Weihnachtskaktus nicht. Nur sollte die Pflanze wieder in der gleichen Richtung zum Fenster aufgestellt werden, da die Knospen zum Licht orientiert sind. Bei einem Verdrehen der Pflanze können sie unter Umständen ebenfalls abfallen.

Weihnachtskaktus zum richtigen Zeitpunkt umtopfen

Ich besitze einige Weihnachtskakteen, an denen ich große Freude habe. Sie blühen alljährlich zum richtigen Zeitpunkt mitten im Winter. Jetzt bin ich aber unsicher, wann ich diese Pflanzen umtopfen soll?

Am besten ist es wohl, wenn der Weihnachtskaktus (*Schlumbergera*) im Frühjahr vor Beginn der Hauptwachstumszeit umgepflanzt wird. Man lässt die Pflanzen zunächst einmal normal abblühen und kultiviert sie im temperierten Raum weiter. Im Frühjahr (März, April) beginnt das Hauptwachstum. Zu diesem Zeitpunkt kann man auch am besten umtopfen.
Der Weihnachtskaktus liebt ein mäßig saures, humoses und durchlässiges Substrat. Der Reaktionsgrad sollte bei pH 5 bis 6 liegen. Um Staunässe zu vermeiden, kann man der Erde noch zusätzlich etwa 25 bis 30 % groben Sand beimischen.

Weihnachtsstern blüht nicht

Einige Weihnachtssterne habe ich den Sommer über weiterkultiviert. Sie sind recht gut gewachsen. Nur befürchte ich, dass sie keine Blüten ansetzen. Jetzt, Mitte November, kann ich noch keine Knospen entdecken. Wie muss ich die Pflanzen behandeln, damit sie noch zu Weihnachten blühen?

Der Weihnachtsstern (*Euphorbia pulcherrima*) zählt zu den so genannten Kurztagspflanzen. Zu dieser Kategorie gehören alle die Gewächse, die in der Heimat während der Zeit der kurzen Tage Knospen ansetzen und zum Blühen kommen. Da der Weihnachtsstern in Mexiko beheimatet ist, setzt er Knospen an, wenn die Tageslänge unter zwölf Stunden Licht absinkt. Will man nun Weihnachtssterne sicher zum Blühen bringen, müssen sie über einen längeren Zeitraum pro Tag mindestens 14 Stunden absolute Dunkelheit haben. Sie dürfen also nur zehn Stunden vollem Licht ausgesetzt werden.
Normalerweise haben wir jetzt auch die Zeit der kurzen Tage. Stehen die Pflanzen aber im Zimmer, in dem abends das Licht brennt, wird die Knospenbildung unterbrochen. Schon der geringe Lichtschein einer Straßenlaterne kann die Knospenbildung unterbinden. Einen sicheren Knospenansatz erhält man also nur, wenn die Pflanzen beispielsweise von 18.00 bis 8.00 Uhr oder von 17.00 bis 7.00 Uhr absoluter Dunkelheit ausgesetzt sind. Ist das auf natürlichem Wege nicht möglich, muss sie künstlich verdunkelt werden. Zu diesem Zweck stülpt man über die Pflanze eine schwarze Folie oder bringt sie in einen völlig abgedunkelten Raum. Diese Dunkelperiode muss mindestens 30 Tage anhalten. Dann blühen die Pflanzen etwa neun bis zehn Wochen nach Beginn der Dunkelphase.

Wird die Dunkelphase richtig eingehalten, kann mit einer Knospenbildung gerechnet werden. Es muss jedoch beachtet werden, dass die Pflanzen während der restlichen Zeit des Tages, also nach obigem Beispiel von 8.00 bis 18.00 oder von 7.00 bis 17.00 Uhr vollem Licht ausgesetzt sind. Nur dann bilden sich schön gefärbte Hochblätter (Brakteen) aus. Die oft als Blüten bezeichnete Blätter sind nur gefärbte Hochblätter. Die eigentlichen Blüten, sie heißen bei den Weihnachtssternen Cyathien, sitzen in der Mitte eines Brakteenkranzes.

Weihnachtsstern blüht Ostern noch

Mein Weihnachtsstern blüht seit Weihnachten ununterbrochen. Nach Ostern muss ich aber sicher etwas unternehmen, damit die Pflanze wieder durchtreibt und im nächsten Winter erneut zum Blühen kommt.

Es ist eigentlich immer erfreulich, wenn ein Weihnachtsstern (*Euphorbia pulcherrima*) im Zimmer viele Wochen blüht. Natürlich muss im Laufe des Frühjahrs die Pflanze zur Neubildung von Trieben angeregt werden. Am besten ist es, wenn die vielleicht jetzt nicht mehr so schönen Blütenstände einfach mit einem scharfen Messer kurz über einem darunter liegenden Blatt abgeschnitten werden. In den Blattachseln befinden sich „schlafende" Augen, die nach einem solchen Rückschnitt wieder durchtreiben. Vielleicht ist es auch sinnvoll, die Pflanze zum gleichen Zeitpunkt in ein frisches Substrat umzutopfen. Nun wird der Weihnachtsstern an einem hellen Platz am Fenster auf-

gestellt. Morgen- oder Abendsonne wird durchaus vertragen. Bald werden sich neue Triebe bilden, die unter Umständen bis Ende Juni noch einmal gestutzt werden können. Anschließend lässt man die Triebe ganz normal heranwachsen. Sie schließen dann mit Beginn der kurzen Tage mit der Knospenbildung ab.
Wichtig ist nun, dass die Pflanze über einen gewissen Zeitraum so genannten Kurztagverhältnissen ausgesetzt wird, damit ein sicherer Knospenansatz gewährleistet ist. Werden diese Voraussetzungen erfüllt, blüht der Weihnachtsstern ganz sicher zu Weihnachten wieder.

Weihnachsstern voller Spinnmilben

Kummer habe ich mit meinem wunderschönen Weihnachtsstern. Die Blätter zeigen auf der Blattunterseite silbrig schimmernde Blattaufhellungen. Sie werden braun und teilweise auch schon abgeworfen. Auf der Blattunterseite sind feine Gespinste sichtbar. Es muss sich um einen winzig kleinen Schädling handeln?

Tatsächlich ist das geschilderte Schadbild an Ihrem Weihnachtsstern (*Euphorbia pulcherrima*) typisch für den Befall durch Spinnmilben (Tetranychidae). Es handelt sich dabei um etwa 0,7 mm große rötliche oder grünlich gelbe Milben, die auf der Blattunterseite leben und den Pflanzen den Saft entziehen. Zum Schutze und zur Fortbewegung werden die geschilderten Spinnfäden entwickelt. Spinnmilben treten vor allem in trockenwarmer Zimmerluft auf.
Die Bekämpfung ist nicht einfach. Der Pflanzenschutzdienst empfiehlt bei der Zimmerpflanzenkultur die Anwendung der für Mensch und Haustiere ungiftigen Mittel auf natürlicher Basis. Es handelt sich dabei um Präparate aus Kaliseife oder Rapsöl. Verwendet werden kann auch ein zugelassenes Pflanzenspray.

Gegen Spinnmilben kann auch ein Nützling eingesetzt werden. Bekannt ist die Raubmilbe (*Phytoseiolus persimilis*), eine nahe Verwandte der Spinnmilbe. Sie hat sich ausschließlich auf das Anstechen und Aussaugen ihrer Verwandten spezialisiert. Raubmilben werden von speziellen Züchtern angeboten und können auch von Pflanzenliebhabern bezogen werden. Der Einsatz kann in geschützten Räumen, also im Blumenfenster oder Kleingewächshaus erfolgen, da die Raubmilben besonders bei Temperaturen um 20 °C aktiv sind. Sind genügend Beutetiere vorhanden, können sie aber auch niedrigere Temperaturen ertragen. Günstig ist es auch, wenn die relative Luftfeuchtigkeit bei 60 bis 85 % liegt, da sich die Nützlinge bei einer niedrigeren Luftfeuchte und hohen Temperaturen nur in den unteren zwei Dritteln der Pflanze aufhalten. Die genauen Anwendungsvorschriften des Lieferanten sind zu beachten.

Weihnachtsstern vom Wochenmarkt wirft Blätter ab

Vor einigen Tagen habe ich einen Weihnachtsstern auf dem Wochenmarkt erworben. Er steht bei mir auf der Fensterbank. Nun färben sich alle Blätter gelb, manche wurden bereits abgeworfen. Was ist wohl die Ursache?

Für diesen schnellen Blattfall nach dem Einkauf des Weihnachtssterns (*Euphorbia pulcherrima*) sind wahrscheinlich Temperaturunterschiede verantwortlich. Zwei Möglichkeiten kommen in Frage. Entweder war die Temperatur auf dem Wochenmarkt für die Pflanze schon zu tief, so dass sie bereits dort einen Schock erlitten hat. Kommt die Pflanze dann ins warme Wohnzimmer, kann sie schon nach kurzer Zeit die Blätter abwerfen.
Als zweite Möglichkeit kommt in Betracht, dass die Pflanze wohl die Temperatur beim Verkauf auf dem Wochenmarkt überstanden hat. Nachdem sie aber jetzt auf der Fensterbank im Wohnzimmer aufgestellt wurde – unter der sich vermutlich auch ein Heizkörper befindet – kann es dort durch die ungewohnte Wärmezufuhr von unten ebenfalls zu ähnlichen Blattschäden kommen.
Vorsicht ist immer geboten, wenn wärmebedürftige Zimmerpflanzen im Winter von Verkaufsflächen im Freien erworben werden. Bei tiefen Temperaturen können die Pflanzen einen Schock bekommen, der sich in einem späteren Blattfall äußert. Für viele Zimmerpflanzen ist es auch nicht günstig, wenn sie über einem Heizkörper auf der Fensterbank aufgestellt werden. Durch die aufsteigende Wärme können ebenfalls Schockwir-

kungen ausgelöst werden, die sich in einem Blattfall äußern. Besser ist es in der Regel, wenn Zimmerpflanzen an einem Fenster ohne Heizkörper aufgestellt werden.

Weihnachtsstern von Weißer Fliege befallen

Seit Wochen blüht bei mir ein wunderschöner Weihnachtsstern. Plötzlich entdeckte ich kleine, weiße Tiere, die kurz hoch fliegen, sich später aber wieder an der Pflanze niederlassen. Handelt es sich dabei um einen besonderen Schädling und können auch andere Zimmerpflanzen befallen werden? Wie kann ich diese Tiere wieder loswerden?

Es handelt sich dabei um die Weiße Fliege (Aleurodidae), die auch als Mottenschildlaus bezeichnet wird. Sie hat eine Vorliebe für den Weihnachtsstern (*Euphorbia pulcherrima*), kann aber auch viele andere Zimmerpflanzen, vor allem Fuchsien (*Fuchsia*), Geranien (*Pelargonium*), Salvien (*Salvia*), Pantoffelblumen (*Calceolaria*) befallen.
Ist die Pflanze schon sehr stark befallen, sollte man sich vielleicht von ihr trennen, ehe die anderen Zimmerpflanzen ebenfalls befallen werden. Ist der Befall noch nicht so stark, kann man mit Gelbstickern die flugfähigen Tiere abfangen. Es handelt sich dabei um kleine gelbe, mit Leim bestrichene Tafeln. Die Tiere fliegen die gelbe Farbe an und bleiben auf dem Leim hängen. Sollten schon einige Pflanzen befallen sein, kann man im Zimmer oder Wintergarten auch ohne Einsatz chemischer Mittel die Tiere durch Nützlinge vernichten. Am besten besorgt man sich zu diesem Zweck von einem Nützlingszüchter die Schlupfwespe *Encarsia formosa*. Auch der Einsatz eines zugelassenen Pflanzensprays ist erfolgreich.

Weihnachtsstern wirft Blätter ab

Ich habe vor einigen Tagen einen Weihnachtsstern gekauft. Er wirft schon nach kurzer Zeit sämtliche Blätter ab. Was ist dafür die Ursache? Kann ich die Pflanze noch retten? Erworben habe ich die Pflanze in einem örtlichen Geschäft, wo zahlreiche Exemplare vor dem Laden im Eingangsbereich aufgestellt waren.

Weihnachtssterne (*Euphorbia pulcherrima*) werden in temperierten Gewächshäusern bei Temperaturen zwischen 17 und 20 °C herangezogen. Da es sich um eine Pflanze aus warmen Gebieten (Mexiko) handelt, müssen die Temperaturansprüche unbedingt beachtet werden. Es kann sein, dass zur Zeit des Einkaufs mildes Vorwinterwetter herrschte. Trotzdem ist es problematisch, Weih-

nachtssterne im Freien aufzustellen, da bei einem längeren Aufenthalt eine Unterkühlung möglich ist. Durch diese Schockwirkung können die Blätter nach einigen Tagen meistens von unten nach oben rasch gelb werden und abfallen. Oft werfen die Pflanzen die Blätter sogar in grünem Zustand ab. Beim Erwerb und Transport der Pflanzen ist also auf jeden Fall darauf zu achten, dass sie keinen Temperaturschock erleiden und möglichst immer bei etwa gleichmäßigen Temperaturen um oder etwas unter 20 °C gehalten werden.
Zu Hause werden Weihnachtssterne gerne am Fenster aufgestellt. Auch beim Lüften der Räume ist darauf zu achten, dass sie nicht von kalter Außenluft getroffen werden. Es kann nämlich auch dann nach einigen Tagen zum Abwerfen der Blätter kommen. Übrigens reagieren Weihnachtssterne in ähnlicher Weise auf Staunässe im Boden und auf zu hohe Temperaturen, wenn die Pflanzen auf dem Fenstersims über einem Heizkörper platziert werden.

WUSSTEN SIE, dass die Weihnachtssterne zur Familie der Wolfsmilchgewächse (Euphorbiaceae) gehören? Der Milchsaft ist aber nicht sehr giftig. Vorsicht ist vielleicht mit Kleinkindern geboten, die Blätter der Pflanze in den Mund stecken. Es wurden schon lokale Entzündungserscheinungen beobachtet. Werden Blätter in den Mund gesteckt, kann es zu leichtem Übelsein und Erbrechen kommen. Größere Gefahren bestehen aber nicht.

Weihnachtsstern zurückschneiden

?

Glück habe ich mit der Kultur von Weihnachtssternen. Die Pflanzen wachsen hervorragend und blühen auch jedes Jahr. Nun sind aber einige Exemplare riesig groß. Kann ich diese zurückschneiden?

!

Es ist sicher kein Problem, die Triebe der Weihnachtssterne (*Euphorbia pulcherrima*) zurückzuschneiden. Das gilt in erster Linie natürlich für die Zweige des letzten Jahres. In allen Blattachseln sitzen „schlafende“ Augen, die bei einem entsprechenden Rückschnitt wieder ausschlagen und neue Triebe bilden.
Problematisch wird es, wenn ein Rückschnitt ins alte Holz erfolgen soll. Dann ist es nicht sicher, ob hier noch regenerationsfähige Augen vorhanden sind. Es gibt Weihnachtssterne, die 20 und mehr Jahre alt sind und einen dicken Stamm besitzen. Es werden aber alljährlich die Jahrestriebe auf ein oder zwei Augen zurückgeschnitten und so die Pflanzen relativ kurz gehalten.
Der Rückschnitt erfolgt am besten im Spätwinter, wenn die Pflanzen ausgeblüht haben und der neue Durchtrieb beginnt. Das ist meistens etwa im März der Fall.

Wüstenrose wirft die Blätter ab

?

Ich habe im Sommer eine blühende Wüstenrose erworben. Sie hat sich zunächst gut entwickelt und reichlich geblüht. Jetzt trauert sie und wirft die Blätter ab. Wie kann ich die Pflanze am besten weiterkultivieren und überwintern?

!

Vorausgeschickt werden sollte, dass die Wüstenrose (*Adenium obesum*) aus dem östlichen Afrika zu uns gekommen ist. In der Heimat entwickelt die Pflanze nur während der feuchten Jahreszeit ihre Blätter, während sie diese während der Trockenperiode vollständig abwirft.
Diesen Rhythmus muss man in ähnlicher Weise bei der Kultur nachahmen. Normalerweise werden die Pflanzen den Sommer über gleichmäßig, aber mäßig feucht gehalten. Nur im Winter gießt man etwas weniger. Auch das Düngen wird eingestellt. Nun kann es durchaus sein, dass die Blätter wie in der Natur abfallen. Mit Beginn des Frühjahrs, etwa im März oder April, öffnen sich bereits die ersten Blüten, während anschließend oder gleichzeitig wieder neue Blätter gebildet werden. Dieser Blütenflor dauert bis Mitte oder Ende Juli. Dann folgt eine Blühpause bis etwa Anfang September. Anschließend kommt es meistens zu einer zweiten Blüte, dis bis ungefähr Ende Oktober andauert.
Eigentlich war also der Blührhythmus der geschilderten Pflanze völlig normal. Nun muss die Wüstenrose nur mit verhältnismäßig wenig Wasser und bei mäßigen, aber nicht zu kühlen Temperaturen gut über den Winter gebracht werden. Wichtig ist in dieser Zeit, dass sie ständig beobachtet und bei Bedarf doch etwas gegossen wird.

Wüstenrose zum richtigen Zeitpunkt umtopfen

Vor einem Jahr erhielt ich eine Wüstenrose. Ich habe sie gut durch den Winter gebracht, denn sie fängt jetzt an zu blühen. Die Pflanze steht in einem sehr kleinen Topf. Wann muss ich umtopfen und welche Erde verwende ich?

Meistens entwickeln sich die Blätter während oder nach dem ersten Blütenflor im Frühjahr. Jetzt ist die beste Zeit zum Umtopfen. Verwendet wird eine übliche humose, lockere Blumenerde mit einem leicht sauren Reaktionsgrad. Während die Wüstenblume (*Adenium*) selbst mehr einen sauren Reaktionsgrad liebt, wünscht die Veredelungsunterlage Oleander (*Nerium oleander*) einen Reaktionsgrad im neutralen Bereich (pH 7,0). Sollte eine nicht sehr nährstoffreiche Erde verwendet werden, kann die Pflanze nach dem Einwurzeln während der Hauptwachstumszeit bis zum Sommer ein- bis zweimal mit einer 0,1 %igen Nährlösung gedüngt werden (1 g oder ml Dünger/l Wasser).

Es handelt sich bei *Adenium* um eine aparte, seltene Zimmerpflanze für warme Räume. Eine unangenehme Eigenschaft sollte jedoch beachtet werden: Alle Milchsaft führenden Pflanzenteile enthalten Giftstoffe, so genannte Cardenolide. Sie werden als sehr giftig beschrieben (Familie der Hundsgiftgewächse) und in der Heimat der Pflanze als Pfeilgift verwendet. Diese Stoffe können, ähnlich wie die Inhaltsstoffe des Fingerhuts (*Digitalis*), Herzmuskelstörungen verursachen. Deshalb ist beim Umgang mit *Adenium* etwas Vorsicht angebracht.

Zimmerakazie weiterkultivieren

Vor kurzem erhielt ich eine wunderschöne Zimmerakazie. Sie war übersät mit gelben Blüten. Wie kann ich die Pflanze nach dem Verblühen weiterkultivieren? Es soll sich um eine mehrjährige Pflanze handeln?

Die Zimmerakazie (*Acacia dealbata*) wird gerne in den Frühjahrsmonaten März und April als blühende Topfpflanze angeboten. Nach dem Verblühen wird die Pflanze normal weiterkultiviert. Ein Standort im Freien ist den Sommer über möglich. Die Akazie liebt Sonne und während der Vegetationszeit viel Wasser und Nährstoffe.
Nach August muss jede Düngung eingestellt werden. Zu Beginn der kalten Jahreszeit muss die Pflanze in einem kühlen Raum an einem hellen Platz aufgestellt werden. Diesen Raum zu finden ist oft ein Problem, da Temperaturen von 3 bis 8 °C ausreichen, ja eigentlich sogar am besten sind. In einem zu warmen Raum werden die Blätter abgestoßen. Während der Ruhezeit wird nur sparsam gegossen. Die Pflanzen dürfen aber nie ballentrocken werden. Bei richtiger Kultur können sie im Frühjahr wieder zum Blühen kommen.
Fühlt sich die Pflanze wohl und entwickelt sie sich weiter, muss sie nach ein oder zwei Jahren auch verpflanzt werden. Dieser Termin ist nach der Blüte im Mai. Verwendet werden soll eine kalkfreie, saure Blumenerde. Wichtig ist auch, dass zum Gießen möglichst weiches Wasser verwendet wird.

WUSSTEN SIE, dass die im Spätwinter und Frühjahr als Schnittblumen angebotenen Mimosen ebenfalls Akazien sind? Die Bezeichnung Mimose wird hier fälschlicherweise verwendet. Andererseits gibt es bei uns aber ein Park- und Straßenbaum, der im Volksmund als Akazie bezeichnet wird. Hierbei handelt es sich aber nicht um eine Akazie, sondern um die Robinie (*Robinia pseudoacacia*).

Zimmerazalee bekommt gelbe Blätter

Ich habe eine Azalee nach der Blüte im Frühjahr weiterkultiviert. Sie stand draußen im Garten und hat sich prächtig entwickelt. Auch Blütenknospen sind seit Oktober schon vorhanden. Nun habe ich die Pflanze vor einiger Zeit ins Zimmer geholt und in einem Übertopf am Fenster aufgestellt. Auf einmal bekommt sie gelbe Blätter, was ist die Ursache?

Zwei Ursachen kommen für die Gelbverfärbung der Blätter in Frage. Die aus der Art *Rhododendron simsii* hervorgegangenen „Zimmerazaleen" sollten nach dem Einräumen ins Zimmer an einem kühlen, hellen Standort aufgestellt werden. Es rei-

chen in den Herbstmonaten Temperaturen zwischen 12 und 15 °C völlig aus. Erst mit Blühbeginn ab Dezember oder Januar können die Pflanzen etwas wärmer stehen. Bei einem zu warmen Standort ist Blattfall möglich.
Eine andere Möglichkeit kommt ebenfalls in Frage. Im Übertopf wird meistens der Wasserstand nach dem Gießen nicht kontrolliert. So sammelt sich oft viel Wasser an. Wasser verdrängt Sauerstoff im Wurzelballen, die Wurzelspitzen gehen in Fäulnis über. Dadurch kommt es zu einer Schockwirkung, die Blätter werden gelb und fallen ab. Deshalb sollten die Pflanzen im Übertopf ständig kontrolliert und überschüssiges Wasser nach dem Gießen entleert werden. Der Wurzelballen darf nur mäßig feucht sein.

WUSSTEN SIE, dass Azaleen sehr nahe verwandt mit unseren heimischen Alpenrosen sind? Beide tragen den botanischen Gattungsnamen *Rhododendron*. Sicher ist nun auch verständlich, dass sich selbst unsere „Zimmerazaleen" eher in einem kühlen als in einem zu warmen Raum wohl fühlen, obwohl sie aus China und Taiwan stammen.

Zimmerazalee blüht im Sommer

Ich habe eine Azalee als Topfpflanze weiterkultiviert. Die Pflanze sollte, soweit mir bekannt ist, nach einem Jahr, also im Spätwinter oder Frühling wieder blühen. Zu diesem Zeitpunkt blühte sie nicht, während sie jetzt im Sommer Knospen ausbildete und zum Blühen kam. Ist das normal oder was ist die Ursache für dieses nicht termingerechte Blühen?

Zimmerazaleen, die botanisch als *Rhododendron-Simsii*-Sorten geführt werden, blühen unter unseren Klimaverhältnissen und je nach Kulturweise zwischen Weihnachten und Ostern. Dieser Termin ist vom allgemeinen Wachstumsrhythmus der Pflanze abhängig. Sie ist ein ausgesprochener Spätwinter- oder Frühjahrsblüher. Nach der Blüte beginnt die vegetative Phase, in der sich Blätter und Triebe bilden. Diese Entwicklung ist normalerweise im Sommer beendet. Zu diesem Zeitpunkt werden bereits die Knospen für den neuen Blühtermin gebildet. Im Oktober sind die Knospen völlig ausgebildet. Die Pflanzen machen dann bis zum Blühbeginn im nächsten Frühjahr eine Ruheperiode durch.
Die Knospenbildung im Sommer wird durch die Witterung begünstigt, also vorverlegt, vor allen Dingen durch eine gewisse Trockenheit. In Ihrem Fall kann es nun vorgekommen sein, dass diese Azalee ihre „Trockenperiode" nicht im Sommer erhalten hat, sondern drei bis fünf Monate vor dem jetzigen Blühbeginn. Ursache dafür sind in vielen Fällen ein längerer Urlaub, Abwesenheit von zu Hause, Pflege durch andere Personen. Durch eine solche Trockenperiode kann die Pflanze auch zur „Unzeit" Knospen ansetzen und zum Blühen kommen. Nun kann man diese Pflanze durchaus normal abblühen lassen; nicht sinnvoll ist es, sie in den Sommermonaten gleich wieder in eine Trockenperiode zu überführen, um einen Knospenansatz zu erzwingen. Besser ist es, die Pflanze zunächst wieder in den normalen Wachstumsrhythmus zu bringen und sie erst im nächsten Jahr wieder im Spätsommer zur Knospenbildung anzuregen.

TIPP *Rhododendron* brauchen, wie die meisten Vertreter dieser Gattung, einen sauren Boden. Deshalb nicht in normaler Blumenerde kultivieren, sondern in einem Spezialsubstrat für „Moorbeetpflanzen". Am besten eignet sich saurer Hochmoorweißtorf, der jedoch von Natur aus keine Nährstoffe enthält. Deshalb müssen die Pflanzen in einem solchen Substrat zusätzlich mit Spezialdünger ernährt werden. Überdüngung führt zu Salzkonzentrationsschäden! Sie sollten zum Schutz der Moore aber auf einen geeigneten Torfersatzstoff zurückgreifen. – Früher wurden Azaleen in so genannter Kiefernadelerde kultiviert. Diese ist nicht mehr auf dem Markt, hier können Sie auf ein entsprechendes Ersatzsubstrat ausweichen.

Zimmerazalee blüht und treibt zur gleichen Zeit

Eigentlich habe ich immer viel Glück mit Zimmerazaleen. Jetzt habe ich aber eine Pflanze, die voll in Blüte steht. Gleichzeitig hat sie aber viele lange „geile" Triebe gebildet. Offensichtlich ist sie ganz aus ihrem Rhythmus gekommen. Wie pflege ich sie richtig weiter?

Wahrscheinlich hat die so genannte „Zimmerazalee", die zur Gattung *Rhododendron* gehört, zu warm gestanden, so dass sie einmal die im Herbst gebildeten Knospen öffnete und zum anderen aus den vorhandenen „schlafenden Augen" neue Triebe gebildet hat. Diese sind wegen des im Februar nur gering vorhandenen Lichts in die Höhe geschossen und „vergeilt".

Eigentlich sollte man die Pflanze noch nicht aufgeben, sondern versuchen, sie weiter zu kultivieren und wieder in den normalen Rhythmus zurückzubringen. Am besten ist es, wenn sie aus dem warmen Wohnzimmer herausgenommen und in einem kühlen Raum am hellen Fenster aufgestellt wird. Temperaturen um etwa 15 °C reichen völlig aus. Das aktive Wachstum muss um diese Jahreszeit etwas gebremst werden.

Wenn die Sonne wieder höher am Himmel steht, also ab März oder April, kann die Pflanze wieder etwas wärmer gehalten und das Wachstum wieder angeregt werden. In dieser Zeit können auch die Triebe wieder zurückgestutzt und so ein Neuaustrieb aus tieferliegenden „schlafenden Augen" angeregt werden. Durch das nun vorhandene intensivere Licht bleiben diese Austriebe kürzer und gedrungen. Sie können auch, sollten sie zu lang werden, durchaus noch einmal gestutzt werden. Darunter versteht man das Ausschneiden oder Ausknipsen der Triebspitze. Die Pflanze erhält dadurch einen kompakteren, buschigeren Wuchs.

Ab Anfang Juni kann die Pflanze auch an einem geschützten Platz im Garten, auf dem Balkon oder der Terrasse aufgestellt und den Sommer über im Freien kultiviert werden.

Zimmerazalee mit vertrockneten Knospen

Drei Zimmerazaleen habe ich nach dem Verblühen weiterkultiviert. Hoch erfreut war ich, dass sich die Pflanzen recht gut entwickelt haben. Im Spätsommer hatten sie alle Knospen angesetzt. Nun kam eine Pflanze zum Blühen, während bei den beiden anderen die Knospen vertrocknet sind. Was habe ich wohl falsch gemacht?

Es ist schwierig, die genaue Ursache festzustellen. Doch kann es vielleicht am ungünstigen Raumklima gelegen haben. Normalerweise setzen diese *Rhododendron-Simsii*-Sorten im Spätsommer oder Herbst Knospen an, so lange sie noch im Freien gehalten werden. Kurz vor Frostbeginn müssen sie in einen geschützten Raum gebracht werden. Dieser sollte kühl und hell sein. Ideal sind Temperaturen um 10 °C. Hier können die Pflanzen mehrere Wochen verbleiben. In dieser Zeit müssen sie auch immer etwas gegossen werden. Natürlich ist Staunässe und Ballentrockenheit zu vermeiden.

Es kann vermutet werden, dass die Pflanzen entweder zu warm standen oder Gießfehler unterlaufen sind. Bei zu viel Feuchtigkeit sterben die Haarwurzeln ab, so dass eine solche Pflanze trotz feuchter Erde unter Wassermangel leidet. Dadurch kann es zum Vertrocknen der Knospen kommen. Dasselbe tritt natürlich ein, wenn zu wenig gegossen wird. Während dieser kritischen Zeit bis zum Aufstellen der Pflanzen im wärmeren Zimmer müssen sie sehr umsichtig gepflegt werden.

Zimmerazalee setzt zu früh Knospen an

Meine Zimmerazalee hat an Weihnachten ganz normal geblüht. Ich habe sie weiterkultiviert und keine außergewöhnliche Behandlung vorgenommen. Jetzt im Mai setzt die Pflanze aber schon wieder Knospen an. Was habe ich wohl falsch gemacht und wie soll ich die Pflanze weiterpflegen?

Es ist schon ungewöhnlich, wenn eine „Zimmerazalee" (*Rhododendron-Simsii*-Sorte) im Mai bereits wieder Knospen ansetzt. Normalerweise befindet sie sich jetzt in der Hauptwachstumszeit, die bis zum Sommer andauert. Erst dann geht die Pflanze in eine gewisse Ruheperiode über und setzt zum Herbst hin ihre Knospen an.

Es kann nur sein, dass die Pflanze nach dem Abblühen zunächst gut weitergepflegt wurde, anschließend ungewollt in eine gewisse Ruhephase übergeführt wurde, in der sie durch Trockenhalten zum Knospenansatz angeregt wurde.

Zwei Möglichkeiten der Kulturführung stehen zur Verfügung. Einmal könnten die Knospen jetzt ausgebrochen und die Pflanze zu einem erneuten Durchtrieb angeregt werden. Ob dies gelingen wird, hängt von den Umständen ab. In diesem Fall könnte die Pflanze nach der Triebneubildung und nach einer entsprechenden Ruhezeit im Herbst ganz normal ihre Knospen ansetzen.

Die zweite Möglichkeit besteht darin, die Knospen

aufblühen zu lassen und die Pflanze anschließend vielleicht ebenfalls nochmals zum Durchtrieb anzuregen. Dann wird es aber wahrscheinlich für eine Knospenbildung zu spät sein. Die Pflanze sollte in einem kühlen Raum überwintert und im Frühjahr wieder in den normalen Rhythmus überführt werden. Eine pflegliche Behandlung muss sie natürlich die ganzen Monate über erfahren.
Tröstend kann hinzugefügt werden, dass es immer wieder Fälle gibt, in denen Zimmerazaleen nicht zu ihrer eigentlichen Blütezeit blühen. Das kommt meistens dann vor, wenn sie durch besondere Umstände aus ihrem üblichen Rhythmus gekommen sind. Sehr oft ist dafür ein längerer Urlaub verantwortlich, in dem die Pflanzen nicht in der gewohnten Weise weitergepflegt wurden.

Zimmerazalee zum Blühen bringen

In diesem Frühjahr erhielt ich ein wunderschönes Azaleenbäumchen. Ich hatte viel Freude daran und möchte es gerne weiterpflegen. Wie stelle ich es an, dass die Pflanze im nächsten Jahr wieder zum Blühen kommt?

Eigentlich ist es nicht zu schwierig, ein Azaleenbäumchen (*Rhododendron-Simsii*-Sorte) wieder zum Blühen zu bringen. Zunächst einmal werden die verblühten Blumen sauber entfernt und die Pflanze bis etwa Mitte oder Ende Mai in einem kühlen Raum aufgestellt. In dieser Zeit wird relativ wenig gegossen und nicht gedüngt. Anschließend stellt man sie am besten in den Garten oder auf den Balkon an einen nicht zu sonnigen Platz. Nun muss regelmäßig gegossen und im Abstand von etwa zwei bis drei Wochen auch mit einer schwachen Volldüngerlösung gedüngt werden. Die Düngerlösung sollte die Konzentration von 0,1 % (1 g oder ml Dünger/l Wasser) nicht überschreiten. Gut ist es, wenn ein Rhododendrondünger verwendet wird. Dieser ist in seiner Zusammensetzung auf die Bedürfnisse dieser Moorbeetpflanze eingestellt. Es darf sich aber nicht um einen organischen Dünger handeln, sondern muss ein voll wasserlöslicher, mineralischer Dünger sein. Ein organischer Dünger kann nicht in Wasser aufgelöst werden.
Bei günstigen Wachstumsbedingungen entwickeln sich viele Triebe. Sollten diese zu lang werden, ist ein Pinzieren möglich. Darunter versteht man ein Ausbrechen oder Ausschneiden der jeweiligen Triebspitze. Ab Juli sollte nicht mehr pinziert werden, damit die sich nun bildenden Triebe später Knospen ansetzen können.
Ab Mitte September kommt die Pflanze in einen kühlen, hellen Raum. Nun reichen 10 °C völlig aus. Schon bald wird man feststellen, dass sich an den Triebspitzen neue Knospen gebildet haben. Erst im Winter beginnen diese zu schwellen. Jetzt kann die Pflanze etwas wärmer gestellt und so zum Aufblühen gebracht werden. Während des Aufenthalts im kühlen Zimmer wird etwas vorsichtiger gegossen. Im warmen Zimmer muss wieder mehr Wasser gegeben werden.

Sollte die Pflanze in einem zu kleinen Topf stehen, wird sie im Frühjahr in ein größeres Gefäß umgepflanzt. Übliche Blumenerde kommt aber nicht in Frage, da der Rhododendron spezielle Ansprüche an das Substrat stellt. Er benötigt ein lockeres, leichtes Humussubstrat mit einem sauren Reaktionsgrad. Ideal ist ein pH-Wert zwischen 3,5 und 4,5. Auch sind Rhododendren salzempfindlich. Deshalb sollte das Substrat nur schwach aufgedüngt sein. Natürlich darf die Pflanze während der ganzen Kulturzeit lediglich mit weichem Wasser gegossen werden.

Zimmerazaleen weiterkultivieren

Bei mir stehen noch einige Azaleen auf der Fensterbank. Sie haben im Winter und Frühjahr reichlich geblüht. Es ist mir fast zu schade, die Pflanzen wegzuwerfen. Kann ich sie denn weiterkultivieren?

Die bei uns als „Zimmerazaleen" (*Rhododendron-Simsii*-Sorten) geführten Sträucher können in ihrer asiatischen Heimat Jahrzehnte alt werden. Unter günstigen Bedingungen können sie auch bei uns ein stattliches Alter erreichen, davon zeugen die oft auf Ausstellungen gezeigten Großexemplare von Spezialgärtnereien.
An sich müssen die Pflanzen noch einige Zeit am Wohnzimmerfenster verbleiben, und zwar so lange, bis keine Nachtfröste mehr zu erwarten sind. Am besten ist es, wenn die Pflanzen erst etwa Anfang bis Mitte Juni an einen schattigen Platz in

den Garten kommen. Sie können natürlich auch an einem ähnlichen Platz auf der Terrasse oder dem Balkon aufgestellt werden. Sie brauchen während der im Frühjahr einsetzenden Hauptwachstumszeit reichlich Wasser und etwas Nährstoffe. Gedüngt werden sie mit einem üblichen Blumendünger, jedoch in schwacher Konzentration. Als so genannte Moorbeetpflanzen sind sie salzempfindlich. Umgepflanzt wird nur bei Bedarf. Dann ist jedoch eine Spezialerde für Azaleen erforderlich, die in Fachgeschäften erhältlich ist. Ansonsten pflanzt man in sauren Hochmoorweißtorf. Azaleen sind kalkempfindlich und brauchen ein saures Substrat. Der günstigste Reaktionsgrad liegt um pH 5. Günstig ist auch, wenn die Pflanzen an warmen Sommertagen mehrmals mit Wasser besprüht werden. Übrigens soll das Wasser, auch das zum Gießen, möglichst kalkfrei sein.

Im Spätsommer bilden sich bereits die Blütenknospen. Nun wird das Wachstum durch geringere Wassergaben gebremst, damit die Triebe ausreifen und die Knospen ansetzen können. Ab etwa Mitte September bringt man die Pflanzen wieder in einen kühlen Raum bei Temperaturen um 10 °C. Nun reifen die Knospen aus, so dass die Pflanzen im Winter im normal temperierten Zimmer aufblühen. Die Hauptblütezeit der Azaleen liegt etwa zwischen Weihnachten und Ostern.

WUSSTEN SIE, dass die Azalee entfernt verwandt mit unserer heimischen Alpenrose (*Rhododendron ferrugineum*) ist? Beide tragen den gleichen botanischen Gattungsnamen und sind nur in der Art verschieden.

Zimmercalla mit bunten Blüten

? **Mir gefällt die robuste Zimmercalla recht gut. Nun habe ich bei einem Gärtner Pflanzen mit bunten Blüten gesehen. Können solche Calla auch als Zimmerpflanzen kultiviert werden?**

! Tatsächlich werden seit einigen Jahren Calla-Pflanzen (*Zantedeschia aethiopica*) und -Schnittblumen angeboten, die keine weiße, sondern eine farbige Spatha besitzen. Sie stammen aber nicht von *Zantedeschia aethiopica* ab, sondern sehr oft von der gelb blühenden *Z. elliottiana* und der zunächst rosa blühenden, später in violettpurpur übergehenden *Z. rehmannii*.

Diese Arten und ihre Abkömmlinge besitzen nun nicht wie *Z. aethiopica* typische Erdstämme, sondern Knollen. Sie werden im Erwerbsgartenbau ab Februar gelegt. Die Pflanzen entwickeln sich relativ rasch und können etwa zwei Monate später zum Blühen gebracht werden. Neuerdings bieten auch Fachgeschäfte diese Knollen zum Kauf an, so dass der Liebhaber einmal die Anzucht einer solchen Zimmercalla ausprobieren kann.

Normalerweise blühen diese Sorten im Laufe des Sommers. Die Pflanzen können bis zum Herbst ganz normal kultiviert werden. Im Herbst ziehen sie ein, dann werden die Knollen aus der Erde genommen, getrocknet und mindestens zwei bis zweieinhalb Monate bei 12 bis 15 °C gelagert. Dann kann die Kultur aufs Neue begonnen werden.

WUSSTEN SIE, dass die Zimmercalla früher den botanischen Gattungsnamen *Calla* trug? Später wurde auch dieser Name umgeändert und diese Pflanzengattung nach dem italienischen Botaniker und Physiker Francesco Zantedeschi (1773–1846) benannt. Es gab sogar schon einmal eine Zeit, da wurde die gleiche Pflanze als *Richardia* bezeichnet.

Zimmercalla richtig überwintern

? **Im Frühjahr habe ich mir eine Zimmercalla in einem Topf gekauft. Sie hat bis in den Juni hinein geblüht. Plötzlich ließ aber der Lebenswille nach und die Blätter sind gelb geworden. Kann ich die Pflanze wieder zum Blühen bringen?**

! Die Zimmercalla (*Zantedeschia aethiopica*) ist eine Pflanze mit einem ganz ausgeprägten Wachstumsrhythmus. Normalerweise beginnt sie beim Gärtner unter günstigen Bedingungen schon um die Weihnachtszeit zu blühen. Der Blütenflor hält dann bis zum Sommer an.

Dann jedoch beginnt eine Ruheperiode, die durch das Gelbwerden der Blätter angedeutet wird. Nun werden die Wassergaben eingeschränkt und letztendlich vollständig eingestellt. Jetzt kann man den Topf mit der Pflanze an einem geschützten

Platz auf dem Balkon oder im Garten aufstellen. Die Erde kann sogar völlig austrocknen. Normalerweise genügen die natürlichen Niederschläge, um die im Substrat befindlichen Rhizome vor dem völligen Eintrocknen zu bewahren. Auf dem Balkon muss vielleicht von Zeit zu Zeit etwas Wasser gegeben werden.
Nach einer Ruhezeit von etwa vier bis sechs Wochen nimmt man das knollige Rhizom aus dem Topf, schüttelt die Erde heraus und pflanzt es in frische Erde ein. Als Erdmischung eignet sich eine kräftige Mischung. Wird übliche Blumenerde verwendet, kann man dieser durchaus etwas Komposterde oder Lehm zumischen. Auch Einheitserde ist geeignet. Zunächst wird das Rhizom nur mäßig feucht gehalten. Sobald sich aber der Trieb regt, wird kräftiger gegossen und später auch ab und zu gedüngt. Die Pflanze benötigt relativ viel Nährstoffe.
Ist die Calla im Herbst noch im Freien gewesen, wird sie vor Frostbeginn ins Zimmer genommen und bei etwa 8 bis 10 °C gehalten. Später kann die Temperatur auf 12 bis 15 °C gesteigert werden. Wichtig ist in dieser Zeit ein sehr heller Platz am Fenster. Etwas Sonne vertragen die Pflanzen durchaus. Unter günstigen Bedingungen kommt eine solche Pflanze meistens gegen Ende des Winters oder im Frühjahr wieder zum Blühen.

Grünpflanzen

Aloe für sonniges Fenster

An meinem sonnigen Südfenster gedeihen nur wenige Zimmerpflanzen. Vor einigen Tagen erhielt ich eine Aloe, die sich für diesen Standort besonders gut eignen soll. Welche Ansprüche stellt dieses Gewächs mit den dickfleischigen Blättern?

Die Gattung *Aloe* gehört zur Familie der Liliengewächse (Liliaceae). Etwa 200 Arten sind bekannt, die überwiegend in Südafrika beheimatet sind. Dort haben sie sich an das trocken-heiße Klima angepasst und einen sukkulenten Charakter angenommen. Es handelt sich um meist stammlose Pflanzen mit dicken, spitz zulaufenden Blättern, die meistens rosettenartig angeordnet sind. Vor allem die zwergwüchsigen Arten eignen sich gut für die Zimmerkultur, beispielsweise *Aloe aristata* oder *A. brevifolia*.
Alle Aloe-Arten wünschen einen hellen, luftigen Standort. Vor greller Mittagssonne sollte man die Pflanze jedoch etwas schützen. Im Sommer ist auch eine Kultur auf dem Balkon oder der Terrasse möglich. In dieser Jahreszeit ist auch reichlich zu wässern, während über den Winter nur sehr wenig Wasser benötigt wird. Ein großer Vorzug der Aloe ist, dass sie mit der trockenen Zimmerluft recht gut zurecht kommt. Im Winter genügt eine kühle Temperatur zwischen 10 und 12 °C. Viel Licht ist aber auch in dieser Jahreszeit sehr wichtig. Durch eine kurze Winterruhe kann man die Knospenbildung unterstützen. Die Mehrzahl der Arten blüht im Frühsommer.

WUSSTEN SIE, dass die *Aloe barbadensis* eine bekannte und bewährte Heilpflanze ist? Sie wird auch als Echte Aloe oder Barbados-Aloe bezeichnet. Der Saft dieser Pflanze wird für Hautpflegemittel verwendet. Er wirkt kühlend und heilend, vor allem bei Brandwunden. Auch soll er die Neubildung von Hautzellen beschleunigen.
Schon sehr frühzeitig erkannte man aber auch die abführende Wirkung des Aloe-Saftes. Entsprechende Zubereitungen sollen schon im 14. Jahrhundert als Abführ-, Wurm- und Krampfmittel bei Kindern verwendet worden sein. Die Wirkung beruht, das weiß man heute, auf dem Bitterstoff „Aloin", der aber in den verschiedenen Arten in unterschiedlicher Menge enthalten ist.

Birkenfeige für weniger günstige Standorte?

Nicht immer habe ich gute Erfolge mit den verschiedenen Gummibaum-Arten im Zimmer. Besonders die Birkenfeige macht bei mir

immer wieder Schwierigkeiten. Nach einer gewissen Zeit bekommt sie gelbe Blätter, die später abfallen. Nun habe ich gehört, dass es auch robustere Gummibaum-Arten gibt, die auch nicht so ideale Lichtverhältnisse problemlos überstehen.

Nicht immer hat man mit der Birkenfeige (*Ficus benjamina*) Glück. Gelegentlich kommt es vor, dass die Blätter abgeworfen werden. Als Ursache kommen meistens ungünstige Lichtverhältnisse oder das Verstellen der Pflanze in Frage. Nun kennen auch die Gärtner dieses Problem und haben in den letzten Jahren widerstandsfähigere Sorten gezüchtet. So soll die Sorte 'Clio' ungünstige Zimmerverhältnisse besser überstehen als die eigentliche Art.
Neuerdings wird auch gerne anstelle des *F. benjamina* der Gummibaum *F. microcarpa* 'Nitida' empfohlen. Die Blätter dieses Gummibaums sehen einem Lorbeer ähnlich. Diese Art soll für ungünstige Raumverhältnisse besser geeignet sein. Das selbe gilt übrigens auch für den *Ficus* 'Ali', der sehr günstige Eigenschaften hat.

WUSSTEN SIE, dass in Gärtnereien der *Ficus microcarpa* immer noch sehr gerne unter der alten botanischen Bezeichnung *F. retusa* geführt wird? Unter Umständen sollte man also bei der Suche nach diesem Gummibaum beide botanischen Bezeichnungen parat haben.

Birkenfeige mit Schildläusen

Schon seit einiger Zeit fällt mir auf, dass die Blätter meiner Birkenfeige zunächst gefleckte, später gelbe und braune Blätter bekommen. Nun habe ich festgestellt, dass sich auf der Blattunterseite zahllose braune Höcker befinden. Außerdem sind viele Blätter mit einem klebrigen Saft überzogen. Handelt es sich hierbei um einen Schädling und was kann ich dagegen tun?

Das geschilderte Schadbild an der Birkenfeige (*Ficus benjamina*) ist ganz typisch für einen Befall mit Schildläusen (Coccina). Die eigentliche Laus befindet sich unter dem höckerartigen Deckelschild. Unter den günstigen Klimabedingungen im Zimmer kann sich die Laus ganzjährig vermehren und einen größeren Schaden anrichten. Eine Bekämpfung ist unbedingt zu empfehlen. Es können ölige Mittel verwendet werden, die der Gruppe der biologischen Präparate zugeordnet sind. Der Pflanzenschutzdienst empfiehlt derzeit zum Beispiel Rapsölpräparate. Wichtig ist, dass bei der Anwendung dieser Mittel die ganze Pflanze gleichmäßig benetzt wird. Durch die ölhaltige Substanz werden die Atemöffnungen der Tiere verschlossen, so dass sie ersticken.
Bei der klebrigen Flüssigkeit auf den Blättern handelt es sich um süße, flüssige Kotausscheidungen der Blatt- und Schildläuse. Diese Ausscheidungen werden auch als Honigtau bezeichnet. Manchmal siedeln sich darauf allerlei Schwärzepilze an, die als Rußtaupilze bezeichnet werden. Sie machen die Pflanzen unansehnlich, außerdem wird durch den dunklen Belag die Assimilation behindert. Wenn möglich, sollte man deshalb derartige Beläge mit zimmerwarmem Wasser abwaschen.

Neuerdings ist es auch möglich, Schildläuse mit Nützlingen zu bekämpfen. Es stehen nach neuesten Forschungen verschiedene Käfer und Schlupfwespen (z. B. *Metaphycus helvolus*) zur Verfügung, die zur Bekämpfung von Schildläusen eingesetzt werden können. Erste gute Resultate sind erzielt worden. Im Bedarfsfall sollte man sich bei einem Züchter von Nützlingen nach den verschiedenen Möglichkeiten des Einsatzes erkundigen.

Birkenfeige mit Thripsbefall

Seit einiger Zeit beobachte ich, dass die Blätter meiner Birkenfeige weiße, silbrig schimmernde Flecken bekommen und auch die ersten Blätter absterben und abfallen. Kann es sich dabei um eine Krankheit oder einen Schädling handeln? Was kann ich dagegen tun?

Das geschilderte Schadbild deutet auf einen Befall durch Blasenfüße, auch Thripse (Thysanoptera) genannt, hin. Tatsächlich nehmen die Blätter zunächst eine fahle, oder hellgelbe Farbe an, später entstehen mehr silbrig schimmernde Flecken. Manchmal entdeckt man auch schwarze Kotflecken, die von den nur etwa 1 mm großen Insekten stammen.

Thripse lieben Wärme und trockene Luft. Deshalb treten sie gerne an Zimmerpflanzen auf. Hält sich der Schaden noch in Grenzen, kann man mit einer biotechnischen Maßnahme die winzigen Schädlinge beseitigen. Man kann sie nämlich mit Gelbtafeln oder Gelbstickern abfangen. Es handelt sich dabei um mit Leim bestrichenen gelbe Tafeln. Die Tiere werden von der gelben Farbe angelockt, bleiben auf dem Leim hängen und verenden.

Birkenfeige wächst einseitig

Meine Birkenfeige wächst sehr einseitig. Zum Fenster hin sind die Triebe länger und höher als zur Seite des Zimmers. Kann man diese zu lang gewachsenen Triebe abschneiden, damit die Pflanze ein gleichmäßigeres und schöneres Aussehen erhält?

Es ist durchaus möglich, die jüngeren Triebe der Birkenfeige (*Ficus benjamina*) zurückzuschneiden. Doch sollte dieser Rückschnitt nicht zu tief vorgenommen werden, damit ein Wiederaustrieb aus „schlafenden Augen" an den Blattachseln gewährleistet ist. Sobald die Triebe verholzen, fällt es den Pflanzen schwer, neue Austriebe zu bilden. Andererseits kann durch dieses „Stutzen" auch eine kräftige Seitentriebbildung angeregt werden, so dass die Pflanze ein buschigeres Aussehen erhält. Am besten erfolgt der Rückschnitt am Ende des Winters, damit der Austrieb durch die steigende Lichtintensität angeregt wird. Setzt ein kräftiger Durchtrieb ein, muss dieser durch ausreichende Wasser- und Nährstoffgaben unterstützt werden.

Die Birkenfeige wird am besten im Frühjahr umgetopft. Verwendet wird eine übliche sehr humose Zimmerpflanzenerde mit einem mäßig sauren Reaktionsgrad. Ideal ist ein pH-Wert um 6,0. Während der Hauptwachstumszeit ist die Pflanze mäßig, aber gleichmäßig feucht zu halten. Staunässe kann zu Wurzelschäden und Blattfall führen. Deshalb vor allem Pflanzen in Übertöpfen immer wieder kontrollieren und überschüssiges Gießwasser wegschütten.

Birkenfeige wirft Blätter ab

Meine Birkenfeige wirft seit einiger Zeit die Blätter ab. Ich bin sehr in Sorge, dass sie bald völlig entlaubt ist. Was ist die Ursache dieses Schadens und was kann ich dagegen tun?

Für das Abwerfen der Blätter bei der Birkenfeige (*Ficus benjamina*) können die verschiedensten Ursachen in Frage kommen: Normalerweise ist diese Ficus-Art robust und kann problemlos im Zimmer kultiviert werden. Ein heller Standort in einem gleichmäßig temperierten Raum ist für eine gute Kultur Voraussetzung. Im Laufe der Zeit stellt die Pflanze ihre Blätter zum Licht, da sich die assimilierende Fläche auf der Blattoberseite befindet. Da nun das „Gesicht" zum Fenster hinausschaut, werden Zimmerpflanzen gelegentlich um 180 Grad gedreht. Diese Maßnahme überstehen meistens nur die jungen Blätter, die sich nach einiger Zeit wieder zum Licht hin ausrichten. Die alten Blätter können diese Drehbewegung nicht mehr ausführen, „fühlen" sich überflüssig und werden abgeworfen. Dieser Blattabwurf findet in der Regel von unten nach oben statt. Aus diesem Grunde ist es problematisch, einen *Ficus benjamina* immer wieder zu drehen.

Diese *Ficus*-Art ist jedoch auch empfindlich gegen kalte Zugluft und Staunässe im Boden. Fühlt sich die Pflanze aus physiologischen Gründen unwohl, äußert sie ihr Missfallen durch Abwerfen der Blätter, die aber meistens aus verschiedenen Regionen der Pflanze stammen, also nicht von unten nach oben.

Noch eine Ursache ist für das Abwerfen der Blätter von unten nach oben möglich, sie tritt jedoch nur während der Wintermonate auf. Steht der *Ficus benjamina* in einem dunklen, relativ warmen Raum, wächst die Pflanze problemlos weiter. Da sie aber nicht mehr genügend Licht zum Assimilieren hat, entzieht sie den unteren Blättern die Nährstoffe und verwendet diese zum Weiterwachsen in den oberen Bereichen. Die so „ausgelaugten" unteren Blätter werden hintereinander abgeworfen.

Für einen Blattfall kommen möglicherweise auch tierische Schädlinge in Frage: Blattläuse (Aphididae), Spinnmilben (Tetranychidae) und Schildläuse (Coccina) treten häufiger auf. Sollten solche Insekten festgestellt werden, müssen entsprechende Maßnahmen zur Bekämpfung durchgeführt werden.

Letztendlich muss noch darauf hingewiesen wer-

den, dass ältere Pflanzen ab und zu ohne ersichtlichen Grund die Blätter abwerfen. Das ist eine Erscheinung, die gerade bei dieser *Ficus*-Art gelegentlich vorkommt. Eine bestimmte Gegenmaßnahme ist in diesem Falle nicht bekannt.

Da gerade *Ficus benjamina* gegen das Verstellen und Verändern der Richtung sehr empfindlich reagiert, sollte am Topf eine so genannte „Lichtmarke" angebracht werden. Es genügt ein Strich mit einem Blei- oder Filzstift, der anzeigt, in welcher Richtung der Topf immer stehen sollte (entweder zum Fenster oder zum Zimmer). Nun kann die Pflanze unbedenklich für kurze Zeit weggenommen werden. Sie muss nur anschließend wieder mit der gleichen „Blickrichtung" an dem selben oder einem anderen Platz aufgestellt werden.

Birkenfeigen-Bonsai treibt nicht mehr aus

Bereits drei Jahre besitze ich eine Birkenfeige als Zimmerbonsai. Nun habe ich wieder einmal die Triebe zurückgeschnitten. Die Pflanze treibt aber nicht mehr aus. Was ist wohl die Ursache?

Wahrscheinlich ist Ihnen bei Ihrer Birkenfeige (*Ficus benjamina*) ein Pflegefehler unterlaufen. Möglich ist, dass die Pflanze einmal zu nass oder zu trocken gehalten wurde. Ein Zimmerbonsai muss mit verhältnismäßig wenig Substrat auskommen. Deshalb leiden die feinen Faserwurzeln sehr schnell, wenn Unregelmäßigkeiten in der Wasserversorgung auftreten. Natürlich können auch andere Ursachen für den Schaden in Frage kommen wie starke Temperaturschwankungen, ungünstige Standortbedingungen oder Schädlingsbefall.

Auf jeden Fall sollte man einmal prüfen, ob die Zweige noch lebensfähig sind. Zu diesem Zweck ritzt man mit dem Daumennagel etwas die Rinde auf, um zu sehen, ob die Zweige noch grün sind, also Feuchtigkeit enthalten oder ganz dürr sind. Ganz trockene Zweige kann man nicht mehr zum Leben erwecken. Sind die Zweige jedoch noch „Wasser führend", kann man unter Umständen auf einen Neuaustrieb hoffen. In diesem Fall sollte man vielleicht die Triebe noch einmal neu anschneiden und dann die Pflanzen in den nächsten Wochen pfleglich behandeln.

Bonsai „trauert"

Vor einiger Zeit habe ich einen Bonsai erworben. Ich habe die Pflanze am Wohnzimmerfenster aufgestellt. Jetzt beginnt sie aber zu „trauern". Die Triebspitzen sterben ab und die Blätter hängen schlaff nach unten. Kann ich die Pflanze noch retten?

Zunächst sollte man wissen, um was für eine Pflanze es sich handelt. Grundsätzlich unterscheidet man zwischen einem echten Bonsai und einem Zimmerbonsai. Eigentlich weist der Begriff „Bonsai" zunächst nur auf eine bestimmte Pflanzenkultur hin. Es handelt sich um eine japanische (asiatische) Miniaturpflanzenkultur, bei der selbst stattliche Bäume durch besondere Kulturmaßnahmen im Miniaturformat kultiviert werden. Die „echten" Bonsais sind in der Regel Freilandpflanzen, hauptsächlich Laub- und Nadelgehölze, die durch die Kultur in kleinen Schalen und durch intensive Schnittmaßnahmen klein und in bizarren Wuchsformen gehalten werden. Solche Pflanzen sind keine echten Zimmerpflanzen. Den Sommer über können sie getrost an geschützter Stelle auf dem Balkon oder der Terrasse gehalten werden, während sie den Winter über am hellen Fenster in einem kühlen Raum aufgestellt werden. Natürlich sind ganzjährig besondere Pflegemaßnahmen erforderlich.
Anders ist es mit einem Zimmerbonsai. Hier handelt es sich um mehr oder wenige bekannte Zimmerpflanzen, die in Form eines Bonsai kultiviert werden. Bekannt sind beispielsweise Erdbeerbaum (*Arbutus*), Spitzblume (*Ardisia*), Elefantenfuß (*Beaucarnea*), Drillingsblume (*Bougainvillea*), Kamelie (*Camellia*), Zitronenbäumchen (*Citrus*), Gummibaum (*Ficus*), Fuchsie (*Fuchsia*), Roseneibisch (*Hibiscus*), Rhododendron und Strahlenaralie (*Schefflera*).
Alle diese Pflanzen können nach Art eines Bonsai kultiviert werden und müssen, ihren arteigenen Bedürfnissen entsprechend, im Zimmer kultiviert werden.

Unter dem Begriff Bonsai versteht man eigentlich „Baum im Zimmer". Es handelt sich also dabei um eine bestimmte Methode der Pflanzentechnik, wobei das Schneiden der Triebe, Drahten und andere Korrekturhilfen im Vordergrund stehen. Wichtig ist dabei, dass alle diese Maßnahmen möglichst so ausgeführt werden, dass sie nicht sichtbar sind und die Pflanzen immer noch ihr fast natürliches Aussehen behalten. Bestimmte Gestaltungsformen sind dabei zu beachten, die man am besten der Spezialliteratur entnimmt. Außerdem werden Bonsais nicht in üblichen Töpfen, sondern in flachen Schalen kultiviert. Es muss eine Harmonie zwischen dem Gefäß und der Pflanze entstehen. Es ist wohl am besten, wenn man sich bei der Bonsaikultur zunächst auf bekannte, weniger empfindliche Arten einstellt, um eigene Erfahrungen in der Kultur zu sammeln.

Bubiköpfchen fault

Viel Freude habe ich immer an meinem Bubiköpfchen. Leider geht mir das Pflänzchen immer wieder zugrunde. Meistens fangen an einer bestimmten Stelle die fadendünnen Zweige an zu faulen; in kurzer Zeit stirbt dann das ganze Pflänzchen ab. Wie kann ich diese Fäulnis verhindern?

Das Bubiköpfchen (*Soleirolia soleirolii*) ist eine liebenswerte Zimmerpflanze, die gerne als Unterpflanzung in Blumenfenstern und Terrarien verwendet wird. Natürlich kann sie auch als Kleintopfpflanze kultiviert werden.
Die Pflanze gedeiht praktisch überall und ist auch hinsichtlich Temperatur und Lichtverhältnisse nicht besonders anspruchsvoll. Wichtig ist eigentlich nur, dass immer genügend Feuchtigkeit vorhanden ist, denn die zahlreichen kleinen Blättchen verdunsten viel Wasser. Die Wassergaben sind jedoch der Jahreszeit und der Temperatur anzupassen. Es ist sinnvoll, immer von unten über

den Untersetzer oder von der Seite zu gießen, um die zarten Blättchen möglichst nicht zu befeuchten. Das gilt besonders für die Wintermonate, wo das Abtrocknen der Blätter und Triebe doch etwas länger dauert. Staut sich die Nässe in den oberirdischen Pflanzenteilen, können sich dort Fäulnispilze festsetzen und die geschilderte Erscheinung verursachen.

WUSSTEN SIE, dass das Bubiköpfchen zur Familie der Nesselgewächse oder Urticaceae gehört? Damit ist diese Pflanze verwandt mit unserer heimischen Brennnessel. Die Heimat des Bubiköfpchens ist aber Korsika und Sardinien. Übrigens wird das Pflänzchen oft noch unter der alten botanischen Bezeichnung *Helxine soleirolii* angeboten.

Dattelpalme für Zimmerkultur

? Auf den Kanarischen Inseln lernte ich eine Palme kennen, die dort beheimatet sein soll. Sie soll sich für die Zimmerkultur gut eignen. Welche Ansprüche stellt die Pflanze?

! Es handelt sich um die Dattelpalme (*Phoenix canariensis*). Sie ist auf den Kanarischen Inseln beheimatet und wird seit Jahrzehnten auch gerne als Zimmertopfpflanze verwendet. Sie zählt überhaupt zu den härtesten und widerstandsfähigen Palmen.

Die Pflanze braucht nicht das ganze Jahr über einen Platz im Zimmer. Sie kann ab Ende Mai oder Juni den Sommer über durchaus im Freien aufgestellt werden. Dort verträgt sie sogar volle Sonne. Günstig ist ein luftiger Platz und eine gewisse Luftfeuchtigkeit. Ab Oktober wird die Pflanze aber eingeräumt. Am besten ist dann ein heller Raum, der frostfrei gehalten werden kann. Zu hohe Temperaturen sollten vermieden werden. 3 bis 5 °C reichen völlig aus.

Während im Sommer reichlich gegossen werden muss, reduziert man die Wassergaben im Winter auf ein Mindestmaß. Natürlich kann auch im Sommer das Wachstum durch eine zusätzliche Kopfdüngergabe unterstützt werden. Übliche 0,2%ige (2 g oder ml Dünger/l Wasser) Volldüngerlösungen werden von dieser Palmenart problemlos vertragen.

Alle zwei oder drei Jahre wird die Palme bei Austriebsbeginn im Frühjahr umgetopft. Verwendet wird eine mittelschwere, humose Erde. Komposterdezusatz ist durchaus möglich. Der Reaktionsgrad sollte jedoch im leicht sauren Bereich liegen (um pH 6,0). Die Dattelpalme zeigt den Wunsch zum Verpflanzen selbst an. Oft entwickeln sich an der Erdoberfläche viele kleine Wurzeln. Dies ist ein Zeichen, dass die Palme ein größeres Gefäß benötigt.

WUSSTEN SIE, dass es sich bei der *Phoenix canariensis* nicht um die echte Dattelpalme handelt? Sie ist aber mit dieser ganz nahe verwandt. Die Echte Dattelpalme hat blaugrüne Wedel, sieht jedoch insgesamt gesehen nicht so attraktiv aus wie *P. canariensis*. Sie trägt den botanischen Namen *P. dactylifera*.

Dieffenbachie lässt Blätter hängen

? Im vergangenen Sommer erhielt ich eine Dieffenbachie zum Geburtstag. Den Sommer über hat sie sich schön weiter entwickelt. Auch jetzt im Winter machte sie keine Probleme. Zu meinem Erschrecken stelle ich seit wenigen Tagen fest, dass die Pflanze die Blätter hängen lässt, die offenbar absterben. Kann sich die Pflanze beim Lüften des Zimmers erkältet haben?

! Das Problem ist sicher bereits erkannt. Die Dieffenbachie (*Dieffenbachia*) stammt aus tropischen Zonen Südamerikas und wünscht eine pflegliche Behandlung. Den Sommer über macht die Pflanze kaum Probleme, wenn sie an einem günstigen Standort steht. Sie benötigt relativ viel Licht, jedoch muss sie vor direkter Mittagssonne geschützt werden. Ganz wichtig ist die Temperatur, die sich möglichst immer um 20 °C bewegen sollte. Auch im Winter sollte das Thermometer nicht unter 15 °C absinken. Wenn nun jetzt im Januar das Zimmer gelüftet wurde und die in der Nähe stehende Dieffenbachie von der kalten Zugluft getroffen wurde, kann sich das geschilderte Schadbild nach wenigen Tagen zeigen. Auf kalte Zugluft reagiert die Dieffenbachie immer empfindlich.

Ob die Pflanze zu retten ist, hängt vom Grad der Schädigung ab. Wahrscheinlich werden die jetzt schlaff herabhängenden und in der Farbe sich verändernden Blätter nicht mehr zu retten sein. Handelt es sich nur um wenige Blätter, kann sich die Pflanze unter Umständen wieder erholen und bei guter Behandlung weiter gedeihen.

Sollten nicht alle Blätter absterben und vor allem die Triebspitze noch nicht geschädigt sein, könnte vielleicht eine vegetative Vermehrung die Rettung bedeuten. In diesem Fall wird ein Kopfsteckling geschnitten und in ein Gemisch aus Hochmoor-Weißtorf und Flusssand im Verhältnis 1:1 gesteckt. Um unnötige Verdunstung zu verhindern, sollte man über den Steckling eine perforierte Plastiktüte stülpen. Im gut temperierten Zimmer bei etwa 20 °C kann dieser Kopfsteckling nach etwa drei bis vier Wochen Wurzeln gebildet haben. Dann kann die Pflanze in normale Blumenerde umgetopft werden.
Noch besser und sicherer ist das Abmoosen, das auch bei der Dieffenbachie zum Erfolg führt.

Drachenbaum bekommt dünne Triebe

Bei meinem zu groß gewordenen Drachenbaum habe ich Ableger bewurzelt. Dies ist auch gelungen, nun bekommen aber die beiden jungen Pflanzen lange, dünne Triebe und können sich allein nicht aufrecht halten. Womit hängt das zusammen?

Ganz sicher hängt die Entwicklung der jungen Drachenbäume (*Dracaena*) mit den Lichtverhältnissen zusammen. Die Pflanzen stammen aus dem tropischen Afrika und sind an einen hohen Lichteinfall gewöhnt. Das gilt besonders für die Sorten mit panaschierten Blättern, also solchen, die besonders attraktiv gezeichnet sind. Haben sie nicht genügend Licht, strecken sich die Triebe in die Höhe, werden dünn und spindelig.
Das bedeutet aber nicht, dass die Pflanzen immer der vollen Sonne ausgesetzt werden müssen. Während im Winter die Sonneneinstrahlung gering ist, kann sie unter Umständen im Sommer gefährlich werden. Deshalb sollte man auch den Drachenbaum nicht der direkten Mittagssonne aussetzen, andererseits aber den Pflanzen möglichst viel Licht zur normalen Entwicklung bieten. Ansonsten benötigen sie als Tropenpflanzen mäßig viel Wärme. Auch im Winter sollte das Thermometer nicht unter 15 bis 18 °C absinken. In dieser Zeit wird aber auch eine gewisse Ruheperiode eingehalten, in der etwas sparsamer gegossen wird. Im Sommer werden die Pflanzen normal befeuchtet.

WUSSTEN SIE, dass die Gattung *Dracaena* zur Familie der Liliengewächse (Liliaceae) gehört? Nur zehn Arten sind bekannt, die in den Tropen und Subtropen von Asien und Afrika beheimatet sind. Der eigentliche Drachenbaum ist eine grünblättrige Art und trägt den botanischen Namen *Dracaena draco*. Er ist auf den Kanarischen Inseln beheimatet. Besonders bekannt ist das ehrwürdige Exemplar in Icod auf der Insel Teneriffa.

Duftpelargonien gegen Schnaken?

Gehört habe ich, dass es Duftpelargonien für die Zimmerkultur geben soll, die durch ihren Duft Schnaken abwehren?

Seit einigen Jahren sind die so genannten Duftpelargonien (*Pelargonium*) wieder modern geworden. Es gibt zahlreiche Arten und Sorten. Sie haben die verschiedensten Düfte. Bekannt ist, dass zum Beispiel *Pelargonium quercifolium* 'Royal Oak' eine entsprechende Wirkung haben soll. Dieser Pelargonie wird nachgesagt, dass ihr Duft die weiblichen Schnaken davon abhält, ihren Hunger an Menschenblut zu stillen, das sie zur Entwicklung ihrer Eier benötigen. Pelargonienspezialist Dieter Stegmeier/Essingen empfiehlt, ein bis zwei Pflanzen auf den Simsen vor dem Fenster aufzustellen, um das Eindringen der Schnaken zu verhindern.

Efeu mit Läusebefall

Meine Efeu-Sammlung im Zimmer ist bisher immer recht gut gediehen. Nun haben aber offensichtlich einige Pflanzen einen Schädlingsbefall. Besonders an den jungen Blättern der Triebspitze sitzen kleine Tiere, die einen klebrigen Saft ausscheiden. Die Blätter verfärben sich, sind teilweise verkrüppelt

Dasselbe gilt für Rapsölpräparate. Zur Behandlung stellt man die Pflanzen am besten auf den Balkon und bringt sie nachher wieder auf ihren angestammten Platz im Zimmer. Empfehlenswert sind auch Kombistäbchen, die in die Erde gesteckt werden und so einen Wirkstoff über die Wurzeln zu den befallenen Pflanzenteilen transportieren.

WUSSTEN SIE, dass es geflügelte und ungeflügelte Läuse gibt? Die geflügelten Blattläuse sind für die Verbreitung der Tiere zuständig. Sie sind besonders gegen Abend aktiv und können vom leisesten Lufthauch über weite Strecken weggetragen werden. Gerade dann können sie an warmen Sommerabenden auch durch das geöffnete Fenster in Wohn- und Geschäftsräume gelangen und sich dort auf den Zimmerpflanzen niederlassen. So kann es sein, dass plötzlich bisher gesunde Pflanzen von Läusen befallen sind.

oder eingerollt. Um welche Schädlinge handelt es sich und wie kann ich sie beseitigen? Kann ich die befallenen Triebspitzen einfach „abknipsen"?

! Der Schilderung nach handelt es sich um Blattläuse (Aphididae). Efeu (*Hedera helix*) wird sehr gerne von den verschiedensten Läusen befallen. Neben den Blattläusen treten auch Schildläuse und Schmierläuse (Coccina) auf. Bei dem klebrigen Saft handelt es sich um Ausscheidungen der Läuse, den Honigtau. Dieser ist typisch für einen Läusebefall. Sollten die Triebspitzen der Pflanzen stärker befallen sein, kann man sie tatsächlich ausbrechen oder abschneiden und beseitigen. Aus „schlafenden" Augen in den Blattachseln treiben die Pflanzen bei guter Pflege problemlos wieder aus.
Trotzdem wird es sicher empfehlenswert sein, die Pflanzen zusätzlich mit einem geeigneten Mittel zu behandeln, um die Schädlinge auch ganz zu beseitigen. Völlig ungefährlich und sehr mild wirkend sind Präparate auf der Basis von Kaliseife.

Efeu-Stämmchen für Zimmerkultur

? **In meinem nach Westen ausgerichteten Wohnzimmer gedeihen Efeupflanzen recht gut. Ich kultiviere sie ausgepflanzt im Blumenfenster und als Ampelpflanzen. Nun sah ich kürzlich bei einem Gärtner auch Hochstämmchen. Mich würde interessieren, um welche Art oder Sorte es sich handelt und wie die Kulturansprüche sind?**

! Im Prinzip handelt es sich bei den Efeu-Stämmchen um die gleichen Efeu-Arten und -Sorten wie für die Kultur als Bodendecker oder Ampelpflanze. Der kleine Unterschied besteht darin, dass die Efeuranken auf eine andere Pflanzen-Gattung gepfropft wurden, die aber zur gleichen Familie gehört. Diese Stamm bildende Pflanze ist einstmals

auch aus einer Kreuzung zwischen der eigentlichen Efeuaralie (*Fatshedera*) und einem Efeu (*Hedera helix*) hervorgegangen.
Die Gärtner lassen die Efeuaralien heranwachsen und köpfen in einer gewissen Höhe das Stämmchen. Dort findet die Veredelung mit den Efeuranken statt, die sich später zum hübschen Bäumchen mit den hängenden Trieben entwickeln. Da auch in der Unterlage Erbgut vom Efeu enthalten ist, vertragen sich die beiden Gattungen recht gut. Die Pflegeansprüche eines solchen Stämmchens sind nahezu identisch mit der normalen Kultur der Efeuaralie und des Efeus, so dass keine Besonderheiten zu beachten sind.

Es gibt vom Efeu unzählige Sorten, die überwiegend vom heimischen Efeu (*Hedera helix*) abstammen. Bekannt sind aber auch Sorten vom Kanarischen Efeu (*Hedera canariensis*), der von den Kanarischen Inseln, der Insel Madeira und Nordafrika stammt. Besonders beliebt ist hier die Sorte 'Gloire de Marengo', eine raschwüchsige, großblättrige Sorte mit panaschierten Blättern. Im Allgemeinen sagt man, dass die Abkömmlinge dieser Art etwas höhere Wärmeansprüche als der heimische Efeu stellen und für ein Auspflanzen im Freien unter mitteleuropäischem Klima nicht in Frage kommen.

Efeutute hat plötzlich grüne Blätter

Zum Geburtstag erhielt ich eine wunderschöne Grünpflanze, die sich an einem Moosstab üppig empor windet. Besonders schön sind die grün-gelb panaschierten Blätter. Obwohl die Pflanze willig weiter wächst, sind die neuen Blätter aber nicht mehr zweifarbig, sondern satt dunkelgrün. Woran liegt das und ist es möglich, die Pflanze zur Ausbildung schön gezeichneter Blätter anzuregen?

Das „Vergrünen" von panaschierten Blättern hängt im Allgemeinen mit den Lichtbedürfnissen der Pflanze zusammen. Der Beschreibung nach haben Sie eine Efeutute (*Epipremnum pinnatum*) geschenkt bekommmen. Sie stammt aus tropischen Zonen der Pazifischen Inseln. Dort ist sie ein typisches Lianengewächs, das immer dem Licht zustrebt. Unter günstigen Lichtverhältnissen entwickelt die Pflanze die gelb-grün panaschierten Blätter. Unter ungünstigen Lichtverhältnissen wird aber mehr Chlorophyll (Blattgrün) ausgebildet, das die Pflanze zur Photosynthese (Assimilation) dringend benötigt. Auf diese Weise kann sie sich auch an schattigeren oder sogar dunkleren Stellen problemlos am Leben halten.
Sie können die ursprüngliche Blattfärbung dadurch wieder erreichen, dass die Pflanze deutlich heller gestellt wird. Sie sollte an einem lichtreichen Fenster aufgestellt werden, wobei sie jedoch vor praller Mittagssonne im Sommer geschützt werden sollte. Steht die Pflanze an einem für sie idealen, hellen Platz, werden die neuen Blätter wieder die gewohnte Färbung annehmen. Bei den einmal ganz dunkelgrün ausgefärbten Blättern ändert sich die Farbe im Nachhinein allerdings nicht mehr.

WUSSTEN SIE, dass die Efeutute in den letzten 30 Jahren zahlreiche Namensänderungen erfahren hat? Deshalb kann es vorkommen, dass diese Pflanze unter den verschiedensten Namen bei Gärtnern und Floristen geführt wird. Hieß sie ursprünglich *Scindapsus aureus* oder *Pothos aureus*, wurde sie später in *Rhaphidophora aurea* umgetauft. Seit einigen Jahren führt sie den zur Zeit gültigen Namen *Epipremnum pinnatum*. Übrigens gehört dieses Lianengewächs zu den Aronstabgewächsen (Araceae) und ist somit ganz entfernt verwandt auch mit unserem heimischen Aronstab (*Arum maculatum*).

Efeutute selbst vermehren

Mit großer Begeisterung verfolge ich das starke Wachstum der Efeutute. Nun habe ich versucht, die Pflanze zu vermehren. Zu diesem Zweck habe ich einige Blätter abgeschnitten und in Blumenerde gesteckt. Der Erfolg blieb jedoch aus. Was habe ich falsch gemacht?

Es kann vielleicht einmal sein, dass das eine oder andere Blatt der Efeutute (*Epipremnum pinnatum*) Wurzeln bildet, auf einen Austrieb wird man jedoch vergeblich warten. Das hängt damit zusammen, dass das Blatt nicht die Möglichkeit hat, vegetative Knospen auszubilden. Ganz sicher wäre die Vermehrung erfolgreich gewesen, wenn zu-

sammen mit dem Blatt ein Stückchen Stängel gesteckt worden wäre, da sich an der Blattansatzstelle am Stängel ein „schlafendes" Auge befindet, das unter günstigen Bedingungen austreibt.
Besser ist es natürlich, wenn das Stängelstück etwas länger genommen wird und sich daran mindestens zwei Blätter befinden. In diesem Fall wird der Steckling direkt unter einem Blattknoten geschnitten und das untere Blatt entfernt. Dieser Teil wird dann in ein Töpfchen oder in eine kleine Schale in ein Gemisch aus Torf und Sand (Hochmoor-Weißtorf und Flusssand) zu gleichen Teilen gesteckt. Natürlich kann auch der Kopf eines Triebes, also die Triebspitze, in gleicher Weise zur Vermehrung verwendet werden. Dieser Kopfsteckling hat den Vorteil, dass die Pflanze nach dem Bewurzeln sofort wieder am oberen Vegetationspunkt weiterwächst.
Zur Bewurzelung werden die Stecklinge an einem hellen Platz bei üblicher Zimmertemperatur aufgestellt. Stülpt man eine perforierte Plastiktüte über die Stecklinge, wird die Verdunstung der Blätter eingeschränkt und dadurch das Bewurzelungsergebnis positiv beeinflusst. Natürlich muss das Vermehrungssubstrat während des gesamten Bewurzelungsvorgangs immer gleichmäßig feucht gehalten werden. Haben die Stecklinge Wurzeln gebildet, können die jungen Pflanzen in eine übliche Blumenerde gesetzt werden.

Natürlich kann man nach dem Bewurzeln der Stecklinge immer nur eine Pflanze in einen kleinen Topf setzen. Voll garnierte Pflanzen erhält man andererseits, wenn drei bis fünf Stecklinge in einen etwas größeren Topf gepflanzt werden. Auch können die Austriebe nach einiger Zeit gestutzt werden. Dadurch werden die Pflanzen zu einer noch stärkeren Seitentriebbildung angeregt.

Elefantenohr blüht nicht

Schon seit einigen Jahren besitze ich ein Elefantenohr. Die Pflanze gedeiht eigentlich prächtig, nur hat sie bisher noch nie geblüht. Wie kann ich sie zum Blühen bringen?

Eigentlich gehört das Elefantenohr (*Haemanthus albiflos*) zu den pflegeleichten Zimmerpflanzen. Wichtig ist nur, dass die Pflanze genügend Licht bekommt. An einem nicht so sonnigen Standort kann es sein, dass die Ausbildung von Blüten unterbleibt.
Aus diesem Grund ist es zweckmäßig, die Pflanze an einem möglichst hellen, ja sogar sonnigen Standort aufzustellen. Übliche Zimmertemperaturen werden vertragen. Im Winter kann die Pflanze auch etwas kühler gestellt werden, 10 bis 15 °C reichen dann völlig aus. Die Feuchtigkeit richtet sich nach dem jeweiligen Standort. Den Sommer über wird normal gegossen, im Winter hält man bei kühlem Standort die Pflanzen etwas trockener. Vom Frühjahr bis zum Herbst kann die Pflanze auch ab und zu mit einer Volldüngerlösung versorgt werden. Sie unterstützt die Blattentwicklung und – ein günstiger Standort vorausgesetzt – auch die Blütenbildung.

Fensterblatt bildet keine durchlöcherten Blätter mehr

Mein Fensterblatt hat offensichtlich einen Platzwechsel übel genommen. Während die Pflanze in den letzten beiden Jahren prächtig gedieh und immer wieder neue, geschlitzte und durchlöcherte Blätter gebildet hat, werden auf einmal nur noch ganzrandige und voll ausgefüllte Blätter entwickelt. Aus Platzgründen musste ich die Pflanze verstellen.

Es ist ganz sicher anzunehmen, dass dieses Fensterblatt (*Monstera deliciosa*) oder Zimmer-Philodendron den Platzwechsel übel genommen hat. Die Pflanze hat sich mit der Ausbildung der „vollen" Blätter auf den jetzigen Standort mit wahrscheinlich einem deutlich geringeren Lichteinfall eingestellt. Es handelt sich nämlich um ein Lianengewächs des Urwaldes, das immer nach dem Licht strebt. Damit die unteren Pflanzenteile genügend Licht erhalten, sind die Blätter immer durchlöchert oder tief eingeschnitten. Sobald die Pflanze jedoch weniger Licht erhält, füllt sie die Blätter mit Blattmasse auf, damit sie ausreichend Assimilationsfläche besitzt. In diesem Fall ist aber das Überleben der Pflanze garantiert.
Soll die Pflanze in Zukunft wieder die geschlitzten und durchlöcherten Blätter ausbilden, muss sie an einen deutlich helleren Platz gestellt werden. Dann ist damit zu rechnen, dass der Neuzuwachs wieder der früheren Blattentwicklung gleicht. Die jetzigen Blätter bleiben in dieser Form erhalten.

Fensterblatt bildet zu viele Luftwurzeln

Vor Jahren erhielt ich ein Fensterblatt. Die Pflanze wurde in der Zwischenzeit riesengroß, ist völlig gesund, bildet jedoch „fürchterliche" Luftwurzeln. Kann man diese einfach abschneiden?

Der Zimmer-Philodendron oder das Fensterblatt (*Monstera deliciosa*) ist in seiner Heimat ein Lianengewächs. Er rankt sich an den Urwaldbäumen empor und sucht unter dem Blätterdach das Licht. Mit seinen Luftwurzeln fasst er an den uralten Stämmen Fuß, die ihm Halt geben und gleichzeitig aus dem modrigen Substrat Wasser und Nährstoffe aufnehmen. In der Zimmerpflanzenkultur haben die Luftwurzeln wenig Bedeutung. Sie sehen exotisch aus und können, wenn sie eine entsprechende Länge haben, durchaus in das Substrat des Pflanzgefäßes eingeleitet werden. Dort bilden sie dann ebenfalls echte Wurzeln und tragen zur zusätzlichen Wasserversorgung und Ernährung der Pflanze bei. Sollte die eine oder andere Luftwurzel als störend empfunden werden, kann sie an der Ansatzstelle abgeschnitten werden. Die Pflanze und ihre weitere Entwicklung nehmen dadurch keinerlei Schaden.
Wird ein Zimmer-Philodendron zu groß und stößt an der Decke an, können Luftwurzeln aus dem oberen Bereich in ein an der Pflanze angebrachtes, mit Blumenerde gefülltes Gefäß eingeleitet werden. Schon nach kurzer Zeit haben die Luftwurzeln dort Fuß gefasst. Dann kann der obere Teil des Zimmer-Philodendrons unter der Ansatzstelle der Luftwurzeln abgeschnitten und dieser große „Kopfsteckling" samt den bereits mit aktiven Wurzeln versehenen Luftwurzeln in ein Pflanzgefäß gesetzt und normal weiterkultiviert werden. Dies ist die einfachste Vermehrung des Zimmer-Philodendrons.

WUSSTEN SIE, dass der volkstümliche Name „Fensterblatt" durch die zahlreichen Löcher in den großen Blätter des Zimmer-Philodendron herrührt? Manchmal entwickelt eine solche Pflanze aber keine Löcher und gelappten Blätter mehr, sie sind ganzrandig und fast ganz verwachsen. Ursache für diese untypischen Blätter ist Lichtmangel. Wird ein Fensterblatt an einen helleren Platz gestellt, entwickeln sich die neuen Blätter wieder in der ursprünglichen gelappten und durchlöcherten Form.

Fensterblatt verjüngen

Mein Fensterblatt ist im Laufe der Jahre sehr groß geworden. Er stößt schon an der Decke des Zimmers an. Ist es möglich, diese prächtige Pflanze zu verjüngen?

Es ist kein Problem, das Fensterblatt oder den Zimmer-Philodendron (*Monstera deliciosa*) zurückzuschneiden. Jedoch muss man sich überlegen, ob die Pflanze nach dem Abschneiden der Triebspitze noch dekorativ aussieht. Es ist durchaus möglich, dass sie aus schlafenden Augen wieder austreibt. Normalerweise entwickeln sich aus den zwei oder drei obersten, in den Blattachseln sitzenden Knospen neue Triebe.

Auf jeden Fall sollte aber etwas zusätzlich gemacht werden: Sicher hat die Pflanze im oberen Bereich Luftwurzeln gebildet. Wird nun der „Kopf" des Zimmer-Philodendron samt den Luftwurzeln abgeschnitten, kann daraus eine neue Pflanze gewonnen werden. Am besten lässt man die Schnittfläche durch kurzfristige Lagerung etwas eintrocknen und pflanzt sie dann samt den Luftwurzeln in einen Topf mit nährstoffarmer Erde. Es wird nur mäßig gegossen, damit die Schnittfläche nicht in Fäulnis übergeht. Die Luftwurzeln werden im neuen Substrat bald „Erdwurzeln" bilden. Vielleicht entwickeln sich aus der Schnittfläche zusätzlich neue Wurzeln. So kann aus diesem Ableger zusätzlich eine junge Pflanze gewonnen werden. Eine gute Hilfe zum sicheren Anwachsen sind dabei die Luftwurzeln, die schon bald die Wasserversorgung und Ernährung dieses Kopfstecklings übernehmen. Nach etwa zwei bis drei Wochen ist normalerweise dieser Ableger eingewachsen und kann weiterkultiviert werden. Sobald sich neues Wachstum zeigt, sollte die Pflanze zusätzlich gedüngt werden. Hat man den Kopfsteckling in einen kleinen Topf gepflanzt, kann er nach ein bis zwei Monaten in einen größeren Topf mit nährstoffreicher Erde umgepflanzt werden.

Man kann einen „Kopfsteckling" natürlich auch von einer Triebspitze ohne Luftwurzeln schneiden. In diesem Fall erfolgt die Bewurzelung am besten in einem völlig nährstoffarmen Torf-Sand-Gemisch (Verhältnis 1:1). Da die Pflanze jetzt keinerlei Wurzeln besitzt, muss sie vor zu großer Verdunstung geschützt werden. Am besten stülpt man deshalb über den Steckling einen Plastiksack, damit das Licht hindurchdringen, die Luftfeuchtigkeit aber nicht entweichen kann. Durch die höhere Wasserdampfspannung bleibt der Kopfsteckling frisch und bewurzelt sich bei Temperaturen um 20 bis 25 °C in etwa drei Wochen.

Fensterblatt zeigt gelbe Blätter

Mein Fensterblatt ist bisher immer problemlos gewachsen. Auch hatte er immer tief dunkelgrüne Blätter. Seit einiger Zeit beobachte ich, dass manche Blätter die Farbe verlieren und gelb werden. Was mache ich falsch und was kann ich tun, damit die Blätter wieder grün werden?

Die Ursache für die gelben Blätter des Fensterblatts oder Zimmer-Philodendron (*Monstera deliciosa*) kann vielschichtig sein. Eine Zimmerpflanze zeigt meistens ein „Unwohlsein" durch eine Gelb- oder Braunverfärbung der Blätter.

Als mögliche Ursache kommt Staunässe im Wurzelbereich, Nährstoffmangel, Krankheitsbefall oder Lichtmangel in Frage. Während der Wintermonate ist häufig Staunässe im Wurzelbereich und Lichtmangel die Ursache. Im Winter müssen Zimmerpflanzen viel vorsichtiger gegossen werden als im Sommer. Werden die Wurzeln zu nass gehalten, kann Sauerstoffmangel auftreten, so dass die Wurzelspitzen absterben. In diesem Fall gibt es Störungen in der Wasseraufnahme, was sich an der Gelbverfärbung der Blätter zeigt.

Gravierender ist Lichtmangel. Stehen die Pflanzen nicht direkt am Fenster, können sie nicht mehr assimilieren, also die aufgenommenen Nährstoffe in Baustoffe umwandeln. Da sie in der Wärme des Wohnzimmers jedoch weiter wachsen, werden die Nährstoffe aus älteren Blättern abgezogen und in die Vegetationsspitzen verlagert. Dadurch kann es zu einem Nährstoffmangel in älteren Blättern kommen, die sich gelb verfärben und später abfallen.

Um die Schäden zu beheben, muss um diese Jahreszeit sehr vorsichtig gegossen werden. Gewässert wird erst, wenn die oberste Erdschicht etwas abgetrocknet ist. Völliges Austrocknen ist natürlich ebenfalls nicht richtig. Ansonsten muss der Zimmer-Philodendron ganz nahe ans Licht gestellt werden, damit er assimilieren kann und auch den Winter über körpereigene Baustoffe aus der mit dem Wasser aufgenommenen Nährstoffe produzieren kann (Assimilation, Photosynthese).

Normalerweise bildet das Fensterblatt geschlitzte und durchlöcherte Blätter aus. Werden zu bestimmten Zeiten oder bei älteren Exemplaren ganzrandige und nicht mehr durchlöcherte Blätter ausgebildet, ist dies ebenfalls bereits ein Zeichen von Lichtmangel. Die Pflanze will durch eine solche Reaktion die Assimilationsfläche der Blätter vergrößern, um genügend Baustoffe zu produzieren. Werden solche Blätter ausgebildet, ist dies immer schon ein Zeichen von Lichtmangel.

Fensterblattblätter werden schwarz

Schon seit längerer Zeit kultiviere ich ein Fensterblatt in Hydrokultur. Die Pflanze ist schön gewachsen. Jetzt stelle ich jedoch fest, dass die Blätter mit einem schwarzen, oft klebrigen Belag überzogen sind. Ich habe die Blätter schon einige Mal abgewaschen. Der Belag kommt aber nach einiger Zeit immer wieder. Was ist die Ursache und was kann ich dagegen tun?

Ganz sicher handelt es sich um den Rußtaupilz. Dieser Rußtau- oder Schwärzepilz tritt immer dort auf, wo sich Läuse, also Schild-, Woll- oder Schmierläuse (Coccina) angesiedelt haben. Wahrscheinlich ist das Fensterblatt oder der Zimmer-Philodendron (*Monstera deliciosa*) auf der Blattunterseite mit Schildläusen dicht besiedelt, die sehr hartnäckig sind und oft durch einfaches Abwaschen mit Wasser nicht beseitigt werden können. Diese Läuse scheiden einen süßen Saft auf, den so genannten Honigtau, der die ganze Blattfläche mit einem klebrigen Belag überzieht. Oft ist die Honigtaubildung so stark, dass Flüssigkeit auf darunter befindliche Blätter abtropft. Gerade dort siedeln sich dann die Rußtaupilze an.
Schädlich sind natürlich vor allem die Läuse, andererseits können die Blätter, sind sie von dem schwarzen Belag überzogen, nicht mehr assimilieren. Dadurch sind Wachstumshemmungen durchaus möglich. Es sollte also zunächst einmal kontrolliert werden, ob und welche Läuse sich auf dem Zimmer-Philodendron befinden, um diese mit einer geeigneten Maßnahme zu beseitigen. Anschließend sollten die Blätter noch einmal gründlich abgewaschen werden, damit sie wieder atmen und assimilieren können. Zur Bekämpfung der verschiedenen Läuse kann ein geeignetes Pflanzenspray eingesetzt werden.

Geldbaum richtig kultivieren

Von meiner Mutter erhielt ich einen uralten Geld- oder Pfennigbaum. Am jetzigen Standort scheint es ihm nicht richtig zu gefallen. Einzelne Blättchen hat er schon abgeworfen. Welche Ansprüche an die Kultur stellt diese Pflanze?

Der Geld-, Pfennig- oder Judasbaum zählt zu den anspruchslosen Zimmerpflanzen. Er gehört in die umfangreiche Gattung *Crassula*, die zu den Dickblattgewächsen (Crassulaceae) zählt, die in Trockengebieten beheimatet sind. Der Geldbaum (*Crassula ovata*) ist in Südafrika beheimatet.
Entsprechend den Heimatbedingungen will die Pflanze einen möglichst hellen, ja sogar sonnigen Platz am Fenster. Besondere Ansprüche werden an die Temperatur nicht gestellt. Den Sommer über werden die normalen Temperaturen gut vertragen. Im Winter reichen Temperaturen zwischen 10 und 13 °C. Bei zu hohen Temperaturen wachsen die Pflanzen auch im Winter weiter und bilden meist mangels Licht lange, spindlige Triebe. Deshalb ist es besser, wenn man der Pflanze im Winter eine gewisse Ruhe bei kühlen Temperaturen gönnt.
Entsprechend ist auch das Gießen einzustellen. Während der Hauptwachstumszeit wird häufiger gegossen. Doch sollte man bis zum nächsten Gießen immer wieder so lange warten, bis die obere Erdschicht des Topfes etwas abgetrocknet ist. Während der Ruheperiode im Winter gießt man nur so viel, dass der Ballen nicht vollkommen austrocknet. Vermutlich ist in diesem Falle der neue Standort nicht gerade ideal und außerdem ist die Pflanze vielleicht etwas zu feucht gehalten worden. Sie kann Durststrecken problemlos überwinden, da sie in den dickfleischigen Blättern verhältnismäßig viel Wasser speichern kann.
Der Pfennigbaum entwickelt an günstigen Standorten weiße Blütenstände. Sie werden aber nur ausgebildet, wenn die Pflanze direkt dem Sonnenlicht ausgesetzt ist. Die Hauptblütezeit dieses Dickblattgewächses liegt zwischen April und Juli.

WUSSTEN SIE, dass der Pfennigbaum im Volksmund auch als „Deutsche Eiche" bezeichnet wird? Vielleicht ist das ein Hinweis auf die Robustheit der Pflanze, die auch ohne große Pflegeaufwendungen sehr alt werden kann.

Sie hat übrigens schon sehr viele botanische Namen getragen. Heute heißt sie *Crassula ovata*, während sie früher auch schon die Namen *C. argentea*, *C. obliqua* und *C. portulacea* getragen hat.

Grünlilie mit braunen Blattspitzen

? Bei mir zu Hause gedeihen nicht viele Pflanzen. Etwas Glück habe ich aber mit der Grünlilie. Sie gedeiht an meinem absonnigen Fenster recht gut. Doch ärgere ich mich immer, wenn eine hübsche Pflanze braune Blattspitzen und manchmal sogar braune, abgestorbene Flecken auf den Blättern bekommt. Woran liegt das?

! Bei der Grünlilie (*Chlorophytum comosum*) handelt es sich um eine sehr anspruchslose Pflanze, die aus Südafrika zu uns gekommen ist. Sie kommt mit einem hellen, nicht direkt der Sonne ausgesetzten Standort in einem normal temperierten Zimmer recht zurecht. Sie ist für kühle und wärmere Räume geeignet.

Nur bei den Wassergaben muss man etwas vorsichtig sein. Im Sommer muss reichlicher, im Winter sparsamer gegossen werden. Bei Staunässe können sich die Blätter gelb verfärben. Andererseits kommt es immer wieder vor, dass die geschilderten braunen Blattspitzen oder Flecken auftreten, wenn die Zimmerluft zu trocken ist. Meistens kann man aber durch ein häufigeres oder stärkeres Gießen diesen kleinen Schaden nicht beheben, da die Pflanze nicht in der Lage ist, so viel Wasser aufzunehmen, dass es bis zum Transport in die Blattspitzen reicht. Vielleicht könnte durch eine gewisse Erhöhung der Luftfeuchtigkeit auf Dauer der Schaden behoben werden. Das ist möglich, durch Aufhängen eines Verdunsters am Heizkörper oder das Aufstellen einer wassergefüllten Schale neben der Pflanze.

WUSSTEN SIE, dass die Grünlilie im Volksmund auch noch als Graslilie bekannt ist? Auch der botanische Name wurde in der Vergangenheit mehrmals geändert. So hieß die gleiche Pflanze auch schon *Phalangium comosum* und *Cordyline vivipara*. Gerade deshalb wird die Pflanze bei vielen Zimmerpflanzenfreunden auch heute noch als Cordyline bezeichnet. Übrigens gibt es neben der grünblättrigen Art auch noch eine Sorte mit zierenden weißen Streifen. Sie wird unter dem Namen 'Variegatum' angeboten.

Grünlilie selbst vermehren

? Meine Grünlilie macht mir viel Freude. Ich kultiviere sie als Ampel am Fenster. Nun hat sie sich sehr schön entwickelt. Seit einiger Zeit beobachte ich, dass sie lange Austriebe bildet, an denen sich kleine Pflänzchen entwickeln. Kann ich diese zur Vermehrung verwenden?

! Die Grünlilie (*Chlorophytum comosum*) wächst an günstigen Standorten problemlos heran. Tatsächlich handelt es sich um eine naturbedingte Vermehrungsart, die auch der Zimmerpflanzengärtner ausnutzen kann. Vielleicht wurde schon beobachtet, dass manche dieser kleinen Pflänzchen bereits Wurzelansätze haben. Diese sind für die Vermehrung am besten geeignet. Man braucht sie nur mit einem scharfen Messer von der Pflanze abzutrennen und in ein nicht zu großes Töpfchen in normale Blumenerde pflanzen. Dort werden sie nach wenigen Tagen kräftige Wurzeln ausbilden und normal weiterwachsen. Es ist dann nur notwendig, die Pflanzen später in üblicher Weise in einen größeren Topf umzupflanzen. Zum raschen Wachstum können die Pflänzchen nach kräftiger Wurzelausbildung mit einer schwachen Blumen-Volldüngerlösung zusätzlich ernährt werden. Günstige Konzentrationen liegen zwischen 0,1 und 0,2 % (1 bis 2 g oder ml Dünger/l Wasser).

Gummibaum (geigenblättrig) vermehren

? Sehr schön entwickelt hat sich bei mir der Geigenblättrige Gummibaum. Er hat mehrere Triebe. Kann ich die Pflanze selbst vermehren?

! Der Geigenblättrige Gummibaum (*Ficus lyrata*) stammt aus dem tropischen Afrika und stellt in der Zimmerpflanzenkultur schon etwas höhere Ansprüche als der übliche Gummibaum *F. elastica*. Hat er sich aber gut entwickelt, kann natürlich eine Vermehrung durch einen Steckling versuchs-

weise vorgenommen werden. Wichtig ist eigentlich nur, dass zur Bewurzelung ideale Verhältnisse geschaffen werden. Darunter versteht man neben einem hellen Standort und einer relativ hohen Luftfeuchtigkeit auch eine ausreichende Temperatur. Zur Bewurzelung sollten mindestens 25 °C Bodentemperatur vorhanden sein. Ansonsten kann man den Steckling behandeln wie den bekannteren Ficus elastica. Er wird in einer Länge von etwa 15 cm geschnitten, das untere Blatt entfernt und in ein Gemisch aus Sand und Torf (Hochmoor-Weißtorf und Flusssand) gesteckt. Zur Verringerung der Wasserverdunstung sollte der Steckling in eine Folientüte eingehüllt werden. Die Aufstellung erfolgt an einem hellen, keinesfalls sonnigen Platz bei den genannten Temperaturen. Es dauert schon etwa drei bis vier Wochen, bis sich Wurzeln gebildet haben. Voraussetzung ist allerdings, dass der Stängel nicht schon zu stark verholzt war. Nur aus dem etwas weicheren, noch grünen Stängelteil können sich ohne größere Schwierigkeiten Wurzeln bilden.
Da diese Vermehrungsart schon gewisse Unsicherheiten in sich birgt, ist unter Umständen das Abmoosen erfolgreicher. Auch hier sollte man sich für die Vermehrungsstelle ein Stängelstück aussuchen, das noch nicht zu stark verholzt ist.

Gummibaum bekommt kleine Blätter

Seit vielen Jahren kultiviere ich einen prächtigen Gummibaum. Er hat mehrere Triebe und ist recht schön in die Höhe gewachsen. Nun stelle ich fest, dass alle neuen Blätter immer kleiner werden, obwohl ich die Pflanze erst vor einiger Zeit umgetopft habe. Was ist die Ursache und was soll ich tun, damit die Blätter größer werden?

Der Gummibaum (*Ficus elastica*) ist eine sehr dankbare und anspruchslose Grünpflanze für die Zimmerkultur. Sie benötigt jedoch immer viel Licht und reichlich Nährstoffe. Zwei Möglichkeiten kommen für das Kleinerwerden der Blätter in Frage. Einmal kann es sich um einen Nährstoffmangel handeln. Sehr oft stellt man fest, dass Gummibäume größere und kleinere Blätter bilden, und zwar werden die Blätter immer kleiner, wenn nicht genügend Nährstoffe zur Verfügung stehen. Düngt man die Pflanze dann wieder stärker, werden die neuen Blätter wieder größer. Die ausgewachsenen kleinen Blätter kann man in der Größe jedoch nicht mehr verändern.
Da die Pflanze offensichtlich durch die lange Kulturzeit schon eine gewisse Höhe erreicht hat, kann auch Lichtmangel in Frage kommen. So lange die Triebe vom Licht der Fenster voll getroffen werden, können sie optimal assimilieren, also die aufgenommenen Nährstoffe in Baustoffe umwandeln. Wenn oft die Triebe über die Höhe des Zimmerfensters hinauswachsen, ist eine eigenständige Assimilation kaum mehr möglich, so dass sie von den zugelieferten Baustoffen leben müssen. In diesem Fall kann es vorkommen, dass auch bei normaler Ernährung neue Blätter wieder kleiner werden. Ist das die Ursache, kann durch eine stärkere Düngung nichts erreicht werden. Vielleicht sollte man überlegen, die Pflanze einmal zu verjüngen, also die Triebe einzukürzen. Dann verliert der Gummibaum allerdings oft seine schöne Gestalt, so dass man lieber darauf verzichtet. Bei ausreichender Ernährung können die Blätter aber auch wieder größer werden. Wird der Gummibaum umgepflanzt, sind die Nährstoffe bei dieser stark zehrenden Pflanze meistens schon nach wenigen Wochen wieder aufgebraucht. Deshalb sollte schon einige Zeit nach dem Umtopfen, wenn die Pflanze Wurzeln gefasst hat, mit Blumenvolldüngern nachgeholfen werden. Während der Vegetationszeit von etwa April bis September ist es durchaus möglich, alle zwei bis drei Wochen eine zusätzliche Ernährung zu verabreichen. Übliche Konzentrationen sind 0,2 %, also 2 g oder 2 ml Dünger/l Wasser.

Es lohnt sich immer, bei Zimmerpflanzen einen Dünger flüssig zu verabreichen. In diesem Fall werden die Nährstoffe sofort im ganzen Wurzelbereich verteilt und alle „Saugwurzeln" können die Nährstoffe aufnehmen. So kommt es auch weniger zu Salzkonzentrationsschäden im Wurzelbereich. Nach dem Düngen sind die Pflanzen einige Tage gleichmäßig feucht zu halten, damit die Nährstoffe von den Wurzeln aufgenommen werden können. Auch Flüssigdünger können, wenn sie in überhöhter Konzentration angewandt werden, zu Wurzelschäden führen!

Gummibaum mit „verbrannten" Blättern

Während einer Schönwetterperiode im Frühjahr habe ich meinen Gummibaum auf den Balkon gestellt. Jetzt sehen die oberen Blätter samt der Triebspitze wie verbrannt aus. Kann ich die Triebspitze einfach abschneiden? Wann ist dafür der beste Zeitpunkt?

Sicher hat der Gummibaum (*Ficus elastica*) den krassen Wechsel vom Zimmer auf den Südbalkon in die pralle Sonne nicht gut überstanden. Gerade die jungen Blätter sind hier empfindlich. Sofern diese einschließlich dem Vegetationspunkt ganz abgestorben sind, wird man die Pflanze am besten „stutzen", also die Triebspitze abschneiden. Am besten wird diese Maßnahme Ende Mai ausgeführt, da sich der Gummibaum in den nächsten Wochen in der Hauptwachstumsphase befindet und deshalb schnell wieder austreibt. Voraussichtlich werden sich aus den beiden oberen Blattachseln zwei junge Triebe bilden.

Mit einem notwendigen Rückschnitt kann die Höhe des Gummibaums reguliert werden. Jedoch sollte nicht zu weit ins alte Holz zurückgeschnitten werden, da es dann nicht sicher ist, dass die „schlafenden Augen" in den Blattachseln auch wirklich austreiben. Im grünen, noch jüngeren Teil der Stängel ist aber immer mit einer neuen Triebbildung zu rechnen.

Gummibaum mit hässlichen Blattflecken

Meine beiden Gummibäume sind mit hässlichen, weißlichen Blattflecken überzogen. Solche Flecken beobachte ich seit einiger Zeit auch an anderen Zimmerpflanzen. Der Belag lässt sich wegwischen. Kann diese Fleckenbildung durch das Besprühen der Pflanzen mit Wasser verursacht werden?

Werden Zimmerpflanzen immer wieder mit kalkhaltigem Wasser besprüht, kann sich im Laufe der Zeit eine feine Kalkablagerung auf den Blättern bemerkbar machen. Je nach dem, wie viel Feuchtigkeit sich auf den Blättern immer wieder abgesetzt hat, entstehen nach der Verdunstung des Wassers die hässlichen Blattflecken.
Zimmerpflanzen mit verhältnismäßig hartem Laub, also Gummibaum (*Ficus elastica*), Fensterblatt (*Monstera*), Strahlenaralie (*Schefflera*) oder Zimmeraralie (*Fatsia*) können aber von Zeit zu Zeit problemlos mit zimmerwarmem Wasser abgebraust werden. Dadurch kann man die Blattflecken wieder beseitigen. Auch der Einsatz so genannter Blattglanzmittel, die in Fachgeschäften erhältlich sind, ist möglich. Sie können sogar vorbeugend einen Befall durch saugende Schädlinge, Blattläuse verhindern.
Gute Erfahrungen haben Pflanzenliebhaber auch mit einem Hausrezept gemacht: Bleibt manchmal ein kleiner Bierrest übrig, können damit die Blätter mit einem weichen Lappen eingerieben werden. Nach dieser Behandlung glänzen sie wieder „wie neu".

Gummibaum mit Spinnmilben

Ich besitze einen wunderschönen Gummibaum mit mehreren Trieben. Seit einiger Zeit bekommen die Blätter gelbliche Flecken. Später werden sie braun und sterben ab. Auf der Blattunterseite stelle ich ein feines Gespinst fest. Handelt es sich hierbei um einen Schädling und was kann ich dagegen tun?

Wenn sie die Blattunterseite des Gummibaums (*Ficus elastica*) genau betrachten, können sie unter dem Gespinst günlich gelbe oder rötliche, etwa 0,5 mm große Tiere entdecken. Es handelt sich um Spinnmilben (Tetranychidae), zu der auch die Gewächshausspinnmilbe oder Rote Spinne (*Tetranychus urticae*) gehört. Diese Tiere ziehen mit ihren stechend-saugenden Mundwerkzeugen den Saft aus den Zellen der Blätter. Sie werden deshalb gelb, später braun und sterben ab.
Die Tiere vermehren sich sehr stark bei warmer, trockener Zimmerluft. Als hartnäckige Schädlinge sind sie auch schwer zu bekämpfen. Es gibt jedoch seit einiger Zeit einen Nützling, den man auch an Zimmerpflanzen im Blumenfenstern oder Wintergarten einsetzen kann. Es handelt sich um eine Raubmilbe (*Phytoseiolus persimilis*), die sich ausschließlich von Spinnmilben und deren Eiern ernährt. Diese Raubmilben werden in Labors ge-

züchtet und meistens auf Bohnenblättern verschickt. Die Blätter werden nach dem Eintreffen sofort auf den befallenen Pflanzen ausgelegt. Die Raubmilben suchen dann ihre Beute auf. Eine Raubmilbe kann am Tag fünf ausgewachsene Spinnmilben oder 20 Eier oder Jungtiere abtöten. Die Raubmilben vermehren sich weiter. Das Weibchen kann 40 bis 60 Eier ablegen, aus denen nach zwei bis drei Tagen junge Milben ausschlüpfen. Da der Lebenszyklus der Raubmilben nur halb so lang ist wie der der Spinnmilben, ist meistens eine schnelle und nachhaltige Wirkung durch den Einsatz dieser Nützlinge möglich.
Eines ist aber auf jeden Fall zu beachten: Auch die Raubmilben benötigen Temperaturen zwischen 20 °C und 27 °C sowie eine relative Luftfeuchtigkeit über 60 %.

Da sich Spinnmilben insbesondere bei trockener Zimmerluft stark vermehren, sollte man für eine höhere Luftfeuchtigkeit im Raum sorgen. Günstig ist, wenn der Gummibaum auch ein- oder zweimal am Tag ganz fein mit Wasser besprüht wird.

Gummibaum mit unterschiedlichem Triebwachstum

Mein Gummibaum hat zwei Triebe ausgebildet. Während der eigentliche Haupttrieb nicht mehr richtig wachsen will, drängt der andere, ein Seitentrieb, direkt zum Fenster. Was kann ich tun, dass auch der Haupttrieb wieder normal weiterwächst?

Vermutlich ist es so, dass der Haupttrieb des Gummibaums (*Ficus elastica*) bereits den oberen Bereich des Zimmerfensters erreicht hat, während der Seitentrieb aus einer unteren Zone zügig Richtung Fenster wächst. Eine solche Entwicklung ist verständlich und auch völlig normal, da eine Pflanze immer zum Licht strebt. Während der Haupttrieb an der Spitze nicht mehr genügend Licht erhält und somit auch an der Photosynthese nicht mehr aktiv teilnimmt, hat der Gummibaum sein ganzes Wuchsverhalten auf den tieferliegenden Seitentrieb verlagert. Dieser strebt dem Licht zu und kann mit seinen Blättern aktiv assimilieren. Entweder kann nun die ganze Pflanze an einen anderen Standort gebracht werden, wo beide Triebe gleichmäßig belichtet werden. Dann werden sie sich auch wieder gleichmäßig und normal weiterentwickeln. Eine andere Möglichkeit besteht darin, die Pflanze zu stutzen, also den Trieb einzukürzen. Dann bilden sich aus den „schlafenden Augen" in den Blattachseln wieder neue Triebe, die sich, infolge des besseren Lichteinfalls, wieder normal entwickeln. Beim Rückschnitt ist nur darauf zu achten, dass sich neue Triebe aus „schlafenden Augen" nur an jüngeren Trieben sicher entwickeln, während bereits verholzte Triebe schlechter austreiben.

Gummibaum stirbt in der Zimmerecke

In meinem Wohnzimmer möchte ich eine Ecke sehr gerne mit einer dekorativen Zimmerpflanze schmücken. Bisher sind mir schon einige Grünpflanzen eingegangen. Nun habe ich einen Gummibaum gekauft und meinte, dass diese Pflanze dort gedeihen würde. Nun hat sie ebenfalls fast alle Blätter abgeworfen. Mache ich etwas falsch oder was ist die Ursache?

Der Schaden an Ihrem Gummibaum (*Ficus elastica*) ist wohl eindeutig auf Lichtmangel zurückzuführen. Keine lebende Pflanze gedeiht in einer dunklen Zimmerecke. Alle Pflanzen brauchen eine bestimmte Strahlung zur Assimilation. Darunter versteht man die Umwandlung der anorganischen Nährstoffe in Baustoffe wie Kohlenhydrate, Eiweiß und Fette. Ohne die Energie des Sonnenlichts oder einer zumindest relativ starken künstlichen Beleuchtung kann diese Assimilation oder Photosynthese nicht stattfinden, so dass die Pflanze trotz eifriger Pflege im Laufe der Zeit abstirbt. Die Pflanze verbraucht zur Erhaltung des Lebens diese Baustoffe, die, sofern sie nicht laufend ersetzt werden, dem Pflanzengewebe entzogen werden. Dadurch kommt es zum Absterben der Blätter, meistens von unten nach oben.
Es ist also unmöglich, in einer dunklen Zimmerecke lebende Pflanzen zu kultivieren. Eine mögliche Ausnahme gibt es nur dann, wenn eine solche Pflanze mit einer elektrischen Lampe mehrere Stunden am Tag belichtet wird. Dazu sollte aber keine normale Glühbirne, sondern nur eine ausgesprochene Pflanzenleuchte verwendet werden.

Gummibaum vermehren

Mein Gummibaum hat plötzlich einen Seitentrieb entwickelt. Kann ich diesen abschneiden und zum Bewurzeln bringen?

Gummibäume (*Ficus elastica*) werden ausschließlich durch Stecklinge vermehrt. Wenn günstige Verhältnisse geschaffen werden können, ist die vegetative Vermehrung, also auch die Bewurzelung dieses Seitentriebes, kein Problem. Am besten wird zunächst der Trieb abgeschnitten. Der Kopfsteckling selbst soll etwa drei bis vier Blätter umfassen. Mit einem scharfen Schnitt wird der Stängel direkt unter dem untersten Blatt gerade durchgeschnitten, da sich im Stängelknoten, also am Blattansatz, Reservenährstoffe befinden, die eine Bewurzelung begünstigen. Das unterste Blatt wird entfernt. Die anderen drei Blätter werden am besten um ein Stäbchen leicht gerollt und mit einem Gummiband zusammengehalten. Dadurch wird die Verdunstungsfläche verkleinert. Nun wird der Steckling in ein Gemisch aus Torf und Sand (Hochmoor-Weißtorf und Flusssand) im Verhältnis 1:1 in ein Töpfchen gesteckt und an einem sehr günstigen Platz aufgestellt. Der Standort sollte hell, aber nicht vollsonnig sein. Außerdem ist in diesem Falle eine hohe Bodentemperatur sehr günstig. Ideal sind 25 °C. Je wärmer es ist, umso eher werden Wurzeln gebildet. Zwei Dinge sollte man noch beachten: Beim Nachschnitt des Stängels tritt Milchsaft aus. Dieser sollte vor dem Stecken, sobald er etwas eingetrocknet ist, mit einem weichen Lappen entfernt werden. Nur so können die jungen Wurzeln durch das Teilungsgewebe gebildet werden. Ansonsten kann der erhärtete Milchsaft die Wurzelneubildung unterbinden oder zumindest verzögern. Außerdem könnte noch über den Steckling eine Plastiktüte gestülpt werden, um die Verdunstung zu reduzieren. Sobald sich neue Wurzeln gebildet haben, kann die Tüte entfernt werden. Dann kann sich der Steckling aus eigener Kraft wieder mit Wasser versorgen. Der bewurzelte Steckling wird dann in eine humose, lockere Erde umgetopft.

WUSSTEN SIE, dass manche Liebhaber auch mit einer Bewurzelung eines Gummibaum-Stecklings in Wasser Glück haben? In diesem Fall wird eine Flasche mit Wasser gefüllt und der angeschnittene Stiel des Stecklings in den Flaschenhals gesteckt. Er darf nur nicht zu tief in das Wasser eintauchen, sonst geht er in Fäulnis über. Verwenden Sie eine Flasche aus dunklem Glas, da sich in durchsichtigen Flaschen sehr rasch Mikroorganismen entwickeln. Diese können die Leitungsbahnen des Gummibaum-Stecklings verstopfen und so die Wasseraufnahme behindern.

Gummibaum zurückschneiden

In meinem Wohnzimmer hat sich der Gummibaum phantastisch entwickelt. Die Pflanze hat beinahe die Zimmerdecke erreicht. Nun wird sie mir zu groß. Kann ich die Triebe zurückschneiden?

Einen Rückschnitt verträgt der Gummibaum (*Ficus elastica*) in der Regel recht gut. Nur sollte man nicht zu weit ins alte Holz zurückgehen. In den Blattachseln der Blätter befinden sich „schlafende" Augen, aus denen ein Wiederaustrieb möglich ist.

Die beim Rückschnitt anfallenden Kopfstecklinge können zur Vermehrung verwendet werden. Unter günstigen Bedingungen bilden sie Wurzeln, so dass man eine junge Pflanze erhalten kann.

Beim Abschneiden der Triebe kann es sein, dass die Wunde noch lange nachblutet. Hier wird gelegentlich empfohlen, auf die Wunde etwas pulverisierte Holzkohle zu streuen. Sie saugt den Saft auf, so dass sich die Wunde verschließen kann.

Howea-Palme bekommt gelbe Blätter

Meine Howea-Palme bekommt seit einiger Zeit von unten nach oben gelbe Blätter. Habe ich zu viel gegossen?

Während der Hauptwachstumsphase vom Frühjahr bis zum Spätsommer wird regelmäßig gegossen. Staunässe ist aber zu vermeiden. Anders ist es, wenn die Pflanze (*Howea forsteriana*) im Herbst in eine gewisse Ruheperiode übergeht. Dann wird nur so viel Wasser verabreicht, dass die Erde nicht austrocknet. Tatsächlich ist es möglich, dass durch zu viel Wasser Wurzelschäden auftreten und sich die Blätter gelb färben.

Es ist aber auch möglich, dass die Pflanze an einem zu dunklen Standort steht. Sie benötigt einen hellen Platz, sollte jedoch vor direkter Sonnenbestrahlung geschützt werden. Bei zu viel Sonne verfärben sich die Blätter braun und sterben ab. Andererseits kann eine Pflanze bei zu wenig Licht nicht ausreichend assimilieren. Auch in diesem Fall entzieht die Pflanze den älteren Blättern die Nährstoffe, um sie für den Aufbau der jüngeren Blätter zu verwenden. Bei absolutem oder relativem Nährstoffmangel erfolgt die Gelbverfärbung der Blätter meistens recht typisch von unten nach oben. Ansonsten wünscht diese Palme normale Zimmertemperaturen. Unter 13 °C sollte das Thermometer jedoch nicht absinken.

WUSSTEN SIE, dass die Howea-Palme nach der Lord-Howe-Insel im Stillen Ozean benannt wurde? Deshalb wird sie gerne auch als Lord Howes-Palme bezeichnet. Früher war die Pflanze noch viel bekannter unter der Bezeichnung *Kentia*. Sie trug nämlich schon einmal den botanischen Namen *Kentia forsteriana*. Deshalb sprechen viele Pflanzenliebhaber auch heute noch von der Kentie.

Kakteen verpflanzen

Seit einigen Jahren habe ich meine Liebe zu Kakteen entdeckt. Verschiedene Exemplare kultiviere ich mit recht gutem Erfolg. Jetzt muss ich sicher einige Pflanzen umtopfen. Benötige ich dafür eine spezielle Erde oder kann ich auch meine Komposterde aus dem Garten verwenden?

Es gibt die verschiedensten Rezepte für Kakteenerden. Wichtig ist eigentlich nur, dass das Substrat locker und durchlässig ist. Es darf keine Verdichtungen aufweisen und nicht zur Verschlämmung neigen. Die einzelnen Komponenten sollen gut verrottet sein, damit keine Fäulnis auftritt. Deshalb ist frische Komposterde möglichst nicht zu verwenden.

Im Fachgeschäft gibt es spezielle Kakteenerde, es ist jedoch auch möglich, so genannte Einheitserde, die aus Torf und Ton besteht, zu verwenden. Diese Einheitserde kann man noch mit grobem Sand, Splitt, Lavagruß oder einem ähnlichen Material durchlässiger machen. Gute Erfahrungen wurden mit 60% Einheitserde und einem Zuschlag von 40% aus diesem Material erzielt. Für feuchtigkeitsempfindliche Kakteen wird der Anteil an Zuschlagstoffen erhöht. Ansonsten ist es auch möglich, aus gut verrotterter Komposterde und entsprechenden Zuschlagstoffen eine eigene Kakteenerde herzustellen. Man sollte noch darauf achten, dass der Reaktionsgrad bei etwa pH 5,5 eingestellt wird. Das Substrat sollte also leicht sauer reagieren.

Die Weihnachts- und Osterkakteen (*Schlumbergera* und *Hatiora*) sowie einige andere „Blattkakteen“ machen hinsichtlich des Substrats eine Ausnahme. Diese Gattungen sind Epiphyten, also „Baumaufsitzer“. Deshalb sollte man sie in eine etwas andere Erdmischung pflanzen. Sie gedeihen gut in einem leichten, torfmullbetonten Substrat mit einem Zusatz aus Sand oder Perlite. Ein Zusatz von Sphagnum (Torfmoos) sowie etwas Orchideen-Substrat wirkt sich günstig aus. Substrat und Gießwasser sollten eher zum sauren Bereich neigen.

Kokospalme gedeiht nicht

Vor einigen Monaten erhielt ich eine Kokospalme. Ich habe sie im Wohnzimmer aufgestellt, jedoch will sie nicht richtig gedeihen. Sie bekommt gelbe Blätter mit braunen Flecken und macht einen recht traurigen Eindruck. Wie soll ich die Pflanze pflegen, damit ich auch weiterhin Freude daran habe?

Zunächst einmal sollte geklärt werden, ob es sich um eine Echte Kokospalme (*Cocos nucifera*) handelt. Sie wird neuerdings gern als Zimmertopfpflanze angeboten. Man kann sie auch selbst aus einer Kokosnuss heranziehen. Es gibt aber auch eine andere Palme, die früher zur Gattung *Cocos* gezählt wurde. Diese Palme (*Lytocaryum weddelianum*) mit den fein gegliederten Blättern wächst relativ gut, wenn man die allgemeinen Ansprüche an die Wachstumsfaktoren berücksichtigt. Offensichtlich handelt es sich aber bei der erwähnten Pflanze um die Echte Kokospalme. Sie ist an den breiten Blättern unverwechselbar zu erkennen.

An sich stammt die Kokospalme aus tropischen Gebieten. Sie gedeiht vor allem in Küstennähe. Das bedeutet, dass diese Palmen eine hohe Lichtintensität benötigen sowie gewisse Ansprüche an die Temperatur und die Luftfeuchtigkeit stellen. Gerade im ausklingenden Winter (Februar) ist es natürlich möglich, dass die Pflanze unter den unwirtlichen Klimabedingungen Mitteleuropas gelitten hat. Zunächst einmal sollte eine Kokospalme immer bei einer Mindesttemperatur von etwa 18 bis 20 °C stehen. Außerdem ist eine hohe Luftfeuchtigkeit notwendig. Aufgrund der bisher gemachten Erfahrungen leiden die Kokospalmen im Wohnzimmer während der Wintermonate auch unter Lichtmangel. Die Pflanze sollte also unbedingt ganz nahe am Fenster, möglichst sogar an einem Südfenster stehen. Dann ist es möglich, dass auch der Winter bei uns gut überstanden wird. Noch besser wäre natürlich eine Kultur in einem heizbaren Kleingewächshaus. Dort hat die Pflanze immer viel Licht.

Sollte das natürliche Licht nicht ausreichen, könnte einmal versuchsweise eine Pflanzenleuchte eingesetzt werden. Eine solche Leuchte kann während der Wintermonate etwa zwölf Stunden zusätzlich eingeschaltet werden, um das Lichtbedürfnis der Kokospalme zu decken.

Kranzschlinge richtig pflegen

Wie muss ich eine Kranzschlinge behandeln, damit sie immer wieder zum Blühen kommt?

Die Kranzschlinge (*Stephanotis floribunda*) ist ein windender Schlingstrauch, der sehr gerne als Zimmerpflanze kultiviert wird. Die Hauptblühzeit liegt zwischen Juni und September.

Die Pflanze wünscht im Sommer einen hellen Platz ohne direkte Sonnenbestrahlung in einem nicht zu warmen Raum. Günstige Temperaturen liegen am Tag zwischen 18 und 20 °C, in der Nacht zwischen 12 und 14 °C. Natürlich können die Temperaturen an sonnenhellen Tagen etwas darüber liegen, nur sollten keine krassen Temperaturschwankungen in kurzer Zeitfolge auftreten.

Den Sommer über wird normal gegossen. Ab Oktober beginnt eine gewisse Ruheperiode, in welcher die Kranzschlinge trockener gehalten wird. Es darf aber der Wurzelballen nie völlig austrocknen. Andererseits ist Staunässe während der Wintermonate unbedingt zu vermeiden. Wichtig ist in diesen Monaten auch eine ziemlich konstante, nicht zu hohe Temperatur zwischen 12 bis 15 °C. Wenn die Pflanzen zu groß werden ist ein Rückschnitt der Triebe ohne Probleme möglich.

WUSSTEN SIE, dass der volkstümliche Name Kranzschlinge direkt vom botanischen Gattungsnamen abgeleitet wurde? Die Pflanze erhielt ihre Gattungsbezeichnung nach dem griechischen Wort „stephanus". Es bedeutet zu Deutsch „der Kranz".

Lytocaryum-Palme mit braunen Blättern

Meine Lytocaryum-Palme ist nicht besonders gut durch den Winter gekommen. Viele Blätter färbten sich braun und starben ab. Kann ich die Pflanze noch retten und was soll ich tun?

Die Lytocaryum-Palme (*Lytocaryum weddellianum*) zählt zu den beliebtesten Palmen für die Zimmerkultur. Es muss jedoch beachtet werden, dass sie wohl die anspruchsvollste Palme für die Zimmerpflanzenkultur ist, denn sie braucht Wärme und vor allen Dingen eine hohe Luftfeuchtigkeit. Deshalb darf diese Palme nur im warmen Zimmer kultiviert werden. Die Temperaturen sollen nie unter 15 °C absinken, weil sonst bereits Schäden auftreten können. Besser ist es, wenn das Thermometer immer 20 bis 22 °C anzeigt.
Schäden an den Blättern sind auch möglich, wenn die Pflanze einmal über Winter in kalter Zugluft gestanden hat. Andererseits kommt aber auch eine zu trockene Zimmerluft als Ursache in Frage. Meistens trocknen während der Heizperiode zunächst die Blattspitzen ein, später auch ganze Fiederblätter. Deshalb sollte man auf jeden Fall versuchen, die Luftfeuchtigkeit im Zimmer möglichst hoch zu halten. Günstig ist es, wenn im Untersetzer immer etwas Wasser steht, da so die Umgebungsluft durch die Verdunstung mit Feuchtigkeit angereichert wird. Jedoch ist auch bei dieser Maßnahme Vorsicht geboten, damit der Wurzelballen nicht unter Staunässe leidet. Ansonsten gedeiht die Palme an jedem hellen, aber nicht vollsonnigen Standort.
Ob die Pflanze noch zu retten ist, hängt von ihrem Zustand ab. Auf jeden Fall könnte man durch Umtopfen in eine lockere humose Erde der Pflanze günstige Wachstumsbedingungen geben. Bis zum Einwurzeln muss vorsichtig gegossen werden. Nach der Neubildung von Wurzeln kann das Wachstum gelegentlich durch eine Kopfdüngergabe angeregt werden. Die Konzentration der Düngerlösung sollte jedoch 0,2% (2 g oder ml/l Wasser) nicht überschreiten.

WUSSTEN SIE, dass die Lytocaryum-Palme früher und oft auch heute noch als „Kokospalme" bezeichnet wird? Sie wurde 1870 aus ihrer Heimat Brasilien nach Europa importiert und hier zunächst unter der botanischen Bezeichnung *Cocos weddeliana* in den Handel gebracht. Später hat man entdeckt, dass es sich nicht um eine Kokospalme handelt und hat ihr deshalb zunächst den botanischen Gattungsnamen *Microcoelum* und später *Lytocaryum* gegeben.

Madagaskarpalme verliert Blätter

Meine Madagaskarpalme verliert immer wieder die Blätter. Habe ich sie zu nass gehalten oder was mache ich falsch?

Die Madagaskarpalme (*Pachypodium*) gehört zu den sukkulenten Pflanzen, die sich recht gut im Zimmer kultivieren lassen. Voraussetzung ist jedoch ein sehr heller, vollsonniger Standort, dabei können die Temperaturen im Sommer durchaus über 25 °C ansteigen. Im Winter sollte jedoch die Temperatur nicht unter 15 °C absinken. Etwas kühler verträgt es die widerstandsfähige Art *P. lamerei*. Sie ist auch meistens im Handel erhältlich.
Zum Abwerfen der Blätter kommt es vor allem während der Wintermonate. Das hängt oft mit den klimatischen Verhältnissen im Zimmer und der Bodenfeuchtigkeit zusammen. Bei hoher Bodenfeuchtigkeit, also Staunässe, und niederen Bodentemperaturen werden die Blätter gerne schwarz und sterben ab. Andererseits ist auch ein Abwerfen der Blätter bei trockener Überwinterung möglich und eigentlich fast normal. Empfindlich reagieren die Pflanzen aber auch gegen einen zu hohen Salzgehalt im Boden. Auch dann können die Blätter abgeworfen werden.
Versucht werden muss auf jeden Fall, die Madagaskarpalme im Winter nur gelegentlich etwas zu gießen, um das Absterben der Wurzeln zu verhindern. Eine eher etwas trockene Überwinterung ist besser als Staunässe im Wurzelbereich.
Um einen zu hohen Salzgehalt im Boden zu vermeiden, sollte nicht übermäßig stark gedüngt werden. Gelegentliche Düngerlösungen vom Frühjahr bis zum Sommer mit einem Kakteendünger reichen zur normalen Entwicklung völlig aus. Gut gedeihen Madagaskarpalmen in einer humo-

sen, nahrhaften, aber durchlässigen Zimmerpflanzenerde mit einer neutralen Bodenreaktion (pH 7,0).

WUSSTEN SIE, dass die Madagaskarpalme zu den Hundsgiftgewächsen (Apocynaceae) gehört? Diese Familienzugehörigkeit weist schon darauf hin, dass die Pflanze Giftstoffe enthält. Im Wesentlichen handelt es sich dabei um das Glykosid „Pachypodin". Es soll eine digitalisartige (*Digitalis* = Fingerhut) Wirkung haben. Das Glykosid wird zur Herstellung von Pfeilgiften benutzt.

Nestfarn richtig düngen

? **In meinem Wintergarten kultiviere ich einen Nestfarn. Seit einiger Zeit beobachte ich, dass die Blattentwicklung stockt. Die Blattspitzen krümmen sich ein und die Blätter nehmen insgesamt eine fahle Farbe an. Wahrscheinlich hat die Pflanze Nährstoffmangel. Wie kann ich diese Pflanze am besten düngen?**

! Es kann durchaus sein, dass der Nestfarn (*Platycerium bifurcatum*) nach einiger Zeit Nährstoffmangelerscheinungen zeigt und zusätzlich ernährt werden muss. In der Natur hat er sich ein System der „Selbsthilfe" geschaffen. Neben den normalen Laubblättern entwickelt die Pflanze so genannte Nischenblätter aus. Sie dienen dem Sammeln von Humus und Feuchtigkeit. Die älteren Nischenblätter sterben nach einiger Zeit ab, verrotten und bilden somit nährstoffhaltigen Humus. Nun kann es durchaus sein, dass diese Nährstoffe zur optimalen Entwicklung nicht mehr ausreichen. Aus diesem Grund wurde früher immer empfohlen, hinter die Nischenblätter getrockneten Kuhdung oder gedüngten Torf zu streuen. In der dort herrschenden Feuchtigkeit wurden die Nährstoffe gelöst und dem Nestfarn zugeführt.
Neuerdings hat man aber festgestellt, dass man den Nestfarn durchaus mit üblichen Blumendüngern versorgen kann. Nur sollten die Nährlösungen sehr schwach konzentriert werden. Empfohlen wird meistens, den Nestfarn zwischen Mai und September im Abstand von drei bis vier Wochen mit einer 0,05–0,1 %igen (0,5 bis 1 g oder ml Dünger/l Wasser) Düngerlösung zusätzlich zu versorgen. In der Regel reicht diese schwache Lösung für ein optimales Gedeihen des Farns.

Palmen mit braunen Spitzen

? **Verschiedene Palmen-Arten kultiviere ich mit recht gutem Erfolg im Zimmer. Doch bekommen die Pflanzen immer wieder, gerade im Winter, braune Blattspitzen. Ich bin der Meinung, dass ich ausreichend gieße, die Pflanzen leiden also nicht unter Feuchtigkeitsmangel. Woher kommen diese braunen Spitzen und was kann ich tun, damit die Blätter frisch grün bleiben?**

! Die braunen Spitzen an Palmen treten immer wieder auf, besonders während der Wintermonate. Es ist ein Zeichen dafür, dass die Pflanzen unter trockener Zimmerluft leiden. Sie sind wohl ausreichend mit Feuchtigkeit versorgt, können jedoch nicht so viel Wasser nach oben transportieren, dass die ganze Blattbreite mit genügend Feuchtigkeit zur Verdunstung versorgt wird. In ihrer Heimat wachsen Palmen oft in der Nähe des Meeres und unter tropischen Klimaverhältnissen. Dort ist die Luftfeuchtigkeit in der Regel höher als bei uns im Wohnzimmer.
Auf jeden Fall können durch häufigeres Gießen die braunen Blattspitzen nicht verhindert werden. Es könnte dann sogar zu einer Vernässung des Wurzelballens kommen, so dass die Wurzeln abfaulen. Einzige Möglichkeit wäre eine Erhöhung der Luftfeuchtigkeit. Auf einfache Weise ist das möglich, wenn die Palmen täglich ein- oder sogar mehrmals mit Wasser fein besprüht werden. Unter Umständen hilft auch die Verwendung eines automatischen Luftbefeuchters, die im Fachhandel angeboten werden. Eine einfache Methode ist auch, am Heizkörper Verdunstergefäße anzubringen. Nur müssen sie natürlich regelmäßig auch wieder mit Wasser gefüllt werden.

Palmfarn richtig pflegen

? **Zum Geburtstag erhielt ich eine Cycas-Palme (oder auch Palmfarn) geschenkt. Wie soll ich diese wunderschöne Pflanze pflegen, damit sie auch weiterhin gut gedeiht?**

Bei der Cycas-Palme (*Cycas revoluta*) handelt es sich um einen Baum- oder Palmfarn, dessen Geschichte bis ins Erdmittelalter zurückreicht. Die Pflanze ist schon etwas anspruchsvoll. Sie liebt einen möglichst hellen Standort. Im Sommer sollte sie jedoch vor direkter und voller Mittagssonne geschützt werden. Zimmertemperaturen sind durchaus verträglich. Selbst mit höheren Sommertemperaturen kommt der Palmfarn gut zurecht. Im Winter sollen die Temperaturen nicht zu weit absinken. Auch in dieser Jahreszeit liegt das Temperaturoptimum zwischen 15 bis 20 °C.

Etwas vorsichtig sollte man mit dem Gießen sein. Obwohl der Palmfarn ständig etwas Feuchtigkeit benötigt, ist Staunässe auf jeden Fall zu vermeiden. Das gilt vor allem für die Wintermonate, in denen die Lichtverhältnisse ein zügiges Weiterwachsen nicht erlauben.

Natürlich braucht ein Palmfarn auch Nährstoffe. Nur sollte man mit mineralischen Düngern vorsichtig sein. Offensichtlich hat sich das Angießen mit Guano flüssig bewährt. Während der Hauptwachstumszeit vom Frühjahr bis zum Herbst kann damit ab und zu gedüngt werden. Verpflanzt werden muss nur in größeren Zeitabständen. Eine lockere, humose Erde ist auszuwählen. Früher hat man für den Palmfarn gerne Laub- oder Heideerde mit Lehm- und Sandzusatz verwendet. Heute wird man zu einer humosen Blumenerde greifen. Beste Zeit zum Umtopfen ist das Frühjahr oder der Frühsommer.

Vielleicht sollte noch beachtet werden, dass *Cycas* dankbar ist für feuchte Luft. Deshalb sollte die Pflanze gerade während der Heizperiode ab und zu mit zimmerwarmem Wasser besprüht werden.

Manchmal wird eine Cycas-Palme von Schild- und Schmierläusen befallen. Eine Kontrolle ist deshalb immer angebracht. Oft wird empfohlen, bei einem Schild- oder Wolllausbefall die Blätter abzuwaschen. Bei *Cycas*-Arten mit einem flaumigen Überzug auf den Blättern sollte man aber darauf verzichten. Der zierende Belag würde sonst entfernt werden. Zur Bekämpfung sind so genannte Kombistäbchen zu empfehlen.

Palmfarn verliert Blätter

Mein Palmfarn gedeiht nicht zu meiner Zufriedenheit. Im vergangenen Winter starb Blatt für Blatt ab. Hat die Pflanze wohl zu wenig Licht? Unser Zimmer ist verhältnismäßig dunkel. Soll ich die Pflanze zusätzlich mit Kunstlicht beleuchten?

Der Palmfarn (*Cycas revoluta*) wächst sehr langsam und entwickelt meistens im Jahr nur ein neues Blatt. Voraussetzung ist allerdings, dass die Pflanze das ganze Jahr hindurch an einem sehr hellen Standort mit oder ohne direktes Sonnenlicht steht. Für einen Platz mitten im Zimmer ist sie nicht geeignet.

Ansonsten genügen normale Zimmertemperaturen. Dabei kann das Thermometer durchaus einmal auf 15 °C absinken. Auch kommt der Palmfarn mit einer relativ geringen Luftfeuchtigkeit aus. Die Pflanze hat auch keinen ausgesprochenen Wachstumsrhythmus. Eine Ruhezeit wird also nicht eingelegt. Deshalb muss man die Pflanze, vorausgesetzt sie steht am idealen Standort, ganzjährig gleichmäßig feucht halten. Natürlich muss Staunässe vermieden werden. Im Winter wird sie sowieso etwas trockener gehalten als im Sommer. Kultiviert wird in jeder üblichen Blumenerde. Sie sollte humos und durchlässig sein.

Der zusätzliche Einsatz einer Pflanzenleuchte ist sicher nur dann zu empfehlen, wenn sie das ganze Ambiente im Zimmer nicht stört. Besser wäre es, der Pflanze generell einen idealen Standort an einem geeigneten Zimmerfenster zu geben.

WUSSTEN SIE, dass der Palmfarn auch gelegentlich als Sagopalme bezeichnet wird? Das hängt sicherlich damit zusammen, dass der Stamm dieser Pflanze einen hohen Gehalt an Stärke aufweist, der als unechter Sago bekannt ist. Es gibt aber auch eine echte Sagopalme, *Metroxylon sagu*. Sie wird aber nicht als Zimmerpflanze kultiviert. Aus dem Stamm dieser Palme wird das Sagopulver gewonnen und in Form kleiner Kügelchen zu Perlsago oder in flachen Kuchen zu Flockensago aufgearbeitet. Das papuanische Wort „sago" bedeutet soviel wie Brot. Davon wurde der Name Sagopalme abgeleitet.

Palmlilie bekommt braune Blattspitzen

Seit einiger Zeit besitze ich eine Palmlilie. Sie entwickelt sich völlig zufriedenstellend, doch bekommen die älteren Blätter braune Spitzen. Was ist die Ursache und was kann ich dagegen tun?

Verschiedene Palmlilien-Arten (z. B. *Yucca aloifolia*) sind im Handel. Aber nicht alle *Yucca* sind typische Zimmerpflanzen. Die als Zimmerpflanzen geeigneten Arten sollten den Sommer über auf dem Balkon oder der Terrasse, ansonsten an einem hellen Platz am Fenster oder im Wintergarten kultiviert werden.
Die braunen Spitzen deuten auf eine zu große Lufttrockenheit hin. Die Pflanzen verdunsten über die ganze Länge ihrer schwertförmigen Blätter das Wasser, das dann in trockenen Räumen oft nicht mehr ausreicht, um die Blattspitzen zu versorgen. Diese trocknen ein. Deshalb sollten Sie die Palmlilie wenn möglich in einem nicht zu stark beheizten, möglichst kühlen Raum aufstellen. Dann ist die Verdunstung geringer. Auch die Verwendung von Luftbefeuchtern oder gelegentliches Besprühen der Blätter kann die Bildung brauner Blattspitzen verzögern. Durch stärkeres Gießen kann der Schaden aber nicht behoben werden, da die Pflanzen nur eine bestimmte Menge Feuchtigkeit aufnehmen können. Sie sollten also nur mit mittleren Wassergaben versorgt werden, um Wurzelschäden durch Staunässe zu verhindern. Im Wintergarten oder im Kleingewächshaus tritt die genannte Erscheinung wegen der dort höheren Luftfeuchtigkeit meistens nicht auf. In diesem Falle reicht die aufgenommen Wassermenge zur Versorgung aller Blätter bis zur Blattspitze.

WUSSTEN SIE, dass manche Staudenfreunde im Garten an sonnigen, nicht zu feuchten Standorten gerne eine winterharte Palmlilie (*Yucca filamentosa*) anpflanzen? An günstigen, etwas geschützten Standorten blüht diese Staude im Spätsommer oder frühen Herbst mit herrlichen oft 120 bis 200 cm hohen Blütenständen, die dicht besetzt sind mit weißlichen Blüten.

Palmlilie in der Ruhezeit düngen?

Vor fünf Jahren habe ich eine Palmlilie geschenkt bekommen. Nun ist sie etwa 150 cm hoch und hat vier Blattschöpfe. Mit dem Wuchs bin ich nicht ganz zufrieden. Oft bekommt sie gelbe Blätter, die später absterben. Wie soll die Pflanze gegossen werden und ist es richtig, dass ich sie nur während der Ruhezeit im Winter düngen soll?

Die Palmlilie (*Yucca aloifolia*) ist eine anspruchslose Pflanze. Sie gedeiht im Zimmer sehr gut, wenn sie einen hellen, im Sommer vor praller Mittagssonne geschützten Standort bekommt. Während der Hauptwachstumsphase im Sommer muss reichlich gegossen werden. Im Winter sollte sie kühler stehen. Temperaturen um 10 °C reichen dann völlig aus. In dieser Zeit wird auch sparsamer gegossen (Ruhezeit!).
Natürlich braucht die Pflanze auch Nährstoffe, besonders während der Hauptwachstumszeit. Deshalb sollte die Düngung nicht während der Ruheperiode im Winter, sondern ab dem Frühjahr (etwa März) bis zum Spätsommer vorgenommen werden. Der Hauptnährstoffbedarf liegt im Frühjahr und Frühsommer. Gegen Ende des Sommers wird sparsamer gedüngt, da sich dann die Pflanze auf die Ruhezeit vorbereitet. Nur bei viel Licht können die verabreichten Nährstoffe in Baustoffe umgewandelt werden. Deshalb ist eine Düngung im Winter nicht oder nur in seltenen Fällen erforderlich.

Palmlilie mit weißem Belag

Seit einiger Zeit breitet sich auf meiner Palmlilie ein weißer Belag aus. Mein Mann behauptet, es sei Echter Mehltau. Kann ich gegen diesen Befall etwas unternehmen?

Es gibt tatsächlich den geschilderten, weißlich-filzigen Belag auf den Blättern der Palmlilie (*Yucca aloifolia*). Er wird aber nicht, wie oft irrtümlich angenommen, durch den Echten Mehltaupilz verursacht. Es handelt sich bei diesem Belag um einen Schutzüberzug, der durch Gallmilben (*Cecidophyopsis hendersonii*) verursacht wird. Sie saugen an den Blättern, die durch eine Abwehrreaktion diesen grauweißen, filzigen, mehltauähnlichen Belag ausbilden. Darunter versteckt leben die winzig kleinen Milben. Vielleicht kann man bei einem Anfangsbefall durch Zerdrücken der betreffenden Stellen die Tiere etwas bekämpfen. Ein spezielles Pflanzenschutzmittel dagegen ist nicht zugelassen. Doch empfiehlt der Pflanzenschutzdienst Rapsölpräparate anzuwenden.

Palmlilie stirbt plötzlich

Meine Palmlilie hat mir immer sehr viel Freude gemacht. Nun stirbt sie schlagartig ab. Was kann das für eine Ursache haben?

Wenn eine Pflanze ganz plötzlich abstirbt, können in dieser kalten Jahreszeit eigentlich nur zwei Ursachen in Frage kommen. Einmal ist es möglich, dass die Pflanze durch ein offenes Fenster beim Lüften Frost abbekommen hat und diesen Schock nicht überwinden konnte. Meistens sterben dann die Blätter nach wenigen Tagen ziemlich plötzlich ab.

Wohl eher kommt aber Staunässe im Wurzelballen in Frage. Auch hier kann es bei vielen Pflanzen zu einem plötzlichen Absterben kommen. Die Palmlilie (*Yucca aloifolia*) ist eigentlich sehr widerstandsfähig. Wenn aber durch zu viel Feuchtigkeit im Substrat die Wurzeln keinen Sauerstoff mehr zum Atmen erhalten, sterben sie ab. Die Pflanze kann sich dann noch einige Tage am Leben erhalten, bis dann die Wasserversorgung plötzlich zusammenbricht. Der so genannte Welkehabitus ist dann die Folge. Die Blätter werden schlagartig gelb und sterben ab.

Um diese Jahreszeit sollte immer sehr vorsichtig und sparsam gegossen werden. Gerade Pflanzen, die aus Trockengebieten stammen, wollen eher ein etwas trockeneres, als zu nasses Substrat. Ob die Staunässe im Wurzelbereich zutrifft, kann man sehr schnell durch ein Austopfen der Pflanze feststellen. Sind die Wurzelspitzen schwarz, ist die Ursache für das Absterben eindeutig geklärt.

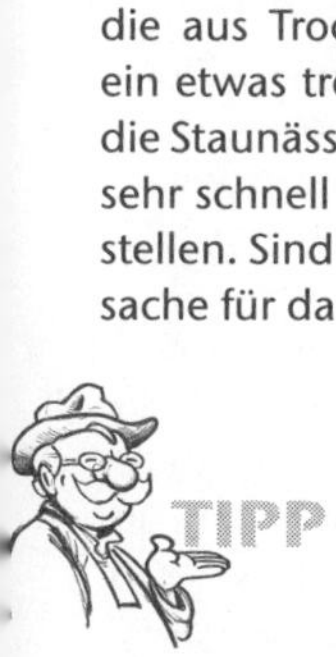

Gerade um diese Jahreszeit sollte sehr vorsichtig gegossen werden. Viele Blumenfreunde nehmen die Zeit zwischen Weihnachten und Anfang Januar wahr, um einen mehrwöchigen Urlaub zu verbringen. In dieser Zeit übernimmt gerne jemand aus dem Bekanntenkreis die Blumenpflege. Oft meinen es diese Helfer mit den Zimmerpflanzen zu gut und verabreichen den Pflanzen mehr Wasser, als sie benötigen. Vielleicht kann eine kleine Empfehlung, wie die Pflanzen gegossen werden müssen, diese vor Schaden bewahren. Gießfehler, die um die Weihnachtszeit oder Neujahr verursacht werden, äußern sich meistens in der zweiten Hälfte des Januars im geschilderten Schadbild.

Palmlilie vermehren

Meine Palmlilie ist in den letzten Jahren stark gewachsen und ist jetzt schon über 1 m hoch. Von unten nach oben hat sie Blätter verloren und sieht nicht mehr so dekorativ aus. Kann ich die Pflanze selbst vermehren, was muss ich dabei beachten?

Zwei Möglichkeiten der Vermehrung von Palmlilien (*Yucca aloifolia*) bieten sich an. Die sichere Methode ist das so genannte Abmoosen. Zu diesem Zweck wird der Stamm im oberen Bereich an einer günstigen Stelle, die selbst bestimmt werden muss, mit einem scharfen Messer etwa bis zur Mitte durchgeschnitten. In die Schnittstelle klemmt man ein dünnes Kunststoffplättchen, damit diese nicht mehr verwachsen kann. Nun wird der Stamm mit feuchtem Moos oder grobem Torf umhüllt und mit einer Folie umgeben. Sie wird oben und unten zugebunden, damit kein Wasser verdunsten kann und nichts von dem Moos oder Torf herausfällt. Bei normalen Zimmertemperaturen bilden sich an den Schnittstellen im oberen Teil des angeschnittenen Stammes Wurzeln, die nach vier bis sechs Wochen durch die Folie zu erkennen sind. Sollte das Substrat in dieser Zeit austrocknen, muss es einmal befeuchtet werden. Haben sich Wurzeln gebildet, wird die Umhüllung vorsichtig entfernt, der Stamm vollends durchgeschnitten und der „Kopfsteckling" mit den Wurzeln in Blumenerde eingepflanzt. Auf diese Weise ist meistens eine sichere Vermehrung möglich.

Bei der zweiten Methode wird der Stamm in 20 bis 25 cm lange Stücke zerschnitten und immer mit dem unteren Stammende in einen Topf oder in ein anderes Gefäß in eine Mischung aus Torf und Sand gesteckt. Nach dem Angießen wird das Ganze in einen Folienbeutel eingehüllt und an einem hellen, jedoch nicht sonnigen Platz am Fenster aufgestellt. Es sollten jedoch etwa 22 bis 25 °C

Bodentemperatur vorhanden sein, damit die Stammstücke auch Wurzeln bilden. Nach der Wurzelbildung werden die Stämme vorsichtig herausgenommen und ebenfalls in Blumenerde eingetopft. Aus „schlafenden Augen" aus dem oberen Stammbereich bilden sich nun neue Austriebe. Es ist auch möglich, nach dem Abmoosen des oberen Pflanzenteils das verbliebene Stammstück aufzuteilen und nach der „Stammstecklingsmethode" zu vermehren.

WUSSTEN SIE, dass die Palmlilie nicht zu den Palmen zählt? Eigentlich zählt die Pflanze zu den Agavengewächsen oder Agavaceae.

Palmlilie wirft Blätter ab

Vor kurzem sind wir in eine neue Wohnung gezogen. Hier trauert meine Palmlilie. In der früheren Wohnung hat sie sich normal entwickelt. Mehrere Stämme waren von unten bis oben reich belaubt. Nun wirft sie die Blätter von unten nach oben ab. Was ist die Ursache?

Die Schilderung dieses Schadbilds ist ziemlich eindeutig. Die Palmlilie (*Yucca aloifolia*) hat den Umzug und die Aufstellung am neuen Standort übel genommen. Nun steht sie nicht mehr am Südfenster, sondern in einem Raum mit einem Fenster nach Norden und nach Osten. An diesem neuen Standort erhält die Pflanze im Winter zu wenig Licht, so dass sie nicht mehr assimilieren kann. Sie lebt praktisch von ihren eigenen Reservenährstoffen. Aus diesem Grunde entzieht sie den älteren Blättern an der Basis der Triebe die Nährstoffe, um an der Spitze weiterzuwachsen.
Ziemlich schnell kann man dieses Abwerfen der Blätter stoppen, indem die Pflanze wieder an einen sehr hellen Standort gebracht wird und zwar mit ähnlichen Verhältnissen, wie in der früheren Wohnung. Ansonsten wird man damit rechnen können, dass dieses Absterben wohl mit steigendem Sonnenlicht, also im März oder April beendet sein wird. Ähnliche Erscheinungen werden aber im nächsten Winter wieder auftreten, wenn die Pflanze am jetzigen Standort verbleibt.

Russischer Wein mit weißem Belag

Seit fast drei Jahrzehnten kultiviere ich mit Erfolg einen Russischen Wein. Die Pflanze machte mir bisher immer viel Freude und sie hat sich prächtig entwickelt. Jetzt habe ich beobachtet, dass sich auf den Blättern ein weißer Belag bildet. Um was für eine Krankheit handelt es sich? Was kann ich tun, damit die Blätter wieder gesund werden?

Der Schilderung nach handelt es sich um eine pilzliche Erkrankung, den so genannten Echten Mehltau. Diese Krankheit tritt gelegentlich am Russischen Wein (*Cissus antarctica*) auf, vor allen Dingen dann, wenn eine hohe Luftfeuchtigkeit herrscht bzw. die Pflanzen stärkeren Temperaturschwankungen ausgesetzt sind. Typisch für diese Krankheit ist ein weißer, mehlartiger Belag auf den Blättern. Es handelt sich dabei um das eigentliche Pilzmyzel. Es kann sich später dunkel verfärben. Überzogen werden Blattober- und Blattunterseite.
Vorbeugend sollte die Pflanze gleichmäßigen Temperaturen ausgesetzt und die Blätter nie feucht gemacht werden. Auch ist eine Überdüngung mit Stickstoff zu vermeiden.
Gegen den Echten Mehltau gibt es verschiedene Pflanzenschutzmittel, über die Sie Ihr örtlichen Pflanzenschutzdienst informiert. Doch sollte die Anwendung vorsichtig und nach Gebrauchsanweisung erfolgen, da die Pflanze gegen manche Präparate empfindlich reagiert.

Russischer Wein trauert

Vor einiger Zeit habe ich meinen Russischen Wein umgetopft. Jetzt trauert die Pflanze und will sich einfach nicht mehr erholen. Woran kann das liegen?

Es kann immer wieder vorkommen, dass der Russische Wein (*Cissus antarctica*) plötzlich trauert. Empfindlich ist er besonders auf Standortwechsel. Das kann in diesem Falle mit dem Umtopfen zusammenhängen. Vielleicht sollte man versuchen, die Pflanze wieder an den gleichen Standort zu stellenwie vorher und vor allen Dingen in der gleichen Richtung zum Licht. Haben sich die Blätter

bisher immer mit der Blattoberseite zum Fenster gerichtet, so dürfen sie jetzt nach dem Umtopfen nicht plötzlich mit ihrer Oberfläche zum Zimmer ausgerichtet sein.
Außerdem kommt es gelegentlich vor, dass die Blätter eckige braune bis schwarze Blattflecken bekommen. Solche Blattschäden können durch zu niedrige Temperaturen und das Gießen mit kaltem Wasser verursacht werden. Auch eine plötzliche zu starke Belichtung und unregelmäßige Bewässerung kann zur Bildung glasiger, eckig umgrenzter Flecken führen.
Auf jeden Fall sollte versucht werden, den Russischen Wein immer unter möglichst ausgeglichenen Klimaverhältnissen zu kultivieren. Im Winter sollte die Temperatur möglichst nicht unter 18 bis 20 °C absinken.

WUSSTEN SIE, dass der Russische Wein zu einer sehr umfangreichen Pflanzen-Gattung gehört? Die Gattung *Cissus* umfasst rund 350 verschiedene Arten. Diese Art wird gelegentlich auch unter der Bezeichnung Känguruhwein oder Känguruhklimme geführt.
Ähnlich in den Klimaansprüchen ist auch der Königswein, *Cissus rhombifolia*. Diese Pflanze wird gelegentlich unter der Bezeichnung *Rhoicissus rhomboidea* angeboten.
Tatsächlich gehört die Gattung *Cissus* zu den Weinrebengewächsen (Vitaceae).

Schusterpalme für schattige Standorte?

Vorübergehend habe ich eine Einliegerwohnung bezogen, deren Fenster wenig Sonnenlicht erhalten. Ich möchte dort aber nicht ohne die eine oder andere Zimmerpflanze leben. Man hat mir für einen besonders ungünstigen Standort eine Schusterpalme empfohlen. Sie soll völlig anspruchslos sein und praktisch überall gedeihen.

Die Schusterpalme (*Aspidistra elatior*) gehört zu den robustesten Zimmerpflanzen überhaupt. Sie ist aus Asien (China, Japan) zu uns gekommen und hat ihren volkstümlichen Namen Schuster- oder Metzgerpalme nicht umsonst erhalten. Sie wurde früher gerne vom Schuhmacher am Fenster aufgestellt, um die Einsicht in die meist unter dem Gehwegniveau liegende Werkstatt zu verhindern. Unter diesen ungünstigen Standortbedingungen hat sich die Pflanze aber trotzdem recht wohlgefühlt. Dasselbe gilt für die Schaufenster der Metzgereien. Auch dort sind die klimatischen Verhältnisse nicht gerade ideal und trotzdem hat sich die Aspidistra an diesem Platz immer recht gut entwickelt.
Die Pflanze nimmt also eigentlich mit jedem Standort vorlieb. Sie verträgt warme wie kühle Räume gleich gut, ist nicht anspruchsvoll an das Licht und kann ganzjährig mit mäßigen Wassergaben auskommen. Eigentlich sollte erst wieder gegossen werden, wenn die obersten zwei Drittel des Wurzelballens abgetrocknet sind. Während der Hauptwachstumszeit im Frühsommer und Sommer kann das Wachstum durch zusätzliche Düngergaben unterstützt werden.

Eine *Aspidistra* gedeiht am besten, wenn man sie ungestört wachsen lässt. Deshalb ist ein Umtopfen nur alle drei oder vier Jahre erforderlich. Eine zu große Pflanze kann man durch Teilung vermehren. Jede Pflanze entwickelt zahlreiche Rhizome. Diese sind zur Anzucht einer neuen Pflanze gut geeignet. Es muss jedoch beachtet werden, dass jedes Rhizom bei der Aufteilung mindestens zwei Blätter besitzen sollte.

Strahlenaralie in den Garten stellen?

Meine beiden Strahlenaralien haben sich in den letzten Jahren mächtig entwickelt. Soll ich die Pflanzen den Sommer über ins Freie stellen, damit ich mehr Platz im Zimmer habe?

Eigentlich ist die Strahlenaralie (*Schefflera*) eine Pflanze fürs helle Zimmer oder den Wintergarten. Sie ist auch etwas zugluftempfindlich. Es ist aber doch möglich, die Pflanzen den Sommer über an einen geschützten Platz im Freien aufzustellen. Doch sollte man die Pflanzen vorsichtig an die neue Umgebung gewöhnen. Dasselbe gilt für das Einräumen im Herbst. Manchmal nimmt die Schefflera den Ortswechsel und die anderen Klimabedingungen etwas übel. Vor praller Mittagssonne sollten die Pflanzen auf jeden Fall geschützt werden. Ansonsten vertragen sie einen hellen bis

halbschattigen Platz, etwas diffuses Licht ist besonders ideal.
Wichtig ist, dass die Pflanzen immer gleichmäßig feucht gehalten werden. Staunässe sollte man jedoch vermeiden. Eine regelmäßige Blattlauskontrolle ist sinnvoll, da die Strahlenaralie häufig von Blattläusen befallen wird. werden. Eine rechtzeitige Behandlung mit einem zugelassenen Mittel sollte auf jeden Fall erfolgen.

WUSSTEN SIE, dass die Strahlenaralie nahe verwandt ist mit der Zimmeraralie (*Fatsia japonica*)? Auch sie gehört zu den Araliengewächsen (Araliaceae) und stellt in der Kultur auch ähnliche Ansprüche. Von der Gattung *Schefflera* werden meistens die beiden Arten *S. arboricola* und *S. actinophylla* kultiviert. Letztere wird gelegentlich auch unter dem Gattungsnamen *Brassaia* angeboten.

Strahlenaralie überwintern

Den Sommer über hatte ich eine Strahlenaralie im Freien stehen. Sie entwickelte sich prächtig. Vor einigen Wochen brachte ich sie ins Schlafzimmer. Jetzt wirft sie die Blätter von unten nach oben ab. Was ist die Ursache?

Die Strahlenaralie (*Schefflera*) gehört zu den relativ robusten, immergrünen Zimmerpflanzen. Sie kann durchaus im Sommer an einem geschützten Standort im Freien gehalten werden. Den Winter über muss die Pflanze aber unbedingt in einen beheizten Raum gebracht werden.
Die geschilderte Erscheinung ist symptomatisch für Lichtmangel. Kommt eine Pflanze, die auch im Winter weiterwachsen will, in einen Raum mit ungenügenden Lichtverhältnissen, wächst sie wohl weiter, entzieht aber den älteren Blättern an der Basis der Triebe die Nährstoffe, da sie wegen Lichtmangel selber nicht mehr assimilieren kann. So sterben die Blätter von unten nach oben und fallen ab. Auf jeden Fall sollte der *Schefflera* ein sehr heller Platz am Fenster eingeräumt werden. Außerdem muss sie während des ganzen Winters mäßig feucht gehalten werden. Staunässe vermeiden! Der günstigste Temperaturbereich liegt in den Wintermonaten bei etwa 15 °C.

Es wurde auch schon beobachtet, dass *Schefflera* empfindlich sind gegen kalte Zugluft. Deshalb besonders während frostiger Witterungsperioden beim Lüften der Räume vorsichtig sein. Kalte Luft kann ebenfalls Blattfall zur Folge haben.

Wunderstrauch verliert Blätter

Viel Freude hatte ich in den letzten Wochen an meinem wunderschönen Wunderstrauch. Die Pflanze ist etwa 50 cm hoch und hat zunächst einige neue Blätter gebildet. Nun verliert sie ganz plötzlich von einem Tag auf den anderen ihre Blätter. Die Pflanze steht an einem hellen Fenster in einem Übertopf. Was habe ich falsch gemacht?

Wenn plötzlich die Blätter abfallen, ist dies meistens das Zeichen eines Pflegefehlers. Der Wunderstrauch (*Codiaeum variegatum*) ist ein Gewächs aus tropischen Zonen (Ostindien, Sundainseln), das gewisse Ansprüche an den Standort und das Klima stellt. Gut gedeiht die Pflanze bei einer stets gleichmäßigen Temperatur von 18 bis 20 °C. Das gilt sowohl für den Sommer als auch für den Winter. Außerdem liebt sie eine gewisse Luftfeuchtigkeit. Gewünscht wird ein heller, aber vor direkter, starker Sonnenbestrahlung, geschützter Standort. Auch Zugluft ist gefährlich. Empfindlich reagiert die Pflanze ebenfalls auf Temperatur- und Feuchtigkeitsschwankungen.
Während der Hauptwachstumszeit im Frühjahr und Sommer wird normal gewässert, im Winter werden die Wassergaben etwas eingeschränkt. Dadurch wird Wurzelfäule verhindert und die Ausbildung langer, dünner, spindeliger Triebe unterbunden.
Vielleicht ist aber auch der Übertopf die Fehlerquelle. Überschüssiges Gießwasser sammelt sich gerne am Boden des Übertopfes und sorgt dort für Staunässe im Wurzelbereich. Auf jeden Fall sollte die Pflanze ab und zu aus dem Übertopf genommen und überschüssiges Wasser ausgeschüttet werden. Nehmen Sie die Pflanze einmal aus dem Topf und kontrollieren Sie die Wurzelspitzen. Sind diese weiß, hängt der Schaden nicht mit Staunässe zusammen. Sind die Wurzelspitzen braun oder schwarz und faulig, ist das die Ursache für den Blattabfall. Dann hilft nur ein vorsichtiges

Weiterpflegen und möglicherweise auch ein Umtopfen.

WUSSTEN SIE, dass der volkstümliche Name Wunderstrauch abgeleitet wird von den herrlich gezeichneten gelb-, braun- und rotbunten Blättern dieses immergrünen Tropenstrauchs? Die Pflanze gehört zur Familie der Wolfsmilchgewächse (Euphorbiaceae) und ist damit mit dem Weihnachtsstern nahe verwandt. Der Wunderstrauch enthält in allen Pflanzenteilen giftige Inhaltsstoffe (Phorbolester). Sollte zufällig an den Blättern gelutscht werden, kann es zu Erbrechen und Durchfall kommen.

Zierspargel aussäen

Ich habe einen „tollen" Zierspargel. Er steht auf dem Balkon und hat Triebe von 1,5 m Länge. Nun hat er dieses Jahr geblüht. Jetzt hat er lauter runde Kügelchen bekommen. Was kann ich damit machen? Sind es Samen?

In der Tat handelt es sich um die Früchte des Zierspargels (*Asparagus densiflorus*). Sie enthalten die Samen. Im reifen Zustand sind sie rot gefärbt. Sie werden dann gepflückt, zur Nachreife noch etwas liegen gelassen und anschließend können Sie die Samen „herauspulen". Sie werden in Wasser ganz vom Fruchtfleisch gesäubert, anschließend getrocknet und bis zur Aussaat trocken gelagert.
Saatgut von Zierspargel keimt unregelmäßig und langsam. Günstig ist es, wenn es vor der Aussaat 48 Stunden in lauwarmem Wasser vorgequollen wird. Dann werden die Samen in eine lockere, humushaltige Blumenerde gesät und die Samenkörner nur etwa 0,5 cm hoch abgedeckt. Bis zur Keimung der Samen müssen Sie sie gleichmäßig feucht halten. Die beste Keimtemperatur liegt bei 22 bis 28 °C bei einer Keimdauer von drei bis fünf Wochen. Zur Weiterkultur der Sämlinge reichen Temperaturen von 18 bis 22 °C.

Die nadelförmigen Scheinblättchen verfärben sich gelb und werden abgeworfen, wenn der Zierspargel zu dunkel steht oder unter Ballentrockenheit oder Nährstoffmangel leidet. Er zählt innerhalb der Zimmerpflanzen zu den so genannten Nährstofffressern und muss während der Wachstumsperiode ständig gedüngt werden. Die bekannte Sorte 'Sprengeri' erhielt ihren Namen nach Carl Sprenger (1846–1917), der diese Sorte eingeführt haben soll.

Zierspargel für Balkon geeignet?

Seit einigen Jahren besitze ich einen Zierspargel. Er hat sich recht gut entwickelt und eine gewisse Größe erreicht. Mir wurde empfohlen, die Pflanze den Sommer über auf den Balkon zu stellen oder ihn als Ampel aufzuhängen. Ist dies möglich und wie muss ich ihn pflegen?

Zu den robusten Zierspargel-Arten gehört *A. densiflorus* 'Sprengeri'. Diese Pflanze kann entweder an einem hellen und luftigen Platz im Zimmer oder aber den Sommer über auch auf dem Balkon gehalten werden. Ideal sind Durchschnittstemperaturen von 18 bis 22 °C. Die Pflanze verträgt durchaus Sonne, doch muss dann auch das Wasserbedürfnis stets gedeckt sein. Außerdem ist darauf zu achten, dass die Pflanze reichlich mit Nährstoffen versorgt wird. Im Gegensatz zu vielen anderen Zimmerpflanzen kann der 'Sprengeri' auch mit höheren Konzentrationen gedüngt werden. So verträgt die Pflanze eine Konzentration von 0,3 % (3 g oder ml Dünger/l Wasser) problemlos. Natürlich muss nach dem Düngen der Wurzelballen feucht gehalten werden. Bei optimaler Versorgung entwickelt sich dieser Zierspargel zu einer kräftigen und schönen Pflanze.
Ab und zu sollte der Zierspargel auch umgetopft werden. Ein idealer Termin ist die Zeit zwischen März und Mai. Als Erdmischung wird ein nahrhaftes, mittelschweres und humoses Substrat verwendet. So genannte Einheitserde ist gut geeignet. Beim Verpflanzen schüttle man die alte Erde aus dem Wurzelballen, der Wurzelfilz wird etwas aufgelockert. In diesem Zusammenhang können auch die älteren, nicht mehr schönen Ranken mit einem scharfen Messer herausgeschnitten werden. Der beste Zeitpunkt zum Einräumen der Pflanze im Herbst liegt in der Regel bei Anfang bis Mitte Oktober.

WUSSTEN SIE, dass es sich bei dem Zierspargel (*Asparagus densiflorus* 'Sprengeri') um einen echten Halbstrauch handelt, dessen Stängel im Laufe der Zeit verholzen? Die Blätter dieser Pflanze wurden zu 1 bis 3 mm langen Dornen verwandelt, während die „Nadeln" eigentlich umgewandelte, stark reduzierte Triebe darstellen. So hat sich die Pflanze an den heimatlichen Standort in Südafrika angepasst, um Trockenzeiten besser zu überstehen.

Zierspargel vermehren

?

Mein Zierspargel hat sich prächtig entwickelt. Er braucht einen riesigen Topf. Eigentlich ist er schon viel zu groß. Kann ich die Pflanze einfach aufteilen?

!

Gar kein Problem ist es, eine ältere Zierspargelpflanze (*Asparagus densiflorus*) durch Teilung zu vermehren. Zu diesem Zweck wird die Pflanze ausgetopft und die verbrauchte Erde aus dem Wurzelballen ausgeschüttelt. Dann wird die Pflanze mit einem scharfen Messer in mehrere Teilstücke zerteilt und diese wiederum in kleinere Töpfe eingetopft. Verwendet werden kann dazu jede beliebige Blumen- oder Einheitserde.
Zunächst wird einmal angegossen, dann werden die Pflanzen die ersten Tage etwas vorsichtiger gegossen, damit Wunden verheilen und sich neues Wurzelwachstum entwickelt. Danach werden die Teilpflanzen in gleicher Weise weitergepflegt wie vorher das große Exemplar.
Der beste Zeitpunkt zum Verpflanzen liegt immer im Frühjahr bei Austriebsbeginn.

Zierspargel wirft Nadeln ab

?

Mein Zierspargel macht mir sehr viel Freude. Bis jetzt hat er sich gut entwickelt. Doch nun steht er seit einigen Wochen im Treppenhaus. Dort ist es etwas dunkel und nun fangen die Nadeln an abzufallen. Muss ich den Standort wechseln und was mache ich gegen die vielen „wilden" Triebe?

!

Ganz sicher ist es diesem Zierspargel (*Asparagus densiflorus*) im Treppenhaus zu dunkel. Vielleicht ist es ihm dort zusätzlich auch zu warm. Ab Oktober bis etwa im Februar hält die Pflanze eine gewisse Ruheperiode ein. In dieser Zeit wird weniger gegossen und gedüngt. Es reichen dann auch 8 bis 12 °C völlig aus. Jedoch sollte der Standort möglichst hell sein. Viel Licht wird also auch im Winter benötigt. Die nadelförmigen Scheinblättchen werden aber auch dann abgeworfen, wenn der Wurzelballen trocken wird.
Es ist kein Problem, die „wilden" Triebe mit einem scharfen Messer herauszuschneiden.

WUSSTEN SIE, dass der Zierspargel zu den Liliengewächsen (Liliaceae) gehört? Er ist in Südafrika beheimatet und wurde durch den am botanischen Institut in Neapel wirkenden Deutschen Karl Sprenger im Jahre 1890 nach Europa eingeführt. Deshalb wurde er auch bis in neuere Zeit als *Asparagus sprengeri* (Sprenger's Zierspargel) geführt. Erst seit einigen Jahren trägt er den richtigen botanischen Namen *A. densiflorus* 'Sprengeri'.

Zimmeraralie selbst vermehren

?

Meine Zimmeraralie hat sich recht schön entwickelt. Ist es möglich, diese Pflanze selbst zu vermehren?

!

Die Zimmeraralie (*Fatsia japonica*) gehört zu den robusten Zimmerpflanzen. Sie gedeiht an einem günstigen Standort im normal temperierten Zimmer recht gut. Deshalb lohnt sich durchaus eine eigene Vermehrung, vor allen Dingen dann, wenn die Pflanze zu groß geworden ist.
Am einfachsten ist die Vermehrung durch Kopfstecklinge. In diesem Fall wird eine Triebspitze mit einem scharfen Messer abgeschnitten und in einen Topf, in ein Gemisch aus Torf und Sand (Hochmoor-Weißtorf und Flusssand im Verhältnis 1:1) gesteckt. Zur Sicherheit sollte man Topf und Steckling mit einer perforierten Plastikhülle umgeben, damit die Wasserverdunstung reduziert wird. Unter günstigen Bedingungen entwickelt die Pflanze im Verlauf von drei bis vier Wochen neue Wurzeln.
Noch sicherer ist das so genannte Abmoosen. Bei dieser Methode wird die Triebspitze direkt am Stamm bewurzelt.
Im Samenfachhandel gibt es gelegentlich auch Samen. Auch eine generative Vermehrung ist also

möglich. Erfolg wird man damit aber nur dann haben, wenn das Saatgut absolut frisch ist und zur Keimung eine Temperatur von 22 °C eingehalten werden kann.

WUSSTEN SIE, dass die Zimmeraralie im Volksmund immer noch unter dem alten botanischen Namen *Aralia sieboldii* bekannt ist? Im Übrigen gibt es auch eine Sorte mit weiß- und gelbpanaschierten Blättern. Sie ist unter Sortenbezeichnung 'Variegata' im Handel.

Zimmeraralie wirft Blätter ab

Meine Aralie ist im Sommer sehr gut gewachsen. Jetzt im Winter stellte sie ihr Wachstum nahezu ein und hat auch einige Blätter im unteren Bereich verloren, obwohl ich sie sofort gedüngt habe, als das erste Blatt gelb geworden ist. Was soll ich tun, um die Pflanze zu retten?

Zwei Ursachen können für den Schaden in Frage kommen. Einmal ist es möglich, dass die Zimmeraralie (*Fatsia japonica*) den Winter über zu nass gehalten wurde und durch Staunässe im Wurzelballen Störungen aufgetreten sind. Die Pflanze äußert einen solchen Schaden durch Gelbwerden der Blätter und Blattabwurf.
Wahrscheinlicher könnte jedoch sein, dass die Pflanze während der Winterwoche zu dunkel gestanden hat. Dafür spricht, das in diesem Fall typische Gelbwerden der Blätter von unten nach oben. Im warmen Zimmer wächst die Pflanze auch im Winter weiter, kann aber wegen fehlender Strahlungsintensität nicht assimilieren, das heißt über die Wurzeln aufgenommene Nährstoffe in organische Baustoffe umwandeln. In diesem Fall hilft auch eine zusätzliche Düngung nicht, da die Pflanze die verabreichten Nährstoffe ebenfalls nicht umwandeln kann.
Kontrollieren Sie einmal den Wurzelbereich der Zimmeraralie. Sind die Wurzelspitzen weiß, kann der Schaden nicht durch Staunässe verursacht worden sein. Hier ist sicher Lichtmangel die Ursache und Sie sollten die Pflanze ganz nahe an ein Fenster stellen. Da die Zimmeraralie relativ anspruchslos ist, könnte man sie in einem kühlen Raum aufstellen, um das vegetative Wachstum während der Winterwochen zu bremsen. Die Pflanze übersteht nämlich Temperaturen zwischen 8 bis 12 °C recht gut. Es muss dann allerdings sehr vorsichtig gegossen werden, da sie kaum Nährstoffe für ein weiteres Wachstum benötigt. Den Sommer über kann die Pflanze sogar an einem nicht vollsonnigen, etwas geschützten Standort im Freien aufgestellt werden. Dort fühlt sie sich unter unseren Klimabedingungen meistens am wohlsten.

Zimmerbambus lässt Blätter fallen

An meinem Zimmerbambus habe ich eigentlich immer viel Freude. Er wirft immer wieder Blätter ab, vor allem jetzt im Winter. Andererseits entwickeln sich immer neue Blätter und die Pflanze sieht gesund aus. Was ist die Ursache für diesen Blattfall und muss ich in der Kulturführung etwas ändern?

Bambus (*Phyllostachys*) sind bei uns in den letzten Jahren sehr beliebt und werden gerne im Garten oder als Kübelpflanze verwendet. Als Zimmerpflanze kommt in erster Linie *Phyllostachys aurea* in Frage. Manchmal wird auch aus Stammstücken *Bambusa vulgaris* gezogen. Soll sich der Bambus im Zimmer wohlfühlen, müssen einige Ansprüche unbedingt beachtet werden. Für eine optimale Entwicklung ist eine Lichtstärke von 2000 Lux erforderlich. Ideal wäre es, wenn diese Lichtstärke den Pflanzen mindestens zwölf Stunden täglich zur Verfügung stehen würde. Außerdem benötigt der Bambus keine so hohen Temperaturen. Im Winter reichen etwa 15 bis 18 °C völlig aus. Wichtig ist auch, dass im Sommer eine gute Belüftung garantiert und eine wirksame Schattierung bei zu intensiver Sonneneinstrahlung vorhanden ist. Außerdem ist der Zimmerbambus dankbar für eine relativ hohe Luftfeuchtigkeit.
Trotz aller Mühen kommt es beim Zimmerbambus immer wieder vor, dass Blätter abgeworfen werden. Bambusspezialist Wolfgang Ebert, Baden-Baden, spricht vom „Mausern" der Bambuspflanzen. Dieses Abwerfen der Blätter kommt auch an idealen Standorten vor. Es ist besonders stark in den Monaten Februar und März. Sofern die Pflanze aber gleichzeitig immer wieder neue, frisch grüne Blätter bildet, ist diese Erscheinung für den Besitzer unangenehm, für die Pflanze jedoch nicht schädlich. Auf jeden Fall sollte man versuchen,

den Bambus während der Hauptwachstumszeit im Mai und Juni durch eine zusätzliche Düngung zur Ausbildung kräftiger, dicht belaubter Sprosse anzuregen.

WUSSTEN SIE, dass manche Bambus-Arten auch für die Hydrokultur im Zimmer geeignet sind? Am besten ist es aber, wenn man von einem Spezialbetrieb eine auf Hydrokultur umgestellte Bambuspflanze erwirbt. Es kann nämlich sein, dass beim Umstellungsprozess von Erd- auf Hydrokultur ein Großteil der Blätter abgestoßen wird. Sie werden jedoch kurze Zeit darauf wieder neu gebildet. In dieser Kultur erfahrene Gärtner weisen darauf hin, dass der Wasser- bzw. Nährlösungsstand für den Bambus etwas höher sein soll als für die anderen Zimmerpflanzen.

Zimmerlinde richtig pflegen

? **Viel Freude bereitet mir meine Zimmerlinde. Ich möchte sie nun mit allem notwendigen versorgen. Wie muss ich sie pflegen, damit ich sie möglichst viele Jahre als Zimmerschmuck halten kann?**

! Eigentlich gehört die Zimmerlinde (*Sparmannia africana*) zu den anspruchslosen Zimmerpflanzen. Der baumartige Strauch liebt im Zimmer einen günstigen, hellen Standort, möglichst nahe am Fenster. Den Sommer verträgt sie normale Temperaturen, im Winter sollte die Pflanze etwas kühler gehalten werden, damit sie nicht zu stark treibt. Es reichen in dieser Zeit sogar 10 °C völlig aus. Je kühler die Pflanze steht, um so vorsichtiger muss man gießen, um Wurzelfäule zu verhindern.
Verpflanzt wird je nach Wuchsstärke und Größe der Pflanze. Kleinere Exemplare werden im Abstand von ein bis zwei Jahren, größere im Abstand von zwei bis drei Jahren umgetopft. Gewünscht wird eine nahrhafte, durchlässige Erde. Mischungen aus eigener Komposterde mit Torf, Rindenhumus usw. sind möglich, ebenso käufliche Blumenerden. Zu humushaltige Erden werden mit etwas Kompost oder Gartenerde vermischt. Den Sommer über kann eine Zimmerlinde auch an einem windgeschützten Standort im Freien aufgestellt werden. Manchmal bekommen Zimmerlinden gelbe Blätter. Die Ursache ist meistens Nährstoff- oder Lichtmangel.

WUSSTEN SIE, dass die Zimmerlinde ihren botanischen Namen *Sparmannia* nach dem schwedischen Botaniker Andreas Sparmann (1748–1820) erhalten hat. Dieser begleitete Captain Cook auf seiner zweiten Entdeckungsfahrt von 1772 bis 1775. Auch gehört die Zimmerlinde zur Familie der Lindengewächse (Tiliaceae) und ist also direkt verwandt mit der auch bei uns heimischen Linde.

Zimmerlinde von Weißer Fliege befallen

? **Meine Zimmerlinde ist voller kleiner weißer Tiere. Sie sitzen vorwiegend auf der Blattunterseite. Komme ich in die Nähe, fliegen sie hoch, um sicher aber schon bald darauf wieder an der gleichen Pflanze niederzulassen. Jetzt werden die Blätter schon gelb und manche trocknen völlig ein. Um was für einen Schädling handelt es sich und wie kann ich ihn wieder loswerden?**

! Es handelt sich um so genannte Weiße Fliegen oder Mottenschildläuse (Aleurodidae), also eine besondere Art von Läusen, die jedoch sehr widerstandsfähig sind und sich in trocken-warmem Klima stark ausbreiten.
Die Bekämpfung dieser Läuse ist nicht einfach. Da die Zimmerlinde (*Sparmannia africana*) im Haus steht, könnten sie einmal den Einsatz eines Nützlings ausprobieren. Gute Erfahrungen hat man schon mit Schlupfwespen (*Encarsia formosa*) gemacht, die ihre Eier mit Hilfe eines „Legebohrers" in die Larven der Weißen Fliege ablegt, die deren Larve dann zum Absterben bringt. Da ein Schlupfwespen-Weibchen etwa 50 Eier auslegen kann, können auf diese Weise immerhin 50 Larven abgetötet werden. Mit einem Einsatz muss jedoch bald begonnen werden, da andererseits eine weibliche Mottenschildlaus bis zu 350 Eier ablegen kann.
Die Schlupfwespen werden von Speziallabors in Form parasitierter Larven oder Puparien der Weißen Fliege geliefert, die auf kleine Kartonkärtchen aufgeklebt sind. Diese muss man nach dem Eintreffen gleichmäßig im unteren Teil der befallenen Pflanzen aufhängen, damit die jungen Wespen schon nach ihrem Ausschlüpfen ihre Eier wieder in die Larven der Weißen Fliegen ablegen können.

Sie sollten beachteten, dass die Schlupfwespen zur optimalen Entwicklung eine Temperatur von 20 bis 27 °C benötigen. Unter 18 °C sollte die Temperatur nicht absinken.

Sollten Sie den Versuch mit Schlupfwespen machen, dürfen gleichzeitig keine anderen Pflanzenschutzmittel eingesetzt werden, da diese auch die Schlupfwespen abtöten würden.

Sollten keine Schlupfwespen zur Verfügung stehen, können auch Mittel auf der Basis von Kaliseife oder Pyrethrine eingesetzt werden. Meistens ist eine mehrmalige Wiederholung notwendig. Auch Rapsölpräparate sind wirksam.

Zimmertanne mit schlaffen Zweigen

Schon vor längerer Zeit habe ich eine Zimmertanne erhalten. Jetzt fällt mir auf, dass ihre hübschen Zweige schlaff herunterhängen. Habe ich einen Kulturfehler begangen?

Die Zimmertanne oder Araucarie (*Araucaria excelsa*) gehörte noch vor einigen Jahrzehnten zu den beliebtesten Zimmerpflanzen. Warum die Nachfrage nachgelassen hat, kann mit den etwas schwierigen Kulturbedingungen in den vollklimatisierten Räumen zusammenhängen. Die Pflanze gedeiht nämlich nur dann zur vollen Zufriedenheit, wenn sie in einem ausgesprochen kühlen, hellen Raum aufgestellt wird. Ist die Temperatur zu hoch, werden die Zweige zu lang und hängen schlaff nach unten.

Die Pflanze sollte im Sommer möglichst am häufig geöffneten Fenster gehalten werden, da sie viel frische Luft benötigt. Noch besser ist es, ihr einen halbschattigen Platz im Garten oder auf dem Balkon zu geben. Im Winter reichen Temperaturen von 3 bis 10 °C völlig aus. Höheren Temperaturen sollte die Pflanze nicht ausgesetzt werden. Die Wassergaben sind nach den Temperaturen einzurichten. So ist im Sommer reichlicher, im Winter sparsamer zu gießen.

Ab Februar oder März regt sich der neue Trieb. Sobald die Pflanze im aktiven Wachstum ist, kann dieses durch eine gelegentliche schwache Kopfdüngergabe unterstützt werden.

WUSSTEN SIE, dass die Zimmertanne von den Norfolk-Inseln im Stillen Ozean stammt? Deshalb wird diese Pflanze auch im Volksmund oft als Norfolk-Tanne bezeichnet. Heimatbedingt ist dieses Araucariengewächs (Araucariaceae) bei uns nicht winterhart und kann deshalb im Garten nicht ausgepflanzt werden.

Zwergpalme lässt Blätter hängen

Meine Zwergpalme stand im Sommer im Freien und entwickelte sich prächtig. Vor einigen Wochen habe ich sie zur Überwinterung in den Wintergarten gestellt. Plötzlich lässt sie die Blätter nach unten hängen. Ist die Pflanze für den Wintergarten nicht geeignet?

Die Zwergpalme (*Chamaerops humilis*) ist die einzige in Europa heimische Palme. Sie ist im Mittelmeerraum zu Hause. Deshalb gedeiht die Pflanze auch im Sommer recht gut im Freien, natürlich stellt sie zur Überwinterung gewisse Bedingungen. Normalerweise gedeihen Zwergpalmen recht gut bei normalen Raumtemperaturen. Die Mindesttemperatur beträgt 10 °C. Wenn möglich, sind auch im Winter Temperaturen zwischen 13 und 16 °C einzuhalten.

Wichtig ist aber besonders das Licht. Ideal für diese Palmen ist es, wenn sie täglich mindestens drei bis vier Stunden direktes Sonnenlicht erhalten. Sie vertragen auch lichten Schatten, wachsen dann aber langsamer und die Abstände zwischen den Wedeln werden größer.

Ein Hauptproblem ist die Wasserversorgung. Während der Hauptwachstumszeit vom Frühjahr bis zum Spätsommer wird normal bis reichlich gegossen und zwar immer so viel, dass der Topfballen gut durchfeuchtet ist. Gefährlich ist aber in dieser Zeit Staunässe. Während der Ruheperiode im Winter gießt man nur mäßig und lässt die obere Erdschicht zwischen den Wassergaben immer abtrocknen.

Wahrscheinlich wurde die Pflanze im Wintergarten zu nass gehalten, sodass die Wurzeln zu wenig Sauerstoff zum Atmen erhalten haben. Möglich ist dann, dass die Wurzeln in Fäulnis übergehen und die Wasseraufnahme behindert wird. Dadurch kann es zu dem beschriebenen Welkehabitus der Pflanze kommen.

WUSSTEN SIE, dass die Zwergpalme auch die volkstümlichen Namen Fächerpalme oder St. Petruspalme trägt? Diese Zwergpalme hat aber mit den in der Bibel beschriebenen „Palmzweigen" nichts zu tun. Gemeint sind dort die Wedel der Dattelpalme, *Phoenix dactylifera*, einem der ältesten Obstbäume im Heiligen Land.

Schnittblumen

Herbstastern als Schnittblumen?

Meine ganze Liebe gehört den Herbstastern. Es ist wunderbar, wenn zum Ende des Sommers im Garten diese robusten Astern so üppig blühen. Gerne schneide ich auch Stiele ab und binde daraus richtige Herbststräuße. Nun habe ich beobachtet, dass die Blumen von manchen Sorten in der Vase besser halten als von anderen. Gibt es eine Zusammenstellung von Sorten, die sich für Schnittzwecke besonders eignen?

Solche Unterschiede in den Blüheigenschaften sind bekannt. Gerade im Herbst blühen die langstieligen *Aster novi-belgii*- und die *A. novae-angliae*-Sorten besonders üppig. Nun hat man festgestellt, dass sich die Glattblattastern (*A. novi-belgii*) für Schnittzwecke besser eignen als die Sorten der Rauhblattastern (*A. novae-angliae*). Bei diesen neigen nämlich die verschiedenen Sorten zur so genannten „Schlafstellung" der Blumen und wirken deshalb in der Vase nicht so günstig.
Von den guten, handelsüblichen Sorten sind einige für Schnittzwecke besonders vorzuziehen. Es handelt sich dabei um die Sorten 'Dauerblau', 'Blaue Nachhut', 'Gayborder Splendour' und 'Schöne von Dietlikon'. Es gibt noch einige Sorten mehr, doch die genannten sind auch für den Garten als Schmuckstauden besonders geeignet.
Vielleicht sollte man beachten, dass beim Schnitt die Blumen bereits halb bis vollständig aufgeblüht sind. Es sollten mindestens von den inneren Röhrenblüten zwei bis drei Kreise völlig geöffnet sein. Die Haltbarkeit als Schnittblume beträgt bis zu zwei Wochen. Voraussetzung ist allerdings, dass man dem Wasser in der Vase ein Frischhaltemittel zusetzt.

Orchideen-Schnittblumen frisch halten

Vor einer Woche erhielt ich eine schöne Orchideenrispe. Am Stielende befindet sich ein kleines Gläschen. Was muss ich beachten, damit die exotische Blume lange frisch bleibt?

Das Besondere an vielen Orchideen-Schnittblumen ist, dass sie eine sehr lange Blühdauer haben. Sie bleiben um so länger frisch, je pfleglicher sie behandelt werden. Dazu gehört auch eine kontinuierliche Wasser-, ja sogar Nährstoffversorgung. So weiß man, dass man Schnittblumen, mit so genannten Frischhaltemitteln länger am Leben erhalten kann.
Wenn eine Orchideenrispe in einem Gläschen steht, enthält dieses entweder nur Wasser oder aber eine Lösung mit Frischhaltemittel. Am besten ist es, wenn man die Orchidee in dem Gläschen belässt, bis der Flüssigkeitsspiegel deutlich abnimmt. Dann kann das Gläschen entfernt und die Blume in frisches Wasser eingestellt werden. Auch hier ist es denkbar, dass ein Blumen-Frischhaltemittel zugesetzt wird. Dieses sollte aber für die Verwendung bei Orchideen geeignet sein. So behandelt, wird die Orchideen-Rispe lange blühen.

Für die Blühdauer einer Orchideenrispe ist auch ein günstiger Standort im Zimmer wichtig. Ideal ist eine Temperatur zwischen 18 und 20 °C an einem hellen, jedoch nicht sonnigen Platz nahe dem Fenster. Hat man gute Erfahrungen mit einem Frischhaltemittel gemacht und erwirbt man als Orchideen-Fan ab und zu eine Blütenrispe, sollte man einmal den Versuch unternehmen, neben einem üblichen Frischhaltemittel noch zusätzlich etwa 20 g Zucker/l Wasser beizumischen. Unter Umständen kann eine solche kohlenhydratreiche Zusatznahrung die Lebensdauer weiter verlängern.

Schnittblumen durch Narzissen-Schleim vergiftet

Mir ist aufgefallen, dass nach dem Schneiden eines Frühlingsstraußes mit Narzissen und Tulpen im Garten oft schon nach einem Tag die Tulpen in der Vase welken und manchmal wie verbrannt aussehen. Kaufe ich einen ähnlichen Strauß beim Gärtner oder Floristen, bleiben die gleichen Blumen viele Tage problemlos frisch. Woran kann das liegen?

Die Erklärung ist relativ einfach. Osterglocken oder Narzissen (*Narcissus*) enthalten das Alkaloid Narcissin, das auch schon bei Menschen zu Vergiftungserscheinungen geführt hat. Offenbar werden auch andere Blumen von diesem Giftstoff beeinflusst, weshalb die Tulpen, aber auch andere Schnittblumen, diese frühe Welkeerscheinung zeigen können.

Da dieser Giftstoff im „Schleim" der Narzissen enthalten ist, gelangt er nach dem Schnitt der Blumen ins Wasser der Vase, wenn die Blumen sofort zusammen eingestellt werden. Dadurch können die genannten Welke- oder Verbrennungserscheinungen auftreten. Stellt man die Narzissen aber zunächst einige Stunden oder eine Nacht separat in eine Vase, „bluten" sie aus und können dann zusammen mit Tulpen oder anderen Schnittblumen gemeinsam in frisches Wasser gestellt werden. Dann tritt dieser Schaden nicht auf. Gärtner und Floristen kennen diese Erscheinung und binden bunte Frühlingssträuße mit Narzissen erst, wenn die „Gefahr" vorbei ist.

In Fachgeschäften gibt es ein Spezial-Frischhaltemittel, das dem Wasser von Narzissen-Schnittblumen beigemischt werden kann. Es verhindert, dass in einem bunten Strauß die Narzissenausscheidungen die anderen Blumen beschädigen. Es wirkt also gegen diesen „Narzissenschleim". Es ist unter der Bezeichnung „CHRYSAL gegen Narzissenschleim" erhältlich. Wird dieses Mittel verwendet, können auch frisch geschnittene Narzissen mit anderen Blumen zusammen in eine Vase gestellt werden. Schäden sind dann nicht zu befürchten.

Schnittblumen haltbar machen

Im Sommer kann ich aus meinem Garten viele Schnittblumen ernten. Immer wieder werden Empfehlungen gegeben, wie diese behandelt werden sollen. Welche Maßnahmen sind nun

tatsächlich erforderlich, damit die Blumen möglichst lange halten?

Es gibt einige grundsätzliche Empfehlungen, die eigentlich für alle Schnittblumen gelten. Zunächst einmal sollten die Blumen möglichst frisch geerntet in die Vase eingestellt werden. Wurden sie schon etwas gelagert oder sind sie einfach mit der Schere oder dem Messer im Garten geschnitten worden, ist ein Nachschnitt zu empfehlen. Günstig ist ein ziehender, glatter Nachschnitt mit einem scharfen Messer oder einem ähnlichen Schneidwerkzeug. Nicht verwendet werden soll ein Werkzeug, das Quetschungen des Stielendes verursacht. Dadurch werden zu viele Zellen verletzt und das Stielende geht in Fäulnis über. Beim Nachschnitt werden etwa 2 bis 5 cm des Stielendes entfernt. Das ist vor allem dann günstig, wenn die Blumen schon einige Zeit gelagert wurden und so die Gefahr besteht, dass das Stielende bereits durch Bakterien oder Pilze befallen war.
Entfernt werden bei dieser Vorbehandlung auch alle die Blätter, die sich am unteren Stielende befinden und die normalerweise in das Vasenwasser gelangen würden. Hier können sich nämlich vorzeitig wiederum schädliche Keime festsetzen. Es sollten also grundsätzlich nur die Stiele der Schnittblumen in die Vase kommen, keine Blätter. Nach der entsprechenden Vorbehandlung sollen die Schnittblumen sofort in das Vasenwasser eingestellt werden. Die Blumenvase muss vor jeder Verwendung gründlich gereinigt werden, um Reststoffe von früher ganz zu entfernen.
Für Schnittblumen kann normalerweise Leitungswasser verwendet werden. Es soll sauber und kurzfristig abgestanden sein. Ideal ist eine Temperatur von etwa 30 bis 35 °C. Dieses Wasser ist in der Lage, die bereits in die Stiele eingedrungene Luft zu lösen und für eine kontinuierliche Wasserversorgung zu sorgen. Die Verwendung eines Blumenfrischhaltemittels ist bei vielen Blumen empfehlenswert.

Schnittblumen-Frischehaltemittel oder Wasserwechsel?

Seit einiger Zeit verwende ich Blumen-Frischhaltemittel bei meinen Schnittblumen. Offensichtlich danken es mir meine Blumen, denn sie halten länger. Wie oft muss ich aber das Wasser in der Vase wechseln?

Normalerweise reicht es aus, wenn das Wasser in der Vase einmal mit einem Blumen-Frischhaltemittel versetzt wird. Es muss nur immer das verdunstete Wasser nachgefüllt werden. Die Wirkung der Mittel wird im Allgemeinen für einen Zeitraum von zwei bis drei Wochen angegeben. Jedoch sollte man bedenken, dass es verschiedene Präparate gibt, so dass die Wirkungsdauer auch unterschiedlich sein kann.
Ohne Schnittblumennahrung muss man mindestens zweimal wöchentlich das Wasser wechseln und die Stielenden dabei immer wieder nachschneiden. Das ist auch dann erforderlich, wenn man kein Frischhaltemittel verwendet, sondern dem Wasser nur etwas Zucker zusetzt. Zucker regt aber auch das Bakterienleben im Wasser an. Die Mikroorganismen verstopfen die Leitungsbahnen der Schnittblumen. Deshalb ist ein häufiger Wechsel des Wassers auf jeden Fall zu empfehlen.

Im Fachgeschäft gibt es Blumen-Frischhaltemittel, die allgemein für Schnittblumen anzuwenden sind. Es gibt aber auch Hersteller solcher Präparate, die Mittel für bestimmte Schnittblumen anbieten, also zum Beispiel für krautartige Blumen, Zwiebelblumen, Zweige von Ziersträuchern.

Schnittblumen-Frischhaltemittel – was ist das?

Wenn ich im Blumenfachgeschäft einen Strauß erwerbe, erhalte ich dazu immer ein Päckchen „Frischhaltemittel". Mich würde nun einmal interessieren, um was für eine Chemikalie es sich hierbei handelt?

Es gibt Blumen-Frischhaltemittel von verschiedenen Herstellern. Meistens handelt es sich um ein Gemisch aus verschiedenen Substanzen, das tatsächlich eine Verlängerung der Blühdauer ermöglicht. Zur optimalen Ernährung und zur Verlängerung der Haltbarkeit sind in erster Linie verschiedene Zuckerformen enthalten. Da jedoch Zuckerlösungen auch die Entwicklung von Mikroorganismen anregt, wird diesen Präparaten ein bakterizides Mittel beigemischt. Je nach Hersteller sind auch Wuchsstoffzusätze enthalten. Viele Schnittblumen reagieren nachteilig auf Ethylen, das so genannte Apfelgas. Dies wird von reifen Früchten und Gemüse ausgeschieden. Dieses Ethylen kann das Abblühen deutlich beschleunigen. Um die Wirkung des Ethylens auszuschalten oder zu verringern, ist in vielen Mitteln außerdem noch Silberthiosulfat (STS) enthalten. Besonders ethylenempfindlich reagieren beispielsweise Rittersporn (*Delphinium*), Nelken (*Dianthus*) und Edelwicken (*Vicia*).

Manchmal bildet sich bei der Verwendung von Blumen-Frischhaltemitteln ein milchiger Bodenbelag, der aber nicht schädlich ist. Er zeigt an, dass Salze des Wassers und Ausscheidungen der Pflanze ausgefällt sind. Das Wasser in der Vase muss deshalb nicht ausgewechselt werden. Selbst bei langlebigen Schnittblumen wie Chrysanthemen, Nelken und Orchideen bleibt das Wasser bei einmaligem Ansetzen der Lösung bis zu drei Wochen klar.

Schnitttermin für optimale Haltbarkeit?

Hat der Schnitttermin von Gartenblumen einen Einfluss auf die Haltbarkeit in der Vase?

Tatsächlich ist der „Reifegrad" von Schnittblumen bei der Ernte für die Haltbarkeit sehr wichtig. Meistens haben sehr knospig geerntete Schnittblumen noch nicht genügend Reservestoffe eingelagert. Sie sind nicht hart genug und halten gewissen Stresssituationen wie hohen Temperaturen, trockener Zugluft oder Wassermangel nicht genügend Stand. Meistens entwickeln auch an der Pflanze gereifte Schnittblumen in der Vase unter sonst gleichen Bedingungen größere Blumen und intensivere Farben.
Der richtige Schnitttermin muss individuell für jede Blume gefunden werden. So soll eine ganze Reihe von Blumen voll aufgeblüht geschnitten werden, zum Beispiel Schafgarbe (*Achillea*), Sommerchrysantheme (*Chrysanthemum*), Dahlie (*Dahlia*), Kokardenblume (*Gaillardia*), Lavendel (*Lavandula*), Scabiose (*Scabiosa*), Zinnie (*Zinnia*). Bei einigen anderen Arten sollten wiederum nur einige Einzelblüten geöffnet oder ein Teil des Blütenstandes aufgeblüht sein, zum Beispiel Rittersporn (*Delphinium*), Eisenhut (*Aconitum*), Löwenmäulchen (*Anthirrhinum*), Prachtspiere (*Astilbe*), Fingerhut (*Digitalis*), Ziertabak (*Nicotiana*), Jungfer im Grünen (*Nigella*). Es gibt natürlich noch viele andere Blumen, bei denen jeweils der günstigste Termin beachtet werden muss. Die Sonnenblume (*Helianthus anuus*) soll beispielsweise beim Schnitt halb erblüht sein, während bei der Pfingstrose (*Paeonia*) die Knospe deutlich angeschwollen sein und bereits Farbe zeigen sollte.

Schnittzeitpunkt für „Blumenernte"

Während ich bisher meine Blumen immer gegen Mittag geschnitten habe, ist meine Nachbarin der Auffassung, dass sie am frühen Morgen geerntet werden sollen. Gibt es überhaupt Hinweise und Erfahrungswerte, zu welcher Tageszeit Schnittblumen im Garten am besten geschnitten werden?

Normalerweise hat man die besten Erfahrungen mit einer Ernte von Schnittblumen im Garten in den frühen Morgenstunden gemacht. Dies gilt besonders bei windigem und sonnigem Wetter mit geringer Luftfeuchtigkeit. Zu dieser Zeit sind die Blumen voll turgeszent, also prall gefüllt mit Feuchtigkeit beziehungsweise Nährlösung. Deshalb sind sie dann auch dem anschließenden „Wasserstress" am besten gewachsen. Vermieden werden soll jedoch ein Schnitt von regen- und taufeuchten Blumen, um die Gefahr eines Pilzbefalls nach der Ernte zu verringern. Besonders empfindlich gegen einen Pilzbefall nach einem Schnitt in feuchtem Zustand sind Wicken (*Vicia*), Dahlien (*Dahlia*), Anemone (*Anemone*), Schmuckkörbchen (*Cosmea*) und Lilien (*Lilium*). Diese Regel gilt eigentlich für alle weißblütigen oder pastellgetönten Blumen.

Vasenwasser durch Kupferpfennig haltbar machen?

Um Schnittblumen länger haltbar zu machen, werden immer wieder verschiedene Rezepte und Möglichkeiten genannt. So soll das Leben der Schnittblumen in der Vase durch Kupferpfennige verlängert werden. Sind solche „Hausmittel" tatsächlich zu empfehlen?

Durch verschiedene Maßnahmen kann das Leben der Schnittblumen deutlich verlängert werden. So spielen das frische Anschneiden der Schnittblumen beim Einstellen in die Vase, stets frisches Vasenwasser und der Zusatz von Blumen-Frischhaltemitteln durchaus eine positive Rolle und verlängern das Leben der Schnittblumen. Auch sollen alle Blätter von den geschnittenen Blumen entfernt werden, die beim Einstellen in die Vase gelangen würden.

WUSSTEN SIE, dass die meisten Hausmittel nicht als Vasenwasser-Zusatz geeignet sind? Forschungen haben ergeben, dass Zusätze zum Vasenwasser, angefangen vom Kupferpfennig bis hin zum Spülmittel, wirkungslos sind.

Bezugsadressen

- **Biobird Algenkiller**
  Fa. Weitz Wasserwelt, Pf. 65,
  63836 Kleinwallstadt,
  Tel.: (06022) 21210, Fax: 21960

- **Blumenzwiebeln / *Scilla peruviana***
  Fa. Küpper Blumenzwiebeln,
  Postfach 1468, 37254 Eschwege,
  Tel.: (05651) 8005-0

- **Erdbeeren mit süßem Geschmack / Hänge- oder Monatserdbeeren**
  Reinhold Hummel, Erdbeerzuchtbetrieb, Köstlinstr. 121,
  70499 Stuttgart (Weilimdorf),
  Tel.: (0711) 86008311

- **Grünspargel-Samen (S) und -Pflanzen (P)**
  – Grünspargel Steiner, Römerstr. 817, 47445 Moers, Tel.: (02841) 42292, Fax 42293 (P)
  – Spargelhof Hengel, Heinestr. 1, 70825 Korntal-Münchingen: Tel.: (07150) 82093, Fax: 410675 (P, S)
  – W. Dürr & Sohn, Bayernstraße 24, 72768 Reutlingen (Rommelsbach), Tel.: (07121) 63799, Fax 620427 (S)

- **Läusebekämpfung / Neem-Präparat**
  Hersteller: Scotts Celaflor GmbH,
  Konrad-Adenauer-Str. 30,
  55218 Ingelheim/Rhein,
  Tel.: 06132/77803-0, Fax: 2067

- **Mykorrhiza-Pilze:**
  Vitalin-Pflanzengesundheit GmbH, Pragelatostraße 113,
  64372 Ober-Ramstadt,
  Tel.: (06154) 6254-0, Fax 6254-30

- **Nematoden gegen Trauermücken**
  – Katz Biotech Services, Industriestraße 38, 73642 Welzheim, Tel.: (07182) 935373, Fax: 935371
  – W. Neudorff, Postfach 1209, 31857 Emmerthal, Tel.: (05155) 62460

- **Päonien / Baum- und Strauchpäonien**
  Lieferung und nähere Informationen:
  Wolfgang Linnemann,
  Rheindorferstr. 49,
  53225 Bonn-Beuel,
  Tel.: (0228) 471448, Fax: 471247

- **Rosenpflaster zur Blattlausbekämpfung an Rosen**
  Hersteller: Scotts Celaflor,
  Konrad-Adenauer-Str. 30,
  55218 Ingelheim,
  Tel.: (06132) 7803-0

- **Saatguthandel / Tränendes Herz**
  Ernst Benary, Samenzucht,
  Postfach 1127,
  34331 Hann. Münden,
  Tel.: (05541) 7009-24

- **Schneckenbekämpfung / Nematoden:**
  Sautter & Stepper, Biologischer Pflanzenschutz, Rosenstr. 19,
  72119 Ammerbuch (Altingen),
  Tel.: (07032) 957830

- **Schneckenbekämpfung / Ferramol:**
  Hersteller: W. Neudorff GmbH,
  Postfach 12 09, 31857 Emmerthal,
  Tel.: (05155) 624142

- **Schweizer Wühlmausfalle**
  – Jean Malevez, Breitehof 153, CH 4451 Wintersingen BL, Tel.: 0041-61-9718936
  – Lieferung in Deutschland: OHZ Tettnang, Kalchenstr. 20, 88069 Tettnang, Tel.: (07542) 5396-52, Fax: -58

- **Spruzit Staub gegen Ohrwurmplage:**
  Hersteller: W. Neudorff GmbH,
  Postfach 1209, 31857 Emmerthal,
  Tel.: (05155) 624142

- **Topinambur-Pflanzgut**
  Topinambur Saatzucht Niedersachsen,
  Sandstr. 16, 29328 Faßberg

- **Winterfeste Feigen:**
  – Baumschule Anton Plattner, Haag 4, 94501 Aldersbach, Tel.: (08547) 588
  – Gärtner Pötschke, Beuthener Straße 4, 41564 Karst
  – G. Berchtold, mercato verde, Gürtelstraße 41, CH 7000 Chur, Tel.: 0041-81-3531083 oder 0041-81-2848883

Sachregister

Register der deutschen Pflanzennamen

Register der botanischen Pflanzennamen

Karikaturen von Sepp Buchegger

CIP-Kurztitelaufnahme der Deutschen Bibliothek

Gugenhan, Edgar:
777 Gartentipps : zu Gartenplanung und -pflege, Pflanzen im Nutzgarten, Zierpflanzen im Garten, Zierpflanzen auf Balkon und Terrasse, Zierpflanzen im Zimmer / Edgar Gugenhan.
[Karikaturen von Sepp Buchegger]. SWR 4 ; Südwest BW.
– Stuttgart (Hohenheim) : Ulmer, 2002

ISBN: 3-8001-4374-7

Wollgrasweg 41, 70599 Stuttgart (Hohenheim)
Internet: www.ulmer.de
E-mail: info@ulmer.de
Printed in Germany
Lektorat: Christine Weidenweber, Karin Wachsmuth
Herstellung: Martina Gronau
Satz: Dörr + Schiller GmbH, Stuttgart
Druck und Bindung: Freiburger Graphische Betriebe, Freiburg